工科大学物理

主　编　王　军　白　浪

北京大学出版社
PEKING UNIVERSITY PRESS

内 容 简 介

本书是为适应当前地方性工科院校人才培养目标、大学物理课程教学目标以及工科院校各专业特点，结合编者多年的教学实践和教学改革经验编写而成的，是编者所在教学团队“大学物理‘1＋X’模式课程改革”的成果.

“1”模块对应本书的第1章至第13章，包括经典力学基础篇、热学篇、电磁学篇、光学篇和近代物理基础篇，涵盖了从经典物理学到近代物理学的基本概念、基本原理和基本应用，是物理学的基石. 本着为工科院校专业人才培养服务的思想，综合考量各工科专业特点，设计了“X”模块，对应本书的选学篇，分别介绍了刚体的定轴转动、固体的弹性、流体力学基础、电场中的物质、磁场中的物质和熵等内容. 可根据学生专业的不同，组合安排不同的教学内容，以适应不同专业的物理教学要求.

本书适用于高等学校非物理专业理工科大学物理课程.

图书在版编目(CIP)数据

工科大学物理/王军，白浪主编. —北京：北京大学出版社，2020.12
ISBN 978-7-301-31915-4

Ⅰ. ①工… Ⅱ. ①王… ②白… Ⅲ. ①物理学—高等学校—教材 Ⅳ. ①O4

中国版本图书馆CIP数据核字(2020)第257286号

书　　名 工科大学物理
GONGKE DAXUE WULI
著作责任者 王　军　白　浪　主编
责 任 编 辑 顾卫宇
标 准 书 号 ISBN 978-7-301-31915-4
出 版 发 行 北京大学出版社
地　　址 北京市海淀区成府路205号　100871
网　　址 http://www.pup.cn
电 子 邮 箱 zpup@pup.cn
新 浪 微 博 @北京大学出版社
电　　话 邮购部 010-62752015　发行部 010-62750672　编辑部 010-62764271
印 刷 者 湖南省众鑫印务有限公司
经 销 者 新华书店
787毫米×1092毫米　16开本　21.75印张　543千字
2020年12月第1版　2025年6月第5次印刷
定　　价 58.00元

前　言

物理学是研究物质的基本结构、运动形式、相互作用和转化规律的学科. 物理学是自然科学和工程技术的基础，与其他学科相互渗透，推动着新学科、新技术、新思维的进步. 大学物理是工科院校所有非物理专业学生必修的一门基础理论课，其任务可概括为两点：

1. 使学生能系统地掌握物理学的基本概念、基本理论和基本研究方法，这是构成学生科学素养的重要组成部分，是一个合格的工科大学生正确认识世界必备的自然科学基础.

2. 为学生后续的专业课程学习及工作奠定必要的物理基础，提高人才素质，拓展思路，使其能使用相关的物理知识解决实际问题，激发学生探索和创新精神，增强学生的学习能力以及分析和解决问题的能力.

本书是根据工科院校人才培养目标、课程教学目标和工科院校各专业特点，结合编者多年的教学实践和教学改革经验编写而成的，是编者所在教学团队"大学物理'1＋X'模式课程改革"的成果.

大学物理"1＋X"模式课程改革中的"1"模块对应本书的第 1 章至第 13 章，涵盖了从经典物理学到近代物理学的基本概念、基本原理和基本应用，是物理学的基石. "1"模块体现了物理体系的完整性和系统性，是工科大学生应具备的基本科学素养. 经典力学基础篇以牛顿力学为主，强调运动的矢量性和如何利用高等数学解决力学的问题，并引入动量、角动量和能量等概念，强调守恒定律及其应用，还将质点力学的研究方法应用于对机械振动和机械波的描述. 热学篇从分子动理论和热力学两方面介绍了对理想气体的描述：分子动理论从气体分子热运动的无规则性出发，用统计方法研究理想气体；热力学从气体的宏观状态出发，介绍了理想气体状态变化过程中的功能转化规律. 电磁学篇讲述了电磁学的基本理论，包括静电场、稳恒磁场的基本理论，以及电磁感应现象等. 光学篇介绍了几何光学的基本定律，并重点讲述了光的干涉、衍射和偏振等波动光学内容. 近代物理基础篇包括狭义相对论和量子物理，教材编写中强调对物理概念的讲解，弱化数学推导，使学生侧重于从物理上而不是从数学上去理解狭义相对论和量子物理的基本假设和基本结论.

大学物理"1＋X"模式课程改革中的"X"模块对应本书的选学篇. 对于不同的工科专业，所需的物理知识侧重点是不同的. 本着为工科院校专业人才培养服务的思想，综合考量各工科专业特点，设计编写了这一部分内容. 选学篇分为六个专题，分别介绍了刚体的定轴转动、固体的弹性、流体力学基础、电场中的物质、磁场中的物质和熵等内容. 可以根据学生专业的不同，组合安排不同的教学内容. 本部分内容侧重于物理知识与专业的结合.

本书内容精练，结构紧凑，语言文字力求简洁、明了，按照大多数地方性工科院校的课程学时安排教学内容. 部分内容（如电磁波、原子物理等）没有编入本书，这样编排并不影响普通物理知识内容和体系的完整. 本书突出阐述物理概念和物理思想，包括各个物理量、定理、定律的意义以及各种运动的规律和物理图像等，这是物理学的精髓和核心，将基本概念讲清楚，才是分析问题和解决问题的基础. 本书重视知识的结构和概念之间的联系，循序渐进地安排教学内容. 在讲解基本物理学概念、原理、思想的同时，尽量与工程应用相联系. 例题和习题的编写也尽量选择与工程技术相关的内容，建立简化的理想物理模型，运用基本的物理原理分析和解决问题.

本书由王军、白浪担任主编，参加编写工作的有白浪（第 1 章、第 5 章、第 10 章、第 13 章、选学Ⅱ、选学Ⅲ、选学Ⅵ、附录）、陈明通（第 8 章、第 9 章、选学Ⅴ）、江俊辉（第 4 章、选学Ⅳ）、金学元（第 11 章）、李丹（第 7 章）、王本菊（第 2 章、第 3 章、第 12 章、选学Ⅰ）、张佳慧（第 6 章）. 全书由王军负责统稿、定稿. 熊斐、钟运连、沈阳编辑了配套教学资源，魏楠、苏娟、汤晓提供了版式和装帧设计方案. 在本书编写过程中，得到了许多同行、专家、学者的指导，在此表示由衷的感谢.

由于编者的学识和经验所限，书中难免有不当之处，恳请广大读者不吝批评指正.

《工科大学物理》编写组

目　　录

第1篇　经典力学基础

第1章　质点运动学 …… 3
1.1　时间和空间 …… 3
1.2　质点运动的描述 …… 4
1.3　直角坐标系中的两类运动学问题 …… 9
1.4　圆周运动 …… 12
1.5　伽利略变换　相对运动 …… 17
思考题1 …… 19
习题1 …… 19
第2章　力与运动 …… 21
2.1　力——物体运动状态改变的原因 …… 21
2.2　力与运动的关系——牛顿运动定律 …… 22
2.3　质点动力学的应用 …… 25
思考题2 …… 28
习题2 …… 29
第3章　守恒定律 …… 31
3.1　力对时间的累积效果 …… 31
*3.2　质点的角动量和角动量守恒定律 …… 38
3.3　力对空间的累积效果 …… 41
思考题3 …… 52
习题3 …… 52
第4章　机械振动 …… 55
4.1　简谐振动及其特征 …… 55
4.2　简谐振动的描述方法 …… 60
4.3　简谐振动的机械能 …… 62
4.4　简谐振动的合成 …… 63
*4.5　阻尼振动　受迫振动 …… 65
思考题4 …… 67
习题4 …… 67
第5章　机械波 …… 69
5.1　机械波的产生和传播 …… 69

5.2 平面简谐波的描述 …… 72
5.3 波的衍射和干涉 …… 75
思考题 5 …… 79
习题 5 …… 79

第2篇 热 学

第6章 气体动理论 …… 83
6.1 热学简介 …… 83
6.2 热力学系统的描述 …… 84
6.3 温度与热力学第零定律 理想气体状态方程 …… 85
6.4 统计规律简介 …… 86
6.5 压强和温度的微观意义 …… 87
6.6 能量均分定理 …… 90
6.7 麦克斯韦速率分布律 …… 92
思考题 6 …… 95
习题 6 …… 95
第7章 热力学基础 …… 97
7.1 准静态过程 热量 …… 97
7.2 热力学第一定律及其应用 …… 100
7.3 循环过程 …… 105
7.4 热力学第二定律 …… 109
思考题 7 …… 111
习题 7 …… 111

第3篇 电 磁 学

第8章 静电场 …… 115
8.1 电荷 库仑定律 …… 115
8.2 电场 电场强度 …… 116
8.3 高斯定理 …… 120
8.4 电势能 电势 …… 124
思考题 8 …… 129
习题 8 …… 130
第9章 稳恒磁场 …… 132
9.1 恒定电流 …… 132
9.2 磁场 …… 134
9.3 毕奥-萨伐尔定律 …… 135
9.4 描述磁场的两条定理 …… 139
9.5 磁力 …… 143
思考题 9 …… 149
习题 9 …… 150

第 10 章　电磁感应 ………… 153
10.1　电源　电动势 ………… 153
10.2　电磁感应 ………… 154
10.3　动生电动势与感生电动势 ………… 158
10.4　自感和互感 ………… 164
思考题 10 ………… 168
习题 10 ………… 169

第 4 篇　光　　学

第 11 章　光学基础 ………… 173
11.1　几何光学简介 ………… 173
11.2　光的物理图像 ………… 178
11.3　光的干涉 ………… 180
11.4　光的衍射 ………… 193
11.5　光的偏振 ………… 203
思考题 11 ………… 208
习题 11 ………… 208

第 5 篇　近代物理基础

第 12 章　狭义相对论基础 ………… 213
12.1　伽利略变换　牛顿的绝对时空观 ………… 213
12.2　狭义相对论的基本原理 ………… 215
12.3　狭义相对论的时空观 ………… 217
12.4　相对论动量和能量 ………… 220
思考题 12 ………… 223
习题 12 ………… 224
第 13 章　量子物理基础 ………… 225
13.1　早期量子论 ………… 225
13.2　波函数和薛定谔方程 ………… 232
13.3　原子中的电子 ………… 239
思考题 13 ………… 244
习题 13 ………… 244

选　学　篇

选学Ⅰ　刚体的定轴转动 ………… 247
Ⅰ.1　刚体运动的基本概念 ………… 247
Ⅰ.2　刚体定轴转动的运动学规律 ………… 248
Ⅰ.3　刚体定轴转动的动力学规律 ………… 250
Ⅰ.4　刚体定轴转动的动能定理　机械能守恒定律 ………… 257
Ⅰ.5　刚体定轴转动的角动量定理　角动量守恒定律 ………… 260
思考题Ⅰ ………… 263

习题Ⅰ …… 264
选学Ⅱ　固体的弹性 …… 266
Ⅱ.1　弹性体的拉伸与压缩 …… 266
Ⅱ.2　弹性体的剪切形变 …… 270
Ⅱ.3　弹性体的弯曲与扭转 …… 271
思考题Ⅱ …… 273
习题Ⅱ …… 274
选学Ⅲ　流体力学基础 …… 275
Ⅲ.1　理想流体 …… 275
Ⅲ.2　静止流体 …… 276
Ⅲ.3　运动流体 …… 279
思考题Ⅲ …… 287
习题Ⅲ …… 287
选学Ⅳ　电场中的物质 …… 289
Ⅳ.1　静电场中的导体 …… 289
Ⅳ.2　静电场中的电介质 …… 294
Ⅳ.3　电容　电容器 …… 300
思考题Ⅳ …… 306
习题Ⅳ …… 306
选学Ⅴ　磁场中的物质 …… 308
Ⅴ.1　磁介质　磁介质的磁化 …… 308
Ⅴ.2　磁介质中的安培环路定理 …… 309
Ⅴ.3　铁磁质 …… 311
Ⅴ.4　磁场的能量 …… 313
思考题Ⅴ …… 315
习题Ⅴ …… 315
选学Ⅵ　熵 …… 317
Ⅵ.1　热力学第二定律及其微观意义 …… 317
Ⅵ.2　热力学概率 …… 319
Ⅵ.3　玻尔兹曼熵公式　熵增加原理 …… 321
Ⅵ.4　克劳修斯熵公式 …… 322
思考题Ⅵ …… 325
习题Ⅵ …… 325

附录 …… 326
附录Ⅰ　常用物理量符号及单位(SI) …… 326
附录Ⅱ　常用物理常量 …… 328
附录Ⅲ　矢量的运算 …… 329
附录Ⅳ　导数运算 …… 333
附录Ⅴ　积分运算 …… 334

习题参考答案 …… 335

第1篇

经典力学基础

宇宙由各种各样的物质组成，物质又都处于永恒的运动之中.物质的运动形式多种多样，如机械运动、分子热运动、电磁运动等，其中最基本的运动形式就是机械运动.所谓机械运动，是指一个物体相对于另外一个物体，或一个物体的某些部分相对于其他部分的位置发生变化，如天体的运动、汽车的运动、机械的运转，以及杆的扭转、梁的弯曲等.力学就是研究物质机械运动的规律及其应用的一门学科.

力学是学习物理和其他自然学科的基础，也是工程技术的理论基础.力学是最古老的学科之一，经历了漫长的岁月和许多次认知上的革新，其中最重要的就是伽利略(Galileo，1564—1642)、牛顿(Newton，1643—1727)、拉普拉斯(Laplace，1749—1827)等人所建立的牛顿力学或经典力学体系.牛顿力学研究宏观物质(尺度在十分之一微米级以上)在低速(远小于光速)下的机械运动.而当物质运动的速度接近光速或者尺度在几十个原子数量级以下时，牛顿力学的结论与实验事实明显不符.也就是说，在高速和微观领域中，牛顿力学不再适用，取而代之的是相对论和量子力学.但是在各种工程技术(如机械、建筑、水利、航空航天等)中，经典力学依然是不可或缺的重要理论基础.

实际物体有大小、形状，可以平动，也可以转动.物体受力时还可能产生形变，形变又分为可恢复的和不可恢复的.如果将物体所有可能的变化都考虑到的话，对运动的描述将会非常复杂.物理学中一个非常重要的方法就是抓住问题的主要方面，忽略其次要方面，建立理想模型，这样就能把实际问题简化.这是物理学中研究问题的一个基本方法.不仅在力学中，在电磁学、热学等理论中都会用到这种将复杂问题简化处理的研究方法.本篇将建立物体运动的质点模型，研究质点运动的基本规律以及探索振动和波动的基本性质，共包含质点运动学、力与运动、守恒定律、机械振动、机械波五章.

第1章

质点运动学

力学可分为运动学、动力学和静力学. 要研究物体的运动，首先要描述其运动，运动学就是使用一系列物理量（如位置、速度、加速度、运动方程等）来研究物体运动随时间变化的规律的学科；动力学的主要研究内容是讨论物体间相互作用与其运动状态的关系，如牛顿运动定律、动量定理、动能定理等；静力学研究物体受力作用时的平衡规律.

若一个物体的形状、大小在所研究的问题中影响很小，以至于可以忽略不计，则可以将其视为一个有质量但没有形状和大小的几何点，称为**质点**. 它是力学中最简单的理想模型，只保留了物体的两个主要特征（质量和位置），而忽略了形状、大小、形变等次要因素. 物体能否视为质点，要根据具体的研究的问题而定：① 如果一个物体既无转动也无形变，只有平移，则物体上各点的运动必然相同，此时整个物体的运动可以用物体上任一点的运动来代表，可以将其视为质点；② 如果物体的尺度与它的运动范围相比小得多，它的转动和形变显得不重要，也可将其视为质点. 例如，研究地球绕太阳公转时，可以把地球当作质点. 但是在研究地球的自转时，就不能再把地球当作质点了. 当一个物体不能被当作质点时，可以把整个物体看作由许多质点组成的质点系，分析质点系的运动，就可以弄清楚整个物体的运动. 研究质点的运动是研究实际物体复杂运动的基础.

本章主要研究质点机械运动的状态随时间的变化关系，为此引入描述质点运动的物理量及其关系，并阐明质点直线运动、圆周运动、抛体运动及一般曲线运动的基本规律.

1.1 时间和空间

《淮南子·齐俗训》称："四方上下谓之宇，往古来今谓之宙.""宇"指的是空间，"宙"指的是时间，"宇宙"是整个时空及时空中物质的总称. 人们从日常生活环境中抽象出来的空间、时间概念，是通过物体的广延性和过程的持续性来感知的空间和时间. 那么空间和时间的本质究竟是什么？到目前为止，物理学对时空的观点主要有牛顿的绝对时空观和爱因斯坦（Einstein，1879—1955）的相对时空观.

牛顿在 1687 年出版的《自然哲学的数学原理》一书中指出，绝对的、纯粹的、数学的时间，就其本身和本性来说，永远均匀地流逝，而与任何外界事物无关；绝对的空间，就其本性来说，与任何外界事物无关，永远保持着相同和不变. 可见，牛顿的时空观是绝对时空观，他认为时间、空间和物质三者都是相互独立的、没有关联的. 空间的延伸和时间的流逝是绝对的，时间和空间的度量也都是绝对的，与物体是否运动、参考系的选取无关. 绝对时空观是在经验和直觉的基础上建立起来的，它和人们的日常生活经验一致，易被人们所接受，但同时也不可避免地有它的历史局限性.

在 19 世纪末 20 世纪初，由于物理学研究的深入，特别是电磁学和光学的研究，很多实验结果与绝对时空观发生了尖锐的矛盾,促使人们重新去审视原有的时空观,从而揭示了绝对时空观的局限性.爱因斯坦否定了绝对时空观,建立了相对时空观.在相对时空观中,时间和空间的测量是相对的,均与物质的运动、参考系的选择有关,在不同的参考系下,观察者测量的时间长短和空间大小是不一样的.爱因斯坦认为,时间、空间、物质和物质的运动是相互作用的相关体,空间、时间未必能被看作是一种可以离开实际客体而独立存在的东西,即可以认为,不是实际客体在空间之中,而是这些客体有着空间的广延.

如今,大量的实验证明了相对时空观的正确性,但我们不应全然否定绝对时空观,因为在宏观物体低速运动的情况下,绝对时空观对物体运动的描述还是足够精确的.现实生活中大多数情况下绝对时空观还是适用的,故牛顿力学依然有着广泛的应用.

1.2 质点运动的描述

1.2.1 参考系、坐标系

1. 参考系

宇宙空间中的万物,无时无刻不在运动.运动是绝对的,但对运动的描述是相对的.描述一个物体的运动,首先应选取某个物体作为参考物,然后研究该物体相对于该参考物是如何运动的.这个被选作参考物的物体就称为参考系.对于一个物体的运动,选取不同的参考系时会有不同的描述,例如,物体在匀速前进的车厢中下落,相对于车厢是直线运动,相对于地面却是抛物线运动,相对于太阳或其他天体,运动情况的描述则更为复杂.

参考系的选择是任意的,根据分析问题的简便程度而定.参考系选取恰当,对物体运动的描述就简单;参考系选取不当,对物体运动的描述就复杂.通常根据物体运动的性质和解决问题的需要(研究方法)来选择参考系.例如,研究物体相对于地球的运动时可以地球为参考系;研究物体相对于太阳的运动时可以太阳为参考系.

2. 坐标系

为了定量描述物体的运动,就必须在参考系上建立坐标系.坐标系有直角坐标系、自然坐标系和极坐标系等.下面介绍直角坐标系与自然坐标系.

1) **直角坐标系**

当物体在空间运动时,可建立空间直角坐标系(笛卡儿坐标系)$Oxyz$.如图 1.1 所示,它包括坐标原点O和三个相互垂直的坐标轴:x轴、y轴和z轴.这三个坐标轴满足右手定则:伸出右手,让四指先指向 x 轴的正方向,然后再弯曲四指转向 y 轴的正方向,伸直的大拇指则指向 z 轴的正方向.这样就确定了各个坐标轴的方向.x 轴、y 轴和 z 轴三个坐标轴上的单位矢量分别为 $\boldsymbol{i}, \boldsymbol{j}, \boldsymbol{k}$,任意矢量都可以正交分解成三个分矢量.当物体在平面内运动时,空间直角坐标系 $Oxyz$ 就退化为平面直角坐标系 Oxy,当物体做直线运动时,平面直角坐标系又退化为数轴.

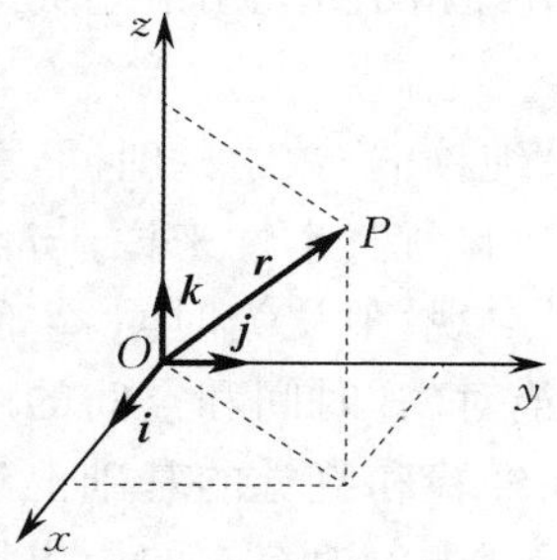

图 1.1 空间直角坐标系

2) 自然坐标系

当物体的运动轨迹(质点运动时经过的路径)已知(如圆周运动、抛物线运动等)时,可建立自然坐标系描述质点的运动. 以二维平面曲线运动为例,如图1.2所示,沿质点轨迹建立一弯曲"坐标轴",选择轨迹上一点O作为原点,并用由原点O至质点位置的轨迹长度(路程)s作为质点位置坐标,沿运动方向为正. 在坐标轴上任意一点A处取一沿曲线切线指向运动方向的单位矢量,称为切向单位矢量,用$\boldsymbol{e}_t$表示,矢量沿此方向的投影称为矢量的切向分量;另一单位矢量与切向单位矢量垂直且指向曲线凹侧,称为法向单位矢量,记作$\boldsymbol{e}_n$,矢量沿此方向的投影称为矢量的法向分量. 要注意的是,直角坐标系中沿坐标轴的单位矢量是常矢量,而自然坐标系中$\boldsymbol{e}_t$和$\boldsymbol{e}_n$随质点在运动轨迹上的位置不同而改变方向,它们不是常矢量.

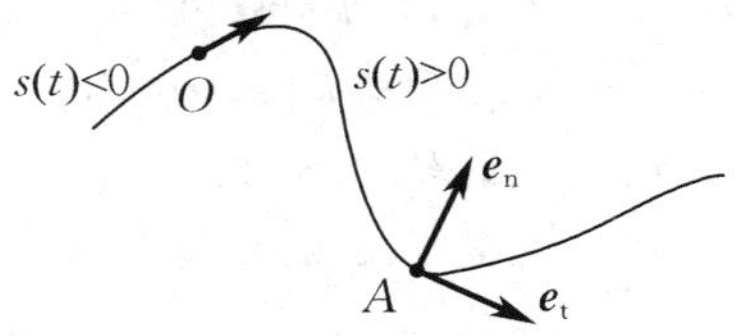

图1.2 自然坐标系

1.2.2 位置矢量

牛顿力学也称为矢量力学,它用矢量来描述质点的位置. 如图1.3所示,为确定飞机(视为质点)相对于塔台的位置,选择塔台为坐标原点,建立空间直角坐标系$Oxyz$. 飞机位于P点,从坐标原点引一条有向线段$\boldsymbol{r}$到P点,矢量$\boldsymbol{r}$即表示了飞机所在的位置,称为**位置矢量**,简称**位矢**,在国际单位制中,位置矢量的单位为米(m).

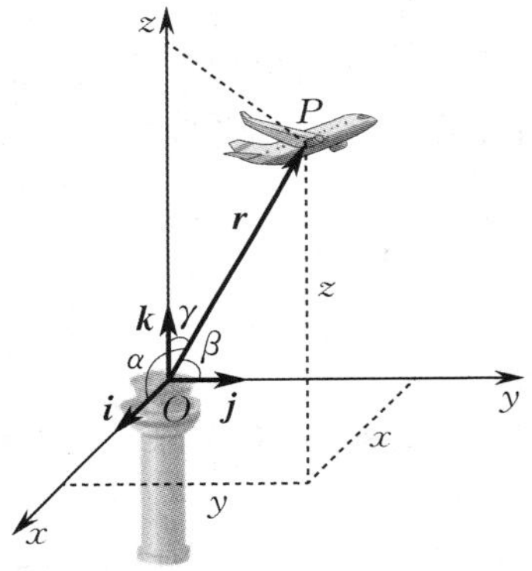

图1.3 位置矢量

在空间直角坐标系中,位置矢量可以通过正交分解表示为三个分量的矢量和. 图中$\boldsymbol{r}$沿x轴、y轴和z轴的分量分别为$x\boldsymbol{i}$,$y\boldsymbol{j}$,$z\boldsymbol{k}$,即

$$\boldsymbol{r} = x\boldsymbol{i} + y\boldsymbol{j} + z\boldsymbol{k}. \tag{1.1}$$

位置矢量的大小为

$$|\boldsymbol{r}| = r = \sqrt{x^2 + y^2 + z^2}. \tag{1.2}$$

位置矢量的方向由位置矢量与三个坐标轴夹角的余弦(方向余弦)确定,即

$$\begin{cases} \cos\alpha = \dfrac{x}{|\boldsymbol{r}|} = \dfrac{x}{\sqrt{x^2+y^2+z^2}}, \\ \cos\beta = \dfrac{y}{|\boldsymbol{r}|} = \dfrac{y}{\sqrt{x^2+y^2+z^2}}, \\ \cos\gamma = \dfrac{z}{|\boldsymbol{r}|} = \dfrac{z}{\sqrt{x^2+y^2+z^2}}, \end{cases} \tag{1.3}$$

式中,α,β,γ满足关系式$\cos^2\alpha + \cos^2\beta + \cos^2\gamma = 1$.

当质点运动时,每一时刻均有一位置矢量与之相对应,即它相对于坐标原点O的位置矢量$\boldsymbol{r}$是时间的函数

$$\boldsymbol{r}(t) = x(t)\boldsymbol{i} + y(t)\boldsymbol{j} + z(t)\boldsymbol{k}. \tag{1.4}$$

式(1.4)称为**质点的运动方程**,其中标量函数$x(t)$,$y(t)$和$z(t)$是质点运动方程在各坐标轴上的分量.

质点运动的轨迹是位置矢量的端点(矢端)随时间变化画出的曲线,亦称为位置矢量的矢端曲线. 表示该曲线的方程称为**轨迹方程**. 在空间直角坐标系中,运动方程的分量式为

$$x = x(t), \quad y = y(t), \quad z = z(t), \tag{1.5}$$

消去 t,可得

$$f(x,y,z)=0, \tag{1.6}$$

此即质点的轨迹方程. 式(1.5)可看作以时间 t 为参数的质点轨迹的参数方程.

例 1-1

一质点的运动方程为

$$\boldsymbol{r}=a\cos t\boldsymbol{i}+b\sin t\boldsymbol{j}\quad(a>b>0),$$

写出该质点的轨迹方程.

解 由运动方程可知

$$x=a\cos t,\quad y=b\sin t.$$

这是椭圆的参数方程,质点的运动轨迹是以 a 为长半轴、b 为短半轴的椭圆. 消去 t,可得轨迹方程为

$$\frac{x^2}{a^2}+\frac{y^2}{b^2}=1.$$

1.2.3 位移

沿用 1.2.2 节中的举例,如图 1.4 所示,飞机在 t 时刻位于 A 点,位置矢量为 $\boldsymbol{r}_A$,在 $t+\Delta t$ 时刻位于 B 点,位置矢量为 $\boldsymbol{r}_B$. 用从 A 点到 B 点的有向线段 $\Delta\boldsymbol{r}$ 来表示飞机在 Δt 时间内位置的变化,称 $\Delta\boldsymbol{r}$ 为**位移矢量**,简称**位移**. 根据矢量运算法则,在空间直角坐标系中位移可表示为

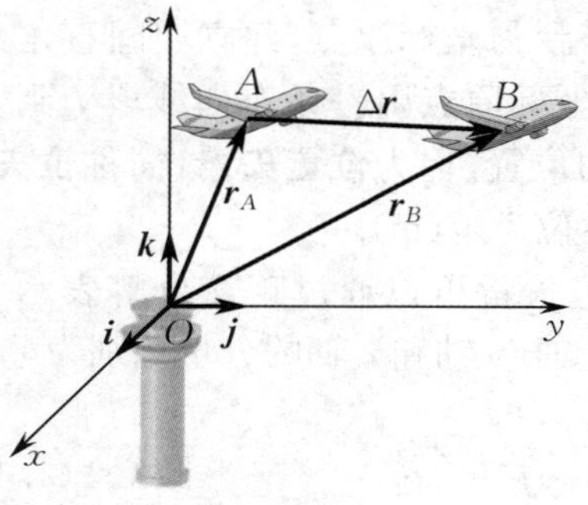

图 1.4 位移

$$\begin{aligned}\Delta\boldsymbol{r}&=\boldsymbol{r}_B-\boldsymbol{r}_A\\&=(x_B\boldsymbol{i}+y_B\boldsymbol{j}+z_B\boldsymbol{k})-(x_A\boldsymbol{i}+y_A\boldsymbol{j}+z_A\boldsymbol{k})\\&=(x_B-x_A)\boldsymbol{i}+(y_B-y_A)\boldsymbol{j}+(z_B-z_A)\boldsymbol{k}\\&=\Delta x\boldsymbol{i}+\Delta y\boldsymbol{j}+\Delta z\boldsymbol{k}.\end{aligned}\tag{1.7}$$

可见,位移是位置矢量的增量,是由初位置指向末位置的矢量.

应当注意:

(1) 位移是矢量,其大小为 $|\Delta\boldsymbol{r}|=\sqrt{(\Delta x)^2+(\Delta y)^2+(\Delta z)^2}$,方向为初位置指向末位置.

(2) $|\Delta\boldsymbol{r}|\neq\Delta r=|\boldsymbol{r}_B|-|\boldsymbol{r}_A|$,$\Delta r$ 反映了位置矢量的大小的变化.

(3) 位移不是位置矢量. 位置矢量表示某时刻质点相对于原点的位置,它与某时刻对应;位移反映的是某时间段内质点位置的变化,与某段时间对应.

(4) 位移与路程的区别如下:

① 位移是矢量,表示质点位置矢量的改变,它只与质点的始末位置有关;

② 路程是标量,是质点在其轨迹上实际经过的路径的长度;

③ 一般情况下,位移的大小不等于路程,如图 1.5 所示,$|\Delta\boldsymbol{r}|\neq\Delta s$.

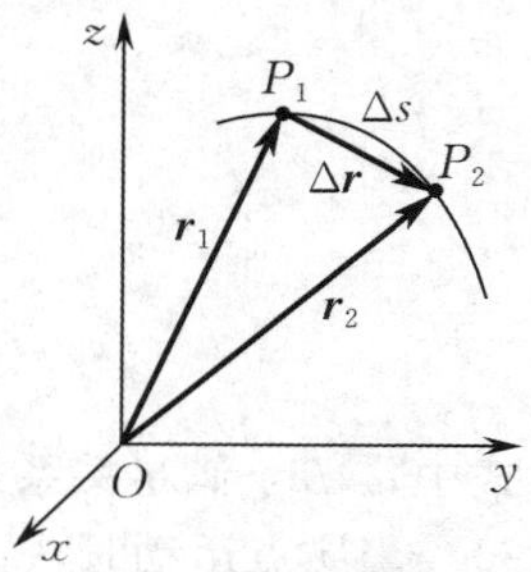

图 1.5 位移和路程

1.2.4 速度

要确定质点的运动状态,除知道质点的位置矢量外,还要清楚质点运动的快慢和方向. 描述质点运动快慢和方向的物理量就是**速度**.

1. 平均速度

在图 1.5 中,设质点从 P_1 到 P_2 所用时间为 Δt,在 Δt 时间内,位移为 $\Delta\boldsymbol{r}$,则 $\Delta\boldsymbol{r}$ 与 Δt 的比值

反映了这段时间内质点位置变化的平均快慢和方向. 位移与发生这段位移所经历时间的比值称为这段时间内的**平均速度**,即

$$\bar{\boldsymbol{v}} = \frac{\Delta \boldsymbol{r}}{\Delta t}. \tag{1.8}$$

平均速度是矢量,它的方向与位移的方向相同.

2. 瞬时速度

用平均速度描述质点运动时,得到的是有限时间段 Δt 内的平均效果,不够精确.

从图 1.6 可以看出,当 Δt 越小,位移大小与实际路程的差别越小. 由此可以推知,当 Δt 趋于零时,无限小位移的大小和无限小路程相等,即

$$\lim_{\Delta t \to 0} |\Delta \boldsymbol{r}| = |\,\mathrm{d}\boldsymbol{r}\,| = \mathrm{d}s, \tag{1.9}$$

即无限小位移精确反映了质点位置的变化.

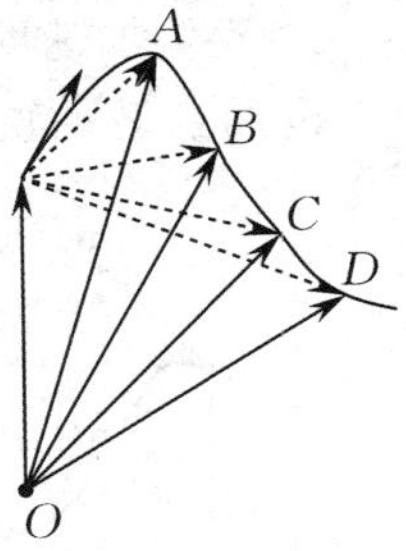

图 1.6　瞬时速度

由此可见,当 Δt 趋于零时,平均速度的极限值就能精确描述某一个时刻质点运动的快慢和方向,称为**瞬时速度**(在本书中,没有特别说明的“速度”都指“瞬时速度”),其表达式为

$$\boldsymbol{v} = \lim_{\Delta t \to 0} \frac{\Delta \boldsymbol{r}}{\Delta t} = \frac{\mathrm{d}\boldsymbol{r}}{\mathrm{d}t}. \tag{1.10}$$

由微积分知识可知,速度就是位置矢量对时间的一阶导数. 在国际单位制中,速度的单位为米每秒(m/s).

在空间直角坐标系中,速度可表示为

$$\boldsymbol{v} = \frac{\mathrm{d}\boldsymbol{r}}{\mathrm{d}t} = \frac{\mathrm{d}x}{\mathrm{d}t}\boldsymbol{i} + \frac{\mathrm{d}y}{\mathrm{d}t}\boldsymbol{j} + \frac{\mathrm{d}z}{\mathrm{d}t}\boldsymbol{k} = v_x\boldsymbol{i} + v_y\boldsymbol{j} + v_z\boldsymbol{k}, \tag{1.11}$$

其分量表达式为

$$v_x = \frac{\mathrm{d}x}{\mathrm{d}t}, \quad v_y = \frac{\mathrm{d}y}{\mathrm{d}t}, \quad v_z = \frac{\mathrm{d}z}{\mathrm{d}t}, \tag{1.12}$$

即速度在各坐标轴的投影等于相应位置坐标对时间的一阶导数. 速度是矢量,其大小可表示为

$$v = |\,\boldsymbol{v}\,| = \sqrt{v_x^2 + v_y^2 + v_z^2}. \tag{1.13}$$

由式(1.10)和图 1.6 可以看出,质点在某一点处的速度方向就是无限小位移的方向,即该点处质点运动轨迹的切线且指向质点前进的方向. 在空间直角坐标系中,速度的方向也可用它的方向余弦来表示,即

$$\cos\alpha = \frac{v_x}{v}, \quad \cos\beta = \frac{v_y}{v}, \quad \cos\gamma = \frac{v_z}{v}. \tag{1.14}$$

3. 速率

质点在一段时间内所经过的路程 Δs 与该时间段 Δt 的比值称为该时间段内的**平均速率**,即

$$\bar{v} = \frac{\Delta s}{\Delta t}. \tag{1.15}$$

平均速率是标量,只有大小没有方向,恒为正. 在曲线运动中,平均速度的大小总是小于平均速率,在方向不变的直线运动中,平均速度大小和平均速率相等.

当 Δt 趋于零时,平均速率的极限称为**瞬时速率**,简称**速率**,即

$$v = \lim_{\Delta t \to 0} \frac{\Delta s}{\Delta t} = \frac{\mathrm{d}s}{\mathrm{d}t}. \tag{1.16}$$

速率是一个只有大小、没有方向、恒为正的标量,等于路程对时间的一阶导数. 又因为无限小位移的大小等于无限小路程,故

$$v=\frac{ds}{dt}=\frac{|d\boldsymbol{r}|}{dt}=|\boldsymbol{v}|,\tag{1.17}$$

即速度的大小等于速率.

1.2.5 加速度

在一般情况下,质点运动的速度大小和方向都可能发生变化,为描述速度随时间的变化情况,我们引入平均加速度和瞬时加速度的概念.

1. 平均加速度

设质点运动轨迹如图1.7所示,t时刻质点位于A点,其速度为$\boldsymbol{v}_A$,在$t+\Delta t$时刻,质点运动到B点,其速度为$\boldsymbol{v}_B$,则在Δt时间内的速度增量为$\Delta\boldsymbol{v}=\boldsymbol{v}_B-\boldsymbol{v}_A$. **平均加速度**定义为$\Delta t$时间内的速度的平均变化率,即

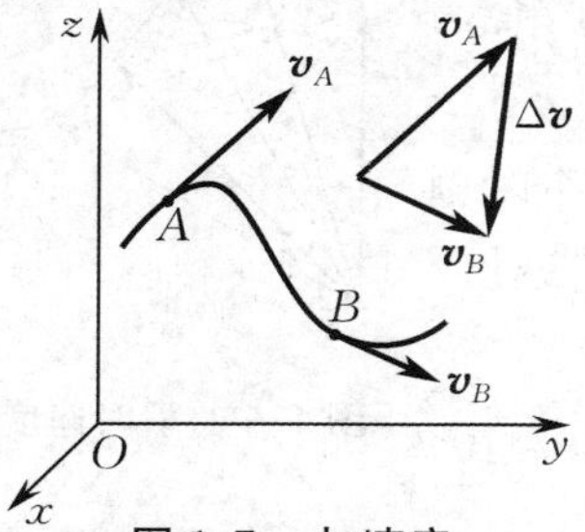

图1.7 加速度

$$\bar{\boldsymbol{a}}=\frac{\Delta\boldsymbol{v}}{\Delta t}.\tag{1.18}$$

平均加速度是矢量,表示质点在确定时间间隔Δt内速度改变的快慢和方向,大小为$\left|\frac{\Delta\boldsymbol{v}}{\Delta t}\right|$,方向就是质点在这段时间内速度增量的方向.

2. 瞬时加速度

平均加速度反映的是一段时间内速度的平均变化情况,是粗略的描述.为了精确地描述速度的变化情况,与速度的定义类似,当Δt无限趋于零时,平均加速度的极限就是**瞬时加速度**(在本书中没有特别说明的"加速度"均指"瞬时加速度"),即

$$\boldsymbol{a}=\lim_{\Delta t\to 0}\frac{\Delta\boldsymbol{v}}{\Delta t}=\frac{d\boldsymbol{v}}{dt}=\frac{d^2\boldsymbol{r}}{dt^2}.\tag{1.19}$$

由微积分知识可知,加速度就是速度对时间的一阶导数,是位置矢量对时间的二阶导数.在国际单位制中,加速度的单位为米每二次方秒(m/s^2).

在空间直角坐标系中,加速度可表示为

$$\begin{aligned}\boldsymbol{a}=\frac{d\boldsymbol{v}}{dt}&=\frac{dv_x}{dt}\boldsymbol{i}+\frac{dv_y}{dt}\boldsymbol{j}+\frac{dv_z}{dt}\boldsymbol{k}=\frac{d^2x}{dt^2}\boldsymbol{i}+\frac{d^2y}{dt^2}\boldsymbol{j}+\frac{d^2z}{dt^2}\boldsymbol{k}\\&=a_x\boldsymbol{i}+a_y\boldsymbol{j}+a_z\boldsymbol{k},\end{aligned}\tag{1.20}$$

其分量表达式为

$$a_x=\frac{dv_x}{dt}=\frac{d^2x}{dt^2},\quad a_y=\frac{dv_y}{dt}=\frac{d^2y}{dt^2},\quad a_z=\frac{dv_z}{dt}=\frac{d^2z}{dt^2},\tag{1.21}$$

即加速度在各坐标轴的投影等于相应速度分量对时间的一阶导数,也等于相应位置坐标对时间的二阶导数.加速度是矢量,其大小可表示为

$$a=|\boldsymbol{a}|=\sqrt{a_x^2+a_y^2+a_z^2}.\tag{1.22}$$

加速度的方向沿无限小速度变化量的方向,它总是指向质点轨迹曲线凹的一侧.在空间直角坐标系中,加速度的方向也可用它的方向余弦来表示,即

$$\cos\alpha=\frac{a_x}{a},\quad\cos\beta=\frac{a_y}{a},\quad\cos\gamma=\frac{a_z}{a}.\tag{1.23}$$

当物体做加速直线运动时,物体的加速度的方向与速度的方向相同;当物体做减速直线运动时,物体的加速度的方向与速度的方向相反.当物体做曲线运动时,加速度的方向和速度的方向不在一条直线上,当两者成锐角时,速率增大,成钝角时,速率减小,成直角时,速率不变.

从位置矢量、速度和加速度在直角坐标系中的表达式可以看出，任意曲线运动都可以看成沿三个坐标轴方向上的直线运动的叠加. 在分析实际问题时既可以采用矢量式也可以用分量式. 在质点运动学中，质点的运动方程是描述质点运动的核心，求出了运动方程，就可以确定任意时刻质点的运动状态.

1.3　直角坐标系中的两类运动学问题

1.3.1　已知运动方程(位置矢量)，计算速度和加速度

计算速度和加速度，一般采用求导的方法，位置矢量对时间的一阶导数即为速度，速度再对时间求一阶导数即为加速度. 在计算过程中，要注意各个物理量的矢量性，可采用矢量式或分量式进行计算.

例 1-2

已知质点位置矢量随时间变化的表达式为$\boldsymbol{r}=t^2\boldsymbol{i}+(3+4t)\boldsymbol{j}$(SI)，求：(1) 质点轨迹方程；(2) 前两秒的平均速度；(3) 2 s 时质点的速度、加速度的大小和方向.

解　(1) 由质点的运动方程可得其分量式为

$$x=t^2,\quad y=3+4t.$$

上述两式消去时间 t，可得质点轨迹方程为

$$16x=(y-3)^2.$$

由此可知，质点做抛物线运动.

(2) 0 s 和 2 s 的位置矢量分别为

$$\boldsymbol{r}(0)=3\boldsymbol{j}(\mathrm{m}),\quad \boldsymbol{r}(2)=4\boldsymbol{i}+11\boldsymbol{j}(\mathrm{m}).$$

前两秒位移为

$$\Delta\boldsymbol{r}=\boldsymbol{r}(2)-\boldsymbol{r}(0)=4\boldsymbol{i}+8\boldsymbol{j}(\mathrm{m}).$$

前两秒的平均速度为

$$\bar{\boldsymbol{v}}=\frac{\Delta\boldsymbol{r}}{\Delta t}=2\boldsymbol{i}+4\boldsymbol{j}(\mathrm{m/s}).$$

(3) 求位置矢量对时间的一阶导数，得速度表达式为

$$\boldsymbol{v}=\frac{\mathrm{d}\boldsymbol{r}}{\mathrm{d}t}=2t\boldsymbol{i}+4\boldsymbol{j}(\mathrm{m/s}).$$

求速度对时间的一阶导数，得加速度表达式为

$$\boldsymbol{a}=\frac{\mathrm{d}\boldsymbol{v}}{\mathrm{d}t}=2\boldsymbol{i}(\mathrm{m/s^2}).$$

将 $t=2$ s 代入以上两式，得

$$\boldsymbol{v}(2)=4\boldsymbol{i}+4\boldsymbol{j}(\mathrm{m/s}),\quad \boldsymbol{a}(2)=2\boldsymbol{i}(\mathrm{m/s^2}).$$

速度的大小为

$$v(2)=\sqrt{4^2+4^2}\ \mathrm{m/s}\approx 5.66\ \mathrm{m/s}.$$

因

$$\cos\alpha=\frac{v_x}{v}=\frac{\sqrt{2}}{2},$$

故速度的方向与 x 轴正方向成 45°.

加速度的大小 $a(2)=2\ \mathrm{m/s^2}$，其方向沿 x 轴正方向.

1.3.2　已知加速度(速度)及初始条件，计算速度和运动方程

这类问题是前一类问题的逆问题，求导的逆运算是积分，故采用积分运算. 加速度对时间的积分即为速度，速度对时间的积分就是运动方程. 积分过程可采用不定积分运算，即

$$\boldsymbol{v}=\int\boldsymbol{a}\mathrm{d}t+\boldsymbol{C}_1,\quad \boldsymbol{r}=\int\boldsymbol{v}\mathrm{d}t+\boldsymbol{C}_2,\tag{1.24}$$

其中 $\boldsymbol{C}_1$,$\boldsymbol{C}_2$ 为积分常量. 它们的分量计算式为

$$v_x=\int a_x\mathrm{d}t+C_{1x},\quad v_y=\int a_y\mathrm{d}t+C_{1y},\quad v_z=\int a_z\mathrm{d}t+C_{1z},$$

$$x=\int v_x\mathrm{d}t+C_{2x},\quad y=\int v_y\mathrm{d}t+C_{2y},\quad z=\int v_z\mathrm{d}t+C_{2z},\tag{1.25}$$

其中所有积分常量由初始条件确定.

也可用定积分计算.定积分运算的积分下限由初始条件确定.

例 1-3

质点以恒定加速度 a 在 x 轴上运动,开始时速度为 v_0,处在 $x=x_0$ 的位置,求质点在任意时刻的速度和位置.

解 由题可知质点做一维直线运动,只有一个运动方向,故直接采用分量式

$$v=\int a\mathrm{d}t+C_1=at+C_1. \quad ①$$

$t=0$ 时 $v=v_0$,代入上式,得 $C_1=v_0$,速度表达式为

$$v=v_0+at, \quad ②$$

所以运动方程为

$$x=\int v\mathrm{d}t+C_2=\int(v_0+at)\mathrm{d}t+C_2$$

$$=v_0t+\frac{1}{2}at^2+C_2. \quad ③$$

$t=0$ 时 $x=x_0$,代入上式,得 $C_2=x_0$,运动方程表达式为

$$x=x_0+v_0t+\frac{1}{2}at^2. \quad ④$$

②,④ 两式消去时间 t,可得 x 与 v 的关系

$$v^2-v_0^2=2a(x-x_0).$$

这就是我们熟知的匀变速直线运动公式.

对于斜抛运动,当物体以与 x 轴正方向成 θ 角的初速度 $\boldsymbol{v}_0$ 抛出时,取向上为正方向,如图 1.8 所示,忽略空气阻力,有 $a_x=0,a_y=-g,x_0=y_0=0,v_{0x}=v_0\cos\theta,v_{0y}=v_0\sin\theta$.代入例 1-3 中的 ②,④ 两式,可得斜抛运动的速度和运动方程分别为

$$\begin{cases}v_x=v_0\cos\theta,\\ v_y=v_0\sin\theta-gt;\end{cases}$$

$$\begin{cases}x=v_0t\cos\theta,\\ y=v_0t\sin\theta-\dfrac{1}{2}gt^2.\end{cases}$$

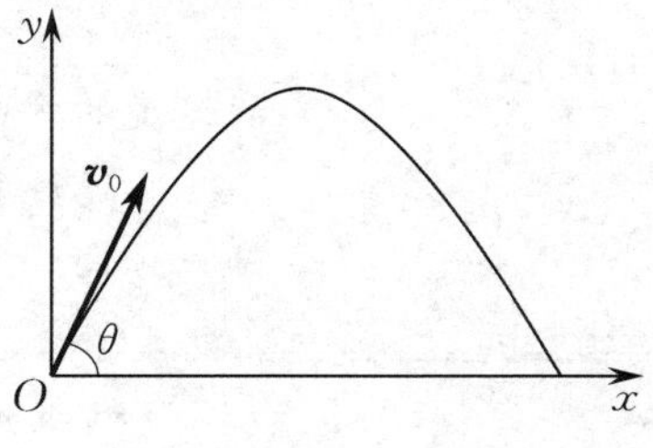

图 1.8 斜抛运动

当 $\theta=90°$(竖直上抛)时,有

$$v_y=v_0-gt,\quad y=v_0t-\frac{1}{2}gt^2.$$

这就是我们熟知的物体竖直上抛运动公式.

例 1-4

两车M和N相距一定距离，在同一时刻从静止出发，做同向的直线运动，加速度分别为

$$a_M = 4\ m/s^2,$$

$$a_N = 17.5 - 0.77t^3 (m/s^2),$$

在M运动了32 m时，N追上了M，问：(1) N经过多长时间才追上M？(2) 开始时两车相距多远？

解　(1) 因M车做匀加速直线运动，故N追上M时，有

$$x_M = \frac{1}{2}a_M t^2 = 32\ m,$$

得

$$t = \sqrt{\frac{2\times 32}{4}}\ s = 4\ s.$$

(2) M从0 s到4 s的时间里走了32 m，若求出N从0 s到4 s的距离，就能得到两车的初始距离. 可对 a_N 积分求出速度，再对速度积分求出位移.

以N的出发点为坐标原点，由 $a_N = \frac{dv_N}{dt}$ 可得 $dv_N = a_N dt$，两边积分（注意上下限），得

$$\int_0^{v_N} dv_N = \int_0^t (17.5 - 0.77t^3)dt,$$

解得

$$v_N = 17.5t - \frac{0.77t^4}{4}.$$

同理，由 $v_N = \frac{dx_N}{dt}$ 得 $dx_N = v_N dt$，两边积分，得

$$\int_0^{x_N} dx_N = \int_0^t \left(17.5t - \frac{0.77t^4}{4}\right)dt,$$

解得

$$x_N = \frac{17.5t^2}{2} - \frac{0.77t^5}{20}.$$

当 $t = 4$ s时，

$$x_N = \left(\frac{17.5\times 4^2}{2} - \frac{0.77\times 4^5}{20}\right)m$$
$$\approx 100.6\ m.$$

所以，开始时两车相距

$$x_{NM} = x_N - x_M = 68.6\ m.$$

例 1-5

跳水运动员从10 m高的跳台自由下落，入水后其加速度与速度的关系为 $a = -kv^2$，$k = 0.4\ m^{-1}$. 泳池的深度为5 m，求运动员触及池底时的速度.

分析　本题已知的是加速度与速度的关系，求的是质点速度随位置的变化，因此要做变换 $a = \frac{dv}{dt} = \frac{dv}{dy}\cdot\frac{dy}{dt} = v\frac{dv}{dy}$（此种变换在今后的解题过程中也会经常遇到，需要掌握）.

解　取竖直向下为正方向，运动员自由下落至水面的速度为

$$v_0 = \sqrt{2gh} = \sqrt{2\times 9.8\times 10}\ m/s$$
$$= 14\ m/s.$$

入水后，由 $a = v\frac{dv}{dy} = -kv^2$ 变换后，得

$$\frac{dv}{v} = -k dy,$$

两边积分，得

$$\int_{v_0}^{v} \frac{dv}{v} = \int_0^y -k dy,$$

解得运动员的速度和水深的关系为

$$v = v_0 e^{-ky}.$$

将 $v_0 = 14\ m/s$，$k = 0.4\ m^{-1}$，$y = 5$ m代入上式，可得运动员触及池底时的速度为

$$v \approx 1.89\ m/s.$$

1.4 圆周运动

运动轨迹是固定的圆周的运动称为圆周运动，它是运动学中研究的重要运动形式之一. 对圆周运动的描述通常采用两种方法：自然坐标系中的线量描述和角量描述. 从对圆周运动的描述可以导出对任意曲线运动在自然坐标系中的描述.

1.4.1 圆周运动的线量描述

1. 匀速圆周运动

如图 1.9 所示，一质点绕 O 点沿顺时针方向做匀速圆周运动，圆周半径为 R，质点速度的大小为 v. 选 A 点为坐标原点，顺时针沿圆周建立坐标轴. t 时刻，质点在 P_1 点，路程为 s，速度为 $\boldsymbol{v}_1$；$t+\Delta t$ 时刻，质点运动到 P_2 点，路程为 $s+\Delta s$，速度为 $\boldsymbol{v}_2$，相对 P_1 点转过的角度为 θ.

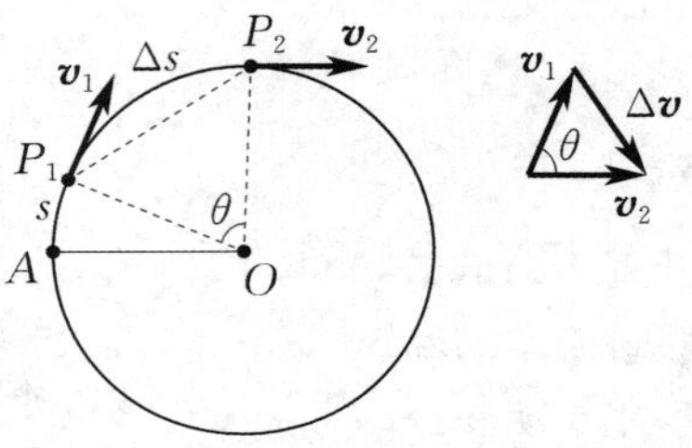

图 1.9 匀速圆周运动速度的变化

质点的速度始终沿切向方向，且无限小位移的大小等于无限小路程，故由速度定义有

$$\boldsymbol{v}=\frac{\mathrm{d}\boldsymbol{r}}{\mathrm{d}t}=\frac{|\mathrm{d}\boldsymbol{r}|}{\mathrm{d}t}\boldsymbol{e}_\mathrm{t}=\frac{\mathrm{d}s}{\mathrm{d}t}\boldsymbol{e}_\mathrm{t}=v\boldsymbol{e}_\mathrm{t},\tag{1.26}$$

即速度等于速率乘以切向单位矢量.

由加速度定义有

$$\boldsymbol{a}=\frac{\mathrm{d}\boldsymbol{v}}{\mathrm{d}t}=\lim_{\Delta t\to 0}\frac{\Delta\boldsymbol{v}}{\Delta t}=\lim_{\Delta t\to 0}\frac{\boldsymbol{v}_2-\boldsymbol{v}_1}{\Delta t}.\tag{1.27}$$

由几何关系可知 $\boldsymbol{v}_1,\boldsymbol{v}_2,\Delta\boldsymbol{v}$ 所围成的三角形与 $\triangle OP_1P_2$ 相似(见图 1.9)，则

$$\frac{|\Delta\boldsymbol{v}|}{\overline{P_1P_2}}=\frac{v}{R}.\tag{1.28}$$

当 Δt 趋于零时，θ 趋于零，P_1 与 P_2 无限靠近，P_1P_2 的距离趋于弧长 Δs，$\boldsymbol{v}_1$，$\boldsymbol{v}_2$ 趋于重合，$\Delta\boldsymbol{v}$ 和 $\boldsymbol{v}_1$，$\boldsymbol{v}_2$ 垂直，即沿法线方向，故

$$\Delta\boldsymbol{v}=\Delta s\,\frac{v}{R}\boldsymbol{e}_\mathrm{n}.\tag{1.29}$$

代入式(1.27)，可得

$$\boldsymbol{a}=\lim_{\Delta t\to 0}\frac{\Delta\boldsymbol{v}}{\Delta t}=\lim_{\Delta t\to 0}\frac{\Delta s}{\Delta t}\cdot\frac{v}{R}\boldsymbol{e}_\mathrm{n}=\frac{\mathrm{d}s}{\mathrm{d}t}\cdot\frac{v}{R}\boldsymbol{e}_\mathrm{n}=\frac{v^2}{R}\boldsymbol{e}_\mathrm{n}.\tag{1.30}$$

由此可见，匀速圆周运动的加速度大小为 $\dfrac{v^2}{R}$，是一个常量，方向沿法线方向指向圆心，总与速度方向垂直，它只改变速度的方向，不改变速度的大小.

2. 变速圆周运动

如图 1.10 所示，质点绕 O 点沿顺时针方向做变速圆周运动，圆周半径为 R. 选 A 点为坐标原点，顺时针沿圆周建立坐标轴. t 时刻，质点在 P_1 点，路程为 s，速度为 $\boldsymbol{v}_1$；$t+\Delta t$ 时刻，质点运动到 P_2 点，路程为 $s+\Delta s$，速度为 $\boldsymbol{v}_2$，相对 P_1 点转过的角度为 θ. 显然，在这一过程中，质点速度的大小和方向都在改变. 速度的增量为 $\Delta\boldsymbol{v}=\boldsymbol{v}_2-\boldsymbol{v}_1$，可以将其分解为两部分，一部分引起速度方向的变化，另一部分引起速度大小的变化. 为此，将 $\boldsymbol{v}_2$ 分为两段，一段与 $\boldsymbol{v}_1$ 的长度(大小)相同，另一段用 $\Delta\boldsymbol{v}_t$ 表示. 联结 $\boldsymbol{v}_1$ 的端点和 $\boldsymbol{v}_2$ 的分界点，形成矢量 $\Delta\boldsymbol{v}_n$，则速度增量 $\Delta\boldsymbol{v}$ 可表示为

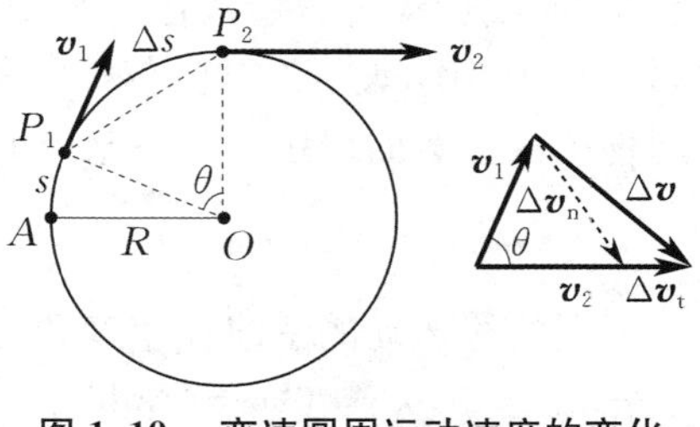

图 1.10　变速圆周运动速度的变化

$$\Delta\boldsymbol{v}=\Delta\boldsymbol{v}_n+\Delta\boldsymbol{v}_t, \tag{1.31}$$

其中，$\Delta\boldsymbol{v}_n$ 不改变原速度的大小，只改变了原速度的方向；$\Delta\boldsymbol{v}_t$ 体现了速度大小的改变. 质点加速度可表示为

$$\boldsymbol{a}=\frac{\mathrm{d}\boldsymbol{v}}{\mathrm{d}t}=\lim_{\Delta t\to 0}\frac{\Delta\boldsymbol{v}}{\Delta t}=\lim_{\Delta t\to 0}\frac{\Delta\boldsymbol{v}_n}{\Delta t}+\lim_{\Delta t\to 0}\frac{\Delta\boldsymbol{v}_t}{\Delta t}. \tag{1.32}$$

对比式(1.30)，式(1.32)中第一项即为法向加速度

$$\boldsymbol{a}_n=\frac{v^2}{R}\boldsymbol{e}_n. \tag{1.33}$$

$\Delta\boldsymbol{v}_t$ 沿 $\boldsymbol{v}_2$ 方向，即切线方向，其大小为 v_2 和 v_1 的差值，故

$$\Delta\boldsymbol{v}_t=(v_2-v_1)\boldsymbol{e}_t=(\Delta v)\boldsymbol{e}_t.$$

式(1.32)中第二项为

$$\lim_{\Delta t\to 0}\frac{\Delta\boldsymbol{v}_t}{\Delta t}=\boldsymbol{e}_t\lim_{\Delta t\to 0}\frac{\Delta v}{\Delta t}=\frac{\mathrm{d}v}{\mathrm{d}t}\boldsymbol{e}_t, \tag{1.34}$$

沿切线方向，称为切向加速度，其大小为速率的变化率，故切向加速度只改变速度的大小.

综合以上分析，变速圆周运动的加速度可以分解为相互垂直的法向加速度和切向加速度，即

$$\boldsymbol{a}=\boldsymbol{a}_n+\boldsymbol{a}_t=\frac{v^2}{R}\boldsymbol{e}_n+\frac{\mathrm{d}v}{\mathrm{d}t}\boldsymbol{e}_t, \tag{1.35}$$

其中，法向加速度 $\boldsymbol{a}_n$ 指向圆心，改变速度的方向；切向加速度 $\boldsymbol{a}_t$ 沿切线方向，改变速度的大小. 质点的总加速度大小 $a=\sqrt{a_n^2+a_t^2}$，方向通常用和切线方向的夹角 φ 来确定，$\tan\varphi=\dfrac{a_n}{a_t}$，如图 1.11 所示.

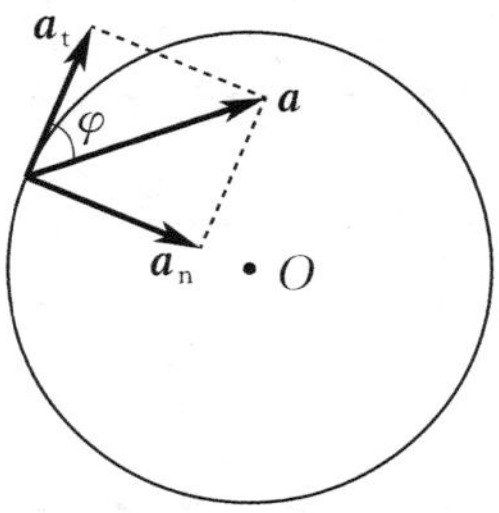

图 1.11　切向加速度和法向加速度

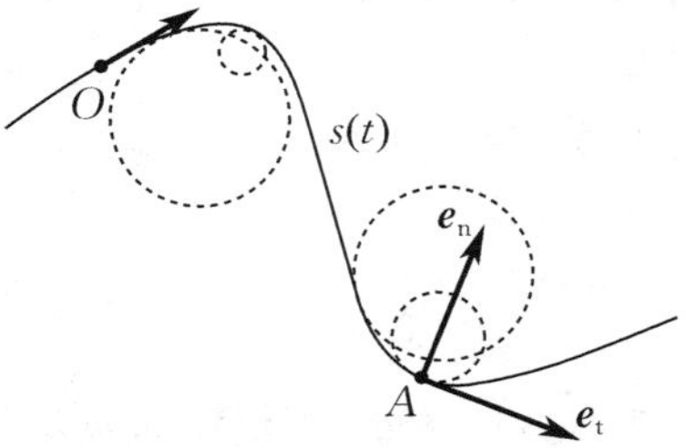

图 1.12　一般曲线运动

3. 一般曲线运动

如图 1.12 所示，质点做平面曲线运动，取曲线上 O 点为坐标原点，沿曲线建立坐标轴，前进方向为正方向，矢量可以沿切向和法向进行分解. 质点速度沿切线方向的表达式仍为

$$\boldsymbol{v}=\frac{\mathrm{d}\boldsymbol{r}}{\mathrm{d}t}=\frac{\mathrm{d}s}{\mathrm{d}t}\boldsymbol{e}_{\mathrm{t}}=v\boldsymbol{e}_{\mathrm{t}}. \tag{1.36}$$

为获得加速度表达式,可以将曲线分割成众多的小微元,每一段小微元总能与一段圆弧重合.也就是说,曲线运动可以看成由一系列半径不同的圆周运动构成,每段圆弧的半径称为曲线在该点的曲率半径,用ρ表示.因此,仅需将式(1.35)中圆周运动的半径R换为曲线的曲率半径ρ,就可以得到物体做一般曲线运动时在某点的加速度,即

$$\boldsymbol{a}=\boldsymbol{a}_{\mathrm{n}}+\boldsymbol{a}_{\mathrm{t}}=\frac{v^2}{\rho}\boldsymbol{e}_{\mathrm{n}}+\frac{\mathrm{d}v}{\mathrm{d}t}\boldsymbol{e}_{\mathrm{t}}. \tag{1.37}$$

根据曲线运动的法向加速度和切向加速度的取值,可以对质点运动做如下分类:

若$a_{\mathrm{n}}=0$,$a_{\mathrm{t}}=0$,$v=$常量,$\rho\to\infty$,则物体做匀速直线运动;

若$a_{\mathrm{n}}=0$,$a_{\mathrm{t}}\neq0$,$v\neq$常量,$\rho\to\infty$,则物体做变速直线运动;

若$a_{\mathrm{n}}\neq0$,$a_{\mathrm{t}}=0$,$v=$常量,ρ为有限值,则物体做匀速圆周运动;

若$a_{\mathrm{n}}\neq0$,$a_{\mathrm{t}}\neq0$,$v\neq$常量,ρ为有限值,则物体做一般曲线运动或变速圆周运动($\rho=$常量时).

例 1-6

汽车在半径为 200 m 的圆弧形公路上刹车,刹车后汽车的运动方程为 $s=20t-0.2t^3$(SI),求汽车在 $t=2$ s 时的加速度.

解 根据加速度、速率的定义,有

$$\boldsymbol{a}=\boldsymbol{a}_{\mathrm{n}}+\boldsymbol{a}_{\mathrm{t}}=\frac{v^2}{R}\boldsymbol{e}_{\mathrm{n}}+\frac{\mathrm{d}v}{\mathrm{d}t}\boldsymbol{e}_{\mathrm{t}},$$

$$v=\frac{\mathrm{d}s}{\mathrm{d}t}=20-0.6t^2,$$

$$a_{\mathrm{n}}=\frac{v^2}{R}=\frac{(20-0.6t^2)^2}{R},$$

$$a_{\mathrm{t}}=\frac{\mathrm{d}v}{\mathrm{d}t}=-1.2t.$$

将$R=200$ m及$t=2$ s代入以上各式,得

$$v=17.6\ \mathrm{m/s},$$

$$a_{\mathrm{n}}=\frac{v^2}{R}=\frac{17.6^2}{200}\ \mathrm{m/s^2}=1.55\ \mathrm{m/s^2},$$

$$a_{\mathrm{t}}=-1.2\times2\ \mathrm{m/s^2}=-2.4\ \mathrm{m/s^2},$$

$$a=\sqrt{a_{\mathrm{n}}^2+a_{\mathrm{t}}^2}=\sqrt{1.55^2+(-2.4)^2}\ \mathrm{m/s^2}\approx2.86\ \mathrm{m/s^2}.$$

设加速度方向与切向的夹角为φ,则

$$\tan\varphi=\frac{a_{\mathrm{n}}}{a_{\mathrm{t}}}=\frac{1.55}{-2.4}\approx-0.65,$$

解得

$$\varphi\approx147°9'.$$

例 1-7

如图 1.13 所示,以 30 m/s 的速度水平抛出一小球,试求 5 s 后小球的加速度的切向分量和法向分量.

解 由题意可知,小球做平抛运动,它的运动方程为

$$x=v_0t,\quad y=\frac{1}{2}gt^2.$$

将上两式对时间求导,可得速度的分量为

$$v_x=\frac{\mathrm{d}x}{\mathrm{d}t}=\frac{\mathrm{d}}{\mathrm{d}t}(v_0t)=v_0,$$

$$v_y=\frac{\mathrm{d}y}{\mathrm{d}t}=\frac{\mathrm{d}}{\mathrm{d}t}\left(\frac{1}{2}gt^2\right)=gt.$$

因而小球在 t 时刻速度的大小为

$$v=\sqrt{v_x^2+v_y^2}=\sqrt{v_0^2+(gt)^2},$$

故小球在 t 时刻切向加速度的大小为

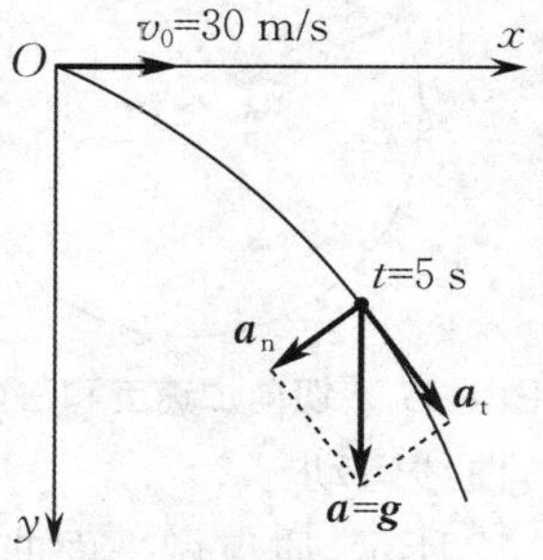

图 1.13

$$a_t = \frac{dv}{dt} = \frac{d}{dt}\sqrt{v_0^2 + (gt)^2} = \frac{g^2 t}{\sqrt{v_0^2 + (gt)^2}}.$$

因为小球做加速度 $\boldsymbol{a} = \boldsymbol{g}$ 的平抛运动，所以在任意时刻，它的切向加速度与法向加速度都满足

$$\boldsymbol{g} = \boldsymbol{a}_n + \boldsymbol{a}_t,$$

且 $\boldsymbol{a}_n$ 与 $\boldsymbol{a}_t$ 互相垂直. 法向加速度的大小为

$$a_n = \sqrt{g^2 - a_t^2} = \frac{gv_0}{\sqrt{v_0^2 + (gt)^2}}.$$

代入数据，得

$$a_t = \frac{9.8^2 \times 5}{\sqrt{30^2 + (9.8 \times 5)^2}}\ \mathrm{m/s^2} \approx 8.36\ \mathrm{m/s^2},$$

$$a_n = \frac{9.8 \times 30}{\sqrt{30^2 + (9.8 \times 5)^2}}\ \mathrm{m/s^2} \approx 5.12\ \mathrm{m/s^2}.$$

注：本题在计算法向加速度时，可以先写出轨迹方程，再算出曲率半径和速度大小，最后算出法向加速度. 但是这样计算是相当复杂的，读者可自己验证.

1.4.2　圆周运动的角量描述

1. 角位置　角位移

圆周运动除用线量描述外，还可以用角量描述. 如图 1.14 所示，一质点在平面内绕 O 点做圆周运动，圆周半径为 R，过圆心 O 任意作一条射线为 x 轴. t 时刻，质点在 P_1 点，路程为 s，位置矢量与 x 轴的夹角为 θ；$t+\Delta t$ 时刻，质点运动到 P_2 点，路程为 $s+\Delta s$，位置矢量与 x 轴的夹角为 $\theta+\Delta\theta$. 显然，确定位置矢量与 x 轴的夹角，就能确定质点所在的位置，故称位置矢量与 x 轴的夹角为**角位置**（**角坐标**）. 在 Δt 时间内，质点相对 O 点转过的角度为 $\Delta\theta$ 称为**角位移**. 对于平面运动来说，角位移是一个标量，一般规定沿逆时针转向的角位移为正. 在国际单位制中，角位置的单位为弧度(rad). 因此，质点做圆周运动时以角坐标表示的运动方程为

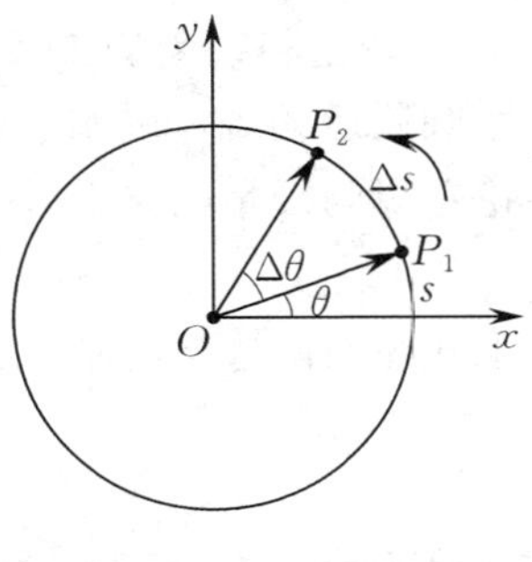

图 1.14　角位置与角位移

$$\theta = \theta(t), \tag{1.38}$$

角位置与路程的关系为

$$s = R\theta. \tag{1.39}$$

2. 角速度

与速度的定义相仿，为了描述角位置随时间变化的快慢，引入角速度. 角位移 $\Delta\theta$ 与发生角位移所用的时间 Δt 的比值称为质点在 Δt 时间内对 O 点的**平均角速度**，用 $\bar{\omega}$ 表示，即

$$\bar{\omega} = \frac{\Delta\theta}{\Delta t}. \tag{1.40}$$

当 Δt 趋于零时，平均角速度的极限称为**瞬时角速度**，简称**角速度**，用 ω 表示，即

$$\omega = \lim_{\Delta t \to 0}\frac{\Delta\theta}{\Delta t} = \frac{d\theta}{dt}. \tag{1.41}$$

角速度等于做圆周运动的质点的角位置对时间的一阶导数.

对于平面运动来说，角速度是标量，有正、负，逆时针为正，顺时针为负. 在国际单位制中，其单位为弧度每秒(rad/s). 在工程技术中，角速度常用每分钟转数（每分钟转过的圈数）n 表示（单位为 r/min). 取以上单位时，角速度的大小与每分钟转数的关系为

$$\omega = \frac{2\pi n}{60}. \tag{1.42}$$

3. 角加速度

在图 1.14 中,设质点在 t 时刻的角速度为 ω_1,在 $t+\Delta t$ 时刻的角速度为 ω_2,则角速度在 Δt 时间内的增量 $\Delta\omega=\omega_2-\omega_1$ 与时间 Δt 的比值称为 Δt 时间内质点对 O 点的**平均角加速度**,用 $\bar{\beta}$ 表示,即

$$\bar{\beta}=\frac{\Delta\omega}{\Delta t}=\frac{\omega_2-\omega_1}{\Delta t}. \tag{1.43}$$

当 Δt 趋于零时,平均角加速度的极限就叫作质点在 t 时刻对 O 点的**瞬时角加速度**,简称**角加速度**,用 β 表示,即

$$\beta=\lim_{\Delta t\to 0}\frac{\Delta\omega}{\Delta t}=\frac{\mathrm{d}\omega}{\mathrm{d}t}=\frac{\mathrm{d}^2\theta}{\mathrm{d}t^2}. \tag{1.44}$$

角加速度等于质点做圆周运动的角速度对时间的一阶导数,也等于角位置对时间的二阶导数.

在国际单位制中,角加速度的单位是弧度每二次方秒($\mathrm{rad/s^2}$). 当质点做匀速圆周运动时,角速度 ω 是常量,角加速度 $\beta=0$;当质点做变速圆周运动时,角速度 ω 不是常量,角加速度 β 一般也不是常量. 若 β 为常量,则质点做匀变速圆周运动.

4. 角量和线量的关系

圆周运动既可以用线量($s,\Delta s,\boldsymbol{v},\boldsymbol{a}_\mathrm{n}$ 及 $\boldsymbol{a}_\mathrm{t}$)来描述,也可以用角量($\theta,\Delta\theta,\omega$ 和 β)来描述. 这里讨论角量与线量的关系. 从图 1.14 和几何关系可以得到式(1.39),即

$$s=R\theta,$$

对上式左右两边同时求时间 t 的导数,得

$$v=\frac{\mathrm{d}s}{\mathrm{d}t}=R\frac{\mathrm{d}\theta}{\mathrm{d}t}=R\omega, \tag{1.45}$$

即质点运动速率等于半径与角速度的乘积. 对式(1.45)左右两边同时再求时间 t 的导数,得

$$a_\mathrm{t}=\frac{\mathrm{d}v}{\mathrm{d}t}=\frac{\mathrm{d}^2s}{\mathrm{d}t^2}=R\frac{\mathrm{d}\omega}{\mathrm{d}t}=R\beta, \tag{1.46}$$

即切向加速度的大小等于半径与角加速度的乘积. 由法向加速度表达式(1.33)和式(1.45)得

$$a_\mathrm{n}=\frac{v^2}{R}=\omega^2R. \tag{1.47}$$

在以上推导过程中,将角位移、角速度和角加速度均视为标量,这在平面运动中是成立的. 在三维空间中转动时,转轴和半径都可能发生变化,角位移、角速度和角加速度应视为关于时间的矢量函数,角量和线量关系式会有所不同. 有兴趣的读者可以参看力学方面的教材,此处不再讨论.

例 1-8

一质点做匀变速圆周运动,角加速度 β 为已知的常量. 当 $t=0$ 时,$\omega=\omega_0$,$\theta=\theta_0$,求质点的角速度和角位置.

分析 角速度是角位置对时间的一阶导数,角加速度是角速度对时间的一阶导数. 本题已知角加速度,求角速度、角位置,只需将角加速度对时间积分即可. 求定积分时应注意积分上下限.

解 由 $\beta=\frac{\mathrm{d}\omega}{\mathrm{d}t}$ 得 $\mathrm{d}\omega=\beta\mathrm{d}t$,两边积分,得

$$\int_{\omega_0}^{\omega}\mathrm{d}\omega=\int_0^t\beta\mathrm{d}t, \tag{①}$$

解得

$$\omega=\omega_0+\beta t. \quad ②$$

又由 $\omega=\frac{\mathrm{d}\theta}{\mathrm{d}t}$ 得 $\mathrm{d}\theta=\omega\mathrm{d}t$，两边积分，得

$$\int_{\theta_0}^{\theta}\mathrm{d}\theta=\int_0^t\omega\mathrm{d}t=\int_0^t(\omega_0+\beta t)\mathrm{d}t, \quad ③$$

解得

$$\theta=\theta_0+\omega_0 t+\frac{1}{2}\beta t^2. \quad ④$$

②，④ 两式消去时间 t，可得 θ 与 ω 的关系为

$$\omega^2-\omega_0^2=2\beta(\theta-\theta_0). \quad ⑤$$

读者可自行将以上匀变速圆周运动的公式与例 1－3 中匀变速直线运动公式比较，分析两类运动公式的异同.

例 1－9

质点做半径为 R 的圆周运动，按 $s=ct-\frac{1}{2}bt^2$ 规律运动，式中 s 为路程，b，c 的取值为正常数，求：(1) t 时刻质点的角速度和角加速度；(2) 当切向加速度等于法向加速度时，质点运动经历的时间.

解　(1) 质点做圆周运动，有 $s=R\theta$，所以

$$\theta=\frac{s}{R}=\frac{1}{R}\left(ct-\frac{1}{2}bt^2\right).$$

根据角速度的定义，有

$$\omega=\frac{\mathrm{d}\theta}{\mathrm{d}t}=\frac{c}{R}-\frac{b}{R}t.$$

根据角加速度的定义，有

$$\beta=\frac{\mathrm{d}\omega}{\mathrm{d}t}=\frac{\mathrm{d}^2\theta}{\mathrm{d}t^2}=-\frac{b}{R}.$$

(2) 在圆周运动中，根据角量与线量的关系有

$$a_{\mathrm{t}}=R\beta=-b,$$

$$a_{\mathrm{n}}=R\omega^2=\frac{1}{R}(c-bt)^2.$$

当 $|a_{\mathrm{t}}|=|a_{\mathrm{n}}|$ 时，有

$$b=\frac{1}{R}(c-bt)^2,$$

即

$$b^2t^2-2bct+(c^2-bR)=0,$$

解得

$$t=\frac{c}{b}\pm\sqrt{\frac{R}{b}}\left(\frac{c}{b}-\sqrt{\frac{R}{b}}\text{ 小于 0 时舍去}\right).$$

1.5　伽利略变换　相对运动

运动描述的相对性表明，必须先确定参考系，才能对物体的运动进行定量的描述. 换句话说，物体是运动的还是静止的，只有相对于确定的参考系才有意义. 描述质点运动的许多物理量如位置矢量、速度、加速度等，都具有这种相对性. 例如，在无风的雨天，站在地面的观察者(选地面为参考系) 会看到雨从空中竖直下落，而在行驶的火车中的乘客(选火车为参考系) 看来，雨滴却是从空中沿一斜线向自己迎面飘来，车速越快，倾斜得越厉害. 可见，即使是同一物体的运动，在不同参考系中的观察者看来也是不同的. 那么，车中乘客观测到的雨滴的运动速度和地面上的观察者观测到的雨滴的运动速度有什么关系呢？

为方便计算，通常把相对于观察者静止的参考系称为静止参考系(记为 O 系)，相对于观察者运动的参考系称为运动参考系(记为 O' 系)，如图 1.15 所示. 把质点相对于静止系的位置矢量、速度、加速度等物理量称为绝对量，把质点相对于运动参考系的位置矢量、速度、加速度等物理量称为相对量. 运动参考系的坐标原点相对于静止参考系的坐标原点的位置矢量、速度、加速度等物理量称为牵连量.

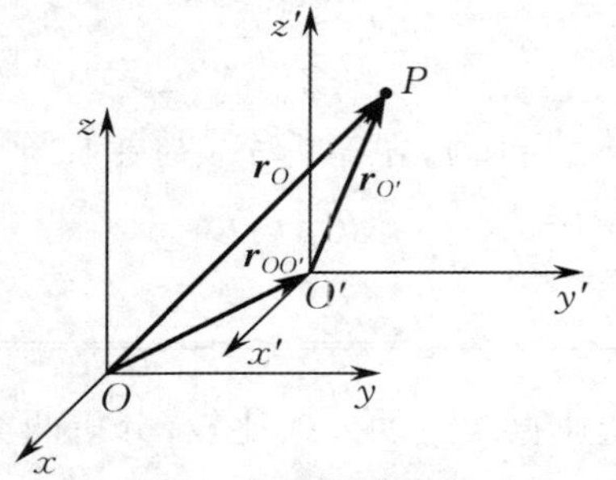

图 1.15　相对运动

设运动质点 P 在某时刻相对于 O 系的坐标原点的位置矢量为 $\boldsymbol{r}_O$，相对于 O' 系的坐标原点的位置矢量为 $\boldsymbol{r}_{O'}$，由图中几何关系及矢量运算法则有

$$\boldsymbol{r}_O = \boldsymbol{r}_{O'} + \boldsymbol{r}_{OO'}. \tag{1.48}$$

由于质点和运动参考系都在运动，上式中三个位置矢量都随时间变化，即它们都是时间的函数. 上式左右两边同时对时间求导，有

$$\frac{\mathrm{d}\boldsymbol{r}_O}{\mathrm{d}t} = \frac{\mathrm{d}\boldsymbol{r}_{O'}}{\mathrm{d}t} + \frac{\mathrm{d}\boldsymbol{r}_{OO'}}{\mathrm{d}t}.$$

由速度定义 $\boldsymbol{v} = \frac{\mathrm{d}\boldsymbol{r}}{\mathrm{d}t}$，上式变为

$$\boldsymbol{v}_O = \boldsymbol{v}_{O'} + \boldsymbol{v}_{OO'}. \tag{1.49}$$

对式(1.49) 再求时间的导数，并根据 $\boldsymbol{a} = \frac{\mathrm{d}\boldsymbol{v}}{\mathrm{d}t}$，得

$$\boldsymbol{a}_O = \boldsymbol{a}_{O'} + \boldsymbol{a}_{OO'}. \tag{1.50}$$

可见，质点相对于静止参考系的速度(绝对速度) 等于它相对于运动参考系的速度(相对速度) 和运动参考系相对于静止参考系的速度(牵连速度) 的矢量和；质点相对于静止参考系的加速度(绝对加速度) 等于它相对于运动参考系的加速度(相对加速度) 和运动参考系相对于静止参考系的加速度(牵连加速度) 的矢量和. 特别地，当两个参考系的相对速度(牵连速度) 为常矢量时，则牵连加速度为零，即两个参考系中观察到质点的加速度相同. 式(1.48)、式(1.49) 和式(1.50) 就是质点在不同参考系下各个运动物理量的变换，称为**伽利略变换**. 它是在低速运动的情况下得到的，各个参考系的时间也是一样的，即是在牛顿的绝对时空观下的变换.

例 1－10

在湖面上，A 船相对于地面以 3 m/s 的速度向东行驶，从 A 船上看到 B 船以 4 m/s 的速度从北面驶近. (1) 在地面上看，B 船的速度如何？(2) 如果 A 船的速度变为 6 m/s(方向不变)，在 A 船上看到 B 船的速度又为多少？

解　(1) 湖面上看到的 A 船相对于地面速度是牵连速度($v_1 = 3$ m/s)，相对速度是从 A 船上看到 B 船的速度($v_2 = 4$ m/s)，求的是 B 船对地的绝对速度.

根据伽利略变换，绝对速度为相对速度和牵连速度的矢量和. 画出矢量图，如图 1.16(a) 所示，由几何关系可得

$$v = \sqrt{v_1^2 + v_2^2} = \sqrt{3^2 + 4^2}\ \text{m/s} = 5\ \text{m/s}.$$

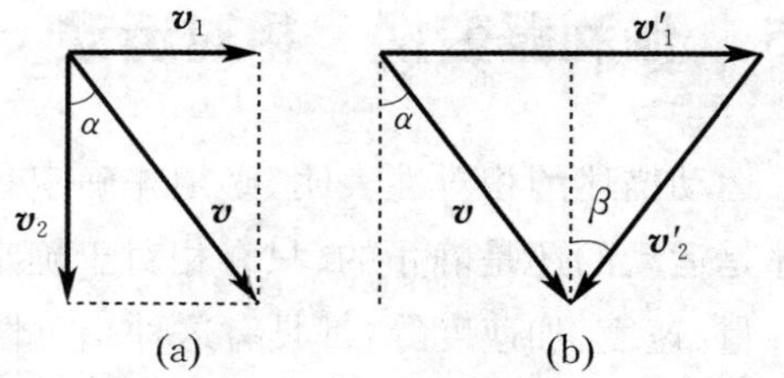

图 1.16

绝对速度与竖直方向的夹角满足

$$\tan\alpha = \left|\frac{v_1}{v_2}\right| = \frac{3}{4},$$

解得

$\alpha \approx 36.9°$(南偏东).

(2) B对地的速度不变,求相对速度.根据伽利略变换,相对速度等于绝对速度和牵连速度的矢量差.如图1.16(b)所示,由几何关系可得

$$v_1' - v_2' \sin\beta = v\sin\alpha,$$

$$v_2' \cos\beta = v\cos\alpha,$$

其中$v_1' = 6\ \text{m/s}$,$v = 5\ \text{m/s}$,$\alpha = 36.9°$.求解上述方程,可得

$$v_2' = 5\ \text{m/s},\quad \beta = 36.9°(\text{南偏西}\ 36.9°).$$

思考题1

1-1　在做匀速直线运动的火车中,有人从座位上竖直向上抛出一石块,问石块能回到抛出者的手中吗?车上静止的观察者和地上静止的观察者看石块运动的轨迹有何不同?

1-2　有人说:"分子很小,可将其当作质点,地球很大,不能当作质点."对吗?

1-3　$\left|\dfrac{\mathrm{d}\boldsymbol{v}}{\mathrm{d}t}\right| = 0$的运动是什么运动?$\dfrac{\mathrm{d}|\boldsymbol{v}|}{\mathrm{d}t} = 0$的运动又是什么运动?

1-4　已知质点的运动方程$\boldsymbol{r} = x(t)\boldsymbol{i} + y(t)\boldsymbol{j}$,求质点的速度和加速度大小.有人采用如下方法,先由$r = \sqrt{x^2 + y^2}$求出$r(t)$,再由$v = \dfrac{\mathrm{d}r}{\mathrm{d}t}$和$a = \dfrac{\mathrm{d}^2 r}{\mathrm{d}t^2}$求出质点速度和加速度的大小.你认为这种方法对吗?为什么?

1-5　物体在某一时刻开始出发,一段时间后,经过一曲折路径再回到出发点(速度大小与出发时相同,但方向不同),问:在该段时间内,路程、位移、平均速度、平均加速度为零吗?

1-6　在匀速圆周运动中,在时间Δt内,位移的方向与其极限方向是否相同?速度增量的方向与其极限方向是否相同?在匀加速圆周运动中,切向加速度的大小和方向是否改变?法向加速度的大小和方向是否改变?总加速度的大小和方向是否改变?

1-7　下列说法是否正确?

(1) 质点做圆周运动时的加速度指向圆心;

(2) 匀速圆周运动的加速度为常量;

(3) 只有法向加速度的运动一定是圆周运动;

(4) 只有切向加速度的运动一定是直线运动.

1-8　设从一点O以同样的速度,在同一竖直平面内沿各个不同方向同时抛出几个物体.试证明:在任意时刻,这几个物体总是散落在一圆周上.

习题1

1-1　一人自坐标原点出发,经20 s向东走了25 m,又用15 s向北走了20 m,再经过10 s向西南方向走了15 m,求:

(1) 全过程的位移和路程;

(2) 全过程的平均速度和平均速率.

1-2　一质点P沿半径$R = 3$ m的圆周做匀速圆周运动,运动一周所需时间为20 s,设$t = 0$时,质点位于O点.按图1.17所示的坐标系Oxy,求:

(1) 质点P在任意时刻的位置矢量;

(2) 5 s时的速度和加速度.

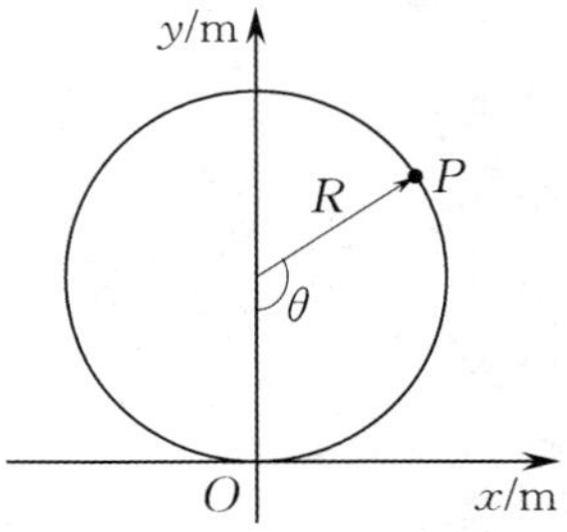

图1.17

1-3　已知一质点的运动方程为$x = 6t^2 - 2t^3$(SI),求:

(1) 第 2 s 内的平均速度；

(2) 第 3 s 末的速度；

(3) 第 1 s 末的加速度.

1-4 设质点的运动方程为

$$\boldsymbol{r}(t)=\left(9+4t-\frac{1}{2}t^2\right)\boldsymbol{i}+\left(6t+\frac{1}{3}t^3\right)\boldsymbol{j}(\mathrm{SI}),$$

求当 $t=2$ s 时，质点的速度 $\boldsymbol{v}$ 和加速度 $\boldsymbol{a}$.

1-5 已知质点的运动方程为

$$\begin{cases}x=-R\sin\omega t,\\ y=R(1-\cos\omega t),\end{cases}$$

式中 R,ω 为常量，试问质点做什么运动?其速度和加速度的大小为多少?

1-6 物体沿直线运动，其速度 $v=(t^3+3t^2+2)$m/s. 当 $t=2$ s 时，$x=4$ m，求此时物体的加速度以及 $t=3$ s 时物体的位置.

1-7 男子排球的球网高度为 2.43 m，球网两侧的场地大小都是 9.0 m×9.0 m. 一运动员发球时击球高度为 3.5 m，离网的水平距离是 8.5 m.

(1) 球以多大速度沿水平方向被击出时，才能使球正好落在对方后方边线上(发球方向垂直于球网)?

(2) 球以此速度被击出后过网时超过网高多少?

(3) 球以此速度被击出后落地时速率多大?

1-8 河宽为 d，靠岸处水流速度为零，中部的水流速度为 u_0，从岸边到中部，流速按比例增大，即 $u=ky$，$y<\frac{d}{2}$ 为离岸距离. 一人将船以不变的划速 v' 垂直于水流方向离岸划去，求船的运动方程、轨迹方程.

1-9 路灯距地面的高度为 h_1，一身高为 h_2 的人在路灯下以匀速 v_0 行走，试求人影顶端移动的速度 v.

1-10 一质点做半径 $r=10$ m 的圆周运动，其角位置 $\theta=(2+4t^2)$rad，试问：

(1) $t=2$ s 时，法向加速度和切向加速度各是多少?

(2) 当 θ 等于多少时，其总加速度与半径成 45°?

1-11 一质点在水平面内以顺时针方向做半径为 2 m 的圆周运动. 此质点的角速度与运动时间的平方成正比，即 $\omega=kt^2$ rad/s，式中 k 为常数. 已知质点在第 2 s 末的速度为 32 m/s，试求 $t=0.5$ s 时质点的速度与加速度.

1-12 一只在星际空间飞行的火箭，当它的燃料以恒定速率燃烧时，其运动方程可表示为 $x=ut+u\left(\frac{1}{b}-t\right)\ln(1-bt)$，其中，$u$ 是喷出气流相对火箭体的速度，是一个常量，b 是与燃烧速率成正比的一个常量.

(1) 求此火箭的速度；

(2) 求此火箭的加速度；

(3) 设 $u=3.0\times10^3$ m/s，$b=7.5\times10^{-3}$ s^{-1}，并设燃料在 120 s 内燃烧完，求 $t=0$ s 和 $t=120$ s 时的速度；

(4) 求 $t=0$ s 和 $t=120$ s 时的加速度.

1-13 以速度 v_0 做匀速直线运动的汽车，在关闭发动机后，它的加速度为 $a=-kv^2$，其中 k 为比例常数，v 是速度. 求：

(1) 关闭发动机后 t 时刻的速度；

(2) 关闭发动机后在 t 时间内前进的距离.

1-14 在一个刮风的日子里，一骑自行车的人向东而行，当他的速度是 10 m/s 时，他感到风从南方吹来，而当他的速度增加到 15 m/s 时，他感到风从东南方吹来，求风的速度大小.

第2章

力与运动

在运动学中,我们讨论了对质点运动状态的描述,但没有涉及质点运动状态变化的原因.而在这一章,我们将研究物体运动状态变化的原因及其相应的规律,即牛顿运动定律.牛顿运动定律在宏观低速领域内是较为完善、普适的理论,是经典力学的核心,是研究质点机械运动的基础,是质点动力学中的基本定律.数百年来,牛顿运动定律在工程技术领域有着广泛的应用.本章将介绍牛顿三大定律,研究物体间的相互作用以及由此引起的物体运动状态变化的规律及其应用.

2.1　力——物体运动状态改变的原因

2.1.1　力

力是物体间的相互作用.力能使物体的运动状态或物体的形状发生改变,作用于质点的力是质点运动状态发生改变的原因,是使物体产生加速度的原因,而不是维持物体运动状态的原因.在国际单位制中,力的单位是牛[顿](N).力是矢量,作用在同一物体上的几个力的合力遵循矢量叠加原理(平行四边形法则或三角形法则),同样,作用在物体上的一个力可按平行四边形法则或三角形法则分解为两个或两个以上的力.

自然界中存在着各种性质的力,它们的起源和特性是不一样的.可按物体间相互作用的性质分为四类:① **引力相互作用**,所有物质之间都存在的一种吸引力,与物体质量有关;② **电磁相互作用**,带电粒子或带电物体间的相互作用,摩擦力、弹性力、张力、支持力、浮力、黏性力等都是物体分子间(或原子间)电磁相互作用的宏观表现;③ **强相互作用**,原子核中将质子与中子结合在一起,维持原子核结构的一种短程力(作用随距离增加而急剧缩小的力,区别于引力、电磁力这类长程力);④ **弱相互作用**,基本粒子之间存在的又一种短程力,只存在于放射性衰变和一些基本粒子衰变过程中.后两种相互作用的相关理论还不完善.若按相互作用的宏观表现形式来划分,力又可分为两大类:一类是接触力,如摩擦力、弹性力、正压力、绳子的张力、支持力等,这类力是由两个物体相互接触并发生作用而产生的;另一类是非接触力,如万有引力、重力、库仑力、洛伦兹力、安培力、分子力、核力等,产生这类力的两个物体并不需要相互接触就可以产生相互作用,这种相互作用是通过“场”来传递和实现的,故也称为场力.

2.1.2　几种常见的力

1. 万有引力

所有物体之间都存在着一种相互吸引的力,这种相互吸引的力叫作万有引力.

如图2.1所示,在两个相距为r,质量分别为m_1,m_2的质点间存在万有引力,其方向沿着它们的连线,大小与它们的质量乘积成正比,与它们之间距离r的二次方成反比.其数学表达式为

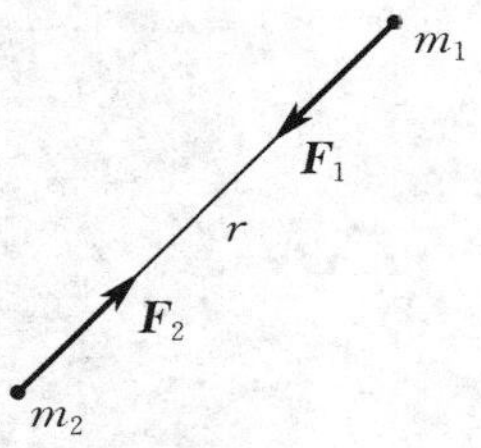

图 2.1　万有引力

$$\boldsymbol{F}=-G\frac{m_1m_2}{r^2}\boldsymbol{e}_r=-G\frac{m_1m_2}{r^3}\boldsymbol{r},$$

式中，$G=6.67\times10^{-11}\ \mathrm{N\cdot m^2/kg^2}$，为万有引力常量；$\boldsymbol{r}=r\boldsymbol{e}_r$，$\boldsymbol{e}_r$ 为由施力物体指向受力物体方向的单位矢量. 万有引力是一种场力，$G\frac{m_1}{r^2}$ 反映了 m_1 所产生的引力场的特性，称为引力场强度. 物体的质量是决定物体间万有引力的重要因素，物理学中称它为引力质量.

地球表面附近的物体都会受到一个指向地心的力，称为重力 $\boldsymbol{G}$. 忽略地球自转的影响，重力的大小就等于地球对该物体的万有引力大小. 在重力的作用下，物体具有的加速度叫作重力加速度 $\boldsymbol{g}$，有 $\boldsymbol{G}=m\boldsymbol{g}$，$\boldsymbol{g}$ 的大小因所在地点的纬度和离地面的高度不同而异. 通常取 $g=9.8\ \mathrm{m/s^2}$.

2. 弹性力

弹性物体在外力作用下发生形变时，在其内部自发产生的、欲使物体恢复原来形状的力，叫作弹性力. 弹性力是一种与物体形变相关的接触力，起源于物体内部分子间的相互作用. 常见的弹性力有弹簧被拉伸或压缩时产生的力、绳索被拉紧时所产生的张力，以及两物体相互挤压而发生形变时，在两物体接触面之间产生的垂直于接触面的正压力，如重物放在支撑面上产生的压力（作用在支撑面上）和支持力（作用在物体上）等. 对典型的弹性体，如弹簧，有 $F=-kx$.

3. 摩擦力

两个互相接触的物体间，在接触面切向方向上有相对滑动的趋势或有相对运动时，阻碍两物体相对运动的切向力称为摩擦力. 摩擦力分为静摩擦力和滑动摩擦力.

两个互相接触的物体间有相对滑动的趋势但尚未相对滑动时，在接触面上便产生阻止其相对滑动发生的力，这个力称为静摩擦力 $\boldsymbol{f}_0$. 静摩擦力的方向与两接触物体间相对运动趋势的方向相反. 例如，把物体放在一水平面上，有一外力 $\boldsymbol{F}$ 沿水平面作用在物体上. 若外力较小，物体尚未滑动，这时物体受到的静摩擦力 $\boldsymbol{f}_0$ 与外力 $\boldsymbol{F}$ 在数值上相等，方向则与外力方向相反. 静摩擦力 f_0 随着 F 的增大而增大，直到 F 增大到某一数值时，物体相对平面即将滑动，这时静摩擦力达到最大值，称为最大静摩擦力 $f_{0\mathrm{m}}$. 实验表明，最大静摩擦力的值与物体接触面上的正压力 N 成正比，即 $f_{0\mathrm{m}}=\mu_0N$，μ_0 叫作静摩擦系数. 静摩擦系数与两物体接触面的材料性质以及物理状态有关，而与接触面的大小无关. 在一般情况下，静摩擦力满足 $f_0\leqslant f_{0\mathrm{m}}$.

两个相互接触的物体间有相对运动时，在接触面间产生阻碍其相对运动的力称为滑动摩擦力 $\boldsymbol{f}$，其方向总是与物体相对运动的方向相反，其大小与物体的正压力 N 成正比，即 $f=\mu N$，μ 叫作滑动摩擦系数. 滑动摩擦系数与两物体接触的材料性质、物理状态有关，还与两物体的相对速度有关. 在相对速度不太大时，可以认为滑动摩擦系数 μ 略小于静摩擦系数 μ_0. 在一般计算时，除非特别指明，可认为它们是相等的.

2.2　力与运动的关系 —— 牛顿运动定律

2.2.1　牛顿第一定律

牛顿第一定律：任何物体都要保持静止或匀速直线运动状态，直到外力迫使它改变这种状态为止.

牛顿第一定律的数学形式表示为

$$\sum \boldsymbol{F} = \mathbf{0} \text{ 时}, \quad \boldsymbol{v} = \text{常矢量}. \tag{2.1}$$

牛顿第一定律是从大量实验事实中概括出来的,不能直接用实验来验证,因为自然界中完全不受力作用的物体是不存在的,但由牛顿第一定律所导出的结果都和实验事实相符合. 牛顿第一定律是牛顿力学建立的基础. 牛顿第一定律指出了作用于质点的力是质点运动状态发生改变的原因,是使物体产生加速度的原因,而不是维持速度的原因. 如果几个外力作用在同一物体上,而且合外力为零,这时物体的运动情况与它不受外力作用时等效.

牛顿第一定律阐明了任何物体都具有保持其运动状态不变的性质,这个性质叫作物体的惯性,其大小用质量来量度. 因此,牛顿第一定律又称为惯性定律. 惯性是物质的固有属性,它反映了物体改变运动状态的难易程度. 质量小,惯性小,运动状态(速度) 容易改变;质量大,惯性大,运动状态(速度) 不易改变. 物理学上常把这种质量称为惯性质量. 在近代物理的研究中,许多精密的实验都证实惯性质量与引力质量相等.

2.2.2　惯性参考系

由于物体运动状态的描述只有相对一定的参考系来说才有意义,故牛顿第一定律也定义了一种参考系,在这种参考系中观察一个不受力作用的物体,它将保持静止或匀速直线运动状态,这样的参考系叫作惯性参考系,简称惯性系. 并非任何参考系都是惯性系,一个参考系是不是惯性系要靠实验来判断. 在研究地球表面附近物体的运动时,地球自转和绕太阳公转引起的加速度都比较小,故地球虽不是严格的惯性系,但大部分情况下都可近似视为惯性系. 相对任一惯性系静止或做匀速直线运动的参考系都是惯性系.

2.2.3　牛顿第二定律

1. 动量

物体的质量 m 与其运动速度 $\boldsymbol{v}$ 的乘积定义为物体的动量,用 $\boldsymbol{p}$ 表示,即

$$\boldsymbol{p} = m\boldsymbol{v}. \tag{2.2}$$

动量是一个矢量,其方向与速度的方向相同. 一切运动的物体都具有动量,与速度一样,动量也是描述物体运动状态的量. 但动量较之速度,其含义更为广泛,意义更为重要. 当外力作用于物体时,其动量将发生改变.

2. 牛顿第二定律

牛顿第二定律:某时刻质点动量对时间的变化率等于该时刻作用在质点上所有力的合力.

牛顿第二定律的数学表达式为

$$\boldsymbol{F} = \frac{\mathrm{d}\boldsymbol{p}}{\mathrm{d}t} = \frac{\mathrm{d}(m\boldsymbol{v})}{\mathrm{d}t}. \tag{2.3}$$

当物体做低速运动,即物体的运动速率 v 远小于光速 c($v \ll c$) 时,物体的质量可以视为不依赖于速度的常量,有 $\frac{\mathrm{d}m}{\mathrm{d}t} = 0$. 于是式(2.3) 可写成

$$\boldsymbol{F} = \frac{\mathrm{d}(m\boldsymbol{v})}{\mathrm{d}t} = \frac{\mathrm{d}m}{\mathrm{d}t}\boldsymbol{v} + m\frac{\mathrm{d}\boldsymbol{v}}{\mathrm{d}t} = m\frac{\mathrm{d}\boldsymbol{v}}{\mathrm{d}t} = m\boldsymbol{a}. \tag{2.4}$$

在物体做高速运动时,由于质点的质量会产生变化,式(2.4) 就不再适用,而式(2.3) 却可以包含质量可变的情形. 由此可见,式(2.3) 表示的牛顿第二定律更具有普适性.

对牛顿第二定律的应用必须注意以下几点：

(1) 牛顿第二定律只适用于宏观物体(质点)的低速运动,并且只在惯性系中成立.

(2) 牛顿第二定律所表示的合外力与加速度之间的关系是瞬时关系.也就是说,力和加速度同时产生,同时变化,同时消失,无先后之分.而速度的大小和方向,与合外力并没有直接的联系.

(3) 牛顿第二定律在直角坐标系中可表示为

$$\boldsymbol{F}=m\frac{\mathrm{d}\boldsymbol{v}}{\mathrm{d}t}=m\frac{\mathrm{d}v_x}{\mathrm{d}t}\boldsymbol{i}+m\frac{\mathrm{d}v_y}{\mathrm{d}t}\boldsymbol{j}+m\frac{\mathrm{d}v_z}{\mathrm{d}t}\boldsymbol{k},\tag{2.5}$$

其分量式为

$$\begin{cases}F_x=ma_x=m\dfrac{\mathrm{d}v_x}{\mathrm{d}t}=m\dfrac{\mathrm{d}^2x}{\mathrm{d}t^2},\\ F_y=ma_y=m\dfrac{\mathrm{d}v_y}{\mathrm{d}t}=m\dfrac{\mathrm{d}^2y}{\mathrm{d}t^2},\\ F_z=ma_z=m\dfrac{\mathrm{d}v_z}{\mathrm{d}t}=m\dfrac{\mathrm{d}^2z}{\mathrm{d}t^2},\end{cases}\tag{2.6}$$

式中 F_x,F_y,F_z 分别表示作用在物体上的合外力在 x 轴、y 轴和 z 轴上的分量,a_x,a_y,a_z 分别表示物体的加速度 $\boldsymbol{a}$ 在 x 轴、y 轴和 z 轴上的分量.

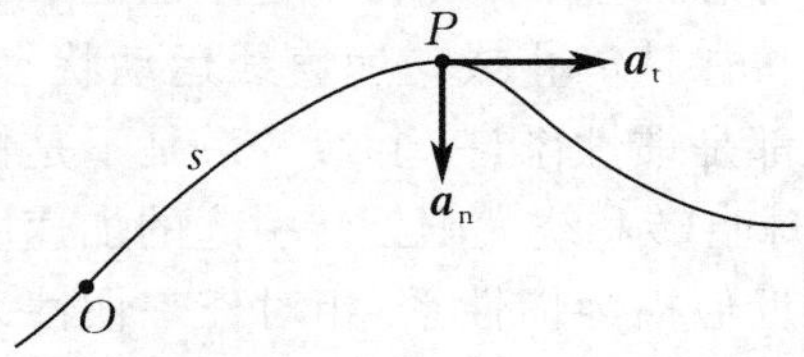

图 2.2 牛顿第二定律在自然坐标系中的表示

(4) 牛顿第二定律在自然坐标系中的表示.质点在平面上做曲线运动时,可建立自然坐标系.如图 2.2 所示,当质点运动到任一点 P 时,设它的加速度 $\boldsymbol{a}$ 在 $\boldsymbol{e}_\mathrm{n}$ 和 $\boldsymbol{e}_\mathrm{t}$ 两个方向上的分量分别为 $\boldsymbol{a}_\mathrm{n}$ 和 $\boldsymbol{a}_\mathrm{t}$,则 $\boldsymbol{a}=\boldsymbol{a}_\mathrm{n}+\boldsymbol{a}_\mathrm{t}$.于是,牛顿第二定律可写成

$$\boldsymbol{F}=m\boldsymbol{a}=m(a_\mathrm{t}\boldsymbol{e}_\mathrm{t}+a_\mathrm{n}\boldsymbol{e}_\mathrm{n})=m\frac{\mathrm{d}v}{\mathrm{d}t}\boldsymbol{e}_\mathrm{t}+m\frac{v^2}{\rho}\boldsymbol{e}_\mathrm{n}.\tag{2.7}$$

若以 F_t 和 F_n 分别表示合外力 $\boldsymbol{F}$ 在切向和法向上的分量的大小,则牛顿第二定律在自然坐标系中的分量式为

$$\begin{cases}F_\mathrm{t}=ma_\mathrm{t}=m\dfrac{\mathrm{d}v}{\mathrm{d}t},\\ F_\mathrm{n}=ma_\mathrm{n}=m\dfrac{v^2}{\rho}.\end{cases}\tag{2.8}$$

当质点在平面上做圆周运动时,有

$$\begin{cases}F_\mathrm{t}=ma_\mathrm{t}=m\dfrac{\mathrm{d}v}{\mathrm{d}t}=mr\beta,\\ F_\mathrm{n}=ma_\mathrm{n}=m\dfrac{v^2}{r}=mr\omega^2.\end{cases}\tag{2.9}$$

牛顿第二定律是质点动力学的核心方程.

3. 惯性系的等价性

没有不运动的物质,也没有无物质的运动.由于物质是在相互联系、相互作用中运动的,因此,必须在物质的相互关系中描述运动,而不可能孤立地描述运动.也就是说,描述一个物体的运动只有相对于一定的参考系才有意义.牛顿第一定律定义了惯性系,即在这种参考系中观察一个不受力作用的物体,该物体将保持静止或匀速直线运动状态不变.相对于一惯性系静止或做匀速直线运动的参考系都是惯性系.

在宏观、低速的情况下,由一惯性系变换到另一惯性系时,牛顿运动方程的形式不变,并且对于所有的惯性系，牛顿力学的规律都有相同的形式. 这就是牛顿力学的相对性原理.

物理定律在所有的惯性系中都具有相同的表达形式，即所有的惯性系对运动的描述都是等效的，这就是爱因斯坦相对性原理. 也就是说，不论在哪一个惯性系中进行任何实验都不能以此确定该惯性系的运动情况，惯性系之间完全等价，不可区分. 对运动的描述只有相对意义，绝对静止的参考系是不存在的.

2.2.4 牛顿第三定律

牛顿第三定律：两个物体之间的作用力 $\boldsymbol{F}$ 和反作用力 $\boldsymbol{F}'$，沿同一直线，大小相等，方向相反，分别作用在两个物体上.

牛顿第三定律数学表达式为

$$\boldsymbol{F} = -\boldsymbol{F}'. \tag{2.10}$$

作用力和反作用力具有以下特点：

(1) 作用力与反作用力互以对方的存在为自己存在的条件，同时产生，同时消灭，任何一方都不能孤立地存在.

(2) 作用力和反作用力分别作用在两个物体上，所以对任一物体来说，它们不是一对平衡力，不能抵消.

(3) 从力的性质分类来看，作用力和反作用力属于同种性质的力. 例如，作用力是万有引力，那么反作用力也一定是万有引力.

(4) 牛顿第三定律对任何参考系都成立，是牛顿力学的重要组成部分，也是物体受力分析的重要理论基础.

2.2.5 牛顿运动定律的适用范围

牛顿运动定律构成了质点运动学的基础，也开创了牛顿力学时代. 牛顿力学是一种确定论的描述. 牛顿运动定律是在惯性系中研究宏观物体低速运动时发现的. 因此，牛顿运动定律的适用范围是：(1) 只适用于低速（远小于光速）运动的、可视为质点的宏观物体；(2) 参考系应为惯性系. 对于宏观物体的高速（接近光速）运动问题以及微观粒子的运动，牛顿运动定律已不再适用，只能用相对论和量子力学的相关知识去解决. 相对论和量子力学的出现，表明人类对自然界的认识更加深入了，但并不表示经典力学已经失去意义.

2.3 质点动力学的应用

2.3.1 质点动力学中的两类问题

牛顿运动定律在行星运动以及工程技术中的应用取得了巨大的成功，预言海王星的存在可以说是牛顿力学应用的最辉煌成绩.

质点动力学问题一般可以归纳为下列两类问题：

(1) **已知作用在物体上的力，由力学规律来分析物体的运动情况或平衡状态.** 这一类动力学问题代表了一种推理演绎的过程，它是物理学对工程问题进行分析和设计的基础.

(2) **已知物体的运动情况或平衡状态，由力学规律来分析作用在物体上的力的所有情况.** 这一类问题包括了力学的归纳性和探索性的应用，这是发现新定律的一条重要途径. 例如，牛顿发现万有引力，以及卢瑟福通过 α 粒子散射实验揭示原子结构的过程，本质上都是对这类问题的探索.

应用牛顿运动定律解题的一般步骤：

① **确定研究对象，采用隔离体法.** 由于牛顿运动定律是研究质点运动的规律，因此当遇到与问题相关联的几个运动状态不同的物体时，要用隔离的方法把各个物体分离，并以各个物体作为研究对象分别研究.

② **分析受力情况，画出受力图.** 为避免多画或漏画，对地球表面附近的物体，一般根据力的类型排序，按重力、弹性力、摩擦力、其他力的顺序，逐个画出研究对象的受力图.

③ **选取惯性系，建立坐标系.** 选取惯性系并建立恰当的坐标系，可使问题的解决变得容易. 根据问题的需要，可选直角坐标系，也可选自然坐标系或极坐标系等. 一般常选物体所受合力为零的方向为一个坐标轴，因为在该方向上物体没有加速度而易于解决问题.

④ **列方程.** 根据牛顿运动定律在各坐标轴上列出标量方程. 注意：$\boldsymbol{F}$ 或 $\boldsymbol{a}$ 的投影与坐标轴正方向相同时取正值，与坐标轴正方向相反时取负值. 方程数与未知量的数目不相同时，少则应找到辅助方程，多则应检查是否有同解方程或不应有的方程. 仅当方程数与未知量的数目相同时，才可继续下一步.

⑤ **求解方程.** 在求解时，一般先进行公式运算，辅以文字说明，之后再代入数据（注意单位）进行数字计算. 必要时还须进行讨论.

2.3.2 质点动力学应用

例 2-1

一质量为 m 的小球，最初位于图 2.3 所示的 A 点，然后沿半径为 r 的光滑圆轨道 $ADCB$ 下滑，试求小球到达 C 点时的角速度和对圆轨道的作用力.

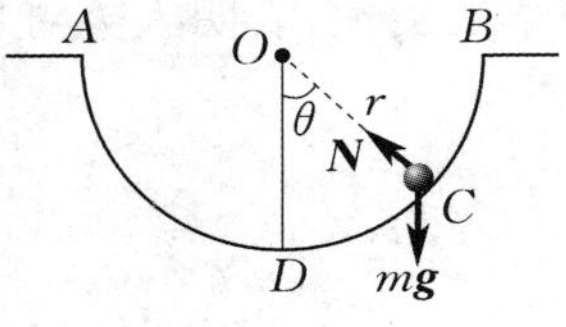

图 2.3

解 小球在运动过程中只受重力 $m\boldsymbol{g}$ 和圆轨道对它的支持力 $\boldsymbol{N}$. 因为圆轨道对它的支持力 $\boldsymbol{N}$ 沿法向方向（见图 2.3），所以把小球受力沿切向和法向分解. 由牛顿运动定律得

法向：

$$N - mg\cos\theta = m\frac{v^2}{r}; \qquad ①$$

切向：

$$-mg\sin\theta = ma_t = m\frac{dv}{dt}. \qquad ②$$

又有

$$\frac{dv}{dt} = \frac{dv}{ds}\frac{ds}{dt} = v\frac{dv}{ds}, \qquad ③$$

将式 ③ 代入式 ②，得

$$-g\sin\theta ds = vdv.$$

而

$$ds = rd\theta,$$

故

$$-gr\sin\theta d\theta = vdv,$$

两边积分

$$\int_{-\frac{\pi}{2}}^{\theta}(-gr\sin\theta)d\theta = \int_0^v vdv,$$

得

$$v = \sqrt{2rg\cos\theta},$$

则小球在 C 点的角速度为

$$\omega = \frac{v}{r} = \sqrt{\frac{2g\cos\theta}{r}}.$$

由式①得

$$N = mg\cos\theta + m\frac{v^2}{r} = 3mg\cos\theta,$$

由此可得小球对圆轨道的作用力为

$$N' = -N = -3mg\cos\theta,$$

负号表示 $\boldsymbol{N}'$ 与法向正方向反向.

例 2-2

一物体自地球表面以速率 v_0 竖直上抛.假定空气对物体的阻力 $F = kmv^2$,其中 m 为物体的质量,k 为常量.试求:(1) 该物体能上升的高度;(2) 该物体返回地面时速度的大小(设重力加速度为常量).

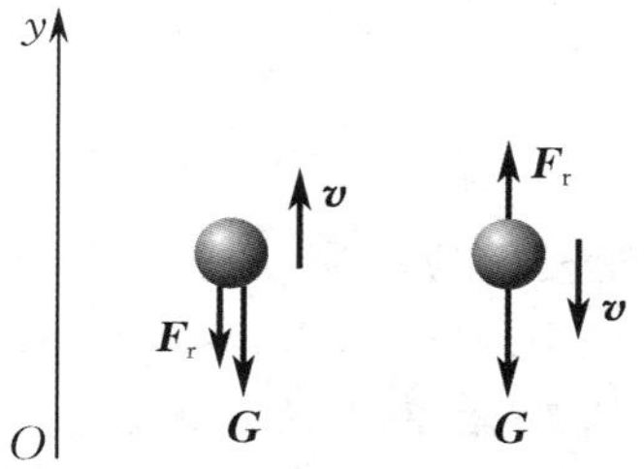

图 2.4

解 物体受到重力和空气的阻力作用.以地面为坐标原点O,竖直向上为y轴正方向,如图2.4所示.

(1) 物体在上抛过程中,根据牛顿第二定律,有

$$-mg - kmv^2 = m\frac{dv}{dt} = m\frac{dy}{dt}\cdot\frac{dv}{dy} = mv\frac{dv}{dy},$$

分离变量,得

$$dy = -\frac{vdv}{g + kv^2}.$$

依据初始条件对上式两边积分,有

$$\int_0^y dy = -\int_{v_0}^v \frac{vdv}{g + kv^2},$$

$$y = -\frac{1}{2k}\ln\left(\frac{g + kv^2}{g + kv_0^2}\right).$$

物体到达最高处时,$v = 0$,故有

$$h = y_{\max} = \frac{1}{2k}\ln\left(\frac{g + kv_0^2}{g}\right).$$

(2) 在物体下落过程中,有

$$-mg + kmv^2 = mv\frac{dv}{dy},$$

分离变量,得

$$dy = \frac{vdv}{-g + kv^2}.$$

对上式两边积分,有

$$\int_h^0 dy = -\int_0^v \frac{vdv}{g - kv^2},$$

积分后代入 h,得

$$v = v_0\left(1 + \frac{kv_0^2}{g}\right)^{-\frac{1}{2}}.$$

例 2-3

一辆装煤车以 $v = 4\ \mathrm{m/s}$ 的速率从煤斗下面通过,煤通过煤斗以 $6\times10^3\ \mathrm{kg/s}$ 的速率竖直注入装煤车车厢.如果装煤车的速率保持不变,装煤车与钢轨间的摩擦忽略不计,求装煤车的牵引力.

解 选装煤车为研究对象,装煤车受到重力、支持力和牵引力的作用,所受的合外力为装煤车的牵引力.由于煤的注入,装煤车的质量在改变,这是个变质量的问题.运用牛顿第二定律解此问题时,应将牛顿第二定律写成

$$F = \frac{d(mv)}{dt} = m\frac{dv}{dt} + v\frac{dm}{dt}.$$

因装煤车做匀速运动,故有

$$\frac{dv}{dt} = 0,$$

所以装煤车的牵引力为

$$F = \frac{d(mv)}{dt} = v\frac{dm}{dt} = 2.4\times10^4\ \mathrm{N}.$$

例 2-4

为保证跳水运动员从 10 m 高台跳入游泳池中时的安全，规定游泳池的水深必须在 4.50 ～ 5.00 m 之间. 为什么要做这样的规定?

解 设运动员从 10 m 高台起跳到落水前做自由落体运动，他到达水面时的速度为

$v_0=\sqrt{2gh}=\sqrt{2\times 9.8\times 10}$ m/s $=14$ m/s.

运动员入水后，受到向下的重力、向上的浮力和阻力作用. 由于人的密度与水的密度近似相等，重力和浮力的大小相等，方向相反，运动员入水后所受的合力为水的阻力.

设运动员在水中所受水的阻力公式为

$$F_{\mathrm{r}}=\frac{b\rho S v^2}{2},$$

其中，$b=0.50$，为水的阻力系数；S 为运动员的身体正对运动方向的面积，对一般身材的运动员，取 $S=0.08\ \mathrm{m^2}$；水的密度 $\rho=1.0\times 10^3\ \mathrm{kg/m^3}$. 令

$$k=\frac{b\rho S}{2}=\frac{0.50\times 1.0\times 10^3\times 0.08}{2}\ \mathrm{kg/m}=20\ \mathrm{kg/m}.$$

取水面一点为坐标原点 O，以竖直向下为 y 轴正方向，则根据牛顿第二定律，得

$$F_{\mathrm{r}}=-\frac{b\rho S}{2}v^2=-kv^2=m\frac{\mathrm{d}v}{\mathrm{d}t}=m\frac{\mathrm{d}v}{\mathrm{d}y}\cdot\frac{\mathrm{d}y}{\mathrm{d}t}=m\frac{\mathrm{d}v}{\mathrm{d}y}\cdot v, \quad ①$$

分离变量，得

$$\frac{\mathrm{d}v}{v}=-\frac{k}{m}\mathrm{d}y,$$

两边积分，有

$$\int_{v_0}^{v}\frac{\mathrm{d}v}{v}=\int_0^y -\frac{k}{m}\mathrm{d}y,$$

解得

$$y=\frac{m}{k}\ln\frac{v_0}{v}. \quad ②$$

设该运动员的质量为 $m=50$ kg，且在水中的速度减小到 $v=2.0$ m/s(安全速度)时翻身，并以脚蹬池底上浮. 将已知数据代入式②，可算得 $y\approx 4.86$ m.

所以，标准的 10 m 高台跳水游泳池的设计规范要求水深必须在 4.50 ～ 5.00 m 之间，水太浅不能保证运动员的安全，水太深不利于运动员顺利完成翻身后脚蹬池底的动作.

思考题2

2-1 有人认为牛顿第一定律是牛顿第二定律的推论，它不是独立的定律. 你认为对吗?

2-2 拔河比赛中，甲对乙的拉力等于乙对甲的拉力，为什么会有胜负?

2-3 摩擦力是否一定阻碍物体的运动?

2-4 一人站在电梯中的磅秤上，在什么情况下，磅秤显示为零?在什么情况下，磅秤示数大于他在地面上的体重?

2-5 一辆重型车与一辆轻型车以相同的速率在水平路面上滑行. 如果它们只能依靠滑行而不用刹车装置停下来，那么哪辆车滑行的路程较长?

2-6 有人说:"人推动了车是因为推车的力大于车反推人的力."这话对吗?为什么?

2-7 判断下述说法的正误:

(1) 物体受力越大，其速度越大;

(2) 物体的速率不变，其所受的合外力必为零;

(3) 支持力必与支持面垂直;

(4) 物体受力不为零，速度必越来越大;

(5) 摩擦力一定与物体的运动方向相反;

(6) 绳子一端系一小球，另一端固定在水平面上，小球在此平面上绕固定点做圆周运动，不计一切摩擦. 在绳子断了以后，小球在离心力作用下飞出去.

习题2

2-1 如图2.5所示，用轻弹簧连接质量相同的两物体A，B，再用细绳悬挂. 当系统平衡后，突然将细绳剪断，则剪断的瞬间有(　　).

(1) A，B的加速度均为零

(2) A，B的加速度均为g

(3) A的加速度为零，B的加速度为$2g$

(4) A的加速度为$2g$，B的加速度为零

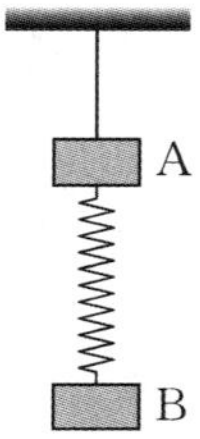

图2.5

2-2 如图2.6所示，假设物体沿竖直面上的圆弧形轨道下滑，轨道是光滑的. 在从A至C的下滑过程中，下面说法正确的是(　　).

(1) 它的加速度大小不变，方向永远指向圆心

(2) 它的速率均匀增加

(3) 它的合外力大小变化，方向永远指向圆心

(4) 它的合外力大小不变

(5) 轨道支持力大小不断增加

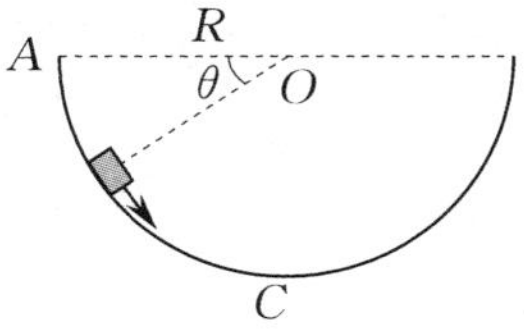

图2.6

2-3 如图2.7所示，在光滑水平桌面上，有两个物体A，B紧靠在一起. 它们的质量分别为$m_A = 2$ kg，$m_B = 1$ kg. 用一水平推力$F = 3$ N向右推物体B，求：

(1) B对A的推力；

(2) 如果用同样大小的水平推力从右边推A，则A推B的力是多少？

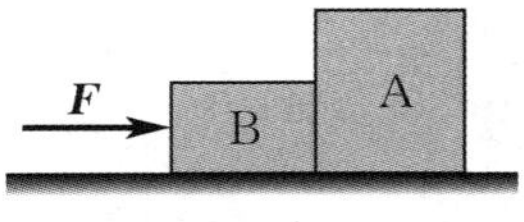

图2.7

2-4 一质量为10 kg的质点在力$F = 120t + 40$(SI)的作用下沿x轴做直线运动. 在$t = 0$时，质点位于$x_0 = 5$ m处，速度为$v_0 = 6$ m/s，求质点在任意时刻的速度和位置.

2-5 轻型飞机连同驾驶员总质量为1×10^3 kg，飞机以50.0 m/s的速率在水平跑道上着陆后，驾驶员开始制动. 若阻力$f = 5.0\times10^2 t$(SI)，求：

(1) 10 s后飞机的速率；

(2) 飞机着陆后10 s内滑行的距离.

2-6 在一水平的直路上，一辆车速为100 km/h的汽车的刹车距离为35 m. 如果路面相同，在与水平面成30°的斜面上以100 km/h的车速向下行驶，那么这辆汽车的刹车距离将变为多少？

2-7 如图2.8所示，一细绳跨过一轴承光滑的定滑轮，绳的两端分别悬有质量为m_1和m_2($m_1 < m_2$)的物体. 假定滑轮和绳的质量可忽略不计，绳子不可伸长，试求物体的加速度、绳子的张力和轴承所受的力.

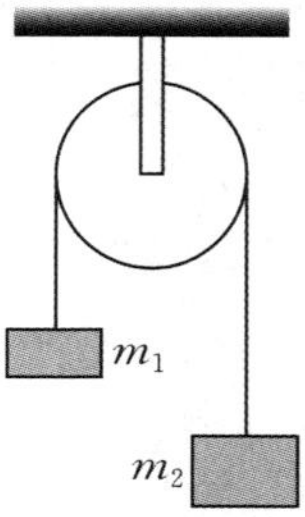

图2.8

2-8 质量为m的小球在水中由静止开始下沉. 设水对小球的黏滞阻力与其运动速率成正比，即$f = kv$，k为比例常数，水对小球的浮力为B. 求小球在水中任意时刻的沉降速度(设$t = 0$时，$v = 0$).

2-9 如图2.9所示，质量$m = 3$ kg的物体置于$\varphi = 30°$的斜面上，静摩擦系数$\mu_0 = \frac{\sqrt{3}}{3}$. 试分析当分别用$F = 10$ N和$F = 25$ N的力沿斜面向上推它时，物体所受静摩擦力的方向和大小.

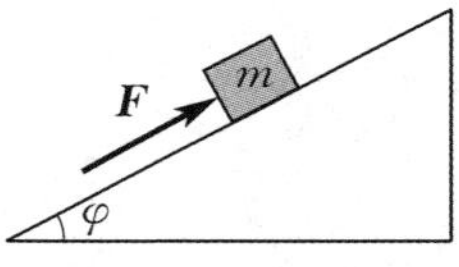

图2.9

2-10 质量为m的质点沿x轴运动，其运动方程为$x = x_0 \sin \omega t$，求质点所受到的合力和加速度.

2-11 质量$m = 1\,200\ \mathrm{kg}$的汽车，在一弯道上行驶，速率$v = 25\ \mathrm{m/s}$，弯道的曲率半径$\rho = 400\ \mathrm{m}$.

(1) 求作用于汽车上的水平法向摩擦力；

(2) 如果汽车轮与地面之间的静摩擦系数$\mu = 0.9$，要保证汽车无侧向滑动，那么汽车在此弯道上行驶的最大允许速率应是多大?

2-12 星体自转的最大转速发生在其赤道上的物质所受向心力正好全部由引力提供之时.

(1) 证明星体可能的最小自转周期$T_{\min} = \sqrt{\dfrac{3\pi}{G\rho}}$，其中$\rho$为星体的密度；

(2) 行星密度约为$3.0 \times 10^3\ \mathrm{kg/m^3}$，求其可能的最小自转周期；

(3) 已知中子星的自转周期为$1.6\ \mathrm{ms}$，若它的半径为$10\ \mathrm{km}$，则该中子星的质量至少多大?

第3章

守 恒 定 律

前面学习了力的瞬时效应，即在外力作用下，质点的运动状态要发生改变，获得加速度. 力对质点或质点系的作用在时间上的累积，使质点或质点系的动量、角动量发生变化或转移；力对质点或质点系的作用在空间上的累积，使质点或质点系的动能或机械能发生变化或转移. 在一定的条件下，有质点或质点系的动量、角动量或机械能守恒. 这些守恒定律与时间、空间的某种对称性紧密相连，它们的重要性和适用性已超出了经典力学和经典物理的范围. 只要对某些概念做一些扩展和修改，它们便适用于整个物理学.

3.1 力对时间的累积效果

3.1.1 质点的动量定理

1. 力的冲量

设质点在力 $\boldsymbol{F}$ 作用下，经 $\Delta t = t - t_0$ 时间，速度由 $\boldsymbol{v}_0$ 变成 $\boldsymbol{v}$，则根据牛顿第二定律 $\boldsymbol{F} = \dfrac{\mathrm{d}(m\boldsymbol{v})}{\mathrm{d}t}$，可得

$$\boldsymbol{F}\mathrm{d}t = \mathrm{d}(m\boldsymbol{v}). \tag{3.1}$$

力的冲量定义为

$$\boldsymbol{I} = \int_{t_0}^{t} \boldsymbol{F}\mathrm{d}t.$$

力的冲量 $\boldsymbol{I}$ 表示力 $\boldsymbol{F}$ 在一段时间内的累积量，它是一个过程量. 冲量是矢量，在国际单位制中，其单位是牛[顿]秒(N·s).

2. 质点的动量定理

在质点运动速度不太大(与光速相比) 的情况下，m 为常量，对式(3.1) 两边积分，有

$$\int_{t_0}^{t} \boldsymbol{F}\mathrm{d}t = \int_{\boldsymbol{v}_0}^{\boldsymbol{v}} m\mathrm{d}\boldsymbol{v} = m\boldsymbol{v} - m\boldsymbol{v}_0 = \boldsymbol{p} - \boldsymbol{p}_0, \tag{3.2}$$

于是式(3.2) 可写成

$$\boldsymbol{I} = m\boldsymbol{v} - m\boldsymbol{v}_0 = \boldsymbol{p} - \boldsymbol{p}_0 = \Delta\boldsymbol{p}. \tag{3.3}$$

式(3.3) 表明，在给定的时间间隔内，外力作用在质点上的冲量等于质点在同一时间间隔内动量的增量. 这个结论叫作**质点的动量定理**.

强调几点：

① 力的冲量的方向与动量增量的方向相同. 当力为恒力时，力的冲量的方向与力的方向相同.

② 动量定理表明，质点动量的改变量是由质点所受外力和外力的作用时间两个因素决定的，即由力的冲量决定的.

③ 质点的动量定理只适用于惯性系.

④ 式(3.3)是矢量式,在直角坐标系中的分量式为

$$\begin{cases} I_x = \int_{t_1}^{t_2} F_x \mathrm{d}t = mv_{2x} - mv_{1x}, \\ I_y = \int_{t_1}^{t_2} F_y \mathrm{d}t = mv_{2y} - mv_{1y}, \\ I_z = \int_{t_1}^{t_2} F_z \mathrm{d}t = mv_{2z} - mv_{1z}. \end{cases} \tag{3.4}$$

⑤ 求质点所受的力的冲量的两种方法:若已知力 $\boldsymbol{F}(t)$ 的表达式及作用时间,则由 $\boldsymbol{I} = \int_{t_1}^{t_2} \boldsymbol{F} \mathrm{d}t$ 求解;若已知力作用前后的动量,则由动量定理求解.

⑥ 用质点的动量定理求平均冲力. 动量定理常用于解决力的作用时间很短、变化很快的碰撞问题. 在相互作用过程中,量值很大、变化很快、作用时间又很短的力通常叫作冲力. 在忽略物体的重力(通常冲力远大于重力)时,可由 $\overline{\boldsymbol{F}} = \frac{m\boldsymbol{v}_2 - m\boldsymbol{v}_1}{\Delta t}$ 对冲力的平均值进行估算.

3. 质点的动量定理的应用

在现实生活中,人们常常为了利用冲力而减少作用时间,有时又为避免冲力造成损害而增大作用时间. 例如,利用冲床冲压钢板,由于冲头受到钢板给它的冲量的作用,冲头的动量很快减为零,相应的冲力很大,钢板所受的反作用冲力也同样很大,所以钢板就被冲断了;当人们用手去接对方抛来的篮球时,手要往后缩一缩,以延长作用时间从而减小篮球对手的冲力;等等.

例 3-1

用棒打击质量为 0.3 kg、速率为 20 m/s 的水平飞来的球,球飞到竖直上方 $h=10$ m 的高度,求棒给予球的冲量. 设球与棒的接触时间为 0.02 s,再求球受到的平均冲力(不计空气阻力).

解 设球的初速度为 $\boldsymbol{v}_1$,球与棒碰撞后球获得竖直向上的速度为 $\boldsymbol{v}_2$,球与棒碰撞后球上升的最大高度为 h,如图 3.1 所示. 因球飞到竖直上方过程中,只受重力(取 $g=9.8\ \mathrm{m/s^2}$)作用,由牛顿第二定律和运动学知识可知

$$h = \frac{v_2^2}{2g},$$

即

$$v_2 = \sqrt{2gh} = 14\ \mathrm{m/s}.$$

由质点的动量定理,可得棒给予球的冲量为

$$\boldsymbol{I} = mv_2\boldsymbol{j} - mv_1\boldsymbol{i},$$

其大小为

$$I = \sqrt{(mv_1)^2 + (mv_2)^2} \approx 7.32\ \mathrm{N \cdot s},$$

其方向与 x 轴夹角为

$$\alpha = \arctan\left(-\frac{v_2}{v_1}\right) \approx 145°.$$

球受到的平均冲力的大小为

$$\overline{F} = \frac{I}{t} \approx 366\ \mathrm{N},$$

方向与冲量 $\boldsymbol{I}$ 相同.

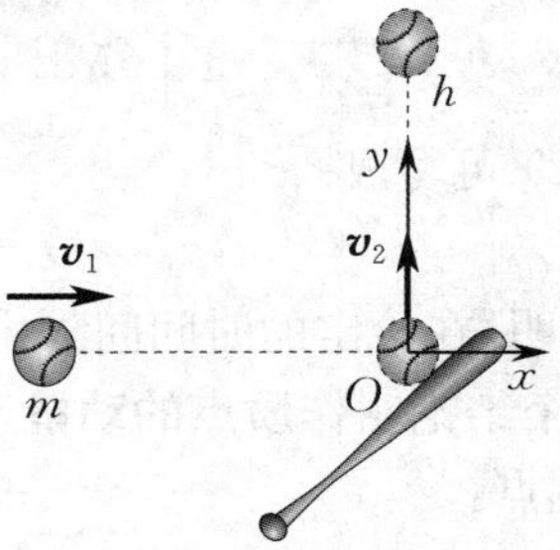

图 3.1

例 3-2

一弹性球，质量 $m = 0.2$ kg，速率 $v = 6$ m/s，与墙壁碰撞后弹回. 设弹回时速率不变，碰撞前、后的速度方向与墙壁的法线的夹角都是 $\alpha = 60°$，碰撞的时间为 Δt. 求在碰撞时间内，球对墙壁的平均作用力.

解 以球为研究对象. 设墙壁对球的平均冲力为 $\overline{\boldsymbol{F}}$，忽略小球的重力，球在碰撞前、后的速度分别为 $\boldsymbol{v}_1$ 和 $\boldsymbol{v}_2$. 由题可知，碰撞前、后的速度大小相等，即 $v_1 = v_2 = v = 6$ m/s. 建立如图 3.2 所示的坐标系，则在 x，y 轴方向上分别应用动量定理，得

$$\begin{aligned}\overline{F}_x\Delta t &= mv_{2x} - mv_{1x}\\ &= mv\cos\alpha - (-mv\cos\alpha)\\ &= 2mv\cos\alpha,\\ \overline{F}_y\Delta t &= mv_{2y} - mv_{1y}\\ &= mv\sin\alpha - mv\sin\alpha = 0,\end{aligned}$$

故

$$\overline{F}_x = (2mv\cos\alpha)/\Delta t, \quad \overline{F}_y = 0.$$

代入数据，得

$$\overline{F}_x = (2\times 0.2\times 6\times \cos 60°/0.03)\ \mathrm{N} = 40\ \mathrm{N}.$$

故球所受的平均冲力的大小为

$$\overline{F} = \sqrt{\overline{F}_x^2 + \overline{F}_y^2} = \overline{F}_x = 40\ \mathrm{N},$$

方向沿 x 轴正方向.

根据牛顿第三定律，球对墙壁的作用力大小为 40 N，方向沿 x 轴负方向.

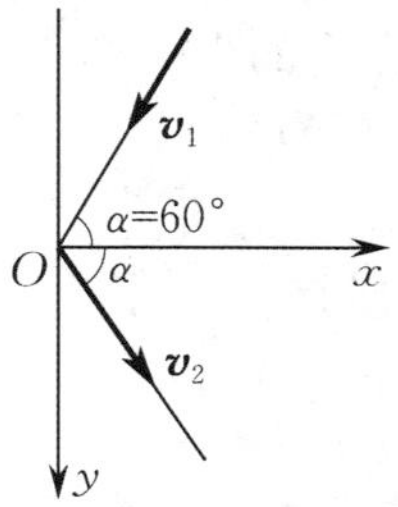

图 3.2

3.1.2 质点系的动量定理

1. 质点系的动量定理

设一质点系由 n 个质点组成，如图 3.3 所示. 我们前面学习了质点的动量定理，现在将动量定理推广应用于 n 个质点所组成的质点系.

质点系内质点之间的相互作用力称为**内力**. 用 $\boldsymbol{f}_{ij}$ 表示第 i 个质点受到第 j 个质点的作用力. 质点系外的质点对质点系内质点的作用力称为**外力**，用 $\boldsymbol{F}_{ie}$ 表示系统内第 i 个质点所受到的合外力. 由牛顿第二定律 $\boldsymbol{F} = \dfrac{\mathrm{d}\boldsymbol{p}}{\mathrm{d}t}$，对于第一个质点，有

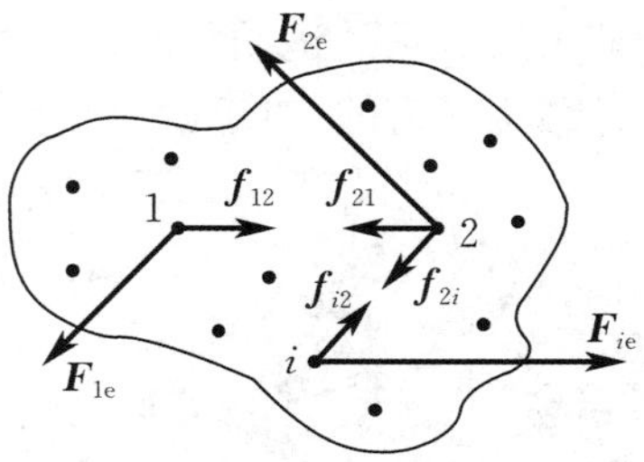

图 3.3 质点系的内力与外力

$$\boldsymbol{F}_{1e} + \boldsymbol{f}_{12} + \boldsymbol{f}_{13} + \boldsymbol{f}_{14} + \boldsymbol{f}_{15} + \cdots + \boldsymbol{f}_{1n} = \frac{\mathrm{d}\boldsymbol{p}_1}{\mathrm{d}t},$$

即

$$\boldsymbol{F}_{1e} + \sum_{i\neq 1}^{n}\boldsymbol{f}_{1i} = \frac{\mathrm{d}\boldsymbol{p}_1}{\mathrm{d}t}.$$

同理，对于第二个质点，有

$$\boldsymbol{F}_{2e} + \sum_{i\neq 2}^{n}\boldsymbol{f}_{2i} = \frac{\mathrm{d}\boldsymbol{p}_2}{\mathrm{d}t};$$

对于第三个质点，有

$$\boldsymbol{F}_{3e} + \sum_{i\neq 3}^{n}\boldsymbol{f}_{3i} = \frac{\mathrm{d}\boldsymbol{p}_3}{\mathrm{d}t};$$

对于第 n 个质点，有

$$\boldsymbol{F}_{ne}+\sum_{i\neq n}^{n}\boldsymbol{f}_{ni}=\frac{\mathrm{d}\boldsymbol{p}_n}{\mathrm{d}t}.$$

将以上各式相加，并考虑内力总是成对出现，且大小相等、方向相反(见图 3.3)，可知所有质点所受内力的矢量和为零，于是

$$\sum_{i=1}^{n}\boldsymbol{F}_{ie}=\frac{\mathrm{d}}{\mathrm{d}t}\sum_{i=1}^{n}\boldsymbol{p}_i. \tag{3.5}$$

以 $\boldsymbol{F}_e=\sum_{i=1}^{n}\boldsymbol{F}_{ie}$ 和 $\boldsymbol{p}=\sum_{i=1}^{n}\boldsymbol{p}_i$ 分别表示质点系的合外力和总动量，则有

$$\boldsymbol{F}_e=\frac{\mathrm{d}\boldsymbol{p}}{\mathrm{d}t}. \tag{3.6}$$

这就是用于质点系的牛顿第二定律公式，它表示系统所受的合外力等于系统的总动量随时间的变化率. 将其改写为

$$\boldsymbol{F}_e\mathrm{d}t=\mathrm{d}\boldsymbol{p}. \tag{3.7}$$

将式(3.7) 在时间 $t_0\sim t$ 内积分，可得

$$\boldsymbol{I}=\int_{t_0}^{t}\boldsymbol{F}_e\mathrm{d}t=\boldsymbol{p}-\boldsymbol{p}_0=\Delta\boldsymbol{p}, \tag{3.8}$$

式(3.8) 即为**质点系的动量定理**. 它说明：系统所受合外力的冲量等于系统动量的增量.

质点系的动量定理的表达式、分量式与质点的动量定理的形式完全相同，只是物理意义上存在差异. 从质点系的动量定理可知，只有外力能改变质点系的总动量，而质点系的内力是不能改变质点系的总动量的，但它能使质点系内质点间发生动量转移.

在人造地球卫星的定轨和运行过程中，通常需要调整同步卫星的运行轨道. 可以采用一种叫作推进器的系统所产生的推力，使卫星能保持在适当的方位上. 其基本原理就是质点系的动量定理.

2. 质心运动定理

在质点系中，由于内力和外力的作用，每个质点的运动状态通常有很大的不同，这就使得描述整个质点系的运动状态比较麻烦. 在研究质点系的运动时，无论系统内质点是彼此隔离开来的还是结构紧密的，对于此质点系，都可以找到一个特殊的点，即**质心**. 该点在平均意义上表示质点系质量分布的中心. 质点系的质心运动情况等效于一个位于质心的质点的运动情况，该质点的质量等于质点系的总质量，而该质点所受作用力等于作用于质点系上的合外力. 质心的运动情况可用来表征质点系的整体运动情况，即质心的运动只由质点系所受的合外力决定，故其运动情况就很简单了. 例如，跳水运动员可以看成是由许多质点组成的质点系，他自跳板起跳后身体在空中做各种各样优美的翻滚伸缩动作，每个质点的运动情况都不相同，描述起来很复杂，每个质点的轨迹都不是抛物线形状，但运动员身体质心的运动轨迹是抛物线. 那是由于他受的外力只有重力(忽略空气阻力的作用)，入水前，他的质心在空中的运动就和一个质点一样，沿着一条抛物线运动，如图 3.4 所示.

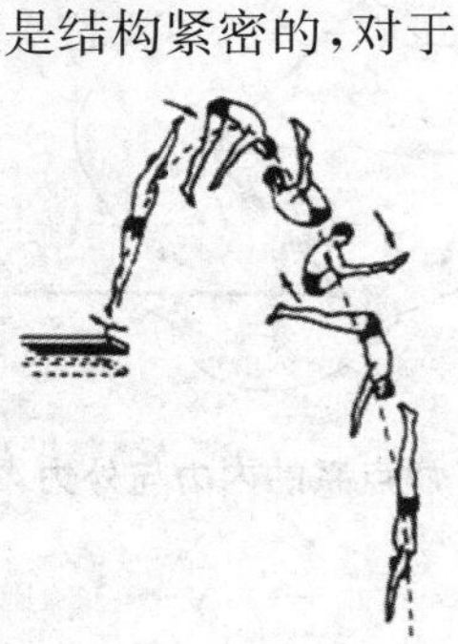

图 3.4 跳水运动员的质心轨迹

系统的质心 C 的位置矢量 $\boldsymbol{r}_C$ 是以质点质量为权重的各质点位置矢量 $\boldsymbol{r}_1,\boldsymbol{r}_2,\cdots,\boldsymbol{r}_n$ 的加权平均值，即

$$\boldsymbol{r}_C=\frac{m_1\boldsymbol{r}_1+m_2\boldsymbol{r}_2+\cdots+m_n\boldsymbol{r}_n}{m_1+m_2+\cdots+m_n}=\frac{\sum_{i=1}^{n}m_i\boldsymbol{r}_i}{\sum_{i=1}^{n}m_i},\tag{3.9}$$

在直角坐标系中的分量式为

$$x_C=\frac{\sum_{i=1}^{n}m_ix_i}{\sum_{i=1}^{n}m_i},\quad y_C=\frac{\sum_{i=1}^{n}m_iy_i}{\sum_{i=1}^{n}m_i},\quad z_C=\frac{\sum_{i=1}^{n}m_iz_i}{\sum_{i=1}^{n}m_i}.$$

设质点系总质量 M 不变,质心的速度为

$$\boldsymbol{v}_C=\frac{\mathrm{d}\boldsymbol{r}_C}{\mathrm{d}t}=\frac{\sum_{i=1}^{n}m_i\frac{\mathrm{d}\boldsymbol{r}_i}{\mathrm{d}t}}{\sum_{i=1}^{n}m_i}=\frac{\sum_{i=1}^{n}m_i\boldsymbol{v}_i}{\sum_{i=1}^{n}m_i},\tag{3.10}$$

质心的加速度为

$$\boldsymbol{a}_C=\frac{\mathrm{d}\boldsymbol{v}_C}{\mathrm{d}t}=\frac{\frac{\mathrm{d}}{\mathrm{d}t}\sum_{i=1}^{n}m_i\boldsymbol{v}_i}{\sum_{i=1}^{n}m_i}=\frac{\sum_{i=1}^{n}m_i\frac{\mathrm{d}\boldsymbol{v}_i}{\mathrm{d}t}}{\sum_{i=1}^{n}m_i}=\frac{\sum_{i=1}^{n}m_i\boldsymbol{a}_i}{\sum_{i=1}^{n}m_i}=\frac{\sum_{i=1}^{n}\boldsymbol{F}_{\mathrm{ie}}}{\sum_{i=1}^{n}m_i},\tag{3.11}$$

由式(3.11)得

$$\sum_{i=1}^{n}\boldsymbol{F}_{\mathrm{ie}}=\sum_{i=1}^{n}m_i\cdot\boldsymbol{a}_C=M\boldsymbol{a}_C.\tag{3.12}$$

式(3.12)表明,质点系质量与质心加速度的乘积总是等于质点系所受一切外力的矢量和,称为**质点系的质心运动定理**.它与牛顿第二定律在形式上完全相同,只是质点系的质量集中于质心,在合外力的作用下,质心以加速度 $\boldsymbol{a}_C$ 运动.

根据质心运动定理可推知:① 质点系的内力不能影响其质心的运动;② 如果作用于质点系上外力的矢量和始终为零,则质点系的质心做匀速直线运动或保持静止;③ 若作用于质点系上外力的矢量和在某轴上的投影始终为零,则质点系质心在该轴上的坐标匀速变化或保持不变.

在质点动力学中,我们所研究的"质点",其实就是物体的"质心".我们把实际物体抽象为质点并运用牛顿第二定律进行研究,只考虑了物体质心的运动,而忽略物体内各质点围绕质心的运动和各质点间的相对运动,这就是质点模型方法的实质.

3.1.3 动量守恒定律

1. 动量守恒定律

由

$$\int_{t_0}^{t}\sum_{i=1}^{n}\boldsymbol{F}_{\mathrm{ie}}\mathrm{d}t=\sum_{i=1}^{n}m_i\boldsymbol{v}_i-\sum_{i=1}^{n}m_i\boldsymbol{v}_{i0}$$

可知,当质点系不受外力或所受外力矢量和为零($\sum_{i=1}^{n}\boldsymbol{F}_{\mathrm{ie}}=\boldsymbol{0}$)时,$\sum_{i=1}^{n}m_i\boldsymbol{v}_i-\sum_{i=1}^{n}m_i\boldsymbol{v}_{i0}=\boldsymbol{0}$,即

$$\sum_{i=1}^{n}m_i\boldsymbol{v}_i=\text{常矢量}.\tag{3.13}$$

式(3.13)就是**质点系的动量守恒定律**的数学表达式,将其表述为:当系统所受合外力为零时,系

统的总动量将保持不变. 该式为矢量式,在直角坐标系中对应的分量式为

$$\begin{cases} p_x = \sum_{i=1}^{n} m_i v_{ix} = \text{常量}, \\ p_y = \sum_{i=1}^{n} m_i v_{iy} = \text{常量}, \\ p_z = \sum_{i=1}^{n} m_i v_{iz} = \text{常量}. \end{cases} \tag{3.14}$$

另外,由质点系的质心运动定理$\sum_{i=1}^{n} \boldsymbol{F}_{\text{ie}} = \sum_{i=1}^{n} m_i \cdot \boldsymbol{a}_C$ 得

$$\boldsymbol{a}_C = \boldsymbol{0},$$

即

$$\boldsymbol{v}_C = \frac{\sum_{i=1}^{n} m_i \boldsymbol{v}_i}{\sum_{i=1}^{n} m_i} = \text{常矢量},$$

故

$$\sum_{i=1}^{n} m_i \boldsymbol{v}_i = \text{常矢量}.$$

也就是说,质点系的动量守恒与质点系的质心保持静止或匀速直线运动状态是等效的.

强调几点:

(1) 系统的总动量守恒即系统的总动量的矢量和不变,而不是指系统内某一个质点的动量不变. 另外,系统中各物体的动量必须是相对于同一惯性系.

(2) 系统动量守恒的条件是系统所受的合外力为零. 但如果在外力比内力小得多的情况下,外力对质点系的总动量变化影响甚小,这时可认为近似满足动量守恒条件,如碰撞、打击、爆炸等问题. 如果系统所受外力的矢量和并不为零,但合外力在某个坐标轴上的分量为零,那么,系统的总动量虽不守恒,但它在该坐标轴的分动量是守恒的,亦称总动量在该方向上守恒.

(3) 内力对系统的总动量没有影响,内力只能使系统内各个物体之间传递动量. 例如,一个坐在车上的人,仅靠自己推车的力不能使车和人的速度改变就是这个道理.

(4) 虽然动量守恒定律是由牛顿运动定律导出的,但它比牛顿运动定律更基本,适用范围更广,它也适用于微观世界. 动量守恒定律是自然界中最普遍、最基本的定律之一.

2. 动量守恒定律的应用

对系统内部用力的概念描述其相互作用的过程可能极其复杂,如碰撞、黏结、分裂、爆炸、散射、化学反应、光子和电子的碰撞等,而只要系统不受外界影响,它们的动量都是守恒的. 动量守恒定律不仅适用于一般宏观物体组成的系统,也适用于由分子、原子等微观粒子组成的系统.

应用动量守恒定律解题的思路:

(1) 按问题的要求与计算方便,选择系统,分析要研究的物理过程;

(2) 进行受力分析,确定系统的内力与外力,判断是否满足动量守恒定律的条件;

(3) 建立坐标系,系统中各物体的动量必须相对于同一个惯性系;

(4) 确定系统的初动量与末动量,若满足动量守恒定律的条件,就用动量守恒定律列方程求解.

例 3-3

质量为M的车在光滑的水平面上运动，一质量为m的人站在车上. 车以速率v_0向右运动，现在人以相对于车的速率u向左跑动，如图3.5所示. 试问人在左端跳离车前，车的速度为多大？

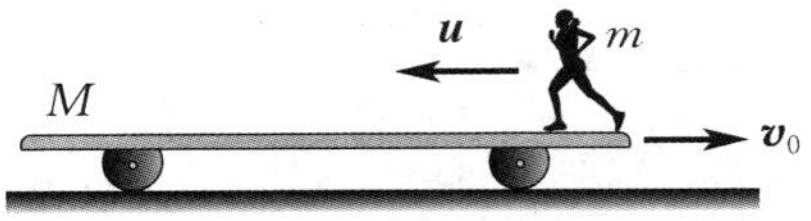

图 3.5

解 选车和人作为系统. 该系统在水平方向上不受外力作用，故系统在水平方向上动量守恒. 取$\boldsymbol{v}_0$的方向为坐标轴的正方向，设人跳离车前车的速率为v，此时，人相对于地的速率为$v-u$. 系统原来的总动量为$(m+M)v_0$，人跳离车前系统的总动量为$m(v-u)+Mv$. 根据动量守恒定律，有

$$(m+M)v_0=m(v-u)+Mv,$$

解得

$$v=v_0+\frac{m}{m+M}u.$$

思考：是否存在这样一种情况，当人相对于车以某一速率u跑动，而且跳离车时，车相对地面静止？

为了回答这一问题，令车速$v=0$，则有

$$u=-\frac{m+M}{m}v_0,$$

其中负号表明，人相对于车的速度方向与原来所设方向相反，即人相对于车向右跑. 当人相对于车以$u=\dfrac{m+M}{m}v_0$的速率跑动，从车的右端跳离车时，车相对于地面静止. 这就是地面回收火箭或人造卫星的基本原理.

例 3-4

图3.6所示是炮车发射炮弹的示意图. 炮车质量为M，炮管仰角为α，炮弹质量为m. 炮弹离开炮管口时，相对于炮管的速度为u，地面为水平，且不计摩擦，求：(1) 炮弹刚出口时炮车的速度；(2) 发射过程中炮车移动的距离（设炮筒长为l，可视为炮弹发射过程中相对于炮车的行程）.

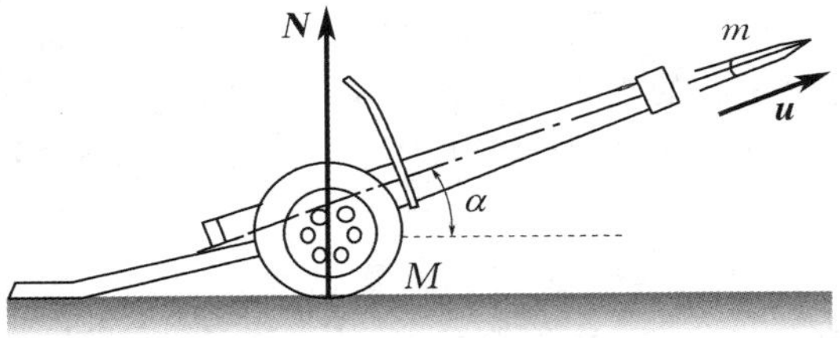

图 3.6

解 (1) 选炮车与炮弹组成的系统为研究对象. 此系统所受的外力有重力和地面支持力，它们都沿竖直方向，因而外力的水平分量为零，故系统在水平方向上的动量分量守恒.

发射前炮弹与炮车静止，设炮弹出口时相对地面的速度$\boldsymbol{v}_1$的水平分量为v_{1x}，炮车此时水平方向的速度v_{2x}，则对于地面参考系，有

$$Mv_{2x}+mv_{1x}=0. \quad ①$$

由题可知，炮弹相对炮车的出口速度为u，则由速度合成定理得

$$v_{1x}=u\cos\alpha+v_{2x}. \quad ②$$

由式①、式②有

$$v_{2x}=-\frac{m}{m+M}u\cos\alpha. \quad ③$$

$v_{2x}<0$，表明炮车速度方向与v_{1x}方向相反（反冲），炮车向左运动.

(2) 设炮弹发射过程中任一时刻相对于炮身有速度$u(t)$，则由式③可得该时刻炮车的速度为

$$v_{2x}(t)=-\frac{m}{m+M}u(t)\cos\alpha.$$

设炮弹在炮管内运动的时间为t_1，则炮车沿地面的位移应为

$$\Delta x_2=\int_0^{t_1}v_{2x}(t)\mathrm{d}t=-\frac{m}{M+m}\int_0^{t_1}u(t)\cos\alpha\mathrm{d}t,$$

式中积分$\int_0^{t_1}u(t)\cos\alpha\mathrm{d}t$正是发射过程中炮弹沿

炮管运动的位移在水平方向上的投影$l\cos\alpha$，即

$$\int_0^{t_1} u(t)\cos\alpha \mathrm{d}t = l\cos\alpha,$$

所以

$$\Delta x_2 = -\frac{m}{m+M} l\cos\alpha.$$

$\Delta x_2 < 0$，表明炮车向左移动了$|\Delta x_2|$的距离.

*3.2 质点的角动量和角动量守恒定律

3.2.1 力矩和角动量

1. 力矩

图3.7所示为某物体的一个横截面，它可绕过O点且与该平面垂直的z轴旋转. 作用在物体内P点上的力$\boldsymbol{F}$也在此平面内. O点到力的作用点P的径矢为$\boldsymbol{r}$，径矢$\boldsymbol{r}$与力$\boldsymbol{F}$间的夹角为θ. O点到力$\boldsymbol{F}$的作用线的垂直距离d叫作力对转轴的力臂，其大小为$d = r\sin\theta$. 力$\boldsymbol{F}$对转轴的力矩定义为径矢$\boldsymbol{r}$与力$\boldsymbol{F}$的矢积，用$\boldsymbol{M}$表示，即

$$\boldsymbol{M} = \boldsymbol{r}\times\boldsymbol{F}. \tag{3.15}$$

其大小为力$\boldsymbol{F}$的大小和力臂d的乘积($M = Fd = Fr\sin\theta$). 力矩的方向垂直于$\boldsymbol{r}$与$\boldsymbol{F}$所构成的平面，可用右手定则判断：右手拇指伸直，其余四指自径矢$\boldsymbol{r}$的方向沿小于180°的角转向力$\boldsymbol{F}$的方向时，拇指所指的方向就是力矩的方向，如图3.8所示. 对于定轴转动，力矩虽然是矢量，但力矩的方向只有两个，都沿转轴方向，因此，力矩可以写作标量形式，用正负号表示其方向. 通常规定：按右手定则，沿转轴(z轴)从上向下看，若力矩产生沿逆时针方向的转动，则为正，反之为负.

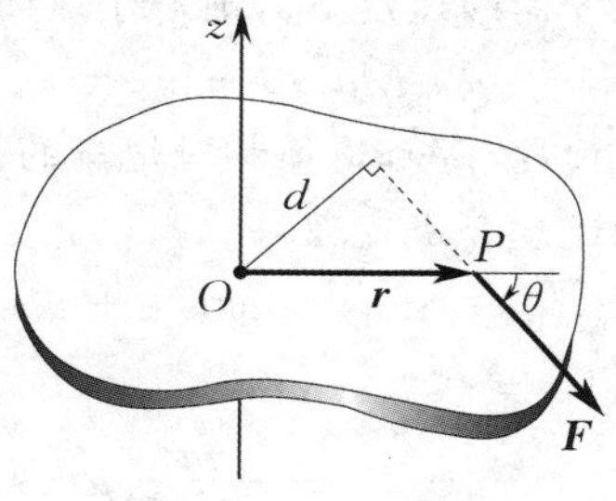

图3.7 力矩

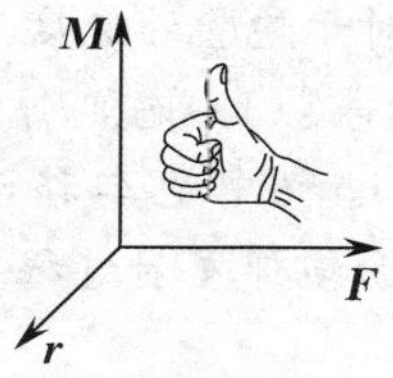

图3.8 右手定则确定力矩方向

式(3.15)中的$\boldsymbol{F}$作用在垂直于转轴的平面内. 如果作用于物体上的外力不在此平面内，如图3.9中的$\boldsymbol{F}$，则可以把它分解为两个分力，其中一个分力$\boldsymbol{F}_1$与转轴平行，另一个分力$\boldsymbol{F}_2$在垂直于转轴的平面内. 这样，只有分力$\boldsymbol{F}_2$才对物体的转动状态起作用.

特例：质点做圆周运动时力对圆心O点的力矩.

一个质量为m的质点，沿半径为r的圆周做圆周运动，如图3.10所示，将它所受的力$\boldsymbol{F}$分解为切向力$F_{\mathrm{t}} = ma_{\mathrm{t}} = mr\beta$和法向力$F_{\mathrm{n}} = ma_{\mathrm{n}}$. 对于法向力，有$\sin\theta = 0$；对于切向力，有$\sin\theta = 1$. 力$\boldsymbol{F}$对$O$点的力矩为

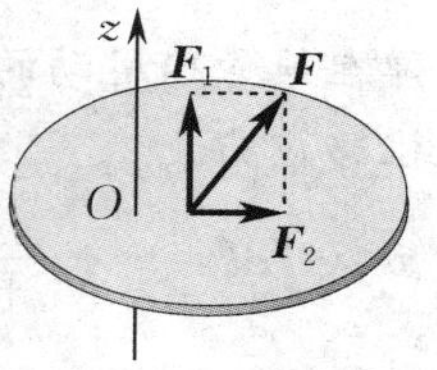

图3.9 力对物体绕定轴转动时的影响

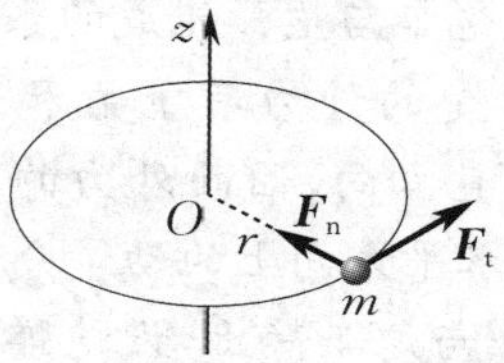

图3.10 质点做圆周运动时的力矩

$$M = F_t r = mr^2\beta. \tag{3.16}$$

式(3.16)表明,质点做圆周运动时的角加速度与质点所受的力矩成正比.

若有几个外力同时作用在一个绕定轴转动的物体上,则合力矩等于每个分力的力矩之和.图3.11所示的物体所受的合力矩为

$$M = -F_1 r_1 \sin\theta_1 + F_2 r_2 \sin\theta_2 + F_3 r_3 \sin\theta_3.$$

若$M > 0$,则合力矩的方向沿z轴正方向;若$M < 0$,则合力矩方向沿z轴负方向.

在国际单位制中,力矩的单位为牛[顿]米(N·m).

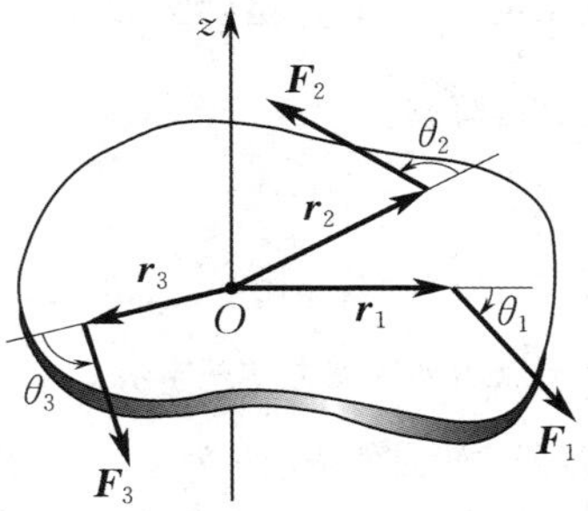

图3.11 几个力作用在绕定轴转动物体上的合力矩

2. 质点对定点的角动量

在质点力学中,我们曾用速度和动量来描述质点的运动状态,进而导出了动量定理和动量守恒定律.然而当遇到质点围绕一定点转动的情况时,例如,行星绕太阳运动,原子中电子绕原子核转动,由于动量的方向时刻都在变化,再用动量来描述质点的运动情况显然很不方便.为此我们引入角动量的概念来描述质点相对于某一参考点的运动,并讨论角动量所遵循的规律.

设一质量为m的质点,以速度$\boldsymbol{v}$相对于某一参考点O运动,如图3.12所示.在某时刻质点相对于参考点O的位置矢量为$\boldsymbol{r}$.质点对参考点O的角动量定义为该质点的位置矢量与动量的矢积,用$\boldsymbol{L}$表示,即

$$\boldsymbol{L} = \boldsymbol{r} \times \boldsymbol{p} = \boldsymbol{r} \times m\boldsymbol{v}. \tag{3.17}$$

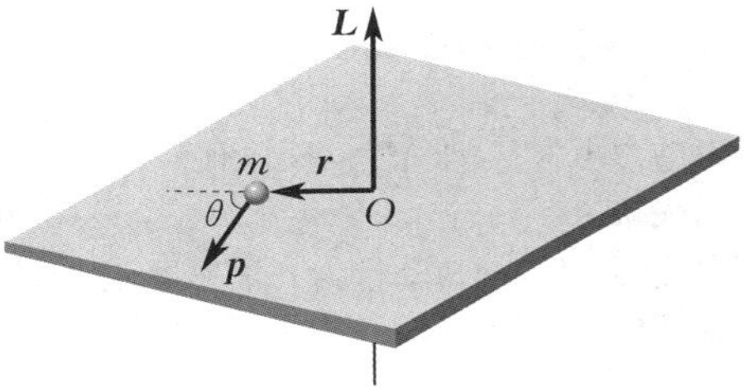

图3.12 质点的角动量

强调几点:

① 角动量是矢量,其大小$L = rmv\sin\theta$,其中θ为质点速度方向与质点位置矢量的夹角,角动量的方向可以由$\boldsymbol{r}$经小于180°的角转到$\boldsymbol{p}$的方向,用右手定则确定,如图3.12所示.

② 角动量不仅与质点的运动状态有关,还与参考点的位置有关.对于不同的参考点,同一质点有不同的位置矢量,因而角动量也不相同.因此,讨论一个质点的角动量时,必须指明是相对于哪一个参考点而言的.

③ 角动量的定义式$\boldsymbol{L} = \boldsymbol{r} \times \boldsymbol{p} = \boldsymbol{r} \times m\boldsymbol{v}$与力矩的定义式$\boldsymbol{M} = \boldsymbol{r} \times \boldsymbol{F}$形式相同,故角动量有时也称为动量矩——动量对转轴的矩.

④ 在国际单位制中,角动量的单位为千克二次方米每秒($kg \cdot m^2/s$).

特例:当质点做匀速圆周运动时,该质点相对于圆心的角动量保持不变.由于$\boldsymbol{v} \perp \boldsymbol{r}$且在同一平面内,角动量的大小$L = mrv = m\omega r^2$,如图3.13所示.

当质点做匀速直线运动时,尽管位置矢量$\boldsymbol{r}$变化,但是质点相对于任一点O的角动量$\boldsymbol{L}$保持不变,其大小$L = mvr\sin\theta = mvd$,如图3.14所示.

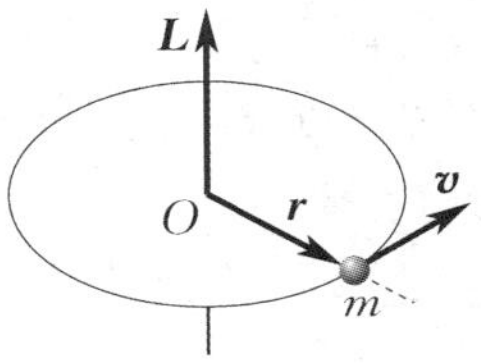

图3.13 质点做匀速圆周运动的角动量

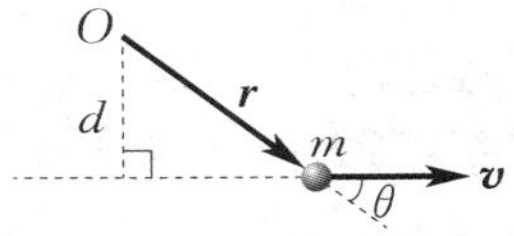

图3.14 质点做匀速直线运动的角动量

3.2.2 质点的角动量定理

根据质点的角动量定义

$$\boldsymbol{L} = \boldsymbol{r} \times m\boldsymbol{v},$$

两边对时间求导,有

$$\frac{d\boldsymbol{L}}{dt}=\frac{d\boldsymbol{r}}{dt}\times m\boldsymbol{v}+\boldsymbol{r}\times\frac{d(m\boldsymbol{v})}{dt}.$$

由于$\frac{d\boldsymbol{r}}{dt}=\boldsymbol{v}$，$\boldsymbol{F}=\frac{d(m\boldsymbol{v})}{dt}$，上式可写成$\frac{d\boldsymbol{L}}{dt}=\boldsymbol{v}\times m\boldsymbol{v}+\boldsymbol{r}\times\boldsymbol{F}$. 根据矢积的性质，$\boldsymbol{v}\times m\boldsymbol{v}=\boldsymbol{0}$，$\boldsymbol{r}\times\boldsymbol{F}$为力矩$\boldsymbol{M}$，故上式又可写成

$$\boldsymbol{M}=\frac{d\boldsymbol{L}}{dt}. \tag{3.18}$$

式(3.18)表明，作用于质点的合力对参考点O的力矩，等于质点对参考点O的角动量随时间的变化率. 这是质点绕定点运动的动力学基本规律. 式(3.18)是质点角动量定理的微分形式. 这与牛顿第二定律$\boldsymbol{F}=\frac{d\boldsymbol{p}}{dt}$在形式上相似，即力矩是使角动量发生变化的原因.

将式(3.18)移项，得$\boldsymbol{M}dt=d\boldsymbol{L}$，两边积分，有

$$\int_0^t \boldsymbol{M}dt=\boldsymbol{L}-\boldsymbol{L}_0. \tag{3.19}$$

式(3.19)称为质点角动量定理的积分形式，其中，$\boldsymbol{L}$为质点在t时刻的角动量，$\boldsymbol{L}_0$为质点在初始时刻的角动量，$\int_0^t \boldsymbol{M}dt$为力矩的时间积累，称为冲量矩或力矩的冲量.

角动量定理的微分形式和积分形式都是矢量式. 质点角动量定理是由牛顿运动定律导出的，因此只适用于惯性系，且参考点还须固定在惯性系中.

3.2.3 质点的角动量守恒定律

由式(3.18)或式(3.19)，当作用于质点的合外力$\boldsymbol{F}$对固定参考点的力矩为零，即$\boldsymbol{M}=\boldsymbol{0}$时，有

$$\boldsymbol{L}=\boldsymbol{L}_0 \quad 或 \quad \boldsymbol{L}=\boldsymbol{r}\times m\boldsymbol{v}=常矢量. \tag{3.20}$$

式(3.20)表明，当质点所受的对某一参考点的合外力矩为零时，质点对该参考点的角动量为一常矢量. 这个结论就是质点的角动量守恒定律.

质点角动量守恒的条件是$\boldsymbol{M}=\boldsymbol{0}$，有两种情况：

① $\boldsymbol{F}=\boldsymbol{0}$，即质点所受的合外力为零. 当质点做匀速直线运动时，它对任意定点的角动量都为常量.

② 合外力不为零，但合外力矩为零. 有心力(永远指向或远离某一固定点的力)对力心的力矩总是零. 例如，质点做匀速圆周运动时，作用于质点的合外力是指向圆心的向心力，故其力矩为零，质点对圆心的角动量是守恒的. 角动量守恒定律是物理学的又一基本规律，在研究天体运动和微观粒子运动时，角动量守恒定律起着重要的作用.

例 3-5

一质量为m的小球拴在穿过小孔的细绳的一端，在光滑的水平台面上以角速度ω_0做半径为r_0的圆周运动，如图3.15所示. 自$t=0$时刻起，手拉着绳的另一端以匀速$\boldsymbol{v}$向下运动，使半径逐渐减小，试求：(1) 角速度与时间的关系$\omega(t)$；(2) 绳子拉力与时间的关系$F(t)$.

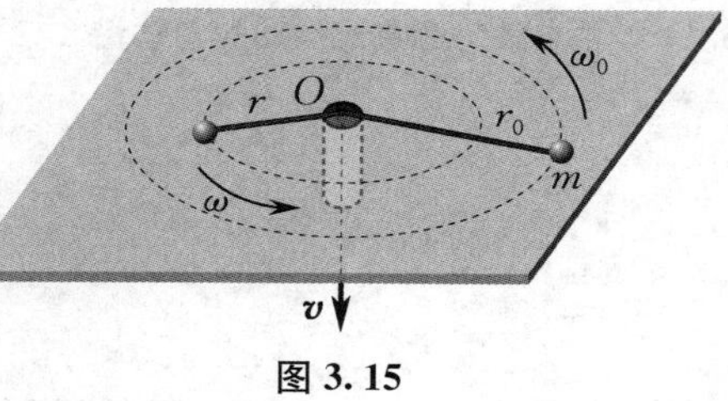

图 3.15

解 (1) 选小球为研究对象. 其受力情况是：小球在竖直方向上所受的合外力为零，在水平方向只受通过小孔的绳子张力(向心力)作用. 因此，小球对小孔的角动量守恒，即

$$mv_0r_0=mvr,$$

或

$$m\omega_0r_0^2=m\omega r^2.$$

由题意可知$r=r_0-vt$，代入上式，得

$$\omega=\frac{r_0^2}{(r_0-vt)^2}\omega_0.$$

(2) 因为$F=ma_n$，而$a_n=r\omega^2$，所以

$$F=m(r_0-vt)\left[\frac{r_0^2}{(r_0-vt)^2}\omega_0\right]^2=\frac{mr_0^4\omega_0^2}{(r_0-vt)^3}.$$

例 3-6

人造地球卫星绕地球做椭圆运动，地球位于椭圆的一个焦点处，如图 3.16 所示，试问卫星经过近地点 1 和远地点 2 时哪一处速度大？

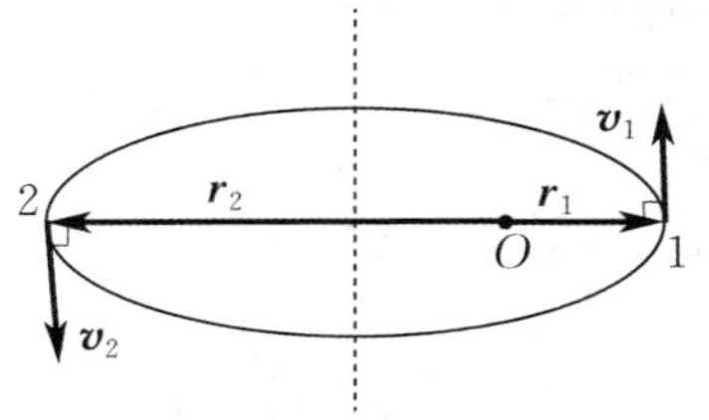

图 3.16

解 设在卫星运动中仅考虑地球引力的作用，则卫星在运动过程中所受合外力始终指向地球，即只受向心力作用，故卫星对地球的角动量守恒，即

$$\boldsymbol{r} \times m\boldsymbol{v} = \text{常矢量}.$$

由此可得在近地点 1 处和远地点 2 处，卫星角动量的关系为

$$r_1 m v_1 = r_2 m v_2,$$

则有

$$v_2 = \frac{r_1}{r_2} v_1.$$

而 $r_2 > r_1$，所以 $v_2 < v_1$，即卫星在远地点的速度小于近地点的速度.

3.3 力对空间的累积效果

3.3.1 功与功率

1. 恒力做功

一物体在恒力 $\boldsymbol{F}$ 的作用下，沿直线运动. 若位移为 $\Delta\boldsymbol{r}$，$\boldsymbol{F}$ 与位移成 θ 角，如图 3.17 所示，则定义力 $\boldsymbol{F}$ 对物体所做的功为

$$W = F\cos\theta \mid \Delta\boldsymbol{r} \mid. \tag{3.21}$$

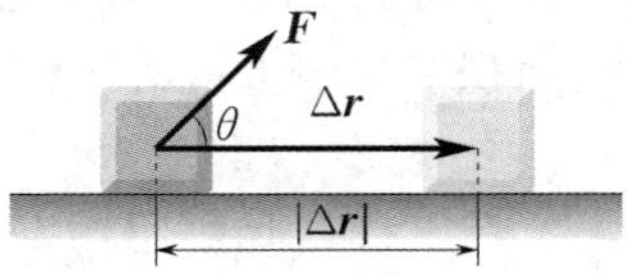

图 3.17 恒力做功

式(3.21) 表明，力对物体所做的功等于该力沿位移方向的分量与物体位移大小的乘积. 式(3.21) 可以写成

$$W = \boldsymbol{F} \cdot \Delta\boldsymbol{r}. \tag{3.22}$$

说明：

① 功是力在空间上的累积作用. 它不仅和力有关，也和质点运动过程的位移有关，是一个过程量.

② 功是标量，没有方向，只有大小，但有正负.

当 $\theta < \frac{\pi}{2}$ 时，$W > 0$，即力对物体做正功；

当 $\theta = \frac{\pi}{2}$ 时，$W = 0$，此时力与物体的位移方向垂直，力对物体不做功；

当 $\theta > \frac{\pi}{2}$ 时，$W < 0$，即力对物体做负功，或物体克服该力做功.

③ 在国际单位制中，功的单位为焦[耳](J)，1 J = 1 N · m.

④ 功的另一定义：力对物体所做的功等于质点的位移在力的方向上的分量与力的大小的乘积.

2. 变力做功

1) *元功*

如图 3.18 所示，一质点在变力 $\boldsymbol{F}$ 的作用下由 A 点运动到 B 点，在这一过程中作用于质点上的力的大小和方向都可能改变. 将物体运动的轨迹分成许多微小的位移元，在每一个位移元内，力可视为常矢量. 现任选一位移元 $\mathrm{d}\boldsymbol{r}$，设该位移元与力 $\boldsymbol{F}$ 的夹角为 θ，根据恒力做功的定义，可得力在位移元 $\mathrm{d}\boldsymbol{r}$ 上所做的元功为

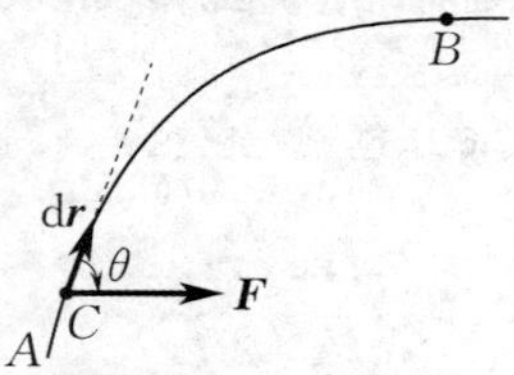

图 3.18　功的定义

$$\mathrm{d}W = F\mathrm{d}r\cos\theta = \boldsymbol{F}\cdot\mathrm{d}\boldsymbol{r}.$$

2) *变力做功*

在整个过程中，力所做的总功应等于力在每段位移元上所做元功的代数和. 若变力是连续函数，就可用求积分的方法来求该力所做的功，即变力做功的一般表达式为

$$W = \int_L \mathrm{d}W = \int_L \boldsymbol{F}\cdot\mathrm{d}\boldsymbol{r}. \tag{3.23}$$

一般情况下，功是过程量. 力所做的功不仅与始末位置有关，还与质点所走的路径有关，如摩擦力、空气阻力等所做的功. 因此式(3.23) 要沿质点运动的实际路径积分.

若物体同时受几个力的作用，则合力的功等于各个分力所做的功的代数和，即

$$W = \int_L \boldsymbol{F}\cdot\mathrm{d}\boldsymbol{r} = \int_L \left(\sum \boldsymbol{F}_i\right)\cdot\mathrm{d}\boldsymbol{r} = \sum\int_L \boldsymbol{F}_i\cdot\mathrm{d}\boldsymbol{r} = \sum W_i.$$

工程上常用示功图来计算功. 如图 3.19 所示，当力随位置变化的关系已知时，以路程为横坐标，力在位移元方向的分量 $F\cos\theta$ 为纵坐标，作出 $F\cos\theta$ 随路程的变化曲线. 图示曲线与横轴所围的面积在数值上就等于该力所做的功的绝对值.

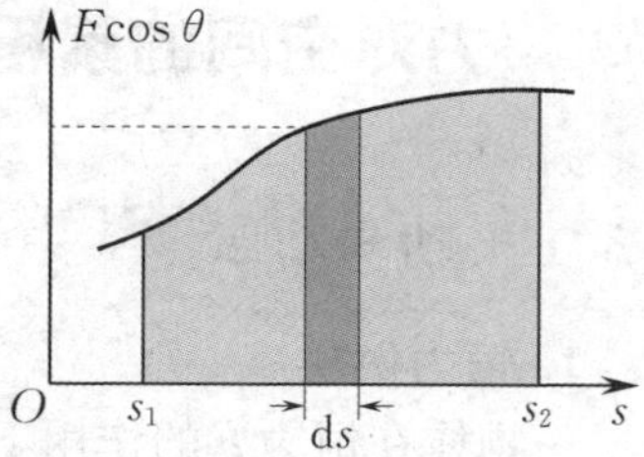

图 3.19　变力做功的图示

3. 功率

在工程实际中用功率来表示做功的快慢. 功对时间的变化率称为**功率**，用 P 表示. 平均功率定义为

$$\overline{P} = \frac{\Delta W}{\Delta t},$$

瞬时功率

$$P = \frac{\mathrm{d}W}{\mathrm{d}t} = \frac{\boldsymbol{F}\cdot\mathrm{d}\boldsymbol{r}}{\mathrm{d}t} = \boldsymbol{F}\cdot\boldsymbol{v}. \tag{3.24}$$

在国际单位制中，功率的单位为瓦[特](W)，$1\ \mathrm{W} = 1\ \mathrm{J/s}$，$1\ \mathrm{kW} = 10^3\ \mathrm{W}$.

4. 不同坐标系下功的计算

1) *在空间直角坐标系中*

若 $\boldsymbol{F} = F_x\boldsymbol{i} + F_y\boldsymbol{j} + F_z\boldsymbol{k}$，$\mathrm{d}\boldsymbol{r} = \mathrm{d}x\boldsymbol{i} + \mathrm{d}y\boldsymbol{j} + \mathrm{d}z\boldsymbol{k}$，则式(3.23) 在空间直角坐标系中的表达式为

$$W = \int_L \boldsymbol{F}\cdot\mathrm{d}\boldsymbol{r} = \int_L F_x\mathrm{d}x + \int_L F_y\mathrm{d}y + \int_L F_z\mathrm{d}z. \tag{3.25}$$

2) *在自然坐标系中*

若 $\boldsymbol{F} = F_t\boldsymbol{e}_t + F_n\boldsymbol{e}_n$，$\mathrm{d}\boldsymbol{r} = \mathrm{d}s\boldsymbol{e}_t$，则式(3.23) 在自然坐标系中的表达式为

$$W = \int_L \boldsymbol{F}\cdot\mathrm{d}\boldsymbol{r} = \int_L F_t\mathrm{d}s. \tag{3.26}$$

例 3-7

设作用在质量为 1 kg 的物体上的力 $F=2t+6$(SI). 如果物体由静止出发沿 x 轴运动，求在 2 s 内，该力对物体所做的功.

解　按功的定义式计算功.

物体的加速度为

$$a=\frac{F}{m}=\frac{2t+6}{1}=2t+6=\frac{\mathrm{d}v}{\mathrm{d}t},$$

可得

$$\mathrm{d}v=(2t+6)\mathrm{d}t,$$

两边积分，得

$$\int_0^v \mathrm{d}v=\int_0^t (2t+6)\mathrm{d}t=t^2+6t,$$

即 $v=t^2+6t$. 又由 $v=\frac{\mathrm{d}x}{\mathrm{d}t}$ 得

$$\mathrm{d}x=(t^2+6t)\mathrm{d}t,$$

因而力所做的功为

$$W=\int_0^2 F\mathrm{d}x=\left(\int_0^2 (2t+6)(t^2+6t)\mathrm{d}t\right)\mathrm{J}$$
$$=\left(\int_0^2 (2t^3+18t^2+36t)\mathrm{d}t\right)\mathrm{J}=128\ \mathrm{J}.$$

例 3-8

在水平桌面上的一个小物体，其质量为 m，它在外力作用下沿半径为 R 的圆由 A 点到 B 点移动了半个圆周，如图 3.20 所示，求在该过程中桌面对质点的摩擦力所做的功. 设物体与桌面间的滑动摩擦系数为 μ.

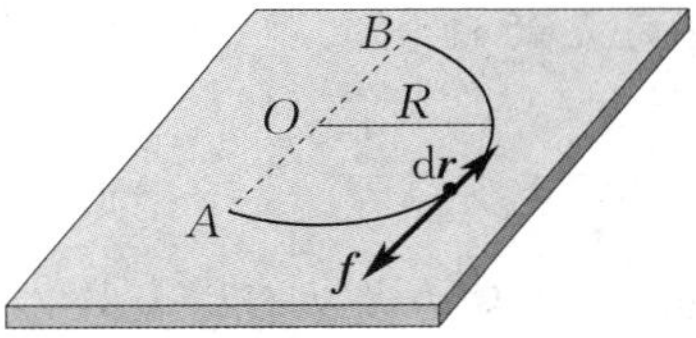

图 3.20

解　当物体沿半圆周运动时，所受的摩擦力的大小不变，但方向会改变，仍属变力做功. 选物体在桌面上发生的任一位移元 $\mathrm{d}\boldsymbol{r}$ 为研究对象. 物体在该位移元上所受的摩擦力的大小为 $f=\mu N=\mu mg$，方向和位移元 $\mathrm{d}\boldsymbol{r}$ 的方向相反(见图 3.20)，相应的元功为 $\mathrm{d}W=-f\mathrm{d}s=-\mu mg\mathrm{d}s$. 当物体从 A 沿半圆移到 B 时，摩擦力所做的功为

$$W=\int_A^B(-\mu mg)\mathrm{d}s=-\mu mg\int_A^B \mathrm{d}s=-\mu mg\pi R.$$

同理，当物体沿直线从 A 点到 B 点时，摩擦力所做的功为 $-2\mu mgR$. 这说明摩擦力做功的大小与具体过程有关.

3.3.2　质点的动能定理

若力对物体做功，则物体的运动状态将发生变化，那么力对物体所做的功与物体动能的变化之间有什么关系呢?

如图 3.21 所示，设一质量为 m 的质点在合外力 $\boldsymbol{F}$ 的作用下从 A 点运动到 B 点，其速度由 $\boldsymbol{v}_1$ 变为 $\boldsymbol{v}_2$. 由功的一般表达式可得力 $\boldsymbol{F}$ 对质点所做的功为

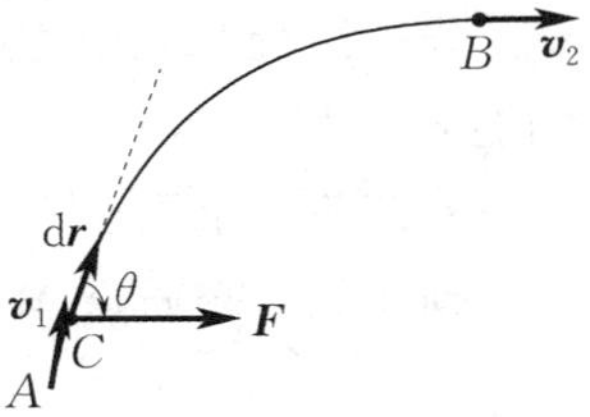

图 3.21　动能定理

$$W=\int_L \boldsymbol{F}\cdot\mathrm{d}\boldsymbol{r}=\int_L F\cos\theta\mathrm{d}s=\int_L F_t\mathrm{d}s=\int_L ma_t\mathrm{d}s$$
$$=\int_L m\frac{\mathrm{d}v}{\mathrm{d}t}\mathrm{d}s=\int_L mv\frac{\mathrm{d}s}{\mathrm{d}t}=\int_{v_1}^{v_2} mv\mathrm{d}v=\frac{1}{2}mv_2^2-\frac{1}{2}mv_1^2, \tag{3.27}$$

式中，$\frac{1}{2}mv_2^2$ 和 $\frac{1}{2}mv_1^2$ 分别代表质点的末动能(位于 B 点时的动能)和初动能(位于 A 点时的动

能). 用 E_{k2}，E_{k1} 分别表示末动能和初动能，则式(3.27) 可写成

$$W = E_{k2} - E_{k1} = \Delta E_k. \tag{3.28}$$

式(3.28) 表明，合外力对质点所做的功等于质点动能的增量. 这个结论就是**质点的动能定理**.

对质点的动能定理的说明：

① 功和动能的本质区别：它们的单位和量纲相同，但功是能量变化的量度，其定义式为 $W = \int_L \boldsymbol{F} \cdot \mathrm{d}\boldsymbol{r}$，是过程量，与过程有关；动能的定义式为 $E_k = \frac{1}{2}mv^2$，是状态量，与状态有关.

② 质点的动能定理只适用于惯性系.

③ 动能定理又提供了一种计算功的方法. 当已知物体受力作用前、后的动能时，用动能定理计算功更为简便.

④ 动能定理的形式不变性. 动能定理的形式不依赖于惯性系的选择，在所有的惯性系中都有一样的形式.

例 3-9

质量为 2.0 kg 的质点在力 F 作用下沿直线运动，其运动方程为 $x = 3t - 4t^2 + t^3$(m)，求在 0 到 2 s 内，力 F 对质点所做的功.

解　方法一　用质点的动能定理来求解.

选质点为研究对象. 由运动方程可得，质点的速度为

$$v = \frac{\mathrm{d}x}{\mathrm{d}t} = \frac{\mathrm{d}}{\mathrm{d}t}(3t - 4t^2 + t^3) = 3 - 8t + 3t^2,$$

当 $t = 2$ s 时，

$$v = (3 - 8 \times 2 + 3 \times 2^2)\,\mathrm{m/s} = -1\ \mathrm{m/s},$$

当 $t = 0$ 时，

$$v_0 = (3 - 8 \times 0 + 3 \times 0^2)\,\mathrm{m/s} = 3\ \mathrm{m/s}.$$

质点初、末状态的动能分别为

$$E_{k0} = \frac{1}{2}mv_0^2 = \frac{1}{2} \times 2 \times 3^2\ \mathrm{J} = 9\ \mathrm{J},$$

$$E_k = \frac{1}{2}mv^2 = \frac{1}{2} \times 2 \times (-1)^2\ \mathrm{J} = 1\ \mathrm{J}.$$

根据质点的动能定理，力对质点所做的功为

$$W = E_k - E_{k0} = -8\ \mathrm{J}.$$

方法二　用变力做功的公式 $W = \int_L \boldsymbol{F} \cdot \mathrm{d}\boldsymbol{r}$ 来计算(读者自己完成，并比较两种解法，哪种更简单).

3.3.3　质点系的动能定理

式(3.27) 和式(3.28) 都是单个质点的动能定理，现在把它们推广到 n 个质点所组成的系统.

设一系统有 n 个质点，作用于各个质点的力所做的功分别为 $W_1, W_2, \cdots, W_n$，各个质点的初动能分别为 $E_{k10}, E_{k20}, \cdots, E_{kn0}$，末动能分别为 $E_{k1}, E_{k2}, \cdots, E_{kn}$. 由质点的动能定理有

对于第一个质点，$W_1 = E_{k1} - E_{k10}$；

对于第二个质点，$W_2 = E_{k2} - E_{k20}$；

……

对于第 n 个质点，$W_n = E_{kn} - E_{kn0}$，

将上面各式相加，得

$$\sum_{i=1}^{n} W_i = \sum_{i=1}^{n} E_{ki} - \sum_{i=1}^{n} E_{ki0}. \tag{3.29}$$

令 $E_k=\sum_{i=1}^{n}E_{ki}$，为系统的末动能，等于系统内各个质点的末动能之和；

令 $E_{k0}=\sum_{i=1}^{n}E_{ki0}$，为系统的初动能，等于系统内各个质点的初动能之和；

令 $W=\sum_{i=1}^{n}W_i$，为系统内所有质点上的作用力所做的总功，

则

$$W=E_k-E_{k0}=\Delta E_k. \tag{3.30}$$

式(3.30)表明，作用于质点系的所有力(内力和外力)所做的功等于系统动能的增量. 这就是**质点系的动能定理**.

例 3-10

均质链条的一端被外力牵住，在水平桌面上的长度为 l_1，呈直线；长度为 l_2 的另一部分自然下垂，如图 3.22 所示. 设桌面与链条的滑动摩擦系数为 μ，链条的线密度为 λ. 撤去外力后，链条开始滑动，求链条在桌面移动距离为 x 时的速度.

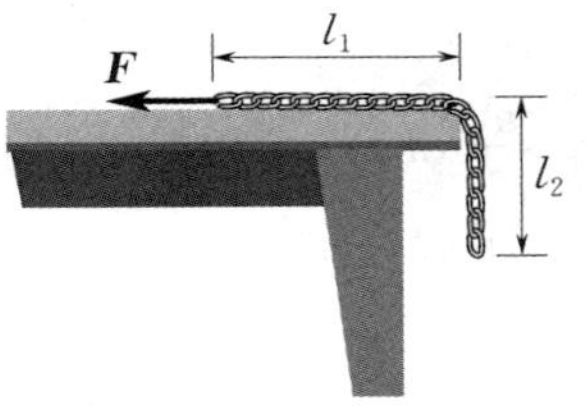

图 3.22

解 选整个链条为研究对象. 对在桌面移动了 x 距离的链条进行受力分析. 链条移动了位移元 dx 时，链条所受重力做的功为 $\lambda(l_2+x)g\,dx$，摩擦力做的功为 $\mu\lambda(l_1-x)g\,dx$，链条的动能 $E_k=\frac{1}{2}\lambda(l_1+l_2)v^2$，动能变化量为 $d\left[\frac{1}{2}\lambda(l_1+l_2)v^2\right]$. 根据动能定理(合外力对物体所做的功等于物体动能的增量)有

$$d\left[\frac{1}{2}\lambda(l_1+l_2)v^2\right]=\lambda(l_2+x)g\,dx-\mu\lambda(l_1-x)g\,dx.$$

由题可知，当 $x=0$ 时，$v=0$. 上式两边积分，有

$$\int_0^v d\left[\frac{1}{2}\lambda(l_1+l_2)v^2\right]=\int_0^x\lambda(l_2+x)g\,dx-\int_0^x\mu\lambda(l_1-x)g\,dx,$$

即

$$\int_0^v d\left[\frac{1}{2}\lambda(l_1+l_2)v^2\right]=\int_0^x\lambda(1+\mu)xg\,dx+\int_0^x\lambda g(l_2-\mu l_1)\,dx.$$

解此方程得

$$v=\sqrt{\frac{g}{l_1+l_2}}\left[(1+\mu)x^2+2(l_2-\mu l_1)x\right]^{\frac{1}{2}}.$$

3.3.4 保守力与势能

1. 保守力与非保守力

在生活和生产实践中，人们注意到高处落下的重物能够做功，例如，筑路时为了把地面打结实，总是把夯高高举起，举得越高，落下时夯对地面所做的功就越大；高山上的瀑布能带动发电机发电等. 这些事例都说明，在机械运动范围内的能量，除动能之外还有势能. 为了能正确认识势能，本节从重力、引力、弹性力做功的特点出发，引入保守力和非保守力的概念，然后介绍重力势能、引力势能、弹性势能等.

1）**重力、万有引力和弹性力做功的特点**

(1) 重力做功. 如图 3.23 所示，一质量为 m 的物体，在地球表面附近（重力加速度 $\boldsymbol{g}$ 不变）重力的作用下，从 a 点沿任一路径 acb 运动到 b 点，a 点和 b 点距地面的高度分别为 y_1 和 y_2. 将质点的运动路径分成许多位移元，其中任一位移元可表示为

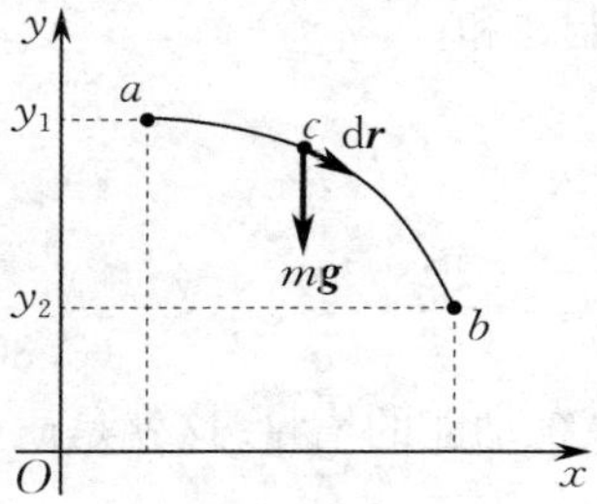

图 3.23 重力做功

$$\mathrm{d}\boldsymbol{r}=\mathrm{d}x\boldsymbol{i}+\mathrm{d}y\boldsymbol{j}.$$

重力在任一位移元上所做的元功为

$$\mathrm{d}W=\boldsymbol{F}\cdot\mathrm{d}\boldsymbol{r}=-mg\boldsymbol{j}\cdot(\mathrm{d}x\boldsymbol{i}+\mathrm{d}y\boldsymbol{j})=-mg\,\mathrm{d}y.$$

当物体从 $a\rightarrow c\rightarrow b$ 时，重力所做的功为

$$W=\int_{y_1}^{y_2}(-mg)\mathrm{d}y=-mg(y_2-y_1).\tag{3.31}$$

由于路径 acb 是任意选取的，因此式(3.31)表明，重力所做的功只取决于始末位置，而与中间经历的路径无关.

(2) 万有引力做功. 如图 3.24 所示，有两个质量分别为 m 和 M 的质点，其中质点 M 不动，质点 m 在万有引力的作用下，经任一路径从 A 点运动到 B 点，选质点 M 的位置为坐标原点，A 点和 B 点到坐标原点的距离分别为 r_A 和 r_B. 设在某一时刻质点 m 距质点 M 的距离为 r，其位置矢量为 $\boldsymbol{r}$，$\boldsymbol{e}_r$ 为沿位置矢量 $\boldsymbol{r}$ 的单位矢量. 当 m 沿路径移动位移元 d$\boldsymbol{r}$ 时，万有引力所做的功为

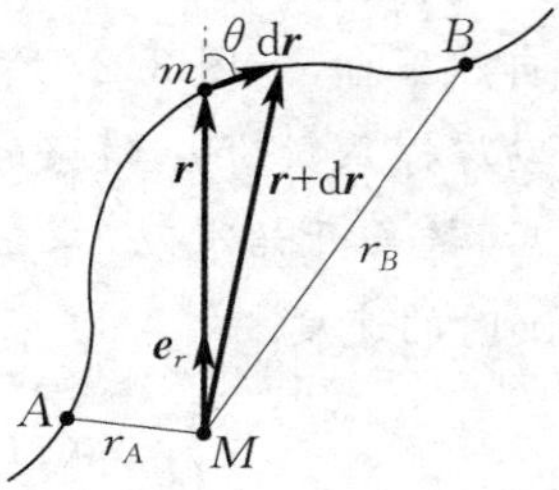

图 3.24 万有引力做功

$$\mathrm{d}W=\boldsymbol{F}\cdot\mathrm{d}\boldsymbol{r}=-G\frac{mM}{r^2}\boldsymbol{e}_r\cdot\mathrm{d}\boldsymbol{r}=-G\frac{mM}{r^2}\mid\mathrm{d}\boldsymbol{r}\mid\cos\theta=-G\frac{mM}{r^2}\mathrm{d}r.$$

质点 m 从 A 点沿任一路径到达 B 点的过程中，万有引力所做的功为

$$W=\int\mathrm{d}W=\int_{r_A}^{r_B}\left(-G\frac{mM}{r^2}\right)\mathrm{d}r=GMm\left(\frac{1}{r_B}-\frac{1}{r_A}\right).\tag{3.32}$$

式(3.32)表明，万有引力所做的功只与质点 m 相对于质点 M 的始末位置有关，而与质点所经过的路径无关.

(3) 弹性力做功. 如图 3.25 所示，在光滑水平面上放置一个弹簧，弹簧一端固定，另一端与一个质量为 m 的物体相连. 若弹簧在水平方向不受外力作用，则不发生形变，此时物体位于 O 点，即 $x=0$ 处，这个位置称为平衡位置. 若在外力的作用下，物体从 a 点被拉到 b 点，a 点和 b 点到平衡位置的距离分别为 x_a 和 x_b. 根据胡克定律，物体在任一位置 x 处受到的弹性力可表示为

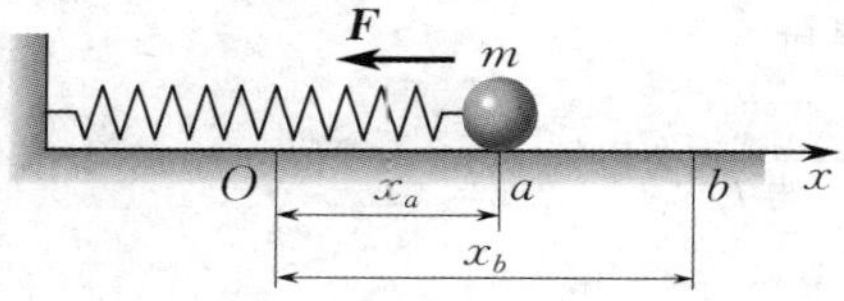

图 3.25 弹性力做功

$$F=-kx.$$

将物体的运动路径分成许多位移元 dx，在位移元 dx 内，弹性力可近似看成不变，弹性力所做的元功为

$$\mathrm{d}W=\boldsymbol{F}\cdot\mathrm{d}\boldsymbol{r}=-kx\,\mathrm{d}x.$$

物体从 a 点运动到 b 点，弹性力所做的功为

$$W=\int_{x_a}^{x_b}(-kx)\mathrm{d}x=\frac{1}{2}kx_a^2-\frac{1}{2}kx_b^2.\tag{3.33}$$

式(3.33)表明，弹性力所做的功只与物体的始末位置有关，而与质点所经过的路径无关.

2）**保守力与非保守力　保守力做功的特点**

通过以上计算可知，重力、万有引力、弹性力有一个共同的特点：它们对物体所做的功与物体经过的路径无关，只由物体的初位置和末位置决定. 我们把具有这一特性的力，称为保守力. 而那些做功与路径有关的力（如摩擦力、黏性力、流体阻力、爆炸力等）称为非保守力或耗散力.

设有一质点在保守力的作用下，从 a 点沿任一路径 acb 运动到 b 点，再沿任一路径 bda 回到 a 点，如图 3.26 所示，则保守力在这一过程中所做的功为

$$W=\oint_L \boldsymbol{F}\cdot\mathrm{d}\boldsymbol{r}=\int_{acb}\boldsymbol{F}\cdot\mathrm{d}\boldsymbol{r}+\int_{bda}\boldsymbol{F}\cdot\mathrm{d}\boldsymbol{r}.$$

因为 $\int_{bda}\boldsymbol{F}\cdot\mathrm{d}\boldsymbol{r}=-\int_{adb}\boldsymbol{F}\cdot\mathrm{d}\boldsymbol{r}$ 且 $\int_{acb}\boldsymbol{F}\cdot\mathrm{d}\boldsymbol{r}=\int_{adb}\boldsymbol{F}\cdot\mathrm{d}\boldsymbol{r}$，所以

$$W=\oint_L \boldsymbol{F}\cdot\mathrm{d}\boldsymbol{r}=0. \tag{3.34}$$

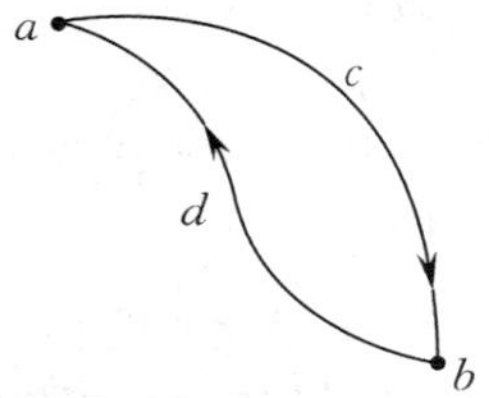

图 3.26　保守力做功

保守力做功的特点：在保守力作用下，物体沿任一闭合曲线路径运动一周，保守力所做的功为零. 式(3.34) 即为保守力做功特点的数学表达式.

2. 势能

如果质点系内各质点间的作用力（内力）都是保守力，这样的质点系称为保守系统. 由保守力做功的特点可知，在保守系统内，保守内力做的功与具体路径无关，即不论沿什么路径从初位置到末位置，保守内力对质点所做的功总是相同的，功的数值由质点的始末位置决定. 从这一特点出发，我们引入与位置有关的能量来简化保守力做功的计算，把与系统位置有关的能量称为系统的势能，用 E_p 表示.

若质点在保守力的作用下运动，在初位置的势能为 E_{p_1}，在末位置的势能为 E_{p_2}，则在质点从初位置运动到末位置过程中，保守力所做的功就等于势能增量的负值，即

$$W_{12}=\int_1^2 \boldsymbol{F}_{保}\cdot\mathrm{d}\boldsymbol{r}=-(E_{\mathrm{p}_2}-E_{\mathrm{p}_1})=-\Delta E_\mathrm{p}. \tag{3.35}$$

式(3.35) 定义了两点之间势能的差值，即两点间的势能差是绝对的. 然而，对系统在某处的势能值没有进行定义，因此某处势能具有相对性，与势能零点的选取有关. 对于重力势能，一般选地面位置为重力势能零点；对于万有引力势能，一般选无穷远点为势能零点；对于弹性势能，一般选弹簧的平衡位置为势能零点.

当选定势能零点后，在式(3.35) 中以末位置为势能零点，则式(3.35) 可化为

$$E_{\mathrm{p}_1}=\int_1^{势能零点}\boldsymbol{F}_{保}\cdot\mathrm{d}\boldsymbol{r}. \tag{3.36}$$

式(3.36) 表明，物体在任意一点的势能等于将物体从该点移动到势能零点时保守力做的功.

前已得出，在物体和地球组成的系统内的重力、两个物体组成的系统内的万有引力、物体和与之相连的弹簧组成的系统内的弹性力均是保守力，且它们做功的大小通过前面的计算可分别表示为式(3.31)、式(3.32) 和式(3.33). 从式(3.31)、式(3.32) 和式(3.33) 中可以看出，三种系统内力所做的功均与始末位置的坐标变化有关，而与路径无关. 根据势能的定义可分别得出重力势能、万有引力势能和弹性势能的表达式为

重力势能：

$$E_\mathrm{p}=mgy; \tag{3.37}$$

万有引力势能：

$$E_\mathrm{p}=-G\frac{Mm}{r}; \tag{3.38}$$

弹性势能：

$$E_p = \frac{1}{2}kx^2. \tag{3.39}$$

将式(3.35)写成微分形式，即

$$\boldsymbol{F}_{保} \cdot \mathrm{d}\boldsymbol{r} = -\mathrm{d}E_p. \tag{3.40}$$

若 $\boldsymbol{F}_{保} = F_x\boldsymbol{i} + F_y\boldsymbol{j} + F_z\boldsymbol{k}$，将它与式(3.40)相比较，可得

$$\boldsymbol{F}_{保} = -\mathbf{grad}E_p = -\left(\frac{\partial E_p}{\partial x}\boldsymbol{i} + \frac{\partial E_p}{\partial y}\boldsymbol{j} + \frac{\partial E_p}{\partial z}\boldsymbol{k}\right). \tag{3.41}$$

式(3.41)表明，保守力等于势能梯度的负值. 这就是势能和保守力的微分关系.

强调几点：

(1) 势能值的相对性. 某点处系统的势能只有相对意义，与势能零点的选取有关. 但两点间的势能差是绝对的，与势能零点的选取无关.

(2) 势能是整个系统所共有的. 势能是由系统内各物体间相互作用的保守力和相对位置决定的量，它属于整个系统. 例如，重力势能是地球和物体所组成的系统所共有的，万有引力势能是两个物体组成的系统所共有的，弹性势能是物体和弹簧组成的系统所共有的. 只有在保守力场中才能引入势能的概念.

(3) 势能是状态的函数. 势能是坐标的函数，亦即状态的函数. 坐标系和势能零点确定后，质点的势能 $E_p = E_p(x,y,z)$，按此函数画出的势能随坐标变化的曲线称为势能曲线. 图 3.27(a)、图 3.27(b)、图 3.27(c) 分别代表重力势能曲线、弹性势能曲线、万有引力势能曲线.

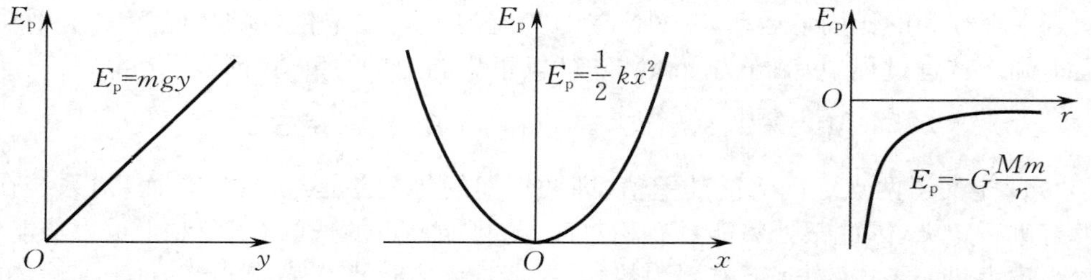

(a) 重力势能曲线 (b) 弹性势能曲线 (c) 万有引力势能曲线

图 3.27 势能曲线

3.3.5 质点系的功能原理和机械能守恒定律

1. 质点系的功能原理

作用于质点系的力可分为内力和外力. 而内力从做功的特点来区分，又可分为保守内力和非保守内力. 因此质点系的动能定理式(3.30)可写成

$$W_{外力} + W_{内力} = W_{外力} + W_{保守内力} + W_{非保守内力} = \Delta E_k.$$

而保守力所做的功等于势能增量的负值，即

$$W_{保守内力} = -\Delta E_p,$$

故

$$W_{外力} + W_{非保守内力} = \Delta E_k + \Delta E_p. \tag{3.42}$$

在力学中，系统的机械能 E 等于系统的动能 E_k 与势能 E_p 之和，即 $E = E_k + E_p$，则系统机械能的增量为

$$\Delta E = E - E_0 = \Delta E_k + \Delta E_p,$$

式(3.42)可写成

$$W_{外力} + W_{非保守内力} = \Delta E. \tag{3.43}$$

式(3.43)表明,外力和非保守内力对系统所做的功之和等于质点系的机械能的增量.这一结论叫作**功能原理**.

对功能原理的说明:

(1) 在式(3.43)中,$W_{外力}$ 是作用于系统的所有外力所做的功之和;$W_{非保守内力}$ 是作用于系统的所有非保守内力所做的功之和.

(2) 由于外力和内力的划分是相对的,选取的系统不同,其内力和外力就不同,因此应用功能原理时,首先要选好系统.

(3) 功能原理只能适用于惯性系.

(4) 功能原理与质点系的动能定理不同,功能原理将保守内力所做的功用势能差来代替.因此,在用功能原理解题的过程中,计算功时,要排除保守内力做功.

(5) 功能原理又给出了一种求功的方法.

2. 质点系的机械能守恒定律

在式(3.43)中,当 $W_{外力} + W_{非保守内力} = 0$ 时,有 $\Delta E = 0$,即

$$E_0 = E \quad 或 \quad E_{k0} + E_{p0} = E_k + E_p. \tag{3.44}$$

式(3.44)表明,如果作用在质点系的外力和非保守内力都不做功或做功之和为零时,质点系的机械能守恒.这就是**机械能守恒定律**.

强调几点:

(1) 机械能守恒的条件是只有保守内力做功,其他内力和外力不做功或它们所做的功的代数和为零,或可以忽略不计.

(2) 当 $W_{外力} = 0$ 且 $W_{非保守内力} = 0$ 时,有 $\Delta E = 0$,即 $\Delta E_k = -\Delta E_p$,表示当作用在质点系的外力和非保守内力都不做功或做功之和为零时,质点系的动能和势能是可以相互转换的,且转换的量值是相等的.动能的增加量等于势能的减少量,势能的增加量等于动能的减少量,两者的转换是通过质点系内部保守内力做功来实现的.

(3) 机械能守恒定律只适用于惯性系.

(4) 机械能守恒与惯性系的选择有关.因为虽然内力总是成对出现,它们做功的和与参考系的选择无关,但是外力做功与参考系有关,它们做功总和是否为零取决于参考系的选择.

3.3.6 普遍的能量守恒定律

我们前面讨论了一个系统内,当外力和非保守内力都不做功时,系统内的动能和势能可以相互转换,其总和保持不变.但物质有机械运动、分子的热运动、电磁运动、原子和原子核运动等多种运动形式,而每种运动形式都对应着不同形式的能量,如机械能、热能、电能、原子能等.如果系统内除保守力外,还有非保守力在做功,则系统的机械能必将发生变化,这时机械能不再守恒.人们在长期的生产和科学实验中发现,在系统的机械能减少或增加的同时,必然有等值的其他形式的能量在增加或减少,而使系统的机械能和其他形式的能量的总和保持不变.这样看来,机械能守恒定律仅是上述情况的一个特例,自然界还存在着比它更为普遍的能量守恒定律.其内容是,对于一个孤立系统,系统内各种形式的能量是可以相互转换的,但是无论如何转换,能量既不能产生,也不能消灭,能量的总和是不变的.在理解能量守恒定律时,应该明确在能量转换的过程

中,能量的变化常用功来量度. 在机械运动范围内,功是机械能变化的唯一量度. 但是,不能把功与能量等同起来,功是和能量变换过程联系在一起的,而能量则只和系统的状态有关,是系统状态的函数.

能量守恒定律的发现是人类对自然科学规律认识逐步积累到一定程度的必然结果. 它是物质运动的普遍规律之一,是人们认识自然和利用自然的有力武器.

例 3-11

如图 3.28 所示,一物体质量为 2 kg,以初速度 $v_0=3\ \text{m/s}$ 从斜面上 A 点处下滑,它与斜面间的摩擦力为 8 N,到达 B 点时,压缩弹簧 0.2 m 至 C 处,然后再被弹射上去. 已知 $\overline{AC}=5\ \text{m}$,$g=9.8\ \text{m/s}^2$,求弹簧的弹性系数 k 和物体的回弹高度.

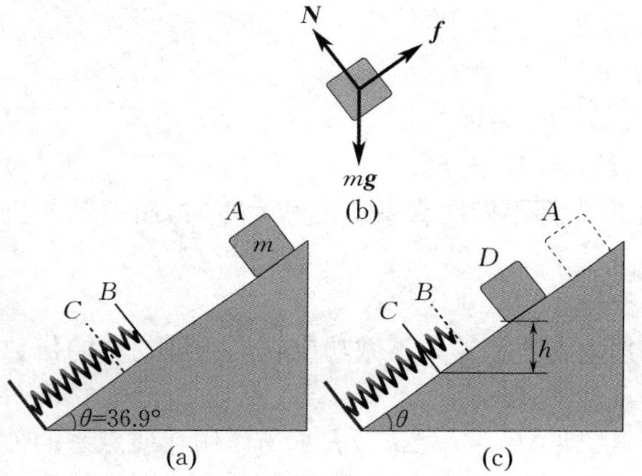

图 3.28

解 选择物体从 A 点开始运动到将弹簧被压缩 0.2 m 而处于 C 点这一物理过程来研究[见图 3.28(a)],只要列出该过程的功能原理关系式便可求解.

为方便起见,选择物体 m、地球及弹簧为系统. 此系统所受的外力有支持力 $\boldsymbol{N}$、摩擦力 $\boldsymbol{f}$. 而重力 $m\boldsymbol{g}$、m 与弹簧接触时受到的弹性力 $\boldsymbol{F}$ 均为保守内力. 由图 3.28(b) 可知,$\boldsymbol{N}$ 所做的功为零. $\boldsymbol{f}$ 对系统所做的功 $W_f=-f\overline{AC}$.

系统在 A 点的机械能为

$$E_A=\frac{1}{2}mv_A^2+mgh_A.$$

系统在 C 点的机械能为

$$E_C=\frac{1}{2}mv_C^2+mgh_C+\frac{1}{2}kx^2.$$

若选 C 点为重力势能零点,则 $v_C=0$,$h_C=0$,$x=0.2\ \text{m}$,$h_A=\overline{AC}\sin\theta$.

对系统在 $A\to C$ 过程中列出功能关系式,即

$$W_f=\frac{1}{2}kx^2-\left(\frac{1}{2}mv_0^2+mgh_A\right)=-f\overline{AC}.$$

故

$$k=\frac{2\left[\left(\frac{1}{2}mv_0^2+mgh_A\right)-f\overline{AC}\right]}{x^2}.$$

代入数据,得 $k=1\ 390\ \text{N/m}$.

求物体的回弹高度时,系统和重力势能零点的选取仍与前面相同. 但运动过程应选择为由 C 点开始弹出至物体能回到的最大高度 h 止,则在该过程中[见图 3.28(c)],摩擦力 $\boldsymbol{f}$ 所做的功为

$$W_f=-f\cdot l=-f\cdot\frac{h}{\sin\theta}.$$

物体位于 C 点处的机械能 $E_C=\frac{1}{2}kx^2$;物体位于 D 点处的机械能 $E_D=mgh$.

系统在 $C\to D$ 过程中的功能关系式为 $W_f=E-E_0$,即

$$-f\cdot\frac{h}{\sin\theta}=mgh-\frac{1}{2}kx^2,$$

解得

$$h=\frac{\frac{1}{2}kx^2}{mg+\frac{f}{\sin\theta}},$$

代入数据,得 $h\approx0.84\ \text{m}$.

例 3-12

一质量为 m 的物体，从质量为 M、半径为 R 的 $\frac{1}{4}$ 圆弧形槽顶端由静止滑下，如图 3.29 所示. 若所有摩擦都可忽略，求：(1) 物体刚离开槽底端时，物体和槽的速度；(2) 在物体由 A 点滑到 B 点的过程中，物体对槽所做的功.

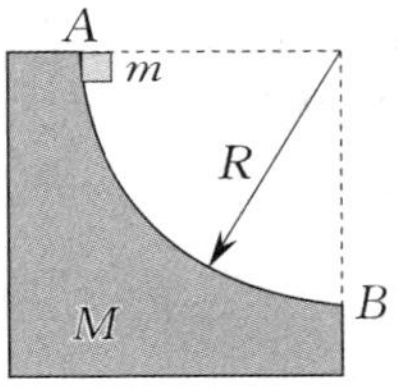

图 3.29

解 (1) 物体在下滑的过程中，由物体和槽组成的系统，在水平方向不受外力的作用，系统在水平方向的动量守恒. 设物体和槽分离的速度大小分别为 v 和 V，地面为惯性系，则

$$mv = MV. \quad ①$$

物体下滑过程中，在由物体、槽和地球组成的系统内仅有重力对系统做功，故系统的机械能守恒，有

$$mgR = \frac{1}{2}mv^2 + \frac{1}{2}MV^2. \quad ②$$

联立式 ①、式 ②，可得

$$\begin{cases} V = m\sqrt{\dfrac{2gR}{M(M+m)}}, \\ v = \sqrt{\dfrac{2MgR}{M+m}}. \end{cases}$$

(2) 在物体下滑过程中，槽受到物体的压力，该力对槽做功，使物体的一部分机械能转移给槽. 根据动能定理，物体对槽做的功为槽的动能的增量，即

$$W = \frac{1}{2}MV^2 = \frac{m^2gR}{M+m}.$$

例 3-13

两个质量分别为 m_1，m_2 的木块 A 和 B，用一个质量忽略不计、弹性系数为 k 的弹簧连接起来，放置在光滑水平面上，使木块 A 紧靠墙壁，如图 3.30 所示. 现用力推木块 B 使弹簧压缩 x_0，然后释放. 已知 $m_1 = m$，$m_2 = 3m$，求：(1) 释放后，A，B 两木块速度相等时的瞬时速度的大小；(2) 释放后，弹簧的最大伸长量.

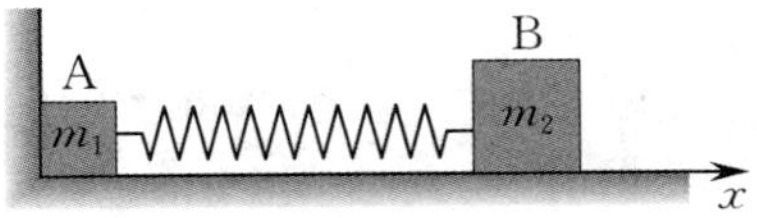

图 3.30

解 (1) 在木块 A、木块 B、弹簧和地球组成的系统内，释放被压缩的弹簧后，只有保守力做功. 弹簧恢复到原长时，木块 B 的速度为 v_{B0}. 由机械能守恒定律有

$$\frac{1}{2}kx_0^2 = \frac{3mv_{B0}^2}{2}, \quad ①$$

解得

$$v_{B0} = x_0\sqrt{\frac{k}{3m}}.$$

之后，木块 B 将通过弹簧带动木块 A 运动，木块 A 离开墙壁后，系统在光滑水平面上运动，系统动量守恒、机械能守恒，故有

$$m_1v_1 + m_2v_2 = m_2v_{B0}, \quad ②$$

$$\frac{1}{2}m_1v_1^2 + \frac{1}{2}kx^2 + \frac{1}{2}m_2v_2^2 = \frac{1}{2}m_2v_{B0}^2. \quad ③$$

当 $v_1 = v_2$ 时，由式 ② 解得

$$v_1 = v_2 = \frac{3}{4}v_{B0} = \frac{3}{4}x_0\sqrt{\frac{k}{3m}}.$$

(2) 弹簧达到最大伸长量时，两木块的速度相等. 此时有 $v_1 = v_2 = \frac{3v_{B0}}{4}$，再由式 ③ 解得

$$x_{max} = \frac{1}{2}x_0.$$

思考题 3

3-1 如图 3.31 所示，一滑块 m_1 沿着一置于光滑水平面上的光滑圆弧形槽体由静止释放. 若不计空气阻力，在下滑过程中，分析讨论以下几种观点的正误.

(1) 由滑块和槽组成的系统动量守恒.

(2) 由滑块和槽组成的系统机械能守恒.

(3) 滑块和槽之间的相互正压力恒不做功.

(4) 由滑块、槽和地球组成的系统机械能守恒.

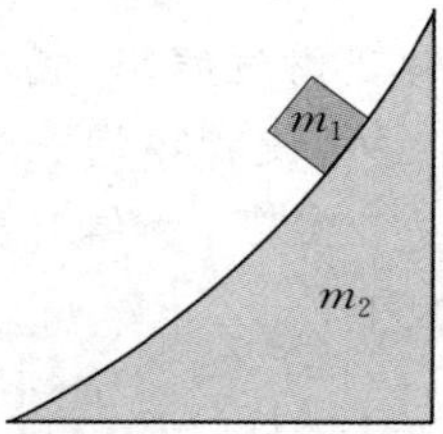

图 3.31

3-2 两个质量不等的物体具有相等的动能，问哪一个物体的动量较大？两个质量不等的物体具有相等的动量，问哪一个物体的动能较大？

3-3 “跳伞员张伞后匀速下降，重力与空气阻力相等，合力做功为零，因此机械能应守恒.”根据机械能守恒的条件，分析这一说法是否正确.

3-4 人从大船上容易跳上岸，而从小舟上不容易跳上岸，这是为什么？

3-5 两辆相同的轻型汽车，以相同的速率相向运动. 设两车发生的碰撞是完全弹性碰撞. 若此轻型汽车以相同的速率撞向一堵厚实的水泥墙，水泥墙可近似看作不动. 对轻型汽车来说，哪种碰撞对车造成的损坏更大些？为什么？

3-6 一人躺在地上，身上压一块石板，另一人用重锤猛击石板，但见石板碎裂，而下面的人毫无损伤. 请分析原因.

3-7 汽车发动机内气体对活塞的推力以及各种传动部件之间的作用力能使汽车前进吗？使汽车前进的力是什么力？

3-8 如图 3.32 所示，质量为 m 的质点沿直线做匀速运动，速率为 v. 问质点通过直线上 A,B,C 三点时，对固定点 O 的角动量的大小和方向如何？在运动过程中角动量是否守恒？为什么？

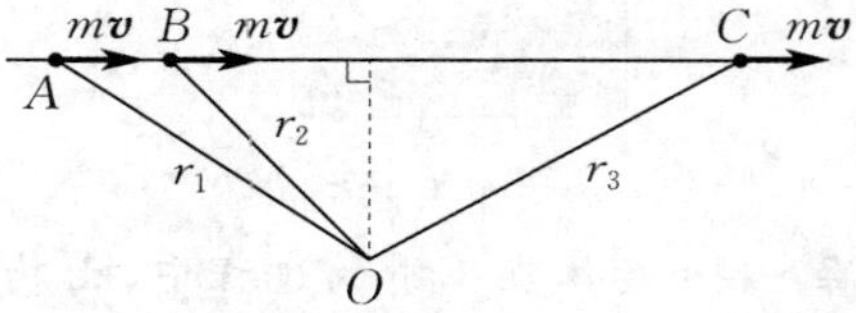

图 3.32

3-9 在放烟火时，一朵五彩缤纷的烟火的质心的运动轨迹是怎样的(忽略空气阻力与风力)？为什么在空中烟火总是以球形逐渐扩大？

3-10 设人造地球卫星绕地球做匀速圆周运动，那么，地球作用在卫星上的万有引力所做的功是多少？

3-11 判断下列说法的正误：

(1) 质点做匀速圆周运动，其动量守恒.

(2) 不计空气阻力，抛体在 x 轴方向上动量守恒，在 y 轴方向上动量不守恒.

(3) 若系统的动量守恒，则动能一定守恒.

(4) 若系统所受外力的冲量小于零，则其动量一定减小.

(5) 质点做匀速圆周运动，其相对于圆心的角动量一定守恒.

(6) 质点做匀速直线运动，其相对于任意一点的角动量一定守恒.

习 题 3

3-1 一圆锥摆的摆球在水平面上做匀速圆周运动. 已知摆球质量为 m，圆半径为 R，摆球速率为 v. 当摆球在水平面上运动一周时，作用在摆球上的重力冲量大小为多少？

3-2 质量为 M 的人，手里拿着一个质量为 m 的球，此人用与水平线成 θ 角的速度 v_0 向前跳去. 当他达到最高点时，将球以相对人为 $\boldsymbol{u}$ 的速度水平向后抛出，求由于球的抛出，人向前跳的距离增加了多少(假设人可视为质点）？

3-3 如图3.33所示，质量为M的滑块正沿着光滑水平地面向右滑动，一质量为m的小球以相对地面水平向右的速度$\boldsymbol{v}_1$与滑块斜面碰撞，碰撞后小球竖直弹起，速率为v_2（相对地面）. 若碰撞时间为Δt，试求此过程中，滑块对地面的平均作用力和滑块的速度增量.

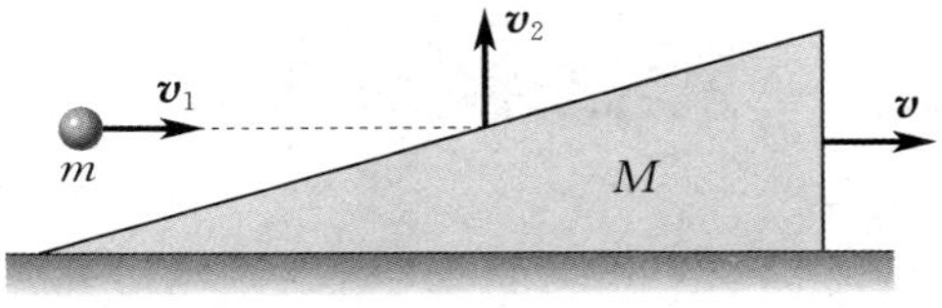

图 3.33

3-4 假设一质量为50.0 kg的人在高空作业时因操作不慎从高空竖直跌落下来，由于安全带的保护，最终使他被悬挂起来. 已知此时人离下落处的距离为2.5 m，安全带弹性缓冲作用时间为0.40 s，求安全带对人的平均冲力的大小.

3-5 设作用在质量为2 kg的物体上的力$F=6t$(SI). 如果物体由静止出发沿直线运动，求在2 s时间内该力的冲量.

3-6 两个滑冰运动员站在光滑冰面上，质量分别为50 kg(甲)和40 kg(乙)，两人通过长为L的一条绷直软绳相连（质量不计）. 若甲用力收绳，两者将在何处相遇?根据物理原理说明.

3-7 一质量为M的木块静止在光滑水平面上，一质量为m的子弹沿水平方向以速度v_0射入木块并停留在木块内，求：

(1) 子弹和木块的共同速度；

(2) 木块受到的冲量大小.

3-8 质量为50 kg的人以4 m/s水平速度从后面跳上质量为120 kg的小车上，小车原来的速度为2 m/s，问：

(1) 小车的运动速度将变为多少?

(2) 人如果迎面跳上小车，小车的速度将变为多少?

3-9 在汽车碰撞实验中，1.6×10^3 kg的汽车以20 m/s的速度撞上固定的刚性壁，整个碰撞时间为0.08 s，问：此过程中汽车受到的冲量大小为多少?汽车受到的平均冲力为多少?

3-10 一质量为$m=2$ kg的物体按$x=\frac{1}{2}t^3+2$(SI)的规律做直线运动，求当物体由$x_1=2$ m运动到$x_2=6$ m时，外力所做的功.

3-11 如图3.34所示，求把水从面积为50 m^{2}的地下室抽到路面需做的功. 已知水深为1.5 m，水面至路面的距离为5 m.

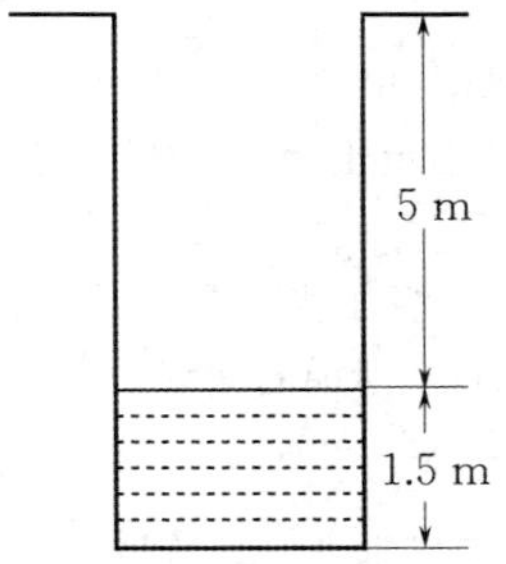

图 3.34

3-12 一人从20.0 m深的水井中提水，起始桶中装有20.0 kg的水，由于水桶漏水，每升高2.0 m要漏掉0.40 kg的水. 求水桶被匀速地从井中提到井口，人所做的功.

3-13 如图3.35所示，一个质量$M=2$ kg的物体，从静止开始，沿着$\frac{1}{4}$的圆周从A点滑到B点，在B点处速度的大小为6 m/s. 已知圆的半径$R=4$ m，求物体从A点到B点的过程中，摩擦力所做的功.

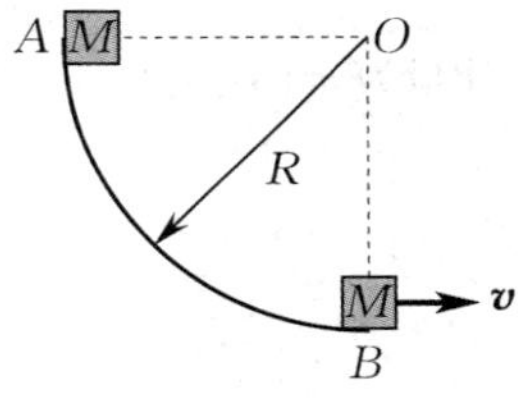

图 3.35

3-14 一质量$m=2$ kg的物体在外力的作用下按$x=\frac{1}{3}t^3+4$(SI)的规律沿x轴做直线运动. 求外力在1～4 s内，对物体所做的功.

3-15 最初处于静止的质点受到外力的作用，该力的冲量为4.00 N·s，在同一时间间隔内，该力所做的功为2.00 J，问该质点质量是多少?

3-16 一质量为10 g、速度为200 m/s的子弹水平地射入铅直的墙壁内0.04 m后而停止运动. 假设墙壁对子弹的阻力是一恒力，求该阻力.

3-17 如图3.36所示，一质量为m的子弹在水平方向以速度$\boldsymbol{v}$射入竖直悬挂的靶内，并与靶一起运动. 设靶的质量为M，求子弹和靶一起上摆的最大高度.

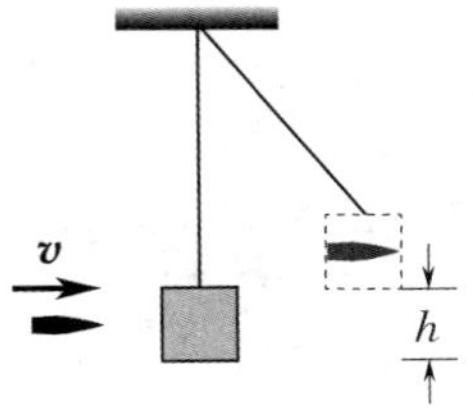

图 3.36

3-18 如图 3.37 所示，一质量为 m 的儿童从光滑的 $\frac{1}{4}$ 圆弧形滑梯顶部由静止滑下，圆弧形滑梯半径为 R，质量为 M.

(1) 若滑梯固定于地面，求儿童离开滑梯时的速度大小；

(2) 若将滑梯置于光滑的水平冰面上，求儿童从滑梯离开时，儿童及滑梯的速度大小.

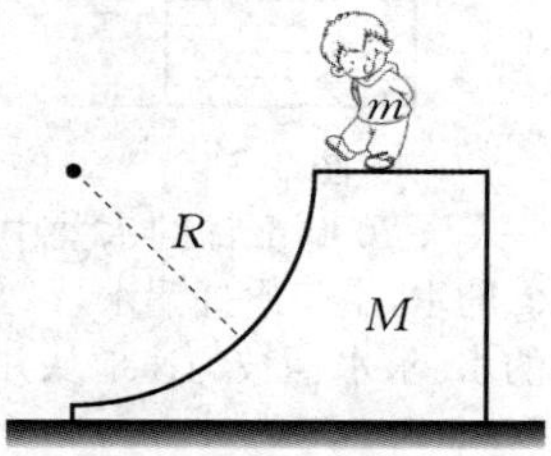

图 3.37

3-19 一均质链条，质量为 M，长为 L，今将它放在光滑的水平桌面上，其中一端下垂，长度为 a. 假定开始时链条静止，如图 3.38 所示，求链条刚滑离桌面时的速度大小.

3-20 一质量为 m 的地球卫星，沿半径为 $3R$ 的圆轨道运动，R 为地球的半径. 已知地球的质量为 M，求：

(1) 卫星的动能；

(2) 卫星的万有引力势能；

(3) 卫星的机械能.

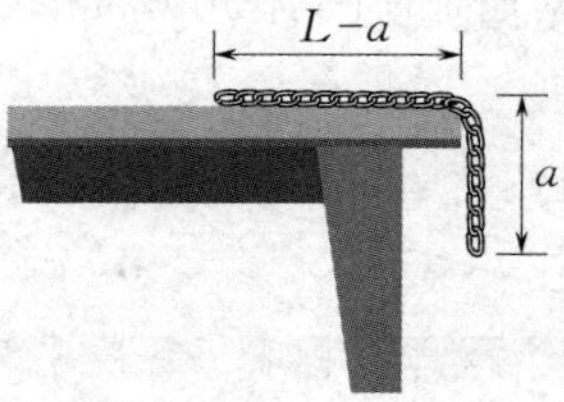

图 3.38

3-21 将一个物体由地面提升 10 m，试分析下列四种情况中哪一种情况下提升力所做的功最小：

(1) 以 5 m/s 的速度匀速提升；

(2) 以 10 m/s 的速度匀速提升；

(3) 将物体由静止开始匀加速提升 10 m，速度增加到 5 m/s；

(4) 物体以 10 m/s 的初速度匀减速上升 10 m，速度减小到 5 m/s.

第4章

机 械 振 动

振动是一种很普遍的物质运动形式. 所谓**机械振动**,是指物体在一固定位置附近所做的来回往复的周期性运动. 在我们所处的环境中,存在很多的机械振动,如声带的振动、被敲击的鼓膜或锣面的振动、钟摆的摆动、机器开动时部件的微小颤动等. 其实,振动现象并不限于机械振动. 描述物质状态的一个物理量在某一量值附近做周期性变化的过程,也可称为**振动**(或振荡). 例如,交流电路中的电流、电压、无线电波中的电场强度和磁场强度都在随时间做周期性的变化. 这些振动本质上和机械振动不同,但其变化规律有相同之处. 因此,了解和掌握机械振动的基本规律,也有助于研究波动、波动光学、电磁场等内容.

在各种振动中,最简单也是最基本的振动是简谐振动,其他复杂的振动,都可以通过若干简谐振动来合成. 本章主要介绍简谐振动及其表达形式、简谐振动的合成及其规律,并简要介绍阻尼振动和受迫振动.

4.1 简谐振动及其特征

4.1.1 弹簧振子的动力学方程

最常见的简谐振动,就是弹簧振子的振动. 将一轻质弹簧一端固定,另一端连接一可以自由运动的物体,放置在一光滑水平面上,物体所受到的阻力和弹簧的发热造成的能量损耗忽略不计,就构成了一个弹簧振子(见图 4.1).

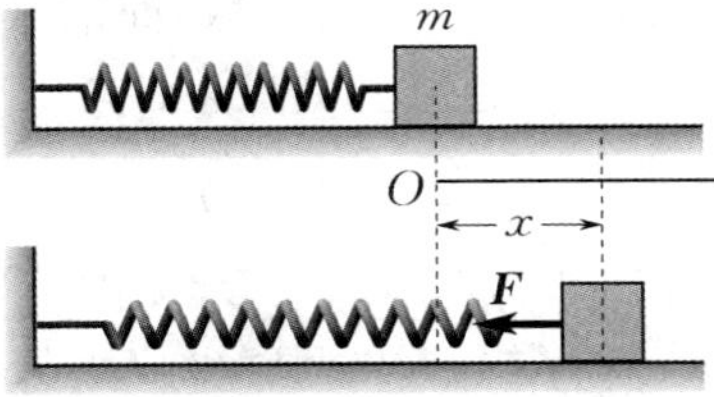

图 4.1 弹簧振子

以弹簧处于自由伸长状态时物体所在的平衡位置为坐标原点 O,水平向右建立 x 轴. 当物体向右被拉伸时,将受到一个向左的回复力作用. 撤销对物体的拉力,物体就会在水平面上的 O 点两侧做来回往复的运动.

设弹簧的弹性系数为 k,根据胡克定律,在弹簧的弹性限度内,物体受到的弹性力 F 与物体的位移反向正比,即

$$F=-kx, \tag{4.1}$$

式中,k 由弹簧的材料、形状大小等决定,负号表示物体所受弹性力的方向与位移 x 的方向相反.

如果已知物体的质量为m,在给定弹簧振子的情况下,k与m的取值都为正的常量.根据牛顿第二定律

$$F = ma, \tag{4.2}$$

将式(4.1)代入式(4.2),可得

$$a = \frac{F}{m} = -\frac{k}{m}x. \tag{4.3}$$

设

$$\frac{k}{m} = \omega^2, \tag{4.4}$$

则式(4.3)可写成

$$a = -\omega^2 x. \tag{4.5}$$

因为$a = \frac{\mathrm{d}^2 x}{\mathrm{d}t^2}$,所以式(4.5)也可以写成

$$\frac{\mathrm{d}^2 x}{\mathrm{d}t^2} + \omega^2 x = 0. \tag{4.6}$$

式(4.6)即为**简谐振动的微分方程**,也是弹簧振子的动力学方程.

4.1.2 简谐振动的运动方程

1. 简谐振动的运动方程

通过描述弹簧振子的运动,得到了其动力学方程$\frac{\mathrm{d}^2 x}{\mathrm{d}t^2} + \omega^2 x = 0$.由微积分知识可知,此微分方程的解为

$$x = A\cos(\omega t + \varphi). \tag{4.7}$$

它是简谐振动的运动方程,简称**简谐运动方程**.式中A和φ为积分常量(由弹簧振子运动的初始条件决定).由此可以看出,当物体做简谐振动时,其位移是时间的余弦函数.本章我们采用余弦函数的形式来表示简谐振动.

2. 速度、加速度的表达式

已知位移随时间变化的关系,对其求一阶、二阶导数,简谐振动物体的速度v和加速度a分别为

$$v = \frac{\mathrm{d}x}{\mathrm{d}t} = -A\omega\sin(\omega t + \varphi), \tag{4.8}$$

$$a = \frac{\mathrm{d}^2 x}{\mathrm{d}t^2} = -A\omega^2\cos(\omega t + \varphi). \tag{4.9}$$

3. 简谐振动的特征量

1) **振幅**

对于简谐运动方程$x = A\cos(\omega t + \varphi)$,因为余弦函数$\cos(\omega t + \varphi)$的值在$+1$和$-1$之间变化,所以物体的位移也就在$+A$和$-A$之间变化.我们把做简谐振动的物体偏离平衡位置的最大位移的绝对值A,叫作**振幅**.同理,通过简谐振动的速度表达式$v = -A\omega\sin(\omega t + \varphi)$,可以得到其速度的最大绝对值$A\omega$,$A\omega$为简谐振动的**速度幅值**,即

$$v_{\max} = A\omega. \tag{4.10}$$

通过简谐振动的加速度表达式$a = -A\omega^2\cos(\omega t + \varphi)$,可以得到加速度的最大绝对值$A\omega^2$,$A\omega^2$为

简谐振动的**加速度幅值**,即

$$a_{\max} = A\omega^2. \tag{4.11}$$

2) **周期**

简谐运动方程中的余弦函数是时间 t 的周期函数. 周期性是简谐振动的基本特征之一. 由三角函数知识可得简谐振动的**周期** T 为

$$T = \frac{2\pi}{\omega}. \tag{4.12}$$

在国际单位制中,周期 T 的单位为秒(s). 以弹簧振子为例,将式(4.4)代入式(4.12)可得周期

$$T = 2\pi\sqrt{\frac{m}{k}}.$$

单位时间内振动的次数,称为振动的**频率**,用 ν 表示. 由周期与频率的定义可得

$$\nu = \frac{1}{T} = \frac{\omega}{2\pi}. \tag{4.13}$$

在国际单位制中,频率 ν 的单位为赫[兹](Hz). 以弹簧振子为例,将式(4.4)代入式(4.13)可得频率

$$\nu = \frac{1}{2\pi}\sqrt{\frac{k}{m}}.$$

对于给定的弹簧振子,m 和 k 都是确定的,故简谐振动的周期和频率只由弹簧振子本身的性质决定,与初始条件无关. 这种只由振动系统自身固有属性决定的周期和频率,也称为**固有周期**和**固有频率**. ω 是由弹簧振子的质量 m 和弹簧的弹性系数 k 所决定的物理量,等于振动物体在单位时间内振动次数的 2π 倍,叫作**角频率**(或**圆频率**). 在国际单位制中,其单位为弧度每秒(rad/s).

3) **相位**

在简谐运动方程 $x = A\cos(\omega t + \varphi)$ 中,当 A 和 ω 都一定时,振动物体在任一时刻相对平衡位置的位移和速度都取决于 $\omega t + \varphi$,该量值 $(\omega t + \varphi)$ 叫作振动的**相位**(或**位相**).

例如,图 4.1 中的弹簧振子,当相位 $\omega t_1 + \varphi = 0$ 时,$x = A, v = 0$,即 t_1 时刻此物体在最大位移处,且此时的速度为 0;当 $\omega t_2 + \varphi = \frac{\pi}{2}$ 时,$x = 0, v = -A\omega$,即 t_2 时刻物体在平衡位置处,且该时刻的速度为 $-A\omega$. 当 $t = 0$ 时,$\omega t + \varphi = \varphi$,因此 φ 叫作**初相位**(或**初位相**),简称**初相**. 这个量是决定物体初始时刻振动状态的物理量. 如果 $\varphi = 0$,则由运动方程和速度表达式可以得出,振动开始($t = 0$)时,物体的初始位置 $x_0 = A$,初始速度 $v_0 = 0$. 也就是说,弹簧振子刚开始运动时处于最大位移处,且速度为零.

例 4-1

若一弹簧振子的简谐运动方程为 $x = 0.5\sin\left(\frac{\pi}{4}t + \frac{\pi}{3}\right)$(SI),求:(1) 该简谐振动的振幅、角频率、频率、周期和初相;(2) $t = 2$ s 时的位移、速度和加速度.

解 根据简谐运动方程 $x = A\cos(\omega t + \varphi)$,将题中方程整理为

$$x = 0.5\sin\left(\frac{\pi}{4}t + \frac{\pi}{3}\right) = 0.5\cos\left(\frac{\pi}{4}t - \frac{\pi}{6}\right).$$

(1) 由整理后的方程可得

振幅 $A = 0.5$ m;

角频率 $\omega=\frac{\pi}{4}$ rad/s；

频率 $\nu=\frac{\omega}{2\pi}=\frac{\frac{\pi}{4}}{2\pi}$ Hz $=\frac{1}{8}$ Hz；

周期 $T=\frac{2\pi}{\frac{\pi}{4}}$ s $=8$ s；

初相 $\varphi=-\frac{\pi}{6}$.

(2) 将 $t=2$ s 代入方程，得

位移

$$x=0.5\sin\left(\frac{\pi}{4}\times 2+\frac{\pi}{3}\right)=0.25\ \text{m}.$$

速度的表达式为

$$v=\frac{\mathrm{d}}{\mathrm{d}t}\left[0.5\sin\left(\frac{\pi}{4}t+\frac{\pi}{3}\right)\right]=0.5\times\frac{\pi}{4}\times\cos\left(\frac{\pi}{4}t+\frac{\pi}{3}\right);$$

加速度的表达式为

$$a=\frac{\mathrm{d}^2}{\mathrm{d}t^2}\left[0.5\sin\left(\frac{\pi}{4}t+\frac{\pi}{3}\right)\right]=-0.5\times\left(\frac{\pi}{4}\right)^2\times\sin\left(\frac{\pi}{4}t+\frac{\pi}{3}\right).$$

将 $t=2$ s 代入，得

速度 $v\approx-0.34$ m/s；

加速度 $a\approx-0.15\ \text{m/s}^2$.

4）**振动的振幅和初相**

在振动的角频率 ω 已经确定的情况下，如果测定 $t=0$ 时刻振动物体的初始位置 x_0 和初始速度 v_0，就可以得到振动的振幅 A 和初相 φ.

将 $t=0$ 代入式(4.7)和式(4.8)，有

$$x_0=A\cos\varphi,\quad v_0=-A\omega\sin\varphi.$$

由上两式可得

$$A=\sqrt{x_0^2+\frac{v_0^2}{\omega^2}},\tag{4.14}$$

$$\tan\varphi=\frac{-v_0}{\omega x_0},\tag{4.15}$$

式中 φ 所在象限可通过 x_0 和 v_0 的正负号来确定.

例 4-2

一水平弹簧振子(见图 4.1)，设弹簧的弹性系数 $k=0.50$ N/m，弹簧振子的质量 $m=0.02$ kg. $t=0$ 时，弹簧振子在 $x=0.05$ m 处，具有初速度 $v_0=-0.03$ m/s(负号表示初速度沿 x 轴负方向)，写出其简谐运动方程.

解 只要确定了方程 $x=A\cos(\omega t+\varphi)$ 中的振幅 A、角频率 ω 和初相 φ，就可写出简谐运动方程.

由题所给弹性系数 $k=0.50$ N/m，弹簧振子质量 $m=0.02$ kg，可得角频率

$$\omega=\sqrt{\frac{k}{m}}=\sqrt{\frac{0.50}{0.02}}\ \text{rad/s}=5\ \text{rad/s}.$$

在初始时刻，即 $t=0$ 时，$x_0=0.05$ m，具有初速度 $v_0=-0.03$ m/s，则振幅为

$$A=\sqrt{x_0^2+\frac{v_0^2}{\omega^2}}\approx 0.05\ \text{m},$$

初相 φ 满足

$$\tan\varphi=-\frac{v_0}{\omega x_0}=0.12,$$

可见

$$\varphi=\arctan 0.12$$

或

$$\varphi=\arctan 0.12-\pi.$$

因为初速度沿 x 轴负方向，所以有

$$v_0=-A\omega\sin\varphi<0,$$

可得

$\sin\varphi > 0$，

即 $\varphi = \arctan 0.12$.

将振幅 A、角频率 ω、初相 φ 代入，即可写出简谐运动方程

$$x = 0.05\cos(5t+\varphi)\ (\mathrm{SI}),$$

其中，$\varphi = \arctan 0.12$.

4.1.3 常见的几种简谐运动

1. 单摆

如图4.2所示，将一长为 l、不可伸长的轻质细线的一端固定在 O 点，另一端悬挂一可视为质点的小球，质量为 m. 将小球由竖直悬挂的最低点（平衡位置），稍稍拉开一个小角度 θ（小于 5°）后放开，小球就在平衡位置附近往复运动，这样的振动系统就叫作单摆.

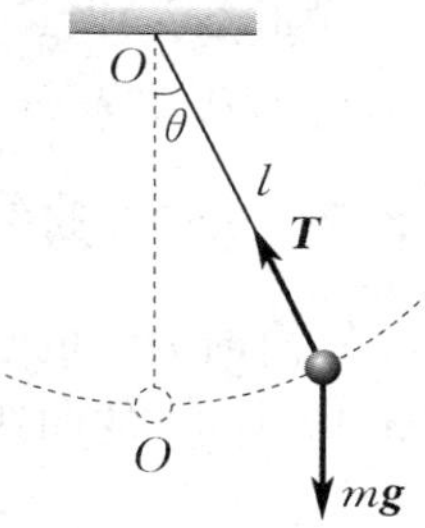

图4.2 单摆

当小球偏离竖直垂线的角度为 θ 时，重力对 O 点产生的力矩大小为 $M = -mgl\sin\theta$（负号表示力矩方向与角位移 θ 的方向相反），在摆角很小（$\sin\theta\approx\theta$）且忽略空气阻力作用时，由转动定律 $M = J\dfrac{\mathrm{d}^2\theta}{\mathrm{d}t^2}$（见选学 Ⅰ），得单摆的动力学方程为

$$J\frac{\mathrm{d}^2\theta}{\mathrm{d}t^2} = -mgl\sin\theta \approx -mgl\theta.$$

因为单摆的转动惯量 $J = ml^2$（见选学 Ⅰ），所以上式可简化为 $\dfrac{\mathrm{d}^2\theta}{\mathrm{d}t^2} = -\dfrac{g}{l}\theta$. 从此式可以看出，当 θ 角很小时，单摆的角加速度和角位移成正比，但方向相反. 将之与弹簧振子所得结果进行比较，可得单摆的角频率和周期表达式分别为

$$\omega = \sqrt{\frac{g}{l}},$$

$$T = 2\pi\sqrt{\frac{l}{g}}\text{（请大家自己证明）}.$$

2. 复摆

一个质量为 m 的任意形状的物体，若水平固定转轴无摩擦地穿过其上的 O 点，如图4.3所示，则将其由竖直悬垂位置拉开一个小角度 θ（小于 5°）后放开，物体将绕过 O 点的轴做小幅度的摆动，这样的装置被称为复摆.

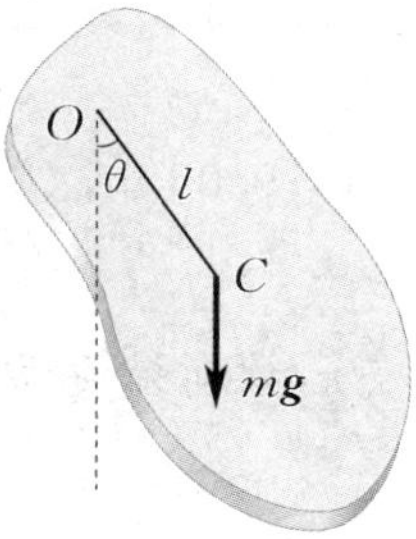

图4.3 复摆

复摆在摆角为 θ 时，其所受到的重力矩为 $M = -mgl\sin\theta$（l 为复摆的质心到转轴的距离），在摆角很小（$\sin\theta\approx\theta$）且不考虑空气阻力作用时，由转动定律 $M = J\dfrac{\mathrm{d}^2\theta}{\mathrm{d}t^2}$ 可得

$$\frac{\mathrm{d}^2\theta}{\mathrm{d}t^2} = -\frac{mgl}{J}\theta.$$

可见在摆角很小时，复摆的运动可视为简谐振动，其角频率与周期分别为

$$\omega = \sqrt{\frac{mgl}{J}},\quad T = 2\pi\sqrt{\frac{J}{mgl}}.$$

4.2 简谐振动的描述方法

4.2.1 数学描述

一个做简谐振动的物体,描述其位移与时间的关系最常用的方法,就是前面介绍的余弦函数表达式 $x = A\cos(\omega t + \varphi)$(也可以采用正弦函数表达式,与余弦函数的差别在于初相 φ 的取法不同).从此表达式中可以直接得出描述振动的几个物理量.

例如,某简谐运动方程为 $x = 0.02\cos(4\pi t - \pi)$(SI),可知其振幅 A 为 0.02 m,角频率 ω 为 4π rad/s,初相 φ 为 $-\pi$.至于周期 T 和频率 ν,可以通过其定义,由角频率 ω 来求得.

4.2.2 x-t 曲线描述

做简谐振动的物体,其运动的描述也可以用位移与时间的函数关系曲线来表示.这种关于位移 x 和时间 t 的曲线,叫作振动曲线,或 x-t 曲线(见图 4.4).

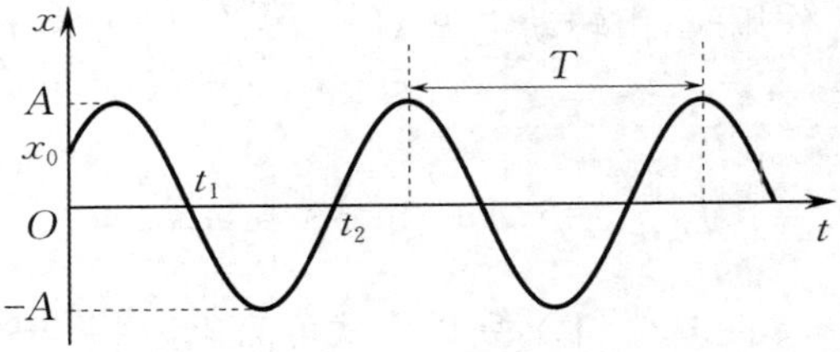

图 4.4 x-t 曲线

从 x-t 曲线图中也可以得到简谐振动的几个基本物理量.例如,从纵坐标轴可以得出其振幅 A;从横轴可以得出其周期 T(或角频率 ω);从 $t = 0$ 时刻,可以得出初始位置 x_0 和初始速度 v_0 的方向.

例 4-3

某简谐振动的 x-t 曲线如图 4.5 所示,试求此简谐运动方程.

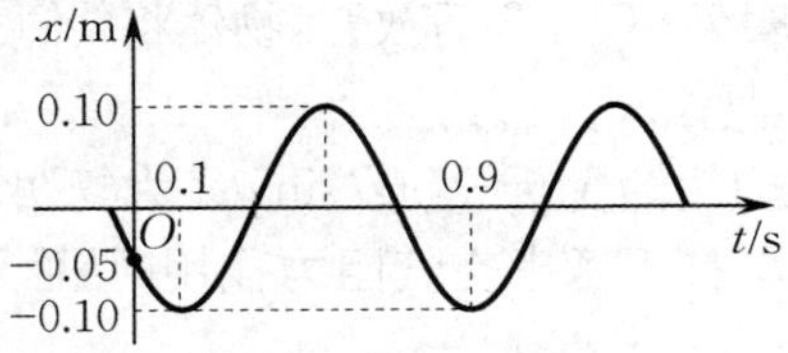

图 4.5

解 由图可以看出

$$A = 0.1\ \text{m},\quad T = 0.8\ \text{s},$$

所以

$$\omega = \frac{2\pi}{T} = \frac{5}{2}\pi\ \text{rad/s}.$$

又由图可知 $t = 0$ 时,$x_0 = -0.05$ m 且 $v_0 < 0$,所以

$$x_0 = A\cos\varphi = 0.10\cos\varphi = -0.05\ \text{m}, \quad ①$$

$$v_0 = -A\omega\sin\varphi < 0. \quad ②$$

由①,②两式可得 $\varphi = \frac{2}{3}\pi$,故简谐运动方程为

$$x = 0.10\cos\left(\frac{5}{2}\pi t + \frac{2}{3}\pi\right)\text{(SI)}.$$

4.2.3 旋转矢量描述

为了更直观地了解简谐运动方程中的A,ω和φ三个物理量的意义,下面介绍描述简谐振动的另一种方法:**旋转矢量法**.

如图4.6所示,一长度为A的矢量$\boldsymbol{A}$以角速度ω绕其固定的起始端O点逆时针旋转,这个矢量就叫作旋转矢量.设初始时刻($t=0$)旋转矢量在OP_0位置,与x轴的夹角为φ.经过t时间,该矢量转过了角度ωt,此时旋转矢量在OP位置,与x轴的夹角为$\omega t+\varphi$.由图可知,此时旋转矢量末端端点在x轴上的投影$x=A\cos(\omega t+\varphi)$,在形式上与弹簧振子的简谐运动方程[式(4.7)]是一样的.

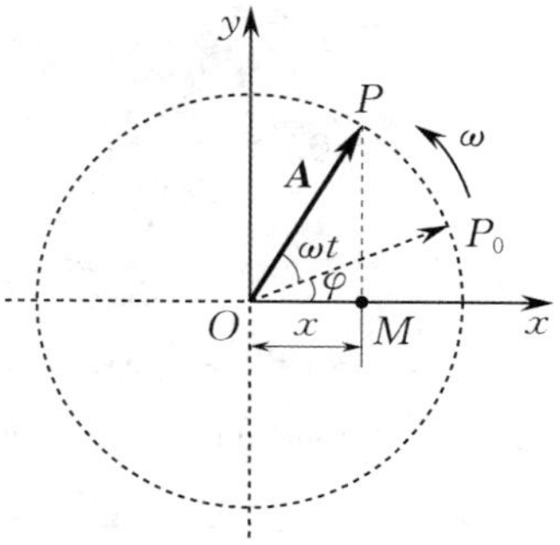

图4.6 旋转矢量图

由图4.6可以看出,振幅A,就是旋转矢量的长度;初相φ,就是旋转矢量在$t=0$时与x轴的夹角;相位$\omega t+\varphi$,就是旋转矢量在任意时刻t与x轴的夹角.

但是应该注意,旋转矢量本身不是弹簧振子,弹簧振子也没有在做半径为A的匀速旋转运动,我们只是借助旋转矢量的末端端点在x轴上的投影点(图4.6中的M点)的运动,来展示弹簧振子简谐振动的规律.

利用旋转矢量图,可以很方便地比较两个频率相同的简谐振动的相位关系.例如,两个简谐振动

$$x_1=A_1\cos(\omega t+\varphi_1),\quad x_2=A_2\cos(\omega t+\varphi_2),$$

在频率相同的情况下,其相位之差,叫作相位差,记作$\Delta\varphi$.由上两式可得

$$\Delta\varphi=(\omega t+\varphi_2)-(\omega t+\varphi_1)=\varphi_2-\varphi_1. \tag{4.16}$$

如果$\Delta\varphi>0$,也就是$\varphi_2>\varphi_1$,我们就说x_2振动超前x_1振动[见图4.7(a)];反之,如果$\Delta\varphi<0$,也就是$\varphi_2<\varphi_1$,我们就说x_2振动落后(或滞后)x_1振动[见图4.7(b)].

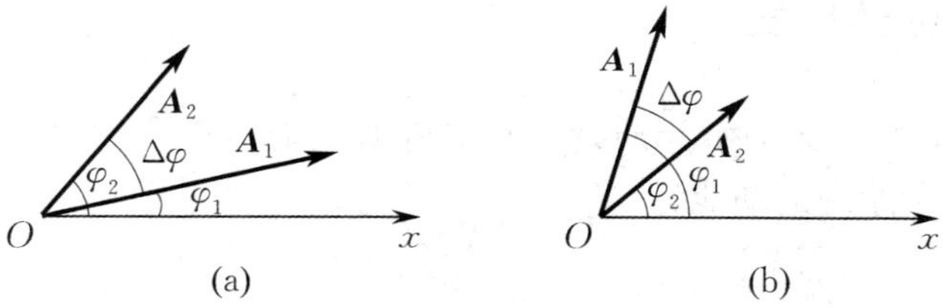

图4.7 简谐振动的相位差

例4-4

一个质点沿x轴做简谐振动,振幅$A=0.06$ m,周期$T=2$ s,取平衡位置为坐标原点,初始时刻质点位于$x_0=0.03$ m处且向x轴正方向运动,求:(1)初相;(2)质点在$x_1=-0.03$ m处且向x轴负方向运动时的速度和加速度,以及质点从这一位置回到平衡位置所需要的最短时间.

解 (1)质点的简谐运动方程可写为

$$x=A\cos(\omega t+\varphi).$$

依题意,有$A=0.06$ m,$T=2$ s,则

$$\omega=\frac{2\pi}{T}=\pi\ \text{rad/s}.$$

在$t=0$时,

$$x_0=A\cos\varphi=0.06\cos\varphi=0.03\ \text{m},$$
$$v_0=-A\omega\sin\varphi>0,$$

因而解得$\varphi=-\frac{\pi}{3}$.或根据初始条件,用旋转矢

量法可确定初相 $\varphi=-\dfrac{\pi}{3}$(见图 4.8).

质点的简谐运动方程为

$$x=0.06\cos\left(\pi t-\frac{\pi}{3}\right)(\mathrm{SI}).$$

(2) $t=t_1$ 时,

$x_1=0.06\cos\left(\pi t_1-\dfrac{\pi}{3}\right)=-0.03\ \mathrm{m}$,且 $v_1<0$,故取 $\pi t_1-\dfrac{\pi}{3}=\dfrac{2\pi}{3}$,得 $t_1=1\ \mathrm{s}$.

(旋转矢量法:如图 4.8 所示,根据题意旋转矢量末端由 M_0 点旋转到 M_1 点,旋转的角度为 $\omega t_1=\pi t_1=\dfrac{\pi}{3}+\dfrac{2\pi}{3}$,所以 $t_1=1\ \mathrm{s}$.)

此时质点的速度和加速度分别为

$$v=\left.\frac{\mathrm{d}x}{\mathrm{d}t}\right|_{t=1\ \mathrm{s}}=-0.06\pi\sin\left(\pi-\frac{\pi}{3}\right)\ \mathrm{m/s}$$
$$\approx -0.16\ \mathrm{m/s},$$
$$a=\left.\frac{\mathrm{d}^2x}{\mathrm{d}t^2}\right|_{t=1\ \mathrm{s}}=-0.06\pi^2\cos\left(\pi-\frac{\pi}{3}\right)\ \mathrm{m/s^2}$$
$$\approx 0.30\ \mathrm{m/s^2}.$$

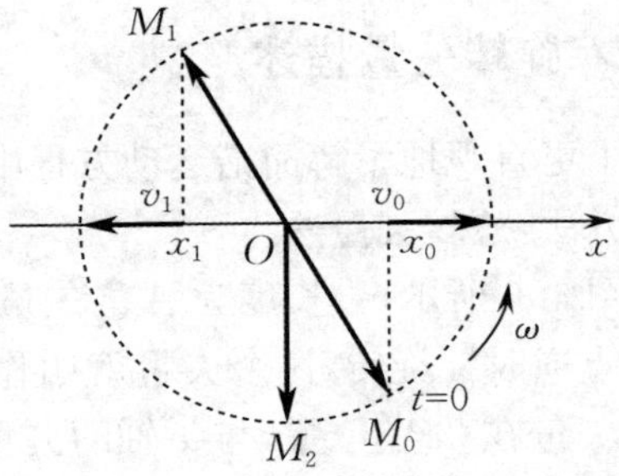

图 4.8

从 $x_1=-0.03\ \mathrm{m}$ 处且向 x 轴负方向运动到平衡位置,意味着旋转矢量末端从 M_1 点转到 M_2 点,因而所需要的最短时间满足

$$\omega\Delta t=\frac{3}{2}\pi-\frac{2}{3}\pi=\frac{5}{6}\pi,$$

故

$$\Delta t=\frac{\frac{5}{6}\pi}{\pi}\ \mathrm{s}=\frac{5}{6}\ \mathrm{s}\approx 0.83\ \mathrm{s}.$$

可见用旋转矢量法解决相关问题是比较简单的.

4.3 简谐振动的机械能

以图 4.1 所示的弹簧振子为例.当质量为 m 的弹簧振子,偏离平衡位置的位移为 x,且该时刻的速度为 v 时,弹簧振子系统的动能为

$$E_\mathrm{k}=\frac{1}{2}mv^2=\frac{1}{2}m\omega^2A^2\sin^2(\omega t+\varphi), \tag{4.17}$$

系统的弹性势能为

$$E_\mathrm{p}=\frac{1}{2}kx^2=\frac{1}{2}kA^2\cos^2(\omega t+\varphi). \tag{4.18}$$

可以看出,弹簧振子的动能与势能都是随时间变化的量.由此可得系统的机械能(动能与势能之和)为

$$E=E_\mathrm{k}+E_\mathrm{p}=\frac{1}{2}m\omega^2A^2\sin^2(\omega t+\varphi)+\frac{1}{2}kA^2\cos^2(\omega t+\varphi).$$

由式(4.4)可得

$$E=\frac{1}{2}m\omega^2A^2=\frac{1}{2}kA^2. \tag{4.19}$$

由此可知,弹簧振子做简谐振动的机械能与振幅的二次方成正比.

在同一个坐标系中作上述数学表达式的 E-t 图,如图 4.9 所示.设初相 $\varphi=0$,并且进行代数

和的叠加,可以看出,在任意一个时刻 t,动能与势能之和都等于$\frac{1}{2}kA^2$,在弹簧的弹性系数和振动振幅确定的情况下,这是一个定值.

因为在简谐振动中只有保守力(弹性力)做功,其他非弹性力和外力都不做功,所以机械能守恒.当弹簧振子在平衡位置和最大位移之间运动时,其动能和势能互相转换,但其总的机械能始终保持不变,遵守机械能守恒定律.

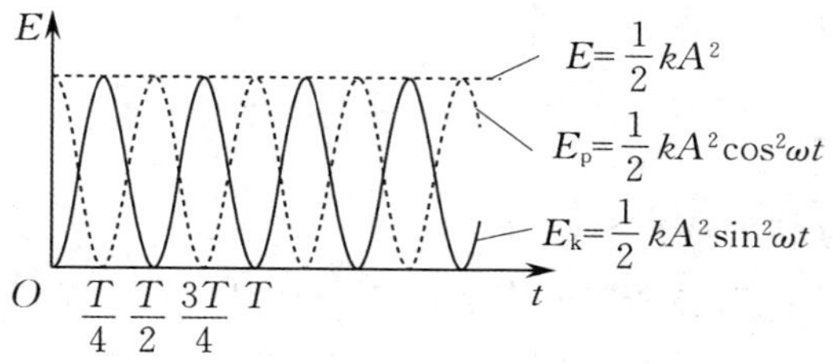

图 4.9 简谐振动的机械能

例 4-5

做简谐振动的物体,其质量为 2×10^{-2} kg,振幅为 2×10^{-2} m,周期为 4 s.当 $t=0$ 时,位移为 2×10^{-2} m.求 $t=0.5$ s时,物体所在的位置及其所受的力、动能、势能和机械能.

解 由题意可知

$$A=2.0\times10^{-2}\ \text{m},\quad T=4\ \text{s},$$

$$\omega=\frac{2\pi}{T}=\frac{\pi}{2}\ \text{rad/s},$$

$$\varphi=\arccos\frac{x_0}{A}=\arccos 1=0.$$

也可用旋转矢量法求得初相 $\varphi=0$,如图 4.10 所示.

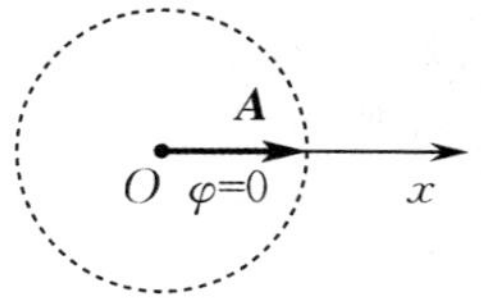

图 4.10

故简谐运动方程为

$$x=2.0\times10^{-2}\cos\left(\frac{\pi}{2}t\right)(\text{SI}).$$

当 $t=0.5$ s 时,物体所在的位置为 $x=2.0\times10^{-2}\cos\left(\frac{\pi}{2}\times\frac{1}{2}\right)\ \text{m}\approx1.4\times10^{-2}\ \text{m}$.

物体所受的力为

$$F=m\frac{\mathrm{d}^2x}{\mathrm{d}t^2}=-m\omega^2x\approx-6.9\times10^{-4}\ \text{N}.$$

系统的动能、势能和机械能分别为

$$E_k=\frac{1}{2}m\left(\frac{\mathrm{d}x}{\mathrm{d}t}\right)^2=\frac{m}{2}\left(-\omega A\sin\frac{\pi}{2}t\right)^2\approx4.9\times10^{-6}\ \text{J},$$

$$E_p=\frac{1}{2}kx^2=\frac{1}{2}m\omega^2x^2\approx4.8\times10^{-6}\ \text{J},$$

$$E=E_k+E_p=9.7\times10^{-6}\ \text{J}.$$

4.4 简谐振动的合成

所谓简谐振动的合成,是指当一质点同时受到两个或两个以上简谐振动的激励时,振动系统所呈现出的复杂的运动情况.下面主要介绍两种基本的简谐振动的合成方式.

4.4.1 同方向、同频率简谐振动的合成

设一个质点同时参与两个同方向、同频率的简谐振动，其中两个简谐振动(分振动)的方程分别为

$$x_1 = A_1\cos(\omega t + \varphi_1),\quad x_2 = A_2\cos(\omega t + \varphi_2).$$

因为两个简谐振动沿同一方向，所以该质点在任意时刻的合位移也沿同一方向，且合位移等于这两个分振动位移的代数和，即

$$x = x_1 + x_2.$$

根据三角函数知识，可以得到

$$\begin{aligned} x &= A_1\cos(\omega t + \varphi_1) + A_2\cos(\omega t + \varphi_2) \\ &= (A_1\cos\omega t\cos\varphi_1 - A_1\sin\omega t\sin\varphi_1) + (A_2\cos\omega t\cos\varphi_2 - A_2\sin\omega t\sin\varphi_2), \end{aligned}$$

将上式合并同类项，得

$$x = \cos\omega t(A_1\cos\varphi_1 + A_2\cos\varphi_2) - \sin\omega t(A_1\sin\varphi_1 + A_2\sin\varphi_2).$$

可令 $A\cos\varphi = A_1\cos\varphi_1 + A_2\cos\varphi_2$，$A\sin\varphi = A_1\sin\varphi_1 + A_2\sin\varphi_2$，则上式可以化简为

$$x = A\cos\omega t\cos\varphi - A\sin\omega t\sin\varphi = A\cos(\omega t + \varphi).$$

可见，合振动为方向相同、频率也相同的简谐振动. 合振动的振幅为

$$A = \sqrt{A_1^2 + A_2^2 + 2A_1A_2\cos(\varphi_2 - \varphi_1)}, \tag{4.20}$$

合振动的初相为

$$\varphi = \arctan\frac{A_1\sin\varphi_1 + A_2\sin\varphi_2}{A_1\cos\varphi_1 + A_2\cos\varphi_2}. \tag{4.21}$$

从上述结果可知，合振动的振幅取决于两个分振动的振幅以及初相差. 若 $\varphi_2 - \varphi_1 = 0$，则合振幅 $A = A_1 + A_2$；若 $\varphi_2 - \varphi_1 = \pm\pi$，则合振幅 $A = |A_1 - A_2|$，即两个分振动的初相差为零时，合振幅为两分振动的振幅之和，合成的结果是振动加强；两个分振动的初相差为 π 时，合振幅为两分振动的振幅之差的绝对值，合成的结果是振动减弱.

图 4.11　合振动的旋转矢量法

另外，合振动的振幅和初相也可以由旋转矢量法求得. 如图 4.11 所示，设两分振动对应的旋转矢量分别为 $\boldsymbol{A}_1$ 和 $\boldsymbol{A}_2$，初相分别为 φ_1 和 φ_2. 由平行四边形法则可得合矢量 $\boldsymbol{A} = \boldsymbol{A}_1 + \boldsymbol{A}_2$，图中的 A 和 φ 分别为合振动的振幅和初相.

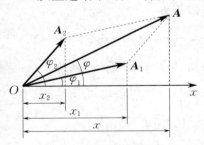

*4.4.2 同方向、不同频率简谐振动的合成

一质点同时参与两个在同一方向但频率不同的简谐振动，由于这两个分振动的频率不同，导致它们的相位差将随时间而变化，合成运动将不再是一般的简谐振动. 在这里只讨论一种较为简单的情况：两个分振动的频率值都较大，但频率值相差较小.

设有两个同方向、不同频率的简谐振动，其表达式分别为

$$x_1 = A_1\cos(\omega_1 t + \varphi_1),\quad x_2 = A_1\cos(\omega_2 t + \varphi_2).$$

由于两个分振动的相位差 $\Delta\varphi = (\omega_2 - \omega_1)t + (\varphi_2 - \varphi_1)$ 包含时间变量，即其相位差随时间变化，所以合振动的振幅也随时间而变化，如图 4.12 所示.

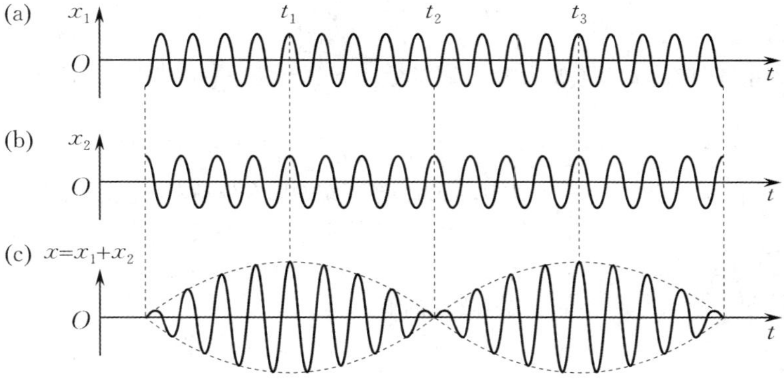

图 4.12 同方向、不同频率简谐振动的合成

设两分振动的初相都为 0，即 $\varphi_2=\varphi_1=0$；振幅相等，即 $A_1=A_2=A$. 图 4.12(a) 和图 4.12(b) 分别表示两个分振动的 $x-t$ 曲线，图 4.12(c) 表示合振动的 $x-t$ 曲线. 由图可以看出，在某些时刻（t_1 时刻），分振动的相位相同，此时合振动的振幅达到最大；在某些时刻（t_2 时刻），分振动的相位相反，此时合振动的振幅达到最小；间隔一段时间后（t_3 时刻），分振动的相位又相同，合振动的振幅再次达到最大. 我们把这种合振动振幅随时间周期性变化的现象称为**拍**. 一次强弱的变化叫作一拍，单位时间内的拍数称为**拍频**.

若两分振动的频率关系为 $\nu_2+\nu_1 \gg |\nu_2-\nu_1|$（频率值相差较小）的情形，则两分振动可写为

$$x_1=A_1\cos(\omega_1 t)=A_1\cos(2\pi\nu_1 t),$$
$$x_2=A_2\cos(\omega_2 t)=A_2\cos(2\pi\nu_2 t),$$

它们的合振动可表示为

$$\begin{aligned}x&=x_1+x_2=A_1\cos(2\pi\nu_1 t)+A_2\cos(2\pi\nu_2 t)\\&\approx 2A\cos[\pi(\nu_2-\nu_1)t]\cos[\pi(\nu_2+\nu_1)t].\end{aligned}$$

由此得出，拍频 $\nu=|\nu_2-\nu_1|$. $\left(\text{合振幅变化的周期 } T=\left|\dfrac{1}{\nu_2-\nu_1}\right|.\right)$

*4.5 阻尼振动 受迫振动

前面介绍的简谐振动，是以振动系统不受外力作用，没有任何能量损耗为前提的，一旦开始振动，其振幅不随时间变化，即系统的机械能守恒. 这只能是一种理想的情况，称为无阻尼自由振动.

4.5.1 阻尼振动

在实际情况中，系统振动时总是会受到各种外在阻力作用，如摩擦力、黏性力等，由于系统要克服阻力做功，其能量将不断减少，最后变为零而使振动停止. 阻力的表现形式，除接触面之间的摩擦外，也包括带动周围介质振动，造成振动的传播，而导致的振动能量向外辐射. 这种振幅随时间逐渐减小的振动称为**阻尼振动**（或**减幅振动**）. 例如单摆，如果给以足够长的时间，它最后总是会停下来的.

设一弹簧振子以较小的速率在黏性介质中运动，其所受到的阻力与运动速度反向成正比，即 $F'=-C\dfrac{\mathrm{d}x}{\mathrm{d}t}$. 式中 C 叫作阻力系数，是一个与物体的形状、大小及介质的性质有关的量，负号表示阻力与速度的方向相反. 当振子受到此阻力与弹簧的弹性力 $F=-kx$ 同时作用时，由牛顿第二定律有

$$F'+F=ma,$$

即

$$-kx-C\frac{dx}{dt}=m\frac{d^2x}{dt^2}.$$

对一给定的振动系统，其 m,k,C 通常为固定值(常量)，令 $\frac{k}{m}=\omega_0^2$，$\frac{C}{m}=2\beta$，则上式可以写为

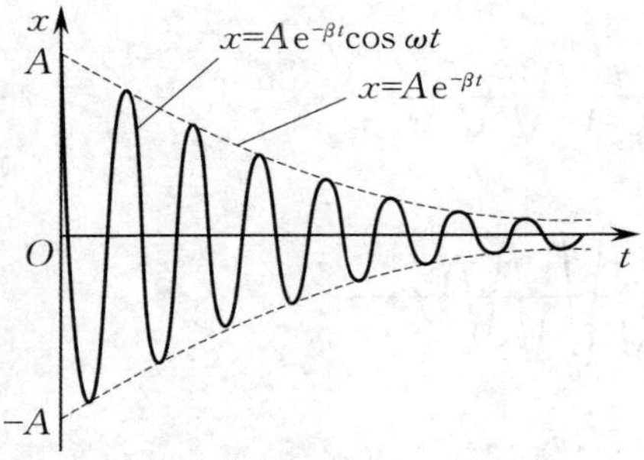

图 4.13　阻尼振动的 $x-t$ 曲线($\varphi=0$)

$$\frac{d^2x}{dt^2}+2\beta\frac{dx}{dt}+\omega_0^2x=0, \tag{4.22}$$

式中，ω_0 为振动系统的固有角频率，由系统本身的性质所决定；β 叫作阻尼系数，对于给定的振动系统，它由系统受到的阻力决定. 可以看出，β 值越大，阻力的影响也越大. 当 $\beta^2\ll\omega_0^2$ 时，系统做阻尼振动，式(4.22) 的解为

$$x=Ae^{-\beta t}\cos(\omega t+\varphi),$$

式中，$\omega=\sqrt{\omega_0^2-\beta^2}$，而 A,φ 是积分常数，由起始条件决定.

对上述结果，作出其 $x-t$ 曲线，如图 4.13 所示，它可以看作振幅为 $Ae^{-\beta t}$、角频率为 ω 的振动.

4.5.2　受迫振动

与不断衰减而最终停止的阻尼振动相反，为了产生稳定的振动，克服阻力的影响，需要对系统施以周期性外力的作用，这种系统在周期性的外力作用下所做的振动称为**受迫振动**. 这种周期性的外力叫作**驱动力**(或**策动力**). 例如，人耳中耳膜的振动、扬声器纸盆的振动以及大型电机运转时机座的振动等，都是受迫振动.

以弹簧振子为例，若给其一个周期性的驱动力 $F=F_m\cos\omega' t$(F_m 为驱动力幅值，ω' 为驱动力角频率)，则系统的受迫振动的运动方程为

$$-kx-C\frac{dx}{dt}+F_m\cos\omega' t=m\frac{d^2x}{dt^2}. \tag{4.23}$$

令 $\frac{F_m}{m}=f$，将式(4.23) 简化为

$$\frac{d^2x}{dt^2}+2\beta\frac{dx}{dt}+\omega_0^2x=f\cos\omega' t. \tag{4.24}$$

解此微分方程，可得其解为

$$x=A_0e^{-\beta t}\cos(\omega t+\varphi')+A\cos(\omega' t+\varphi). \tag{4.25}$$

式(4.25) 右边第一项为随时间衰减的阻尼振动，第二项是驱动力作用产生的稳定的受迫振动，其振幅不变. 所以式(4.25) 的稳定解为

$$x=A\cos(\omega' t+\varphi).$$

据此作出受迫振动的 $x-t$ 曲线，如图 4.14 所示.

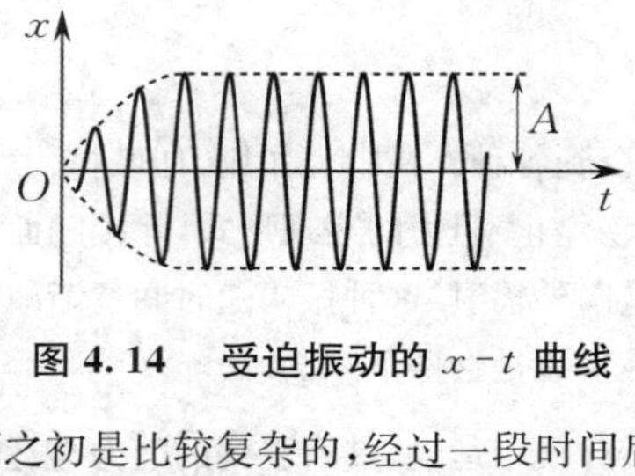

图 4.14　受迫振动的 $x-t$ 曲线

可以看出，受迫振动在驱动力作用之初是比较复杂的，经过一段时间后，阻尼振动就衰减到几乎为零而可以忽略不计，受迫振动达到稳定状态. 这时振动的周期就是驱动力的周期，振动的振幅稳定不变.

思考题4

4-1 简谐振动有什么样的运动规律?其速度和加速度在什么情况下同向?什么情况下反向?

4-2 判断下列运动是否为简谐振动.

(1) 做自由落体运动的篮球;

(2) 活塞的往复运动;

(3) 在水面上、下浮动的木块.

4-3 将一没有标重的砝码挂在一弹性系数未知的弹簧上,只测量砝码挂在弹簧下时产生的弹簧静平衡伸长量,能否知道此振动系统的周期?

4-4 一质点做简谐振动,在一个周期的时间内,下列各物理量的平均值分别是多少?(1) 速度;(2) 加速度;(3) 速率;(4) 动能;(5) 势能.

4-5 两个完全一样的弹簧都竖直悬挂,分别在其下悬挂有质量为 m_1 和 m_2 的砝码.若 $m_1 > m_2$,则在两个弹簧振动的振幅相等的情况下,它们的周期 T 是否也相等?

4-6 弹簧振子做简谐振动,当它的位移为振幅的一半时,动能与势能之比为多少?

4-7 一弹簧振子做简谐振动.如果将弹簧固有长度减小一半,而振幅增为原来的两倍,问它的总能量怎样改变?

4-8 将两个同方向、同频率的简谐振动合成,问合振幅最大和最小的条件分别是什么?

4-9 一系统先做无阻尼自由振动,然后再做阻尼振动,问它的周期将如何变化?

习题4

4-1 一简谐运动方程为

$$x = 0.02\cos\left(8\pi t + \frac{\pi}{4}\right)(\text{SI}),$$

求角频率 ω、频率 ν、周期 T、振幅 A 和初相 φ.

4-2 一单摆(忽略空气阻力)的摆角随时间变化的关系为 $\theta = 0.4°\cos(8\pi t + 0.60)$($t$ 的单位为 s),试求其振幅、频率、周期和初相.

4-3 一边长为 a 的正方形木块静止浮于水中,其浸入水中部分的高度为 $\frac{a}{2}$,用手轻轻地把木块下压,使之浸入水中部分的高度变为 a,然后放手.若不计水的黏滞阻力,试证明木块将做简谐振动,并求其振动的周期和频率.

4-4 已知一简谐振动的 x-t 曲线,如图4.15所示,求简谐运动方程及速度表达式.

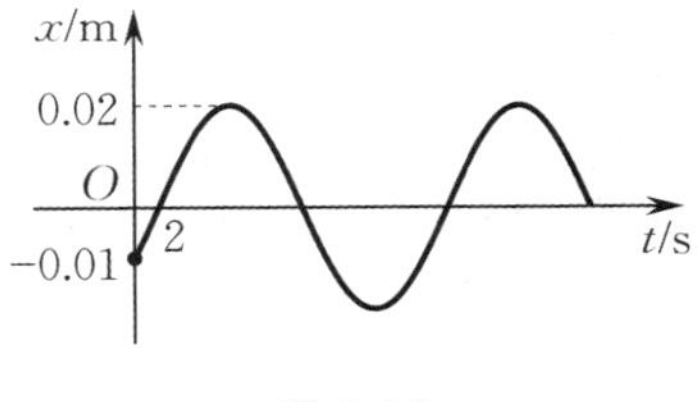

图 4.15

4-5 简谐振动的角频率为 10 rad/s,开始时振子位移为 7.5 cm,速度为 0.75 m/s,速度方向与位移:(1) 一致;(2) 相反.分别求这两种情况下的简谐运动方程.

4-6 一物体沿 x 轴做简谐振动,其振幅为 0.20 m,周期为 4 s.当 $t=0$ 时,物体的位移为 0.10 m,且向 x 轴正方向运动,求:

(1) $t = 0.5$ s 时,物体的位移、速度和加速度;

(2) 物体从 $x = 0.1$ m 处向 x 轴负方向运动,问其到达平衡位置最少需要多少时间?

4-7 一质量 $m = 0.02$ kg 的小球做简谐振动,速度的最大值 $v_{max} = 0.030$ m/s,振幅 $A = 0.020$ m.当 $t = 0$ 时,$v = 0.030$ m/s.求:

(1) 振动的周期;

(2) 简谐运动方程;

(3) $t = 0.5$ s 时,物体受力的大小和方向.

4-8 一放置在水平桌面上的弹簧振子,振幅 $A = 2\times10^{-2}$ m,周期 $T = 0.50$ s.当 $t = 0$ 时,

(1) 物体在 x 轴正方向最大位移处;

(2) 物体在平衡位置,向 x 轴负方向运动;

(3) 物体在 $x = 1.0\times10^{-2}$ m 处,向 x 轴负方向运动;

(4) 物体在 $x=-1.0\times10^{-2}$ m，向 x 轴正方向运动.

求以上各种情况下的简谐运动方程.

4-9 已知简谐运动方程为

$$x=0.02\cos\left(\frac{\pi}{2}t+\frac{\pi}{4}\right)\text{(SI)},$$

求物体由 $-\frac{A}{2}$ 运动到 $\frac{A}{2}$ 所用的最少时间.

4-10 试证明：(1) 在一个周期中，简谐振动的动能和势能对时间的平均值都等于 $\frac{kA^2}{4}$；

(2) 在一个周期中，简谐振动的动能和势能对位置的平均值分别等于 $\frac{kA^2}{3}$ 和 $\frac{kA^2}{6}$.

4-11 一物体同时参与两个同方向的简谐振动，其表达式分别为

$$x_1=0.04\cos\left(2t+\frac{\pi}{6}\right)\text{(SI)},$$

$$x_2=0.03\cos\left(2t-\frac{5}{6}\pi\right)\text{(SI)}.$$

试求合振动的振幅和初相.

4-12 两个简谐运动的方程分别为

$$x_1=0.12\cos\left(\pi t+\frac{\pi}{3}\right)\text{(SI)}$$

和

$$x_2=0.15\cos\left(\pi t+\frac{\pi}{6}\right)\text{(SI)}.$$

求合振动的方程.

第5章

机　械　波

振动的传播形成波动，简称波. 机械振动在弹性介质中的传播形成机械波；交变电磁场在空间中的传播形成电磁波；变化的引力场传播形成引力波. 波动是自然界中普遍存在的重要运动形式，大至宇宙天体，小到原子分子，都可以观察到. 例如，天体的运动产生引力波，地壳的运动产生地震波，石块扔入湖面激起水波，声带振动激起声波，电荷的运动激发电磁波，晶体内部原子振动形成格波，等等. 虽然各类波的本质不同，但是在研究方法和数学表达形式上它们具有很多相似的特征和规律，例如，都伴随着能量的传播，在传播中都会出现反射、折射、干涉和衍射等现象. 本章主要讨论机械波的运动规律，其中许多研究方法和结论也同样适用于其他类型的波.

5.1　机械波的产生和传播

5.1.1　机械波的产生

波在传播时，介质中的各个质点并不随着波沿波的传播方向运动，只是波形在介质中不断往前移动. 听乐团演奏时，听众席上的人能听到小提琴琴弦发出悠扬的乐音；庆典上，燃放烟花发出的声音响彻天空. 让耳膜振动的并不是琴弦和烟花，而是耳膜旁边的空气.

1. 弹性介质模型

形成机械波必须满足两个条件：一是有振动源，称为波源；二是有弹性介质. 例如，振动的音叉会在空气中激起声波，音叉是波源，而空气则是传递振动状态的弹性介质. 固体、液体、气体都是机械波传播的介质，可将它们视为由连续分布的质量微元（简称质元）构成的弹性介质. 当质元产生相对位移时，介质发生弹性形变（包括拉伸压缩形变、切向形变等），质元间将会产生弹性回复力作用，阻碍相对移动，从而使质元在自己的平衡位置附近来回振动. 波源的振动使弹性介质中邻近波源的某一质元振动起来，由于弹性形变，该质元又引起它的相邻质元振动，这样依次带动，就使振动以一定的速度由近及远传播出去，从而形成机械波. 可见，机械波就是机械振动在弹性介质中的传播，每个质元只是在自己的平衡位置来回振动，相邻质元间有一定的相位滞后，波动是振动状态和振动能量的传播.

2. 横波和纵波

机械波按介质质元振动方向与波的传播方向的关系可分成两类：一类是质元的振动方向与波的传播方向相垂直的**横波**；另一类是质元的振动方向与波的传播方向相平行的**纵波**.

拉紧一根绳子，手握住一端做垂直于绳子的振动，就能看到振动向另一端传播，形成波峰、波谷相间的横波，如图 5.1 所示. 横波在传播时，相邻质元间发生与横截面相平行的切向移动（剪切形变），产生的切向弹性力依次带动后面的质元振动，形成横波. 剪切形变只能在固体中产生，故横波无法在气体和液体中传播.

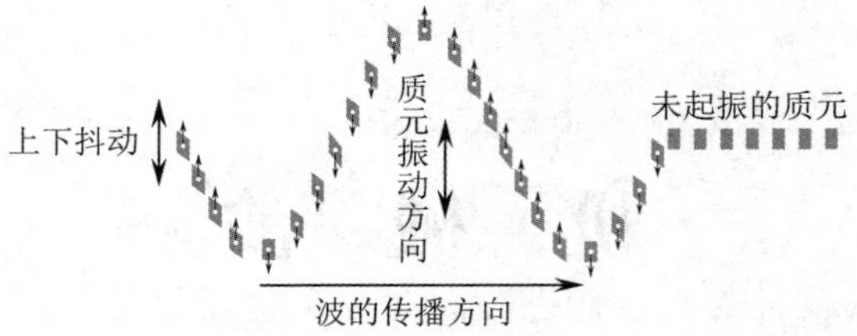

图 5.1　横波示意图

空气中传播的声波是纵波，声带的振动挤压临近的空气质元，使之发生压缩形变，形成“密”的状态，压缩后质元内部产生的相互排斥的弹性力又使该质元发生拉伸形变，形成“疏”的状态，同时挤压相邻的空气质元，使之也发生压缩形变，并继续往下传播. 可见纵波在介质中传播时，介质质元不断地经受压缩和拉伸（或体积压缩和膨胀），从而形成疏部和密部相间的纵波，如图 5.2 所示. 固体、液体、气体都能发生拉伸压缩形变，故都能传播纵波. 地球的内核为固态，但外核为熔融的液态金属，纵波能穿过外核但横波不能，可用横波在固、液界面的反射来证明熔融层的存在. 横波和纵波是自然界中存在的两种最简单的波，其他如水面波、地震波等，情况更加复杂.

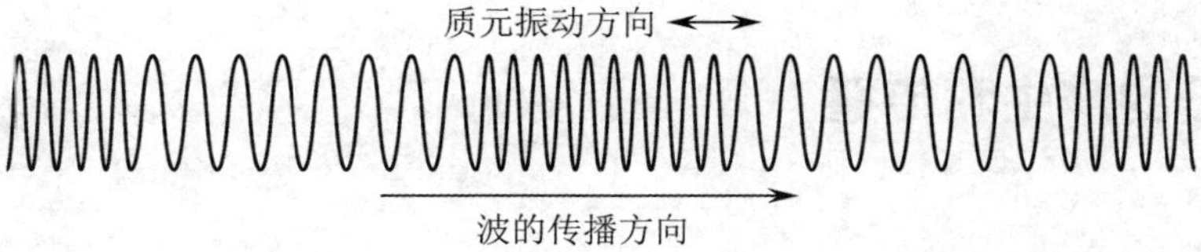

图 5.2　纵波示意图

5.1.2　机械波的几何描述

为了形象地描述波在空间的传播情况，如波的传播方向及各质元振动的相位等，常用几何图形来表示. 在波传播的过程中，离波源远的质元相比近的质元有一定的相位落后，任一时刻介质中各振动相位相同（指相位差为零）的点连成的面叫作**波面**. 在某一时刻，离波源最远的波面称为该时刻的**波前**. 在波前前方介质中的质元均未开始振动，而在其后方介质中的质元均处于振动状态，因此，某时刻的波前，实际上是介质中振动区域和未振动区域的一个分界面. 自波源出发沿各传播方向引出的射线，称为**波线**（或波射线），它表示波的传播路径和方向.

可以根据波面的形状对波进行分类，如果波面是一系列同心球面，我们就称它为**球面波**. 例如，从点波源发出的声波和从点光源发出的光波，它们在各向同性的均匀介质中传播的就是球面波. 如果波面是平行平面，就称它为**平面波**. 从点波源发出的球面波中，在远离点波源处取出一个不大的波面，就可以近似地看作平面波的波面，例如，射到地球表面的太阳光波，就是这样一种近似的平面波. 在各向同性均匀介质中，波面与波线相互垂直. 平面波的波线是垂直于波面的平行直线；球面波的波线是沿半径方向的直线. 平面波传播时，由于各条波线相互平行，且各波线上的波动情况相同，因此可用任一条波线上各质元的振动情况代表整个波的传播情况. 平面波和球面波的几何描述如图 5.3 所示.

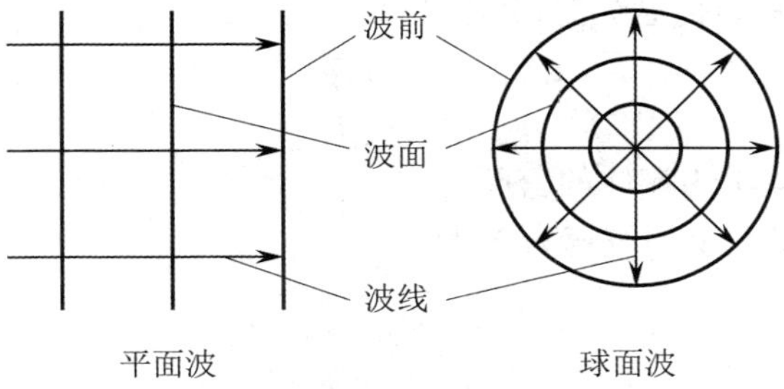

图 5.3　平面波和球面波的几何描述

5.1.3　波传播过程的特征量

1. 波长

波传播过程中，同一波线上两个相邻的、相位差为 2π 的质元之间的距离叫作**波长**，用 λ 表示. 波长反映了波的空间周期性，即距离为一个波长的两个质元的振动状态完全相同. 波源做一次完整振动的时间内，波前进的距离即为一个波长. 对于横波，同一波线上两相邻波峰或相邻波谷之间的距离为一个波长；而对于纵波，同一波线上两相邻密部中心或相邻疏部中心之间的距离为一个波长，如图 5.4 所示.

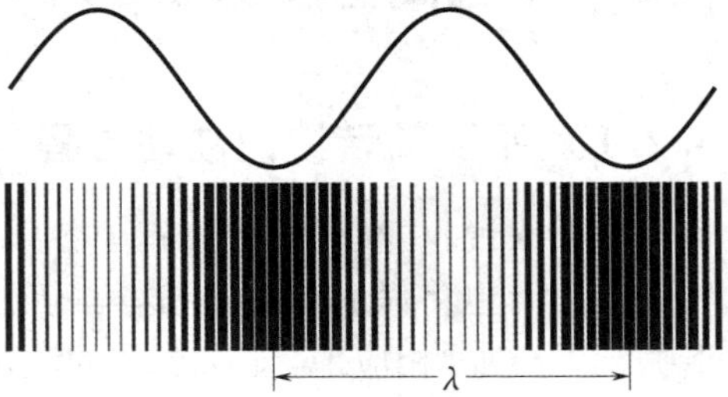

图 5.4　波长

2. 周期和频率

波每往前传播一个波长的距离所需的时间叫作波的**周期**，用 T 表示. 周期的倒数叫作**频率**，频率表示介质中某质元单位时间内振动的次数，用希腊字母 ν 表示，有

$$\nu = \frac{1}{T}. \tag{5.1}$$

周期和频率反映了波的时间周期性. 由于波源每振动一个周期，波就向前传播一个波长，故波的频率和周期与波源振动的频率和周期相同，而与传播介质无关.

3. 波速

波是振动状态（相位）和能量的传播，其传播的速度称为**波速**，也称为**相速度**. 波速的大小取决于介质的性质，即介质的弹性和惯性. 介质质元间的弹性越强（较小的形变就能产生较大的弹性回复力），质元的振动就越容易带动邻近质元的振动，波速就越大；介质的密度越大，质元的质量就越大（惯性大），质元的振动就越难带动邻近质元的振动，波速就越小. 因此，决定波速的是介质的弹性和密度.

在同一固体介质中，横波波速与纵波波速不同. 横波波速为

$$u = \sqrt{\frac{G}{\rho}}, \tag{5.2}$$

式中，G 为固体的切变模量，ρ 为固体的密度；纵波波速为

$$u = \sqrt{\frac{Y}{\rho}}, \tag{5.3}$$

式中，Y 为固体的杨氏模量. 由于同种固体材料的切变模量 G 总是小于杨氏模量 Y，因此同种固体中横波波速小于纵波波速.

流体(气体、液体)中只能传播纵波,其波速为

$$u=\sqrt{\frac{B}{\rho}},\tag{5.4}$$

式中,B 为流体的体变模量,ρ 为流体的密度.

可以证明,横波在绳或弦上的波速为

$$u=\sqrt{\frac{T}{\mu}},\tag{5.5}$$

式中,T 为绳或弦上的张力,μ 为绳或弦的质量线密度.

同一列波在不同介质中传播时,波速不同,其波长也不一样. 应用时注意不要把波速与质元的振动速度相混淆.

5.2 平面简谐波的描述

5.2.1 平面简谐波的波动方程

一般来说,在波的传播过程中各质元的振动是复杂的. 如果波源的振动是简谐振动,那么介质中的质元也将做简谐振动,这样的波称为**简谐波**. 任何复杂的振动可以看作多个不同频率的简谐振动的叠加. 相应地,任何复杂的波也可以看作多个不同频率的简谐波的叠加. 因此,简谐波是一种最基本、最重要的波. 若简谐波的波面是平面,它在各向同性、均匀、无吸收的无限大介质中传播时,介质中任意质元做简谐振动的振幅相同,振动频率相同,这种简谐波称为**平面简谐波**.

在波的传播过程中,各个质元都在各自的平衡位置附近振动,质元的振动情况反映了波动过程的规律. 因此,要定量描述波动过程,就要描述所有质元在任意时刻的振动位移. 质元的振动位移随质元的空间位置坐标和时间而变化,它是空间位置坐标和时间的函数,描述这一函数关系的方程称为**波动方程**(或**波函数**). 由波面的定义可知,在任一时刻,处在同一波面上的各点有相同的相位. 因此,只要知道了与波面垂直的任意一条波线上各质元的振动规律,也就知道了整个平面波的传播规律.

设有一平面简谐波在无吸收、各向同性、均匀、无限大的介质中沿 x 轴正方向传播,波速为 u. 取波线上任意点 O 为坐标原点,波线上某一时刻各质元的位移如图 5.5 所示. 在波线上任选一质元 P,该质元在波线上做简谐振动的平衡位置相对于O点的坐标为x,纵坐标y表示介质质元偏离自身平衡位置的位移. 设 O 点处质元的简谐运动方程为

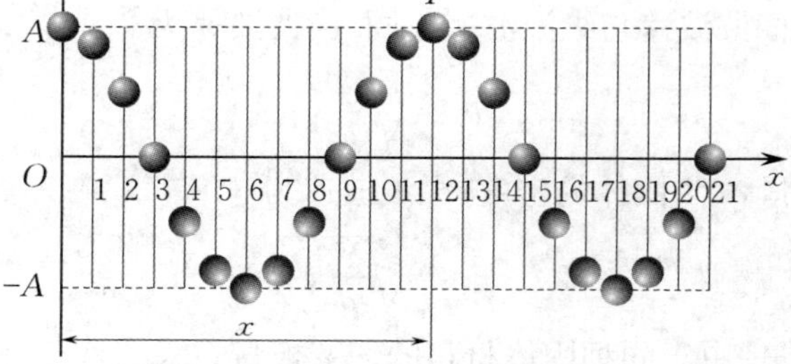

图 5.5 波线上某一时刻各质元的位移

$$y = A\cos(\omega t + \varphi_0),\tag{5.6}$$

式中，A 为振幅，ω 为角频率，φ_0 为初相. 因为波沿 x 轴正方向传播，所以图中 P 点处质元的振动状态将落后于 O 点处的质元. 由于波速 u 就是振动状态的传播速度，所以 P 点落后的时间为 $\frac{x}{u}$，即 P 点处的质元在 t 时刻的振动状态与 O 点处质元在 $t-\frac{x}{u}$ 时刻的振动状态相同. 故 P 点处质元的简谐运动方程为

$$y = A\cos\left[\omega\left(t-\frac{x}{u}\right)+\varphi_0\right].\tag{5.7}$$

也可以从相位关系得出 P 点处质元的简谐运动方程. 波传播一个波长，相位变化为 2π，故 P 点与 O 点的相位差为 $\frac{2\pi x}{\lambda}$，即 P 点振动相位为 $\omega t+\varphi_0-\frac{2\pi x}{\lambda}=\omega\left(t-\frac{x}{u}\right)+\varphi_0$，由此得出的 P 点处质元的简谐运动方程与式(5.7) 相同. 由于 P 点坐标 x 是任意的，t 时刻也是任意的，式(5.7) 可以表示任意位置质元任意时刻偏离平衡位置的位移，该式就是沿 x 轴正方向传播的平面简谐波的波动方程.

若平面简谐波是沿 x 轴负方向传播，与原点 O 处质元相比，P 点的振动无论从时间上，还是从相位上都将超前于 O 点，所以其简谐运动方程为

$$y = A\cos\left[\omega\left(t+\frac{x}{u}\right)+\varphi_0\right].\tag{5.8}$$

综合以上分析，沿 x 轴传播的任意平面简谐波的波动方程为

$$y(x,t) = A\cos\left[\omega\left(t\mp\frac{x}{u}\right)+\varphi_0\right].\tag{5.9}$$

波沿 x 轴正方向传播时取"—"，沿 x 轴负方向传播时取"+"，φ_0 为坐标原点处质元振动的初相. 由于 $u=\nu\lambda$ 以及 $\omega=2\pi\nu=\frac{2\pi}{T}$，平面简谐波的波动方程也可写为

$$y(x,t) = A\cos\left[2\pi\left(\nu t\mp\frac{x}{\lambda}\right)+\varphi_0\right],\tag{5.10}$$

$$y(x,t) = A\cos\left[2\pi\left(\frac{t}{T}\mp\frac{x}{\lambda}\right)+\varphi_0\right],\tag{5.11}$$

$$y(x,t) = A\cos\left[\frac{2\pi}{\lambda}(ut\mp x)+\varphi_0\right].\tag{5.12}$$

5.2.2 波动方程的物理意义

平面简谐波的波动方程 $y(x,t)$ 是质元偏离平衡位置的位移关于时间和平衡位置坐标的二元函数. 下面以沿 x 轴正方向传播的平面简谐波为例，分三种情况对波动方程进行讨论.

(1) 当 $x=x_0$(波线上一定点) 时，位移 y 只是时间 t 的函数，波动方程化为

$$y(t) = A\cos\left(2\pi\nu t-2\pi\frac{x_0}{\lambda}+\varphi_0\right),\tag{5.13}$$

这是波线上坐标为 x_0 的质元(P 点处的质元) 偏离自己平衡位置的位移随时间的变化关系. 可见质元在做频率为 ν 的简谐振动. 也就是说，波线上任意点都在做频率相同的简谐振动. P 点的振动初相为 $-2\pi\frac{x_0}{\lambda}+\varphi_0$，其中 $2\pi\frac{x_0}{\lambda}$ 为 P 点落后于坐标原点 O 的相位. x_0 越大，相位落后得越多. 所以，沿着波的传播方向，各质元的振动相位依次落后. 同时，式(5.13) 是时间的周期函数，说明了波动过程具有时间周期性.

(2) 当 $t=t_0$(某一时刻)时,位移 y 只是 x 的函数,波动方程化为

$$y(x)=A\cos\left(2\pi\nu t_0+\varphi_0-2\pi\frac{x}{\lambda}\right),\tag{5.14}$$

该方程描述了 t_0 时刻波线上各质元偏离各自平衡位置的位移随平衡位置坐标的变化关系,是 t_0 时刻的波形曲线方程. 对应的曲线图称为 t_0 时刻的波形图,是波形在 t_0 时刻的瞬间图像. 从式(5.14)可以看出,相隔一个波长 λ 的质元,其相位差为 2π,即振动状态相同,表明波动具有空间周期性,波长 λ 即为波动的空间周期.

(3) 当 x,t 都变化时,波动方程描绘了波形随时间的变化,即波形向前移动(行波)的图像,如图 5.6 所示. 图中的实线和虚线分别表示在 t_1 时刻和 $t_1+\Delta t$ 时刻的两条波形曲线. 在 t_1 时刻,x 处质元的位移为

$$\begin{aligned}y(x,t_1)&=A\cos\left(2\pi\nu t_1-2\pi\frac{x}{\lambda}+\varphi_0\right)=A\cos\left[2\pi\nu(t_1+\Delta t)-2\pi\nu\Delta t-2\pi\frac{x}{\lambda}+\varphi_0\right]\\&=A\cos\left[2\pi\nu(t_1+\Delta t)-2\pi\frac{x+u\Delta t}{\lambda}+\varphi_0\right]=y(x+u\Delta t,t_1+\Delta t).\end{aligned}$$

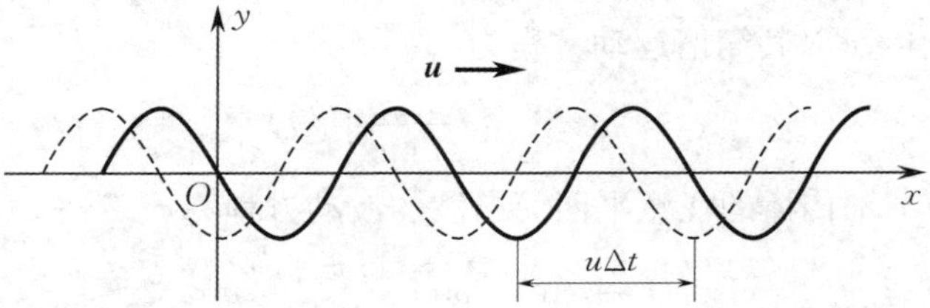

图 5.6　行波

可以看出,它与 $t_1+\Delta t$ 时刻、$x+u\Delta t$ 处质元的位移相同. 这说明经过 Δt 时间,波形、振动状态、振动相位都向前移动了 $u\Delta t$ 的距离. 所以波速即为波形、振动状态、振动相位的传播速度,故波速也称为相速度.

(4) 波线上任意一点处质元的振动速度、加速度分别为

$$v(x,t)=\frac{\partial y(x,t)}{\partial t}=-A\omega\sin\left[\omega\left(t-\frac{x}{u}\right)+\varphi_0\right],\tag{5.15}$$

$$a(x,t)=\frac{\partial^2 y(x,t)}{\partial t^2}=-A\omega^2\cos\left[\omega\left(t-\frac{x}{u}\right)+\varphi_0\right].\tag{5.16}$$

需要注意的是,v 是波线上任一质元的振动速度,是时间 t 的函数,随时间改变. 而 u 是波的传播速度,它与时间 t 无关,只取决于传播波动的介质,两者不能混淆.

例 5-1

一条用力拉紧的细线,其上有一列简谐横波向左传播,波速为 8 m/s. 当 $t=0$ 时,波形如图 5.7 所示,求:(1) 该波波长和周期;(2) 该波的波动方程;(3) P 点处质元的简谐运动方程和振动速度方程.

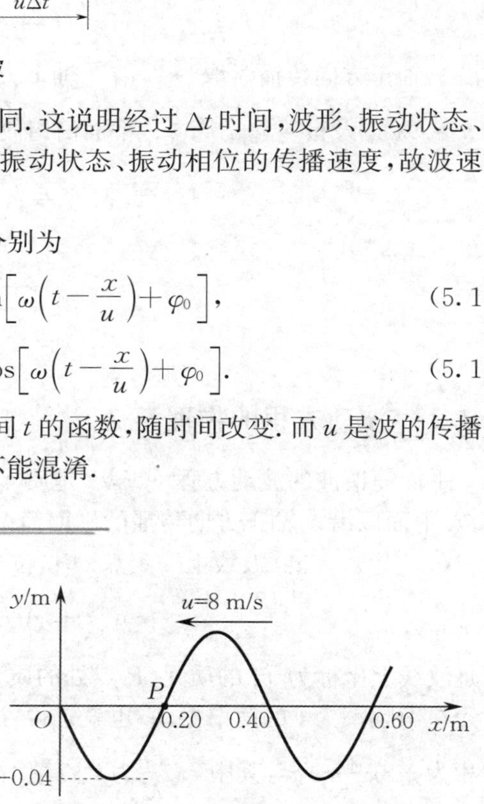

图 5.7

解　(1) 从图中可以看出

$$A=0.04\ \text{m},\quad \lambda=0.4\ \text{m},$$

故周期为

$$T=\frac{\lambda}{u}=\frac{0.4}{8}\ \text{s}=0.05\ \text{s}.$$

(2) 对于 O 点处质元，当 $t=0$ 时，

$$y_0=A\cos\varphi_0=0,$$
$$v_0=-A\omega\sin\varphi_0<0,$$

所以初相为

$$\varphi_0=\frac{\pi}{2},$$

故波动方程为

$$y=0.04\cos\left[2\pi\left(\frac{t}{0.05}+\frac{x}{0.4}\right)+\frac{\pi}{2}\right]$$
$$=0.04\cos\left(40\pi t+5\pi x+\frac{\pi}{2}\right)(\text{SI}).$$

(3) 将 P 点处质元坐标代入波动方程，其简谐运动方程为

$$y_P=0.04\cos\left(40\pi t+\frac{3\pi}{2}\right)(\text{SI}),$$

对时间求导，得振动速度方程为

$$v_P=\frac{\mathrm{d}y_P}{\mathrm{d}t}\approx-5.02\sin\left(40\pi t+\frac{3\pi}{2}\right)(\text{SI}).$$

例 5-2

一超声波在水中沿直线传播，其波动方程为 $y=2\times10^{-4}\cos(10^5\pi t-220x)(\text{SI})$，求：(1) 此波的振幅、波速、频率和波长；(2) 各质元的最大振动速度和最大振动加速度.

解 (1) 将波动方程改写为

$$y=2\times10^{-4}\cos 2\pi\left(5\times10^4 t-\frac{110}{\pi}x\right),$$

与标准形式 $y=A\cos\left[2\pi\left(\nu t-\frac{x}{\lambda}\right)+\varphi_0\right]$ 比较，得

$$A=2\times10^{-4}\ \text{m},$$
$$\nu=5\times10^4\ \text{Hz},$$
$$\lambda\approx2.85\times10^{-2}\ \text{m},$$
$$u=\nu\lambda=1\,425\ \text{m/s}.$$

(2) 质元振动速度的最大值

$$v_{\max}=\left(\frac{\partial y}{\partial t}\right)_{\max}=2\pi\nu A\approx62.8\ \text{m/s}.$$

质元振动加速度的最大值

$$a_{\max}=\left(\frac{\partial^2 y}{\partial t^2}\right)_{\max}=4\pi^2\nu^2A\approx1.97\times10^7\ \text{m/s}^2.$$

5.3 波的衍射和干涉

5.3.1 惠更斯原理 波的衍射

1. 惠更斯原理

波源的振动状态是通过介质中的质元相互作用依次向前传播的，每个质元都在引起其后面的质元振动，因此每个质元都可以看作新的波源. 如图 5.8 所示，无论是球面波还是平面波，传播时遇到有小孔的障碍物，当障碍物小孔的直径小于波长时，都可以看到穿过小孔后的波面是圆形的，像是以小孔为点波源发出的.

惠更斯(Huygens，1629—1695) 观察和研究了大量类似的现象，于 1690 年总结出一条有关波传播特性的重要原理——**惠更斯原理**. 其内容如下：行进中的波面上任意一点都可看作新的子波源，而从波面上各点发出的许多子波所形成的包络面(包迹)，就是原波面在一定时间内所传播到达的新波面. 惠更斯原理对任何波动过程(机械波或电磁波) 都是适用的，而且不论传播波动的介质是均匀的还是非均匀的，是各向同性的还是各向异性的. 如果已知某一时刻的波前，根据惠更

斯原理,用几何作图的方法就可以确定下一时刻的波前.

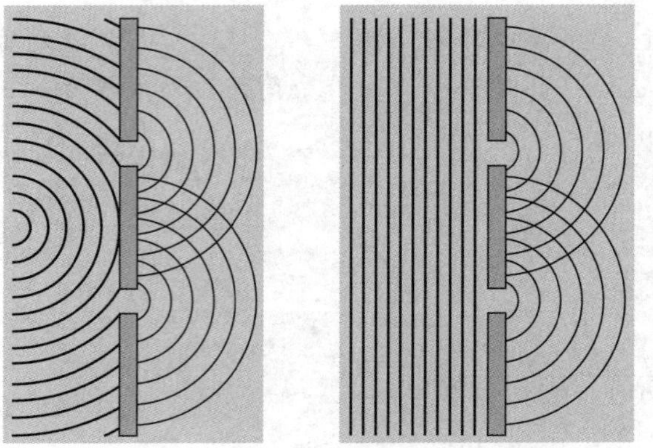

图 5.8　可看作点波源的小孔发出的波

设 S_1 为某时刻 t 的波面,根据惠更斯原理,S_1 上的每一点发出的球面子波,经 Δt 时间后形成半径为 $u\Delta t$ 的球面. 在波的前进方向上,这些子波的包络面 S_2 就成为 $t+\Delta t$ 时刻的新波面. 用惠更斯原理描绘的球面波和平面波的传播情况如图 5.9 所示. 从图中看出,波在无障碍的均匀、各向同性介质中传播时,将保持波面的几何形状不变,沿直线传播. 这与实际情况相符合.

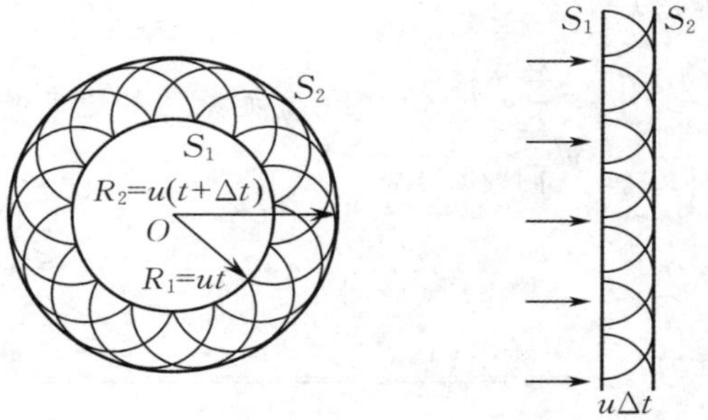

(a) 球面波　　(b) 平面波

图 5.9　用惠更斯原理描绘的球面波和平面波的传播情况

2. 波的衍射

波的衍射是指波在传播的过程中遇到障碍物时,其传播方向发生变化,绕过障碍物的边缘继续前进的现象. 如图 5.10(a) 所示,当一平面波通过障碍物上宽度与其波长相近的开口后,波的传播方向扩大到了直线传播时本来传播不到的区域,即波发生了衍射现象. 根据惠更斯原理,如图 5.10(b)所示,某一时刻,波面传播到障碍物的开口处,这时开口处的波面上的各点是可以发

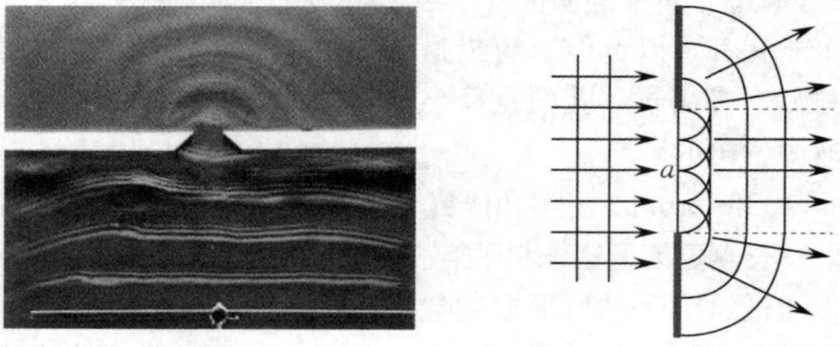

(a)　　(b)

图 5.10　波的衍射

射子波的子波源，按照几何方法作出这些子波面的包络面，就得出新的波面. 很明显，此时波面的形状在开口的边缘附近发生了弯曲，对应的波就向周边扩散传播，即波绕过了障碍物而继续传播.

衍射现象是一切波具有的共同特征之一. 无论机械波还是电磁波都会发生衍射现象. 衍射现象是否明显，决定于缝(或障碍物)的宽度 a 与波长 λ 的比值. a 越小或 λ 越大，衍射现象越显著. 当 $a \approx \lambda$ 时，衍射现象最明显.

5.3.2 波的叠加原理 波的干涉

1. 波的叠加原理

在日常生活中我们可以观察到如下现象：听乐队合奏时，总能分辨出每种乐器的声音，即每种乐器发出的声波的特征并不因其他声波的存在而改变；各种颜色的探照灯的光柱，在交叠处改变了颜色，在其他区域仍是各自的颜色；两列水波相遇，每一列波都保持其原有特性(振幅、频率、振动方向、传播方向)继续传播；收音机中的磁棒周围有许多不同载波频率的电台信号存在，但仍可从中选出一个特定的电台节目进行收听，并不因其他电台信号的存在而有所改变.

通过对这些现象的观察可总结出如下规律：

(1) 各列波经过相遇再分开后仍然保持各自的原有属性(频率、波长、振幅和振动方向等)不变，按照原来的传播方向继续向前传播，好像它们没有相遇一样，即各列波互不干扰. 这一规律称为**波的独立传播原理**.

(2) 在相遇的区域内，任一位置质元的振动，为各列波单独存在时在该处引起的振动的合振动，即在任一时刻，该处质元的振动位移是各列波单独存在时在该处引起的振动位移的矢量和. 这一规律称为**波的叠加原理**.

2. 波的干涉

在一般情况下，几列波在介质中传播时的叠加问题是很复杂的. 但当两列简谐波频率相同、振动方向相同、相位差恒定时，两列波在相遇处引起的合振动仍然是简谐振动，具有同样的振动频率和振动方向，而且合振动的振幅随空间位置的分布稳定. 也就是说，在两列波相遇的区域，有些位置振动始终加强，有些位置振动始终减弱. 这种现象称为**波的干涉**. 能产生干涉的两列波称为相干波，其波源称为相干波源. 频率相同、振动方向相同、相位相同或相位差恒定称为相干条件.

如图 5.11 所示，设有两列相干波在各向同性、均匀、无限大介质中传播，两个相干波源 S_1 和 S_2 的简谐运动方程分别为

$$y_{10} = A_1\cos(\omega t + \varphi_{10}), \tag{5.17}$$

$$y_{20} = A_2\cos(\omega t + \varphi_{20}), \tag{5.18}$$

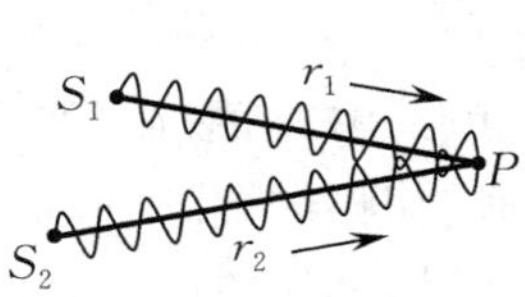

图 5.11 波的干涉

式中，ω 为波源的角频率，A_1，A_2 分别为两列波的振幅，φ_{10}，φ_{20} 分别为两列波的初相，两者均沿 y 方向振动. 两相干波源发出的两列相干波在空间某点 P(距两波源分别为 r_1，r_2)相遇，两列波在该点引起的分振动为

$$y_1 = A_1\cos\left(\omega t + \varphi_{10} - 2\pi\frac{r_1}{\lambda}\right), \tag{5.19}$$

$$y_2 = A_2\cos\left(\omega t + \varphi_{20} - 2\pi\frac{r_2}{\lambda}\right), \tag{5.20}$$

式中 λ 为两列波在介质中的波长. 这是两个频率相同、振动方向相同的简谐振动. P 点同时参与两个简谐振动，其振动为两者的合振动. 根据同方向、同频率简谐振动的合成，可得 P 点处质元的简

谐运动方程为

$$y=y_1+y_2=A\cos(\omega t+\varphi_0), \tag{5.21}$$

其中 A 是合振幅，有

$$A=\sqrt{A_1^2+A_2^2+2A_1A_2\cos\Delta\varphi}. \tag{5.22}$$

$\Delta\varphi$ 为两波源发出的相干波在 P 点引起的分振动的相位差，有

$$\Delta\varphi=\varphi_{10}-\varphi_{20}-2\pi\frac{r_1-r_2}{\lambda}. \tag{5.23}$$

两波源发出的波到达 P 点所经历的路程差 r_1-r_2 称为**波程差**，用 δ 表示. $r_1-r_2=\delta$，则相位差可表示为

$$\Delta\varphi=\varphi_{10}-\varphi_{20}-2\pi\frac{\delta}{\lambda}. \tag{5.24}$$

式(5.24)表明，两列相干波在空间中任一点引起的两个分振动的相位差是定值. 也就是说，空间任一点处的振动具有确定的振幅，不同点波程差不同，因而振幅随空间位置分布，形成稳定的干涉图样.

在相位差满足

$$\Delta\varphi=\varphi_{10}-\varphi_{20}-2\pi\frac{\delta}{\lambda}=\pm 2k\pi\quad(k=0,1,2,\cdots) \tag{5.25}$$

的位置，合振幅最大，为 $A=A_1+A_2$，即相位差为 π 的偶数倍的位置，振动始终加强，称为**干涉相长**. 在相位差满足

$$\Delta\varphi=\varphi_{10}-\varphi_{20}-2\pi\frac{\delta}{\lambda}=\pm(2k+1)\pi\quad(k=0,1,2,\cdots) \tag{5.26}$$

的位置，合振幅最小，为 $A=|A_1-A_2|$，即相位差为 π 的奇数倍的位置，振动始终减弱，称为**干涉相消**.

如果两波源的初相相同，即 $\varphi_{10}=\varphi_{20}$，则两波源在 P 点引起的分振动的相位差 $\Delta\varphi=-2\pi\frac{\delta}{\lambda}$. 将其代入式(5.25)和式(5.26)，则干涉相长和干涉相消的条件可以用波程差表示为

$$\delta=\pm k\lambda,\quad k=0,1,2,\cdots,\quad \text{干涉相长}, \tag{5.27}$$

$$\delta=\pm(2k+1)\frac{\lambda}{2},\quad k=0,1,2,\cdots,\quad \text{干涉相消}. \tag{5.28}$$

式(5.27)和式(5.28)表明，两初相相同的相干波叠加时，波程差为半波长的偶数倍的位置干涉相长，振幅最大；波程差为半波长的奇数倍的位置干涉相消，振幅最小. 除干涉相长和干涉相消的各点外，其他各点的振幅介于最大值和最小值之间.

通过以上讨论可知，波的干涉现象是两列相干波叠加而形成的. 干涉现象是波动过程的重要特征之一. 干涉现象对光学、声学等的发展起着重要的作用.

例 5-3

如图 5.12 所示，两平面简谐波波源分别位于 x 轴上的 A，B 两点，两者相距 30 m. 它们的振动方向相同，振幅相等，频率都是 100 Hz. 波的传播速度为 400 m/s. 当 A 点振动的位移为 y 轴正方向极大时，B 点振动的位移为 y 轴负方向极大，求 A，B 两点连线上静止点的位置.

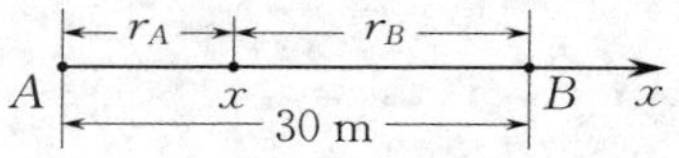

图 5.12

解 由题意可知，两波源的初相差为π，波长$\lambda = \frac{u}{\nu} = 4\ \mathrm{m}$，静止的点应满足干涉相消条件. 取$A$点为坐标原点，对于$A$,$B$间任意一点$x$，两列波所经历的路程分别为$r_A = x$,$r_B = 30 - x$.

两列波在x点处引起分振动的相位差为

$$\Delta\varphi = \varphi_{A0} - \varphi_{B0} - 2\pi\frac{r_A - r_B}{\lambda}$$

$$= \pi - \pi(x - 15) = (16 - x)\pi.$$

干涉相消的点应满足的条件为

$$(16 - x)\pi = \pm(2k + 1)\pi \quad (k = 0,1,2,\cdots),$$

即

$$x = 16 \pm (2k + 1) \quad (k = 0,1,2,\cdots,0 < x < 30).$$

故A,B连线上静止的点共15个，其坐标分别为

$$1\ \mathrm{m}, 3\ \mathrm{m}, 5\ \mathrm{m}, \cdots, 29\ \mathrm{m}.$$

思考题5

5-1 机械波在通过不同介质时，它的波长、频率和波速哪些不会发生变化？哪些会发生变化？

5-2 因为波是振动状态的传播，在介质中各个质元都将重复波源的振动，所以一旦掌握了波源的振动规律，就可以得到波动规律. 对不对？为什么？

5-3 波形曲线和振动曲线有什么区别？

5-4 用手抖动拉紧的弹性绳一端，手抖得越快，幅度越大，波在绳上传播得越快，对不对？为什么？

5-5 波源的振动周期与波的周期是否相同？质元振动速度与波速是否相同？

5-6 两个振幅相同的相干波在某处干涉相长，合振幅为原来的几倍？能量为原来的几倍？是否与能量守恒定律矛盾？

习题5

5-1 频率为20～20 000 Hz的机械纵波能被人耳听到. 设0 ℃时空气中的声速为331.5 m/s，求频率分别为20 Hz与20 000 Hz的声波波长.

5-2 在地壳中地震纵波的传播速度大于地震横波的传播速度. 若纵波的传播速率为5.5 km/s，横波的传播速率为3.5 km/s，在A处发生地震，B处收到横波信号较收到纵波信号迟5 min，试求B处与震源A的距离.

5-3 海洋上有一洋波，速度为740 km/h，波长为300 km，这种洋波的频率是多少？横渡太平洋8 000 km的距离需要多长时间？

5-4 已知波源在原点($x = 0$)的平面简谐波的波动方程为$y = A\cos(bt - cx)$(SI)，A,b,c均为常量.

(1) 求振幅、频率、波速和波长；

(2) 写出在传播方向上距离波源l处质元的简谐运动方程，其初相是多少？

5-5 一平面简谐波的波动方程为

$$y = 0.15\cos(125t - 0.37x)\text{(SI)},$$

求：

(1) 该波的振幅、频率、周期、波速与波长；

(2) $x_1 = 10$ m，$x_2 = 25$ m两点处质元的简谐运动方程；

(3) 当$t = 2$ s时，x_1,x_2两点处质元的振动速度.

5-6 一沿x轴正方向传播的波，波速为2 m/s，原点处质元的简谐运动方程为$y = 0.6\cos \pi t$(SI)，求：

(1) 该波的波长；

(2) 波动方程；

(3) 同一质元在1 s末与2 s末的相位差；

(4) 坐标为$x_1 = 1$ m和$x_2 = 1.5$ m处两质元的相位差.

5-7 一振幅为10 cm、波长为200 cm的简谐横波，沿着一条很长的水平的绷紧弦从左向右行进，波速为100 cm/s. 取弦上一点为坐标原点，x轴正方向指向右方，在$t = 0$时原点处质元从平衡位置开始向位移负方向运动，求波动方程及弦上任一点的最大振动速度.

5－8 一平面简谐纵波沿着线圈弹簧传播. 设波沿着 x 轴正方向传播，弹簧中某圈的最大位移为 3 cm，振动频率为 25 Hz，弹簧中相邻两疏部中心距离为 24 cm. 当 $t = 0$ 时，在 $x = 0$ 处质元的位移为零，并向 x 轴正方向运动，试写出该波的表达式.

5－9 某平面简谐波在 $t = 0$ 时的波形图和原点 $(x = 0)$ 的振动曲线如图 5.13 所示，试求该平面简谐波的波动方程.

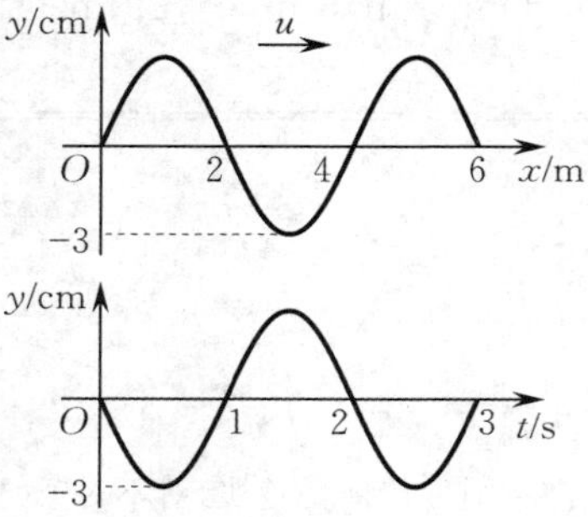

图 5.13

5－10 有一沿 x 轴正方向传播的平面简谐波，$t = 0$ 时的波形如图 5.14 所示，波速为 200 m/s，求：

(1) 原点处的振动表达式；

(2) 波动方程；

(3) 画出 $t = 0.125$ s 时的波形图；

(4) 画出 $x = 25$ cm 处质元的振动曲线.

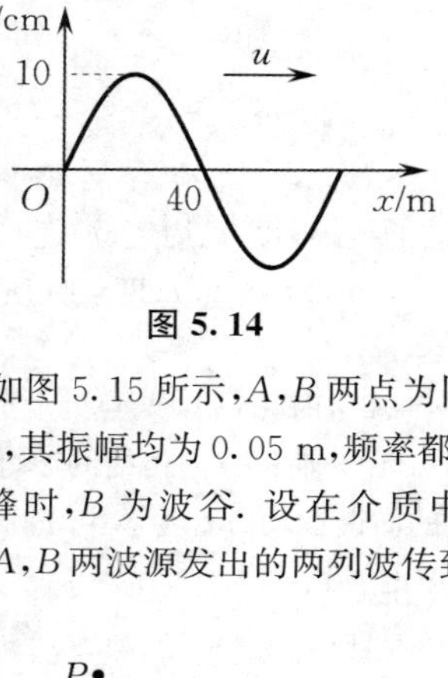

图 5.14

5－11 如图 5.15 所示，A，B 两点为同一介质中的两相干波源，其振幅均为 0.05 m，频率都是 100 Hz，且当 A 为波峰时，B 为波谷. 设在介质中的波速为 10 m/s，试求 A，B 两波源发出的两列波传到 P 点的干涉结果.

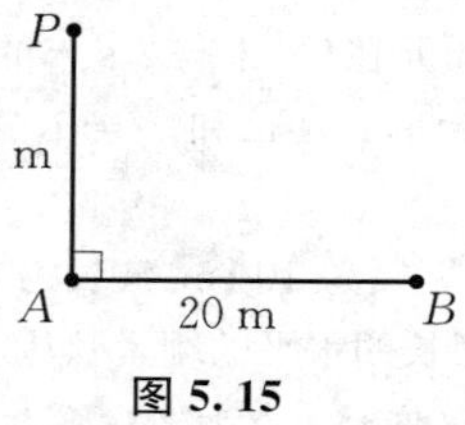

图 5.15

5－12 声音干涉仪用于显示声波的干涉，如图 5.16 所示，S 处为声波发生器，D 处为声音检测器，$\overset{\frown}{SBD}$ 长度可变，$\overset{\frown}{SAD}$ 长度固定，声音干涉仪内充满空气. 当 B 处于某一位置时，在 D 处接收到最弱声音. 将 B 移动则声音加大. 当 B 移动 1.65 cm 时，在 D 处接收到最强声音，求声波的频率. 已知声速为 342 m/s.

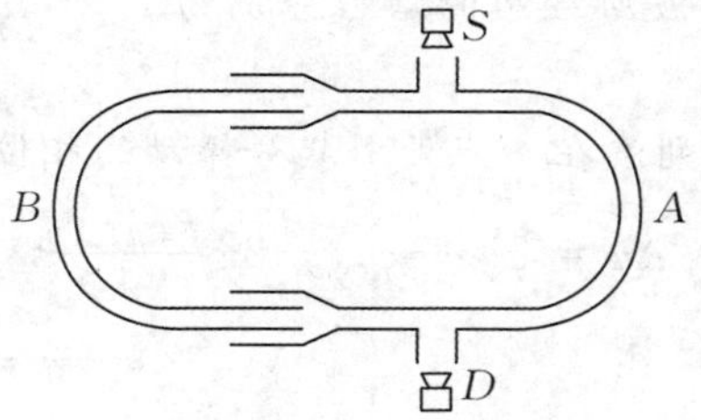

图 5.16

5－13 如图 5.17 所示，S_1，S_2 为两列在同一张紧的绳上传播的相干波的波源，它们向各自左、右发出波长为 λ 的简谐波，两者相距 1.25λ. 当 S_1 经平衡位置向负方向运动时，S_2 恰好在位移方向的最大处. 两波振幅均为 A，求：

(1) S_1 左侧和 S_2 右侧合成波的振幅；

(2) S_1 和 S_2 之间因干涉而静止的点的位置.

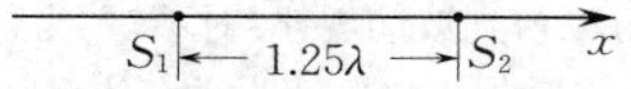

图 5.17

5－14 如图 5.18 所示，设波源 B 发出的平面简谐波沿 BP 方向传播，波源 B 的简谐运动方程为

$$y_1 = 2\cos 2\pi t \text{(SI)};$$

波源 C 发出的平面简谐波沿 CP 方向传播，波源 C 的简谐运动方程为

$$y_2 = 2\cos\left(2\pi t - \frac{\pi}{2}\right)\text{(SI)}.$$

已知 $BP = 0.45$ m，$CP = 0.55$ m，波速为 0.2 m/s，试求：

(1) 两列波传到 P 点的相位差；

(2) P 点处质元的简谐运动方程.

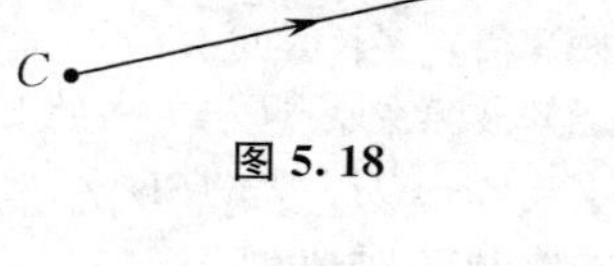

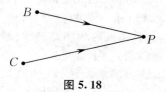

图 5.18

第2篇

热　学

物体是由大量分子或原子组成的，这些分子或原子处在永不停息的无规则运动中，物体内部这种大量分子或原子的无规则运动叫作热运动. 热学是研究热运动的规律及其对物质宏观性质的影响，以及与物质其他运动形态之间的转化规律的物理学分支. 按照研究方法的不同，热学可分为统计物理学和热力学.

统计物理学是研究物质热运动的微观理论，它从宏观物体由大量微观粒子（原子、分子等）组成这一基本事实出发，以分子动理论为基础，采用统计的方法揭示物质热运动的本质.

热力学是研究物质热运动的宏观理论. 它以观察和实验为基础，通过逻辑推理和演绎方法，得出物质宏观性质的各种规律，以及宏观物理过程进行的方向和限度等.

统计物理学和热力学在对热运动的研究中起到相辅相成的作用，统计物理学理论要由热力学总结的宏观规律而获得验证，而热力学理论又要通过统计物理学的解释才能了解其微观本质. 因此，统计物理学与热力学是研究热运动的两门不可分割的学科. 本篇在中学物理基础上，主要介绍气体动理论的基本内容和热力学的基本定律.

第6章

气体动理论

气体动理论以气体为研究对象，从气体分子热运动观点出发，运用统计方法来研究大量气体分子的热运动规律，同时对理想气体的热学性质给予微观本质的说明.

气体动理论是物理学史中第一个微观统计理论，它主要研究气体的热学性质. 其特点是对分子的结构和它们之间的相互作用做出简化模型，通过统计各类平均值，得出气体的宏观性质. 因为对问题的处理较细致，所用的数学工具简单，物理图像比较清楚，所以气体动理论在很多方面取得了成功. 本章以理想气体为研究对象，研究理想气体的状态方程、大量气体分子热运动的统计规律、压强和温度的微观本质、能量均分定理、理想气体的内能和麦克斯韦速率分布律.

6.1 热学简介

6.1.1 热现象

宏观物质系统是由大量微观粒子组成的，粒子数的数量级一般在 10^{23} 上下. 这些微观粒子在不停地做无规则热运动. 与热运动有关的物理、化学、生物等现象都属于热现象.

热现象是自然界的一种普遍现象，它总是与温度有关，例如，物体受热会膨胀，遇冷会收缩；常温下很柔软的橡胶在低温下会变得很硬；同一种物质的状态会随温度的变化进行固、液、气三态的转变；金属导体随着温度的升高，其电阻也跟着增大，而有些金属或化合物，在特定的低温下其电阻会突然消失，变成超导体；物体的热辐射强度按波长的分布会随温度的变化而变化. 此外，化学反应的快慢、生物的繁殖生长、人体的健康与疾病等我们熟悉的性质、状态和现象都与温度有关. 凡是与温度有关的现象统称为**热现象**. 在经典力学中，质点做机械运动，只要给定初始状态及其相互作用，就可以完全确定任何时刻质点的运动状态. 热运动不同于机械运动，在大量的微观粒子中，单个粒子的运动具有极大的偶然性、不确定性，是随机的、无规则的，但粒子系总体在一定的宏观条件下遵循确定的宏观规律，这种规律即为统计规律. 例如，在标准状态下，单个气体分子与其他分子碰撞达几十亿次每秒，速度的大小、方向瞬息万变，它在某一个特定时刻的速度大小和方向，完全是偶然的. 然而就大量气体分子总体而言，在一定条件下，分子的速度分布遵循特定的统计规律，在某一速度区间内的分子数占总分子数的百分比是一定的. 可见，宏观的热现象就是组成物体的大量分子、原子热运动的集体表现. 正是这个特点，使热运动成为区别于其他运动形式的一种基本运动形态.

6.1.2 热学的研究方法

热力学是研究物质热运动的宏观理论，它对热现象的研究与推算只在宏观层面进行. 热力学是以热力学第零、第一、第二和第三定律为基础，通过数学演绎和逻辑推理，得出物质各种宏观性质之间的热力学关系，以及宏观热过程进行的方向和限度等结论. 由于四条热力学定律是从大量实验事实总结出来的普适定律，只要在推理过程中不加其他假设，由它们得出的结论就具有高度的可靠性和普遍性. 热力学的基本特征就是唯象性，是对现象直接观测和实验总结出来的，它不涉及微观机理，不考虑物质的微观结构，把物质看成连续体，因而不能解释宏观现象的本质，这是热力学的局限性.

统计物理学是研究物质热运动的微观理论，是从微观到宏观的理论. 统计物理学从物质是由大量微观粒子组成的这一事实出发，认为物质的宏观特性是大量微观粒子行为的集体体现，通过对微观粒子的微观量求统计平均值，解释物质系统的宏观规律. 由于统计物理学深入到热运动的本质，它能够阐明热力学几个定律的统计意义，还可以解释物质某些性质不稳定的现象. 不仅如此，在实际应用中，根据给出的微观粒子具体属性，在对物质微观结构做出某些假设之后，还可以应用统计物理学得出具体物质的特性. 统计物理学也有局限性：它对物质微观结构所做的简化模型假设以及计算方法精度不高，其理论结果也往往是近似的. 随着对物质微观结构认识的深入，以及计算方法的发展，统计物理学的理论结果也会更加接近实际.

建立在实验观测基础上的热力学方法所得到的结论具有高度的可靠性和普遍性，但它不如统计物理学方法得到的结果具体、深刻. 基于物质微观结构的统计物理学，往往从特定的微观模型出发讨论问题，所得到的结论不如热力学方法得到的结论有普遍意义. 在实际研究中，需要将热力学方法和统计物理学方法相结合，使两种方法相辅相成，互为补充.

6.2 热力学系统的描述

6.2.1 热力学系统

在热力学中，一般把所研究的对象称为**热力学系统**，简称**系统**. 而把系统以外的物质称为外界. 根据系统和外界相互作用的情况把系统分为以下三类：

(1) 开放系统：与外界有能量和物质交换的系统.

(2) 封闭系统：与外界有能量交换但没有物质交换的系统.

(3) 孤立系统：与外界既无能量也无物质交换的系统.

在现实生活中，系统一定会与外界有不同程度的物质和能量交换，不可能找到与外界没有任何物质和能量交换的所谓孤立系统. 孤立系统只是我们为了研究问题的方便而提出的一种理想模型. 在实际中，如果某个系统与外界的物质和能量交换，与它自身的质量和能量相比很少，以至于可以忽略，那么这个系统就可以看作孤立系统.

6.2.2 平衡态与状态参量

1. 平衡态

由于分子在不停地做无规则热运动，系统每个时刻的微观状态都各不相同. 如果系统在不受到外界影响的情况下，其温度、压强等宏观量不随时间发生变化，这种状态就称为**平衡态**. 当系统处于平衡态时，虽然它的宏观性质不随时间变化，但从微观上看系统并不是静止的，组成系统的微观粒子仍然在不停地做无规则热运动，只是这些热运动不引起系统宏观状态参量的变化. 因此，我们所说的平衡态是一种动态平衡. 在自然界中，平衡态是相对的、特殊的、局部的与暂时的，不平衡才是绝对的、普遍的、全局的与经常的.

2. 状态参量

定量描述热力学系统性质的宏观物理量称为**状态参量**. 通常根据系统的性质将状态参量分为以下几类：

(1) 几何参量：描述系统的几何性质，如体积、面积、固体系统的应变等.

(2) 力学参量：描述系统的力学性质，如压强、应力、表面张力等.

(3) 化学参量：描述组成系统的各种化学成分的量，如质量、各组分摩尔数等.

(4) 电磁参量：描述系统的电磁性质，如电场强度、电极化强度、磁场强度、磁感应强度、磁化强度等.

(5) 热学参量：描述系统的热学性质，如温度、内能、熵等.

对于一定质量的气体，一般只需要用体积 V、压强 p 和温度 T 来表示气体的状态，称为气体的状态参量. 在三个状态参量中，体积是气体分子所能达到的空间范围，通常指的是容器的体积；压强是气体作用在容器单位面积上垂直于器壁的作用力，在国际单位制中，其单位是帕[斯卡](Pa)，工程上常用 atm(标准大气压) 作为压强的单位，$1\ \text{atm} = 1.013 \times 10^5\ \text{Pa}$；温度反映物质内部分子运动的剧烈程度.

6.3 温度与热力学第零定律　理想气体状态方程

6.3.1 热力学第零定律

1. 热平衡

当两个处于各自平衡态的物体通过透热壁(可以通过热传递交换能量，但不会交换物质) 接触时，相互之间会有能量交换. 两个系统各自原来的平衡态被破坏，但是只要经过足够长的时间，两个系统最终会达到新的平衡态，此时系统之间不再有热传递，称两个系统达到了**热平衡**. 达到热平衡时，两个系统必然具有相同的表征热平衡的物理量. 实践和理论表明，这个量就是**温度**. 也就是说，温度是表征系统是否达到热平衡的物理量，它是热学特有的物理量.

2. 热力学第零定律

如果两个物体原本温度就相同，也就是冷热程度相同，那么它们接触时就不会再发生什么变化了. 由此推断，几个温度相同的热学系统放到一起，它们必然处于热平衡. 因此，如果有两个热学系统 A 和 B，分别与另一热学系统 C 的同一状态处于热平衡，则当 A 和 B 接触时，它们也必定处于热平衡，这就是**热力学第零定律**. 热力学第零定律表明，互为热平衡的物体之间必存在一个相同的特征，即它们的温度是相同的，温度就是决定一个热学系统是否能与其他热学系统处于热平衡的宏观性质. 热力学第零定律不仅给出了温度的概念，而且指出了判断温度是否相同的方法. 用温度计测量温度就是依据这个性质设计的.

6.3.2 温度　温标

由热力学第零定律可知，温度是表征系统是否达到热平衡的物理量. 从直观感受来说，它是物体冷热程度的量度；从微观原理来说，温度反映了气体分子热运动的激烈程度. 温度的数值表示方法称为温标，常用的有热力学温标、摄氏温标等. 热力学温度用 T 表示，在国际单位制中，热力学温度的单位为开[尔文](K). 在我国日常生活中常用摄氏温标，摄氏温度用 t 表示，单位为摄氏度(℃). 两种温度单位之间的换算关系为

$$T(\text{K}) = t(℃) + 273.15.$$

6.3.3 理想气体状态方程

实验表明，当热力学系统处于平衡态时，三个状态参量(p,V,T) 之间存在一定的函数关系. 对于理想气体(严格遵守玻意耳定律、盖吕萨克定律和查理定律的气体)，平衡态时的 p,V,T 之间的关系式称为**理想气体状态方程**. 其表达式为

$$pV = \frac{m}{M}RT = \nu RT, \tag{6.1}$$

式中，m 为气体的质量；M 为气体的摩尔质量；$\frac{m}{M} = \nu$ 为物质的量，即摩尔数；R 为普适气体常量，在国际单位制中，$R = 8.31\ \text{J/(mol·K)}$.

6.4 统计规律简介

宏观物体内部大量分子热运动所遵循的运动规律，与牛顿力学中质点系所遵循的运动规律在本质上完全不同. 在牛顿力学中，经典粒子构成的系统，完全按照牛顿力学的规律进行机械运动，即一旦给定了系统的初始运动状态(初始位置和初始速度)，就可根据牛顿运动定律完全确定出以后任何时刻的运动状态. 然而，对于数量级为 10^{23} 上下、进行不间断热运动的大量分子所构成的系统来说，列出每个分子运动方程是不可能的，因此不可能完全确定出大量分子系统在各个时刻所处的微观运动状态. 例如，一个分子在某时刻经过一次碰撞，其速度变大还是变小、方向如何，都是不可能准确预测的. 进一步研究表明，虽然任意一个分子的行为完全是偶然的、随机的，但大量分子的集体行为仍服从一定的规律. 例如，某时刻任一分子的速率有多大是一个随机、偶然的事件，但该时刻大量分子的速率服从一定的分布规律. 这就是后面要讨论的麦克斯韦速率分布律. 人们把这种对大量随机事件整体起作用的规律，或者说大量随机事件服从的规律，称为统计规律.

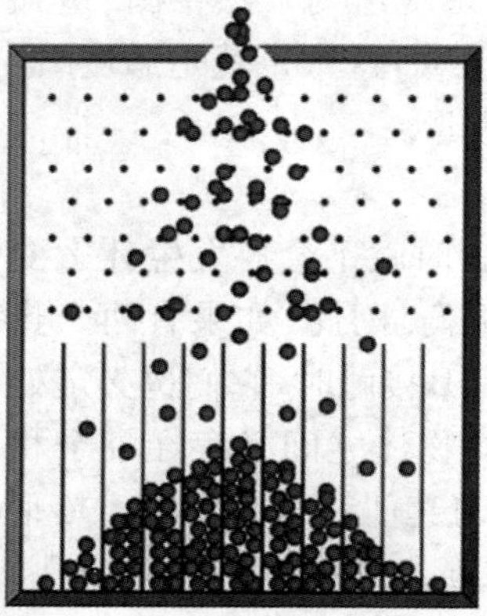

图 6.1 伽尔顿板

伽尔顿板就是一个专门用来演示统计规律的实验装置，如图 6.1 所示. 上方中间的位置处是入口，可供小球下落. 中间部分是一系列等间距排列的铁钉，它们为每一个下落的小球提供了相同的碰撞条件. 下方是一排等宽的狭槽，供小球落入并方便统计. 前方覆盖有玻璃板，便于观察小球落入的过程.

在入口处投入一个小球，小球在下落过程中先后与多个铁钉发生碰撞，最后落入某个狭槽内. 重复几次实验，可以发现小球每次落入哪个狭槽是没有规律的. 这表明，在单次实验中小球落入哪个狭槽是完全偶然的.

投入大量的小球后，就可看到落入各狭槽的小球的数目是不相同的. 落入中间狭槽的小球最多，落入离中间越远狭槽的小球越少. 我们可以把小球按狭槽的分布情况用笔在玻璃板上画一条连续曲线. 若重复实验，则可发现：在小球数目较少的情况下，每次所得的分布曲线有显著的差

别，但当小球的数目增多时，每次所得的分布曲线近似重合．这个实验也可以用一个小球的大量重复来实现，即将一个小球多次投入，记录每次小球落入狭槽的情况．当重复次数很多时，也能得到类似的分布曲线．

总之，实验结果表明，尽管单个小球落入哪个狭槽是偶然的，少量小球按狭槽的分布情况也具有明显的偶然性，但大量小球按狭槽的分布情况则是确定的，即遵从一定的统计规律．

硬币落地的朝向问题，也是一个统计规律的例子．投掷一枚硬币，当它掉在地上时，究竟是正面向上，还是反面向上，完全是随机的、偶然的．但如果重复 1 000 次、10 000 次或者更多次，我们将会发现，正面朝上和反面朝上的次数非常接近，而且次数越多，这种差别越小．当然，如果同时将 10 000 个相同的硬币全部倒在地上，结果也是一样的，即正面朝上和反面朝上的可能性各占 50%．这就是统计规律．

6.5　压强和温度的微观意义

6.5.1　物质的微观模型

1．物质由大量的分子或原子组成

自然界中所有的物体都是由大量的分子组成的，分子则由更小的原子组成．任何一种物质，每摩尔所含有的分子数目均相同．这个数目就称为阿伏伽德罗常量，用 N_A 表示，有

$$N_A = 6.022\ 140\ 76 \times 10^{23}\ \mathrm{mol^{-1}}.$$

可见组成物质的分子数目之多．

虽然构成物质的分子数量很大，但是分子本身很小．如果把分子看成小球，小球的直径只有 10^{-10} m 的数量级．气体容易压缩，说明气体分子间有间隙；把相同体积的水和酒精混合后的体积小于水和酒精的体积和，说明液体分子间有间隙；在金属中掺入另一种金属可以做成各种合金，说明固体分子间有间隙．应当指出，随着气体压强增加，分子间的距离变小，但在压强不太大的情况下，气体中平均每个分子占有的体积仍比分子本身的大小要大得多，这是分子间有较大距离的缘故．

2．分子之间存在相互作用力

固体和液体能够保持一定的形状，是因为分子之间有相互吸引力；固体、液体很难被压缩，是因为分子间存在排斥力．分子间的这种相互作用力称为分子力．由分子力 F 与分子间距 r 的关系曲线(见图 6.2) 可以看出，当分子间距 $r < r_0$ 时，分子力表现为斥力；当 $r = r_0$ 时，分子力为零；当分子间距 $r > r_0$ 时，分子力表现为引力．r_0 约等于 10^{-10} m，当 r 继续增大到大于 10^{-9} m时，分子间的相互作用力可以忽略不计．

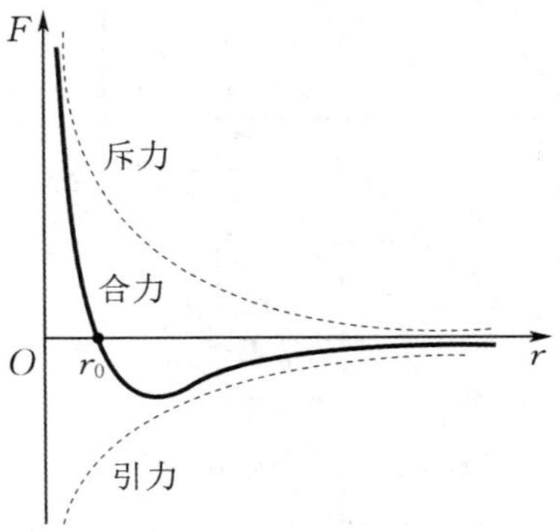

图 6.2　分子力 F 与分子间距 r 的关系曲线

应当指出，分子力属于电磁相互作用力，不属于万有引力．分子力的计算也非常复杂，本书对此不做讨论．

3. 分子在不停地做无规则的热运动

大量的实验事实表明，分子在不停地做无规则的热运动. 扩散现象和布朗运动就是表现分子热运动的典型例子. 分子力欲使分子聚集在一起，分子热运动则欲使分子散开. 分子到底是聚集还是散开，就取决于物质所处环境的压强和温度. 由于环境的不同，导致物质形成气、液、固不同的状态. 分子在不停地做无规则的热运动，组成物体的分子数目又非常巨大，就使分子与分子间、分子与器壁间发生频繁的碰撞. 在通常的温度和压强下，一个分子 1 s 内大约要经历 10^9 次碰撞. 可以想象大量分子的运动方向、运动速度、运动能量的混乱无序. 无序性是分子热运动的基本特征.

6.5.2 理想气体的微观模型

当压强不太大，温度不太低时，实际气体可视为理想气体. 从气体分子热运动的基本特征出发，理想气体的微观模型应该具有如下性质：

(1) 气体分子的大小与分子间的距离相比可以忽略不计，分子可以看作质点.

(2) 因为分子间的平均距离相当大，所以除碰撞的瞬间外，分子间的相互作用力可忽略不计.

(3) 气体分子的运动遵循牛顿运动定律，分子与分子间的碰撞以及分子与器壁间的碰撞可看作是完全弹性碰撞，遵守能量守恒定律和动量守恒定律. 因此分子与器壁的碰撞只改变分子运动的方向，而不改变速度大小. 在两次碰撞之间，分子的运动可认为是匀速直线运动.

(4) 除需特殊考虑的情况外，一般不考虑分子所受的重力.

总之，理想气体可看作不断做无规则运动、本身体积可忽略不计、无相互作用的大量弹性质点的集合. 在考虑分子热运动时，运用统计假设，即假设在气体处于平衡态时，分子沿各个方向运动的机会均等，任何一个方向都不比其他方向更占优势. 在运用这个统计假设的时候，可以认为沿各个方向运动的分子数目相等，分子速度在各个方向的分量的平均值也相等.

6.5.3 压强的微观本质

现在利用气体分子运动的概念来推导压强公式. 为方便计算，假设一个边长分别为 x, y, z 的长方体容器中含有 N 个同类气体分子，每个分子的质量都是 m，如图 6.3 所示. 在平衡态时，器壁各处的压强相等. 下面推导与 x 轴垂直的 A_1 面的压强.

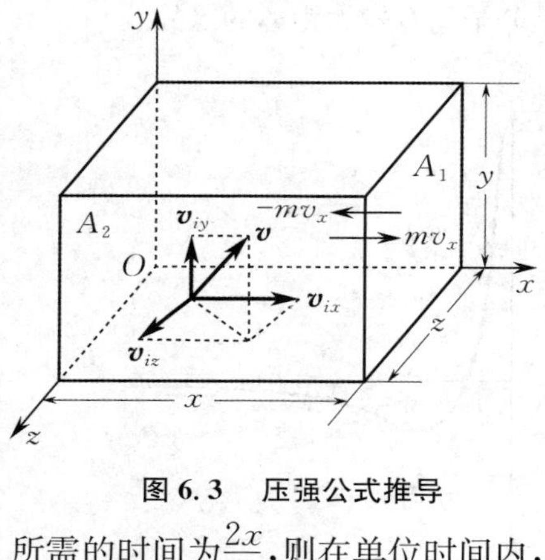

图 6.3 压强公式推导

任选一分子 i，其速度 $\boldsymbol{v}_i = v_{ix}\boldsymbol{i} + v_{iy}\boldsymbol{j} + v_{iz}\boldsymbol{k}$. 它与器壁 A_1 碰撞后在 x 轴上的动量由 mv_{ix} 变为 $-mv_{ix}$，动量的增量为 $-mv_{ix} - mv_{ix} = -2mv_{ix}$. 由动量定理和牛顿第三定律可知，分子 i 动量的改变量等于 A_1 面作用在分子 i 上的冲量，分子 i 对 A_1 面有一同样大小的反作用冲量. 分子 i 碰撞后从 A_1 面弹回，飞向 A_2 面，与 A_2 面碰撞，又回到 A_1 面再次碰撞. 分子 i 与 A_1 面连续两次碰撞中，在 x 轴上运动的距离为 $2x$，所需的时间为 $\frac{2x}{v_{ix}}$，则在单位时间内，分子 i 与 A_1 面的碰撞次数为 $\frac{v_{ix}}{2x}$. 每次碰撞时，作用在 A_1 面上的冲量都是 $2mv_{ix}$，所以分子 i 在单位时间内作用在 A_1 面上的冲量为 $2mv_{ix}\frac{v_{ix}}{2x}$，即 A_1 面所受到的作用力. 实际上容器内有大量的分子，都可能与 A_1 面发生碰撞，所以 A_1 面受到持续不断的作用

力. A_1 面所受到的平均作用力应等于单位时间内所有分子对 A_1 面作用力的总和,即

$$F=\sum_{i=1}^{N}F_i=\sum_{i=1}^{N}2mv_{ix}\frac{v_{ix}}{2x}=\sum_{i=1}^{N}\frac{m}{x}v_{ix}^2,$$

根据压强的定义,有

$$p=\frac{F}{yz}=\frac{1}{yz}\sum_{i=1}^{N}F_i=\frac{m}{xyz}\sum_{i=1}^{N}v_{ix}^2,$$

变换得

$$p=\frac{mN}{V}\frac{\sum\limits_{i=1}^{N}v_{ix}^2}{N}=mn\frac{\sum\limits_{i=1}^{N}v_{ix}^2}{N},$$

其中,$n=\frac{N}{V}$ 是单位体积内的分子数,即分子数密度. 又由统计平均值的概念可得

$$\overline{v_x^2}=\frac{v_{1x}^2+v_{2x}^2+\cdots+v_{Nx}^2}{N}=\frac{\sum\limits_{i=1}^{N}v_{ix}^2}{N},$$

故有

$$p=nm\,\overline{v_x^2}.$$

根据前面的统计假设,各个方向的速度分量的平方的平均值相等,即 $\overline{v_x^2}=\overline{v_y^2}=\overline{v_z^2}=\frac{1}{3}\overline{v^2}$,所以上式变为

$$p=\frac{1}{3}nm\,\overline{v^2}.\tag{6.2}$$

引入分子的平均平动动能

$$\overline{\varepsilon_{\mathrm{kt}}}=\frac{1}{2}m\,\overline{v^2},\tag{6.3}$$

则式(6.2) 可改写为

$$p=\frac{2}{3}n\overline{\varepsilon_{\mathrm{kt}}}.\tag{6.4}$$

式(6.4) 就是**理想气体的压强公式**. 它表明,理想气体的压强正比于气体分子数密度和分子的平均平动动能. 分子数密度 n 越大,单位体积内的分子数越多,因而与容器壁碰撞的次数越多,压强越大;分子的平均平动动能 $\overline{\varepsilon_{\mathrm{kt}}}$ 越大,分子对容器壁碰撞时的冲力越大,碰撞次数也越多,因而压强也越大. 由于分子对器壁的碰撞是断续的,给器壁的作用力也是断续的,因此压强是个统计平均量. 分子数密度也是个统计平均量. 式(6.4) 是个统计规律.

式(6.4) 把宏观量压强和微观量统计平均值 n 以及分子的平均平动动能联系了起来,显示了宏观量与微观量之间的关系. 它说明压强这一宏观量是大量分子对容器壁碰撞的统计平均效果. 说某个分子产生多大压强是没有意义的. 压强是宏观量,可以直接测量,而分子的平均平动动能是微观量,不能直接测量,因此压强公式不能直接用实验来验证. 但从此公式出发,可以很好地解释或者论证已经验证过的理想气体定律,从而得到间接证明.

6.5.4　温度的微观本质

根据理想气体的压强公式和状态方程,可以导出理想气体的温度公式.

质量为 m 的理想气体的分子数为 N，该气体的摩尔质量为 M，则 $\frac{m}{M}=\frac{N}{N_A}$，$N_A$ 为阿伏伽德罗常量. 理想气体状态方程 $pV=\frac{m}{M}RT$ 可改写为

$$p=\frac{N}{V}\frac{R}{N_A}T,$$

将 $n=\frac{N}{V}$，$k=\frac{R}{N_A}=1.38\times10^{-23}$ J/K（称为玻尔兹曼常量）代入上式，则有

$$p=nkT. \tag{6.5}$$

比较式(6.4)和式(6.5)，得

$$\overline{\varepsilon_{kt}}=\frac{3}{2}kT. \tag{6.6}$$

式(6.6)称为**理想气体温度公式**，说明分子的平均平动动能仅和温度有关，温度是分子平均平动动能的量度. 温度越高，分子的平均平动动能越大. 分子的平均平动动能越大，分子的无规则热运动越剧烈. 温度是反映气体内部分子无规则运动的剧烈程度的宏观物理量，对于单个分子或少数分子，说它具有多高的温度是完全没有意义的. 理想气体的温度公式是气体动理论的基本公式之一.

例 6-1

一容器内储有氧气，其压强 $p=1.013\times10^5$ Pa，温度 $t=27$ ℃，求：(1) 分子数密度；(2) 氧分子的质量；(3) 分子的平均平动动能.

解 (1) 由 $p=nkT$ 得

$$n=\frac{p}{kT}=\frac{1.013\times10^5}{1.38\times10^{-23}\times(27+273.15)}\ \text{m}^{-3}\approx2.45\times10^{25}\ \text{m}^{-3}.$$

(2) $$m_{O_2}=\frac{M}{N_A}=\frac{32\times10^{-3}}{6.02\times10^{23}}\ \text{kg}\approx5.31\times10^{-26}\ \text{kg}.$$

(3) $$\overline{\varepsilon_{kt}}=\frac{3}{2}kT=\frac{3}{2}\times1.38\times10^{-23}\times(27+273.15)\ \text{J}\approx6.21\times10^{-21}\ \text{J}.$$

6.6 能量均分定理

6.6.1 运动的自由度

在前面的讨论中，我们把分子假设为质点，只研究了分子的平均平动动能. 事实上，分子由原子构成，既有大小又有复杂的结构. 气体分子除平动之外，还有转动及分子内的振动. 分子热运动的能量应该将所有的能量都包括在内. 为了用统计的方法说明分子的无规则运动的能量，并计算理想气体的内能，需要引入自由度的概念. 确定一个物体在空间的位置所需要的独立坐标的数目，叫作该物体的**自由度**. 常温下，振动自由度不予考虑.

组成分子的原子数目不同，分子的自由度也就不同. 气体分子的结构一般分为单原子分子、双原子分子、多原子分子三种. 单原子分子可当作质点来处理. 确定一个质点在空间的位置，只需

要三个独立坐标x,y,z[见图6.4(a)]，因此，单原子分子有三个自由度.这三个自由度叫作平动自由度.在双原子分子中，如果原子间的相对位置保持不变，则称为刚性分子，可看成细杆两端各有一个小球的结构.这种结构除需用三个坐标确定分子的质心位置外，还需要确定两个原子连线的空间方位[见图6.4(b)].确定一条直线在空间的方位，可用它与x,y,z轴的三个夹角α,β,γ来确定.因为这三个角总是满足$\cos^2\alpha+\cos^2\beta+\cos^2\gamma=1$，所以只有两个夹角是独立的.这两个夹角实际上反映了分子的转动状态，所以相应的自由度叫作转动自由度.刚性双原子分子，有三个平动自由度，两个转动自由度，一共有五个自由度.对于刚性多原子分子，可将其视为刚体处理.这样除需要三个坐标确定质心位置，两个坐标确定通过质心的任意轴(转轴)的方位外，还需要一个坐标说明分子绕该转轴转动的角度φ[见图6.4(c)].所以，刚性多原子分子有三个平动自由度，三个转动自由度，共六个自由度.

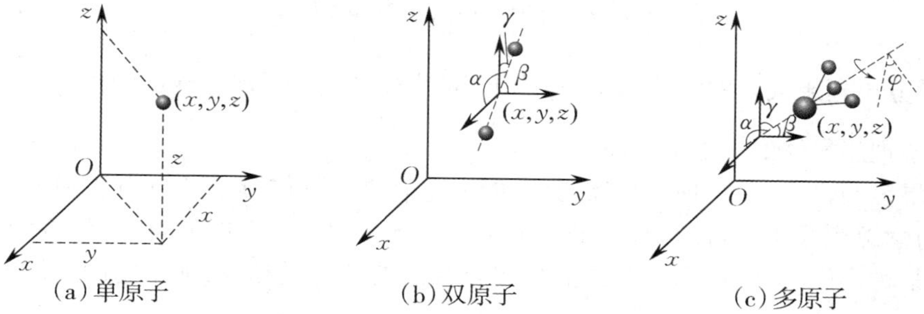

图6.4 分子的自由度

6.6.2 能量均分定理

已知分子平均平动动能与温度的关系$\frac{1}{2}m\overline{v^2}=\frac{3}{2}kT$，以及$\overline{v_x^2}+\overline{v_y^2}+\overline{v_z^2}=\overline{v^2}$，并且在平衡态时，气体向各个方向运动的机会均等，即$\overline{v_x^2}=\overline{v_y^2}=\overline{v_z^2}=\frac{1}{3}\overline{v^2}$，所以有

$$\frac{1}{2}m\overline{v_x^2}=\frac{1}{2}m\overline{v_y^2}=\frac{1}{2}m\overline{v_z^2}=\frac{1}{2}kT. \tag{6.7}$$

式(6.7)表明，分子的每一个平动自由度上具有相同的平均平动动能，都是$\frac{1}{2}kT$.也就是说，分子的平均平动动能$\frac{3}{2}kT$均匀地分配在每个平动自由度上.这一能量均分结论可推广到其他自由度上.在温度为T的平衡态下，气体分子每个自由度上都具有相同的平均动能，并等于$\frac{1}{2}kT$.这一结论称为**分子能量按自由度均分定理**，简称**能量均分定理**.

在不考虑振动自由度的条件下，根据能量均分定理，如果一个气体分子的平动自由度为t，转动自由度为r，那么分子的总自由度数为$i=t+r$，总的平均动能为

$$\overline{\varepsilon_k}=\frac{i}{2}kT=\frac{1}{2}(t+r)kT. \tag{6.8}$$

由式(6.8)，单原子分子的平均动能为$\overline{\varepsilon_k}=\frac{3}{2}kT$；刚性双原子分子的平均动能为$\overline{\varepsilon_k}=\frac{5}{2}kT$；刚性多原子分子的平均动能$\overline{\varepsilon_k}=\frac{6}{2}kT=3kT$.

6.6.3 理想气体的内能

气体分子热运动的能量和分子之间由于存在相互作用力而具有的势能之和称为气体的**内能**. 理想气体忽略了分子间的相互作用力,不考虑分子间的势能,因此理想气体的内能就是分子热运动动能的总和. 分子的热运动无法停止,内能不可能为零. 由于一个分子总的热运动平均动能为$\frac{i}{2}kT$,1 mol 理想气体含有 N_A 个分子,所以 1 mol 理想气体的内能是

$$E = N_A\left(\frac{i}{2}kT\right) = \frac{i}{2}RT. \tag{6.9}$$

如果理想气体的质量为 m,摩尔质量为 M,摩尔数为 ν,那么理想气体的内能为

$$E = \frac{m}{M}\left(\frac{i}{2}RT\right) = \frac{i}{2}\nu RT. \tag{6.10}$$

所以,单原子分子理想气体的内能 $E = \frac{3}{2}\nu RT$;刚性双原子分子理想气体的内能 $E = \frac{5}{2}\nu RT$;刚性多原子分子理想气体的内能 $E = 3\nu RT$.

以上结果表明,一定量的理想气体,其内能完全取决于气体分子的自由度和气体的热力学温度,且与热力学温度成正比,而与气体的压强和体积无关. 理想气体的内能是温度的单值函数. 当一定质量的某种理想气体发生状态变化时,只要温度的变化量相等,那么它的内能的变化量也相等,而与过程无关,因为 $\Delta E = E_2 - E_1 = \frac{m}{M}\cdot\frac{i}{2}R(T_2 - T_1)$. 这种只和物体所处的状态有关而和变化过程无关的函数称为态函数.

例 6-2

当温度为 0 ℃ 时,求:(1) 氧分子的平均平动动能与平均转动动能;(2) 4.0 g 氧气的内能.

解 (1) 氧气分子是双原子分子,平动自由度为 3,转动自由度为 2. 因而,平均平动动能为

$$\overline{\varepsilon_{kt}} = \frac{3}{2}kT \approx 5.65\times10^{-21}\ \text{J},$$

平均转动动能为

$$\overline{\varepsilon_{kr}} = \frac{2}{2}kT \approx 3.77\times10^{-21}\ \text{J}.$$

(2) 4.0 g 氧气的内能为

$$E = \frac{m}{M}\left(\frac{i}{2}RT\right) = \frac{4.0\times10^{-3}}{32\times10^{-3}}\times\frac{5}{2}\times8.31\times273.15\ \text{J} \approx 7.1\times10^{2}\ \text{J}.$$

6.7 麦克斯韦速率分布律

6.7.1 分子速率的实验测定

测定分子速率的实验装置如图 6.5 所示,全部装置放在高真空的容器里,A 是能产生金属蒸气分子的气源,经狭缝S形成很窄的分子射线. B,C是相距为 l 的共轴圆盘,盘上各开一狭缝,两狭

缝有一很小的夹角θ(约2°). 设B,C两盘以角速度ω进行旋转,分子的速率为v,分子从B到C的时间为t. 只有满足$vt=l$和$\omega t=\theta$两个关系式,分子才能通过狭缝C射到屏幕D上,即

$$v=\frac{\omega}{\theta}l.$$

可见B和C起到速率选择器的作用. 改变ω,l和θ三者之一,就能使不同速率的分子通过. 因为狭缝有一定的宽度,所以射到屏幕D上的分子速率在$v\sim v+\Delta v$之间.

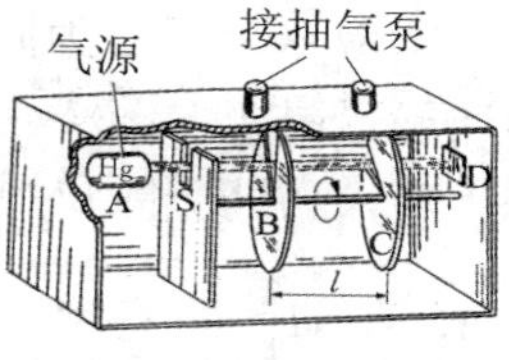

图6.5　测定分子速率的实验装置

实验时,让圆盘以不同的角速度进行旋转,测出每次在屏幕上所沉积的金属层厚度,就可以比较分布在不同速率间隔内的分子数的比值.

尽管个别分子的速率大小具有偶然性,但是大量分子的速率分布遵循一定的规律. 这种规律叫作气体分子的**速率分布律**.

6.7.2　麦克斯韦速率分布律

设N表示一定量的气体所包含的总分子数,$\mathrm{d}N$表示速率分布在$v\sim v+\mathrm{d}v$内的分子数,则分布在速率v附近单位速率间隔内的分子数占总分子数的百分比$f(v)=\frac{\mathrm{d}N}{N\mathrm{d}v}$. 1859年,麦克斯韦(Maxwell,1831—1879)运用统计理论导出了理想气体分子在平衡态下的速率分布函数

$$f(v)=4\pi\left(\frac{m}{2\pi kT}\right)^{\frac{3}{2}}\mathrm{e}^{-\frac{mv^2}{2kT}}v^2. \tag{6.11}$$

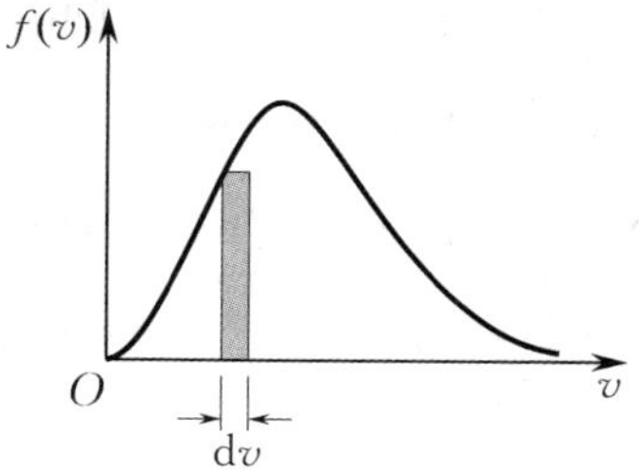

图6.6　气体分子的速率分布曲线

$f(v)$称为麦克斯韦速率分布函数. 以速率v为横轴,以速率分布函数$f(v)$为纵轴,可作出气体分子的速率分布曲线,如图6.6所示. 可以看出,阴影部分的小长方形的面积为

$$f(v)\mathrm{d}v=\frac{\mathrm{d}N}{N},$$

表示分子速率在$v\sim v+\mathrm{d}v$区间内的概率. 在不同的间隔内,小长方形的面积不同,说明分子速率在该间隔内的概率不同. 无数小长方形的面积总和相当于曲线下的总面积,表示分子在整个速率间隔($0\sim\infty$)内概率的总和,应等于1,称为**归一化条件**,用公式表示就是

$$\int_0^{\infty}f(v)\mathrm{d}v=1. \tag{6.12}$$

6.7.3　理想气体分子的统计速率

从速率分布曲线可知,速率很大和很小的分子数比较少,具有中等速率的分子数比较多,并且曲线上有一个最大值. 这里讨论三种具有代表性的分子速率统计值.

1. 最概然速率

如图6.6所示,$f(v)$有一极大值,与$f(v)$的极大值相对应的速率叫作**最概然速率**,用v_{P}表示. 其物理意义:在一定温度下,单位速率间隔内气体分子分布在最概然速率附近的概率最大. 由极值条件$\left.\frac{\mathrm{d}f(v)}{\mathrm{d}v}\right|_{v=v_{\mathrm{P}}}=0$,代入式(6.11),可得

$$v_{\mathrm{P}}=\sqrt{\frac{2kT}{m}}=\sqrt{\frac{2RT}{M}}. \tag{6.13}$$

图 6.7(a) 所示为同种气体(M相同) 在不同温度下的速率分布曲线. 当温度升高时,气体分子的速率普遍增大,最概然速率 v_P 也变大,所以曲线的高峰向速率大的方向移动. 但曲线下的总面积不变,故温度升高时曲线变得较为平坦. 图 6.7(b) 所示为同一温度下不同气体(摩尔质量分别为 M_1 和 M_2) 的速率分布曲线. 由于 $v_P \propto \sqrt{\frac{1}{M}}$,所以摩尔质量小的气体,其最概然速率较大,且曲线较为平坦.

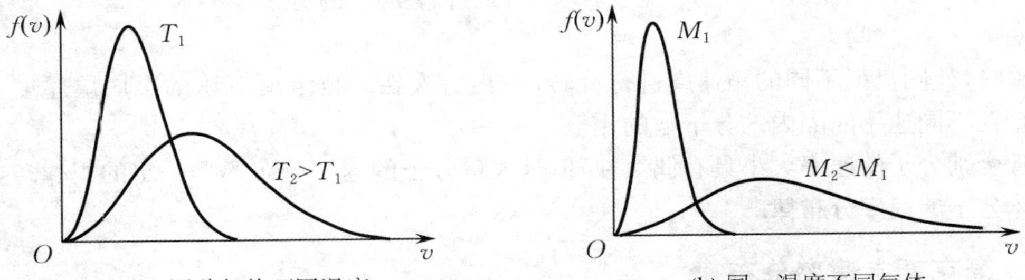

(a) 同种气体不同温度　　(b) 同一温度不同气体

图 6.7　速率分布曲线与温度和气体种类的关系

注意:最概然速率不是最大速率.

2. 平均速率

大量分子速率的统计平均值叫作**平均速率**,用$\bar{v}$表示. 令 $\mathrm{d}N$ 代表气体分子在$v \sim v+\mathrm{d}v$间隔内的分子数,由 $f(v)\mathrm{d}v = \frac{\mathrm{d}N}{N}$ 得速率分布在$v \sim v+\mathrm{d}v$之间的分子数 $\mathrm{d}N = Nf(v)\mathrm{d}v$. 由于 $\mathrm{d}v$ 很小,可近似认为这 $\mathrm{d}N$ 个分子的速率是相等的,都等于v,因此 $v\mathrm{d}N = Nvf(v)\mathrm{d}v$ 表示这 $\mathrm{d}N$ 个分子的速率的总和. 这样所有分子速率的总和为$\int_0^\infty Nvf(v)\mathrm{d}v$. 根据平均速率的定义,可得

$$\bar{v} = \frac{\int_0^\infty Nvf(v)\mathrm{d}v}{N} = \int_0^\infty vf(v)\mathrm{d}v. \tag{6.14}$$

将式(6.11) 代入式(6.14),经积分运算得

$$\bar{v} = \sqrt{\frac{8kT}{\pi m}} = \sqrt{\frac{8RT}{\pi M}}. \tag{6.15}$$

3. 方均根速率

大量分子速率平方的平均值的平方根叫作**方均根速率**,用$\sqrt{\overline{v^2}}$ 表示. 与求解$\bar{v}$类似,分子速率平方的平均值为

$$\overline{v^2} = \int_0^\infty v^2 f(v)\mathrm{d}v, \tag{6.16}$$

将式(6.11) 代入式(6.16),可得方均根速率为

$$\sqrt{\overline{v^2}} = \sqrt{\frac{3kT}{m}} = \sqrt{\frac{3RT}{M}}. \tag{6.17}$$

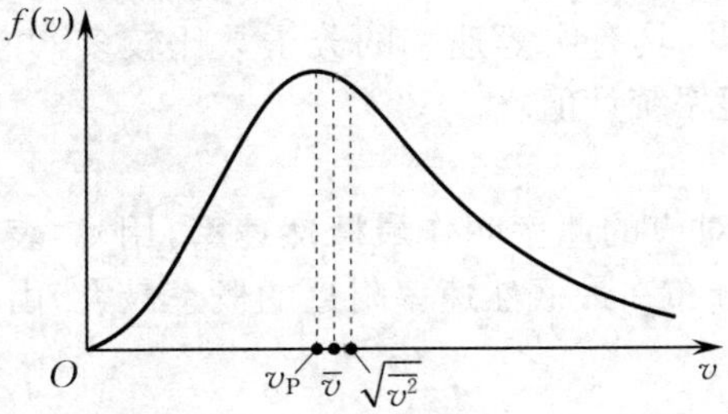

图 6.8　三种速率

理想气体分子的三种特征速率都随温度的平方根的增加而增加,随分子质量的平方根或摩尔质量的平方根的减小而减小. 由式(6.13)、式(6.15) 和式(6.17) 可知,

三种特征速率的大小顺序为 $v_P < \bar{v} < \sqrt{\overline{v^2}}$，如图 6.8 所示，且 $v_P : \bar{v} : \sqrt{\overline{v^2}} = 1.41 : 1.60 : 1.73$.

三种速率各有不同的含义，也各有不同的应用. 讨论速率分布时可用最概然速率，讨论分子碰撞时可用平均速率，讨论分子平均平动动能时可用方均根速率.

例 6-3

若某种气体分子在温度 $T_1 = 300$ K 时的方均根速率等于温度为 T_2 时的平均速率，求 T_2.

解　常温下该气体可看作理想气体. 于是

$$\sqrt{\overline{v^2}} = \sqrt{\frac{3RT}{M}}, \quad \bar{v} = \sqrt{\frac{8RT}{\pi M}}.$$

由题意可知，$\sqrt{\overline{v^2_{T_1}}} = \overline{v_{T_2}}$，所以有

$$\sqrt{\frac{3RT_1}{M}} = \sqrt{\frac{8RT_2}{\pi M}},$$

即

$$T_2 = \frac{3\pi}{8} T_1 \approx 353.3 \text{ K}.$$

思考题 6

6-1　试解释气体为什么容易压缩，却又不能无限地压缩.

6-2　气体在平衡状态时有何特征？这时气体中有分子热运动吗？热力学中的平衡与力学中的平衡有何不同？

6-3　为什么说温度具有统计意义？讲一个分子具有多少温度，行吗？

6-4　对汽车轮胎打气，使之达到所需要的压强. 问：在夏天和冬天，打入轮胎内的空气质量是否相同？为什么？

6-5　若某气体分子的自由度是 i，能否说每个分子的能量都等于 $\frac{i}{2}kT$？

6-6　对于两瓶不同种类的理想气体，

(1) 它们的分子平均平动动能相等，但气体的密度不同，问它们的温度、压强是否相同？

(2) 它们的温度、压强都相同，但体积不同，问它们的分子数密度、单位体积的总平动动能及气体的密度是否相同？

6-7　如果氢和氦的温度和摩尔数都相同，那么

(1) 它们的平均平动动能是否相同？

(2) 它们的内能是否相同？

6-8　速率分布函数的物理意义是什么？试说明下列各量的意义：

(1) $f(v)\mathrm{d}v$；　(2) $Nf(v)\mathrm{d}v$；

(3) $\int_{v_1}^{v_2} f(v)\mathrm{d}v$；　(4) $\int_{v_1}^{v_2} Nf(v)\mathrm{d}v$；

(5) $\int_0^{\infty} vf(v)\mathrm{d}v$；　(6) $\int_0^{\infty} v^2 f(v)\mathrm{d}v$.

6-9　最概然速率和平均速率的物理意义各是什么？有人认为最概然速率就是速率分布中的最大速率，对吗？

6-10　方均根速率是怎样定义的？其大小由哪些因素决定？

习题 6

6-1　在容积为 2.0×10^{-3} m^3 的容器中，有内能为 6.75×10^2 J 的刚性双原子分子理想气体.

(1) 求气体的压强；

(2) 若容器中分子总数为 5.4×10^{22} 个，则分子的平均平动动能及气体的温度为多少？

6-2　在一个有活塞的容器中盛有一定量的气体. 如果压缩气体，并对它加热，使它的温度从 27 ℃ 升到 177 ℃，体积缩小一半，问：

(1) 气体的压强是原来压强的多少倍?

(2) 气体分子的平均平动动能是原来平均平动动能的多少倍?

6-3 一自行车的车轮直径为71.12 cm,内胎的截面直径为3 cm. 在−3 ℃的空气中向空胎打气. 打气筒的长为30 cm,截面半径为1.5 cm. 打了20下,气打足了,问此时胎内压强是多少?设车胎内最后气体温度为7 ℃.

6-4 容器中储有氮气,其压强为1.013×10^7 Pa,温度为0 ℃,求:

(1) 分子数密度;

(2) 气体的密度;

(3) 分子的平均平动动能.

6-5 某柴油机的气缸充满空气,压缩前其中空气的温度为47 ℃,压强为8.61×10^4 Pa. 当活塞快速上升时,把空气压缩到原体积的$\frac{1}{17}$,其压强增大到4.25×10^6 Pa,求这时空气的温度(分别以K和℃表示).

6-6 容积$V=1.20\times10^{-2}$ m^{3}的容器中储有氧气(视为刚性双原子分子),其压强$p=8.31\times10^5$ Pa,温度$T=300$ K,求:

(1) 分子数密度;

(2) 分子的平均平动动能;

(3) 气体的内能.

6-7 温度为27 ℃时,1 mol氦气、氢气和氧气各有多少内能?1 g的这些气体各有多少内能?

6-8 容器内储有1 mol的某种气体,今从外界输入2.09×10^2 J的热量,测得其温度升高10 K,求该气体分子的自由度.

6-9 已知某理想气体分子的方均根速率为400 m/s. 当其压强为1 atm时,气体的密度为多大?

6-10 容器中储有氧气,其压强$p=1$ atm,温度$T=27$ ℃,试求:

(1) 分子数密度;

(2) 氧分子质量;

(3) 氧气密度;

(4) 分子的方均根速率;

(5) 分子的平均平动动能.

6-11 某些恒星的温度可达到约1.0×10^8 K,这也是发生聚变反应(也称热核反应)所需的温度. 在此温度下,恒星可视为由质子组成,问:

(1) 质子的平均平动动能是多少?

(2) 质子的方均根速率为多大?

6-12 摩尔质量为89 g/mol的氨基酸分子和摩尔质量为5.0×10^4 g/mol的蛋白质分子在37 ℃的活细胞内的方均根速率各是多少?

6-13 求温度为127 ℃时的氢气分子和氧气分子的平均速率、方均根速率及最概然速率.

6-14 在容积为3.0×10^{-2} m^{3}的容器中装有2.0×10^{-2} kg气体,容器内气体的压强为5.06×10^4 Pa,求气体分子的最概然速率.

6-15 一容器内某理想气体的温度$T=273$ K,压强$p=1.013\times10^5$ Pa,密度$\rho=1.25$ kg/m^3,求:

(1) 气体分子的方均根速率;

(2) 气体的摩尔质量;

(3) 单位体积内气体分子的总平均平动动能.

第7章

热力学基础

本章我们仍以理想气体作为研究对象，侧重从宏观角度来研究其热力学状态变化过程中的热量、功和内能之间的转化规律，即热力学第一定律及其应用于理想气体时的规律，并介绍热力学第二定律的意义. 热力学第二定律是关于自然过程方向的规律，它决定了实际过程是否能够发生以及沿什么方向进行，它是自然界的一条基本规律. 它和热力学第一定律一起构成了热力学的主要理论基础.

7.1　准静态过程　热量

7.1.1　准静态过程

1. 准静态过程的定义

当热力学系统由某一平衡状态开始变化时，必然要破坏原来的平衡态，需要经过一段时间才能达到新的平衡态. 系统从一个平衡态过渡到另一个平衡态所经历的变化过程就称为**热力学过程**(以下简称**过程**). 根据中间状态不同，热力学过程又分为非静态过程和准静态过程.

设有一个系统开始时处于平衡态，经过一系列状态变化后到达另一平衡态. 一般来说，在实际的热力学过程中，在始、末两平衡态之间，系统所经历的中间状态不可能都是平衡态，而常为非平衡态. 我们将中间状态为非平衡态的过程称为非静态过程. 如果系统在始、末两平衡态之间所经历的过程是无限缓慢的，以致系统所经历的每一中间态都可近似地看成平衡态，那么系统的这个状态变化的过程就称为准静态过程. 严格来说，准静态过程是无限缓慢的状态变化过程，它是实际过程的抽象，是一种理想的物理模型. 它在热力学的理论研究和对实际应用的指导上有着重要意义. 本章所讨论的过程都是准静态过程.

2. 准静态过程的描述

如图 7.1(a) 所示，在带有活塞的容器内有一定量的气体，活塞可沿容器壁滑动. 开始时，气体处于平衡态，其状态参量为 p_1, V_1, T_1. 然后将砂粒一颗一颗地置于活塞上，经过足够长时间，最终气体的状态参量变为 p_2, V_2, T_2. 由于砂粒是非常缓慢地放上去的，容器内气体的状态始终近似处于平衡态. 这种十分缓慢平稳的状态变化过程，可近似视为准静态过程.

对于一定质量的理想气体，三个状态参量 p, V, T 中，只有两个是独立的，给定任意两个参量的值，气体的状态就唯一确定了. 以 p 和 V 作为两个独立变量时，$p-V$ 图上每一个点都表示一个平衡状态. 准静态过程的中间状态是平衡态，显然也具有确定的状态参量值，对于简单系统，可用 $p-V$ 图上的一点来表示这个平衡态. 系统的准静态过程可用 $p-V$ 图上的一条曲线表示，称之为过程曲线，如图 7.1(b) 所示. 非平衡状态不能用一定的状态参量描述，也不能在 $p-V$ 图上用一点表示，所以非准静态过程不能用 $p-V$ 图上的一条曲线表示.

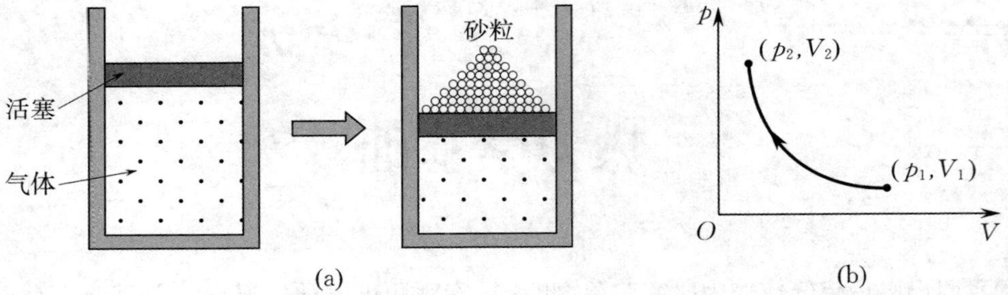

图 7.1　准静态过程曲线

7.1.2　准静态过程的功

为简化问题,这里只讨论无摩擦准静态过程的功.根据力学中功的定义,以气缸内气体膨胀为例,推导气体体积变化时气体对外界所做的功.设想气缸中有一定质量的气体,如图 7.2(a) 所示,假定活塞的面积为 S,气体作用于活塞的压强为 p,则当活塞移动一微小距离 $\mathrm{d}l$ 时,气体对活塞所做的元功为

$$\mathrm{d}W = pS\mathrm{d}l = p\mathrm{d}V. \tag{7.1}$$

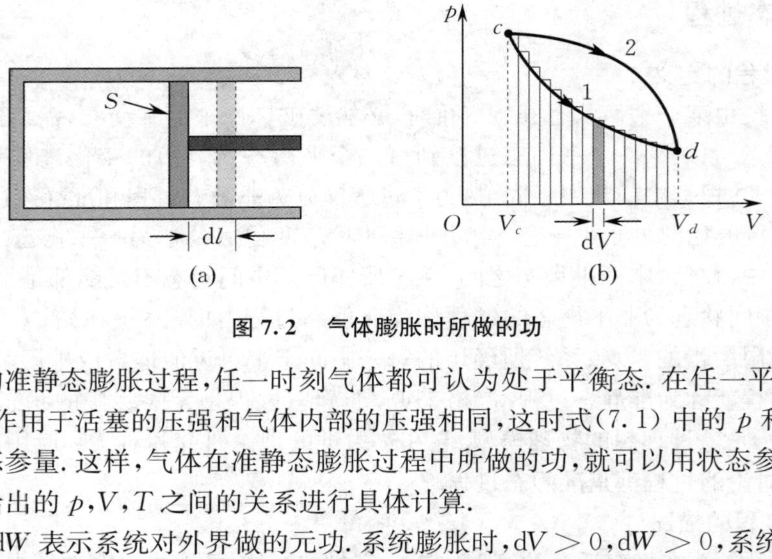

图 7.2　气体膨胀时所做的功

对于气体的准静态膨胀过程,任一时刻气体都可认为处于平衡态.在任一平衡态中,气体的压强处处均匀,作用于活塞的压强和气体内部的压强相同,这时式(7.1) 中的 p 和 V 都是描述气体平衡态的状态参量.这样,气体在准静态膨胀过程中所做的功,就可以用状态参量表示,可以利用状态方程所给出的 p,V,T 之间的关系进行具体计算.

应当注意,$\mathrm{d}W$ 表示系统对外界做的元功.系统膨胀时,$\mathrm{d}V > 0$,$\mathrm{d}W > 0$,系统对外界做正功;系统被压缩时,$\mathrm{d}V < 0$,$\mathrm{d}W < 0$,系统对外界做负功,即外界对系统做功.

在一个有限的准静态过程中,当系统的体积由 V_1 变化到 V_2 时,系统对外界所做功为

$$W = \int_{V_1}^{V_2} p\mathrm{d}V. \tag{7.2}$$

任何一个准静态过程都可用 p-V 图上的一条曲线表示,因此系统所做的功就可以由曲线下的面积来表示,如图 7.2(b) 所示,实线下的矩形窄条面积为 $\mathrm{d}W = p\mathrm{d}V$,而曲线下的阴影面积等于系统在全部过程中对外界所做的功.从图中还可以看出,只给定始、末状态,并不能唯一地确定功的数值.一般来说,在任意给定的始、末两状态之间,可以有无穷多条曲线,对应于无穷多的准静态过程,功的数值也就有无穷多个.功不仅与系统的始末状态有关,而且与系统经历的过程密切相关.

7.1.3　热量

1. 热量的定义

前文已经指出，做功可以改变系统的状态. 另外，传递能量也可以改变系统的状态. 例如，在一杯水中放入一块冰，冰将吸收水的能量而融化，从而使得水和冰的状态都发生变化. 我们把系统与外界之间由于存在温度差而传递的能量叫作**热量**，用 Q 表示. 在国际单位制中，热量的单位与能量和功的单位相同，均为焦[耳](J).

但应指出，当系统与外界之间发生能量传递时，系统的温度通常发生变化. 然而，存在一些特殊情况，当系统与外界之间发生能量传递时，系统的温度有可能维持不变. 例如，当一杯冷水放在高温电炉上加热至沸腾后，水虽可以被继续加热，但水温维持在沸点而不再升高. 这种情形下，我们也说外界向系统传递了能量. 总之，只要有能量的传递，无论系统的温度是否发生变化，都属于能量的传递过程.

热量传递和做功不同，它是通过分子的无规则运动来完成的. 当外界与系统接触时，不需借助于机械运动的方式，也不显示任何宏观运动的迹象，直接在两者的分子之间进行着能量的交换，这就是热量传递，简称热传递. 为了区别起见，也可把热量传递叫作微观功. 宏观功和微观功都是系统在状态变化时与外界交换能量的量度，宏观功的作用是把物体的宏观运动转换为系统内分子的无规则运动，而微观功是使系统外分子的无规则运动与系统内分子的无规则运动互相转换. 它们只有在过程发生时才有意义，它们的大小也与过程有关，因此，它们都是过程量. 虽然做功和热量传递使热力学系统的状态变化的方式不同，但能导致相同的状态变化. 在这个意义上，做功和热量传递是等效的.

2. 热容　摩尔热容　摩尔定容热容　摩尔定压热容

热量与过程有关. 一个系统在某一过程中温度升高 1 K 所吸收的热量，称作系统在该过程中的**热容**. 若以 ΔQ 表示系统在某一过程中温度升高 ΔT 所吸收的热量，则系统在该过程的热容 C 为

$$C = \lim_{\Delta T \to 0} \frac{\Delta Q}{\Delta T}. \tag{7.3}$$

在国际单位制中，热容的单位是焦[耳] 每开[尔文](J/K). 显然，系统在某一过程中的热容不仅取决于物质的固有属性，而且与系统的质量成正比，是一个广延量. 用 C_{m} 表示 1 mol 物质的热容，称为**摩尔热容**，单位质量物质的热容称为**比热容**，用 c 表示. 摩尔热容除与过程有关外，还与物质的固有属性有关，是一个强度量. 系统的热容 C 与摩尔热容 C_{m} 及比热容 c 的关系为

$$C = \nu C_{\mathrm{m}} = mc, \tag{7.4}$$

其中，ν 是系统的物质的量，m 是系统的质量.

因为热量是过程量，所以热容也与过程有关. 在实际问题中，经常用到系统在等容过程和等压过程中的热容，分别以 C_V 和 C_p 表示.

在等容过程中，对于 1 mol 物质，其摩尔定容热容定义为

$$C_{V,\mathrm{m}} = \lim_{\Delta T \to 0} \left(\frac{\Delta Q}{\Delta T}\right)_{V,\mathrm{m}} = \left(\frac{\mathrm{d}Q}{\mathrm{d}T}\right)_{V,\mathrm{m}}. \tag{7.5}$$

在等压过程中，对于 1 mol 物质，其摩尔定压热容定义为

$$C_{p,\mathrm{m}} = \lim_{\Delta T \to 0} \left(\frac{\Delta Q}{\Delta T}\right)_{p,\mathrm{m}} = \left(\frac{\mathrm{d}Q}{\mathrm{d}T}\right)_{p,\mathrm{m}}. \tag{7.6}$$

摩尔定压热容与摩尔定容热容的比值称为比热容比，用 γ 表示，即

$$\gamma = \frac{C_{p,\mathrm{m}}}{C_{V,\mathrm{m}}}. \tag{7.7}$$

7.2 热力学第一定律及其应用

7.2.1 热力学第一定律

1. 系统的内能

实验证明,系统与外界之间可以通过做功交换能量,也可以通过热传递交换能量,还可以两者兼备. 只要初、末状态给定,不论所经历的过程有何不同,外界对系统所做的功和向系统所传递的热量的总和就恒定不变. 对任一系统做功将使系统的能量增加,根据热功的等效性可知,对系统传递热量也将使系统的能量增加. 由此看来,热力学系统在一定状态下,应具有一定的能量. 一个热力学系统,由其内部状态决定的能量,称为内能. 内能包括分子热运动的动能和与分子热运动有关的势能.

系统内能是系统状态的单值函数. 对一般气体来说,其内能 E 是气体的温度 T 和体积 V 的函数,即 $E = E(T,V)$. 而对给定的理想气体,其内能仅是温度的函数,即 $E = E(T)$. 气体的状态一定时,其内能也是一定的. 气体内能的变化只由系统的始、末两状态的内能决定,与过程无关. 下面我们用图 7.3(a),(b) 来强调内能 E 具有态函数的特征. 如图 7.3(a) 所示,一系统从内能 E_1 的状态 A 经过程 ACB 达到内能为 E_2 的状态 B,也可以经过程 ADB 达到状态 B. 虽然这两个过程的中间状态并不相同,但系统的内能增量是相同的,都等于 $\Delta E = E_2 - E_1$. 如图 7.3(b) 所示,系统从状态 A 出发,经过程 $ACBDA$ 后又回到初始状态 A,系统的状态没有变化,系统内能的增量为 0,即 $\Delta E = 0$.

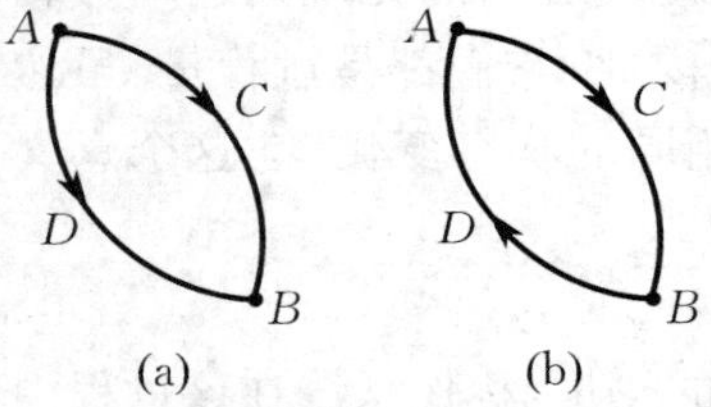

图 7.3 系统内能的改变与过程无关

2. 热力学第一定律

热力学系统的状态变化,可以通过外界对系统做功或热量传递来实现. 大量实验证明,对于任何热力学系统的任一过程,外界对它所做的功 W' 和向它传递热量 Q 的总和总是等于系统内能的增量 $E_2 - E_1$. 这个由实验确定的普遍规律称为**热力学第一定律**,它是包括热现象在内的能量守恒和转换定律,其数学表达式为

$$W' + Q = E_2 - E_1. \tag{7.8a}$$

若用 W 表示系统对外界所做的功,则 $W = -W'$,热力学第一定律又可写成更常用的形式

$$Q = (E_2 - E_1) + W = \Delta E + W. \tag{7.8b}$$

外界向热力学系统传递的热量 Q,一部分用来增加系统的内能 ΔE,一部分用于系统对外界做功 W.

在式(7.8b) 中,Q,ΔE 和 W 三个量的值都可正可负. $Q > 0$,表示系统从外界吸收热量,$Q < 0$,表示系统向外界放出热量; $\Delta E > 0$,表示系统内能增加,$\Delta E < 0$,表示系统内能减少;$W > 0$,表示系统对外界做正功,$W < 0$,表示外界对系统做负功.

式(7.8b) 适用于有限过程. 若始、末两状态相差很小,则称为无限小过程,这时热力学第一定律的数学表达式为

$$dQ = dE + dW. \tag{7.8c}$$

因为内能是态函数，所以 dE 表示无限接近的始、末两态内能值的微量差，是全微分. 热力学第一定律是自然界的一条普遍定律，对所有系统都成立.

在人类历史上，有很多人企图研究和制造一种机器，它不需要任何动力或燃料，却能不断地对外做功. 这种机器称为第一类永动机. 由于这种机器违反了热力学第一定律，因此根本不可能制造成功. 这样，热力学第一定律又可以表述为第一类永动机是不存在的.

对于理想气体，

$$dE = \nu \frac{i}{2} R dT, \quad dW = p dV,$$

式中，ν 为气体的摩尔数，i 为气体的总自由度，R 为普适气体常量. 代入式(7.8c)，有

$$dQ = \nu \frac{i}{2} R dT + p dV. \tag{7.9}$$

对于一有限过程，有

$$\Delta E = E_2 - E_1 = \nu \frac{i}{2} R(T_2 - T_1),$$

$$W = \int_{V_1}^{V_2} p dV,$$

$$Q = \nu \frac{i}{2} R(T_2 - T_1) + \int_{V_1}^{V_2} p dV. \tag{7.10}$$

7.2.2　热力学第一定律对理想气体的应用

对于理想气体的一些典型准静态过程，可以利用热力学第一定律和理想气体状态方程，计算过程中的功、热量和内能的改变量以及它们之间的转换关系.

1. 等容过程

一定量气体体积保持不变的过程称为**等容过程**. V 是常量或 $dV = 0$，是等容过程的特征. 如图 7.4 所示，等容过程在 p-V 图上是一条平行于 p 轴的直线，即等容线. 由理想气体状态方程可得，等容过程的过程方程为

$$\frac{p}{T} = 常量.$$

在等容过程中，由于气体的体积 V 是常量，气体不对外界做功，即 $(dW)_V = p dV = 0$. 由热力学第一定律，有

$$(dQ)_V = dE. \tag{7.11a}$$

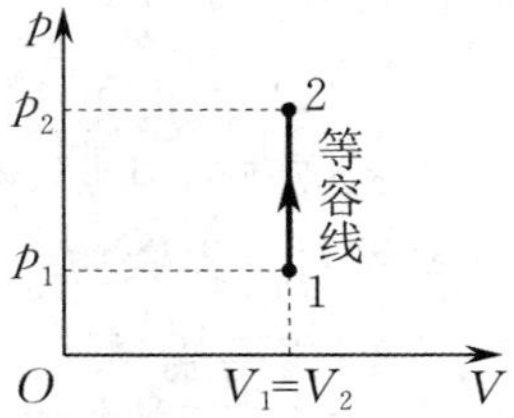

图 7.4　等容过程

对有限的等容过程，则有

$$Q_V = E_2 - E_1. \tag{7.11b}$$

上式表明，**在等容过程中，系统不对外界做功，气体吸收的热量全部用来增加气体的内能.**

在等容过程中，摩尔定容热容

$$C_{V,m} = \left(\frac{dQ}{dT}\right)_V = \left(\frac{dE}{dT}\right)_V = \frac{d}{dT}\left(\frac{i}{2} RT\right) = \frac{i}{2} R. \tag{7.12}$$

对摩尔数为 ν 的理想气体，在等容过程中，其温度由 T_1 改变为 T_2 时所吸收的热量为

$$Q_V = \nu C_{V,m}(T_2 - T_1) = \nu \frac{i}{2} R(T_2 - T_1). \tag{7.13}$$

内能增量可表示为

$$\Delta E=\nu C_{V,\mathrm{m}}(T_2-T_1)=\nu\frac{i}{2}R(T_2-T_1). \tag{7.14}$$

2. 等压过程

一定量气体保持其压强不变的过程称为**等压过程**. p 是常量或 $\mathrm{d}p=0$，是等压过程的特征. 在通常大气压下发生的许多变化过程，都可以看成等压过程. 如图 7.5 所示，等压过程在 p-V 图上是一条平行于 V 轴的直线，即等压线. 理想气体的等压过程方程为

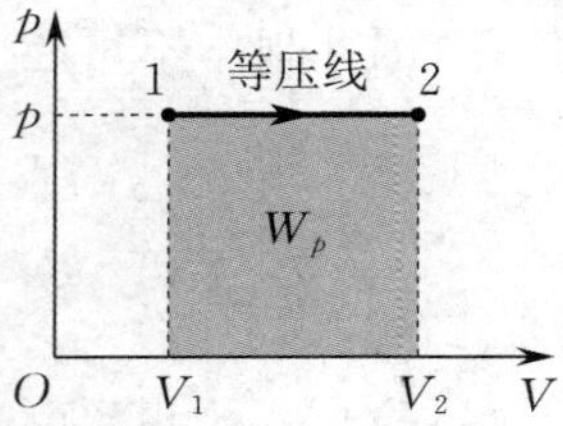

图 7.5 等压过程

$$\frac{V}{T}=\text{常量}.$$

对于 1 mol 理想气体，其摩尔定容热容为 $C_{V,\mathrm{m}}$，摩尔定压热容为 $C_{p,\mathrm{m}}$，其任意一个等压过程的微过程，都有

$$(\mathrm{d}Q)_p=C_{p,\mathrm{m}}\mathrm{d}T,\quad \mathrm{d}E=C_{V,\mathrm{m}}\mathrm{d}T,$$

$$(\mathrm{d}W)_p=p\mathrm{d}V=\mathrm{d}(pV)=\mathrm{d}(RT)=R\mathrm{d}T\quad (p\text{ 恒定}).$$

由热力学第一定律 $\mathrm{d}Q=\mathrm{d}E+\mathrm{d}W$，可得

$$C_{p,\mathrm{m}}=C_{V,\mathrm{m}}+R=\frac{i+2}{2}R, \tag{7.15}$$

此式称为迈耶(Mayer，1814—1878) 公式，仅对理想气体成立. 理想气体的比热容比

$$\gamma=\frac{C_{p,\mathrm{m}}}{C_{V,\mathrm{m}}}=\frac{i+2}{i}. \tag{7.16}$$

气体在等压过程中，其温度由 T_1 改变为 T_2，体积由 V_1 改变为 V_2，对外界所做的功为

$$W_p=\int_{V_1}^{V_2}p\mathrm{d}V=p(V_2-V_1). \tag{7.17}$$

对摩尔数为 ν 的理想气体，根据理想气体状态方程 $pV=\nu RT$，上式可写为

$$W_p=p(V_2-V_1)=\nu R(T_2-T_1). \tag{7.18}$$

气体从外界吸收的热量为

$$Q_p=\nu C_{p,\mathrm{m}}(T_2-T_1)=\nu\left(\frac{i}{2}R+R\right)(T_2-T_1). \tag{7.19}$$

式(7.19) 表明，在等压过程中理想气体吸收的热量，一部分用来增加气体的内能，另一部分使系统对外界做功.

3. 等温过程

一定量气体保持其温度不变的过程称为**等温过程**. 如图 7.6 所示，等温过程在 p-V 图上是双曲线，即等温线. 其特征是 $\mathrm{d}T=0$. 理想气体的等温过程方程为

$$pV=\text{常量}.$$

由于理想气体的内能只取决于温度，因此在等温过程中，理想气体的内能不变，即 $\mathrm{d}E=0$. 故热力学第一定律表示为

$$Q_T=W_T. \tag{7.20}$$

式(7.20) 表明，在等温过程中，系统吸收的热量等于系统对外界所做的功. 气体对外界所做的功等于图 7.6 中等温线下的面积. 设理想气体在等温膨胀过程中，其体积由 V_1 改变为 V_2，则气体对外界所做的功为

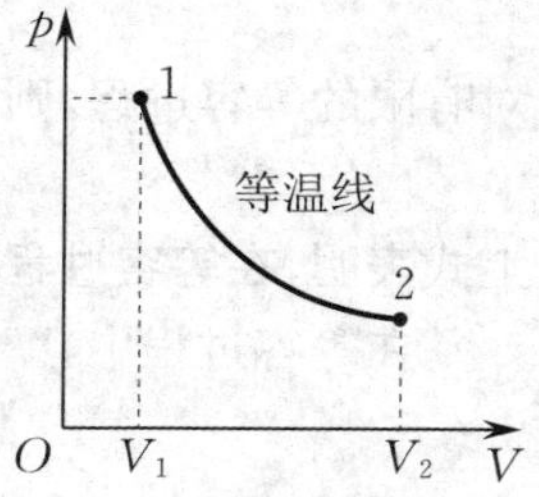

图 7.6 等温过程

$$W_T = \int_{V_1}^{V_2} p\mathrm{d}V.$$

由理想气体状态方程 $pV = \nu RT$，上式可写为

$$W_T = \int_{V_1}^{V_2} \nu RT \frac{\mathrm{d}V}{V} = \nu RT \ln \frac{V_2}{V_1}. \tag{7.21}$$

因为 $p_1V_1 = p_2V_2$，式(7.21) 也可写成

$$W_T = \nu RT \ln \frac{p_1}{p_2},$$

因此

$$Q_T = W_T = \nu RT \ln \frac{V_2}{V_1} = \nu RT \ln \frac{p_1}{p_2}.$$

上式表明，在理想气体的等温过程中，当气体膨胀($V_2 > V_1$) 时，W_T 和 Q_T 均为正值，气体从恒温热源吸收的热量全部用于对外界做功；当气体被压缩($V_2 < V_1$) 时，W_T 和 Q_T 均为负值，此时外界对气体所做的功，全部以热量形式由气体传递给恒温热源.

4. 绝热过程

系统在过程中始终不与外界交换热量，这样的过程称为**绝热过程**. 自然界并不存在严格的绝热过程，不过某些过程，例如，内燃机气缸内的混合气体的燃烧和爆炸，声波在传播中引起空气的压缩和膨胀等，由于过程进行极快，系统来不及与外界交换能量，可以近似看作绝热过程.

在绝热过程中 $\mathrm{d}Q = 0$，由热力学第一定律有

$$0 = \mathrm{d}E + \mathrm{d}W. \tag{7.22}$$

由于理想气体的内能仅是温度的函数，故由式(7.22) 可得

$$0 = \nu C_{V,\mathrm{m}}\mathrm{d}T + p\mathrm{d}V. \tag{7.23}$$

对理想气体状态方程 $pV = \nu RT$ 求微分，得

$$V\mathrm{d}p + p\mathrm{d}V = \nu R\mathrm{d}T. \tag{7.24}$$

由式(7.23) 和式(7.24) 可得

$$C_{V,\mathrm{m}}p\mathrm{d}V + C_{V,\mathrm{m}}V\mathrm{d}p = -Rp\mathrm{d}V,$$

将 $C_{p,\mathrm{m}} - C_{V,\mathrm{m}} = R$ 以及 $\gamma = \dfrac{C_{p,\mathrm{m}}}{C_{V,\mathrm{m}}}$ 代入上式，得

$$\gamma \frac{\mathrm{d}V}{V} = -\frac{\mathrm{d}p}{p},$$

两边同时积分，得

$$\gamma \ln V + \ln p = 常量,$$

即

$$pV^\gamma = 常量. \tag{7.25}$$

这就是理想气体绝热过程的 p-V 函数关系.

将理想气体状态方程 $pV = \nu RT$ 代入上式，并分别消去 p 或 V，可得

$$V^{\gamma-1}T = 常量, \tag{7.26}$$

$$p^{\gamma-1}T^{-\gamma} = 常量. \tag{7.27}$$

式(7.25)、式(7.26) 和式(7.27) 统称为理想气体的**绝热过程方程**，简称**绝热方程**. 需要注意的是，各个式中的常量是不相同的. 在有限过程中，理想气体绝热过程所做的功为

$$W = -\nu C_{V,\mathrm{m}} \int_{T_1}^{T_2} \mathrm{d}T = -\nu C_{V,\mathrm{m}}(T_2 - T_1). \tag{7.28}$$

由式(7.28)可知,若 $T_1 > T_2$,则 $W > 0$,气体绝热膨胀;若 $T_1 < T_2$,则 $W < 0$,气体被绝热压缩.

理想气体绝热做功的表达式也可以用状态参量 p, V 来表示. 把理想气体状态方程代入式(7.28),替换掉参量 T,即得

$$W = \frac{C_{V,\mathrm{m}}}{R}(p_1V_1 - p_2V_2).$$

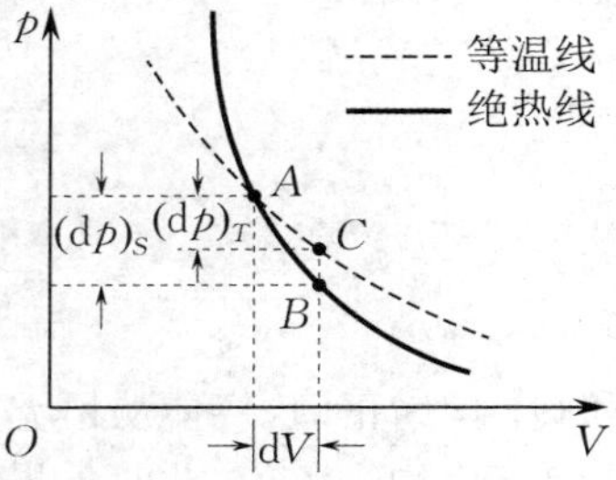

图 7.7 绝热线比等温线陡

为了比较绝热线和等温线,我们按照绝热方程 $pV^{\gamma} =$ 常量和等温方程 $pV =$ 常量,在 p-V 图上作这两个过程的过程曲线,如图 7.7 所示. 图中实线是绝热线,虚线是等温线,两线在图中的 A 点相交,显然绝热线比等温线要陡些. 这是因为 A 点处等温线的斜率为

$$\left(\frac{\mathrm{d}p}{\mathrm{d}V}\right)_T = -\frac{(\mathrm{d}p)_T}{\mathrm{d}V},$$

而 A 点处绝热线的斜率为

$$\left(\frac{\mathrm{d}p}{\mathrm{d}V}\right)_S = -\frac{(\mathrm{d}p)_S}{\mathrm{d}V} = -\gamma\frac{(\mathrm{d}p)_T}{\mathrm{d}V}.$$

因为 $\gamma > 1$,所以 $\left|\left(\frac{\mathrm{d}p}{\mathrm{d}V}\right)_S\right| > \left|\left(\frac{\mathrm{d}p}{\mathrm{d}V}\right)_T\right|$,即在两线的交点 A 处,绝热线斜率的绝对值要大于等温线斜率的绝对值. 因此,绝热线比等温线要陡一些. 这表明同一气体从同一初状态发生同样程度的体积膨胀时,压强的降低在绝热过程中比在等温过程中要多. 我们也可以从物理意义上解释这一结论:假设从 A 点起,气体的体积增加了 $\mathrm{d}V$,那么不论过程是等温的还是绝热的,气体的压强都要降低,但两者降低的原因不完全相同. 由 $p = nkT$ 可知,单位体积中分子数的减少和温度的降低都可以使压强降低. 等温过程中温度不变,压强降低的原因是气体体积膨胀引起 n 减少;绝热过程中压强降低的原因不仅有体积膨胀引起的 n 减少,还有温度的下降. 这两个方面的原因加在一起使气体膨胀了同样的体积时,在绝热过程中压强的降低量要比等温过程中压强的降低量大. 所以,绝热线在 A 点的斜率的绝对值较等温线的斜率的绝对值要大.

例 7-1

如图 7.8 所示,质量为 2.8×10^{-3} kg、压强为 1.013×10^5 Pa、温度为 27 ℃ 的氮气,先在体积不变的情况下,使其压强增至 3.039×10^5 Pa,再经等温膨胀使压强降至 1.013×10^5 Pa,然后又在等压(1.013×10^5 Pa)情况下将其体积压缩一半,求氮气在整个过程中的内能变化,以及它所做的功和吸收的热量. 已知 $V_3 = 3V_1$.

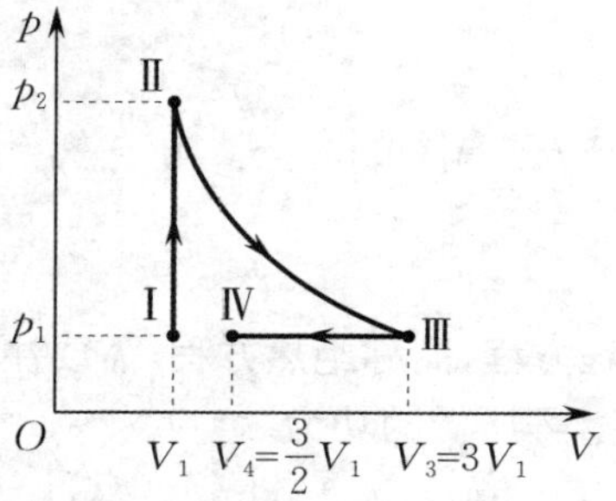

图 7.8

解 由题意可知,Ⅰ→Ⅱ为等容过程,Ⅱ→Ⅲ为等温过程,Ⅲ→Ⅳ为等压过程,(p_1, V_1, T_1),(p_2, V_2, T_2),(p_3, V_3, T_3),(p_4, V_4, T_4)分别为三个过程始末状态的状态参量. 先求各状态的状态参量.

对于状态Ⅰ:$p_1 = 1.013 \times 10^5$ Pa,$T_1 = (273 + 27)$ K $= 300$ K. 由理想气体状态方程 $pV = \nu RT$ 得

$$V_1 = \nu\frac{RT_1}{p_1} = \frac{2.8 \times 10^{-3} \times 8.31 \times 300}{28 \times 10^{-3} \times 1.013 \times 10^5}\ \mathrm{m}^3$$
$$\approx 2.46 \times 10^{-3}\ \mathrm{m}^3.$$

对于状态Ⅱ:$p_2 = 3.039 \times 10^5$ Pa,$V_2 = V_1$. 在等容过程中,$\frac{p}{T} =$ 常量,所以 $\frac{p_1}{T_1} = \frac{p_2}{T_2}$,则

$$T_2=\frac{p_2}{p_1}T_1=\frac{3.039\times10^5}{1.013\times10^5}\times300\ \text{K}=900\ \text{K}.$$

对于状态 Ⅲ：$p_3=p_1=1.013\times10^5$ Pa，$T_3=T_2=900$ K. 在等温过程中，$pV=$ 常量，所以 $p_2V_2=p_3V_3$，则

$$V_3=\frac{p_2}{p_3}V_2=3\times2.46\times10^{-3}\ \text{m}^3,$$
$$=7.38\times10^{-3}\ \text{m}^3.$$

对于状态 Ⅳ：$p_4=p_1=1.013\times10^5$ Pa，

$$V_4=\frac{3}{2}V_1=\frac{1}{2}\times7.38\times10^{-3}\ \text{m}^3$$
$$=3.69\times10^{-3}\ \text{m}^3.$$

在等压过程中，$\frac{V}{T}=$ 常量，所以 $\frac{V_3}{T_3}=\frac{V_4}{T_4}$，则

$$T_4=\frac{V_4}{V_3}T_3=\frac{1}{2}\times900\ \text{K}=450\ \text{K}.$$

再求 Ⅰ → Ⅱ → Ⅲ → Ⅳ 过程中内能变化.

$$\Delta E=E_4-E_1=\nu\frac{i}{2}R(T_4-T_1)$$
$$=\frac{2.8\times10^{-3}}{28\times10^{-3}}\times\frac{5}{2}\times8.31\times(450-300)\ \text{J}$$
$$\approx312\ \text{J}.$$

最后求 Ⅰ → Ⅱ → Ⅲ → Ⅳ 过程中，氮气做的功和吸收的热量. 由于功和热量都是过程量，所以要计算出整个过程的功和热量，必须计算出每一过程的功和热量.

Ⅰ → Ⅱ 是等容过程，所以，$W_{1,2}=0$，

$$Q_{1,2}=\nu C_{V,\text{m}}(T_2-T_1)$$
$$=\frac{2.8\times10^{-3}}{28\times10^{-3}}\times\frac{5}{2}\times8.31\times(900-300)\ \text{J}$$
$$\approx1\ 247\ \text{J}.$$

Ⅱ → Ⅲ 是等温过程，$Q_{2,3}=W_{2,3}$，所以

$$W_{2,3}=\nu RT_2\ln\frac{V_3}{V_2}$$
$$=\frac{2.8\times10^{-3}}{28\times10^{-3}}\times8.31\times900\times\ln\left(\frac{7.38\times10^{-3}}{2.46\times10^{-3}}\right)\text{J}$$
$$=822\ \text{J}.$$

Ⅲ → Ⅳ 是等压过程，所以

$$W_{3,4}=p_3(V_4-V_3)$$
$$=1.013\times10^5\times(3.69\times10^{-3}-7.38\times10^{-3})\ \text{J}$$
$$\approx-374\ \text{J},$$
$$Q_{3,4}=\nu C_{p,\text{m}}(T_4-T_3)$$
$$=\frac{2.8\times10^{-3}}{28\times10^{-3}}\times\frac{5+2}{2}\times8.31\times(450-900)\ \text{J}$$
$$\approx-1\ 309\ \text{J}.$$

在 Ⅰ → Ⅱ → Ⅲ → Ⅳ 过程中，氮气所做的功和吸收的热量分别为

$$W=W_{1,2}+W_{2,3}+W_{3,4}$$
$$=(0+822-374)\text{J}=448\ \text{J},$$
$$Q=Q_{1,2}+Q_{2,3}+Q_{3,4}$$
$$=(1\ 247+822-1\ 309)\text{J}=760\ \text{J}.$$

对整个过程应用热力学第一定律也可以求出整个过程的热量，即

$$Q=(E_4-E_1)+W=(312+448)\text{J}=760\ \text{J}.$$

7.3　循环过程

热力学研究各种过程的主要目的之一就是探究如何才能提高热机效率. 热机就是通过某种工作物质（简称工质，如气体）不断地把吸收的热量转变为机械功的装置，如蒸汽机、内燃机、汽轮机、喷气发动机等.

前面讨论过理想气体在等温膨胀过程中吸收的热量全部用于对外界做功，但在实际上，只靠单一的气体膨胀过程来做功的机器是不存在的，这是因为气体在膨胀中体积将越来越大，压强则越来越小，当气体压强与外界压强相等时，膨胀过程就不能继续下去了. 显然，要想持续不断地进行这种热功转换，必须使系统能够不断地从膨胀做功后的状态再回到初始状态，这就导致了循环过程的出现.

7.3.1 循环过程的一般概念

1. 循环过程　循环分类　循环过程特点

系统经过一系列过程后又回到初始状态，这样周而复始的变化过程就叫作**热力学循环过程**，简称**循环**. 循环所包括的每个过程叫作分过程. 如果一个循环过程所经历的每一个分过程都是准静态过程，那么该循环过程就称为准静态循环过程. 在 $p-V$ 图上，这样的循环过程可以用一个闭合的曲线来表示. 图 7.9(a) 所示即为一个准静态循环过程.

如图 7.9(a) 所示，在循环过程中，气体压缩过程在 $p-V$ 图上的路径与膨胀过程在 $p-V$ 图上的路径不重复. 如图 7.9(b) 所示，设有一定量的气体，由初始状态 $A(p_A, V_A, T_A)$ 沿过程 AaB 膨胀到状态 $B(p_B, V_B, T_B)$，在此过程中，气体对外界所做的功 W_a 等于 A，B 两点间过程曲线 AaB 下方的面积. 然后气体由状态 B 沿过程 BbA 压缩到初始状态 A，如图 7.9(c) 所示. 在压缩过程中，外界对气体所做的功 W_b 等于 A，B 两点间过程曲线 BbA 下方的面积. 按照图中所选定的过程，W_b 的值小于 W_a 的值. 气体经历一个循环以后，既从高温热源吸热，又向低温热源放热并做功，而对外界所做的净功 W 应是 W_a 与 W_b 之差，即

$$W = W_a - W_b.$$

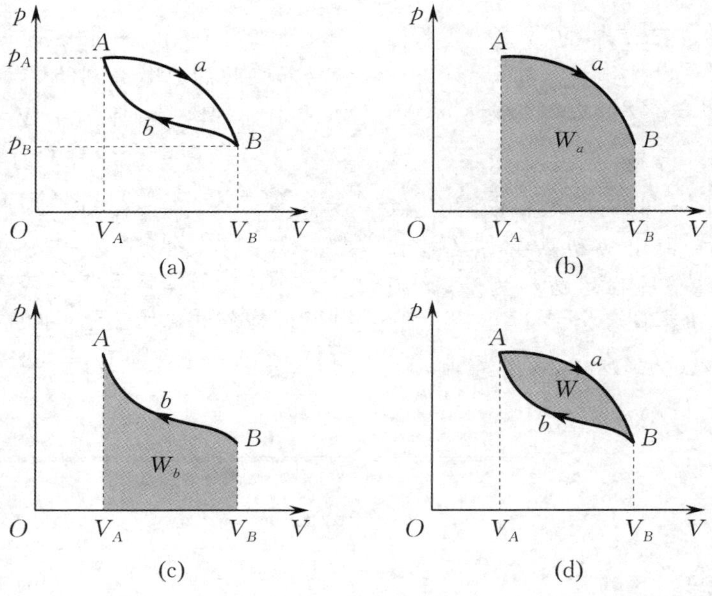

图 7.9　循环过程所做的功

显然，在 $p-V$ 图上，W 是由 AaB 和 BbA 两个过程组成的循环所包围的面积，如图 7.9(d) 所示. 对任何一个准静态循环过程，工质所做的净功都等于 $p-V$ 图上所示循环所包围的面积.

按过程进行的方向，把循环分为两类：在 $p-V$ 图上按顺时针方向进行的循环过程叫作正循环，图 7.9 所示就是一个正循环；在 $p-V$ 图上按逆时针方向进行的循环过程叫作逆循环. 工质做正循环的机器叫作热机（如蒸汽机、内燃机），它是把热量持续地转变为功的机器. 工质做逆循环的机器叫作致冷机，它是利用外界做功使热量由低温处流入高温处，从而获得低温的机器.

因为内能是系统状态的单值函数，所以系统经历一个循环之后，它的内能没有改变. 这是循环过程的重要特征.

2. 热机效率 致冷系数

研究循环过程的规律在实践上(如热机的改进)和理论上都有很重要的意义. 先以热电厂的热机中水的状态变化为例说明循环过程的意义. 热机循环过程如图7.10所示. 一定量的水先从锅炉B中吸收热量Q_1变成高温高压的蒸汽,然后进入汽缸C,在汽缸中,蒸汽膨胀推动汽轮机的叶轮对外界做功W_1. 做功后蒸汽的温度和压强都大为降低而成为"废气",这些废气进入冷凝器R后凝结为水时放出热量Q_2,最后由泵P对冷凝水做功W_2,将它压回锅炉B,从而完成整个循环过程.

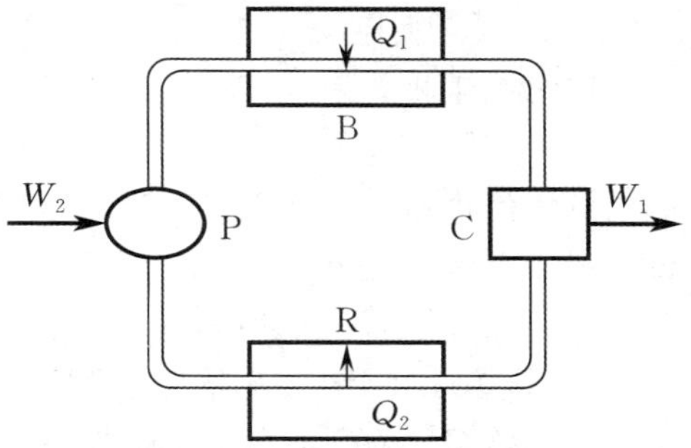

图 7.10 热机循环过程

在图7.10中,水进行的是正循环,该循环过程中的能量转化和传递的情况具有正循环的一般特征:一定量的工质在一次循环过程中要从高温热源(如锅炉)吸热Q_1,对外界做净功W,又向低温热源(如冷凝器)放出热量Q_2(取绝对值). 由于工质回到了初态,内能不变. 根据热力学第一定律,工质吸收的净热量(Q_1-Q_2)应该等于它对外界做的净功W,即$W=Q_1-Q_2$.

也就是说,工质以传热方式从高温热源得到的能量,一部分用于对外界做功,另一部分向低温热源放热. 对于热机的正循环,实践上和理论上都很重视它的效率. **热机效率**是在一次循环过程中工质对外界做的净功占它从高温热源吸收的热量的比率. 热机效率是热机效能的一个重要参数. 以η表示热机效率,按定义,有

$$\eta=\frac{W}{Q_1}=\frac{Q_1-Q_2}{Q_1}=1-\frac{Q_2}{Q_1}. \tag{7.29}$$

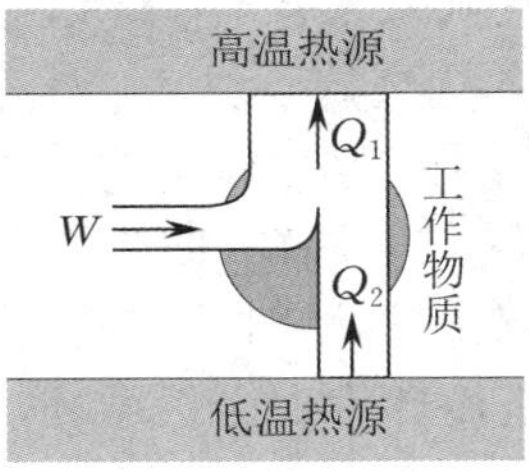

图 7.11 致冷机示意图

在致冷机中进行的逆循环中,工质从低温热源吸取热量而膨胀,并在压缩过程中,把热量放出给高温热源. 为了实现这一点,外界必须对致冷机做功. 在图7.11中,Q_2为致冷机从低温热源吸收的热量,W为外界对它做的功,Q_1(取绝对值)为它放出给高温热源的热量. 当致冷机完成一个逆循环后,有$-W=Q_2-Q_1$,即$W=Q_1-Q_2$. 也就是说,致冷机经历一个逆循环后,由于外界对它做功,可把热量由低温热源传递到高温热源. 外界不断做功,就能不断地从低温热源吸取热量,传递到高温热源. 这就是致冷机的工作原理,通常把

$$e=\frac{Q_2}{W}=\frac{Q_2}{Q_1-Q_2} \tag{7.30}$$

叫作致冷机的**致冷系数**.

例 7-2

1 mol 氦气经过如图7.12所示的循环,其中$p_2=2p_1$,$V_2=2V_1$,求经历$1\to2$,$2\to3$,$3\to4$,$4\to1$过程中气体吸收的热量和循环的效率.

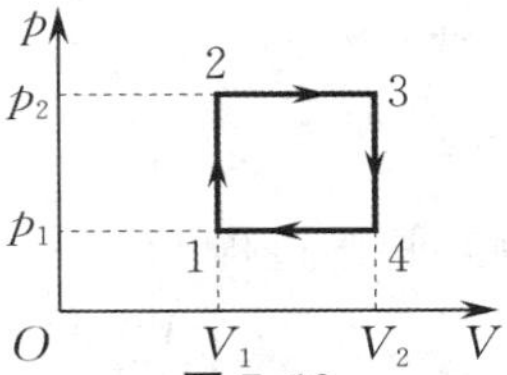

图 7.12

解 气体经过循环所做的净功W为图中

$1 \to 2 \to 3 \to 4 \to 1$ 所包围的面积，即 $(p_2 - p_1)(V_2 - V_1)$. 因 $p_2 = 2p_1, V_2 = 2V_1$，故

$$W = p_1 V_1,$$

代入理想气体状态方程 $pV = \nu RT$，得

$$W = RT_1.$$

由理想气体状态方程 $pV = \nu RT$ 可以分别求出 2,3,4 点的温度为

$$T_2 = 2T_1, \quad T_3 = 4T_1, \quad T_4 = 2T_1.$$

可见，在等容过程 $1 \to 2$ 及等压过程 $2 \to 3$ 中氦气分别吸热 Q_{12} 和 Q_{23}；在等容过程 $3 \to 4$ 及等压过程 $4 \to 1$ 中分别放热 Q_{34} 和 Q_{41}.

$$Q_{12} = C_{V,\mathrm{m}}(T_2 - T_1) = C_{V,\mathrm{m}} T_1;$$

$$Q_{23} = C_{p,\mathrm{m}}(T_3 - T_2) = 2C_{p,\mathrm{m}} T_1;$$

$$Q_{34} = C_{V,\mathrm{m}}(T_4 - T_3) = -2C_{V,\mathrm{m}} T_1;$$

$$Q_{41} = C_{p,\mathrm{m}}(T_1 - T_4) = -C_{p,\mathrm{m}} T_1.$$

氦气经历一个循环吸收的热量之和为

$$\begin{aligned} Q_1 = Q_{12} + Q_{23} &= C_{V,\mathrm{m}} T_1 + 2C_{p,\mathrm{m}} T_1 \\ &= C_{V,\mathrm{m}} T_1 + 2(C_{V,\mathrm{m}} + R) T_1 \\ &= T_1(3C_{V,\mathrm{m}} + 2R). \end{aligned}$$

而氦气在此循环中放出的热量之和为

$$\begin{aligned} Q_2 = |Q_{34}| + |Q_{41}| &= 2C_{V,\mathrm{m}} T_1 + C_{p,\mathrm{m}} T_1 \\ &= T_1(3C_{V,\mathrm{m}} + R), \end{aligned}$$

此循环的效率为

$$\eta = \frac{W_1}{Q_1} = \frac{Q_1 - Q_2}{Q_1} = \frac{R}{3C_{V,\mathrm{m}} + 2R} \approx 15.4\%,$$

其中，$C_{V,\mathrm{m}} = \frac{i}{2}R$，氦气的自由度 $i = 3$.

若以此循环作为热机，其效率为 15.4%.

7.3.2 卡诺循环

虽然瓦特(Watt，1736—1819)改进了蒸汽机，使热机的效率大为提高，但人们仍迫切要求进一步提高热机的效率. 那么，提高热机效率的主要方向在哪里呢？提高热机效率有没有极限呢？1824 年，法国青年工程师卡诺(Carnot，1796—1832)提出了一个理想循环，该循环体现了热机循环最基本的特征. 这是一种准静态循环，在循环过程中工质只和两个恒温热源交换热量，这种循环叫作**卡诺循环**.

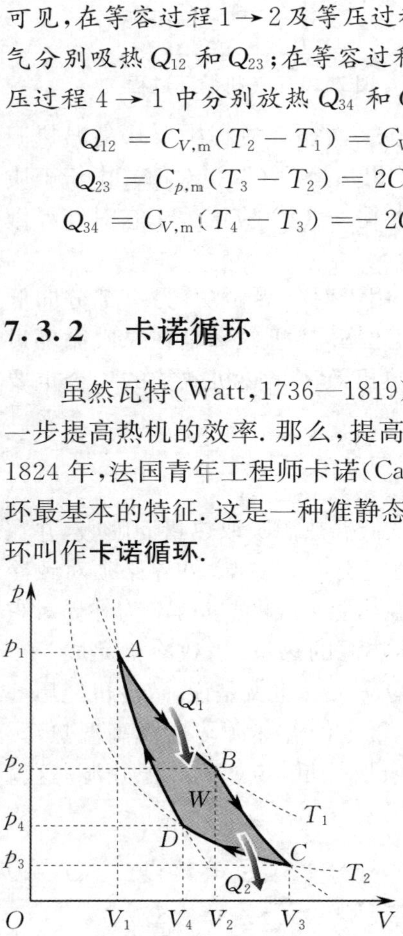

图 7.13 卡诺热机循环曲线

下面讨论以理想气体为工质的卡诺循环. 如图 7.13 所示，曲线 AB 和 CD 是两条温度分别为 T_1, T_2 的等温线，曲线 BC 和 DA 是两条绝热线. 若理想气体从 A 点出发，顺时针方向沿封闭曲线 $ABCDA$ 进行循环，则称这种正循环为卡诺正循环，做卡诺正循环的热机称为卡诺热机.

在经历一个循环后，理想气体又回到原先的状态，其内能不变，但要对外界做功，并与两热源间有能量传递. 由热力学第一定律可求得在四个过程中，气体的内能、对外界所做的功和传递的热量之间关系如下：

(1) 在等温膨胀过程 AB 中，气体的内能没有改变，而气体对外界所做的功 W_1 等于气体从温度为 T_1 的高温热源中吸收的热量 Q_1，即

$$W_1 = Q_1 = \nu RT_1 \ln \frac{V_2}{V_1}. \tag{7.31}$$

(2) 在绝热膨胀过程 BC 中，气体不吸收热量，对外界所做的功 W_2 等于气体内能的减少，即

$$W_2 = -\Delta E = E_B - E_C = \nu C_{V,\mathrm{m}}(T_1 - T_2). \tag{7.32}$$

(3) 在等温压缩过程 CD 中，外界对气体所做的功$(-W_3)$等于气体向温度为 T_2 的低温热源放出的热量 Q_2(取绝对值)，即

$$-W_3 = Q_2 = \nu R T_2 \ln \frac{V_3}{V_4}. \tag{7.33}$$

(4) 在绝热压缩过程 DA 中,气体不吸收热量,外界对气体所做的功($-W_4$)用于增加气体的内能,即

$$-W_4 = \Delta E = E_A - E_D = \nu C_{V,\mathrm{m}}(T_1 - T_2). \tag{7.34}$$

通过以上四式可以得到理想气体经历一个卡诺循环后所做的净功为

$$W = W_1 + W_2 + W_3 + W_4 = Q_1 - Q_2.$$

这个净功就是图 7.13 所示的循环曲线所包围的面积. 由理想气体绝热方程可得

$$T_1 V_2^{\gamma-1} = T_2 V_3^{\gamma-1}, \quad T_1 V_1^{\gamma-1} = T_2 V_4^{\gamma-1}.$$

上面两式相除,有

$$\frac{V_2}{V_1} = \frac{V_3}{V_4}.$$

把它代入式(7.31)和式(7.33),化简后有

$$\frac{Q_1}{T_1} = \frac{Q_2}{T_2}.$$

把上式代入式(7.29),得到以理想气体为工质的卡诺热机效率为

$$\eta = 1 - \frac{T_2}{T_1} = \frac{T_1 - T_2}{T_1}. \tag{7.35}$$

式(7.35)表明,要完成一次卡诺循环必须有高温和低温两个热源;高温热源的温度越高,低温热源的温度越低,则卡诺循环的热机效率越高.

接下来讨论如图 7.14 所示的由两个绝热过程和两个等温过程组成的卡诺逆循环,即卡诺致冷机. 图中 BA 和 DC 是等温线,AD 和 CB 是绝热线. 设工质仍为理想气体,它从温度为 T_1 的 A 点绝热膨胀到 D 点,气体的温度逐渐降低,在 D 点时气体的温度为 T_2. 接着,气体等温膨胀到 C 点,它从低温热源中吸收热量 Q_2. 然后,气体被绝热压缩到 B 点,由于外界对气体做功,使它的温度上升到 T_1. 最后,气体被等温压缩到 A 点,使气体回到起始的状态,并把热量 Q_1 传递给高温热源. 因 $\dfrac{Q_1}{T_1} = \dfrac{Q_2}{T_2}$,故由式(7.30)得到卡诺致冷机的致冷系数

$$e = \frac{Q_2}{Q_1 - Q_2} = \frac{T_2}{T_1 - T_2}. \tag{7.36}$$

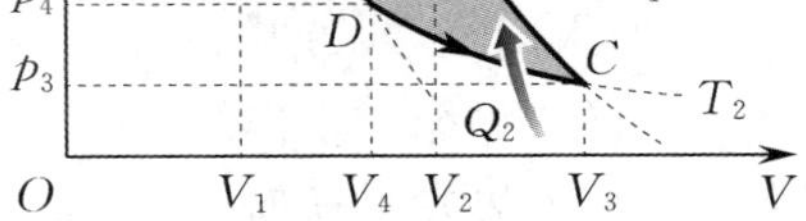

图 7.14　卡诺致冷机循环曲线

7.4　热力学第二定律

7.4.1　自然过程的方向性

落叶永离,覆水难收. 欲死灰之复燃,艰乎为力;愿破镜之重圆,冀也无端. 人生易老,返老还童只是幻想. 生米煮成熟饭,无可挽回. 大量事实表明,自然现象、历史过程大多是不可逆的. 故孔夫子在川上才有“逝者如斯”之叹.

实验表明,一切热力学过程都必须满足热力学第一定律,即服从能量转换和守恒定律.那么满足热力学第一定律的过程是否一定能够实现呢?实际上,自然界的一切实际过程都是按一定方向进行的,而与该方向相反的逆过程往往不可能自发地进行,即自然界发生的过程大多都是不可逆的.

什么叫"不可逆"?我们不是可以把自由膨胀了的气体压缩回去吗?冰箱不是可以把热量从低温区域传给高温区域吗?在一定的条件下我们也可以让氧化反应逆向进行.但是,压缩气体需要外界做功,冰箱致冷需要耗电,强制的逆向化学反应也需要能源.可见,上述那些原过程都是自发进行的,而逆过程却需要外界施加影响,不能自发地进行.外界对系统施加了影响,外界的状态就发生了变化,不能再自发地复原.或者说,系统的逆过程对外界产生了不能消除的影响.在物理学中我们定义:一个系统由某一状态出发,经过某一过程达到另一状态,如果存在另一过程,它能使系统和外界完全复原(系统回到原来的状态,同时消除了系统对外界引起的一切影响),则原来的过程称为**可逆过程**;反之,如果用任何方法都不可能使系统和外界完全复原,则原来的过程称为**不可逆过程**.

大量实验事实说明,自然界中自发发生的过程(自然过程)都满足热力学第一定律并具有方向性.显然,自然界中除热力学第一定律以外,一定还存在着另一个定律,用它可以判断过程进行的方向,也就是由它来判断自然界中哪些过程是可以自发进行的,哪些过程是不可能自发进行的,这个定律就是热力学第二定律.

7.4.2 热力学第二定律的文字表述

1. 开尔文表述

在19世纪初期,由于热机的广泛应用,使提高热机的效率成为一个十分迫切的问题.历史上曾有人企图制造这样一种循环工作的热机,它只从单一热源吸收热量,并将吸收的热量全部用来做功而不放出热量给低温热源,因而它的效率 η 可达100%.假如这种机器制造成功,那就可以从单一热源(如大气或海洋)中吸收热量,并把它全部用来做功,这种热机叫作第二类永动机.第二类永动机并不违反热力学第一定律,因而对人们更具有欺骗性.曾有人做过估计,若用这样的热机来吸收海水中的热量而做功,只要使海水的温度下降0.01 K,就能使全世界的机器开动许多年.然而人们经过长期的实践认识到,第二类永动机是不可能制造成功的,并得出结论:不可能制造出这样一种循环工作的热机,它只从单一热源吸收热量来做功,而不放出热量给其他物体,或者说不使外界发生任何变化.这个规律就是热力学第二定律的开尔文表述.

应当指出,热力学第二定律的开尔文表述指的是循环工作的热机.如果工作物质进行的不是循环过程,而是像等温膨胀这样的单方向过程,那么可以把从一个热源吸收的热量全部用来做功.但是单一的等温膨胀过程无法用来持续做功.

2. 克劳修斯表述

我们知道,如果在一个与外界之间没有能量传递的孤立系统中,有一个温度为 T_1 的高温物体和一个温度为 T_2 的低温物体,那么经过一段时间后,整个系统将达到温度为 T 的热平衡状态.这说明在孤立系统内,热量是由高温物体向低温物体传递的.我们也有这样的经验,就是从未见过在一个孤立系统中低温物体的温度会越来越低,而高温物体的温度会越来越高,即热量能自动地由低温物体向高温物体传递.显然,这一过程并不违反热力学第一定律,但在实践中确实无法实现.要使热量由低温物体传递到高温物体(如致冷机),只有依靠外界对它做功才能实现.因此人们得出结论：热量不可能从低温物体自动传递到高温物体而不引起外界的变化. 这就是热力学第二定律的克劳修斯表述.

应当指出，和热力学第一定律一样，热力学第二定律不能从更普遍的定律推导出来，它是大量实验事实的总结. 虽然我们不能直接去验证它的正确性，但从它出发所得出的推论与客观实际相符，因而得到肯定.

上面介绍的热力学第二定律的克劳修斯表述和开尔文表述表明，在自然界中，热量的传递和热功间的转变都是有方向性的. 这个方向性就是，在一孤立系统中，热量只能自动地从高温物体传递给低温物体，而不能反向进行；在一循环过程中，功能全部转变为热，而热不能全部转变为功. 自然界中还有不少过程反映出过程的进行是具有方向性的. 例如，两种气体混合时，其分布只能逐渐趋于均匀，而不能自动地反向进行，等等.

热力学第二定律的开尔文表述和克劳修斯表述，虽然说法不同，但它们是等效的. 大家可以尝试用反证法证明两者的等价性.

思考题 7

7－1　何谓准静态过程？准静态过程的功如何计算？

7－2　什么叫内能？它与机械能有何异同？

7－3　从能量转换的观点来看，对系统做功与热量传递有何异同？

7－4　在什么情况下气体的比热容为零？什么情况下比热容为无限大？什么情况下气体的比热容为正值？什么情况下为负值？

7－5　为什么热容与过程有关？

7－6　试阐述热力学第一定律的物理意义.

7－7　试指出在等压过程中，氧气从外界吸收的热量有百分之几用于对外做功.

7－8　何谓循环过程？循环过程有何特征？其功能转换关系如何？

7－9　有人说，因为在循环过程中，工质对外界所做净功的值等于 p-V 图中闭合曲线包围的面积，所以闭合曲线包围的面积越大，循环的效率就越高. 对吗？

7－10　如果一个系统从状态 A 经历一不可逆过程到达状态 B，那么这个系统是否还能回到状态 A？为什么？

7－11　为什么热力学第二定律可以有许多种不同的表达形式？试任选一种实际过程表述热力学第二定律.

习题 7

7－1　气缸内储有 2.0 mol 的空气，温度为 27 ℃. 若维持压强不变，而使空气的体积膨胀到原体积的 3 倍，求空气对外所做的功.

7－2　某过程中 10 g 氦气吸收 10^3 J 的热量且压强未发生变化，它原来的温度是 300 K，最后的温度是多少？

7－3　使一定质量的理想气体的状态按图 7.15 中的曲线沿箭头所示的方向发生变化，图线的 BC 段是以 p 轴和 V 轴为渐近线的双曲线. (1 atm $= 1.013 \times 10^5$ Pa.)

(1) 已知气体在状态 A 时的温度 $T_A = 300$ K，求气体在状态 B，C 和 D 时的温度.

(2) 从状态 A 到状态 D，气体对外界所做的功是多少？

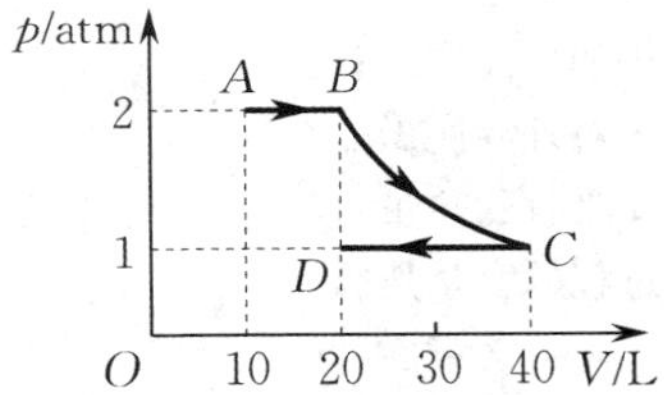

图 7.15

7-4 一定质量的气体从外界吸收热量 1 731.8 J,并在保持压强为 1.013×10^5 Pa 的情况下,体积从 10 L 膨胀到 15 L,问气体对外界做功多少?内能增加多少?

7-5 一热力学系统由图 7.16 所示的状态 a 沿 acb 过程到达状态 b 时,吸收了 560 J 的热量,对外界做了 356 J 的功.

(1) 若它沿 adb 过程到达状态 b 时,对外界做了 220 J 的功,则它吸收了多少热量?

(2) 当它由状态 b 沿曲线 ba 返回状态 a 时,外界对它做了 282 J 的功,它将吸收多少热量?是吸了热还是放了热?

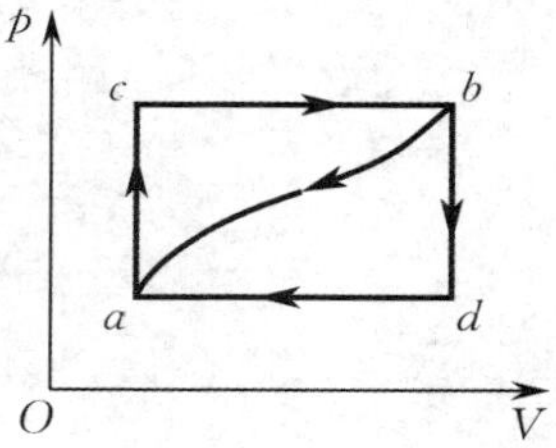

图 7.16

7-6 在 300 K 的温度下,2 mol 理想气体的体积从 4.0×10^{-3} m³ 等温压缩到 1.0×10^{-3} m³,求在此过程中气体对外界所做的功和吸收的热量.

7-7 一定量的理想气体在标准状态下体积为 1.0×10^2 m³,求下列过程中气体吸收的热量:

(1) 等温膨胀到体积为 2.0×10^2 m³;

(2) 先等容冷却,再等压膨胀到(1)中所到达的终态.

设气体的 $C_{V,\mathrm{m}}=\dfrac{5R}{2}$.

7-8 3 mol 氧气在压强为 2 atm 时体积为 40 L.先将它绝热压缩到原体积的一半,接着再令它等温膨胀到原体积,求:

(1) 这一过程的最大压强和最高温度;

(2) 这一过程中氧气吸收的热量、对外界所做的功以及内能的变化.

7-9 如图 7.17 所示,1 mol 双原子分子理想气体从状态 $A(p_1,V_1)$ 沿 $p-V$ 图所示直线变化到状态 $B(p_2,V_2)$,试求:

(1) 气体的内能增量;

(2) 气体对外界所做的功;

(3) 气体吸收的热量;

(4) 此过程的摩尔热容.

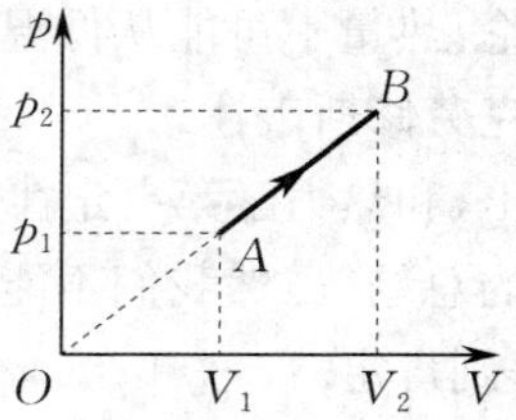

图 7.17

7-10 一定量的某种理想气体,初态压强、体积、温度分别为 $p_0=1.2\times10^6$ Pa,$V_0=8.31\times10^{-3}$ m³,$T_0=300$ K,经过一等容过程,温度升高到 $T_1=450$ K,再经过一等温过程,压强降到 $p=p_0$.已知该理想气体的摩尔定压热容与摩尔定容热容之比 $\dfrac{C_{p,\mathrm{m}}}{C_{V,\mathrm{m}}}=\dfrac{5}{3}$,求:

(1) 该理想气体的摩尔定压热容 $C_{p,\mathrm{m}}$ 和摩尔定容热容 $C_{V,\mathrm{m}}$;

(2) 气体从初态变到末态的全过程中从外界吸收的热量.

7-11 一台冰箱工作时,其冷冻室中的温度为 -10 ℃,室温为 15 ℃.若按理想卡诺致冷循环计算,则此致冷机每消耗 10^3 J 的功,可以从冷冻室中吸出多少热量?

7-12 一定量的理想气体经历如图 7.18 所示的循环过程,$A\to B$ 和 $C\to D$ 是等压过程,$B\to C$ 和 $D\to A$ 是绝热过程.已知 $T_C=300$ K,$T_B=400$ K,试求此循环的效率.

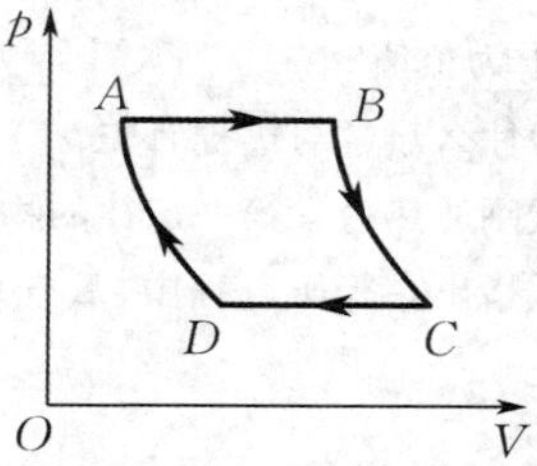

图 7.18

7-13 设以氮气(视为刚性分子理想气体)为工质进行卡诺循环,在绝热膨胀过程中气体的体积增大到原来的两倍,求循环的效率.

7-14 一卡诺热机,高温热源的温度为 400 K,每进行一次循环从高温热源吸收 100 J 热量,并向低温热源放出 80 J 热量,求:

(1) 低温热源温度;

(2) 热机效率.

第3篇

电　磁　学

电磁现象是自然界中存在的一种极为普遍的现象，电磁相互作用是物质的四种基本相互作用之一，它在决定原子和分子的结构方面起着关键性的作用，并在很大程度上决定着物质的物理和化学性质.

电磁运动如同机械运动、热运动一样，都是物质的基本运动形式，同时也有自身的特点. 机械运动与热运动是研究"实物"的运动，而电磁运动则主要是研究"电磁场"的运动. 近代科学已经证明了场具有物质的共同属性，如能量、动量和质量等；也肯定了场是一种物质，是物质存在的另一种形式. 但是，场与实物也有着质的区别，这些区别主要是：

(1) 实物物质在空间只能占据一定的位置，而场却能充满整个空间. 由此推知，描述场的性质的物理量是包含时间和空间坐标的多元函数.

(2) 实物占据的空间不能同时为另一实物所占据，即实物物质所占据的空间具有"不可入性". 而场却有"叠加性"，即若干不同的场能同时充满同一空间. 由此推知，描述场性质的一切物理量也必然具有"叠加性".

本篇侧重学习建立场的概念，研究场的性质和规律，分别讲述静电场和稳恒磁场.

现在，电磁学理论已在工农业生产、科学研究及日常生活等方面有着极其广泛的应用，也已成为人类深入认识物质世界必不可少的基本理论.

第8章

静　电　场

任何电荷(或带电体)周围的空间都存在着一种特殊形态的物质——电场.相对于观察者静止的电荷在其周围激发的电场,称为**静电场**.电场是物质存在的一种形态,电荷之间的相互作用就是通过电场来实现的.

本章讨论电磁运动中最简单的情况,即研究静电场.其研究内容是,以中学电磁学为基础,从反映电荷之间相互作用的基本定律——库仑定律出发,建立静电场的概念;从位于电场中的电荷要受到电场力作用和电荷在电场中运动时电场力要做功两个方面,研究静电场的性质,引入描述电场特性的两个重要物理量——电场强度和电势,并讨论其计算方法和两者之间的关系;阐述电场强度叠加原理、高斯定理和环路定理.

8.1　电荷　库仑定律

8.1.1　电荷及其量子性

根据物质结构理论,分子由原子组成,不同的分子组成了形形色色的宏观物体.在每个原子里,电子绕由中子和质子组成的原子核运动.原子中的电子带负电,质子带正电,中子不带电,而且质子与电子所具有的电荷量(简称电荷或电量)的绝对值是相等的.在一般情况下,每个原子中的电子数与质子数相等,故物体呈电中性,通常就说该物体"不带电".如果在一定的外因作用下,物体(或物体的某一部分)得到或失去一定量的电子,那么正、负电荷的平衡就被破坏了,物体就"带电"了.失去电子的物体带正电,获得电子的物体带负电.

1913年,密立根(Millikan,1868—1953)通过著名的油滴实验,测定所有电子都具有相同的电荷,而且任何带电体的电荷 q 均为电子电荷的整数倍,即

$$q = ne, \tag{8.1}$$

式中,e 称为基本电荷,n 取 $1,2,\cdots$.式(8.1)表明电荷 q 只能取一系列离散的量值,称为**电荷的量子化**.为此,密立根获得了1923年的诺贝尔物理学奖.

在国际单位制中,电荷的单位为库[仑](C).2019年国际上确定的基本电荷为

$$e = 1.602\,176\,634 \times 10^{-19}\ \mathrm{C}.$$

计算中,可取 $e = 1.60 \times 10^{-19}$ C.

近代物理从理论上预言了强子(一种基本粒子)由若干种夸克或反夸克组成,每一个夸克或反夸克可能带有 $\pm\frac{e}{3}$ 或 $\pm\frac{2e}{3}$ 的电量,这并不破坏电荷量子化的规律.迄今尚未在实验中发现单独存在的夸克.

8.1.2　电荷守恒定律

大量的实验事实表明,不论用什么方式使物体带电,正、负电荷总是同时出现,而且量值相

等. 所谓物体带电，只不过是电荷从一个物体转移到了另一个物体. 这就是说，电荷既不能被创造，也不能被消灭，只能由一个物体转移到另一个物体，或从物体的一部分转移到另一部分. 反映这一客观事实的结论叫作**电荷守恒定律**. 电荷守恒定律可表述为：在一个与外界没有电荷交换的系统内，正、负电荷的代数和在任何物理过程中保持不变. 电荷守恒定律不仅在一切宏观过程中成立，而且在一切微观过程（如核反应和基本粒子过程）中依然有效. 电荷守恒定律是物理学中最普遍的基本定律之一.

8.1.3 库仑定律

库仑定律是 1785 年法国科学家库仑（Coulomb，1736—1806）通过扭秤实验总结出的两个静止点电荷之间电相互作用力的规律. 所谓点电荷，是指带电体本身的线度和形状对于相互作用力的影响可以忽略不计时，可以把它看成一个带电的“几何点”.

库仑定律表述为：在真空中，两个静止的点电荷之间的相互作用力大小与两个点电荷电量的乘积成正比，与两个点电荷之间距离的平方成反比，作用力在两点电荷之间的连线上，同号电荷互相排斥，异号电荷互相吸引.

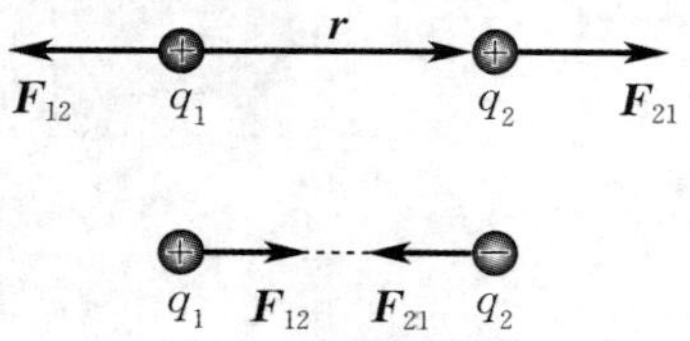

图 8.1 两个点电荷之间的作用

如图 8.1 所示，假设在真空中，两个静止点电荷的电量分别为 q_1，q_2，$\boldsymbol{r}$ 表示由电荷 q_1 指向电荷 q_2 的矢径，则电荷 q_2 受到电荷 q_1 的作用力

$$\boldsymbol{F}_{21}=\frac{1}{4\pi\varepsilon_0}\frac{q_1q_2}{r^3}\boldsymbol{r}=\frac{1}{4\pi\varepsilon_0}\frac{q_1q_2}{r^2}\boldsymbol{e}_r, \tag{8.2}$$

式中，$\boldsymbol{e}_r$ 为施力电荷指向受力电荷的单位矢量，ε_0 为真空电容率或真空介电常量，其大小为

$$\varepsilon_0=\frac{1}{4\pi k}=8.854\,2\times10^{-12}\ \mathrm{C^2/(N\cdot m^2)}\approx8.85\times10^{-12}\ \mathrm{C^2/(N\cdot m^2)}.$$

当 q_1 和 q_2 同号时，$\boldsymbol{F}_{21}$ 与 $\boldsymbol{e}_r$ 方向相同，表示电荷间的相互作用表现为排斥；当 q_1 和 q_2 异号时，$\boldsymbol{F}_{21}$ 与 $\boldsymbol{e}_r$ 方向相反，表示电荷间的相互作用表现为吸引.

库仑定律只能用于描述真空中两个静止的点电荷之间的相互作用. 对于运动的电荷之间，除静电相互作用之外，还有磁相互作用.

库仑定律是由实验结果总结出来的规律，当 r 在 $10^{-15}\sim10^{7}$ m的范围内时，它是正确有效的，并且服从力的矢量合成法则. 它是经典电磁理论的基石，以它为基础可导出很多重要的电场方程.

库仑力属于电磁相互作用，对通常的带电体，其作用强度比万有引力要大得多，在这种情况下，引力作用完全可以忽略.

当空间中有 n 个点电荷 $q_1,q_2,\cdots,q_n$ 时，令 $q_2,q_3,\cdots,q_n$ 作用在 q_1 上的力分别为 $\boldsymbol{F}_{21},\boldsymbol{F}_{31},\cdots,\boldsymbol{F}_{n1}$，则电荷 q_1 受到的库仑力

$$\boldsymbol{F}_1=\boldsymbol{F}_{21}+\boldsymbol{F}_{31}+\cdots+\boldsymbol{F}_{n1}=\sum_{i=2}^{n}\boldsymbol{F}_{i1}. \tag{8.3}$$

8.2 电场 电场强度

8.2.1 电场 —— 电相互作用的传递者

库仑定律只说明了两个静止的点电荷之间相互作用力的定量关系，而无法解释电荷如何施

力于其他电荷. 对此,历史上曾经有两种观点,一种是"超距作用"观点,认为静电力的传递不需要媒介,也不需要时间,即电荷间作用力可以超越距离限制;另一种观点认为在带电体周围存在着电场,其他带电体所受到的作用力是电场给予的,这种观点已由近代物理的研究得到证实.

"场"也是物质存在的一种形态,与其他的任何实物一样,具有能量、动量和质量.

相对观察者静止的带电体周围存在的电场,称为静电场. 静电场对外表现的特征主要有:

(1) 在静电场中的任何带电体都受到静电场的作用力;

(2) 当带电体在静电场中移动时,静电场力将对带电体做功;

(3) 处于静电场中的导体和电介质(绝缘体)将受静电场的作用而产生静电感应和极化现象.

8.2.2 电场的描述

1. 电场强度矢量

如图 8.2 所示,相对于观察者静止的电荷 $+q$ 在其周围空间激发静电场. 在静电场中任取一点 P,我们从力的观点来研究该点的性质. 为此,要引入一个检验电荷 q_0. 所谓检验电荷,是指其线度充分小,可以视为点电荷,同时,其电量 q_0 充分小,不至于因它的引入而影响原来电场的分布.

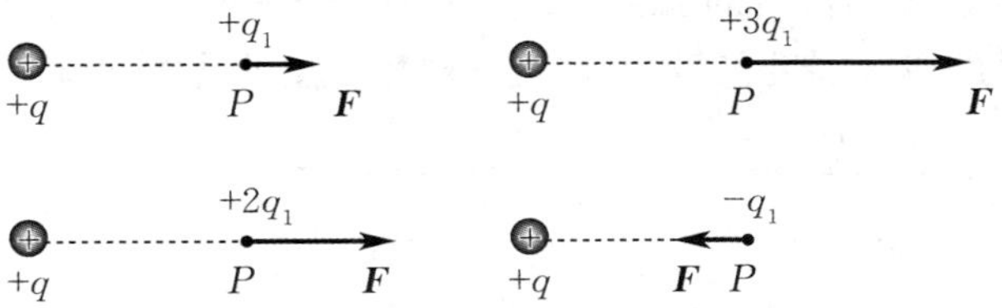

图 8.2 $\boldsymbol{F}$ 与检验电荷的关系

实验发现,将不同的检验电荷 q_0 置于 P 点,其所受到的电场力 $\boldsymbol{F}$ 的大小、方向都不相同,图 8.2 展示了 $\boldsymbol{F}$ 与检验电荷的关系. 实验也发现,对电场中某一点 P 而言,比值$\dfrac{\boldsymbol{F}}{q_0}$却是恒定不变的,我们把这个比值定义为该点的**电场强度**(简称**场强**),用 $\boldsymbol{E}$ 表示,即

$$\boldsymbol{E}=\frac{\boldsymbol{F}}{q_0}. \tag{8.4}$$

式(8.4)表明,**电场中某一点的电场强度的大小等于单位正电荷在该点所受电场力的大小,方向为正电荷在该点的受力方向**. 显然,电场强度与检验电荷无关,完全反映了电场本身某一点的性质,即反映了整个电场的空间分布性质.

在国际单位制中,电场强度的单位是牛[顿]每库[仑](N/C),也可表示为伏[特]每米(V/m).

2. 电场强度的计算

电场中电场强度的分布与场源电荷具有密切的关系. 场源电荷不同,计算电场强度的具体方法就不同.

1) **点电荷的电场强度**

如图 8.3 所示,设真空中有点电荷 q 产生的电场. 在距 q 为 r 的 P 点处放一检验电荷 q_0,由库仑定律可知,该检验电荷所受的电场力

$$\boldsymbol{F}=\frac{1}{4\pi\varepsilon_0}\frac{qq_0}{r^2}\boldsymbol{e}_r.$$

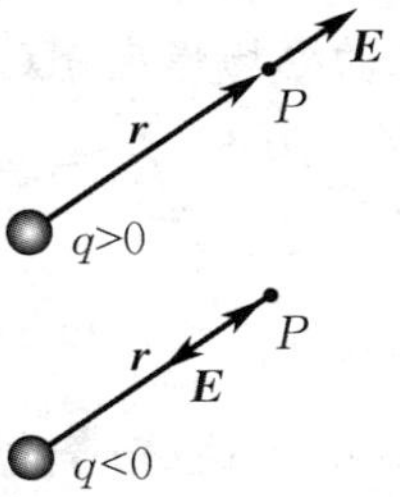

图 8.3 点电荷的电场强度

由电场强度的定义可得,点电荷 q 在 P 点处所产生的电场强度

$$\boldsymbol{E}=\frac{\boldsymbol{F}}{q_0}=\frac{1}{4\pi\varepsilon_0}\frac{q}{r^2}\boldsymbol{e}_r. \tag{8.5}$$

式(8.5) 表明，点电荷的电场具有球对称性，是非均匀电场. 式中 $\boldsymbol{e}_r$ 为点电荷 q 所在的点指向 P 点的单位矢量.

由式(8.5) 可知，如果点电荷 q 是正电荷($q>0$)，那么 P 点的电场强度 $\boldsymbol{E}$ 与 $\boldsymbol{e}_r$ 的方向相同；如果点电荷 q 为负电荷($q<0$)，那么 P 点的电场强度 $\boldsymbol{E}$ 与 $\boldsymbol{e}_r$ 的方向相反.

2) 点电荷系的电场强度

当空间存在由 n 个点电荷 $q_1,q_2,\cdots,q_n$ 所组成的点电荷系时，我们仍然可以在 P 点引入检验电荷 q_0，根据力的叠加原理可知，检验电荷 q_0 在 P 点受到的电场力 $\boldsymbol{F}$ 应等于各个点电荷对其产生的作用力 $\boldsymbol{F}_1,\boldsymbol{F}_2,\cdots,\boldsymbol{F}_n$ 的矢量和，即 $\boldsymbol{F}=\boldsymbol{F}_1+\boldsymbol{F}_2+\cdots+\boldsymbol{F}_n$.

根据电场强度的定义式(8.4) 有

$$\begin{aligned}\boldsymbol{E}&=\frac{\boldsymbol{F}}{q_0}=\frac{\boldsymbol{F}_1}{q_0}+\frac{\boldsymbol{F}_2}{q_0}+\cdots+\frac{\boldsymbol{F}_n}{q_0}\\&=\boldsymbol{E}_1+\boldsymbol{E}_2+\cdots+\boldsymbol{E}_n=\sum_{i=1}^{n}\boldsymbol{E}_i.\end{aligned}\tag{8.6}$$

式(8.6) 表明，在多个场源电荷激发的电场中，任一点的电场强度等于各个场源电荷单独存在时所激发的电场在该点处的电场强度矢量和. 这就是**电场强度的叠加原理**.

例 8-1

如图 8.4 所示，一对等量异号点电荷 $+q$ 和 $-q$，其间距 l 很短，这样的点电荷系，称为电偶极子，它是一个理想模型. 由 $-q$ 指向 $+q$ 的矢量 $\boldsymbol{l}$ 称为电偶极子的轴；矢量 $\boldsymbol{p}=q\boldsymbol{l}$ 称为电偶极矩，简称电矩，它是电偶极子的一个重要特征量. 试求电偶极子的轴的延长线上任一点的电场强度 $\boldsymbol{E}$.

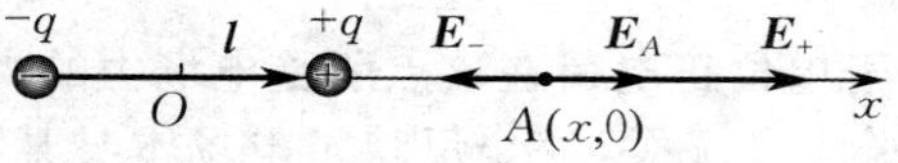

图 8.4 电偶极子的电场强度分布

解 取电偶极子轴线的中点为坐标原点 O，由 $-q$ 指向 $+q$ 的方向为 x 轴正方向，轴上任意点 A 的坐标为 x，则 $+q$ 和 $-q$ 在 A 点产生的电场强度分别为

$$\boldsymbol{E}_+=\frac{1}{4\pi\varepsilon_0}\frac{q}{\left(x-\dfrac{l}{2}\right)^2}\boldsymbol{i},$$

$$\boldsymbol{E}_-=-\frac{1}{4\pi\varepsilon_0}\frac{q}{\left(x+\dfrac{l}{2}\right)^2}\boldsymbol{i}.$$

由叠加原理可知，A 点的总电场强度为

$$\begin{aligned}\boldsymbol{E}_A=\boldsymbol{E}_++\boldsymbol{E}_-&=\frac{1}{4\pi\varepsilon_0}\left[\frac{q}{\left(x-\dfrac{l}{2}\right)^2}-\frac{q}{\left(x+\dfrac{l}{2}\right)^2}\right]\boldsymbol{i}\\&=\frac{q}{4\pi\varepsilon_0}\left[\frac{2xl}{\left(x^2-\dfrac{l^2}{4}\right)^2}\right]\boldsymbol{i}.\end{aligned}$$

讨论：当 $x\gg l$ 时，$x^2-\dfrac{l^2}{4}\approx x^2$，所以

$$\boldsymbol{E}_A=\frac{1}{4\pi\varepsilon_0}\frac{2ql}{x^3}\boldsymbol{i}=\frac{1}{4\pi\varepsilon_0}\frac{2\boldsymbol{p}}{x^3}.\tag{8.7}$$

上式表明，在电偶极子轴线延长线上任意点的电场强度的大小与电偶极子的电偶极矩大小成正比，与电偶极子中心到该点的距离的三次方成反比；电场强度的方向与电偶极矩的方向相同.

3) 连续带电体的电场强度

对于一些电荷连续分布的带电体，如线分布的带电细杆、带电圆环，面分布的带电球壳、带电平板以及体分布的带电球、带电圆柱体等，要求其电场强度分布，显然不能简单地用式(8.6) 处理.

处理连续带电体的问题一般采用如下思路：虽然整个带电体不能当作点电荷来处理，但任意连续带电体都可以分割成多个电荷元 $\mathrm{d}q$，可以把它们看作点电荷，整个带电体产生的电场强度就可看作多个电荷元产生的电场强度的叠加,可用积分来求和.

连续带电体的电场强度的解题步骤一般分以下几步:

① 取一个电荷元 $\mathrm{d}q$,并把它视为点电荷.根据电荷分布的情况,$\mathrm{d}q$ 可表示为

$$\mathrm{d}q=\begin{cases}\lambda\mathrm{d}l & (\text{线分布}),\\ \sigma\mathrm{d}S & (\text{面分布}),\\ \rho\mathrm{d}V & (\text{体分布}).\end{cases} \tag{8.8}$$

式中,λ,σ,ρ 分别为电荷的线密度、面密度和体密度.

② 写出电荷元 $\mathrm{d}q$ 在空间某点 P 产生的电场强度,有

$$\mathrm{d}\boldsymbol{E}=\frac{1}{4\pi\varepsilon_0}\frac{\mathrm{d}q}{r^2}\boldsymbol{e}_r, \tag{8.9}$$

式中 $\boldsymbol{e}_r$ 是从 $\mathrm{d}q$ 指向 P 点的单位矢量.

③ 选取适当的坐标系,将 $\mathrm{d}\boldsymbol{E}$ 投影在直角坐标系的各轴上,即写出 $\mathrm{d}E_x$,$\mathrm{d}E_y$ 和 $\mathrm{d}E_z$.

④ 确定积分上、下限,对电场各分量分别进行积分.在计算过程中,要注意根据对称性来简化计算过程,即如果由电荷分布的对称性可分析出总电场强度的方向,那么只需求出电荷元激发的电场强度在此方向上的分量之和.最后求出总电场强度

$$\boldsymbol{E}=E_x\boldsymbol{i}+E_y\boldsymbol{j}+E_z\boldsymbol{k}. \tag{8.10}$$

例 8-2

试计算均匀带电圆环轴线上任一给定点 P 处的电场强度.设圆环半径为 R,圆环带电量为 q,P 点与环心距离为 x.

解 以圆环中心 O 为坐标原点,过环心垂直环面的轴线为 x 轴,轴上任一点 P 到坐标原点的距离为 x.如图 8.5 所示,在环上任取线元 $\mathrm{d}l$,其电量为

$$\mathrm{d}q=\lambda\mathrm{d}l=\frac{q}{2\pi R}\mathrm{d}l.$$

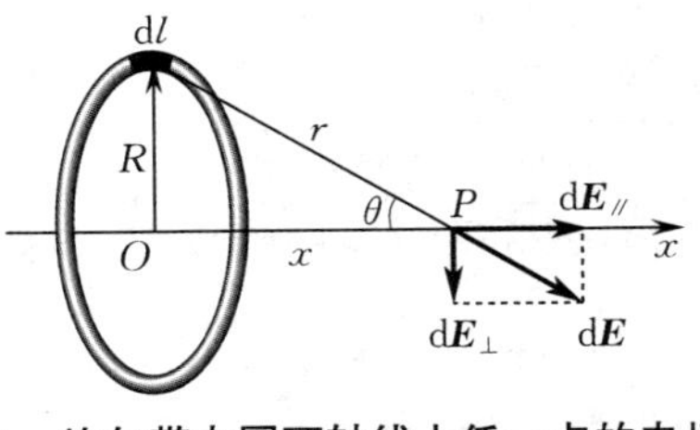

图 8.5 均匀带电圆环轴线上任一点的电场强度

设 P 点到 $\mathrm{d}q$ 的距离为 r,由式(8.9)可知,$\mathrm{d}q$ 在 P 点产生电场强度的大小为

$$\mathrm{d}E=\frac{1}{4\pi\varepsilon_0}\frac{\mathrm{d}q}{r^2}=\frac{1}{4\pi\varepsilon_0}\frac{q}{2\pi R}\frac{\mathrm{d}l}{r^2},$$

方向如图 8.5 所示.将电场强度 $\mathrm{d}\boldsymbol{E}$ 沿轴线和垂直轴线方向分解,得 $\mathrm{d}E_{//}=\mathrm{d}E\cos\theta$ 和 $\mathrm{d}E_{\perp}=\mathrm{d}E\sin\theta$.由圆环关于轴线的对称性分析可知,垂直分量互相抵消,即 $E_{\perp}=0$.因而总的电场强度为平行分量的总和,即

$$E=\int\mathrm{d}E_{//}=\int\mathrm{d}E\cos\theta,$$

其中 θ 为 $\mathrm{d}\boldsymbol{E}$ 与 x 轴的夹角.将 $\mathrm{d}E$ 代入上式并积分,有

$$\begin{aligned}E&=\oint\frac{1}{4\pi\varepsilon_0}\frac{q}{2\pi R}\frac{\mathrm{d}l}{r^2}\cdot\cos\theta\\&=\frac{1}{4\pi\varepsilon_0}\frac{q}{2\pi R}\frac{\cos\theta}{r^2}\cdot\oint\mathrm{d}l\\&=\frac{1}{4\pi\varepsilon_0}\frac{q}{2\pi R}\frac{\cos\theta}{r^2}\cdot 2\pi R\\&=\frac{q\cos\theta}{4\pi\varepsilon_0 r^2}.\end{aligned}$$

由图可知 $\cos\theta=\dfrac{x}{r}$,所以

$$E=\frac{qx}{4\pi\varepsilon_0 r^3}=\frac{qx}{4\pi\varepsilon_0(R^2+x^2)^{\frac{3}{2}}}.$$

$\boldsymbol{E}$ 的方向沿 x 轴方向,即沿过环心垂直环面的轴线方向.

讨论:当 $x\gg R$ 时,$(R^2+x^2)^{\frac{3}{2}}\approx x^3$,则

$$E\approx\frac{q}{4\pi\varepsilon_0 x^2}.$$

这个结果与点电荷的电场强度关系式完全一致.由此可见,在远离环心的地方,环上电荷可视为全部集中在环心处的一个点电荷.

当 $x=0$ 时，$E=0$，即环心处电场强度为零.

3. 电场线

为了形象地描绘电场强度在空间的分布状况，在电场中引入一种假想的几何曲线，这就是电场线，也称 $\boldsymbol{E}$ 线. 电场线最早是由法拉第提出来的. 电场线是在电场中人为地作出的有向曲线，它满足：(1) **电场线上每一点的切线方向与该点电场强度的方向一致**；(2) **电场中每一点的电场线数密度为该点电场强度的大小**. 电场线数密度可以这样理解：为了用电场线的疏密表示电场中电场强度的大小，设想通过电场中任一点取一个垂直于电场强度方向的面积元 $\mathrm{d}S_{\perp}$，如图 8.6 所示，令通过面积元 $\mathrm{d}S_{\perp}$ 的电场线与 $\mathrm{d}S_{\perp}$ 的比值(电场线数密度)等于电场中该点电场强度的大小.

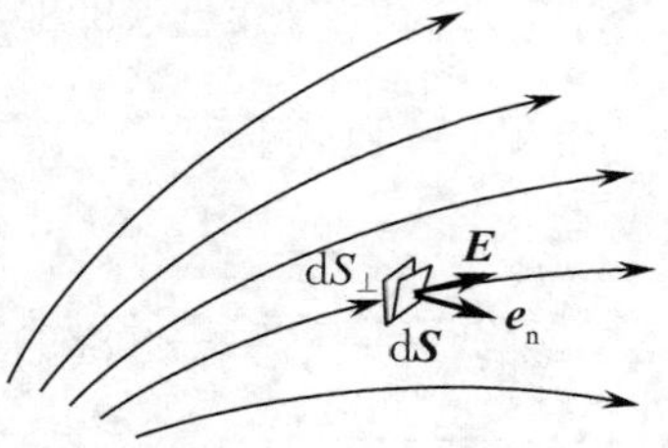

图 8.6　电场线数密度与场强大小的关系

图 8.7 所示为几种带电体所产生的静电场的电场线.

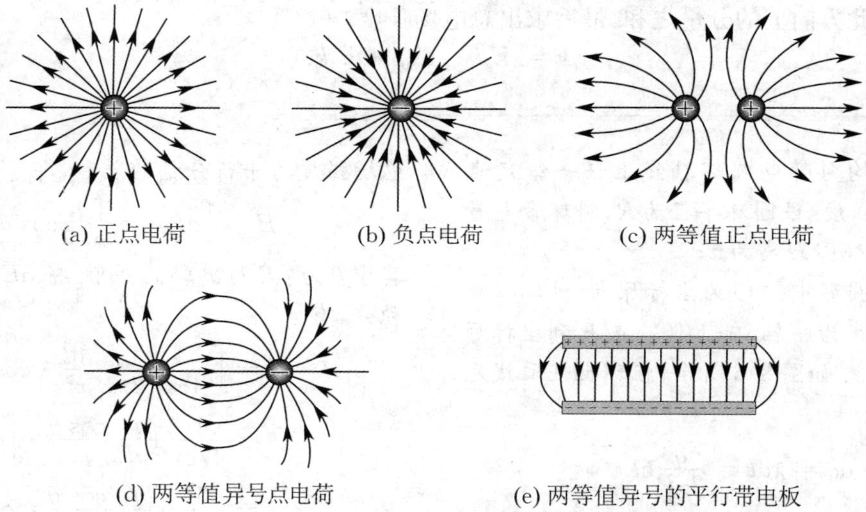

图 8.7　几种带电体所产生的静电场的电场线

通过观察各种静电场的电场线图可知，静电场的电场线具有如下性质：

(1) 静电场中电场线始于正电荷(或无穷远)，止于负电荷(或无穷远)，不构成闭合曲线，在无电荷处不中断.

(2) 在没有电荷的空间内，任何两条电场线不会相交.

(3) 电场强处电场线密集，电场弱处电场线稀疏.

8.3　高斯定理

8.3.1　电通量

电通量是研究电场性质的一个常用物理量. 在电场中通过任意曲面 S 的电场线的总条数称**为通过该面的电通量**. 用 Φ_{e} 表示，单位为伏[特]米(V·m).

在均匀电场中，若平面 S 与电场强度 $\boldsymbol{E}$ 垂直，其法向单位向量 $\boldsymbol{e}_{\mathrm{n}}$ 与 $\boldsymbol{E}$ 平行，如图 8.8(a) 所示，则通过平面 S 的电通量为

$$\Phi_{\mathrm{e}} = ES. \tag{8.11}$$

若平面 S 与电场强度 $\boldsymbol{E}$ 不垂直，即 $\boldsymbol{e}_{\mathrm{n}}$ 与 $\boldsymbol{E}$ 不平行，如图 8.8(b) 所示，则通过平面 S 的电通量为

$$\Phi_{\mathrm{e}} = ES\cos\theta. \tag{8.12}$$

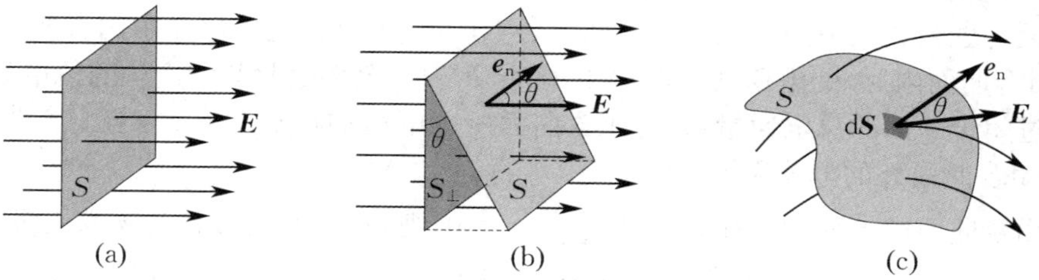

图 8.8　通过平面与曲面的电通量

对于非均匀场的情况，如图 8.8(c) 所示，可在平面 S 上取一面积元 $\mathrm{d}\boldsymbol{S}$，通过该面积元的 $\boldsymbol{E}$ 可以看作是均匀的，则通过该面积元的电通量为

$$\mathrm{d}\Phi_{\mathrm{e}} = E\mathrm{d}S\cos\theta = \boldsymbol{E}\cdot\mathrm{d}\boldsymbol{S}, \tag{8.13}$$

式中 $\mathrm{d}\boldsymbol{S}$ 是矢量面积元，其大小为面积元的面积，其方向为面积元法向单位矢量 $\boldsymbol{e}_{\mathrm{n}}$ 的方向. 因此，通过整个 S 面的总电通量 Φ_{e} 为

$$\Phi_{\mathrm{e}} = \iint_S \mathrm{d}\Phi_{\mathrm{e}} = \iint_S \boldsymbol{E}\cdot\mathrm{d}\boldsymbol{S}. \tag{8.14}$$

若 S 是封闭曲面，则有

$$\Phi_{\mathrm{e}} = \oiint_S \boldsymbol{E}\cdot\mathrm{d}\boldsymbol{S}. \tag{8.15}$$

由于封闭曲面将整个空间划分成曲面内和曲面外两部分，通常规定自内向外的方向为各处面积元法线的正方向. 如图 8.9 所示，在 A 点处，$\theta < 90°$，$\cos\theta > 0$，$\mathrm{d}\Phi_{\mathrm{e}}$ 为正；在 B 点处，$\theta > 90°$，$\cos\theta < 0$，$\mathrm{d}\Phi_{\mathrm{e}}$ 为负.

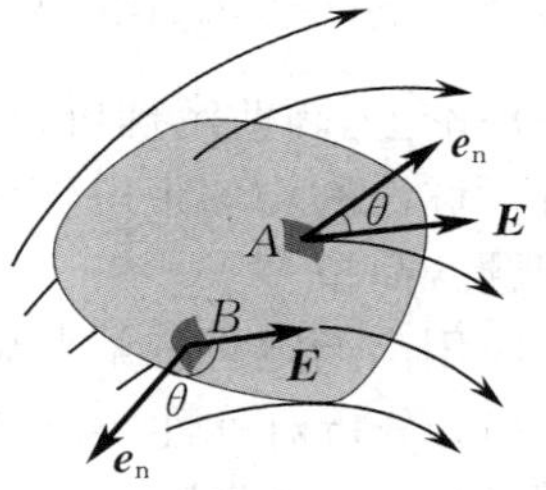

图 8.9　通过闭合曲面的电通量正负的判别

8.3.2　高斯定理

德国数学家、物理学家和天文学家高斯(Gauss，1777—1855) 在诸多学术领域均有重要贡献. 在物理学中，以他的名字命名的高斯定理是电磁学的基本定理之一，它给出了静电场中，通过任一闭合曲面 S 的电通量与该曲面内所包围电荷之间的量值关系.

现在，我们以点电荷为例做推证.

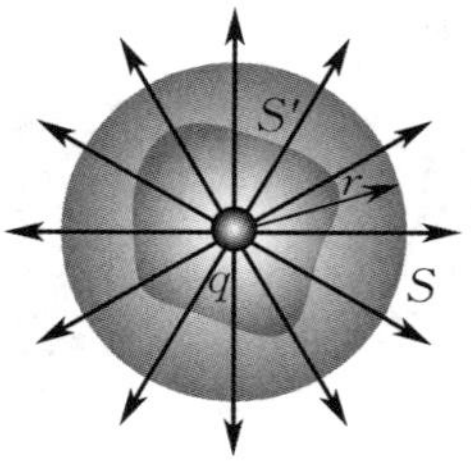

图 8.10　高斯面为球面和任意曲面

假设在真空中有一个点电荷 q，现以点电荷 q 为球心，取任意长度 r 为半径作一包围该点电荷 q 的球面 S，如图 8.10 所示. 由式(8.5) 可知，球面上各点电场强度的大小 $E = \dfrac{1}{4\pi\varepsilon_0}\dfrac{q}{r^2}$，方向都沿着矢径 $\boldsymbol{r}$ 的方向，且处处与球面垂直. 由式(8.15) 可得通过这球面的电通量为

$$\Phi_{\mathrm{e}} = \oiint_S \boldsymbol{E}\cdot\mathrm{d}\boldsymbol{S} = \oiint_S \frac{q}{4\pi\varepsilon_0 r^2}\mathrm{d}S = \frac{q}{4\pi\varepsilon_0 r^2}\cdot 4\pi r^2 = \frac{q}{\varepsilon_0}. \tag{8.16}$$

可以证明，高斯面为任意曲面时，也能得到这个结果. 式中，q 为高斯面内所包含的电荷. 显然，若高斯面内包含多个电荷，则 q 就代表它们的代数和(净电荷). 式(8.16) 就变为

$$\Phi_e = \oiint_S \boldsymbol{E} \cdot \mathrm{d}\boldsymbol{S} = \frac{\sum q_{内}}{\varepsilon_0}, \tag{8.17}$$

这就是静电场的高斯定理. 它表明:**在真空中的静电场内,通过任一闭合曲面的电通量等于该曲面所包围电荷的代数和除以真空电容率** ε_0.

对高斯定理的理解,应注意以下几点:

(1) 高斯定理表达式中的 $\boldsymbol{E}$ 是闭合曲面上各点的电场强度,它不单是由闭合曲面内的电荷产生,而是由闭合曲面内、外的电荷共同产生的,因此 $\boldsymbol{E}$ 表示全部电荷共同产生的总电场强度.

(2) 通过闭合曲面的总电通量,只与闭合曲面所围电荷的代数和有关,与闭合曲面内电荷的分布情况及闭合曲面外的电荷无关.

(3) 若闭合曲面内电荷代数和为正,即 $\sum q_{内} > 0$,则 $\Phi_e > 0$,表示有电场线从面内穿出;若闭合曲面内电荷代数和为负,即 $\sum q_{内} < 0$,则 $\Phi_e < 0$,表示有电场线从面外穿入;若闭合曲面内没有电荷,即 $\sum q_{内} = 0$,则通过闭合曲面的电通量为零,表示有多少电场线穿入就有多少电场线穿出,说明在没有电荷的区域内电场线不会中断. 由此可见,正电荷是电场线的源头,负电荷是电场线的终点,即高斯定理揭示了静电场是有源场. 这是静电场的基本性质之一.

8.3.3 用高斯定理求静电场分布

理论上,高斯定理可以求任何带电体产生的静电场,一般计算比较复杂. 但在求解电荷分布具有对称性的均匀带电体所产生的静电场时,通过选择合适的封闭曲面(高斯面),用高斯定理求解问题就简单多了.

应用高斯定理的解题思路如下:

(1) 分析对称性. 看待求的电场强度是否具有轴对称或面对称或球对称特征.

(2) 若电场强度具有某种对称性,则作一个合适的高斯面(球面或圆柱面),以带来计算方便,例如设法让静电场高斯定理中的 $E\cos\theta$ 从积分号内提出来.

(3) 计算电通量 $\oiint_S \boldsymbol{E} \cdot \mathrm{d}\boldsymbol{S}$ 和高斯面内所包围的电荷的代数和,最后由高斯定理求出电场强度.

例 8-3

求均匀带正电球壳内、外的电场强度分布. 已知球壳带电量为 q,半径为 R.

解 因为球壳很薄,其厚度可忽略不计,电荷均匀分布在球面上. 由于电荷分布是球对称的,电场强度的分布也是球对称的. 因此在电场强度的空间中任意点的电场强度的方向沿矢径方向,大小则取决于从球心到场点的距离,即在同一球面上的各点的电场强度的大小是相等的.

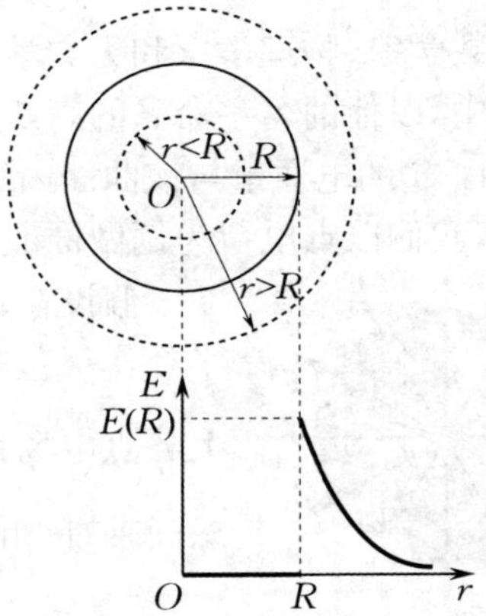

图 8.11 均匀带电球壳的电场强度

以球心到场点的距离 r 为半径作一球面,如图 8.11 所示,则通过此球面的电通量为

$$\Phi_e = \oiint_S \boldsymbol{E} \cdot \mathrm{d}\boldsymbol{S} = E\oiint_S \mathrm{d}S = 4\pi r^2 E.$$

球面内包围的电荷为

$$\sum q_{内} = \begin{cases} 0 & (r < R), \\ q & (r > R). \end{cases}$$

根据高斯定理 $\oiint_S \boldsymbol{E} \cdot \mathrm{d}\boldsymbol{S} = \frac{1}{\varepsilon_0} \sum q_{内}$ 可得

$$E = \begin{cases} 0 & (r < R), \\ \dfrac{1}{4\pi\varepsilon_0} \dfrac{q}{r^2} & (r > R). \end{cases}$$

当 $r > R$ 时，电场强度 $\boldsymbol{E}$ 的方向为过球心的射线方向.

电场强度的大小 E 随场点到球心的距离 r 的变化关系如图 8.11 所示.

例 8-4

求无限长均匀带正电的细棒的电场强度分布. 已知带电棒的电荷线密度为 λ.

解 由于带电细棒无限长，且电荷均匀分布，产生的电场强度垂直于该细棒，而且与细棒等距离的各点的电场强度大小相等，即电场分布是轴对称的.

以该细棒为轴，作一高为 l、半径为 r 的圆柱面为高斯面，如图 8.12 所示，则通过此圆柱面的电通量为

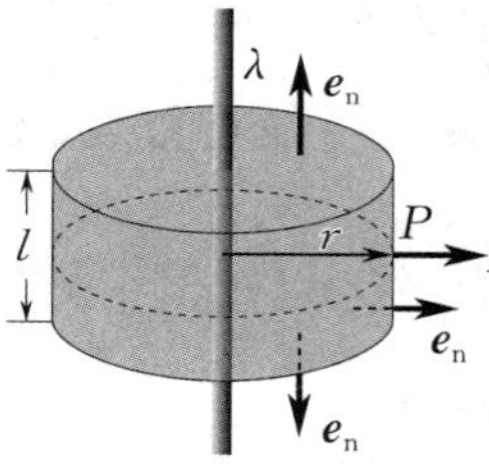

图 8.12 无限长均匀带电细棒的电场强度

$$\Phi_e = \oiint_S \boldsymbol{E} \cdot \mathrm{d}\boldsymbol{S} = \oiint_S E\mathrm{d}S\cos\theta$$
$$= \iint_{S上底面} E_{上}\, \mathrm{d}S\cos\theta + \iint_{S下底面} E_{下}\, \mathrm{d}S\cos\theta$$
$$+ \iint_{S侧面} E_{侧}\, \mathrm{d}S\cos\theta.$$

在上、下底面上，$\theta = \frac{\pi}{2}$，$\cos\theta = 0$，所以前两项积分等于 0；在侧面上，E 是常量，且 $\theta = 0$，$\cos\theta = 1$，故

$$\Phi_e = \oiint_S E\mathrm{d}S\cos\theta = \iint_{S侧面} E_{侧}\, \mathrm{d}S\cos\theta$$
$$= E_{侧} \iint_{S侧面} \mathrm{d}S = 2\pi r l E_{侧}.$$

此圆柱面包围的电荷为

$$\sum q_{内} = \lambda l.$$

令 $E_{侧} = E$，根据高斯定理 $\oiint_S \boldsymbol{E} \cdot \mathrm{d}\boldsymbol{S} = \frac{1}{\varepsilon_0} \sum q_{内}$，可得

$$\Phi_e = 2\pi r l E = \frac{\lambda l}{\varepsilon_0}.$$

故电场强度的大小为

$$E = \frac{\lambda}{2\pi\varepsilon_0 r}.$$

例 8-5

求无限大均匀带电平面薄板的电场强度分布. 已知带电平面薄板上电荷面密度为 σ（设 $\sigma > 0$）.

解 由于电荷均匀分布在无限大的平面薄板上，因此电场分布具有面对称性，即与带正电平面薄板等距离处（同侧或两侧）的电场强度 $\boldsymbol{E}$ 的大小相等，方向都垂直于平面并指向远离平面的方向，如图 8.13(a) 所示.

选一个闭合的圆柱面为高斯面，使其轴线与带电平面薄板垂直，两底面位于带电平面薄板两侧且与之等距离，则通过此圆柱面的电通量为

$$\Phi_e = \oiint_S \boldsymbol{E} \cdot \mathrm{d}\boldsymbol{S} = \oiint_S E\mathrm{d}S\cos\theta$$
$$= \iint_{S上底面} E_{上}\, \mathrm{d}S\cos\theta + \iint_{S下底面} E_{下}\, \mathrm{d}S\cos\theta$$
$$+ \iint_{S侧面} E_{侧}\, \mathrm{d}S\cos\theta$$
$$= \iint_{S上底面} E_{上}\, \mathrm{d}S\cos 0 + \iint_{S下底面} E_{下}\, \mathrm{d}S\cos 0$$
$$+ \iint_{S侧面} E_{侧}\, \mathrm{d}S\cos\frac{\pi}{2}.$$

由于圆柱侧面上各点的电场强度与侧面平行,通过侧面的电通量为零.于是通过整个圆柱面的电通量等于通过两底面的电通量.根据前面的对称性分析,在两底面上电场强度大小相等.

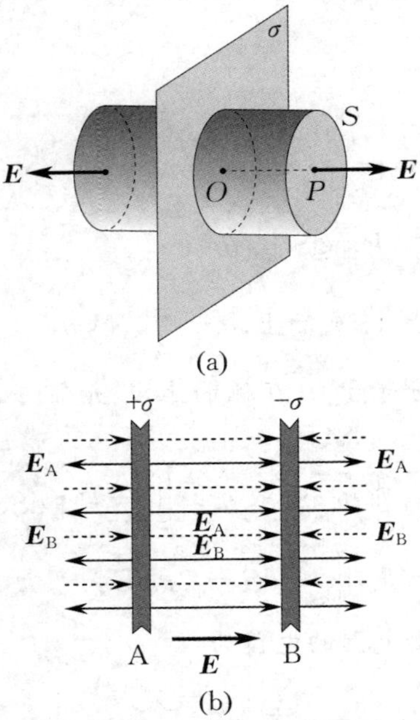

图 8.13 无限大均匀带电平面薄板的空间场强分布

令 $E_上 = E_下 = E$,方向均与底面积的外法线方向一致,则

$$\Phi_e = \oint\!\!\oint_S E\,\mathrm{d}S\cos\theta$$

$$= \iint_{S上底面} E\,\mathrm{d}S\cos 0 + \iint_{S下底面} E\,\mathrm{d}S\cos 0$$

$$= ES + ES = 2ES.$$

此圆柱面包围的电荷为 $\sum q_内 = \sigma S$.

根据高斯定理 $\oint\!\!\oint_S \boldsymbol{E}\cdot\mathrm{d}\boldsymbol{S} = \frac{1}{\varepsilon_0}\sum q_内$ 可得

$$\Phi_e = 2ES = \frac{\sigma S}{\varepsilon_0},$$

故电场强度的大小为

$$E = \frac{\sigma}{2\varepsilon_0}.$$

由此可见,无限大均匀带电平面薄板两侧电场强度大小是一常量,与距离 r 无关.

讨论:

当 $\sigma > 0$ 时,$\boldsymbol{E}$ 的方向垂直于平面薄板并指向远离平面薄板的一侧;当 $\sigma < 0$ 时,$\boldsymbol{E}$ 的方向垂直于平面薄板并指向平面薄板.

同理,可求得带等量异号电荷的两无限大平行平板 A,B 之间的电场强度大小为 $E = \frac{\sigma}{\varepsilon_0}$,两平板外侧电场强度为零,如图 8.13(b) 所示.

8.4 电势能 电势

8.4.1 静电场的保守性

前面我们从电场对电荷有力的作用这一点研究了电场的物质性,并引入了电场强度 $\boldsymbol{E}$.若电荷在电场力的作用下产生了位移,则电场力对它做了功.电场能对运动的电荷做功,说明电场具有做功的能力,即具有能量.这一节我们就从功能观点来研究电场的物质性,并引入一个新的物理量——电势 φ.

1. 电场力做功的特点

以最简单的情况为例,我们讨论一个点电荷在另一个点电荷产生的电场中运动所受的电场力做功的特点.如图 8.14 所示,设电量为 q_0 的检验电荷在点电荷 $+q$ 所产生的电场中,从 a 点沿任意路径移动到 b 点.为了求出此过程中电场力所做的功,可在路径上任一点 c 附近取一位移元 $\mathrm{d}\boldsymbol{l}$,电场力在这一位移元中对 q_0 所做的元功为

$$dW = \boldsymbol{F} \cdot d\boldsymbol{l} = F dl\cos\theta.$$

由图可知，$dl\cos\theta \approx dr$，所以

$$dW = Fdr = q_0 E dr = \frac{qq_0}{4\pi\varepsilon_0 r^2}dr.$$

q_0 从 a 点移动到 b 点的过程中，电场力所做的功为

$$W_{ab} = \int dW = \frac{qq_0}{4\pi\varepsilon_0}\int_{r_a}^{r_b}\frac{1}{r^2} = \frac{qq_0}{4\pi\varepsilon_0}\left(\frac{1}{r_a} - \frac{1}{r_b}\right), \tag{8.18}$$

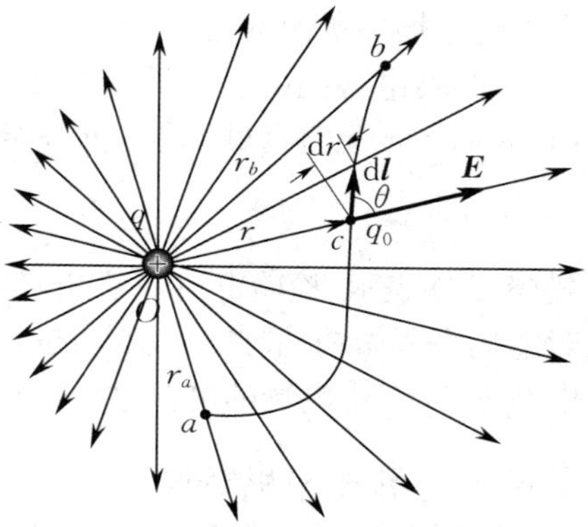

图 8.14 点电荷电场中电场力做功

式中，r_a 和 r_b 分别为检验电荷 q_0 的起点和终点距点电荷 q 的距离. 由式(8.18) 可见，在点电荷产生的非均匀电场中，电场力对检验电荷所做的功与路径无关，只与检验电荷的起点和终点位置有关，并与检验电荷的电量成正比.

任意静电场可以看成是由多个点电荷的电场叠加而成的. 因为每个点电荷作用于运动电荷的电场力做功都与路径无关，所以合电场力所做的功也与路径无关. 静电场的这一特性称为**静电场的保守性**，即静电场是保守场，电场力是保守力.

2. 静电场的环路定理

在静电场中，检验电荷 q_0 从电场中某点出发，沿任一闭合回路返回到出发点，由电场力做功的特点可知，电场力所做的功等于零，即

$$W = \oint_l \boldsymbol{F} \cdot d\boldsymbol{l} = \oint_l q_0 \boldsymbol{E} \cdot d\boldsymbol{l} = 0.$$

由于 $q_0 \neq 0$，则必然有

$$\oint_l \boldsymbol{E} \cdot d\boldsymbol{l} = 0. \tag{8.19}$$

这个结论表明，**在静电场中，电场强度沿任一闭合路径的线积分(称为电场强度的环流) 恒等于零**. 这就是**静电场的环路定理**. 静电场的环路定理是描述静电场性质的另一个基本定理，它表明静电场是保守力场.

8.4.2 电势能

电场力是一种保守力，它对电荷所做的功只由电荷在电场中的始末位置决定. 于是，和物体在重力场中的情况一样，可引入一个与位置有关的函数 —— **电势能**，用 E_p 表示，在国际单位制中，其单位为焦[耳](J). 根据保守力做功的特点，当检验电荷 q_0 由静电场中某一位置 a 移动到另一位置 b 时，电场力所做的功等于电势能的减少量，即

$$W_{ab} = \int_a^b q_0 \boldsymbol{E} \cdot d\boldsymbol{l} = -(E_{pb} - E_{pa}) = -\Delta E_p, \tag{8.20}$$

式中，E_{pa} 和 E_{pb} 分别代表检验电荷在 a 点和 b 点的电势能.

与所有势能一样，电势能的量度也是相对的，要决定电荷在电场中某一点电势能的值，必须先选择一个电势能参考点，并设该点的电势能为零. 若选 b 点为电势能零点，即 $E_{pb} = 0$，则由式(8.20) 便可得检验电荷 q_0 在电场中 a 点处的电势能为

$$E_{pa} = W_{ab} = \int_a^b q_0 \boldsymbol{E} \cdot d\boldsymbol{l}. \tag{8.21}$$

式(8.21) 表示，检验电荷 q_0 在电场中 a 点处的电势能，在量值上等于将 q_0 由该处移动到电势能零

点 b 时电场力所做的功.

注意:电势能的量值具有相对意义,它与电势能零点的选择有关. 通常当场源为有限带电体时,人们规定无穷远处的电势能为零,即 $E_{p\infty}=0$. 这样,检验电荷 q_0 在电场中 a 点处的电势能为

$$E_{pa}=W_{a\infty}=\int_a^{\infty}q_0\boldsymbol{E}\cdot\mathrm{d}\boldsymbol{l}. \tag{8.22}$$

式(8.22)表示,检验电荷 q_0 在电场中 a 点处的电势能,在量值上等于将 q_0 由该处移动到无穷远处时电场力所做的功. 此外,电势能是电场和检验电荷 q_0 整个系统所共有的,或者说电势能是检验电荷 q_0 与产生电场的电荷(场源电荷)共有的相互作用能.

8.4.3 电势和电势差

1. 电势

电势能不仅与电场本身有关,而且还与引入电场的检验电荷 q_0 有关. 虽然电势能 E_{pa} 与 q_0 有关,但是 $\dfrac{E_{pa}}{q_0}$ 与 q_0 无关,这个量就可以反映电场本身在 a 点的能量性质了. 故定义

$$\varphi_a=\frac{E_{pa}}{q_0}=\int_a^{\text{电势零点}}\boldsymbol{E}\cdot\mathrm{d}\boldsymbol{l}, \tag{8.23}$$

式中 φ_a 为电场中 a 点的**电势**. 电场中某点的电势等于单位正电荷在该点所具有的电势能,在数值上也等于把单位正电荷从该点移动到电势零点时电场力所做的功. 电势和电场强度一样,都是描述电场性质的物理量. 在国际单位制中,电势的单位是伏[特](V),1 V = 1 J/C.

电势是标量,但有正负. 把单位正电荷从某点移到电势零点,若电场力做正功,则该点的电势为正;若电场力做负功,则该点的电势为负. 在初速度为 0,且只受电场力作用的情况下,正电荷将从电势高的地方移向电势低的地方,负电荷将从电势低的地方移向电势高的地方.

静电场中某点电势的取值具有相对意义,它取决于电势零点的选择. 虽然电势零点的选择是任意的,但为了计算方便,要视研究的问题而定. 在理论计算中,当电荷分布在有限区域时,通常选择无穷远处的电势为零;在实际工作中,通常选择地面的电势为零. 对于有限带电体,式(8.23)可表示为

$$\varphi_a=\int_a^{\infty}\boldsymbol{E}\cdot\mathrm{d}\boldsymbol{l}. \tag{8.24}$$

对于"无限大"或"无限长"的带电体,不能将无穷远处作为电势零点,这时只能在有限的范围内选取电场中某点为电势零点,再按式(8.23)计算电场中任一点的电势.

2. 电势差

电势是一个相对的量,要确定某点的电势,必须先选定一个电势零点. 因此,真正有意义的是两点之间的**电势差**. 电势差是指在静电场中,任意两点 a 和 b 之间的电势之差,用 U_{ab} 表示,即

$$U_{ab}=\varphi_a-\varphi_b=\int_a^{\text{电势零点}}\boldsymbol{E}\cdot\mathrm{d}\boldsymbol{l}-\int_b^{\text{电势零点}}\boldsymbol{E}\cdot\mathrm{d}\boldsymbol{l}=\int_a^b\boldsymbol{E}\cdot\mathrm{d}\boldsymbol{l}. \tag{8.25}$$

由式(8.25)可知,静电场中任意两点 a,b 之间的电势差,在数值上等于把单位正电荷从 a 点移动到 b 点时电场力所做的功. 两点之间的电势差与电势零点的选择无关.

引入电势差之后,电场力所做的功可以表示为

$$W_{ab}=q_0\int_a^b\boldsymbol{E}\cdot\mathrm{d}\boldsymbol{l}=q_0U_{ab}=q_0(\varphi_a-\varphi_b). \tag{8.26}$$

3. 电势叠加原理

设场源电荷由若干个带电体组成，它们各自产生的电场分别为 $\boldsymbol{E}_1, \boldsymbol{E}_2, \cdots, \boldsymbol{E}_n$，由式(8.23)可得，电场中任一点 P 的电势为

$$\begin{aligned}\varphi_P &= \int_P^{\text{电势零点}} \boldsymbol{E} \cdot \mathrm{d}\boldsymbol{l} = \int_P^{\text{电势零点}} (\boldsymbol{E}_1 + \boldsymbol{E}_2 + \cdots + \boldsymbol{E}_n) \cdot \mathrm{d}\boldsymbol{l} \\ &= \int_P^{\text{电势零点}} \boldsymbol{E}_1 \cdot \mathrm{d}\boldsymbol{l} + \int_P^{\text{电势零点}} \boldsymbol{E}_2 \cdot \mathrm{d}\boldsymbol{l} + \cdots + \int_P^{\text{电势零点}} \boldsymbol{E}_n \cdot \mathrm{d}\boldsymbol{l} \\ &= \varphi_1 + \varphi_2 + \cdots + \varphi_n = \sum_{i=1}^{n} \varphi_i . \end{aligned} \tag{8.27}$$

式(8.27)表明，**在一个电荷系的电场中，任一点的电势等于每一个带电体单独存在时在该点所产生的电势的代数和. 这个结论就是电势的叠加原理.**

8.4.4　电势的计算方法

电势是从功和能量的观点出发来描述电场本身某一点的性质的. 与电场强度一样，电势也是与场源电荷的特性密切相关的，这就决定了不同的场源电荷就有不同的电势分布情况. 下面讨论不同电场中的电势的计算方法.

1. 点电荷电场中的电势

如图 8.15 所示，一个点电荷 q 处于 O 点处. 在 q 所产生的电场中，距离 O 点为 r 的 P 点处的电势可以由式(8.23)计算得到. 选无穷远处作为电势零点，沿矢径方向取一线元 $\mathrm{d}\boldsymbol{r}$，则 P 点电势

$$\varphi_P = \int_P^{\infty} \boldsymbol{E} \cdot \mathrm{d}\boldsymbol{l} = \int_r^{\infty} \frac{q}{4\pi\varepsilon_0} \frac{\mathrm{d}r}{r^2} = \frac{1}{4\pi\varepsilon_0} \frac{q}{r}. \tag{8.28}$$

式(8.28)表明，点电荷场中某点的电势值与点电荷 q 的正负和该点到场源的距离有关. 在正点电荷的电场中，各点电势均为正值，离点电荷越远的点，电势越低，与 r 成反比；在负点电荷的电场中，各点的电势均为负值，离点电荷越远的点，电势越高，无穷远处电势为零. 容易看出，在以点电荷为球心的任意球面上，各点电势都是相等的，这些球面都是等势面.

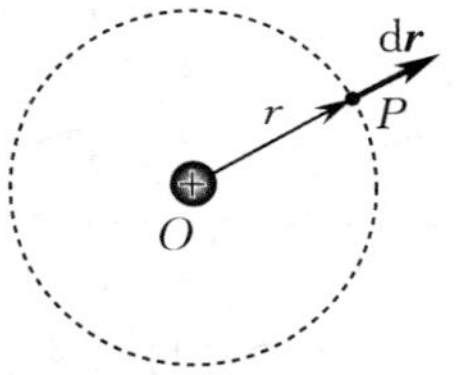

图 8.15　点电荷产生的电势分布

对于多个点电荷形成的电场中的电势，由式(8.28)分别求出每个点电荷在所求点的电势，然后代入式(8.27)即可.

例 8-6

组成一个电偶极子的两个点电荷的电荷量分别为 $-q$ 与 $+q$，相距 l. 点电荷 q_0 沿半径为 R、圆心在电偶极子的轴中点的半圆路径 L，从左端点 A 运动到右端点 B，如图 8.16 所示，试求 q_0 所受的电场力所做的功.

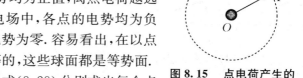

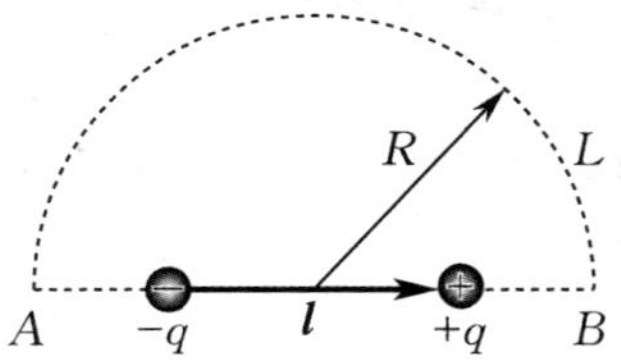

图 8.16

解　求电场力做功，一般先求电势差，再通过电势差求做功. 首先，根据点电荷产生电势的公式和电势叠加原理，我们可得电偶极子在 A，B 两点的电势分别为

$$\varphi_A = \frac{q}{4\pi\varepsilon_0\left(R + \dfrac{l}{2}\right)} + \frac{-q}{4\pi\varepsilon_0\left(R - \dfrac{l}{2}\right)},$$

$$\varphi_B = \frac{q}{4\pi\varepsilon_0\left(R - \dfrac{l}{2}\right)} + \frac{-q}{4\pi\varepsilon_0\left(R + \dfrac{l}{2}\right)},$$

则电势差为

$$U_{AB}=\varphi_A-\varphi_B=-\frac{ql}{2\pi\varepsilon_0\left(R^2-\frac{l^2}{4}\right)}.$$

点电荷 q_0 沿路径 L 从 A 点运动到 B 点，电场力所做的功

$$W=q_0U_{AB}=-\frac{q_0ql}{2\pi\varepsilon_0\left(R^2-\frac{l^2}{4}\right)}.$$

若 $R\gg l$，根据电矩的定义，电场力所做的功为

$$W=-\frac{q_0p}{2\pi\varepsilon_0R^2}.$$

2. 连续带电体电场中的电势

对于电荷连续分布的带电体电场中任一点的电势计算，思路与计算连续带电体的电场强度相似. 根据电荷分布情况，取电荷元 $\mathrm{d}q$，并把它当作点电荷处理，写出 $\mathrm{d}\varphi=\frac{\mathrm{d}q}{4\pi\varepsilon_0r}$，然后对整个带电体积分 $\varphi=\int\mathrm{d}\varphi$ 即可求得. 由于电势是标量，这里的积分是标量积分，不必考虑方向，比计算电场强度要简单得多.

例 8-7

如图 8.17 所示，电荷 q 均匀分布在半径为 R 的细圆环上，求圆环轴线上距环心 x 处 P 点的电势.

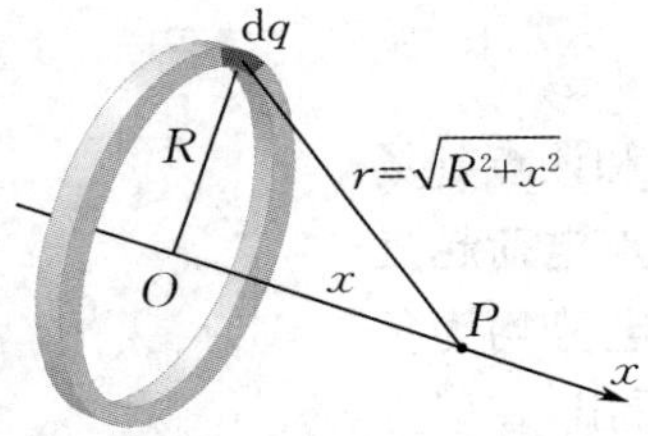

图 8.17 带电圆环轴线上的电势

解 在圆环上任取一电荷元 $\mathrm{d}q=\lambda\mathrm{d}l$，其中 $\lambda=\frac{q}{2\pi R}$. 由式(8.28)可知，电荷元 $\mathrm{d}q$ 在 P 点处的电势 $\mathrm{d}\varphi_P=\frac{1}{4\pi\varepsilon_0}\frac{\lambda\mathrm{d}l}{r}$. 由图可知，$r=\sqrt{x^2+R^2}$. 由叠加原理可得整个圆环在 P 点处的电势

$$\varphi_P=\int_0^{2\pi R}\frac{\lambda\mathrm{d}l}{4\pi\varepsilon_0r}=\int_0^{2\pi R}\frac{\lambda\mathrm{d}l}{4\pi\varepsilon_0(R^2+x^2)^{\frac{1}{2}}}$$

$$=\frac{\lambda}{4\pi\varepsilon_0(R^2+x^2)^{\frac{1}{2}}}\int_0^{2\pi R}\mathrm{d}l$$

$$=\frac{q}{4\pi\varepsilon_0(R^2+x^2)^{\frac{1}{2}}}.$$

讨论：

当 $x=0$ 时，$\varphi=\frac{q}{4\pi\varepsilon_0R}$，$E=0$. 可见，电场强度为零处，电势不一定为零.

当 $x\gg R$ 时，$\varphi=\frac{q}{4\pi\varepsilon_0x}$. 可见，在带电圆环其轴线上足够远处带电圆环可看作所有电荷集中在环心处的点电荷.

例 8-8

求均匀带电球面电场中的电势分布. 球面半径为 R，总电量为 q.

解 均匀带电球面的电荷分布具有球对称性，则其电场强度分布也具有球对称性. 本题中的电势分布用电势的定义式[式(8.23)]来求更为方便. 由高斯定理求出各区域的电场强度分布为

$$E=\begin{cases}\frac{q}{4\pi\varepsilon_0r^2} & (r>R),\\ 0 & (r<R).\end{cases}$$

沿矢径 $\boldsymbol{r}$ 方向取一线元 $\mathrm{d}\boldsymbol{r}$，带电球面外任一点的电势

$$\varphi=\int_r^{\infty}\boldsymbol{E}\cdot\mathrm{d}\boldsymbol{r}$$

$$=\int_r^\infty \frac{q}{4\pi\varepsilon_0 r^2}\mathrm{d}r$$

$$=\frac{q}{4\pi\varepsilon_0 r}.$$

可以看出，均匀带电球面外的电势，与球面上的电荷全部集中于球心时产生的电势分布一样.

由于球面内、外电场强度的分布不同，所以在球面内式(8.23)中的积分要分两段进行.于是带电球面内任一点的电势

$$\varphi=\int_r^\infty \boldsymbol{E}\cdot\mathrm{d}\boldsymbol{r}$$

$$=\int_r^R 0\mathrm{d}r+\int_R^\infty \frac{q}{4\pi\varepsilon_0 r^2}\mathrm{d}r$$

$$=\frac{q}{4\pi\varepsilon_0 R},$$

即球面内电势处处相同，都等于球面上的电势.由上述结果可画出均匀带电球面内、外的电势分布曲线，如图8.18所示.

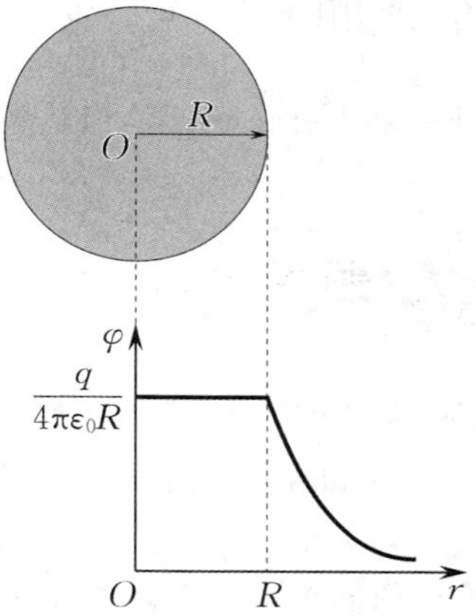

图8.18　均匀带电球面内、外的电势分布曲线

思考题8

8-1　回答下列问题：

(1) 在电场中某一点的电场强度定义为 $\boldsymbol{E}=\dfrac{\boldsymbol{F}}{q_0}$，若该点没有检验电荷，那么该点的电场强度如何？如果检验电荷在电场中某点受到的电场力很大，那么该点的电场强度是否一定很大？

(2) 对于点电荷的电场强度公式 $\boldsymbol{E}=\dfrac{1}{4\pi\varepsilon_0}\dfrac{q}{r^2}\boldsymbol{e}_r$，从形式上看，当某点和点电荷的距离 $r\to 0$ 时，$E\to\infty$，这个问题如何解释？

8-2　判断下列说法是否正确，若是错误的，则指出错在何处，并说明正确的结论.

(1) 两条电场线不会相交，表明电场中任一点的 $\boldsymbol{E}$ 只有一个方向，即电场线的延伸方向；

(2) 电荷在电场中某点受力的方向，即为该点 $\boldsymbol{E}$ 的方向；

(3) 两个点电荷 q_1，q_2 在空间的位置不变，若引入检验电荷 q_0，则空间各点的电场强度以及 q_1，q_2 之间作用力均发生变化；

(4) 地球表面有电场存在，而电子在电场中受到向上的静电力，可见，该处的 $\boldsymbol{E}$ 方向向下.

8-3　关于高斯定理 $\oiint_S \boldsymbol{E}\cdot\mathrm{d}\boldsymbol{S}=\dfrac{\sum q_{内}}{\varepsilon_0}$，下列哪种说法正确？

(1) 只适用于均匀电场；

(2) 只适用于场强对称性分布的电场；

(3) 适用于任何静电场；

(4) 不适用于非均匀、非对称电场，但可找合适的高斯面.

8-4　如果高斯面内有净电荷，能否肯定高斯面上各点的电场强度都不为零？

8-5　如果高斯面上电场强度 E 处处不为零，能否肯定高斯面内一定有电荷？

8-6　静电场的高斯定理和环路定理，分别说明了静电场具有什么性质？

8-7　如图8.19所示，在一条电场线上有 A，B 两点，显然电场线的方向是电势降低的方向，即 $\varphi_A>\varphi_B$，那么能否因此认为 E_A 必大于 E_B？

图8.19

8-8 判断下列说法是否正确：

(1) 电势高的地方，电场强度必大；

(2) 电势为零处，电场强度必为零；

(3) 电势为零的物体必然不带电，带正电的物体电势必为正值；

(4)“静电场中各点有确定电势，但其数值、符号又是相对的”，此话是矛盾的；

(5) 电场中两点间的电势差与电势零点的选择无关；

(6) φ 与 $\boldsymbol{E}$ 是表征电场本身某一点的性质的，与引入电场的检验电荷无关.

习题 8

8-1 在基本粒子的夸克模型中，中子是由一个带电量为$\frac{2e}{3}$的上夸克和两个带电量为$-\frac{e}{3}$的下夸克构成. 若将夸克当作经典粒子处理(夸克线度约为 10^{-20} m)，中子内的两个下夸克之间相距 2.60×10^{-15} m，求它们之间的相互作用力.

8-2 如图 8.20 所示，一绝缘细棒弯成半径为 R 的半圆形，其上半段均匀带有电量 $+q$，下半段均匀带有电量 $-q$，求半圆中心 O 点处的电场强度 $\boldsymbol{E}$.

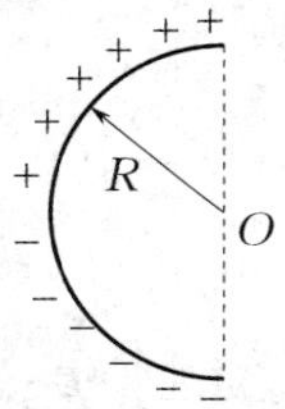

图 8.20

8-3 一平面内有三个点电荷，其中点电荷 A 的坐标为(0,0)，带电量为 5×10^{-8} C；点电荷 B 的坐标为(3 m,0)，带电量为 4×10^{-8} C；点电荷 C 的坐标为(0,4 m)，带电量为 -6×10^{-8} C，计算通过以(0,0)为球心、半径为 5 m 的球面的电通量.

8-4 求无限长均匀带电圆柱面内、外电场强度 $\boldsymbol{E}$ 的空间分布. 设圆柱面半径为 R，电荷面密度为 σ.

8-5 求均匀带电球体内、外电场强度分布，已知球体半径为 R，总电量为 q.

8-6 如图 8.21 所示，一半径为 R_1 的实心球体均匀带有电量 $+q$(电荷为体积分布). 若其外还有一半径为 R_2 的同心球面，均匀带有电量 $-q$(电荷为面积分布)，求其周围空间的电场强度分布.

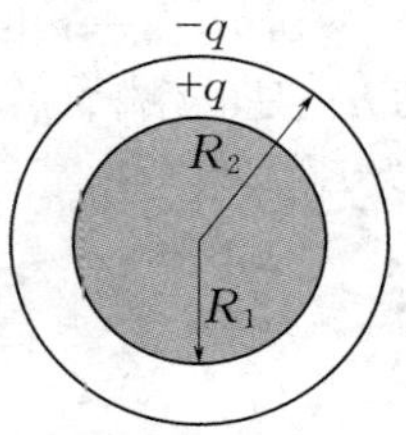

图 8.21

8-7 如图 8.22 所示，真空中两条平行的无限长均匀带电直线相距为 a，其电荷线密度分别为 $-\lambda$ 和 $+\lambda$，试求：

(1) 在两直线构成的平面内，两直线间任一点 P 的电场强度；

(2) 两带电直线上单位长度之间的相互吸引力.

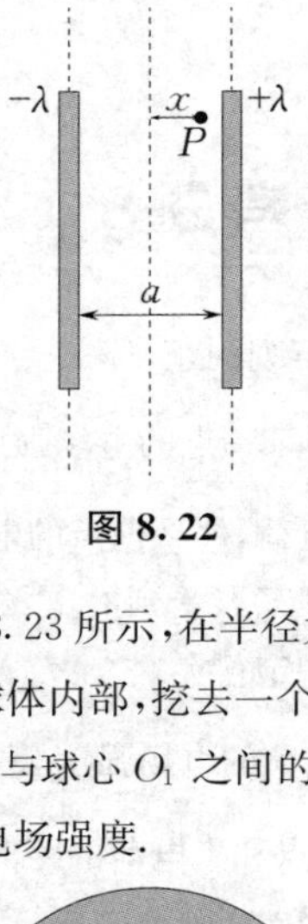

图 8.22

8-8 如图 8.23 所示，在半径为 R_1、电荷体密度为 ρ 的均匀带电球体内部，挖去一个半径为 R_2 的球形空腔，空腔中心 O_2 与球心 O_1 之间的距离为 a，求空腔内任一点 P 处的电场强度.

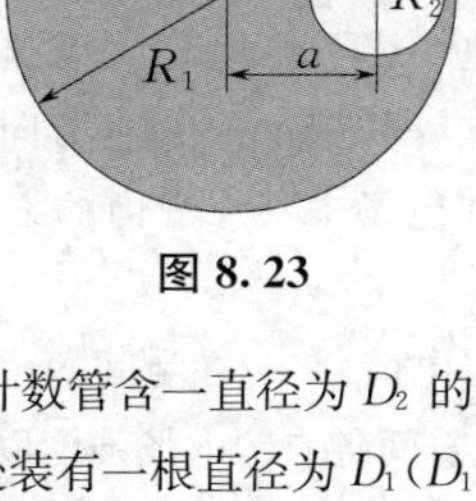

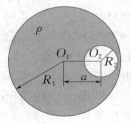

图 8.23

8-9 一计数管含一直径为 D_2 的薄金属长圆筒，在圆筒的轴线处装有一根直径为 $D_1(D_1<D_2)$ 的细金属丝，如图 8.24 所示. 计数管工作时金属丝与圆筒的电势差为 U，求圆筒内$\left(\frac{D_1}{2}<r<\frac{D_2}{2}\right)$的电场强度分布.

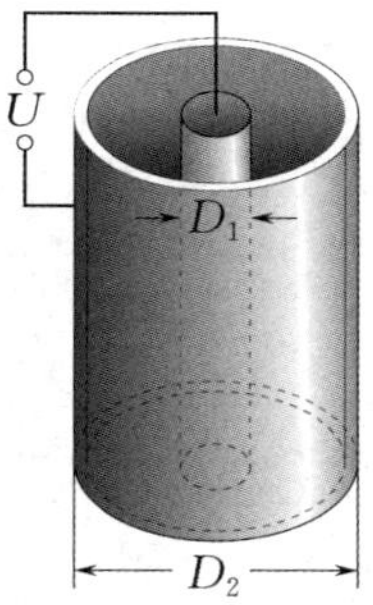

图 8.24

8-10 如图8.25所示，一半径为R的均匀带电球面，带电量为q，沿矢径方向放置一均匀带电细线，电荷线密度为λ，长度为l，细线近端离球心距离为a. 设球和细线上的电荷分布不受相互作用的影响，试求细线与球面之间的电场力.

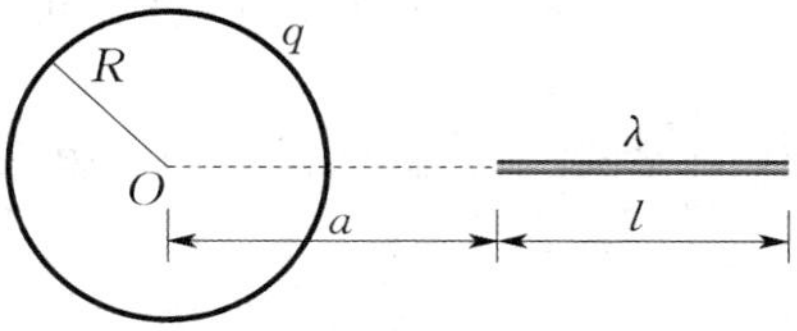

图 8.25

8-11 真空中有两个平行板（如图8.26所示，可看成无限大平面），相距为d，板面积为S，带电量分别为$+q$和$-q$，试计算两板的相互作用力.

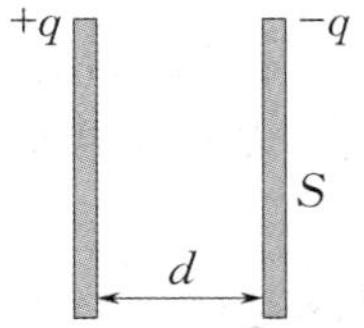

图 8.26

8-12 电荷量q均匀分布在半径为R的球体内，试求距离球心为r处($r<R$)的电势.

8-13 求半径为R、单位长度上带电量为λ的无限长均匀带电圆柱面的电势分布.

8-14 如图8.27所示，两个半径分别为R_1和R_2的同心球面上分别带有均匀电荷量q_1和q_2，求在$0<r<R_1$，$R_1<r<R_2$，$r>R_2$三个区域内的电势分布.

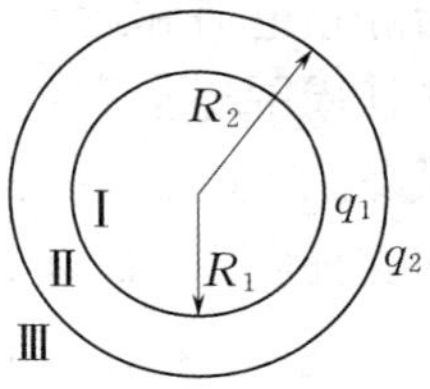

图 8.27

8-15 点电荷q_1，q_2，q_3，q_4的带电量均为2×10^{-9} C，放置在一正方形的四个顶点上，各点距正方形中心O的距离均为5 cm.

(1) 计算O点的电场强度和电势；

(2) 将一检验电荷$q_0=10^{-8}$ C从无穷远处移动到O点，求电场力所做的功；

(3) 求上问中检验电荷q_0的电势能的改变量.

8-16 在一次闪电放电过程中，两个放电点间的电势差约为10^9 V，被迁移的电荷量约为30 C. 如果释放的能量都用来使0 ℃的冰融化为0 ℃的水，那么可融化的冰的质量为多少？（冰的融化热$L=3.34\times10^5$ J/kg.）

第9章

稳 恒 磁 场

电荷(包括静止电荷和运动电荷)总会在其周围激发电场. 实际上,对于运动电荷来说,除激发电场以外,在其周围还会产生另一种性质的场 —— 磁场. 因此,电现象与磁现象在本质上有着密切的联系,只是在静电场中,这种联系显现不出来,只有在形成电流或电场强度发生变化的情况下,才能看到这种联系. 磁场也是物质存在的一种形态,它只对运动电荷产生作用,而对静止电荷没有影响.

本章首先介绍磁场的激发源,即电流;然后介绍描述磁场的物理量 —— 磁感应强度以及磁感应强度遵从的叠加原理;接着讨论磁场的特性,包括磁场高斯定理和安培环路定理两个重要定理;最后讨论磁力作用,包括洛伦兹力和安培力.

本章研究的是磁感应强度(或磁场强度) 不随时间变化的磁场,这种磁场称为稳恒磁场. 研究的方法与静电场部分相似.

9.1 恒定电流

导体中(包括表面) 没有电荷定向移动的状态叫作静电平衡状态. 达到静电平衡时,导体内部的电场强度为零. 若导体内部的电场强度不为零,则导体内的自由电荷将受到电场力作用而做定向运动,电荷的定向运动形成电流. 产生电流的条件有两个:① 存在可以自由移动的电荷;② 存在电场(存在电压).

从微观上看,电流实际上是带电粒子的定向运动. 形成电流的带电粒子统称为载流子. 载流子可以是电子、正负离子,在半导体中还可能是带正电的"空穴".

常见的电流是电子沿着导线运动形成的. 电流的强弱用电流 I 来描述,它等于单位时间内通过导线某一横截面的电量. 如果在一段时间 Δt 内,通过导线某一横截面的电量是 Δq,那么通过该截面的电流为

$$I = \lim_{\Delta t \to 0} \frac{\Delta q}{\Delta t} = \frac{\mathrm{d}q}{\mathrm{d}t}. \tag{9.1}$$

电流是标量,所谓电流的方向,是指正电荷流动的方向(电子流动的反方向). 在导体中电流的方向总是沿着电场强度方向从高电势处指向低电势处.

在国际单位制中,电流的单位是安[培](A).

电流的强弱只能反映导体的整体电流特征,并不能说明电流通过导体截面各点的情况. 在实际问题中,常会遇到电流在粗细不均或材料不均匀,甚至大块导体中通过的情况,这时导体中不同部分的电流大小和方向都不一样. 如图 9.1(a) 所示,一根粗细不均匀的导线,流入与流出导线的电流 I 相同,即通过各截面的电流 I 相同,但是通过各截面单位面积上的电流并不相等. 另外,如图 9.1(b) 所示,大块导体中各点的电流方向也不相同. 为了描述大块导体中各处电流的分布,

有必要引入**电流密度**的概念. 载流导体中任一点的电流密度的方向与该点的电流方向相同，大小等于该点处垂直于电流方向的单位面积上的电流. 电流密度用 $\boldsymbol{j}$ 表示.

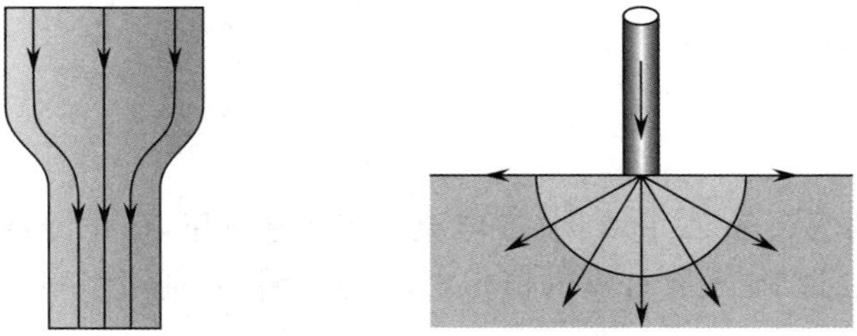

(a) 粗细不均匀的导线中的电流　　(b) 大块导体中的电流

图 9.1　两种不均匀的电流分布

如图 9.2(a) 所示，设想在导体中某点垂直于电流方向取一面积元 $\mathrm{d}\boldsymbol{S}$，其法向单位矢量 $\boldsymbol{e}_{\mathrm{n}}$ 沿该点电流的方向. 若通过该面积元的电流为 $\mathrm{d}I$，则该点处电流密度为

$$\boldsymbol{j}=\frac{\mathrm{d}I}{\mathrm{d}S}\boldsymbol{e}_{\mathrm{n}}. \tag{9.2}$$

如果面积元 $\mathrm{d}\boldsymbol{S}$ 的法向单位矢量 $\boldsymbol{e}_{\mathrm{n}}$ 与电流方向成 θ 角，如图 9.2(b) 所示，那么

$$\mathrm{d}I=j\mathrm{d}S\cos\theta=\boldsymbol{j}\cdot\mathrm{d}\boldsymbol{S}. \tag{9.3}$$

于是，通过导体中任一有限截面 S 的电流为

$$I=\iint_S\boldsymbol{j}\cdot\mathrm{d}\boldsymbol{S}. \tag{9.4}$$

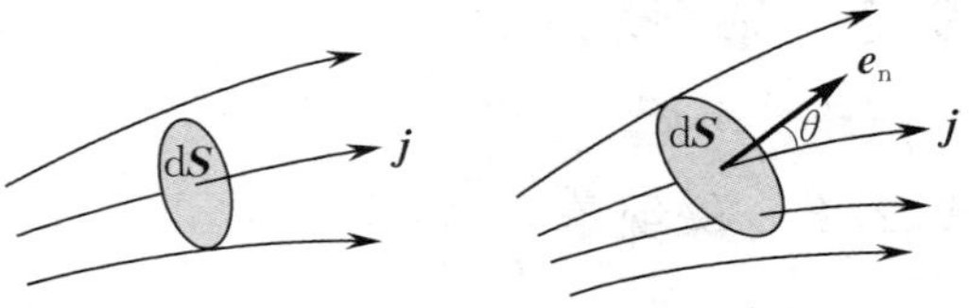

(a)　　(b)

图 9.2　电流密度

利用电流密度的概念，就可以描述大块导体中的电流分布. 在导体中各点，电流密度 $\boldsymbol{j}$ 有不同的数值和方向，这就构成了一个矢量场，称为电流场. 从场的观点来看，电流密度 $\boldsymbol{j}$ 与电流 I 的关系[式(9.4)]就是一个矢量和它的通量之间的关系.

在国际单位制中，电流密度的单位是安[培]每平方米($\mathrm{A/m^2}$).

电流和电流密度都是描述电流的物理量，但它们又有所区别. 电流 I 是一个标量，描述的是导体中任一截面上电流的整体特征，而电流密度 $\boldsymbol{j}$ 是一个矢量，它描述的是导体中任一点的电流特征.

电流场的一个重要的基本性质表现在它的连续性方程，其实质是电荷守恒定律.

设想在导体中任取一闭合曲面 S，并规定曲面上各点的法向正方向总是由曲面内指向曲面外. 根据电荷守恒定律，单位时间内通过闭合曲面流出的电流 $\oiint_S\boldsymbol{j}\cdot\mathrm{d}\boldsymbol{S}$ 应等于单位时间内 S 面内电荷量 q 的减少量，即

$$\oiint_S\boldsymbol{j}\cdot\mathrm{d}\boldsymbol{S}=-\frac{\mathrm{d}q}{\mathrm{d}t}. \tag{9.5}$$

这就是电流的连续性方程的积分形式，它是电荷守恒定律的数学表达式. 若闭合曲面 S 内有正电荷积累，即 $\frac{\mathrm{d}q}{\mathrm{d}t}>0$，则流入闭合曲面内的电量大于从闭合曲面内流出的电量，有 $\oiint_S\boldsymbol{j}\cdot\mathrm{d}\boldsymbol{S}<0$；反之，若闭合曲面内正电荷在减少，即 $\frac{\mathrm{d}q}{\mathrm{d}t}<0$，则从闭合曲面内流出的电量大于流入闭合曲面的电量，有 $\oiint_S\boldsymbol{j}\cdot\mathrm{d}\boldsymbol{S}>0$.

对于恒定电流来说，其产生的电场(电流场)是不随时间变化的. 这时导体内任一点的电流密

度都是确定的，即 j 的大小和方向不随时间变化. 这就要求电荷的分布也不随时间变化，从而电荷所产生的电场是恒定电场. 因此，在电流恒定的条件下，任意闭合曲面 S 内的电量不随时间变化，即 $\frac{dq}{dt}=0$. 于是由式(9.5) 得到

$$\oiint_S \boldsymbol{j}\cdot d\boldsymbol{S}=0. \tag{9.6}$$

式(9.6) 称为**电流的恒定条件**. 它表明，**在电流恒定的条件下，任意闭合曲面一侧流入的电量等于另一侧流出的电量**. 所以在没有分支的恒定电流的电路中，通过各截面的电流必定相等，而且恒定电流的电路必定是闭合的.

在电流恒定的情况下，导体各处电荷分布不随时间变化，并不意味着电荷没有运动，不然就无电流了. 导体各处的电荷都在定向移动，只要单位时间内任意闭合曲面一侧流出的电量等于另一侧流入的电量，就可以说导体中各点的电荷分布不随时间变化.

9.2 磁场

9.2.1 磁现象

公元前 3 世纪，我国就发现了天然磁石(磁铁矿石) 吸引铁块的现象，是世界上最早发现磁现象的国家之一. 北宋科学家沈括在《梦溪笔谈》中第一次明确地记载了指南针. 沈括还发现了地磁偏角，比欧洲早 400 年. 12 世纪初，我国已有关于指南针用于航海的明确记载. 现在人们知道，最早发现的天然磁铁矿石的化学成分是四氧化三铁(Fe_3O_4). 近代人工制造磁铁的方法是把铁磁物质放在通有电流的线圈中磁化，使之变成暂时的或永久的磁铁. 磁铁上磁性最强的区域称为磁极. 条形或针状磁铁有两个磁极，其悬挂静止时指北的称为北极(N 极)，指南的称为南极(S 极). 磁铁的指向与严格的南北方向有偏离，偏离的角度称为地磁偏角. 实验发现，同性磁极之间相互排斥，异性磁极之间相互吸引. 这说明两磁极之间与两点电荷之间一样，存在相互作用力，此力称为磁力.

英国女皇伊丽莎白一世的御医吉尔伯特(Gilbert，1544—1603) 于 1600 年出版了当时的磁学权威著作《论磁石》，记载了有关的实验现象和当时已知的磁石性质，是第一部研究磁现象的科学著作. 1750 年米歇尔(Michell，1724—1793) 用扭秤实验得到了两个磁极间的相互作用力与两磁极间距离的二次方成反比. 但人们并没有能够揭示出磁现象的本质，仍然将磁现象和电现象分别对待，认为两者之间没有联系. 直到 1820 年 4 月，丹麦物理学家奥斯特(Oersted，1777—1851) 在一次演讲中做了一个即兴实验，他把导线和磁针平行放置，在接通电路的一瞬间，他看到了磁针有轻微的晃动，由此发现了电流的磁效应. 由于他的发现，引出电磁学一系列新发现，这以后一二十年，成了电磁学发展的辉煌时期.

9.2.2 磁场 —— 磁作用的传递者

我们已经知道，静止电荷之间的作用力是通过电场来传递的，电荷在其周围空间产生电场，电场的基本属性是对处在其中的任何其他电荷都有作用力. 同样，磁铁或电流之间的相互作用力也是通过场来传递的，这种场称为**磁场**. 类似于静电场，磁铁或电流(或运动电荷) 也会在自己周

围的空间中产生磁场，而磁场的基本性质之一是对处于其中的其他磁铁或电流有作用力. 磁铁与磁铁、磁铁与电流以及电流与电流之间的相互作用可以统一起来，所有这些相互作用都是通过磁场来传递的，如图 9.3 所示.

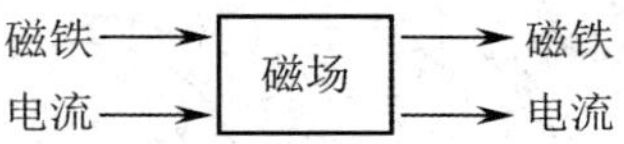

图 9.3

另外，载流导线在磁场中运动时，磁场力要对其做功，从而显示出磁场具有能量. 磁场的方向可用小磁针探测，磁针静止时，N 极的指向就是磁场的方向；对于电流产生的磁场方向，可用我们熟知的右手定则确定.

9.2.3 磁场的描述 —— 磁感应强度

在静电学中，为了定量地描述电场，我们在电场中引入一静止的检验电荷 q_0，测出 q_0 所受的电场力 $\boldsymbol{F}_e$，并用电场强度 $\boldsymbol{E}=\dfrac{\boldsymbol{F}_e}{q_0}$ 来定量地描述各点的电场. 同样，我们也将从磁场对运动的检验电荷的作用力出发，引入磁感应强度 $\boldsymbol{B}$ 来定量地描述磁场.

实验表明，一个检验电荷 q_0 以速度 $\boldsymbol{v}$ 通过磁场中某一点 P 时，所受的磁力 $\boldsymbol{F}_m$ 与速度 $\boldsymbol{v}$ 的方向有关，特别是当电荷沿某一个特定的方向或其反方向运动时，它受到的磁力为零. 我们定义 P 点的磁感应强度 $\boldsymbol{B}$ 的方向为这两个方向中的一个.

实验进一步表明，一个检验电荷 q_0 以速率 v 垂直于磁感应强度 $\boldsymbol{B}$ 通过考察点 P 时，所受的磁力 $\boldsymbol{F}_m$ 最大，记作 $\boldsymbol{F}_{max}$. 此时 $\boldsymbol{v}$，$\boldsymbol{B}$，$\boldsymbol{F}_{max}$ 三个矢量相互垂直，如图 9.4 所示. 我们规定，对于正的检验电荷，$\boldsymbol{B}$，$\boldsymbol{F}_{max}$ 和 $\boldsymbol{v}$ 的方向满足右手定则：伸直右手大拇指，并使其余的手指由 $\boldsymbol{F}_{max}$ 的方向经过 90° 转向 $\boldsymbol{v}$ 的方向，大拇指所指向的方向为 $\boldsymbol{B}$ 的方向. 这样，磁感应强度 $\boldsymbol{B}$ 的方向就完全确定了. 事实上，这样定义的磁感应强度 $\boldsymbol{B}$ 的方向也就是小磁针静止于 P 点时 N 极的指向.

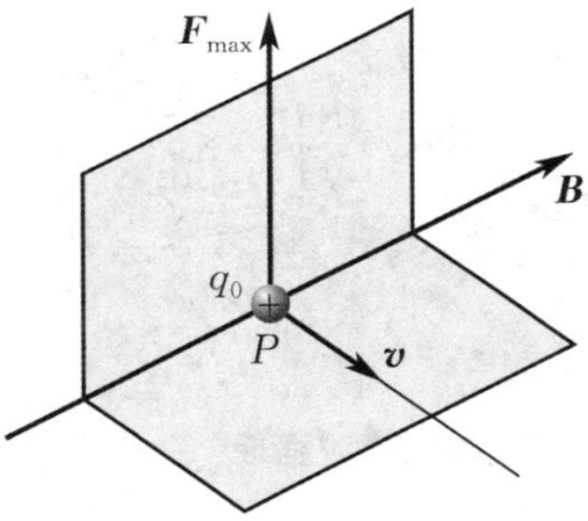

图 9.4 磁感应强度的定义

实验还表明，最大磁力的大小 F_{max} 正比于 q 和 v 的乘积. 我们把它定义为磁感应强度 $\boldsymbol{B}$ 的大小

$$B=\frac{F_{max}}{qv}. \tag{9.7}$$

在国际单位制中，磁感应强度 $\boldsymbol{B}$ 的单位是特[斯拉](T). 1 T = 1 N·s/(C·m).

9.3 毕奥-萨伐尔定律

9.3.1 磁场的源

磁铁和电流都能激发磁场，这就启发我们提出这样的问题：磁铁和电流的本质是否一致呢？1822 年，安培(Ampère，1775—1836) 提出了有关物质磁性本质的假说. 他认为一切磁现象的根源是电流的存在，组成磁铁的最小单元(磁分子) 就是环形电流，这些环形电流定向地排列起来，在宏观上就会显示出磁性. 这就是安培分子环流假说.

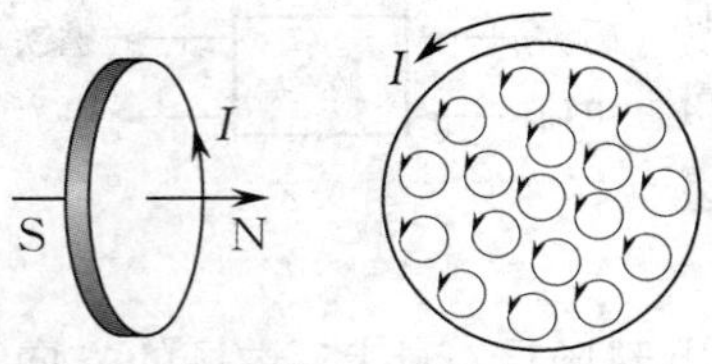

图 9.5　分子环流

在那个时代,人们还不了解原子的结构,因此不能解释物质内部的环形电流是怎样形成的. 现在我们清楚地知道,原子是由带正电的原子核与带负电的电子组成的,电子不仅绕核旋转,还有自旋. 原子、分子内电子的这些运动形成了"分子环流",如图 9.5 所示,这便解释了磁性的起源.

由此可知,一切磁现象起源于电荷的运动.

9.3.2　毕奥-萨伐尔定律

自从1820年奥斯特实验揭示了电流与磁场的联系以后,法国物理学家毕奥(Biot)和萨伐尔(Savart) 就开始着手研究它们的定量关系. 他们的研究思路如下:

在静电场中,计算任意带电体在某点产生的电场强度 $\boldsymbol{E}$ 时,把带电体分成无限多个电荷元 $\mathrm{d}q$,求出每个电荷元在该点产生的电场强度 $\mathrm{d}\boldsymbol{E}$,而该点所有 $\mathrm{d}\boldsymbol{E}$ 的叠加,即为此带电体在该点产生的电场强度 $\boldsymbol{E}$. 与此相仿,也可以把一载流导线看成由无限多个电流元 $I\mathrm{d}\boldsymbol{l}$(其大小为载流导线上某一线元 $\mathrm{d}l$ 与流经它的电流 I 的乘积,其方向为电流的方向) 连接而成. 这样,载流导线在空间某点所产生的磁感应强度 $\boldsymbol{B}$,就是由导线上所有电流元在该点所产生的 $\mathrm{d}\boldsymbol{B}$ 的叠加.

他们在大量实验事实的基础上,与数学家拉普拉斯一起总结出了**毕奥-萨伐尔定律**.

如图 9.6 所示,在真空中,载流导线上任一电流元 $I\mathrm{d}\boldsymbol{l}$ 在空间某点 P 处产生的磁感应强度 $\mathrm{d}\boldsymbol{B}$ 的大小与电流元的大小 $I\mathrm{d}l$ 成正比,与电流元和自电流元到 P 点的矢径 $\boldsymbol{r}$ 间的夹角 θ 的正弦成正比,而与电流元到 P 点的距离 r 的平方成反比,即

$$\mathrm{d}B = k\,\frac{I\mathrm{d}l\sin\theta}{r^2}, \tag{9.8}$$

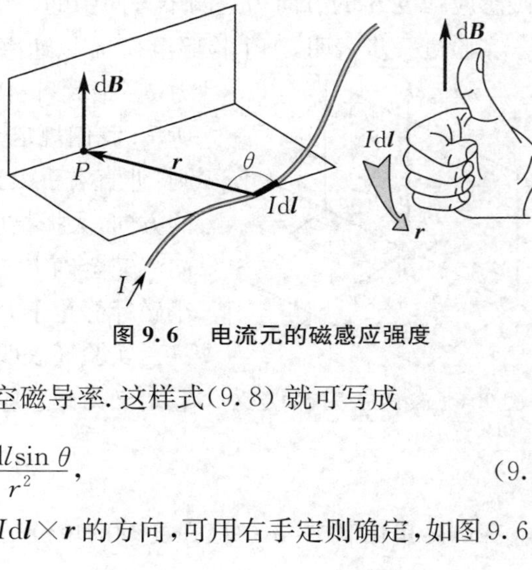

图 9.6　电流元的磁感应强度

式中 k 为比例常数,它的大小和单位取决于磁场中的磁介质和所选用的单位制. 若选用国际单位制,则 $k=\frac{\mu_0}{4\pi}$,其中 $\mu_0 = 4\pi\times10^{-7}\ \mathrm{N/A^2}$,称为真空磁导率. 这样式(9.8) 就可写成

$$\mathrm{d}B = \frac{\mu_0}{4\pi}\,\frac{I\mathrm{d}l\sin\theta}{r^2}, \tag{9.9}$$

$\mathrm{d}\boldsymbol{B}$ 的方向垂直于 $I\mathrm{d}\boldsymbol{l}$ 与 $\boldsymbol{r}$ 所组成的平面,并沿矢积 $I\mathrm{d}\boldsymbol{l}\times\boldsymbol{r}$ 的方向,可用右手定则确定,如图 9.6 所示. 因此毕奥-萨伐尔定律可用矢量式表示为

$$\mathrm{d}\boldsymbol{B} = \frac{\mu_0}{4\pi}\,\frac{I\mathrm{d}\boldsymbol{l}\times\boldsymbol{e}_r}{r^2}, \tag{9.10}$$

式中 $\boldsymbol{e}_r$ 为矢径 $\boldsymbol{r}$ 方向上的单位矢量.

按照磁场的叠加原理,任一载流导线在场点(场中任意一个空间位置) 的磁感应强度 $\boldsymbol{B}$ 可以由下式求得:

$$\boldsymbol{B} = \int\mathrm{d}\boldsymbol{B} = \int\frac{\mu_0}{4\pi}\,\frac{I\mathrm{d}\boldsymbol{l}\times\boldsymbol{e}_r}{r^2}. \tag{9.11}$$

若空间存在若干载流导线,每一导线在 P 点所产生的磁感应强度为 $\boldsymbol{B}_i$,则 P 点处的磁感应强度为

$$\boldsymbol{B} = \sum\boldsymbol{B}_i. \tag{9.12}$$

利用毕奥-萨伐尔定律和磁场的叠加原理,原则上可求出任意形状载流导线所产生的磁场分布,但考虑到计算的难易,本书只介绍某些形状规则的载流导线在空间某点产生的磁感应强度.其解题思路如下:

(1) 根据题意画出示意图,并选取适当的坐标系,在载流导线上任取一段便于分析计算的电流元 $I\mathrm{d}\boldsymbol{l}$,由毕奥-萨伐尔定律写出该电流元在所求场点处的 $\mathrm{d}\boldsymbol{B}$ 表达式,并作图标出 $\mathrm{d}\boldsymbol{B}$ 的方向.

(2) 将 $\mathrm{d}\boldsymbol{B}$ 分解到各坐标轴上,即写出 $\mathrm{d}\boldsymbol{B}$ 在该坐标系中的各分量式,从而把矢量积分变为标量积分.

(3) 计算磁感应强度的各分量值

$$B_x = \int \mathrm{d}B_x, \quad B_y = \int \mathrm{d}B_y, \quad B_z = \int \mathrm{d}B_z.$$

(4) 求出总的磁感应强度 $B = \sqrt{B_x^2 + B_y^2 + B_z^2}$,最后确定 $\boldsymbol{B}$ 的方向.

例 9-1

在长为 L 的一段载流直导线中通有恒定电流 I,试求与载流直导线距离为 a 的一点 P 处的磁感应强度 $\boldsymbol{B}$.

解 如图 9.7 所示,取 P 点到直导线的垂足为坐标原点 O,电流方向为坐标轴正方向.在载流直导线上距离坐标原点 O 为 l 处取一电流元 $I\mathrm{d}l$,由毕奥-萨伐尔定律,电流元在 P 点处的磁感应强度大小为

$$\mathrm{d}B = \frac{\mu_0}{4\pi}\frac{I\mathrm{d}l\sin\theta}{r^2},$$

方向垂直纸面向里.因为所有电流元在 P 点处产生的磁感应强度方向相同,所以总磁感应强度的大小为

$$B = \int \mathrm{d}B = \int \frac{\mu_0}{4\pi}\frac{I\mathrm{d}l\sin\theta}{r^2}. \qquad (9.13)$$

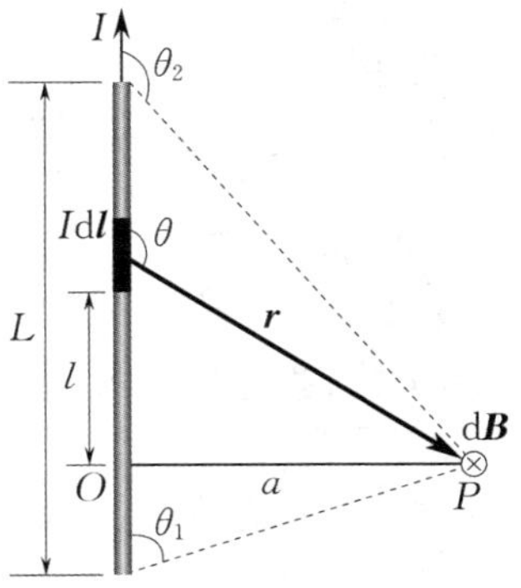

图 9.7 载流直导线的磁场

由图可得 $l = a\cot(\pi-\theta) = -a\cot\theta$,则

$$\mathrm{d}l = a\csc^2\theta\mathrm{d}\theta.$$

又由图可得

$$r = \frac{a}{\sin(\pi-\theta)} = \frac{a}{\sin\theta},$$

将上两式代入式(9.13),并考虑积分上下限,有

$$B = \int_{\theta_1}^{\theta_2}\frac{\mu_0}{4\pi}\frac{Ia\csc^2\theta}{\left(\dfrac{a}{\sin\theta}\right)^2}\sin\theta\,\mathrm{d}\theta$$

$$= \frac{\mu_0 I}{4\pi a}(\cos\theta_1 - \cos\theta_2), \qquad (9.14)$$

式中 θ_1,θ_2 分别为载流直导线始、末两端到场点 P 的连线与电流方向间的夹角.

讨论:

(1) 若导线 L 为无限长,即 $\theta_1\to 0,\theta_2\to\pi$,则有

$$B = \frac{\mu_0 I}{2\pi a}. \qquad (9.15)$$

(2) 若导线 L 为半无限长,即 $\theta_1 = \dfrac{\pi}{2}$,$\theta_2\to\pi$,则有

$$B = \frac{\mu_0 I}{4\pi a}. \qquad (9.16)$$

(3) 若 P 点在 L 的延长线上,即 $\theta_1 = \theta_2 = 0$ 或 π,则 $B = 0$.说明载流直导线在其延长线上产生的磁感应强度为零.

例 9－2

一半径为 R 的圆线圈通以电流 I，其轴线上一点 P 距圆心距离为 x，求 P 点的磁感应强度 $\boldsymbol{B}$.

解 如图 9.8 所示，把圆线圈轴线作为 x 轴，取圆心为坐标原点. 在圆线圈上任取一电流元 $I\mathrm{d}\boldsymbol{l}$，它在轴上任一点 P 处产生的磁感应强度 $\mathrm{d}\boldsymbol{B}$ 的方向垂直于 $\mathrm{d}\boldsymbol{l}$ 与 $\boldsymbol{r}$ 所组成的平面. 因为 $\mathrm{d}\boldsymbol{l}$ 总与 $\boldsymbol{r}$ 垂直，所以 $\mathrm{d}\boldsymbol{B}$ 的大小为

$$\mathrm{d}B=\frac{\mu_0}{4\pi}\frac{I\mathrm{d}l\sin 90^\circ}{r^2}=\frac{\mu_0}{4\pi}\frac{I\mathrm{d}l}{r^2},$$

将 $\mathrm{d}\boldsymbol{B}$ 分解为平行于 x 轴的分量 $\mathrm{d}\boldsymbol{B}_{/\!/}$ 和垂直于 x 轴的分量 $\mathrm{d}\boldsymbol{B}_{\perp}$. 由对称性可知，垂直于 x 轴的分量 $\mathrm{d}\boldsymbol{B}_{\perp}$ 相互抵消；而平行于 x 轴的分量 $\mathrm{d}\boldsymbol{B}_{/\!/}$ 相互加强. 所以 P 点处的总磁感应强度是所有 $\mathrm{d}\boldsymbol{B}_{/\!/}$ 分量之和，且方向沿 x 轴正方向，即

$$B=B_{/\!/}=\int \mathrm{d}B_{/\!/}=\int \mathrm{d}B\cdot\sin\theta.$$

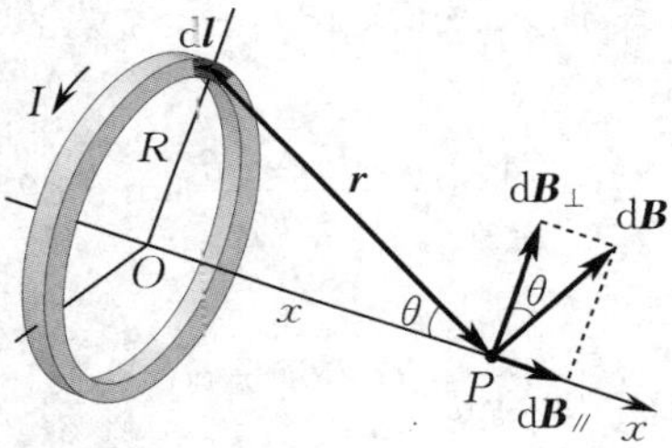

图 9.8　圆电流的磁场

代入 $\mathrm{d}B$ 并考虑到 $\sin\theta=\dfrac{R}{r}$ 和 $r=\sqrt{x^2+R^2}$ 为常量，有

$$B=\int_0^{2\pi R}\frac{\mu_0}{4\pi}\frac{I\mathrm{d}l}{r^2}\frac{R}{r}=\frac{\mu_0 IR^2}{2r^3}$$

$$=\frac{\mu_0}{2}\frac{IR^2}{(R^2+x^2)^{3/2}}. \qquad (9.17)$$

讨论：

(1) 当 $x=0$，即在圆心点 O 处时，B 值最大，为

$$B=\frac{\mu_0 I}{2R}. \qquad (9.18)$$

(2) 若载流导线是一段圆心角为 θ 的圆弧，则圆心处的磁感应强度的大小为

$$B=\frac{\mu_0 I}{2R}\frac{\theta}{2\pi}. \qquad (9.19)$$

(3) 当 $x\gg R$，即 P 点距圆线圈无限远时，B 值最小，为

$$B=\frac{\mu_0}{2}\frac{IR^2}{x^3}, \qquad (9.20)$$

或

$$B=\frac{\mu_0 IS}{2\pi x^3}, \qquad (9.21)$$

式中，S 为圆线圈的面积，即 $S=\pi R^2$.

引入 $\boldsymbol{m}=NIS\boldsymbol{e}_{\mathrm{n}}$，称为平面载流线圈的磁矩，式中 N 为线圈匝数，I 为所通电流，S 为线圈所围面积，$\boldsymbol{e}_{\mathrm{n}}$ 为线圈平面的法向单位矢量. 如图 9.9 所示，$\boldsymbol{m}$ 的方向与电流方向满足右手螺旋定则，弯曲的四指代表电流方向，拇指为线圈平面的法线方向，即磁矩的方向.

在本例中，$N=1$，故有

$$\boldsymbol{B}=\frac{\mu_0}{2\pi}\frac{\boldsymbol{m}}{x^3}. \qquad (9.22)$$

注意：只有当圆电流的面积很小，或场点距圆电流很远时，才能把圆电流当作磁偶极子. 这时 $\boldsymbol{m}$ 即为磁偶极子的磁矩. 另外，式(9.22)对任意形状的平面载流线圈都适用.

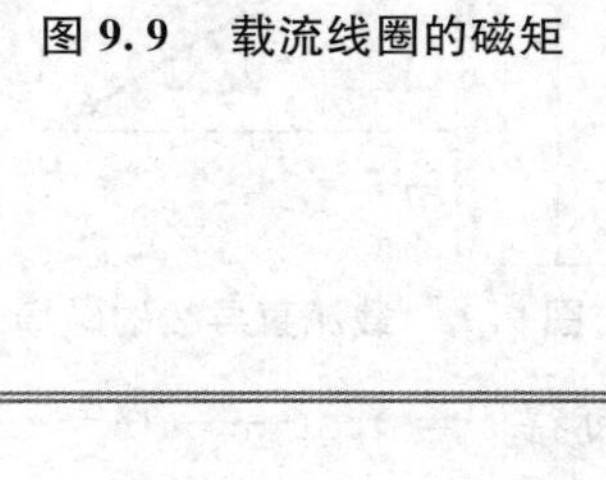

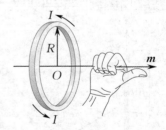

图 9.9　载流线圈的磁矩

9.4 描述磁场的两条定理

9.4.1 磁场的高斯定理

1. 磁感应线与磁通量

在静电场的研究中，我们用电场线形象地描绘静电场的分布. 同样，磁场的分布也可用磁感应线形象地描绘. 磁感应线是一些有方向的曲线，它的画法和规定与电场线类似，即磁感应线上任一点的切线方向表示该点磁感应强度的方向；磁场中某点处，垂直于磁场方向的单位面积内的磁感应线数目，等于该点磁感应强度的大小. 因此，磁场较强的地方，磁感应线较密集；反之，磁感应线较稀疏.

实验中可用铁屑来显示磁感应线，如图 9.10 所示. 图 9.10(a) 是长直载流导线附近的磁感应线，图 9.10(b) 和图 9.10(c) 分别是圆电流和载流螺线管附近的磁感应线.

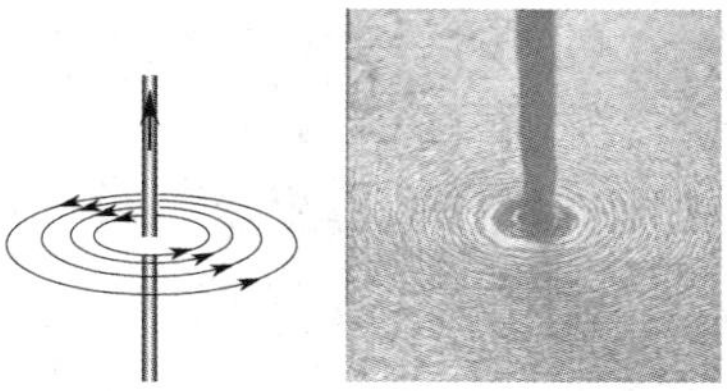

(a) 长直载流导线附近的磁感应线

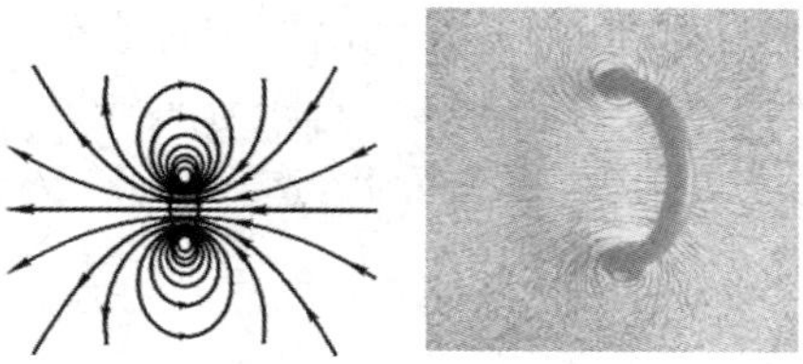

(b) 圆电流附近的磁感应线

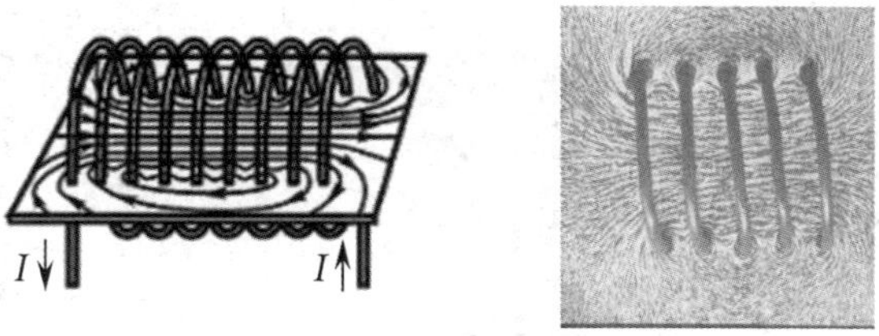

(c) 载流螺线管附近的磁感应线

图 9.10　用铁屑来显示磁感应线

由这些磁感应线图可以看出，磁感应线具有以下特点：

(1) 磁感应线都是和电流相互套链的无头无尾的闭合曲线.

(2) 磁感应线的方向和电流的流动方向满足右手螺旋定则.

(3) 由于磁场中任一点的磁场方向都是确定的，因此磁感应线不会相交.

任何矢量场都可以引进通量的概念. 磁场也是矢量场，当然也可以引入相应的磁通量. 通过磁场中某一曲面的磁感应线数，称为通过此曲面的**磁通量**，用 Φ_m 表示. 如图 9.11 所示，在曲面 S 上任取一面积元 $d\boldsymbol{S}$，其法向单位矢量为 $\boldsymbol{e}_n$，$\boldsymbol{e}_n$ 与该处磁感应强度 $\boldsymbol{B}$ 的夹角为 θ，则通过面积元 dS 的磁通量为

$$d\Phi_m = BdS_{\perp} = BdS\cos\theta = \boldsymbol{B}\cdot d\boldsymbol{S}.$$

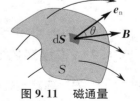

图 9.11　磁通量

通过整个曲面 S 的磁通量为

$$\Phi_m = \int d\Phi_m = \iint_S \boldsymbol{B}\cdot d\boldsymbol{S}. \tag{9.23}$$

在国际单位制中,磁通量的单位为韦[伯](Wb),$1\ \mathrm{Wb} = 1\ \mathrm{T \cdot m^2}$.

对于闭合曲面 S,我们仍规定闭合曲面上任一面积元 $\mathrm{d}\boldsymbol{S}$ 的法向正方向为曲面内指向外侧. 这样一来,由闭合曲面穿出的磁通量为正,进入闭合曲面的磁通量为负. 因此通过闭合曲面 S 的总磁通量为

$$\Phi_{\mathrm{m}} = \oiint_S \boldsymbol{B} \cdot \mathrm{d}\boldsymbol{S}.$$

2. 磁场的高斯定理

由于磁感应线是闭合的,无头无尾的,在任何地方都不会中断. 因此,对于磁场中任意形状的闭合曲面,穿入该曲面磁感应线的条数必定等于穿出该曲面磁感应线的条数,即通过磁场中任一闭合曲面的磁通量必然正负相抵,总量为零. 这一结论在数学上可以表示为

$$\oiint_S \boldsymbol{B} \cdot \mathrm{d}\boldsymbol{S} = 0. \tag{9.24}$$

这就是**磁场的高斯定理**,它也是电磁场理论的基本方程之一.

磁场和静电场均有高斯定理,但两者所表达的意义是完全不同的.

静电场的高斯定理表明,通过闭合曲面的电通量依赖于该曲面内的电荷,即静电场是有源场,其场源来自电荷. 而磁场的高斯定理表明,通过任一闭合曲面的磁通量为零,反映了磁感应线是闭合的,磁场是一个无源场,或称为涡旋场. 由此看出,似乎不存在与电荷相对应的磁荷,即所谓的磁单极子. 事实也确实如此,迄今为止,人们还没有发现可以确定磁单极子确实存在的实验现象. 磁极总是成对出现的.

例 9-3

如图 9.12 所示,长直导线中的电流为 I,矩形线圈长为 l,宽为 b,其近边与长直导线的距离为 d,求通过矩形线圈的磁通量 Φ_{m}.

解 由式(9.15)可知,长直载流导线在距离 x 处产生的磁感应强度为

$$B = \frac{\mu_0 I}{2\pi x}.$$

在图 9.12 中的 x 处,取一长为 l、宽为 $\mathrm{d}x$ 的矩形面积元 $\mathrm{d}S = l\mathrm{d}x$,通过该面积元 $\mathrm{d}S$ 的磁通量为

$$\mathrm{d}\Phi_{\mathrm{m}} = B\mathrm{d}S = \frac{\mu_0 I}{2\pi x} l\,\mathrm{d}x,$$

故通过矩形线圈的磁通量为

$$\Phi_{\mathrm{m}} = \int \mathrm{d}\Phi_{\mathrm{m}} = \int_d^{b+d} \frac{\mu_0 Il}{2\pi}\frac{1}{x}\mathrm{d}x = \frac{\mu_0 Il}{2\pi}\ln\left(\frac{b+d}{d}\right).$$

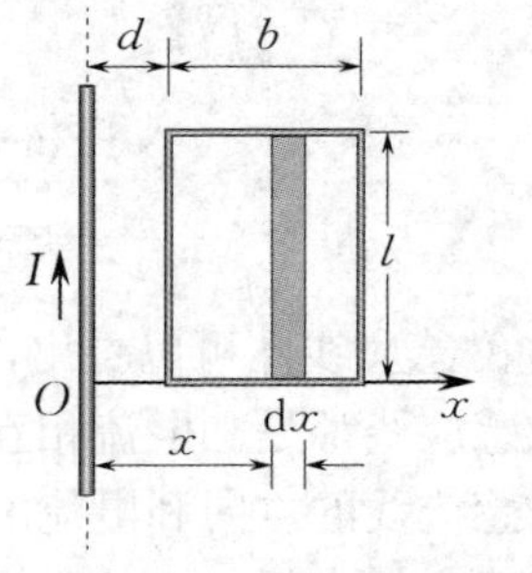

图 9.12 通过矩形线圈的磁通量

9.4.2 安培环路定理

1. 安培环路定理的导出

在静电场中,电场强度沿任意闭合回路的线积分($\boldsymbol{E}$ 的环流)为零,反映了静电场是保守场的性质. 那么,在稳恒磁场中,磁感应强度沿任一闭合回路的线积分($\boldsymbol{B}$ 的环流)又等于什么呢?

下面,我们以长直载流导线的磁场为例,分析磁感应强度 $\boldsymbol{B}$ 沿任一闭合回路的线积分,从而

归纳出它所反映的稳恒磁场的性质.

对于长直载流导线,其周围磁场的磁感应线是在垂直于导线的平面内、以导线为中心的同心圆. 磁感应强度的大小为

$$B=\frac{\mu_0 I}{2\pi r},$$

式中,r 为场点到导线的垂直距离,I 为长直导线中的电流.

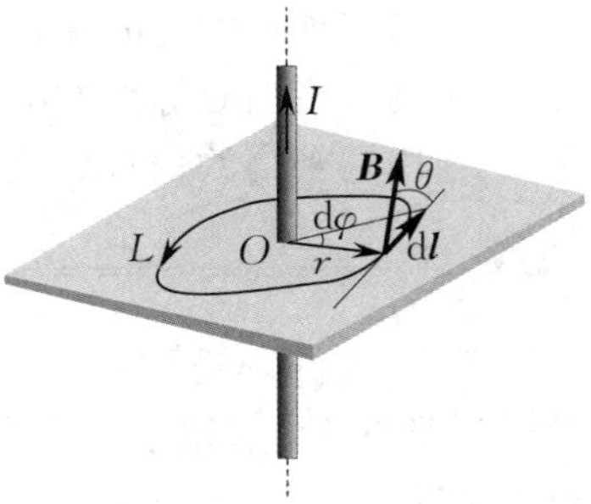

图 9.13　闭合回路包围电流时 **B** 的环流

如图 9.13 所示,通过 O 点作一垂直于导线的平面,并在该平面上包围 O 点取一回路 L,取逆时针方向为正方向. 在回路 L 上任取一线元 $\mathrm{d}\boldsymbol{l}$,$\boldsymbol{B}$ 与 $\mathrm{d}\boldsymbol{l}$ 的夹角为 θ,则 $\boldsymbol{B}$ 沿 L 的环流为

$$\oint_L \boldsymbol{B}\cdot\mathrm{d}\boldsymbol{l}=\oint_L B\cos\theta\mathrm{d}l=\oint_L\frac{\mu_0 I}{2\pi r}r\mathrm{d}\varphi=\frac{\mu_0 I}{2\pi}\cdot 2\pi=\mu_0 I.$$

不难看出,若 I 的方向相反,则 $\boldsymbol{B}$ 的方向也与图示方向相反,$\boldsymbol{B}$ 与 $\mathrm{d}\boldsymbol{l}$ 的夹角变为 $\pi-\theta$. 上式改写为

$$\oint_L \boldsymbol{B}\cdot\mathrm{d}\boldsymbol{l}=\oint_L B\cos(\pi-\theta)\mathrm{d}l=-\mu_0 I.$$

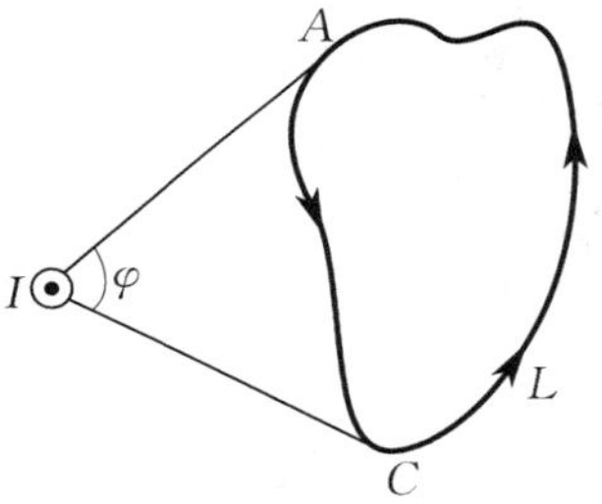

图 9.14　闭合回路不包围电流时 **B** 的环流

任取一不包围电流的闭合环路,如图 9.14 所示,可以证明 $\oint_L \boldsymbol{B}\cdot\mathrm{d}\boldsymbol{l}=0$. 同样,对包围多个电流的闭合回路,可以证明:在真空中的稳恒磁场中,磁感应强度 $\boldsymbol{B}$ 沿任一闭合路径的积分($\boldsymbol{B}$ 的环流)的值,等于 μ_0 乘以该闭合路径所包围的电流的代数和,即

$$\oint_L \boldsymbol{B}\cdot\mathrm{d}\boldsymbol{l}=\mu_0\sum_i I_i. \tag{9.25}$$

这就是真空中磁场的环路定理,也称**安培环路定理**.

安培环路定理中的回路 L 的环绕方向是可以任意选择的. 当电流与回路 L 的环绕方向成右手螺旋关系时,式(9.25)中 I 取正值;反之,电流为负值. 式(9.25)中 $\sum_i I_i$ 是环路 L 所包围的电流的代数和,不包括回路外面的电流,回路以外的电流对 $\oint_L \boldsymbol{B}\cdot\mathrm{d}\boldsymbol{l}$ 是无贡献的.

安培环路定理指出,磁场 $\boldsymbol{B}$ 中的环流 $\oint_L \boldsymbol{B}\cdot\mathrm{d}\boldsymbol{l}=\mu_0\sum_i I_i\neq 0$,所以,磁场的基本性质与静电场是不同的. 静电场是保守场,磁场是非保守场,它没有一个与静电场中的电势 φ 相对应的物理量. 这是该定律的意义所在.

2. 用安培环路定理求磁场分布

安培环路定理除反映磁场的非保守性外,也可以用来简便地计算某些对称场或均匀场的磁感应强度. 这一点与静电场的高斯定理的应用非常相似. 计算步骤如下:

(1) 根据电流分布的对称性分析磁场分布的对称性.

(2) 选取合适的闭合积分路径 L,并根据其绕向判断其包围电流的正负. 这里需注意,闭合路径 L 的选择一定要便于使积分 $\oint_L \boldsymbol{B}\cdot\mathrm{d}\boldsymbol{l}$ 中的 $\boldsymbol{B}$ 能以标量的形式从积分号中提出来,且保持 θ 为固定值.

(3) 利用安培环路定理求出 $\boldsymbol{B}$ 的数值,并确定 $\boldsymbol{B}$ 的方向.

能够直接用安培环路定理计算磁场分布的情形有以下几种:

① 具有轴对称性的无限长电流，其磁场的分布也有轴对称性；

② 具有平面对称性的电流，其 $\boldsymbol{B}$ 的分布也具有平面对称性，且 $\boldsymbol{B}$ 的方向平行于对称面；

③ 均匀密绕的长直螺线管以及螺绕环中的电流产生的磁场.

例 9－4

试求一均匀载流的无限长圆柱形导体内、外的磁场分布. 设圆柱形导体的半径为 R，通以电流 I.

解 由电流分布具有轴对称性可知，磁场对圆柱体轴线也具有对称性，且磁感应线是在垂直于轴线的平面内、以轴线为中心的同心圆. 这样，可以取通过场点 P 并以轴线为中心的圆作为积分回路 L，圆的半径为 r，回路环绕方向与电流 I 满足右手螺旋关系，如图 9.15(a) 所示. 因此，回路上任一点 $\boldsymbol{B}$ 的大小相等，方向与每点的 $\mathrm{d}\boldsymbol{l}$ 的方向相同. 所以，$\boldsymbol{B}$ 的环流为

$$\oint_L \boldsymbol{B}\cdot\mathrm{d}\boldsymbol{l} = B\oint_L \mathrm{d}l = B\cdot 2\pi r.$$

当 $r > R$ 时，环路 L 包围的电流为

$$\sum_i I_i = I,$$

由安培环路定理有

$$B\cdot 2\pi r = \mu_0 I,$$

可得

$$B = \frac{\mu_0 I}{2\pi r};$$

当 $r < R$ 时，环路 L 包围的电流为

$$\sum_i I_i = \frac{I}{\pi R^2}\pi r^2 = I\frac{r^2}{R^2},$$

所以有

$$B\cdot 2\pi r = \mu_0 I\frac{r^2}{R^2},$$

即

$$B = \frac{\mu_0 I r}{2\pi R^2}.$$

$B-r$ 曲线如图 9.15(b) 所示.

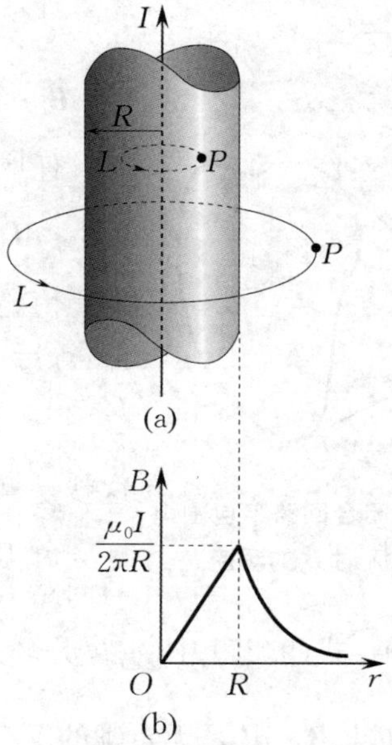

图 9.15 无限长均匀载流圆柱形导体的磁场分布

例 9－5

试求一无限长直载流螺线管内的磁场分布. 设螺线管单位长度上绕有 n 匝线圈，通有电流 I.

解 无限长直载流螺线管内部的磁场是均匀磁场，其磁场分布如图 9.16 所示. 管内部磁感应线平行于轴线，与轴等距离处 $\boldsymbol{B}$ 的大小相等. 管外部贴近管壁处 $\boldsymbol{B}$ 趋近于零. 作一矩形的闭合回路 $abcda$ 为积分回路 L，其绕行方向为顺时针，则 $\boldsymbol{B}$ 的环流为

$$\oint_L \boldsymbol{B}\cdot\mathrm{d}\boldsymbol{l} = \int_{\overline{ab}} \boldsymbol{B}\cdot\mathrm{d}\boldsymbol{l} + \int_{\overline{bc}} \boldsymbol{B}\cdot\mathrm{d}\boldsymbol{l} + \int_{\overline{cd}} \boldsymbol{B}\cdot\mathrm{d}\boldsymbol{l} + \int_{\overline{da}} \boldsymbol{B}\cdot\mathrm{d}\boldsymbol{l}.$$

因为

$$\int_{\overline{ab}} \boldsymbol{B}\cdot\mathrm{d}\boldsymbol{l} = B\overline{ab},\quad \int_{\overline{bc}} \boldsymbol{B}\cdot\mathrm{d}\boldsymbol{l} = 0,$$

$$\int_{\overline{cd}} \boldsymbol{B}\cdot\mathrm{d}\boldsymbol{l} = 0,\quad \int_{\overline{da}} \boldsymbol{B}\cdot\mathrm{d}\boldsymbol{l} = 0,$$

所以由安培环路定理得

$$\oint_L \boldsymbol{B} \cdot \mathrm{d}\boldsymbol{l} = B\,\overline{ab} = \mu_0 nI\,\overline{ab},$$

即

$$B = \mu_0 nI.$$

上式表明，无限长直载流螺线管内任意一点磁感应强度的大小，与通过螺线管的电流和单位长度线圈的匝数成正比. 若螺线管长为 l，总匝数为 N，则磁感应强度大小为

$$B = \mu_0 \frac{N}{l} I.$$

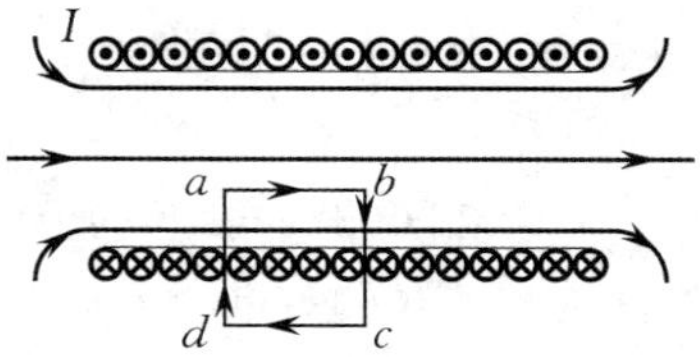

图 9.16　无限长直载流螺线管内的磁场分布

例 9-6

绕在圆环上的螺线形线圈叫作螺绕环. 设螺绕环足够细，平均半径为 R，线圈密绕，总匝数为 N，导线上通过的电流为 I，如图 9.17(a) 所示，求磁场的分布.

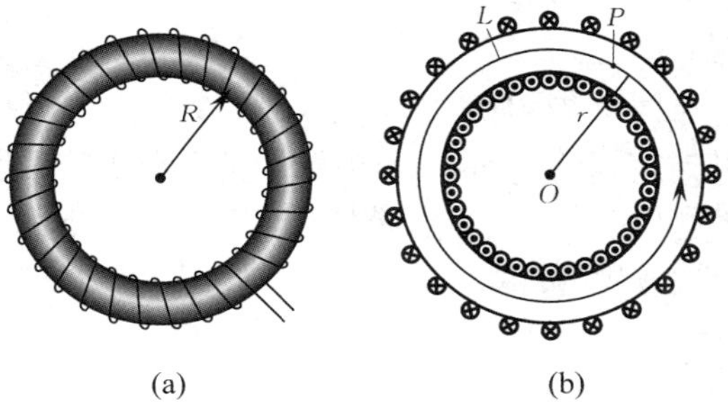

图 9.17　螺绕环内的磁场分布

解　当环上线圈绕得很密时，其磁场几乎全部集中在环内. 根据对称性，环内磁感应线都是同心圆，如图 9.17(b) 所示. 在同一条磁感应线上各点磁感应强度 $\boldsymbol{B}$ 的大小都相等，方向沿着圆的切线方向，且与电流 I 的方向满足右手螺旋定则. 故取一个与环共轴，半径为 r 的圆形闭合路径，根据安培环路定理，有

$$\oint_L \boldsymbol{B} \cdot \mathrm{d}\boldsymbol{l} = B \cdot 2\pi r = \mu_0 NI,$$

因而磁感应强度为

$$B = \frac{\mu_0 NI}{2\pi r}.$$

在螺绕环横截面半径比环的平均半径 R 小得多(细环) 的情形下，可取 $r \approx R$，因而上式可表示为

$$B = \frac{\mu_0 NI}{2\pi R} = \mu_0 nI,$$

式中 $n = \frac{N}{2\pi R}$，表示环上单位长度的线圈匝数.

对环外任一点，若过该点作一与环共轴的圆形闭合路径 L，则因闭合路径 L 所围的总电流为 0，因而 $B = 0$.

上述结果说明，密绕螺绕环的磁场全部限制在环内，磁感应线是一些与环共轴的同心圆. 当环的横截面半径远小于环的平均半径时，环内的磁场 $B = \mu_0 nI$.

9.5　磁力

前面我们讨论了运动电荷(电流) 周围激发的磁场，磁场也是物质存在的一种形式. 因此，把运动的带电粒子、载流导线或载流线圈等置于磁场中，也会受到磁场对它们的作用力，从而引起运动状态发生变化. 这一节将讨论这种作用及其规律.

9.5.1　带电粒子在磁场中的运动

实验证明，一个带电粒子在磁场中所受磁力 $\boldsymbol{F}$ 与粒子的电荷量 q、运动速度 $\boldsymbol{v}$ 以及磁感应强

度 $\boldsymbol{B}$ 有如下关系：

$$\boldsymbol{F} = q\boldsymbol{v} \times \boldsymbol{B}, \tag{9.26}$$

$\boldsymbol{F}$ 的大小为

$$F = qvB\sin\theta, \tag{9.27}$$

式中，θ 是 $\boldsymbol{v}$ 与 $\boldsymbol{B}$ 之间的夹角. $\boldsymbol{F}$ 的方向垂直于 $\boldsymbol{v}$ 与 $\boldsymbol{B}$ 决定的平面，指向与 q 的正负有关. 当 $q>0$ 时，$\boldsymbol{F}$ 的指向为 $\boldsymbol{v}\times\boldsymbol{B}$ 的方向；当 $q<0$ 时，$\boldsymbol{F}$ 的指向与 $\boldsymbol{v}\times\boldsymbol{B}$ 的方向相反，如图 9.18 所示.

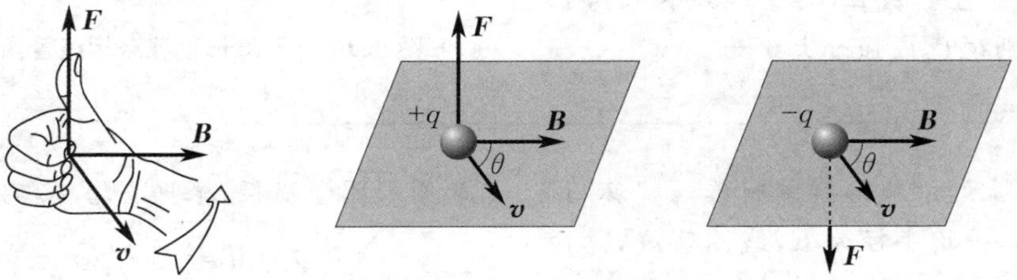

图 9.18　洛伦兹力的方向

式(9.26) 称为**洛伦兹公式**，磁场对运动电荷的作用力叫作洛伦兹力.

根据 $\boldsymbol{v}$ 与 $\boldsymbol{B}$ 的方向关系，可能出现以下三种情况：

(1) 若 $\boldsymbol{v} /\!/ \boldsymbol{B}$，则洛伦兹力 $\boldsymbol{F}=\boldsymbol{0}$，带电粒子将以速度 $\boldsymbol{v}$ 做匀速直线运动.

(2) 若 $\boldsymbol{v}\perp\boldsymbol{B}$，则洛伦兹力的方向垂直于由 $\boldsymbol{v}$ 和 $\boldsymbol{B}$ 所构成的平面，它只能改变带电粒子的速度方向，不能改变其速度大小，当然也就不做功. 因此，带电粒子进入均匀磁场后，若无其他外力作用，将做匀速圆周运动，洛伦兹力提供了向心力. 根据牛顿第二定律，有

$$qvB = m\frac{v^2}{R},$$

其中 m 为带电粒子的质量. 带电粒子做圆周运动的轨道半径为

$$R = \frac{mv}{qB}. \tag{9.28}$$

带电粒子绕圆周转动一圈所用的时间(运动周期) 为

$$T = \frac{2\pi R}{v} = \frac{2\pi}{v}\frac{mv}{qB} = \frac{2\pi m}{qB}. \tag{9.29}$$

带电粒子在单位时间内转动的圈数(运动频率) 为

$$\nu = \frac{1}{T} = \frac{qB}{2\pi m}. \tag{9.30}$$

由式(9.29)、式(9.30) 可知，T，ν 与带电粒子的速度和圆周的半径无关. 在回旋加速器中，正是利用这一性质，使带正电的粒子在交变电场和均匀磁场作用下，被多次累积式地加速而沿着螺旋形的平面轨迹运动，直到粒子的能量足够高时，再被引出加速器去轰击其他粒子.

(3) 若 $\boldsymbol{v}$ 与 $\boldsymbol{B}$ 之间的夹角为 θ，则 $\boldsymbol{v}$ 可以分解为平行于 $\boldsymbol{B}$ 的分速度 $\boldsymbol{v}_{/\!/}$ 和垂直于 $\boldsymbol{B}$ 的分速度 $\boldsymbol{v}_{\perp}$，如图 9.19(a) 所示，其大小分别为 $v_{/\!/}=v\cos\theta$ 和 $v_{\perp}=v\sin\theta$. 此时，粒子的运动将是两个运动的叠加：一是平行于磁场方向的匀速直线运动，速度大小为 $v_{/\!/}$；另一个是运动平面垂直于磁场的匀速圆周运动，速度大小为 $v_{\perp}$. 这样，带电粒子的轨迹将是一条螺旋线，如图 9.19(b) 所示，粒子的回旋半径由式(9.28) 确定，即

$$R = \frac{mv_{\perp}}{qB} = \frac{mv}{qB}\sin\theta.$$

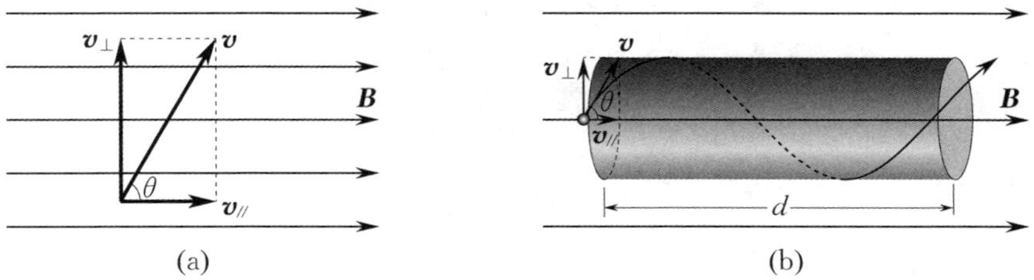

图 9.19　带电粒子在均匀磁场中的螺旋运动

螺旋周期即粒子回旋周期为

$$T=\frac{2\pi R}{v_\perp}=\frac{2\pi m}{qB}. \tag{9.31}$$

螺旋频率即粒子回旋频率为

$$\nu=\frac{1}{T}=\frac{qB}{2\pi m}. \tag{9.32}$$

螺旋线的螺距即粒子回转一周前进的距离

$$h=v_{/\!/}T=\frac{2\pi m}{qB}v\cos\theta. \tag{9.33}$$

上述结果是一种最简单的磁聚焦原理. 如图 9.20 所示,设在均匀磁场中某点 A 发射出一束很窄的带电粒子,它们的速率 v 相差很小,$\boldsymbol{v}$ 与 $\boldsymbol{B}$ 的夹角 θ 不尽相同,但都很小,则有

$$\begin{cases} v_{/\!/}=v\cos\theta\approx v, \\ v_\perp=v\sin\theta\approx v\theta. \end{cases}$$

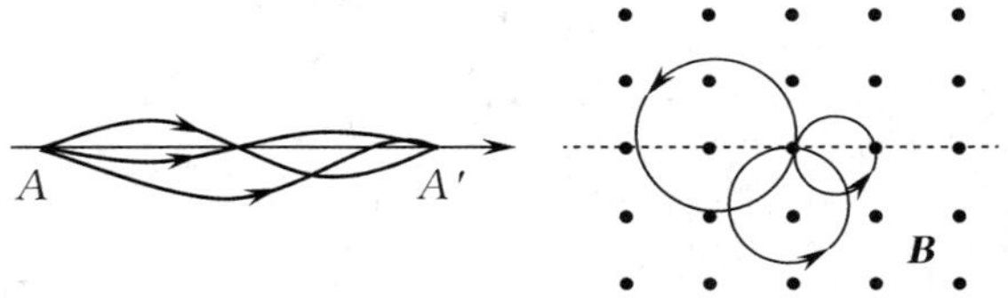

图 9.20　磁聚焦原理

由于这些粒子速度的垂直分量 $v_\perp$ 不同,在磁场作用下,它们将沿不同半径的螺旋线运动. 但由于粒子速度的水平分量 $v_{/\!/}$ 近似相等,它们的螺距 h 也近似相等,所以经过距离 h 后,它们将重新会聚在同一点 A',这与光束通过光学透镜聚焦的现象相似,故称之为磁聚焦现象. 磁聚焦在电子光学中有着广泛的应用.

9.5.2　安培定律

1. 磁场对载流导线的作用

我们知道,导线中的电流(传导电流)是由大量自由电子定向运动而形成的. 因为运动带电粒子在磁场中要受到洛伦兹力的作用,所以载流导线在磁场中所受到的磁力作用的本质可以看成在洛伦兹力的作用下,导体中做定向运动的电子与晶格上的正离子不断地碰撞,把动量传给了导体,从而使整个载流导体在磁场中受到磁力作用.

如图 9.21(a) 所示,在载流导线中任取一电流元 $I\mathrm{d}\boldsymbol{l}$,它与磁感应强度 $\boldsymbol{B}$ 之间的夹角为 φ. 设其中自由电子的漂移速度为 $\boldsymbol{v}$,与 $\boldsymbol{B}$ 之间的夹角为 θ,故 $\theta=\pi-\varphi$. 自由电子受到的洛伦兹力大小为

$$f=evB\sin\theta,$$

其方向与 $\boldsymbol{v}\times\boldsymbol{B}$ 方向相反.

如果电流元的截面积为 S,单位体积中有 n 个自由电子,那么电流元中的自由电子数为 $nS\mathrm{d}l$. 这样,电流元所受的力等于电流元中 $nS\mathrm{d}l$ 个电子所受的洛伦兹力的总和. 因为作用在每个电子上的力的大小、方向都相同,所以磁场作用在电流元上的力的大小为

$$\mathrm{d}F = nS\mathrm{d}l \cdot f = nS\mathrm{d}l \cdot evB\sin\theta.$$

又因为

$$I = neSv,$$

所以

$$\mathrm{d}F = I\mathrm{d}lB\sin\theta.$$

又有

$$\sin\theta = \sin(\pi - \varphi) = \sin\varphi,$$

故

$$\mathrm{d}F = I\mathrm{d}lB\sin\varphi.$$

上式的矢量形式为

$$\mathrm{d}\boldsymbol{F} = I\mathrm{d}\boldsymbol{l} \times \boldsymbol{B}. \tag{9.34}$$

这就是磁场对电流元 $I\mathrm{d}\boldsymbol{l}$ 的作用力，常称为安培力，方向由右手定则来确定，如图 9.21(b) 所示. 式(9.34) 表示的规律就称为**安培定律**.

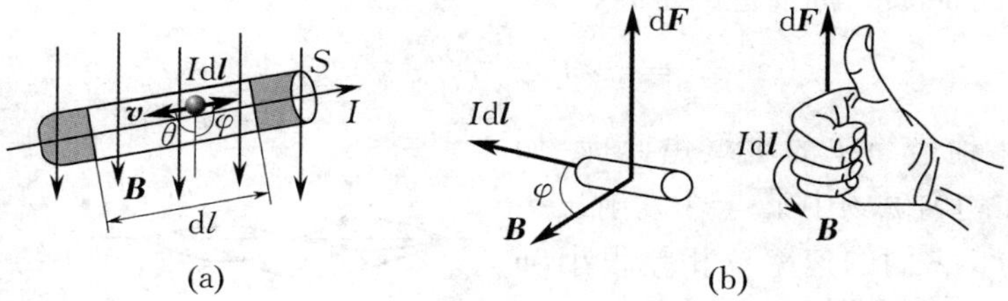

图 9.21　安培力

显然，有限长载流导线在磁场中所受的安培力等于各电流元所受安培力的叠加，即

$$\boldsymbol{F} = \int I\mathrm{d}\boldsymbol{l} \times \boldsymbol{B}.$$

应用安培定律解题的思路如下：

(1) 根据题意画出示意图，在图中标出 $\boldsymbol{B}$ 的方向.

(2) 在载流导线上任取一电流元 $I\mathrm{d}\boldsymbol{l}$，根据右手定则标出 $I\mathrm{d}\boldsymbol{l}$ 的受力方向，根据安培定律写出 $I\mathrm{d}\boldsymbol{l}$ 的受力大小 $\mathrm{d}F$ 的数学表达式.

(3) 建立直角坐标系，写出 $\mathrm{d}\boldsymbol{F}$ 的分量式 $\mathrm{d}F_x$，$\mathrm{d}F_y$ 和 $\mathrm{d}F_z$.

(4) 确定积分上、下限，统一积分变量，分别求出载流导线所受安培力的各分量

$$F_x = \int \mathrm{d}F_x,\quad F_y = \int \mathrm{d}F_y,\quad F_z = \int \mathrm{d}F_z.$$

(5) 按矢量运算法则求出合力 $\boldsymbol{F}$.

例 9-7

设两无限长平行直导线之间的距离为 a，各自通有电流 I_1，I_2，且电流的流向相同，如图 9.22 所示，求 CD 段上单位长度导线所受的安培力.

解　当 AB 通有电流 I_1 时，它在 CD 段上各点的磁感应强度大小为

$$B_1 = \frac{\mu_0 I_1}{2\pi a},$$

方向垂直于两直导线组成的平面向下. 由安培定律可得 CD 段上电流元 $I_2\mathrm{d}\boldsymbol{l}_2$ 受到的安培力的大小为

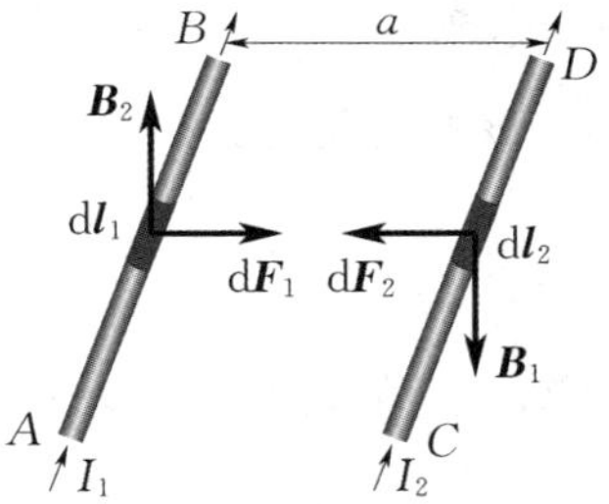

图 9.22 两平行长直载流导线间的安培力

$$dF_2 = B_1 I_2 dl_2 = \frac{\mu_0 I_1 I_2}{2\pi a} dl_2,$$

其方向垂直于 CD 且指向 AB. CD 段上单位长度导线所受的安培力为

$$\frac{dF_2}{dl_2} = \frac{\mu_0 I_1 I_2}{2\pi a}.$$

同理,AB 段上单位长度导线所受的安培力为

$$\frac{dF_1}{dl_1} = \frac{\mu_0 I_1 I_2}{2\pi a}.$$

两平行长直载流导线间的磁相互作用力,在通有同向电流时,是吸引力;通有反向电流时,是排斥力.

例 9-8

一条弯曲的载流平面导线,两端点 A,C 的距离为 L,通有电流 I,导线置于均匀磁场中,$\boldsymbol{B}$ 的方向垂直于导线所在平面,如图 9.23 所示,求该导线所受的安培力.

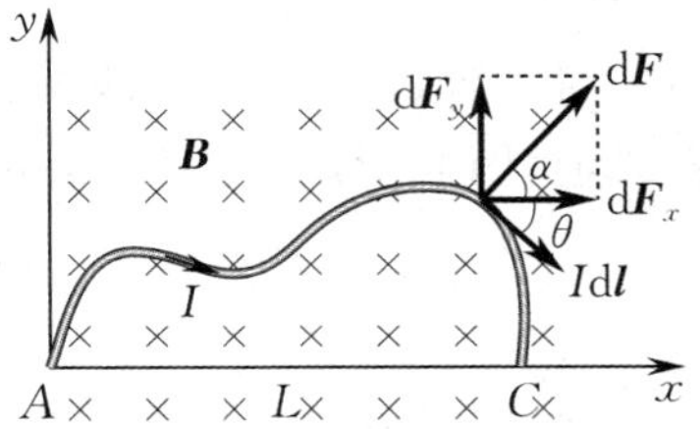

图 9.23 形状不规则的载流导线在均匀磁场中所受的安培力

解 建立如图 9.23 所示的坐标系,在载流导线上任取一电流元 $I\mathrm{d}\boldsymbol{l}$,由安培定律可知,它所受安培力大小为

$$dF = BI dl,$$

方向如图 9.23 所示.

设 $\mathrm{d}\boldsymbol{F}$ 与 x 轴的夹角为 α,则 $\theta = \frac{\pi}{2} - \alpha$,因此 $\mathrm{d}\boldsymbol{F}$ 在 x 轴方向和 y 轴方向的分力大小分别为

$$dF_x = dF\cos\alpha = dF\sin\theta = BI dl\sin\theta,$$
$$dF_y = dF\sin\alpha = dF\cos\theta = BI dl\cos\theta.$$

由图可知

$$dl\sin\theta = -dy,\quad dl\cos\theta = dx,$$

所以

$$dF_x = -BI dy,\quad dF_y = BI dx.$$

确定上、下限并积分,有

$$F_x = -\int_0^0 BI dy = 0,\quad F_y = \int_0^L BI dx = BIL,$$

故载流导线所受的安培力为

$$\boldsymbol{F} = BIL\boldsymbol{j},$$

其中,$\boldsymbol{j}$ 为沿 y 轴正方向的单位矢量.

由上述结果可以看出,在均匀磁场中,平面载流导线所受的安培力,只取决于其始点和终点位置,而与其形状无关. 另外,若导线的始点与终点重合在一起,构成一闭合回路,则始点与终点之间的连线长 L 为零,此闭合回路所受的安培力为零.

2. 磁场对载流线圈的作用 磁力矩

各种发电机、电动机以及各种电磁式仪表都涉及平面载流线圈在磁场中的运动,因此,研究平面载流线圈在磁场中受到的安培力具有重要的实际意义.

任何形状的线圈,都可以看作是由许多直线段构成的,因此,载流线圈在磁场中所受的力,就可看作各直线段的受力之和. 根据这个思路,下面以矩形载流线圈为例,研究它在均匀磁场中的受力情况.

设在磁感应强度为$\boldsymbol{B}$的均匀磁场中，有如图9.24(a)所示的线圈$abcd$（长为l_1，宽为l_2），通有电流I，线圈平面的法向单位矢量$\boldsymbol{e}_n$与$\boldsymbol{B}$的夹角为φ，线圈平面与$\boldsymbol{B}$的夹角为$\theta\left(\theta=\frac{\pi}{2}-\varphi\right)$，则由安培定律可知，$ad$，$bc$两边受力情况分别为

$$F_1'=BIl_1\sin(\pi-\theta),\quad F_1=BIl_1\sin\theta.$$

$\boldsymbol{F}_1$与$\boldsymbol{F}_1'$大小相等，方向相反，且在同一直线上，故对于线圈来说，它们的合力及合力矩均为零.

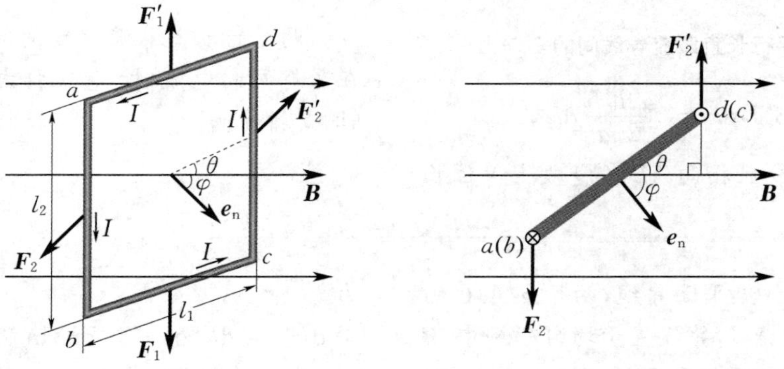

图9.24　矩形载流线圈在均匀磁场中所受的磁力矩

ab，cd两边受力大小分别为$F_2=BIl_2$，$F_2'=BIl_2$，方向如图9.24(b)所示. 这两个力大小相等，方向相反，它们的合力大小虽然为零，但方向不在同一直线上，因而形成一力偶. 它们对线圈作用的磁力矩大小为

$$M=M_1+M_2=F_2\frac{l_1}{2}\cos\theta+F_2'\frac{l_1}{2}\cos\theta=F_2l_1\cos\theta.$$

又因为$\varphi=\frac{\pi}{2}-\theta$，所以$\cos\theta=\sin\varphi$. 于是

$$M=F_2l_1\cos\theta=BIl_2l_1\sin\varphi=BIS\sin\varphi,$$

式中，$S=l_1l_2$，为线圈的面积.

当线圈有N匝时，线圈所受的磁力矩为

$$M=NBIS\sin\varphi.\tag{9.35}$$

考虑到线圈的磁矩$\boldsymbol{m}=NIS\boldsymbol{e}_n$，将线圈所受的磁力矩改写成矢量形式，即

$$\boldsymbol{M}=\boldsymbol{m}\times\boldsymbol{B}.\tag{9.36}$$

式(9.36)虽然是根据矩形线圈的特例导出的，但可以证明，它是关于载流平面线圈所受磁力矩的普适公式.

由式(9.35)和式(9.36)可知，载流线圈在均匀磁场中，只受到磁力矩的作用，线圈不会发生平动，而只有转动. 当$\boldsymbol{e}_n$与$\boldsymbol{B}$的夹角$\varphi=\frac{\pi}{2}$时，线圈所受的磁力矩最大；当$\varphi=0$时，磁力矩为零，此时线圈处于稳定平衡状态；当$\varphi=\pi$时，处于不稳定平衡状态，即此时线圈稍受扰动，就会转向$\varphi=0$的位置. 由此可见，磁力矩总是力图使线圈的磁矩方向转向与$\boldsymbol{B}$的方向一致.

不难看出，载流线圈处于非均匀磁场中时，既要受到磁力矩的作用，还要受到安培力的作用，因此，线圈既要转动，又要平动.

例 9-9

半径为R的半圆形闭合线圈共有N匝，通有电流I，线圈放在均匀磁场中，磁感应强度$\boldsymbol{B}$的方向与线圈的法线方向成60°，如图9.25所示，求：(1) 线圈的磁矩；(2) 此时线圈所受的磁力矩.

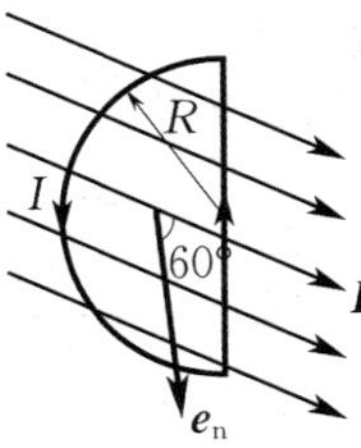

图 9.25 均匀磁场中的半圆形载流线圈

解 (1) 根据线圈磁矩的定义，有

$$\boldsymbol{m} = NIS\boldsymbol{e}_n,$$

则该半圆形线圈的磁矩大小为

$$m = NIS = NI\frac{1}{2}\pi R^2 = \frac{1}{2}NI\pi R^2,$$

磁矩的方向与$\boldsymbol{B}$的夹角为60°.

(2) 由磁力矩的定义$\boldsymbol{M} = \boldsymbol{m} \times \boldsymbol{B}$可得，半圆形线圈所受磁力矩的大小为

$$M = mB\sin 60° = \frac{1}{2}NI\pi R^2 B \times \frac{\sqrt{3}}{2}$$

$$= \frac{\sqrt{3}}{4}NIB\pi R^2,$$

方向垂直于$\boldsymbol{B}$，$\boldsymbol{e}_n$.

思考题9

9-1 试述第一个揭示电流磁效应的科学家及其实验，并讨论下列问题：

(1) 小磁针在电流周围或永久磁铁周围为什么会发生偏转？

(2) 怎样用小磁针来判定空间磁场的方向？

(3) 永久磁铁周围的磁场是什么激发的？

(4) 传导电流是电荷在导体中定向运动形成的. 那么，电流I与电流密度$\boldsymbol{j}$的关系是什么？

9-2 一个静止的点电荷能在它的周围空间任一点激起电场；一个电流元是否也能在它的周围空间任一点激起磁场？

9-3 如图9.26所示，两电流元$I_1 d\boldsymbol{l}_1$和$I_2 d\boldsymbol{l}_2$距离为r，并互相垂直. 这两电流元之间的相互作用力是否大小相等，方向相反？如果不是，那么是否违反牛顿第三定律？

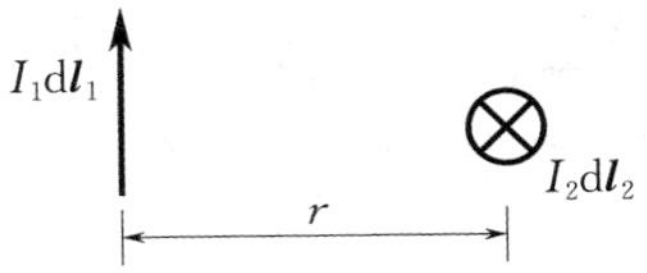

图 9.26

9-4 何谓磁通量Φ_m？说明其正、负的物理意义.

(1) 在如图9.27所示的均匀磁场$\boldsymbol{B}$中，有一S面，试求S面取图示不同角度时，通过S面的Φ_m($\boldsymbol{e}_n$为法向单位矢量)；

(2) 在非均匀磁场中，Φ_m的一般表达式为$\Phi_m = \int d\Phi_m =$ ________；

(3) 通过一闭合曲面的$\Phi_m =$ ________.

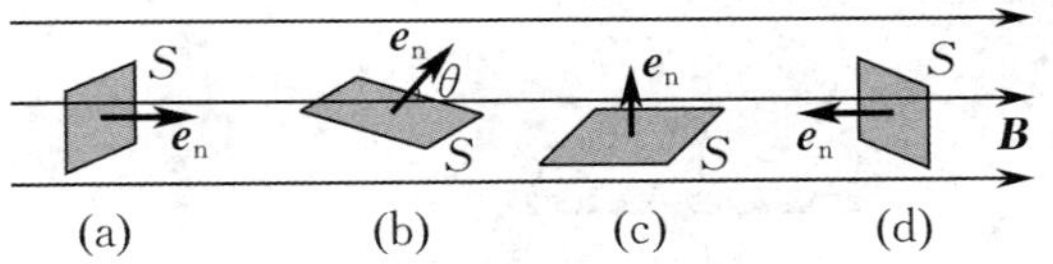

图 9.27

9-5 列出安培环路定理的表达式，讨论其物理意义，并写出图9.28所示的不同情况下对于不同回路的安培环路定理的具体形式.

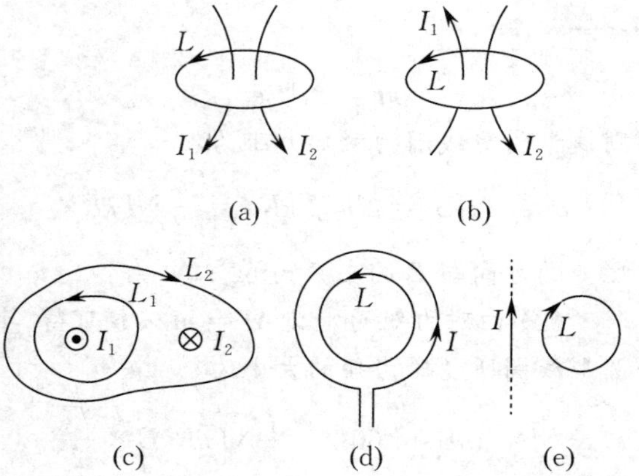

图 9.28

9－6 关于稳恒磁场的磁感应强度 $\boldsymbol{B}$，下列几种说法中哪一种是正确的？

（1）磁感应强度 $\boldsymbol{B}$ 仅与传导电流有关；

（2）若闭合曲线内没有包围传导电流，则曲线上各点的磁感应强度 $\boldsymbol{B}$ 必为零；

（3）若闭合曲线上各点的磁感应强度 $\boldsymbol{B}$ 均为零，则该曲线所包围的电流的代数和为零；

（4）以闭合曲线 L 为边缘的任意曲面上通过的磁通量均相等.

9－7 分析如图 9.29 所示的正、负载流子（带电粒子）在磁场中的受力和运动情况，并判断以下说法的正误：

（1）一质子束射入场中，其轨迹为抛物线，可知此空间存在电场；

（2）同上，但质子未做圆周运动，表明此空间存在磁场；

（3）同上，但其轨迹为直线，则说明此空间不存在电场和磁场；

（4）带电粒子在磁场力作用下做匀速圆周运动，其半径与速率 v 成正比，其周期与 v 无关.

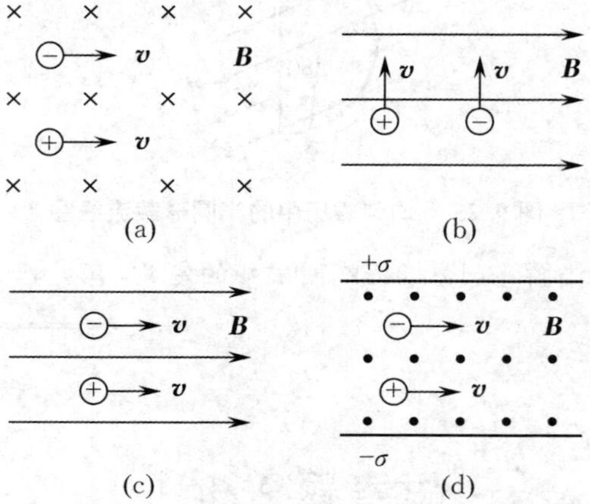

图 9.29

习题 9

9－1 如图 9.30 所示，设有一均匀带正电的细棒 AC，带电量为 q，长为 L，以速度 $\boldsymbol{v}$ 沿垂直于棒方向运动，求细棒 AC 延长线上离 C 端距离为 L 的一点 P 处的磁感应强度 $\boldsymbol{B}$ 的大小和方向.

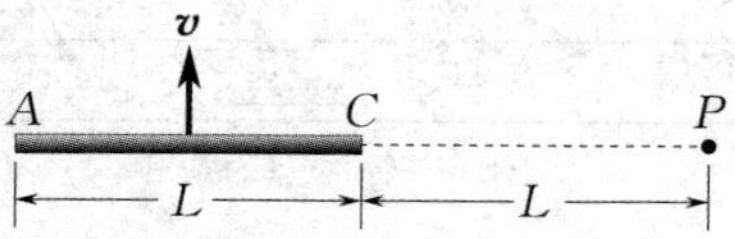

图 9.30

9－2 一圆形载流导线的圆心处的磁感应强度大小为 B_1. 若保持 I 不变，将导线改为正方形，其中心处的磁感应强度大小变为 B_2，试求 $\frac{B_2}{B_1}$.

9－3 如图 9.31 所示，用均匀细金属丝制成一半径为 R 的圆环，电流通过直导线 1 从 a 点流入圆环，再由 b 点通过直导线 2 流出圆环. 设导线 1，导线 2 与圆环共面，求环心 O 点的磁感应强度 $\boldsymbol{B}$.

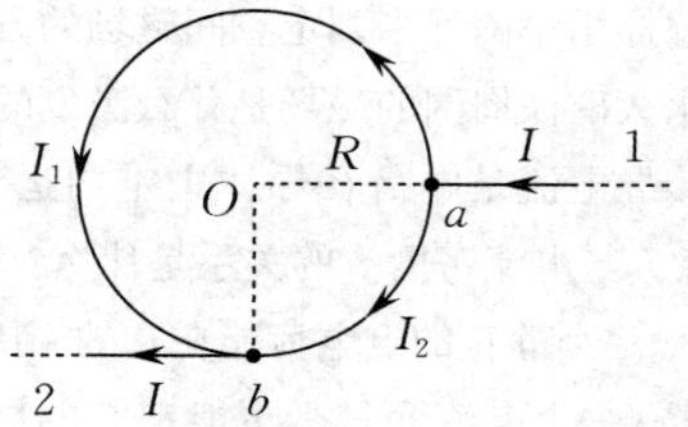

图 9.31

9－4 一根无限长细导线通有电流 I，折成如图 9.32 所示的形状，圆弧部分的半径为 R，求图 9.32(a)，(b)，(c) 三种形状下圆心处的磁感应强度 $\boldsymbol{B}$.

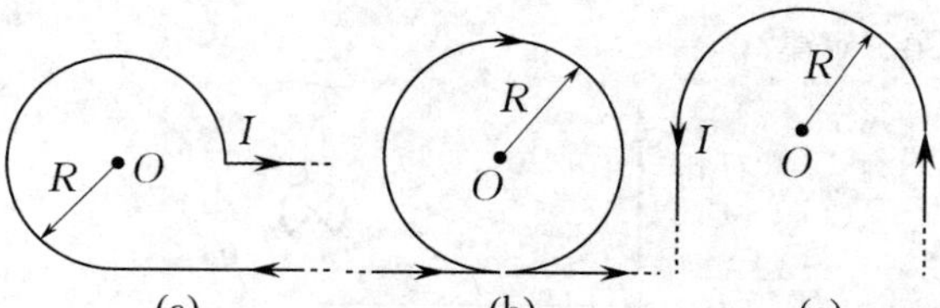

图 9.32

9-5 在一半径 $R=4$ cm的无限长半圆柱形金属薄片中，有电流 $I=20$ A自上而下地流过，电流分布均匀. 如图9.33所示，试求圆柱轴线上任一点 P 处的磁感应强度大小.

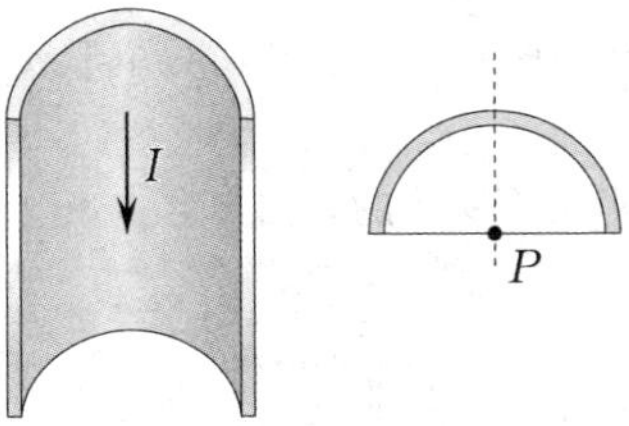

图 9.33

9-6 如图9.34所示，两平行长直导线相距40 cm，每条导线都通有电流 $I=200$ A，求：

(1) 两导线所在平面内与两导线等距的一点 A(图中未标)处的磁感应强度；

(2) 通过图中矩形面积(阴影部分)的磁通量. 已知 $r_1=r_3=10$ cm，$r_2=20$ cm，$l=25$ cm.

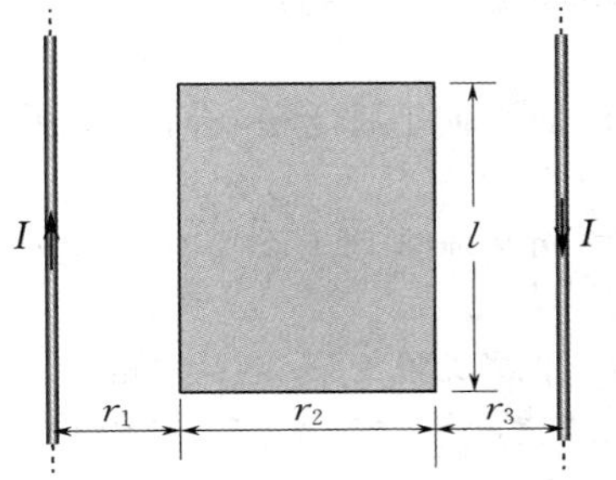

图 9.34

9-7 如图9.35所示，一根半径为 R 的实心铜导线，均匀流过的电流为 I，在导线内部作一平面 S，试求：

(1) 磁感应强度的分布；

(2) 单位长度导线内通过平面 S 的磁通量.

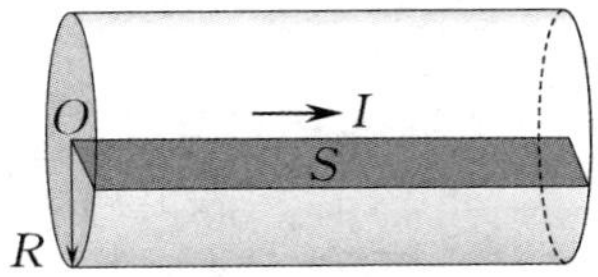

图 9.35

9-8 如图9.36所示，一同轴电缆的内、外导体中的电流均为 I，且在横截面上均匀分布，但两者电流的流向相反，试计算以下各处的磁感应强度：

(1) $r<R_1$；

(2) $R_1<r<R_2$；

(3) $R_2<r<R_3$；

(4) $r>R_3$.

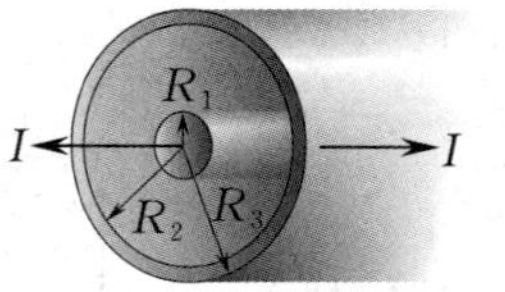

图 9.36

9-9 用来测定离子质量的质谱仪如图9.37所示. 离子源S产生质量为 m，电量为 q 的离子，离子的初速度很小，可看作是静止的，经电势差 U 加速后离子进入磁感强度为 $\boldsymbol{B}$ 的均匀磁场，并沿一半圆形轨迹到达离入口处距离为 x 的感光底片上，试证明该离子的质量为

$$m=\frac{B^2q}{8U}x^2.$$

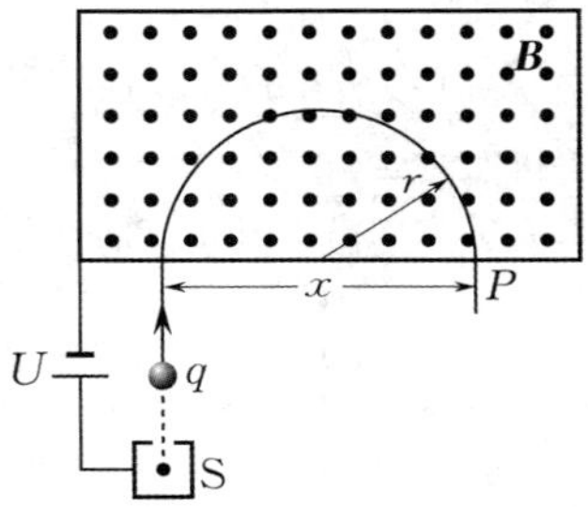

图 9.37

9-10 如图9.38所示，一个动量为 $\boldsymbol{p}$ 的电子(带电量为 $-e$)，沿图示方向入射并穿过一个宽度为 D、磁感应强度为 $\boldsymbol{B}$(方向垂直纸面向外)的均匀磁场区域，试求该电子出射方向与入射方向间的夹角 α.

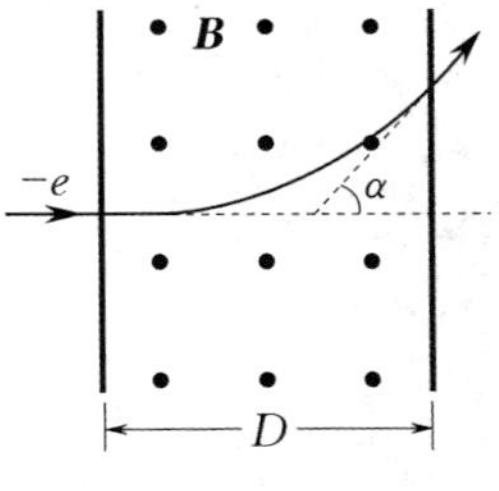

图 9.38

9-11 电子在磁感应强度大小为 2.0×10^{-3} T的均匀磁场中，沿半径 R 为2.0 cm的螺旋线运动，螺距 h 为5.0 cm，如图9.39所示，求电子的速度.

9-12 一通有电流为 I 的导线，弯成如图9.40所示的形状，放在磁感应强度为 $\boldsymbol{B}$ 的均匀磁场中，$\boldsymbol{B}$ 的方向为垂直纸面向里，问此导线受到的安培力为多少？

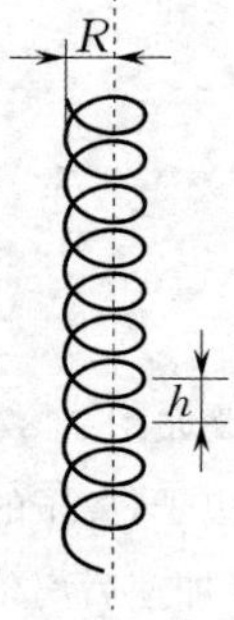

图 9.39

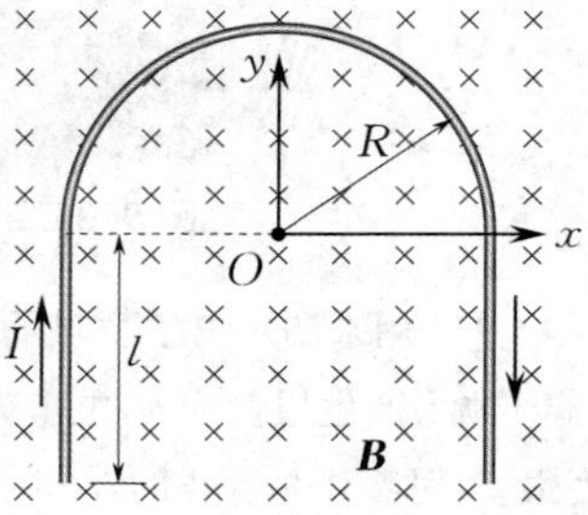

图 9.40

9-13 载流圆线圈半径 $R=200\ \text{mm}$, $I=10\ \text{A}$,置于均匀磁场 $B=1.0\ \text{T}$ 中,如图 9.41 所示. $\boldsymbol{B}$ 的方向与线圈平面垂直,问:

(1) a,b,c,d 各处的 1 cm 长的电流元所受的力各为多少?

(2) 半圆 abc 所受的合力为多少?

(3) 线圈将如何运动?

(4) 如果 $\boldsymbol{B}$ 的方向沿 x 轴正方向,情况又如何?

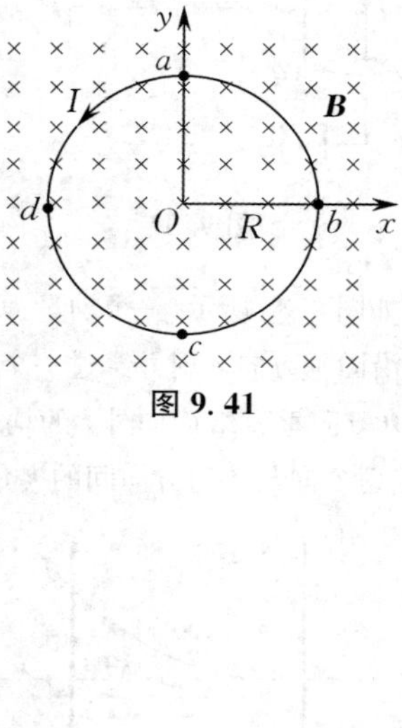

图 9.41

9-14 如图 9.42 所示,在长直导线 AB 内通有电流 $I_1=10\ \text{A}$,在矩形线圈 $CDEF$ 中通有电流 $I_2=20\ \text{A}$, AB 与线圈共面,且 CD, EF 都与 AB 平行. 已知 $a=9.0\ \text{cm}$, $b=20.0\ \text{cm}$, $d=1.0\ \text{cm}$,求:

(1) 导线 AB 所产生的磁场对矩形线圈每条边的作用力;

(2) 矩形线圈所受的合力与合力矩.

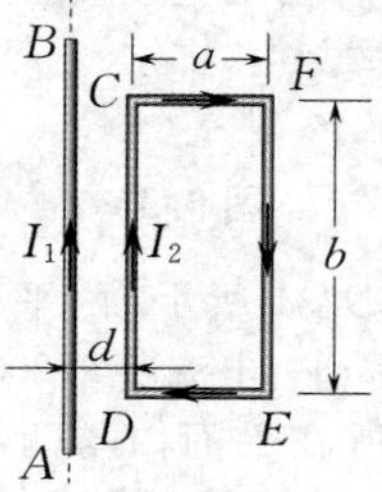

图 9.42

9-15 一个正方形线圈,每边长度为 0.6 m,通有 0.1 A 的电流,放在一个强度为 10^{-4} T 的均匀磁场中,求:

(1) 线圈平面平行于磁场时线圈所受到的磁力矩;

(2) 线圈平面垂直于磁场时线圈所受到的磁力矩.

9-16 两条无限长平行直导线相距 5.0 cm,各通有 30 A 的电流,求一条导线上单位长度电流元受到的安培力. 如果导线中没有正离子,只有电子在定向运动,那么一条导线上单位长度电流元受到的来自另一条导线的电场力为多大?电子的定向运动速度为 1.0×10^{-3} m/s.

第10章

电磁感应

通电导线周围可以产生磁场，那么磁是否也能产生电？自 1820 年奥斯特发现电流的磁效应后，磁生电的研究迅速展开. 然而，这个研究没有那么顺利，物理学家做了大量的实验，都与电磁感应失之交臂. 直到 1831 年，法拉第(Faraday，1791—1867) 通过坚持不懈的努力，依靠精湛的实验能力和敏锐的洞察力，终于发现并总结出了电磁感应的规律. 电磁感应现象的发现，是电磁学领域的重大成就. 在理论上，电磁感应定律为揭示电与磁之间的相互联系和相互转化规律奠定了实验基础，同时它也是麦克斯韦电磁理论的基本组成部分之一；在实践上，它为电磁学在技术应用方面打开了一扇大门，为人类获取巨大而廉价的电能开辟了道路，是电气化工业革命的重要标志.

本章主要讨论电磁感应现象及其基本规律，以及动生电动势和感生电动势.

10.1　电源　电动势

当用导线连接一已充电的电容器(参见选学 Ⅳ) 两极板时，导线中的自由电子在静电力的作用下沿导线向正极板做定向运动，形成电流. 负极板上的负电荷很快与正极板上的正电荷中和，两极板间的电场强度和电势差也随之减小，直至消失，此电路中的电流是暂时的. 可见，要在导体中长时间维持电流，光靠静电力是不够的，当正、负电荷中和后，必须有一种装置提供力和能量，让负电荷和正电荷重新分开，把负电荷拉回到负极板，从而维持电路中电场和电势差，使电荷持续流动，形成稳定的电流，这种装置便是电源. 电源的种类很多，常见的有电池、发电机等，可将化学能、光能或机械能转变为电能.

图 10.1 所示为一有电源的闭合电路. 在电源外的电路中，由于正、负极电荷的积累，在导线中形成由正极指向负极的静电场，正电荷在静电力的作用下，由正极流向负极，形成电流. 在电源内部，为维持稳定电势差，需要将正电荷从负极重新移到正极. 此时，电源内部的静电力 $\boldsymbol{F}_e$ 还会阻碍正电荷回到正极. 因此，电源内部需要一种本质上不同于静电力的力来克服静电力，把正电荷重新移到正极，这种力称为非静电力 $\boldsymbol{F}_k$. 电源实际上就是提供这种非静电力的装置.

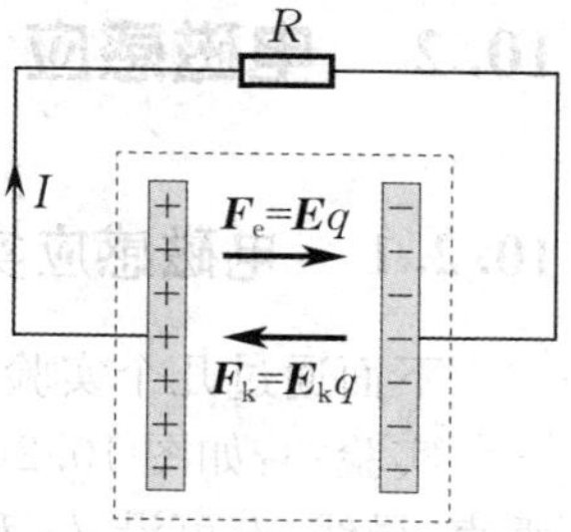

图 10.1　有电源的闭合电路

在不同类型的电源内部，产生非静电力的机制各不相同，例如，化学电池中的非静电力来源于化学反应，普通发电机中的非静电力来源于洛伦兹力，温差电源的非静电力来源于与温度差和电子的浓度差相联系而导致的电子扩散作用，等等. 类似于静电力，非静电力的大小与电荷量成正比. 因此，可定义非静电场强度为

$$\boldsymbol{E}_k = \frac{\boldsymbol{F}_k}{q}, \tag{10.1}$$

其大小等于单位电荷所受到的非静电力大小，方向与正电荷受到的非静电力方向相同. 不同电源产生的非静电力不同，相同的正电荷从负极到正极，非静电力所做的功也是不同的，这表明电源转化能量的本领不同. 为了描述不同电源转化能量的本领大小，引入电动势的概念. 若 W_k 为单位正电荷 q 从正极沿整个电路绕行一周时电源内部非静电力所做的功，则电源电动势可表示为

$$\mathscr{E}=\frac{W_k}{q}. \tag{10.2}$$

由功的定义可知，非静电力对电荷所做的功等于非静电力从正极绕电路一周路径的线积分，即

$$W_k=\oint \boldsymbol{F}_k\cdot \mathrm{d}\boldsymbol{l}=q\oint \boldsymbol{E}_k\cdot \mathrm{d}\boldsymbol{l}. \tag{10.3}$$

对于某些电源，非静电力只存在于电源内部，非静电力对电荷所做的功等于其从负极经电源内部到达正极的积分，即

$$W_k=q\int_{-}^{+}\boldsymbol{E}_k\cdot \mathrm{d}\boldsymbol{l}. \tag{10.4}$$

将式(10.3) 和式(10.4) 代入式(10.2)，可得

$$\mathscr{E}=\oint \boldsymbol{E}_k\cdot \mathrm{d}\boldsymbol{l}=\int_{-}^{+}\boldsymbol{E}_k\cdot \mathrm{d}\boldsymbol{l}, \tag{10.5}$$

即电源电动势等于将单位正电荷沿电路绕行一周或在电源内部从负极移动到正极时非静电力所做的功.

电动势是一个标量，在国际单位制中，其单位为伏[特](V). 通常规定在电源内部由负极指向正极的方向为电动势正方向. 对于某些电源，整个电路中都有可能存在静电力和非静电力(如闭合线圈的磁通量发生变化时)，当电荷绕行电路一周时静电力和非静电力对它所做的功为

$$W_k=\oint(\boldsymbol{F}_k+\boldsymbol{F}_e)\cdot \mathrm{d}\boldsymbol{l}=q\oint(\boldsymbol{E}_k+\boldsymbol{E})\cdot \mathrm{d}\boldsymbol{l}=q\oint \boldsymbol{E}_k\cdot \mathrm{d}\boldsymbol{l}+q\oint \boldsymbol{E}\cdot \mathrm{d}\boldsymbol{l}=q\oint \boldsymbol{E}_k\cdot \mathrm{d}\boldsymbol{l}. \tag{10.6}$$

由于静电场是保守场，静电力沿闭合路径做功为零. 可见，电荷在静电力和非静电力的共同作用下绕行电路一周，本质上是将非静电力所做的功(电源能量) 通过电路转化成了其他形式的能量.

10.2 电磁感应

10.2.1 电磁感应实验规律

下面通过几个实验说明什么是电磁感应现象，并从中归纳出产生电磁感应现象的条件.

实验一：如图 10.2(a) 所示，矩形回路 $abcd$ 与电流计 G 连成闭合回路，回路平面与磁场方向垂直，导线 ab 可沿 da 和 cb 滑动，并保持良好接触. 当导线 ab 在磁场中以速率 v 向右或向左运动时，回路面积增大或减小，电流计指针发生偏转，表明此回路中有电流，而当 ab 停止运动时，则电流计指针不发生偏转. 实验还发现，指针偏转的幅度与导线 ab 的运动速率 v 成正比.

实验二：如图 10.2(b) 所示，当磁铁插入或拔出闭合螺线管 A 时，电流计指针均会发生偏转，但偏转的方向相反，且偏转的幅度与磁铁和闭合螺线管的相对运动速度有关. 当磁铁与闭合螺线管没有相对运动时，电流计指针不发生偏转.

实验三：如图 10.2(c) 所示，闭合线圈所在区域的磁感应强度不变，但当闭合线圈在磁场中旋转时，同样会观察到电流计指针的偏转.

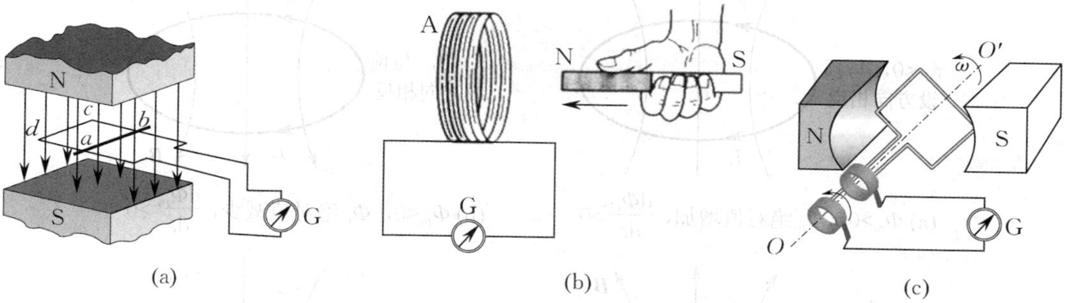

图 10.2　几个电磁感应实验

分析上述实验可知，电流计指针发生偏转的原因是通过闭合回路的磁通量发生了变化.

在实验一中，外界磁场虽未改变，但闭合回路所包围的面积发生了改变，导致通过闭合回路的磁通量发生变化.

在实验二中，闭合回路面积虽未改变，但外界磁场发生了改变（当磁铁靠近线圈时，线圈中的磁场增加，反之减弱），从而使得通过闭合回路的磁通量发生变化.

在实验三中，外界磁场和闭合回路面积虽未改变，但当线圈转动时，线圈平面与磁场方向的夹角发生了变化，使得通过闭合回路的磁通量发生了变化.

因此，不论什么原因，只要通过闭合回路所包围曲面的磁通量发生变化，回路中就会有电流产生. 这种由于回路中磁通量变化而激发电流的现象叫作**电磁感应现象**，回路中所产生的电流叫作**感应电流**.

10.2.2　法拉第电磁感应定律

当通过闭合回路的磁通量发生变化时，回路中就会产生感应电流，这就意味着回路中有电动势存在. 这种由于回路中的磁通量变化而产生的电动势叫作**感应电动势**. 实验发现，当回路不闭合时，虽然没有感应电流，但仍可以产生感应电动势.

法拉第对电磁感应现象做了详细研究，总结出感应电动势与磁通量变化率之间的定量关系：回路中由于磁通量变化而引起的感应电动势正比于磁通量对时间变化率，即

$$\mathscr{E}_{\mathrm{i}} = -k\frac{\mathrm{d}\Phi_{\mathrm{m}}}{\mathrm{d}t}, \tag{10.7}$$

式中 k 为比例常数. 当 $\mathscr{E}_{\mathrm{i}}$，Φ_{m} 和 t 的单位都取国际单位制时，$k=1$. 于是式(10.7) 可写成

$$\mathscr{E}_{\mathrm{i}} = -\frac{\mathrm{d}\Phi_{\mathrm{m}}}{\mathrm{d}t}. \tag{10.8}$$

式(10.8) 为法拉第电磁感应定律的数学表达式. 由式(10.8) 可知，回路中感应电动势的大小只与通过回路的磁通量对时间的变化率有关，而与通过回路的磁通量及回路的材料无关.

感应电动势的方向由公式中的"—"号决定，具体判断方法如下：选定回路 L 的绕行方向并规定与绕行方向成右手螺旋关系的磁通量为正，反之为负. 当通过闭合回路所包围面积的磁通量增加 $\left(\frac{\mathrm{d}\Phi_{\mathrm{m}}}{\mathrm{d}t}>0\right)$ 时，感应电动势 $\mathscr{E}_{\mathrm{i}}<0$，此时感应电动势的方向与回路 L 的绕行方向相反；当通过闭合回路所包围面积的磁通量减少 $\left(\frac{\mathrm{d}\Phi_{\mathrm{m}}}{\mathrm{d}t}<0\right)$ 时，感应电动势 $\mathscr{E}_{\mathrm{i}}>0$，此时感应电动势的方向与回

路 L 的绕行方向相同，如图 10.3 所示.

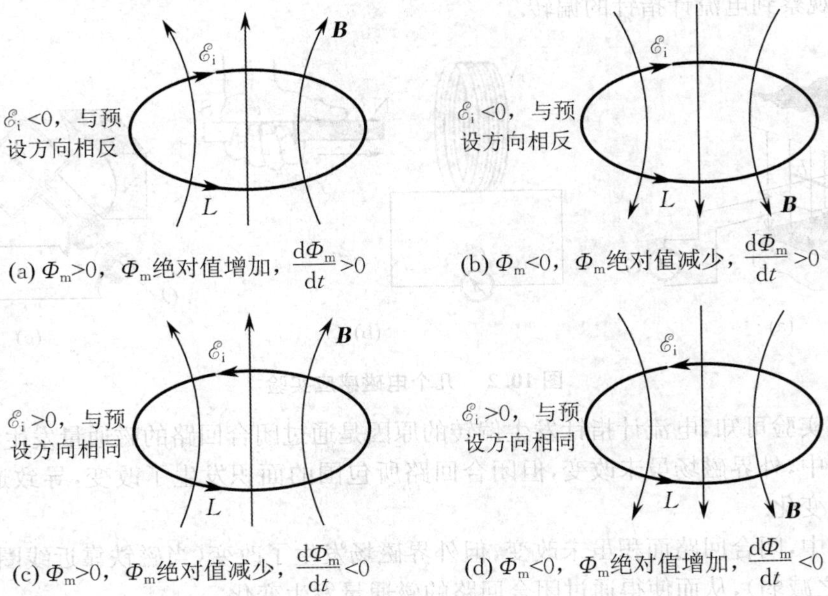

图 10.3　感应电动势的方向

式(10.8)中的 Φ_m 是通过回路的总磁通量. 如果回路是 N 匝，那么当磁通量变化时，每匝中都将产生感应电动势. 由于匝与匝之间是互相串联的，整个线圈的总电动势就等于各匝所产生的电动势之和，即如果 $\Phi_{m1},\Phi_{m2},\cdots,\Phi_{mN}$ 分别表示通过各匝线圈的磁通量，那么总电动势为

$$\mathscr{E}_i=-\frac{d\Phi_{m1}}{dt}-\frac{d\Phi_{m2}}{dt}-\cdots-\frac{d\Phi_{mN}}{dt}=-\frac{d}{dt}\Big(\sum_{i=1}^{N}\Phi_{mi}\Big). \tag{10.9}$$

如果通过每匝线圈的磁通量相同且为 Φ_m 时，那么通过 N 匝密绕线圈的磁通量可用磁链(全磁通)表示为

$$\Psi=N\Phi_m,$$

总的电动势为

$$\mathscr{E}_i=-\frac{d\Psi}{dt}. \tag{10.10}$$

如果闭合回路的电阻为 R，那么回路中的感应电流为

$$I=\frac{\mathscr{E}_i}{R}. \tag{10.11}$$

令 t_1 时刻通过回路的磁通量为 Φ_{mt_1}，t_2 时刻通过回路的磁通量为 Φ_{mt_2}，由 $I=\frac{dq}{dt}$ 可得

$$dq=Idt=-\frac{1}{R}\frac{d\Phi_m}{dt}dt=-\frac{d\Phi_m}{R},$$

故在 $\Delta t=t_2-t_1$ 时间内，通过回路的感应电量为

$$q=\int_{\Phi_{mt_1}}^{\Phi_{mt_2}}-\frac{d\Phi_m}{R}=\frac{1}{R}(\Phi_{mt_1}-\Phi_{mt_2}). \tag{10.12}$$

由此可见，回路中的感应电量只与磁通量的变化量有关，而与磁通量无关.

10.2.3　楞次定律

1834 年，楞次（Lenz，1804—1865）在大量实验事实的基础上，给出了感应电流方向与磁通量变化关系的另一种表达：当通过闭合回路所围面积的磁通量发生变化时，感应电动势产生的感应电流方向，总是使感应电流所激发的磁场通过回路的磁通量阻碍原磁通量的变化，这个规律叫作**楞次定律**.

需要注意的是：楞次定律中“阻碍”的是“原磁通量的变化”，而不是磁通量本身；阻碍并不意味着抵消.

如图 10.4 所示，当磁铁向左运动时，通过线圈包围面积的磁通量增加. 由楞次定律可知，感应电流产生的磁场必阻碍磁通量增加，即方向与磁铁产生的磁场方向大致相反. 由右手螺旋定则可知，线圈中的感应电流为图示的方向. 这时，线圈中感应电流产生的磁场可等价地看作 N 极在右、S 极在左的磁棒产生的磁场，该磁场会阻碍条形磁铁的运动. 同理，当磁铁向右运动时，线圈中的感应电流与图示的方向相反. 这时，线圈中感应电流产生的磁场可等价地看作 N 极在左、S 极在右的磁棒产生的磁场，该磁场仍然会阻碍条形磁铁的运动.

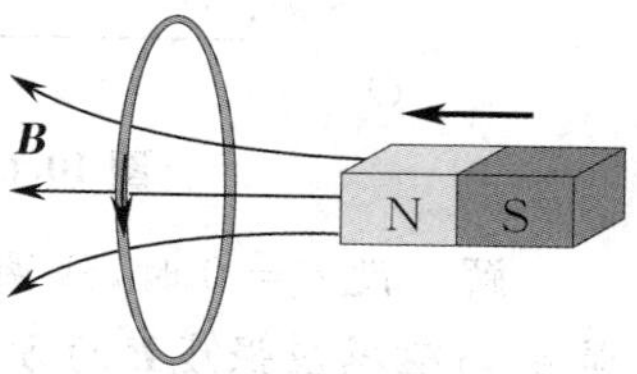

图 10.4　楞次定律

可见，无论磁铁的运动方向如何，线圈中感应电流产生的磁场总是阻碍条形磁铁的运动. 对此，可以从能量的观点来分析，要维持条形磁铁的运动，作用在条形磁铁的外力必须克服线圈中感应电流产生的磁场对磁铁运动的阻碍作用而做功. 在线圈中，由于产生了感应电流，因此也会产生焦耳热. 由能量守恒可知，线圈中感应电流在导线中产生的焦耳热来源于维持条形磁铁的运动时作用在条形磁铁上的外力所做的功，楞次定律与能量转化和守恒定律是一致的. 实际上，楞次定律是能量转化和守恒定律的必然结果，若不满足楞次定律，则必然违背了能量守恒.

用楞次定律判断感应电流方向的步骤如下：

（1）确定通过闭合回路的原磁通量的变化趋势，即判断通过闭合回路的原磁场沿什么方向，发生什么变化（增加或减少）.

（2）根据楞次定律确定感应电流所激发的磁场沿什么方向（与原来的磁场反向还是同向）.

（3）根据右手螺旋定则，由感应电流产生的磁场方向确定感应电流的方向.

例 10-1

判断图 10.5 中电键 K 断开瞬间线圈 A 中感应电流的方向.

解　线圈 A 中的感应电流，是由载流线圈 B 中电流的改变引起的. 根据右手螺旋定则，当电键 K 断开时，通过线圈 A 的磁通量减少. 根据楞次定律，线圈 A 中感应电流的磁场应阻碍通过该线圈的磁通量减少. 再根据右手螺旋定则，从线圈 B 向线圈 A 看去，感应电流的方向应当是逆时针方向.

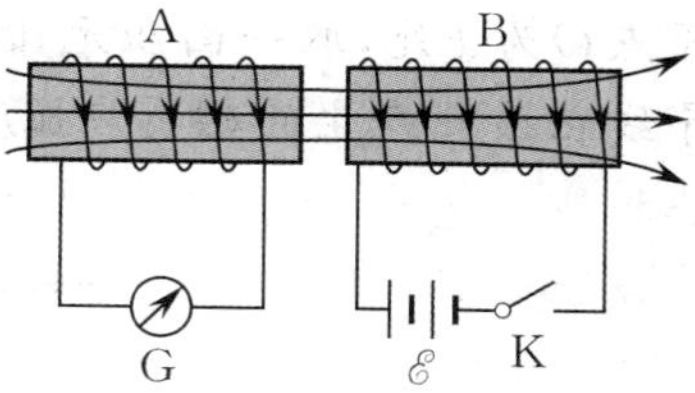

图 10.5

例 10-2

在图 10.6 中，面积为 S 的线圈共有 N 匝，放在均匀磁场 $\boldsymbol{B}$ 中，线圈可绕 OO' 轴转动. 若线圈匀速转动的角速度为 ω，求线圈中的感应电动势.

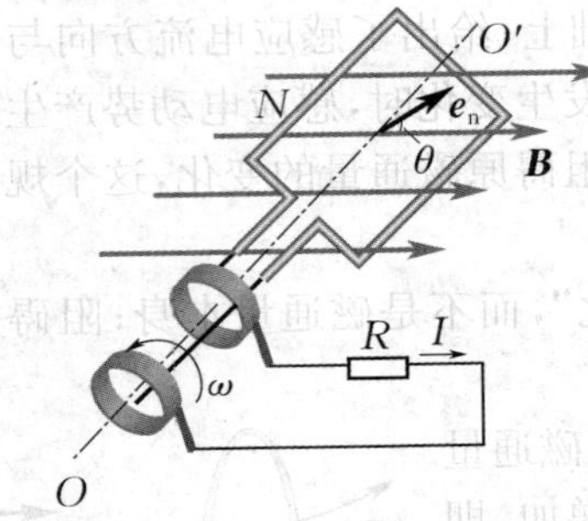

图 10.6

解 设 $t=0$ 时，线圈平面的法向单位矢量 e_n 与磁感应强度 B 的方向平行，那么，在 t 时刻，e_n 与 B 之间的夹角 $\theta=\omega t$，此时，通过 N 匝线圈的磁链为

$$\Psi = N\Phi_m = NBS\cos\theta = NBS\cos\omega t.$$

由电磁感应定律可得，线圈中的感应电动势为

$$\mathscr{E}_i = -\frac{d\Psi}{dt} = -\frac{d}{dt}(NBS\cos\omega t) = NBS\omega\sin\omega t,$$

式中 N,S,B 和 ω 均是常量. 令 $\mathscr{E}_m = NBS\omega$，则上式可写成

$$\mathscr{E}_i = \mathscr{E}_m\sin\omega t.$$

若线路总电阻为 R，则闭合回路中的感应电流为

$$I = \frac{\mathscr{E}_i}{R} = \frac{\mathscr{E}_m}{R}\sin\omega t = I_m\sin\omega t.$$

式中的 $\mathscr{E}_i$ 和 I 均为时间的正弦函数，称为正弦交流电，简称交流电. 这就是交流发电机的原理.

例 10-3

如图 10.7 所示，在长直载流导线旁，有一与直导线共面且以速度 v 远离导线运动的矩形线圈，求矩形线圈中的感应电动势.

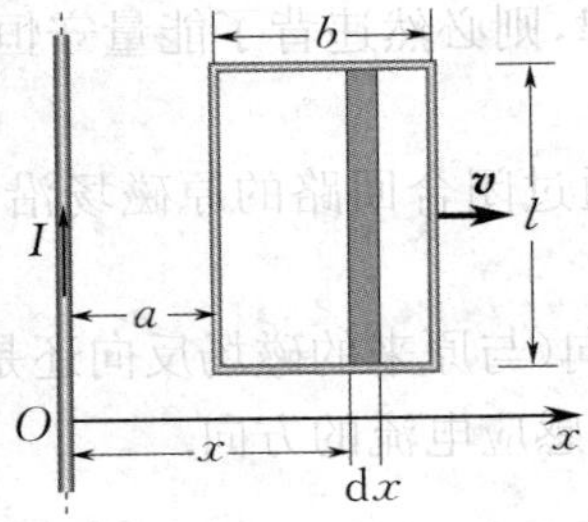

图 10.7

解 建立如图 10.7 所示的坐标系，在距坐标原点 O 为 x 处，取一面积元 $dS = l dx$，载流直导线在该处产生的磁感应强度大小为 $B=\frac{\mu_0 I}{2\pi x}$，方向垂直于线框向里，则通过矩形线圈的磁通量为

$$\Phi_m = \int_a^{a+b} \boldsymbol{B}\cdot d\boldsymbol{S} = \int_a^{a+b}\frac{\mu_0 I}{2\pi x} l\,dx = \frac{\mu_0 Il}{2\pi}\ln\frac{a+b}{a}.$$

当线圈远离直导线运动时，上式中 a 随时间 t 而变，且 $\frac{da}{dt}=v$，则由法拉第电磁感应定律有

$$\mathscr{E}_i = -\frac{d\Phi_m}{dt} = \frac{\mu_0 Il}{2\pi}\left(\frac{1}{a}-\frac{1}{a+b}\right)\frac{da}{dt} = \frac{\mu_0 Ilv}{2\pi}\frac{b}{a(a+b)}.$$

由楞次定律可知，矩形线圈中感应电动势 $\mathscr{E}_i$ 的方向为顺时针方向.

10.3 动生电动势与感生电动势

法拉第电磁感应定律表明，只要通过回路的磁通量发生了变化，在回路中就会有感应电动势产生. 通过任一闭合回路的磁通量与磁感应强度 $\boldsymbol{B}$、线圈面积 S 以及磁感应强度和线圈平面的夹角 θ 都有关系. 为了便于区分，通常把由于回路面积 S 的变化或面积取向（夹角 θ）的变化所引起的感应电动势称为**动生电动势**；而把由于磁感应强度 $\boldsymbol{B}$ 变化而引起的感应电动势称为**感生电动势**.

10.3.1 动生电动势

如图 10.8 所示，在磁感应强度为 $\boldsymbol{B}$ 的均匀磁场中，有一长为 l 的导线 ab 以速度 $\boldsymbol{v}$ 向右运动，且速度 $\boldsymbol{v}$ 的方向与 $\boldsymbol{B}$ 的方向垂直. 由动生电动势的定义可知，导体或导体回路在磁场中运动而产生的感应电动势为动生电动势. 现在我们用法拉第电磁感应定律来分析该动生电动势的大小.

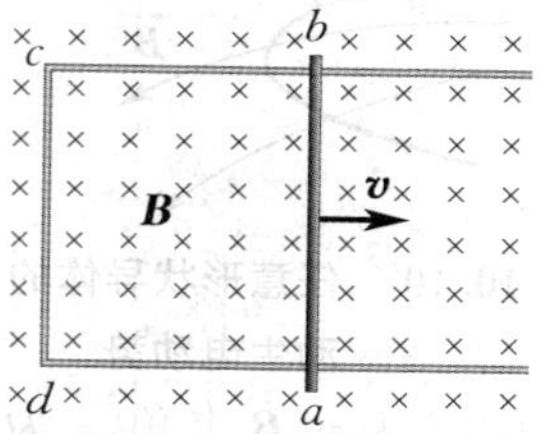

图 10.8 动生电动势

取顺时针方向为回路 $adcba$ 绕行的正方向，设 t 时刻，ab 到 cd 的距离为 x，那么通过该回路的磁通量为

$$\Phi_{\mathrm{m}} = BS = Blx.$$

当 ab 运动时，回路中的磁通量因 x 的变化而改变. 由法拉第电磁感应定律可知，回路中的感应电动势为

$$\mathscr{E}_{\mathrm{i}} = -\frac{\mathrm{d}\Phi_{\mathrm{m}}}{\mathrm{d}t} = -\frac{\mathrm{d}(Blx)}{\mathrm{d}t} = -Bl\frac{\mathrm{d}x}{\mathrm{d}t} = -Blv, \tag{10.13}$$

其中，负号代表感应电流的方向与预设相反，为逆时针方向，即 $abcda$. 电动势的方向为 a 指向 b. 由于 U 形框不动，仅当导线 ab 运动时才产生感应电动势，故感应电动势存在于导线 ab 上，为动生电动势.

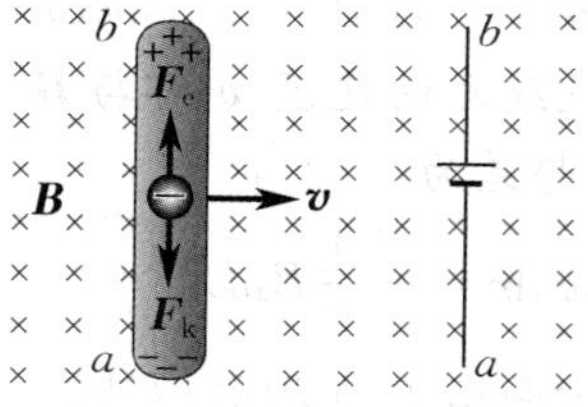

图 10.9 动生电动势原理

根据电动势的产生原理，导线 ab 上存在着相应的非静电力. 那么这个非静电力是什么力呢？如图 10.9 所示，当导线 ab 以速度 $\boldsymbol{v}$ 在磁场中运动时，导线中的每一个自由电子都因以速度 $\boldsymbol{v}$ 运动而受到洛伦兹力的作用，即

$$\boldsymbol{F}_{\mathrm{k}} = -e\boldsymbol{v} \times \boldsymbol{B},$$

式中，$-e$ 为电子所带的电量，洛伦兹力 $\boldsymbol{F}_{\mathrm{k}}$ 的方向为 $b \rightarrow a$. 在该力的驱动下，电子向 a 端运动，因而 a 端积累负电荷，b 端积累正电荷. 当然，这种电荷的积累不会一直进行下去，一旦 a，b 两端积累电荷，它们就会在导线内产生由 b 指向 a 的静电场 $\boldsymbol{E}$，该静电场对电子的静电力 $\boldsymbol{F}_{\mathrm{e}} = -e\boldsymbol{E}$ 将阻止正、负电荷在 a，b 两端的进一步积累，当 $\boldsymbol{F}_{\mathrm{e}} = -\boldsymbol{F}_{\mathrm{k}}$ 时，即达到平衡. 导线 ab 相当于一个电源，a 端是电源的负极，b 端是电源的正极. 因此，作用于导线中自由电子的洛伦兹力就是提供动生电动势的非静电力. 设这个非静电力所对应的非静电场为 $\boldsymbol{E}_{\mathrm{k}}$，由式(10.1)，有

$$\boldsymbol{E}_{\mathrm{k}} = \frac{\boldsymbol{F}_{\mathrm{k}}}{-e} = \boldsymbol{v} \times \boldsymbol{B}. \tag{10.14}$$

根据式(10.5)，在运动导线 ab 上产生的动生电动势可表示为

$$\mathscr{E}_{\mathrm{i}} = \int_{-}^{+} \boldsymbol{E}_{\mathrm{k}} \cdot \mathrm{d}\boldsymbol{l} = \int_{-}^{+} (\boldsymbol{v} \times \boldsymbol{B}) \cdot \mathrm{d}\boldsymbol{l}. \tag{10.15}$$

式(10.15) 为计算动生电动势的普遍表达式.

在图 10.8 中，由于 $\boldsymbol{v} \perp \boldsymbol{B}$ 且 $(\boldsymbol{v} \times \boldsymbol{B}) /\!/ \mathrm{d}\boldsymbol{l}$，由式(10.15)，导线 ab 上所产生的动生电动势

$$\mathscr{E}_{\mathrm{i}} = \int_{-}^{+} vB\,\mathrm{d}l = vBl.$$

这个结果与由法拉第电磁感应定律计算的结果完全一致.

由式(10.15)可知，当导体平行于磁场方向运动时，$\boldsymbol{v}\times\boldsymbol{B}=\boldsymbol{0}$，因此电动势为零. 可以形象地说：导体切割磁感应线产生动生电动势. 若 $\boldsymbol{v}$ 和 $\boldsymbol{B}$ 的夹角为 θ 时，对切割磁感应线起作用的是 $\boldsymbol{v}$ 垂直于 $\boldsymbol{B}$ 的分量 $v\sin\theta$，因而动生电动势为 $Blv\sin\theta$. 动生电动势存在于切割磁感应线运动的导体上，不构成闭合回路的导体两端也存在动生电动势，但是没有电流.

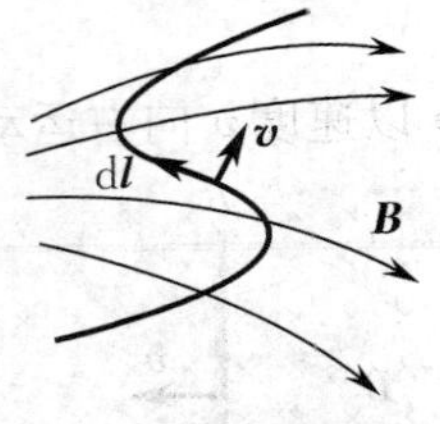

图 10.10　任意形状导体的动生电动势

如图 10.10 所示，对于任意一段导体，在稳恒磁场中运动时，导体中的载流子也随导体一起运动，因而也受到洛伦兹力作用，导体内部产生动生电动势. 但由于导体不同位置的速度及所处位置的磁感应强度可能不同，其动生电动势应采用积分计算，步骤如下：

(1) 预设导体上感应电动势的正方向.

(2) 将导体分成若干线元 $\mathrm{d}\boldsymbol{l}$，写出任一线元上的动生电动势

$$\mathrm{d}\mathscr{E}_{\mathrm{i}}=(\boldsymbol{v}\times\boldsymbol{B})\cdot\mathrm{d}\boldsymbol{l}=vB\sin\theta\cdot\mathrm{d}l\cdot\cos\alpha,$$

式中，θ 为 $\boldsymbol{v}$，$\boldsymbol{B}$ 夹角，α 为 $(\boldsymbol{v}\times\boldsymbol{B})$，$\mathrm{d}\boldsymbol{l}$ 夹角.

(3) 确定积分上、下限，对 $\mathrm{d}\mathscr{E}_{\mathrm{i}}$ 积分，可得动生电动势，即

$$\mathscr{E}_{\mathrm{i}}=\int_L\mathrm{d}\mathscr{E}_{\mathrm{i}}.$$

若结果为正，则电动势方向与预设方向相同；若结果为负，则电动势方向与预设方向相反.

例 10-4

如图 10.11 所示，一根长度为 L 的铜棒，在磁感应强度为 $\boldsymbol{B}$ 的均匀磁场中，以角速度 ω 在与磁场方向垂直的平面上绕棒的一端 O 做匀速转动，试求铜棒两端之间产生的动生电动势.

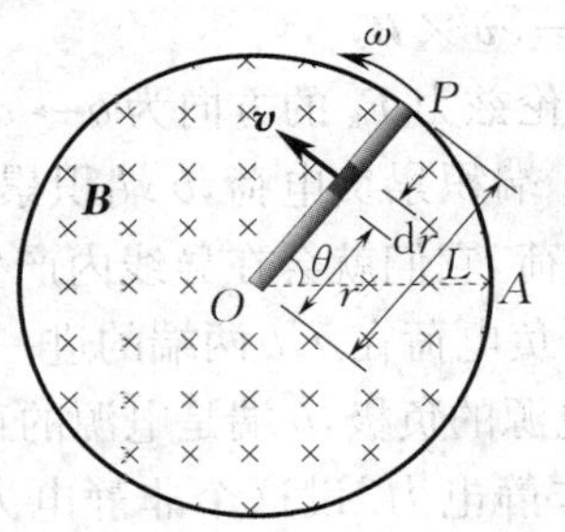

图 10.11

解　方法一　把铜棒看成由许多线元组成，在铜棒上距 O 点为 r 处取一线元 $\mathrm{d}\boldsymbol{r}$，其运动速度大小 $v=\omega r$. 由题意可知，$\boldsymbol{v}$，$\boldsymbol{B}$，$\mathrm{d}\boldsymbol{r}$ 互相垂直. $\mathrm{d}\boldsymbol{r}$ 两端的动生电动势为

$$\mathrm{d}\mathscr{E}_{\mathrm{i}}=(\boldsymbol{v}\times\boldsymbol{B})\cdot\mathrm{d}\boldsymbol{r}=-Bv\mathrm{d}r=-B\omega r\mathrm{d}r.$$

由于铜棒上每段线元的速度 $\boldsymbol{v}$ 都与 $\boldsymbol{B}$ 垂直，故铜棒两端的电势差为

$$\mathscr{E}_{\mathrm{i}}=-\int_0^L B\omega r\mathrm{d}r=-\frac{1}{2}B\omega L^2.$$

动生电动势的方向由 P 点指向 O 点.

方法二　用法拉第电磁感应定律求解. 构造假想回路 $OPAO$，任一时刻回路围成的面积为 S_{AOP}，通过该面积的磁通量为

$$\Phi_{\mathrm{m}}=BS_{AOP}=B\frac{L^2}{2}\theta,$$

则动生电动势为

$$\mathscr{E}_{\mathrm{i}}=\left|\frac{\mathrm{d}\Phi_{\mathrm{m}}}{\mathrm{d}t}\right|=B\frac{L^2}{2}\omega=\frac{1}{2}B\omega L^2,$$

由楞次定律可判断动生电动势 $\mathscr{E}_{\mathrm{i}}$ 的方向为由 P 点指向 O 点.

例 10-5

一段直导线 ab 以速度 $\boldsymbol{v}$ 沿平行于长直导线的方向运动，ab 与长直导线共面，且与它垂直. 设长直导线中的电流为 I，导线 ab 的长为 L，a 端到长直导线的距离为 d，求导线 ab 中的动生电动势，并判断哪端电势较高.

解　方法一　建立如图 10.12(a) 所示的

坐标系. 在导线 ab 所在区域, 长直载流导线在距其 x 处产生的磁感应强度 $\boldsymbol{B}$ 的大小为

$$B=\frac{\mu_0 I}{2\pi x},$$

方向垂直纸面向内.

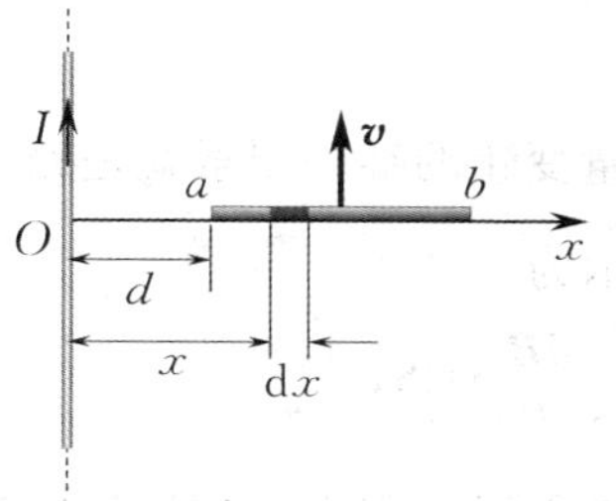

图 10.12(a)

在导线 ab 上距长直载流导线 x 处取一线元 $\mathrm{d}\boldsymbol{x}$, 方向向右. 因 $\boldsymbol{v}\times\boldsymbol{B}$ 方向向左, 所以该线元中产生的动生电动势为

$$\mathrm{d}\mathscr{E}_{ab}=(\boldsymbol{v}\times\boldsymbol{B})\cdot\mathrm{d}\boldsymbol{x}=-vB\mathrm{d}x=-v\frac{\mu_0 I}{2\pi x}\mathrm{d}x,$$

故导线 ab 中的总电动势为

$$\mathscr{E}_{ab}=\int_d^{d+L}-v\frac{\mu_0 I}{2\pi x}\mathrm{d}x=-\frac{\mu_0 Iv}{2\pi}\ln\frac{d+L}{d}.$$

$\mathscr{E}_{ab}<0$, 表明动生电动势的方向由 b 指向 a, a 端电势较高.

方法二 采用法拉第电磁感应定律进行计算. 首先添加导线 ac, ce, be 构成闭合回路, 如图 10.12(b) 所示, 所加导线 ac, ce, be 不运动, 不产生动生电动势, ac, be 足够长. 闭合回路 $aceb$ 的总电动势就是 ab 棒运动产生的动生电动势.

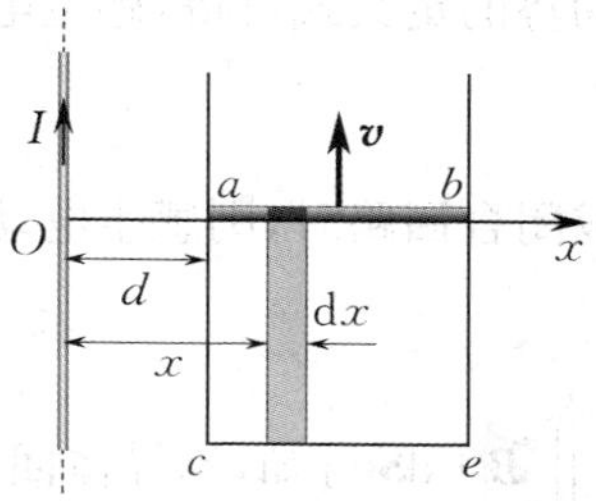

图 10.12(b)

设某一时刻 ab 棒到 ce 的距离为 y, 在距坐标原点 O 为 x 处, 取一面积元 $\mathrm{d}S=y\mathrm{d}x$, 长直载流导线在该处产生的磁感应强度大小 $B=\frac{\mu_0 I}{2\pi x}$, 方向垂直回路向里. 通过矩形回路的磁通量为

$$\Phi_{\mathrm{m}}=\iint_S\boldsymbol{B}\cdot\mathrm{d}\boldsymbol{S}=\int_d^{d+L}\frac{\mu_0 I}{2\pi x}y\mathrm{d}x$$

$$=\frac{\mu_0 Iy}{2\pi}\ln\frac{d+L}{d}.$$

当 ab 运动时, 上式中 y 随时间 t 而变, 且 $\frac{\mathrm{d}y}{\mathrm{d}t}=v$, 则由法拉第电磁感应定律有

$$\mathscr{E}_{ab}=-\frac{\mathrm{d}\Phi_{\mathrm{m}}}{\mathrm{d}t}=-\frac{\mu_0 I}{2\pi}\frac{\mathrm{d}y}{\mathrm{d}t}\ln\frac{d+L}{d}$$

$$=-\frac{\mu_0 Iv}{2\pi}\ln\frac{d+L}{d}.$$

由楞次定律可知, 闭合回路 $aceb$ 的动生电动势方向为逆时针方向, a 端电势比 b 端高.

10.3.2 感生电动势 感生电场

导体或导体回路固定不动, 当它所包围的磁场发生变化时, 通过它的磁通量也会发生变化, 这时导体或导体回路中也会产生感应电动势, 这样产生的感应电动势称为感生电动势.

动生电动势的非静电力是洛伦兹力, 那么感生电动势的非静电力又是什么呢? 由于产生感生电动势时, 导体或导体回路没有运动, 非静电力不会是洛伦兹力. 实验表明: 感生电动势的产生与导体的种类与性质无关, 而是磁场变化的结果. 为此, 麦克斯韦提出, 变化的磁场能够在空间激发一种电场, 这种电场叫作感生电场或涡旋电场, 用 $\boldsymbol{E}_{\mathrm{k}}$ 表示. 感生电场与静电场有相同之处, 也有不同之处. 相同之处是都对电荷有作用力, 有电场能. 不同之处在于, 静电场是由静止电荷激发的, 而感生电场则是由变化的磁场激发的; 其次, 静电场是保守场, 电场线始于正电荷, 止于负电荷, 而感生电场则是非保守场, 其电场线是闭合的. 正是由于感生电场的存在, 回路中才会产生感生

电动势.

由电动势的定义式可得,感生电动势可表示为

$$\mathscr{E}_i = \int_{-}^{+} \boldsymbol{E}_k \cdot d\boldsymbol{l}, \tag{10.16}$$

当导体构成闭合回路时,则感生电动势可表示为

$$\mathscr{E}_i = \oint_L \boldsymbol{E}_k \cdot d\boldsymbol{l}. \tag{10.17}$$

又由 $\Phi_m = \iint_S \boldsymbol{B} \cdot d\boldsymbol{S}$ 可知,当导体回路静止不动时,引起磁通量变化的唯一因素就是磁感应强度 $\boldsymbol{B}$ 发生变化. 因此,根据法拉第电磁感应定律,感生电动势可表示为

$$\mathscr{E}_i = -\frac{d\Phi_m}{dt} = -\frac{d}{dt}\iint_S \boldsymbol{B} \cdot d\boldsymbol{S} = -\iint_S \frac{\partial \boldsymbol{B}}{\partial t} \cdot d\boldsymbol{S}, \tag{10.18}$$

式中,S 表示以回路为边线的任一曲面的区域,$\frac{\partial \boldsymbol{B}}{\partial t}$ 是闭合回路所围面积内 $d\boldsymbol{S}$ 处的磁感应强度随时间的变化率. 式(10.18) 表明,只要存在着变化的磁场,就一定会有感生电场.

由式(10.17) 和式(10.18) 得

$$\oint_L \boldsymbol{E}_k \cdot d\boldsymbol{l} = -\iint_S \frac{\partial \boldsymbol{B}}{\partial t} \cdot d\boldsymbol{S}. \tag{10.19}$$

这就是感生电场与变化的磁场之间的关系,也是电磁场的基本方程之一. 它表明变化的磁场产生的感生电场对任意闭合路径的线积分等于通过这一闭合路径所包围面积的磁通量变化率.

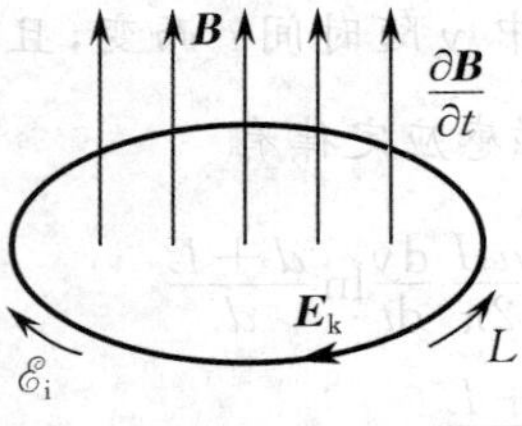

图 10.13　感生电动势

感生电场 $\boldsymbol{E}_k$ 的方向可以通过楞次定律得出. 如图 10.13 所示,假设 $\boldsymbol{B}$ 增大,于是$\frac{\partial \boldsymbol{B}}{\partial t}$ 的方向和 $\boldsymbol{B}$ 的方向相同,规定回路 L 逆时针绕行为正,则闭合回路所包围的面积的法线方向和$\frac{\partial \boldsymbol{B}}{\partial t}$ 方向相同. 由式(10.19) 可得 $\oint_L \boldsymbol{E}_k \cdot d\boldsymbol{l} < 0$. 这表明感生电场线方向与回路 L 的绕行方向相反,为顺时针方向. 感生电场 $\boldsymbol{E}_k$ 的方向也可以通过 $\boldsymbol{E}_k$ 与$\frac{\partial \boldsymbol{B}}{\partial t}$ 成左手螺旋定则来判断. 左手伸直的拇指指向$\frac{\partial \boldsymbol{B}}{\partial t}$ 的方向,弯曲的四指的环绕方向即为感生电场线的方向. 感生电场 $\boldsymbol{E}_k$ 则沿电场线的切线方向.

应当注意的是:感生电场是在变化磁场的周围空间产生的,而不管这个空间有无导体存在. 感生电动势的产生并不取决于导体是否构成回路. 当导体构成回路时,感生电动势能够使回路中形成感应电流,而当导体不构成回路时,感生电动势依然能够产生,只是不能形成感应电流.

处于变化的磁场中或在非均匀磁场中运动的大块金属,由于电磁感应的作用,在金属内部会形成感应电流,沿金属内部的闭合路径流动,这种电流称为涡电流或涡流. 由于大块金属电阻较小,涡流很大,涡流会在金属内产生很大的焦耳热. 这种热效应在真空提纯金属和半导体等方面有很好的应用,家用电磁炉也是采用这个原理制成的. 而在电机和变压器等交流电设备中,要尽可能减少涡流的热效应,故其铁芯通常由含硅量较高、表面涂有绝缘漆的热轧或冷轧硅钢片叠装而成. 涡流还会发生阻尼作用,阻碍导体在磁场中的运动,这种作用称为电磁阻尼. 磁电式仪表就是利用这种作用使线圈和固定在它上面的指针迅速停止运动.

例 10-6

在一长直螺线管内通以电流，其内部就会产生轴向均匀的磁场. 如果使螺线管中的电流以一定规律变化，则磁感应强度 $\boldsymbol{B}$ 也将随之变化，变化的磁场产生感生电场 $\boldsymbol{E}_k$. 设螺线管半径 $R=10$ cm，磁感应强度大小对时间的变化率 $\frac{dB}{dt}=0.2$ T/s. 试计算与轴线距离 r 分别为 4 cm，10 cm 及20 cm 处的感生电场 $\boldsymbol{E}_k$.

解 图 10.14(a) 所示为垂直于螺线管轴线的截面图. 管内的均匀磁场呈对称分布，在如图 10.14(a) 所示的截面上，感生电场的电场线为圆心在轴线上的一系列同心圆. 在同一同心圆上任一点的感生电场 $\boldsymbol{E}_k$ 的大小相等，方向与回路相切. 取图 10.14(a) 所示的积分回路 L_1 和 L_2，$\boldsymbol{E}_k$ 的线积分有

$$\oint_L \boldsymbol{E}_k \cdot d\boldsymbol{l} = E_k 2\pi r.$$

若 $r<R$，通过以回路 L_1 为边界的曲面的磁通量 $\Phi_m = B\pi r^2$. 由式(10.19)，有

$$E_k 2\pi r = -\pi r^2 \frac{dB}{dt},$$

即

$$E_k = -\frac{r}{2}\frac{dB}{dt}.$$

当 $r \geqslant R$ 时，通过以回路 L_2 为边界的曲面的磁通量 $\Phi_m = B\pi R^2$. 由式(10.19) 可得

$$E_k 2\pi r = -\pi R^2 \frac{dB}{dt},$$

即

$$E_k = -\frac{R^2}{2r}\frac{dB}{dt}.$$

当 $r=4$ cm 时，

$$E_k = -\frac{r}{2}\frac{dB}{dt} = -\frac{0.04}{2}\times 0.2 \text{ V/m}$$
$$= -4\times 10^{-3} \text{ V/m};$$

当 $r=10$ cm 时，

$$E_k = -\frac{R}{2}\frac{dB}{dt} = -\frac{0.1}{2}\times 0.2 \text{ V/m}$$
$$= -1\times 10^{-2} \text{ V/m};$$

当 $r=20$ cm 时，

$$E_k = -\frac{R^2}{2r}\frac{dB}{dt} = -\frac{0.1^2}{2\times 0.2}\times 0.2 \text{ V/m}$$
$$= -5\times 10^{-3} \text{ V/m}.$$

以上计算结果表明，$E_k(r)$ 与 $\frac{dB}{dt}$ 有关，而与 $\boldsymbol{B}$ 无关. 螺线管内、外 E_k 随 r 变化的曲线如图 10.14(b) 所示.

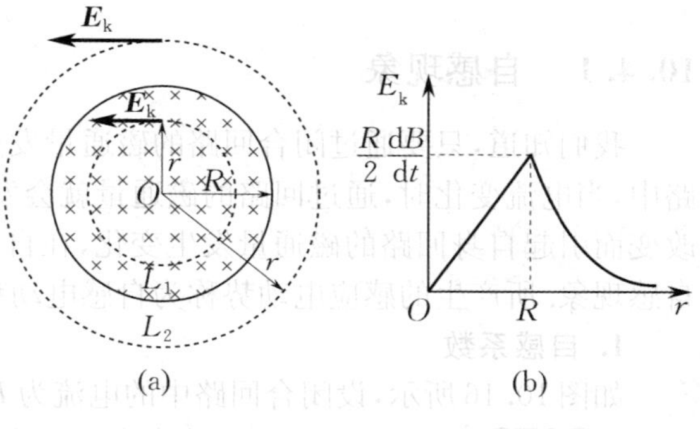

图 10.14

例 10-7

在半径为 R 的圆柱形空间存在一均匀磁场，$\boldsymbol{B}$ 的方向与圆柱的轴线平行. 如图10.15(a) 所示，磁场中有一长为 l 的金属棒，设磁感应强度随时间的变化率 $\frac{dB}{dt}$ 为常量，求金属棒上的感生电动势.

解 **方法一** 如图 10.15(a) 所示，分别连接 OP 和 OQ，设想 $PQOP$ 构成一个导体回路. 由于 OP，OQ 两段均为半径方向的直线，并与通过直线上各处的感生电场垂直，故 $\boldsymbol{E}_k \cdot d\boldsymbol{l} = 0$，即 OP，OQ 两段均无感生电动势. 由法拉第电磁感应定律，闭合回路的总电动势为

$$\mathscr{E}_{PQO} = -\frac{d\Phi_m}{dt} = -S\frac{dB}{dt}$$
$$= -\frac{dB}{dt}\frac{l}{2}\sqrt{R^2-\left(\frac{l}{2}\right)^2}.$$

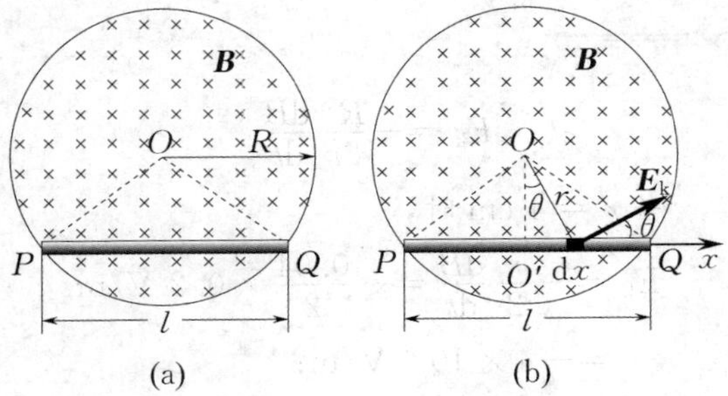

图 10.15

因 $\mathscr{E}_{PQO}=\mathscr{E}_{PQ}+\mathscr{E}_{QO}+\mathscr{E}_{OP}=\mathscr{E}_{PQ}$，所以金属棒 PQ 上感生电动势为

$$\mathscr{E}_{PQ}=-\frac{\mathrm{d}B}{\mathrm{d}t}\frac{l}{2}\sqrt{R^2-\left(\frac{l}{2}\right)^2}.$$

式中负号表示感生电动势的方向，由 P 端指向 Q 端，Q 端为高电势.

方法二 由例 10.6 可知，在 $r<R$ 区域，感生电场强度 $E_k=-\frac{r}{2}\frac{\mathrm{d}B}{\mathrm{d}t}$，$PQ$ 上线元 $\mathrm{d}x$ 处，$\boldsymbol{E}_k$ 的方向如图 10.15(b) 所示，则金属杆 PQ 上的感生电动势为

$$\mathscr{E}_{PQ}=\oint_L \boldsymbol{E}_k\cdot\mathrm{d}\boldsymbol{l}=\oint_L E_k\cos\theta\mathrm{d}x$$

$$=\int_0^l \frac{r}{2}\frac{\mathrm{d}B}{\mathrm{d}t}\frac{\sqrt{R^2-\left(\frac{l}{2}\right)^2}}{r}\mathrm{d}x$$

$$=\frac{\mathrm{d}B}{\mathrm{d}t}\frac{l}{2}\sqrt{R^2-\left(\frac{l}{2}\right)^2},$$

结果为正，表示感生电动势的方向与积分方向一致，由 P 端指向 Q 端，Q 端为高电势.

10.4 自感和互感

10.4.1 自感现象

我们知道，只要通过闭合回路的磁通量发生变化，回路中就会有感应电动势产生. 在实际电路中，当电流变化时，通过回路的磁通量就会发生变化，从而产生感应电动势. 我们把这种因电流改变而引起自身回路的磁通量发生变化，在自身回路中产生感应电动势和感应电流的现象，称为自感现象. 所产生的感应电动势称为自感电动势.

1. 自感系数

如图 10.16 所示，设闭合回路中的电流为 I，由毕奥-萨伐尔定律可知，电流在空间任意点产生的磁感应强度 B 与 I 成正比. 因此对于匝数为 N 的线圈，通过回路自身所围面积的磁链 Ψ 也与 I 成正比，即

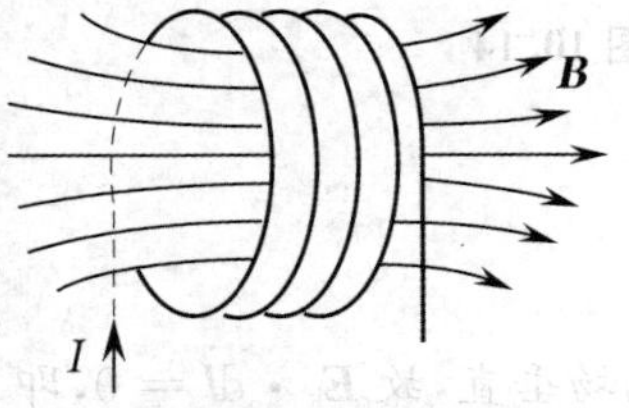

图 10.16 自感现象

$$\Psi=LI, \tag{10.20}$$

式中的比例系数 L 称为回路的**自感系数**(简称**自感**). 式(10.20)表明，一个回路的自感系数在数值上等于流过闭合回路的电流为一个单位时，通过此回路的磁链. 自感系数 L 只与回路的大小、形状、匝数以及周围磁介质(参看选学 V)有关.

在国际单位制中，自感系数的单位为亨[利](H). 亨利的单位较大，因此，在实际中常采用毫亨[利](mH)与微亨[利](μH). 它们之间的关系为 $1\ \mathrm{H}=10^3\ \mathrm{mH}=10^6\ \mu\mathrm{H}$.

2. 自感电动势

根据法拉第电磁感应定律，回路中的自感电动势为

$$\mathscr{E}_L=-\frac{\mathrm{d}\Psi}{\mathrm{d}t}=-\frac{\mathrm{d}}{\mathrm{d}t}(LI)=-L\frac{\mathrm{d}I}{\mathrm{d}t}-I\frac{\mathrm{d}L}{\mathrm{d}t}.$$

当回路形状、大小及周围介质不随时间变化时，$L=$ 常量，$\frac{\mathrm{d}L}{\mathrm{d}t}=0$，上式变为

$$\mathscr{E}_L=-L\frac{\mathrm{d}I}{\mathrm{d}t}. \tag{10.21}$$

式中“—”号表示自感电动势总是阻碍自身回路中电流的变化趋势(不是阻碍电流本身). 当电流增加时，自感电动势的方向与原电流方向相反；当电流减小时，自感电动势的方向与原电流方向相同.

3. 自感系数的计算

通常，自感系数可以根据式(10.21)由实验测定. 但在一些简单的情况下，也可以利用式(10.20)进行计算. 首先假设线圈中通有电流 I，确定电流 I 在线圈内产生的磁场及其分布，再计算通过线圈的磁链 Ψ，最后由式(10.20)求出 L.

例 10-8

有一长直真空螺线管，其横截面半径为 r，长度为 $l(l\gg r)$，线圈总匝数为 N，试求其自感系数.

解 对于长直螺线管，当有电流 I 通过时，可以把管内的磁场看作是均匀的，其磁感应强度 $\boldsymbol{B}$ 的大小为

$$B=\mu_0\frac{N}{l}I=\mu_0 nI,$$

其中 $n=\frac{N}{l}$ 为单位长度上的线圈匝数，$\boldsymbol{B}$ 的方向与螺线管的轴线平行. 通过一匝线圈的磁通量为

$$\Phi_{\mathrm{m}}=BS=\mu_0 nI\pi r^2.$$

通过整个螺线管的磁链为

$$\Psi=NBS=N\mu_0 nI\pi r^2=\mu_0 n^2 Il\pi r^2.$$

因而自感系数为

$$L=\frac{\Psi}{I}=\mu_0 n^2 l\pi r^2.$$

令 $V=l\pi r^2$ 为螺线管的体积，则

$$L=\mu_0 n^2 V.$$

例 10-9

如图 10.17 所示，一电缆由两个无限长同轴圆筒状的导体组成，其半径分别为 R_1 和 $R_2(R_2>R_1)$，两圆筒间为真空，通过它们的电流均为 I，但电流的流向相反，试求这种电缆单位长度的自感系数.

解 由安培环路定理可知，两圆筒之间任一点的磁感应强度的大小为

$$B=\frac{\mu_0 I}{2\pi r}.$$

若在两圆筒之间取一长为 l 的截面 $PQRS$，如图 10.17 所示. 由于该截面上各点的磁感应强度取决于 r，必须用积分计算通过截面的磁通量. 将此截面分成许多面积元，在距轴线为 r 处取一面积元 $\mathrm{d}S=l\mathrm{d}r$，通过该面积元的磁通量为

$$\mathrm{d}\Phi_{\mathrm{m}}=\boldsymbol{B}\cdot\mathrm{d}\boldsymbol{S}.$$

因 $\boldsymbol{B}$ 与 $\mathrm{d}\boldsymbol{S}$ 的夹角为零，故有

$$\mathrm{d}\Phi_{\mathrm{m}}=Bl\,\mathrm{d}r.$$

所以通过截面 $PQRS$ 的磁通量为

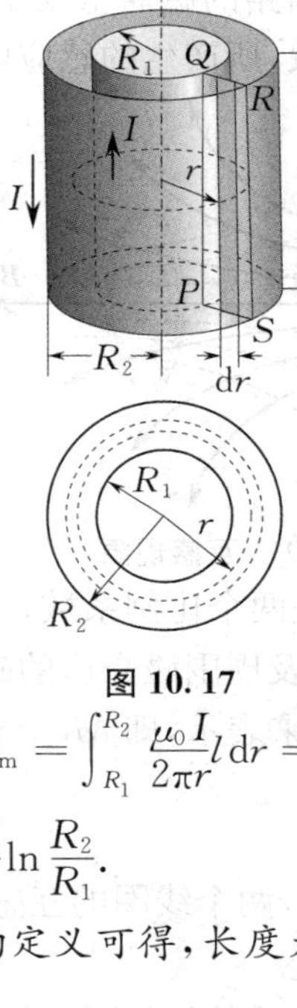

图 10.17

$$\Phi_{\mathrm{m}}=\int\mathrm{d}\Phi_{\mathrm{m}}=\int_{R_1}^{R_2}\frac{\mu_0 I}{2\pi r}l\,\mathrm{d}r=\frac{\mu_0 Il}{2\pi}\int_{R_1}^{R_2}\frac{\mathrm{d}r}{r}$$
$$=\frac{\mu_0 Il}{2\pi}\ln\frac{R_2}{R_1}.$$

由自感的定义可得，长度为 l 的两圆筒导体的自感为

$$L' = \frac{\Phi_m}{I} = \frac{\mu_0 l}{2\pi}\ln\frac{R_2}{R_1}.$$

单位长度的自感则为

$$L = \frac{L'}{l} = \frac{\mu_0}{2\pi}\ln\frac{R_2}{R_1}.$$

自感现象可以通过实验进行演示. 在图 10.18(a) 所示的电路中,调节变阻器 R 可使两个支路的电阻相同. 当合上电键 K,电路接通时,可以发现灯 S_1 比灯 S_2 先亮,一段时间后两个灯泡亮度相同. 其原因就是,灯 S_2 支路有自感较大的螺线管,因电流增长而在螺线管中产生的感生电动势要阻碍相应支路电流的增长. 在图 10.18(b) 中,在断开电键 K 后的一段短暂的时间里,由于螺线管支路中电流减小会在螺线管中产生很大的感生电动势而给灯泡供电,螺线管的电阻比灯泡的电阻小很多,可以观察到灯泡强烈地闪亮一下再熄灭.

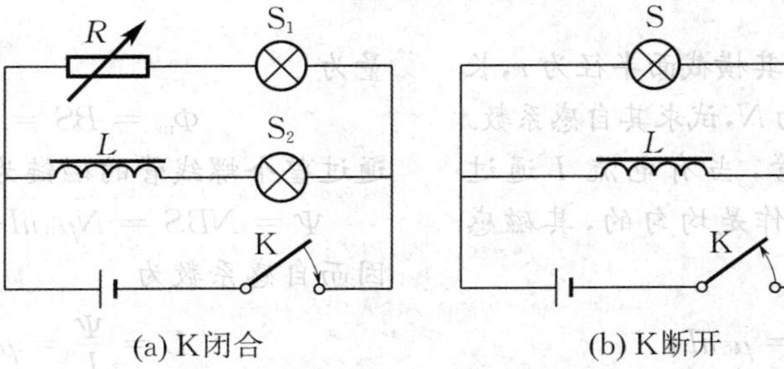

图 10.18 自感现象演示

10.4.2 互感现象

设有两个邻近的载流回路,当其中一个回路的电流发生变化时,会引起周围磁场的变化,导致通过另一个回路的磁通量发生变化,从而在另一个回路中产生感应电动势和感应电流. 这种现象称为互感现象,所产生的感应电动势称为互感电动势.

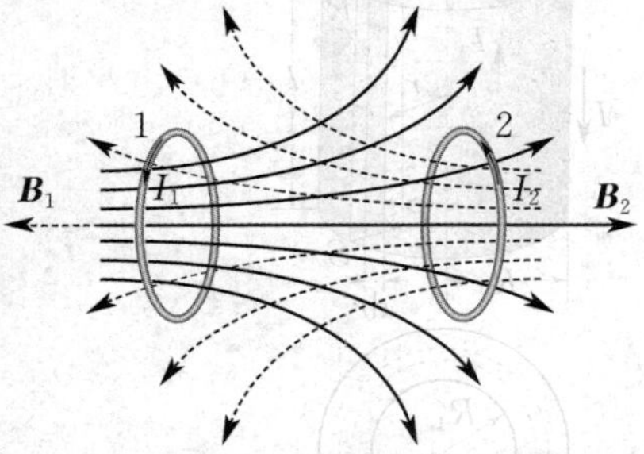

图 10.19 互感现象

1. 互感系数

如图 10.19 所示,设有 1 和 2 两个线圈,分别通有电流 I_1 和 I_2,电流 I_1 所激发的磁场通过线圈 2 的磁链为 Ψ_{21}. 由毕奥-萨伐尔定律可知,$B \propto I$,则 $\Psi_{21} \propto I_1$,即

$$\Psi_{21} = M_{21} I_1.$$

同理,电流 I_2 所激发的磁场通过线圈 1 的磁链为 Ψ_{12},它也应与 I_2 成正比,即

$$\Psi_{12} = M_{12} I_2.$$

M_{12},M_{21} 是两个比例系数,又称为两线圈的**互感系数**,简称**互感**,在量值上只与两线圈的形状、相对位置以及周围磁介质的磁导率有关,而与线圈中的电流无关. 实验与理论均可证明 $M_{12} = M_{21}$. 统一用 M 来表示,即 $M_{12} = M_{21} = M$,则上面两式可简化为

$$M = \frac{\Psi_{21}}{I_1} = \frac{\Psi_{12}}{I_2}. \tag{10.22}$$

式(10.22) 表示,两个线圈的互感在数值上等于其中一个线圈中存在单位电流时,通过另一线圈所围面积的磁链.

互感和自感的单位相同,都是亨[利](H).

2. 互感电动势

根据法拉第电磁感应定律，线圈 1 中的电流 I_1 发生变化时，在线圈 2 中产生的互感电动势为

$$\mathscr{E}_{21}=-\frac{\mathrm{d}\Psi_{21}}{\mathrm{d}t}=-M\frac{\mathrm{d}I_1}{\mathrm{d}t}. \tag{10.23}$$

同理，线圈 2 中的电流 I_2 发生变化时，在线圈 1 中产生的互感电动势为

$$\mathscr{E}_{12}=-\frac{\mathrm{d}\Psi_{12}}{\mathrm{d}t}=-M\frac{\mathrm{d}I_2}{\mathrm{d}t}. \tag{10.24}$$

由式(10.23) 和式(10.24) 可得互感为

$$M=-\frac{\mathscr{E}_{12}}{\mathrm{d}I_2/\mathrm{d}t}=-\frac{\mathscr{E}_{21}}{\mathrm{d}I_1/\mathrm{d}t}. \tag{10.25}$$

式(10.25) 表示，互感 M 在数值上等于一个线圈的电流随时间的变化率为一个单位时，在另一线圈中产生的互感电动势.

式(10.22) 和式(10.25) 都可以作为互感的定义式.

3. 互感的计算

计算互感时，首先假设线圈 1 中通有电流 I_1，确定电流 I_1 在线圈 2 中产生的磁场；再计算 I_1 的磁场通过另一线圈 2 的磁链 Ψ_{21}；最后由式(10.22) 求出 M，结果与电流无关. 同理，也可设线圈 2 通以电流 I_2，在线圈 1 中产生磁场，计算 I_2 的磁场通过线圈 1 的磁链 Ψ_{12}. 无论假设 I_1 还是 I_2，所求结果应该是相同的，但不同的设法，求解的难易程度并不相同，有时甚至只有一个思路是可行的.

例 10-10

如图 10.20 所示，两同轴长直密绕螺线管的长度均为 l，半径分别为 r_1 和 r_2，且 $r_1<r_2$，$l\gg r_2$，匝数分别为 N_1 和 N_2，求它们的互感.

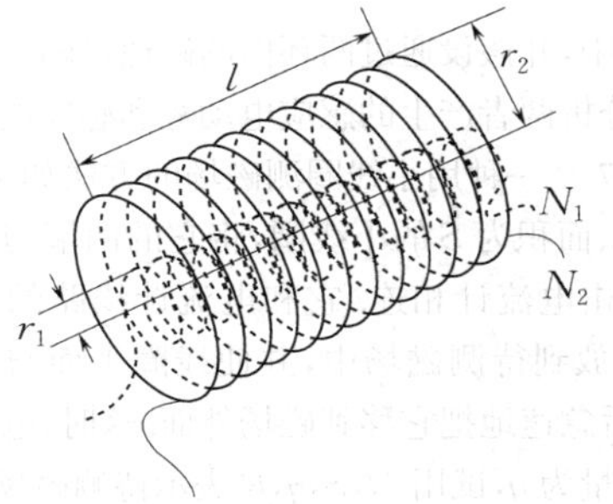

图 10.20 两同轴长直密绕螺线管

解 设有电流 I_1 通过半径为 r_1 的螺线管，此螺线管内的磁感应强度大小为

$$B_1=\mu_0 n_1 I_1=\mu_0\frac{N_1}{l}I_1.$$

考虑到螺线管是密绕的，所以在两螺线管之间的区域内的磁感应强度为零. 于是，通过半径为 r_2 的螺线管的一匝线圈的磁通量

$$\Phi_{\mathrm{m}21}=B_1\pi r_1^2,$$

螺线管 2 的磁链为

$$\Psi_{\mathrm{m}21}=N_2\Phi_{\mathrm{m}21}=N_2B_1\pi r_1^2=\frac{\mu_0\pi N_1N_2r_1^2I_1}{l}.$$

由式(10.22) 可得，互感

$$M=\frac{\Psi_{21}}{I_1}=\frac{\mu_0\pi N_1N_2r_1^2}{l}.$$

同理，也可设电流 I_2 通过半径为 r_2 的螺线管，然后求互感. 当电流 I_2 通过半径为 r_2 的螺线管时，在此螺线管内的磁感应强度大小为

$$B_2=\mu_0 n_2 I_2=\mu_0\frac{N_2}{l}I_2,$$

通过螺线管 1 的一匝线圈的磁通量

$$\Phi_{\mathrm{m}12}=B_2\pi r_1^2,$$

螺线管 1 的磁链为

$$\Psi_{12}=N_1\Phi_{\mathrm{m}12}=N_1B_2\pi r_1^2=\frac{\mu_0\pi N_1N_2r_1^2I_2}{l}.$$

由式(10.22) 可得，互感

$$M=\frac{\Psi_{12}}{I_2}=\frac{\mu_0\pi N_1N_2r_1^2}{l}.$$

比较两个结果可知，对两个大小、形状、磁介质和相对位置给定的同轴长直密绕螺线管

来说,它们的互感是确定的,与互感的计算方法及线圈是否通有电流无关.

例 10-11

如图 10.21 所示,一无限长直导线与一宽为 b、长为 l 的矩形线圈共面,矩形线圈的匝数为 N,直导线与矩形线圈的一侧平行且相距为 d,求两者的互感.

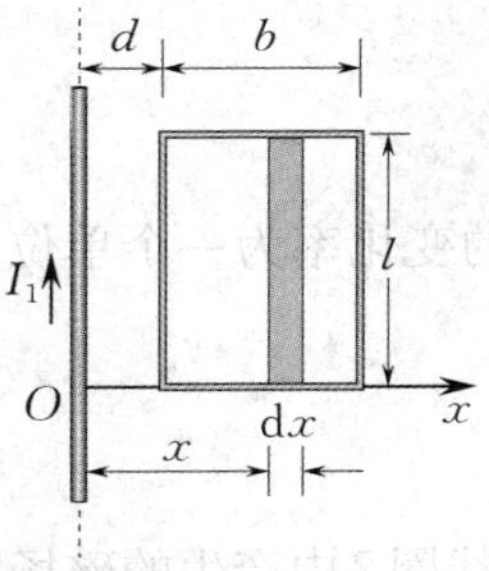

图 10.21

解 取如图 10.21 所示的坐标系. 矩形线圈通有电流 I_2 时,要得到任一点的磁感应强度是很困难的. 为此,设直导线上有电流 I_1,得矩形内距直导线为 x 处的磁感应强度大小为

$$B_{21}=\frac{\mu_0 I_1}{2\pi x}.$$

取如图 10.21 所示的面积元 $l\mathrm{d}x$,通过此面积元的磁通量为

$$\mathrm{d}\Phi_{\mathrm{m}21}=\boldsymbol{B}_{21}\cdot\mathrm{d}\boldsymbol{S}=\frac{\mu_0 I_1}{2\pi x}l\,\mathrm{d}x,$$

通过一匝矩形线圈的磁通量为

$$\Phi_{\mathrm{m}21}=\int_d^{d+b}\frac{\mu_0 I_1}{2\pi x}l\,\mathrm{d}x=\frac{\mu_0 I_1 l}{2\pi}\ln\frac{b+d}{d},$$

通过整个矩形线圈的磁链为

$$\Psi_{21}=N\Phi_{\mathrm{m}21}=\frac{\mu_0 I_1 lN}{2\pi}\ln\frac{b+d}{d},$$

那么,矩形线圈与直导线的互感

$$M=\frac{\Psi_{21}}{I_1}=\frac{\mu_0 lN}{2\pi}\ln\frac{b+d}{d}.$$

思考题 10

10-1 一圆形线圈在均匀磁场中运动,在下列几种情况下,哪些会产生感应电流?为什么?

(1) 线圈沿磁场方向平移;

(2) 线圈沿垂直于磁场方向平移;

(3) 线圈以自身直径为轴转动,轴与磁场方向平行;

(4) 线圈以自身直径为轴转动,轴与磁场方向垂直.

10-2 简述如何通过法拉第电磁感应定律中的负号判断感应电动势的方向.

10-3 动生电动势是由洛伦兹力做功引起的,而洛伦兹力永远和运动电荷的运动方向垂直,因而对电荷不做功,两者是否矛盾?

10-4 感生电场和静电场有何异同?

10-5 灵敏电流计的线圈处于永磁体(能长期保持其磁性的磁体)的磁场中,通入电流,线圈就发生偏转. 切断电流,线圈要往复摆动很多次才能恢复原位. 这时如果将线圈两个接头用导线短接,则摆动很快停止. 分析其原因.

10-6 将形状完全相同的铜环和木环静止放置在交变磁场中,并假设通过两环面的磁通量随时间的变化率相等,分析两者产生的感应电动势和感应电流情况.

10-7 一种用小线圈测磁场的方法如下:做一个匝数为 N、面积为 S 的小线圈,将它的两端与一用来测电量的冲击电流计相连. 它和电流计线路的总电阻为 R. 先把它放到待测磁场中,并使线圈平面与磁场方向垂直,然后急速地把它移到磁场外面. 这时,电流计给出通过的电量为 q,试用 N,S,q,R 表示待测磁场的大小.

10-8 如图 10.22 所示,在一柱形纸筒上绕有两组相同线圈 AB 和 $A'B'$,每组线圈的自感均为 L,问:

(1) A 和 A' 相接时,B 和 B' 间的自感为多少?

(2) A' 和 B 相接时,A 和 B' 间的自感为多少?

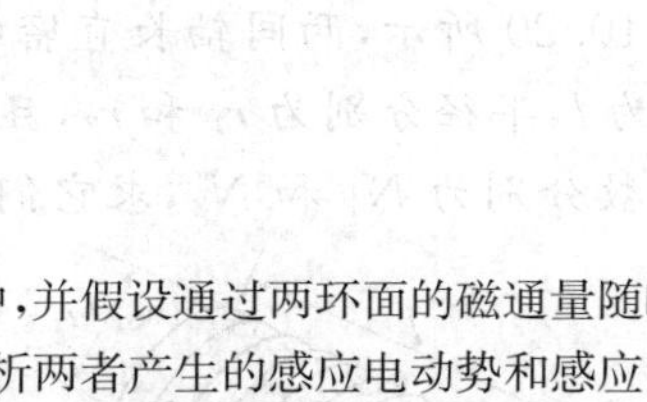

图 10.22

习题 10

10－1 一铁芯上绕有线圈100匝，已知铁芯中磁通量与时间的关系为 $\Phi_m = 8.0\times10^{-5}\sin 100\pi t$ (SI)，求在 $t = 0.01$ s时，线圈中的感应电动势.

10－2 如图10.23所示，均匀磁场 $\boldsymbol{B}$ 与导线回路法向单位矢量 $\boldsymbol{e}_n$ 之间的夹角 $\theta = 60°$. 若磁感应强度随时间线性增加，即 $B = kt(k > 0)$，$t = 0$ 时，有一长为 l 的金属杆 ab 从坐标为 x_0 处以恒定速率 v 向右滑动，试求回路中任一时刻的感应电动势.

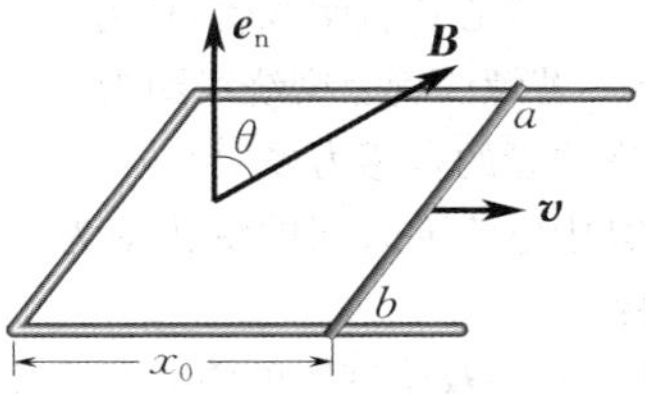

图 10.23

10－3 平均半径为12 cm的线圈共2 000匝，在磁感应强度为 5×10^{-5} T 的地磁场中每秒钟转动30圈，问线圈中可产生的最大感应电动势是多少？

10－4 如图10.24所示，无限长直导线中通有以 $\dfrac{dI}{dt} = 10$ A/s 增加的电流，求：

(1) 某时刻电流为 I(单位:A) 时，通过边长为20 cm的正方形的磁通量；

(2) 回路中的感应电动势以及感应电流的方向.

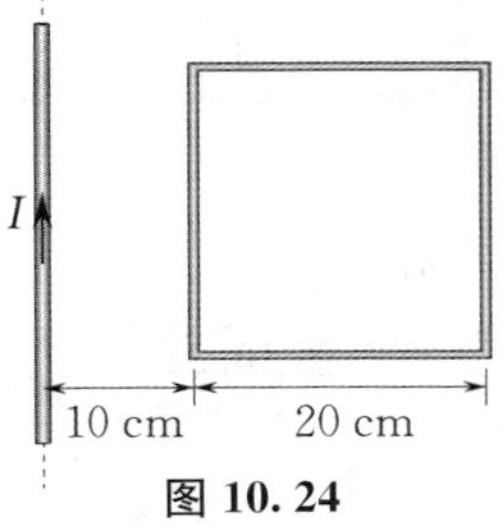

图 10.24

10－5 在一长直密绕螺线管中间放一边长为 a 的正方形导体框，螺线管单位长度的线圈匝数为 n，导体框的总电阻为 R，其法线方向与螺线管的轴线方向一致. 若螺线管通以电流 $I = I_0 \sin \omega t$(SI)，试求线圈中的感应电流.

10－6 海洋学家有时依靠水流通过地磁场时所产生的动生电动势来探测海洋中水的运动. 假设在某处地磁场的竖直分量为 7.0×10^{-5} T，两个电极垂直插入被测的相距200 m的水流中. 如果与两极相连的灵敏伏特计显示电势差为 7.0×10^{-3} V，则水流的速度为多大？

10－7 如图10.25所示，AB 和 BC 两段导线，其长均为10 cm，在 B 处以150°角相接. 若使导线在均匀磁场中以速率 $v = 1.5$ m/s 运动，方向如图所示. 磁场方向垂直纸面向里，磁感应强度为 2.5×10^{-2} T，求 A，C 之间的电势差.

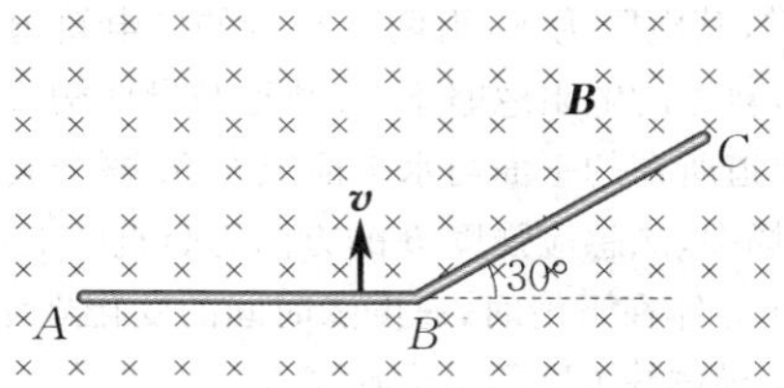

图 10.25

10－8 如图10.26所示，长为 L 的铜棒 AC，在均匀磁场 $\boldsymbol{B}$ 中，绕过距 A 点 $\dfrac{L}{4}$ 处的 O 点的竖直轴以角速度 ω 匀速转动，求 A，C 两端的电势差.

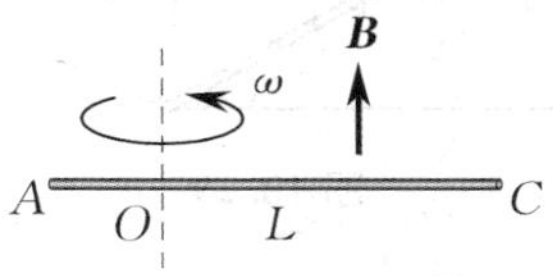

图 10.26

10－9 如图10.27所示，长为 L 的导体棒 OP，处于均匀磁场中，并绕 OO' 轴以角速度 ω 旋转. 棒与转轴的夹角恒为 θ，磁感应强度 $\boldsymbol{B}$ 与转轴平行，求导体棒 OP 在图示位置处的动生电动势.

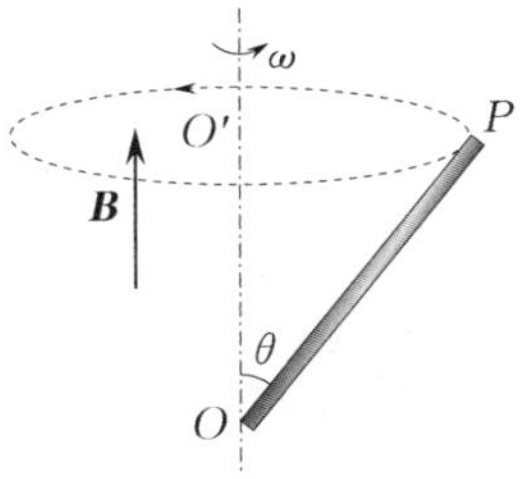

图 10.27

10－10 如图10.28所示，在两平行的无限长载流直导线的平面内有一匝数为 N 的矩形线圈. 两长直导线中的电流方向相反、大小相等，都为 $I = I_0 \sin \omega t$(SI)，求：

(1) 任一时刻线圈内所通过的磁链；

(2) 线圈中的总感生电动势.

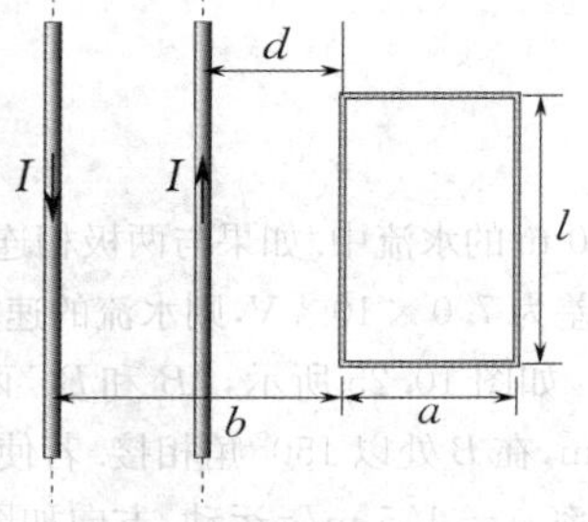

图 10.28

10-11 如图10.29所示，一长为l、质量为m的导体棒CD，其电阻为R，沿两条平行的导电轨道无摩擦地滑下，轨道的电阻忽略不计. 轨道与导体构成一闭合回路，轨道所在的平面与水平面成θ角. 整个装置放在均匀磁场中，磁感应强度$\boldsymbol{B}$的方向为竖直向上，求：

(1) 导体在下滑时，速度随时间的变化规律；

(2) 导体棒CD的最大速率v_m.

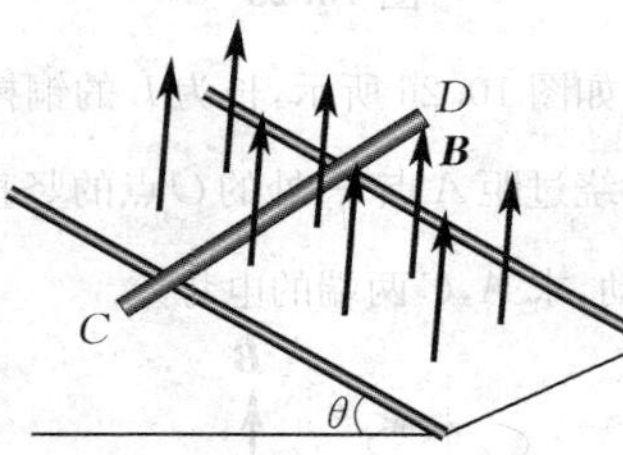

图 10.29

10-12 如图10.30所示，金属圆盘外半径为1.2 m，固定在半径为2 cm的绝缘轴上. 圆盘放置在10 T的均匀磁场中，绕轴转动的角速度为10π rad/s，求圆盘内、外边缘的电势差，并指出电势高的边缘.

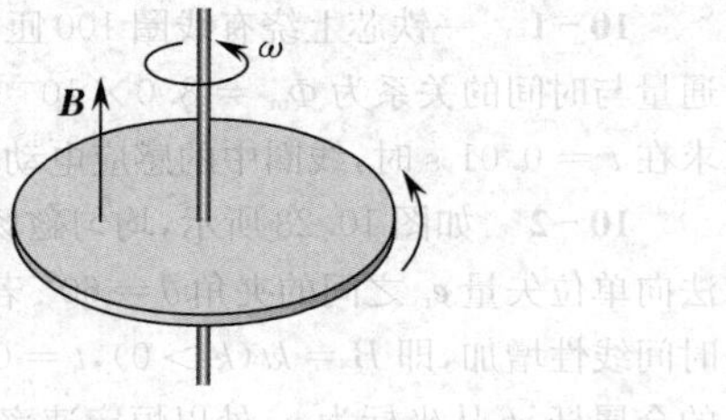

图 10.30

10-13 一空心长直螺线管，长为0.50 m，横截面积为10.0 m^2. 若螺线管上密绕线圈为3×10^3匝，问：

(1) 该螺线管的自感为多大?

(2) 若其中电流随时间的变化率为10 A/s，自感电动势如何?

10-14 有一双层密绕的空心长直螺线管，长为l，截面积为S，此共轴螺线管的内层绕组的总匝数为N_1，外层绕组的总匝数为N_2，求两个绕组的互感.

10-15 如图10.31所示，一矩形线圈长为l，宽为b，由N匝导线绕成，放置在无限长直导线旁边，并和直导线在同一平面内，求图10.31(a)，(b)两种情况下，线圈和长直导线间的互感.

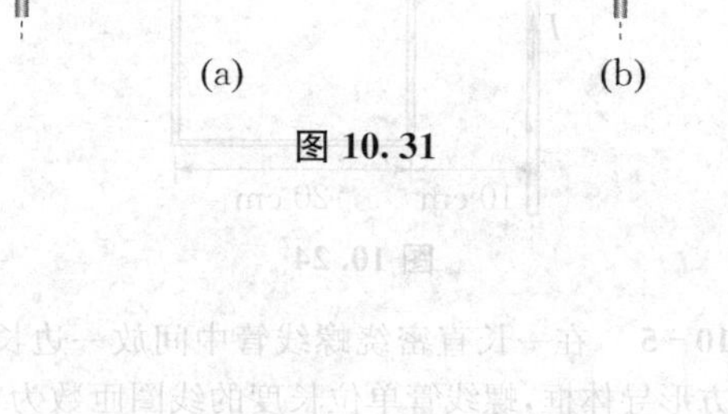

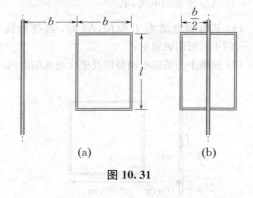

图 10.31

第4篇

光　学

人类历史上很早就有关于光学知识的记载. 我国春秋战国时期，墨翟及弟子所著的《墨经》中，记载了光的直线传播(影的形成和针孔成像等)和光在镜面(凹面和凸面)上的反射等现象，并总结出了一系列经验规律(物像的位置及大小与镜面曲率的关系). 比《墨经》迟大约100年，古希腊数学家欧几里得(Euclid，约公元前325—公元前270)的《反射光学》也研究了成像问题及光的反射规律. 古阿拉伯学者阿尔哈森(Alhazen，约965—1038)写了一部《光学全书》，该书论述了光线来自所观察的物体，以及反射光线和入射光线共面且入射面垂直于界面. 他还发明了凸透镜，并对凸透镜进行了研究，所得的结果接近现代关于凸透镜的理论.

光学真正形成一门科学，是从反射定律和折射定律的确立开始的，这两个定律奠定了几何光学的基础. 17世纪，望远镜和显微镜的发明和应用，大大推进了几何光学的发展. 19世纪，托马斯·杨(T. Young，1773—1829)做了著名的杨氏双缝实验，第一次成功测定了光的波长. 菲涅耳(Fresnel，1788—1827)用杨氏干涉原理补充了惠更斯原理，形成了惠更斯-菲涅耳原理，成功解释了光的衍射现象. 从此波动光学逐渐发展起来了. 1865年，麦克斯韦(Maxwell，1831—1879)指出光是一种电磁现象，至此，确定了光的电磁理论基础. 随着光学的进一步发展，光学理论还出现了量子光学和现代光学两大分支. 本篇内容仅涉及几何光学和波动光学.

第11章

光 学 基 础

光学是物理学的一门重要基础学科，它是研究光的本质、光的产生与控制、光的传输与检测、光与物质的相互作用以及光的各种应用的科学. 纵观历史，整个光学的发展，可以粗略分为三个阶段：经典光学阶段、近代光学阶段和现代光学阶段. 光学是一门生命力旺盛的学科，目前已发展到了崭新的阶段，对现代物理学和整个科学技术的发展都有着重大的贡献. 本章主要介绍几何光学基本定律，以及以光的干涉和衍射为主的波动光学的基础理论.

11.1 几何光学简介

11.1.1 光线 光速

1. 光线

在几何光学中，用一系列表示光传播方向的几何线来代表光，这一系列的几何线就称为**光线**. 几何光学是以光线为基础，研究光的传播和成像规律的一个重要的实用性分支学科. 在几何光学中，把组成物体的物点看作几何点，把它所发出的光束看作无数几何光线的集合.

实际上，光线是不存在的，但在上述假设下，根据光线的传播规律，就可以研究透镜或其他光学元件的成像规则，以及设计光学仪器的光学系统，显得十分方便和实用.

2. 光速

1849 年，法国物理学家菲佐(Fizeau，1819—1896) 用“齿轮法”测出了光速. 如图11.1所示，从光源S发出的光，射到半镀银的平面镜A上，经A反射后，从齿轮N的齿间空隙射到反射镜M上，然后再反射回来，通过半镀银镜射入观察者眼中. 如果使齿轮转动起来，那么在光从齿间到达反射镜 M 再反射回齿间的时间 Δt 内，齿轮将转过一个角度. 如果这时齿轮恰好转到下一个齿间空隙，由反射镜M反射回来的光从齿间空隙通过，观察者就能重新看到光. 齿轮的齿数已知，测出齿轮的转速，可计算出齿轮转过一个齿的时间 Δt，再测出反射镜 M 与齿轮 N 的距离，就可以计算出光速. 菲佐当时测得空气中的光速 $c = 3.153 \times 10^8$ m/s.

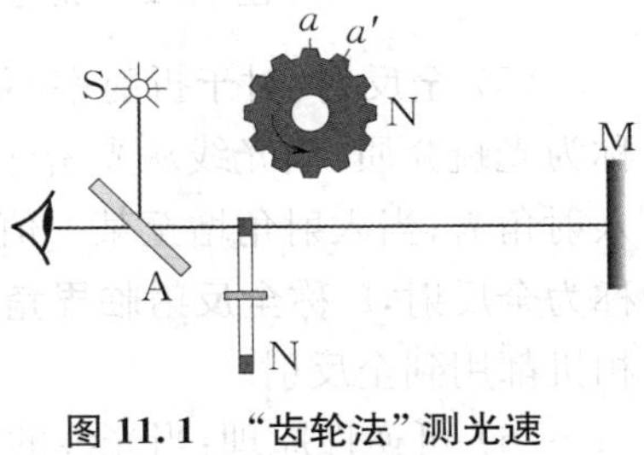

图 11.1 “齿轮法”测光速

1851 年，法国物理学家傅科(Foucault，1819—1868) 用旋转镜法测得空气中的光速 $c = 2.98 \times 10^8$ m/s. 傅科还第一次测出了光在水中的传播速度为 2.23×10^8 m/s，相当于空气中光速的四分之三. 1924—1927 年，美国物理学家迈克耳孙(Michelson，1852—1931) 综合菲佐和傅科测光速方法的优点，用旋转棱镜法，在美国海拔 5 500 m、相距 35 km 的威耳逊山和圣安东尼奥山进行实验，精确地测得光速为$(2.997\ 96 \pm 0.000\ 04) \times 10^8$ m/s. 在真空中，光的传播速度最快，物理学中光在真空中的速度用字母 c 表示，

$$c = 2.997\ 924\ 58 \times 10^{8}\ \text{m/s}.$$

光在空气中的速度非常接近于 c，在水中的速度约为 $\frac{3}{4}c$，在玻璃中速度约为 $\frac{2}{3}c$.

11.1.2 几何光学的基本定律

几何光学是在几个实验定律的基础上建立起来的，它是各种光学系统设计的依据. 借助于光线的概念，几何光学的基本实验定律可表述如下：

（1）光的直线传播定律：光在均匀透明介质中沿直线传播.

（2）光的独立传播定律：来自不同方向的光线相遇后，各自保持原来的传播方向继续传播.

（3）反射定律：当光到达两种介质的分界面时，入射光线、反射光线及界面的法线处在同一平面内，入射光线和反射光线分居法线两侧，且反射角等于入射角，如图 11.2 所示，有

$$i = r. \tag{11.1}$$

（4）折射定律：当光到达两种介质的分界面时，折射光线、入射光线和法线处在同一平面内，入射光线和折射光线分居法线两侧，入射角的正弦和折射角的正弦之比与入射角的大小无关，而与两种介质的折射率有关. 如图 11.3 所示，设 n_1 和 n_2 为两种介质的折射率，则有

$$n_1 \sin i_1 = n_2 \sin i_2, \tag{11.2}$$

式(11.2) 也称为斯涅耳(Snell) 公式.

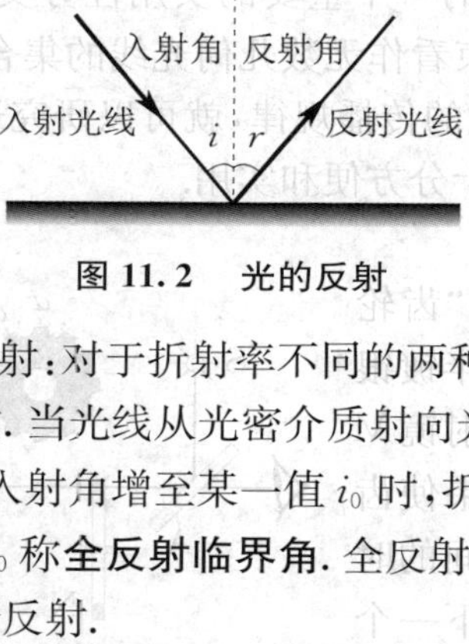

图 11.2 光的反射

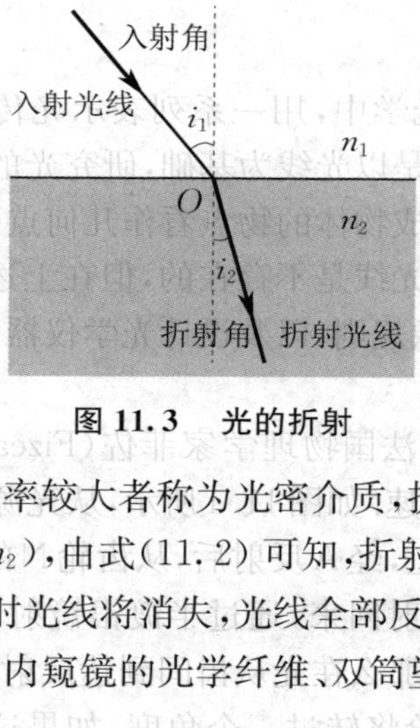

图 11.3 光的折射

（5）全反射：对于折射率不同的两种介质，通常将折射率较大者称为光密介质，折射率较小者称为光疏介质. 当光线从光密介质射向光疏介质时($n_1 > n_2$)，由式(11.2) 可知，折射角 i_2 将大于入射角 i_1；当入射角增至某一值 i_0 时，折射角 $i_2 = 90°$，折射光线将消失，光线全部反射. 这种现象称为全反射，i_0 称**全反射临界角**. 全反射的应用很广，例如，内窥镜的光学纤维、双筒望远镜和单反相机都用到全反射.

（6）可逆性原理：当光线的方向反转时，光将沿着原来的路径反向传播.

11.1.3 薄透镜成像原理

1. 透镜 薄透镜

两个折射面包围一种透明介质，所形成的光学元件称为**透镜**. 折射面可以是球面或非球面. 虽然折射球面的光学性质并不十分理想，但球面的加工及检测较方便，故透镜折射面多为球面.

不管透镜的折射面如何，按其对光束所起的作用，可分为两大类：一类统称**凸透镜**，它对光束起“会聚”作用，故又称为**会聚透镜**；另一类统称**凹透镜**，它对光束起“发散”作用，故又称为**发散透镜**.

以折射面均为球面的透镜为例，如图 11.4 所示，c_1，c_2 为两球面的曲率中心，两点的连线与折射球面的交点 O_1，O_2 称为球面的顶点. 透镜两球面顶点 O_1，O_2 之间的距离 d 称为透镜的厚度. 当透镜的厚度远小于折射球面曲率半径时，这样的透镜称为**薄透镜**. 本书中，未做特殊说明时所有透镜均为薄透镜.

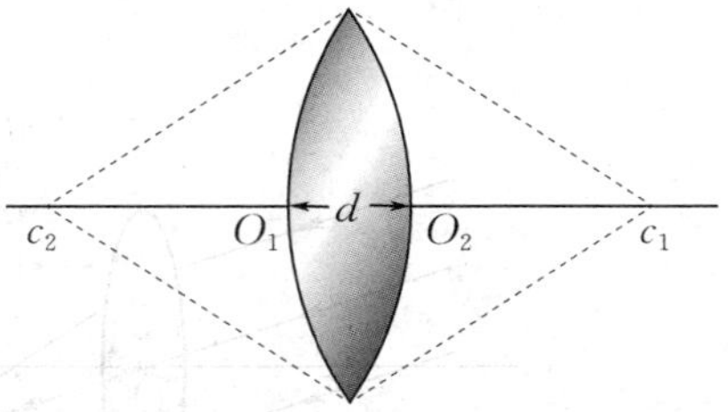

图 11.4　折射面为球面的透镜

2. 透镜的光心和光轴

折射面均为球面的透镜，两球面的曲率中心的连线称为透镜的**主光轴**，简称**主轴**，对于薄透镜，两球面的顶点可近似认为重合于一点，这一点称为**光心**，用 O 表示. 除主光轴外，通过光心 O 点的其他直线称为**副光轴**或**光轴**. 凡通过光心 O 点的光线都不会改变传播方向.

3. 透镜的焦点、焦距和焦面

平行于主光轴的光束通过透镜后，其光线或光线的反向延长线将会聚于一点，这一点称为透镜的**像方焦点**，常用 F' 表示. F' 点到光心的距离称为透镜的**像方焦距**，用 f' 表示. 凸透镜的像方焦点是“实”的，而凹透镜的像方焦点是“虚”的，如图 11.5 所示.

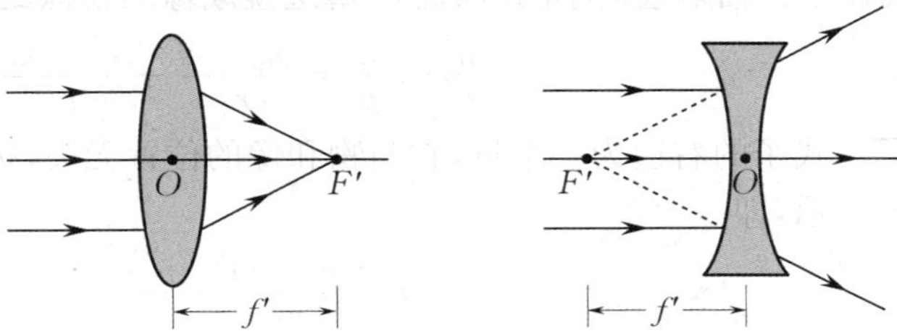

图 11.5　透镜的像方焦点

与主光轴上无穷远处像点所对应的物点称为**物方焦点**，常用 F 表示. F 点到光心的距离称为**物方焦距**，用 f 表示. 凸透镜的物方焦点是“实”的，而凹透镜的物方焦点是“虚”的，如图 11.6 所示.

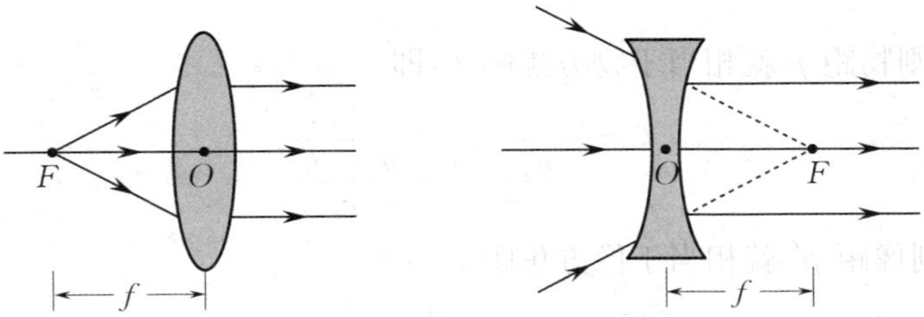

图 11.6　透镜的物方焦点

与某一副光轴平行的平行光，通过透镜后其光线或光线的反向延长线会交于该副光轴上的一点，不同倾向的平行光，通过透镜后其光线或光线的反向延长线都会交于某一点，这些点构成一个面，称为焦面. 焦面应该是一个曲面，对于与主光轴的夹角很小的光线，可以将焦面近似为平面，这个平面通过焦点且垂直于主光轴，称为**焦平面**，如图 11.7 所示.

一条与主光轴成一定角度的光线入射到透镜上时，利用焦平面的概念和透过光心的光线的性质，就可作图画出通过透镜的出射光线.

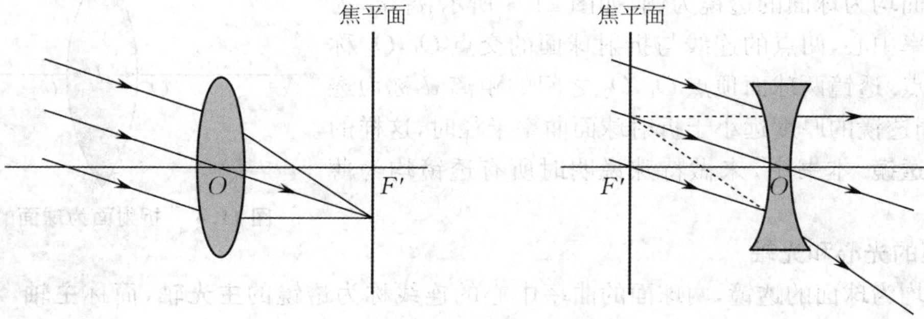

图 11.7　透镜的焦平面

4. 薄透镜的成像公式

图11.8所示为一折射面均为球面的薄透镜，n_0 为透镜材料的折射率，两球面的曲率半径分别为 r_1，r_2，n 和 n' 分别为透镜的物方折射率和像方折射率. 物点 P 位于透镜左方主光轴上，到光心的距离为 p(物距)，它经透镜成像于 P'，P' 到光心的距离为 p'(像距). 根据几何光学基本规律可以得到近轴条件下(光线在主光轴附近很小的区域内) **薄透镜成像的物像距公式**①

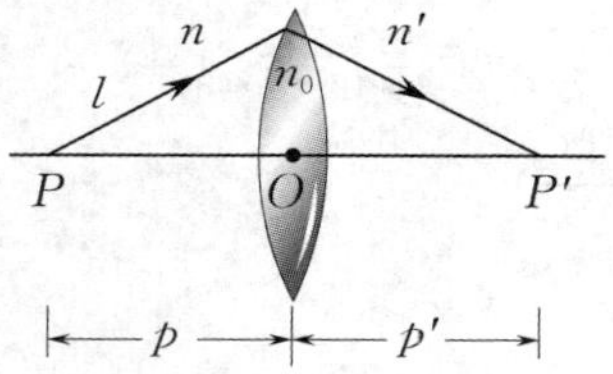

图 11.8　薄透镜成像

$$\frac{n'}{p'}-\frac{n}{p}=\frac{n_0-n}{r_1}+\frac{n'-n_0}{r_2}. \tag{11.3}$$

式子的右边为一常量，它与物和像的位置无关，称之为**光焦度**，以 Φ 表示，即

$$\Phi=\frac{n_0-n}{r_1}+\frac{n'-n_0}{r_2}. \tag{11.4}$$

光焦度的单位为 m^{-1}. 光焦度也称为屈光度，用D表示. 1 D = 100 度.

光焦度表征折射球面的聚光本领，光焦度越大，透镜的聚光能力越强. 凸透镜的光焦度为正，凹透镜为负.

若令 $p'\to\infty$，则物距 p 就相当于物方焦距 f，即

$$f=-\frac{n}{\dfrac{n_0-n}{r_1}+\dfrac{n'-n_0}{r_2}}. \tag{11.5}$$

若令 $p\to\infty$，则像距 p' 就相当于像方焦距 f'，即

$$f'=\frac{n'}{\dfrac{n_0-n}{r_1}+\dfrac{n'-n_0}{r_2}}. \tag{11.6}$$

光焦度

$$\Phi=\frac{n'}{f'}=-\frac{n}{f}. \tag{11.7}$$

当薄透镜置于空气中，$n=n'\approx 1$，于是有

$$\Phi=\frac{1}{f'}=(n_0-1)\left(\frac{1}{r_1}-\frac{1}{r_2}\right), \tag{11.8}$$

式(11.8) 也称为造镜者公式.

① 姚启钧. 光学教程. 6版. 北京：高等教育出版社，2019.

由式(11.3)、式(11.4)和式(11.5)可以得到透镜的常用公式——高斯公式，即

$$\frac{f'}{p'}+\frac{f}{p}=1. \tag{11.9}$$

在物空间与像空间折射率相等($n=n'$，f 与 f' 大小相等)的情况下，透镜的放大率

$$\beta=\frac{p'}{p}. \tag{11.10}$$

运用上述公式时，要注意符号的规则：

长度量：以透镜的光心为起点，其方向与光的传播方向一致时为正；反之，为负.

高度量：以垂直主光轴向上者为正，向下者为负.

角度量：以锐角度量，主光轴或法线顺时针转到光线者为正；反之，为负.

通过式(11.9)及式(11.10)可得透镜的成像规律，如表 11.1 所示.

表 11.1 透镜的成像规律($f=f'$ 时)

	物的位置	像的位置	像的性质		应用举例
凸透镜	$p=\infty$	$p'=f$	像与物异侧	成一点	测定焦距
	$p>2f$	$2f>p'>f$		缩小、倒立、实像	照相机
	$p=2f$	$p'=2f$		等大、倒立、实像	
	$2f>p>f$	$p'>2f$		放大、倒立、实像	幻灯机，电影机
	$p=f$	$p'=\infty$	像与物同侧	不成像	探照灯的透镜
	$p<f$	$p'>f$		放大、正立、虚像	放大镜
凹透镜	物在镜前任意处	$p'<p$	像与物同侧	缩小、正立、虚像	

例 11-1

如图 11.9 所示，已知近视眼镜片为一弯凹透镜，两球面的半径分别为 $r_1=5.0\ \text{cm}$，$r_2=4.0\ \text{cm}$，玻璃的折射率 $n_0=1.5$，在空气中使用，试求该透镜的焦距和光焦度.

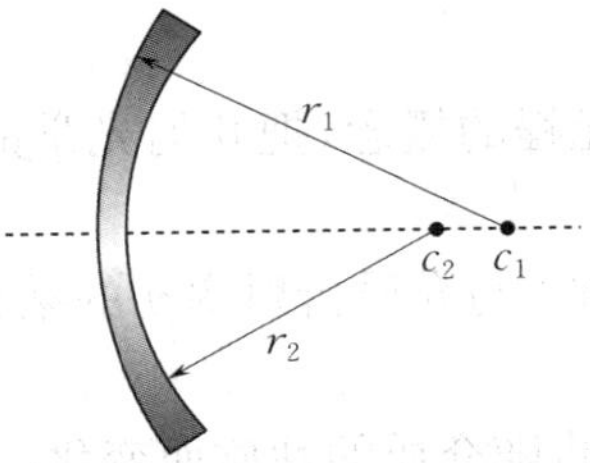

图 11.9 近视眼镜片

解 根据造镜者公式可得

$$\begin{aligned}\Phi&=(n_0-1)\left(\frac{1}{r_1}-\frac{1}{r_2}\right)\\&=(1.5-1)\left(\frac{1}{0.05}-\frac{1}{0.04}\right)\text{m}^{-1}\\&=-2.5\ \text{D}=-250\ 度(眼镜度数),\end{aligned}$$

则

$$f'=\frac{1}{\Phi}=-0.4\ \text{m}=-40\ \text{cm}.$$

负号表明这是发散透镜，焦点是虚焦点. 近视眼镜的镜片是发散透镜，$\Phi<0$；远视(老花)眼镜的镜片是会聚透镜，$\Phi>0$.

11.2　光的物理图像

11.2.1　原子发光机理

几何光学主要研究光在透明介质中的传播规律，并未涉及光的本性. 而关于光的本性，历史上曾有过长期的争论，最后达成一个共识：光具有波粒二象性. 一方面，光具有干涉、衍射、偏振等波动特征，即具有波动性，麦克斯韦电磁理论表明，光是周期性变化的电场和磁场在空间传播形成的电磁波，可见光在真空中波长为 400 ～ 760 nm；另一方面，黑体辐射、光电效应等实验证明光还具有粒子性，要对光进行全面的描述，需要用到量子力学的理论. 本章着重从光的电磁波本性出发，讨论光的干涉、衍射及偏振等现象.

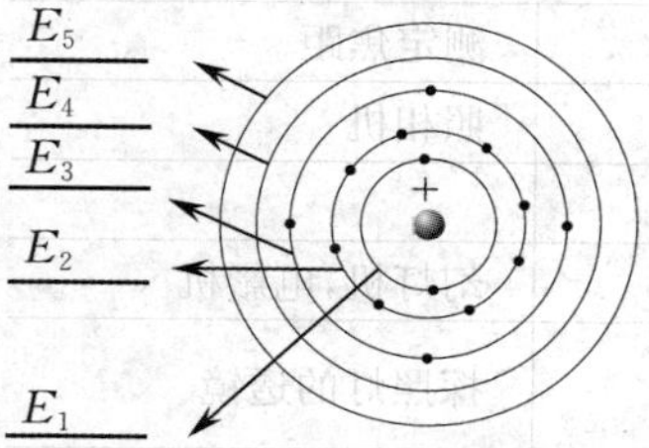

图 11.10　原子能级

量子理论和实验已经完全证明，分子或者原子的能量只能具有某些离散的值，即能量是量子化的，这些不连续的能量值称为能级，如图 11.10 所示. 原子能量最低的状态为基态，用 E_1 表示，能量高于基态的为激发态，用 $E_2, E_3, \cdots, E_n$ 表示. 当处于高能级 E_m 的原子跃迁到低能级 E_n 时，原子的能量减少，并向外辐射电磁波. 这些电磁波正是一个一个的光子，其携带的能量就是原子所减少的那一部分能量，为 $h\nu$，则有

$$E_m - E_n = h\nu.$$

这就是原子发光的机理. 其中，$h = 6.626 \times 10^{-34}$ J · s，称为普朗克常量，ν 为电磁波的频率.

原子的发光是断续的，每次跃迁所经历的时间 Δt 极短，约为 10^{-8} s，也就是一个原子一次发光所持续的时间. 一个原子每次发光，只能发出一段长度（$\Delta l = c\Delta t$）有限、频率一定、振动方向一定的光波列（横波），如图 11.11 所示. 可见，一个光波列的前后各处相位连续变化，但不同光波列之间没有稳定的相位关系. 从干涉角度讲，Δl 称为相干长度，Δt 称为相干时间. Δl 越长的光波，在空间相遇产生干涉的可能性越大，相干性越好.

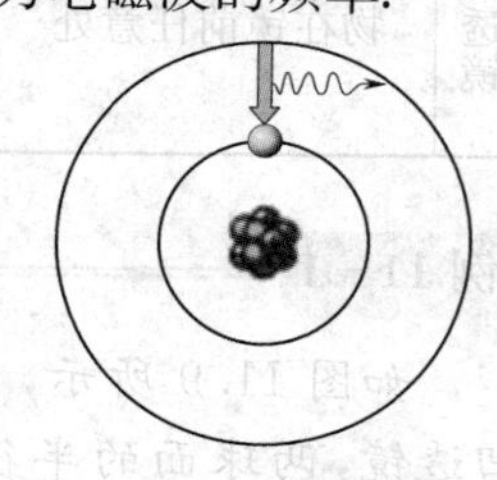
图 11.11　原子发出一个光波列

11.2.2　光程　光程差

1. 光程

1657 年，法国数学家费马（Fermat，1605—1665）引入了光程的概念，把几何光学的基本定律概括为一个统一的物理原理 —— 费马原理.

在均匀介质中，**光程** L 表示光在该介质中走过的几何路程 l 与介质折射率 n 的乘积，即

$$L = nl. \tag{11.11}$$

光在折射率为 n 的介质中传播时，其频率不变，但光速 u 将随介质的性质而变化，为

$$u = \frac{c}{n}. \tag{11.12}$$

因波速等于频率和波长的乘积，故在不同介质中光的波长也会发生变化. 真空中波长 λ 和介质中波长 λ_n 的关系为

$$\lambda_n = \frac{u}{\nu} = \frac{c}{n\nu} = \frac{\lambda}{n}.$$

上式表明，在折射率为n的介质中，如果光通过的几何路程为l，它所包含的波长数目为$\frac{l}{\lambda_n}$，那么同样的波长数目，光在真空中所经历的几何路程将是$\lambda \cdot \frac{l}{\lambda_n} = nl$，即光程$L$. 可见，当计算光在介质中走过的波长个数时，可以先将介质中走过的几何路程l折合成真空中的路程——光程L，再统一除以真空中的波长即可，这样就可以避免在不同介质中换算波长的麻烦. 如果光线从A点出发，中途经过N种不同的介质到达B点，则总光程

$$L = \sum_{i=1}^{N} n_i l_i. \tag{11.13}$$

费马原理指出：光线在两点间的实际传播路径，是在所有可能的路径中，光程取极小值的路径. 根据费马原理可推导出光的直线传播定律、反射定律和折射定律.

2. 光程差

如图 11.12 所示，空气中，一点光源 S 发出的光，经 A，B 两狭缝衍射后相遇于C点. SAC 中途经过一折射率为n、长为l的介质. 两束光的光程分别为

$$L_{SBC} = l_2 + l_4,$$

$$L_{SAC} = l_1 + l_3 - l + nl = l_1 + l_3 + (n-1)l.$$

任意时刻，两束光的光程之差称为**光程差**，即

$$\Delta = L_{SAC} - L_{SBC} = l_1 + l_3 - l_2 - l_4 + (n-1)l.$$

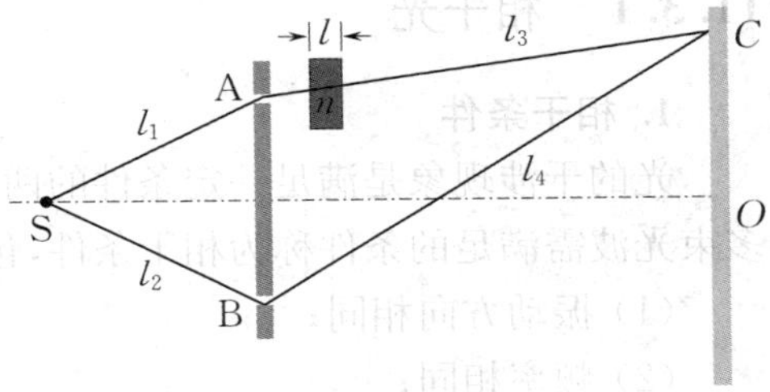

图 11.12　光程差

波长是波的空间周期，光波每传播一个波长，相位即变化 2π. 因而两束光在C点相遇时所引起的光振动的相位差为

$$\Delta\varphi = 2\pi \frac{L_{SAC}}{\lambda} - 2\pi \frac{L_{SBC}}{\lambda} = 2\pi \frac{\Delta}{\lambda}. \tag{11.14}$$

这就是相位差与光程差关系的一般表达式，式中λ为真空中光波的波长. 在光的干涉、衍射现象中，通过光程差计算相位变化，更为方便实用.

3. 薄透镜的等光程性

薄透镜是常用的光学元件，它可以改变光的传播方向，使光进行会聚、发散或产生平行光. 如图 11.13(a) 所示，物点S发出的光经过透镜 L 后会聚成像点S'，而平行光通过透镜后也能会聚于焦平面上形成一亮点P，如图 11.13(b) 所示. 实验表明，同相位的光经薄透镜后到达会聚点时仍是同相位的，即薄透镜不会对光产生附加的光程差，原因可从图中得到解释. 如图 11.13 所示，通过透镜中部的光，其几何路径最短，但它通过透镜最厚的地方；通过透镜边缘的光，其几何路径最

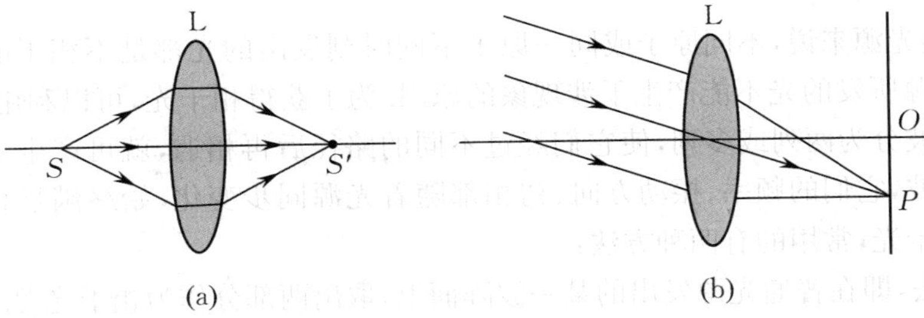

图 11.13　光透过薄透镜的光程

长，但它通过透镜最薄的地方. 由于在透镜中的光程等于路程乘以折射率 n，中部透镜中的光程补偿了该光路在透镜外较短的光程. 因此，薄透镜不会产生附加的光程差，即通过薄透镜的近轴光线具有等光程性.

11.3 光的干涉

干涉是波动的重要特性之一，光的干涉现象证实了光具有波动性，并且有着广泛的应用. 光的干涉较机械波的干涉更易获得，例如，水面上的油膜或肥皂泡在阳光的照射下会出现彩色的条纹；在涂黑的玻璃板上用小刀划上两条距离很近的狭缝，透过狭缝看光源，会看到明暗相间的条纹. 这些都是光发生干涉的结果. 在工程技术领域，常利用光的干涉进行长度的精密测量及检测加工过程中工件表面的几何形状与设计要求之间的微小差异等.

11.3.1 相干光

1. 相干条件

光的干涉现象是满足一定条件的两束或多束光波相互叠加的结果. 产生干涉现象的两束或多束光波需满足的条件称为相干条件，包括：

(1) 振动方向相同；

(2) 频率相同；

(3) 在观察的时间内各光波间的相位差保持恒定.

满足以上条件的两束或多束光波称为相干光，产生相干光的光源称为相干光源.

2. 相干光的获得

在生活中我们都有这样的经验，使用两个或多个相同的灯泡照明时，地面上并未出现明暗相间的条纹. 为什么没有产生干涉现象呢?这是由于光源发光本质的复杂性导致的.

我们知道，光源发光一般是由于光源内部的原子中外层电子从高能态回到低能态时，将能量以光的形式辐射出来，其主要特征如下：

(1) 构成光源的大量原子，其状态各不相同，因此这些原子发出光波的振幅、振动方向甚至频率都各不相同，它们彼此无关，杂乱无章.

(2) 原子发光并不是连续的，而是间断的，每次发光的持续时间约 $10^{-10}\sim10^{-8}$ s.

(3) 原子每次发出的光都是一列极短的波，而且两次发光的间隔也极短，一般在 10^{-8} s 以下.

(4) 原子发光是一个随机事件，因而它先后发出的光没有固定的相位关系，振动方向也不会相同.

因此，对普通光源来说，不同原子或同一原子不同时刻发出的光都是不相干的，这也就是两个或多个普通光源所发的光不能产生干涉现象的原因. 为了获得相干光，可以利用光学装置将同一原子发出的光波分为两列或多列，使它们经过不同的路径后再相遇，就可产生干涉. 这样分出的两列波或多列波，它们的频率、振动方向、初相都随着光源同步变化，始终满足相干条件. 利用光学装置获得相干光，常用的有两种方法：

(1) 分波面法，即在普通光源发出的某一波阵面上，取出两部分作为相干光源.

(2) 分振幅法，即利用光的反射与折射把波面某处的振幅分成两部分，分别作为相干光源.

3. 光的干涉明纹、暗纹条件

两个同方向、同频率、相位差恒定的相干波源激发的两列相干波，它们相遇就会出现干涉现象，有的位置振动加强(合振幅等于分振幅之和)—— 干涉相长；有的位置振动减弱(合振幅等于分振幅之差的绝对值)—— 干涉相消. 相干光相遇也是如此，由于光强与光振幅的平方成正比，光的干涉会出现明、暗相间条纹.

根据机械波干涉的规律，空间某处是干涉相长还是干涉相消取决于同一时刻两列机械波在该处激发的振动的相位差 $\varphi_1-\varphi_2$. 若两波源同相，即 $\varphi_{10}=\varphi_{20}$，则合振幅只取决于两列波的波程差. 对于光的干涉，两束光通常是由同一束光分出来的，即 $\varphi_{10}=\varphi_{20}$，在讨论光的干涉问题时，只需要将波程差换成光程差，把干涉相长和干涉相消换成明纹和暗纹，其余规律与机械波干涉相同.

光的干涉明纹、暗纹条件的一般表达式为

$$\Delta=\begin{cases}\pm 2k\dfrac{\lambda}{2}=\pm k\lambda, & k=0,1,2,\cdots, \quad 明纹,\\ \pm(2k-1)\dfrac{\lambda}{2}, & k=1,2,\cdots, \quad 暗纹.\end{cases} \tag{11.15}$$

11.3.2 分波面干涉

1. 杨氏双缝干涉实验

1801 年，英国科学家托马斯·杨首次设计并完成了光的双缝干涉实验，揭示了光的波动特性，支持了光的波动说，该实验称为杨氏双缝干涉实验，是用分波面法获得相干光的典型例子.

杨氏双缝干涉实验装置如图 11.14 所示，一单色光源发出的单色光照射在狭缝 S 上，狭缝与纸面垂直，S 可视为一线光源. 在 S 前放置两个相距很近的狭缝 S_1 和 S_2，S_1，S_2 都与 S 平行，且与 S 等距离. 由图可知，S_1 和 S_2 分割线光源 S 光波的波阵面得到两束光，这两束光满足振动方向相同、频率相同、相位差恒定的相干条件，即 S_1 和 S_2 可视为两相干光源，由 S_1 和 S_2 发出的光波在相遇时将产生干涉现象. 如果在 S_1 和 S_2 的前面放置一屏幕，则屏幕上将出现等间距的明暗相间的干涉条纹，如图 11.14 所示.

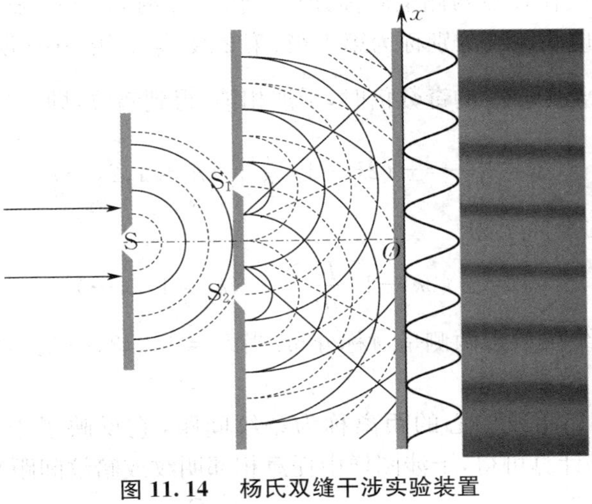

图 11.14 杨氏双缝干涉实验装置

干涉条纹分布规律可根据波动理论中的相干条件进行讨论. 如图 11.15 所示，O 为屏幕中心，$OS_1=OS_2$. 设双缝间的距离为 d，双缝到屏幕的距离为 D，且 $D\gg d$，S_1 和 S_2 到屏幕上 P 点的距离分别为 r_1 和 r_2，P 到 O 点的距离为 x.

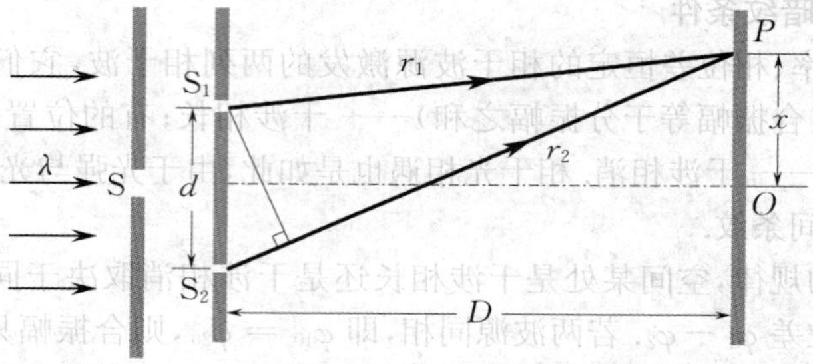

图 11.15 杨氏双缝干涉条纹分布的计算

设整个装置置于真空或空气中，且 S_1 和 S_2 两光源间无相位差，故两光波在 P 点的光程差为 $\Delta = r_2 - r_1$. 由几何关系可得

$$r_1^2 = D^2 + \left(x - \frac{d}{2}\right)^2, \quad r_2^2 = D^2 + \left(x + \frac{d}{2}\right)^2.$$

以上两式相减，得

$$r_2^2 - r_1^2 = (r_2 - r_1)(r_2 + r_1) = 2dx.$$

由于 $D \gg d$，且 x 一般较小，故 $r_2 + r_1 \approx 2D$，光程差为

$$\Delta = r_2 - r_1 \approx \frac{dx}{D}. \tag{11.16}$$

若入射光的波长为 λ，根据波动理论的干涉条件可知：

(1) 当光程差等于波长 λ 的整数倍时，干涉相长，得到明纹，即

$$\Delta = \frac{dx}{D} = \pm k\lambda \quad (k = 0, 1, 2, \cdots), \tag{11.17}$$

此时，屏幕上明纹中心的坐标 x 为

$$x = \pm k \frac{D}{d}\lambda \quad (k = 0, 1, 2, \cdots), \tag{11.18}$$

式中正负号表示干涉条纹在 O 点两侧呈对称分布. 当 $k = 0$ 时，$x = 0$，表示屏幕中心为零级明纹；当 $k = 1, 2, 3, \cdots$ 时，对应明条纹分别称为第 1 级、第 2 级、第 3 级 …… 明纹.

(2) 当光程差等于半波长 $\frac{\lambda}{2}$ 的奇数倍时，干涉相消，得到暗纹，即

$$\Delta = \frac{dx}{D} = \pm (2k - 1) \frac{\lambda}{2} \quad (k = 1, 2, \cdots), \tag{11.19}$$

此时，屏幕上暗纹中心的坐标 x 为

$$x = \pm (2k - 1) \frac{D}{d} \frac{\lambda}{2} \quad (k = 1, 2, \cdots), \tag{11.20}$$

式中正负号表示干涉条纹在 O 点两侧呈对称分布. 当 $k = 1, 2, 3, \cdots$ 时，对应的暗纹分别称为第 1 级、第 2 级、第 3 级 …… 暗纹.

相邻明纹中心或相邻暗纹中心的距离称为条纹间距，它反映了干涉条纹的疏密程度. 由式(11.18) 或式(11.20) 计算可得，干涉图样中任意相邻明纹或暗纹间距都为

$$\Delta x = x_{k+1} - x_k = \frac{D}{d}\lambda. \tag{11.21}$$

由式(11.21) 可得杨氏双缝干涉的一般结论：

① 双缝干涉的明纹和暗纹是等间距分布的，相邻明(暗)纹中心的距离为

$$\Delta x = x_{k+1} - x_k = \frac{D}{d}\lambda.$$

② 对于同一实验装置，条纹间距 Δx 与入射光波长 λ 密切相关. 波长越短，其干涉条纹越密集；波长越长，其干涉条纹越稀疏. 因此，用白光(复合光) 来做杨氏双缝干涉实验时，在屏幕上的干涉条纹是彩色的，中央为白色条纹，两侧对称地分布着由紫到红的各级干涉图谱.

③ 光源的波长一定时，条纹间距随狭缝间的距离 d 变化而变化：d 越大，条纹间距越小，条纹越密集；d 越小，条纹间距越大，条纹越稀疏.

④ 已知 d,D 和 Δx，根据式(11.21) 可计算待测光的波长.

例 11－2

在杨氏双缝干涉实验中，以波长 587.6 nm 的黄色光照射双缝，在距离双缝 3 m 处的屏幕上产生间距为 0.50 mm 的干涉条纹，求两缝之间距离.

解 由杨氏双缝干涉条纹间距公式

$$\Delta x = \frac{D}{d}\lambda,$$

可得两缝之间距离为

$$d = \frac{D}{\Delta x}\lambda = \frac{3 \times 587.6 \times 10^{-9}}{0.50 \times 10^{-3}}\ \text{m} = 3.53 \times 10^{-3}\ \text{m}.$$

例 11－3

如图 11.16 所示，一双缝装置的一条缝被折射率为 1.40 的薄玻璃片所遮盖，另一条缝被折射率为 1.70 的薄玻璃片所遮盖. 在遮盖上玻璃片以后，屏幕上原来的零级明纹所在点出现第 5 级明纹. 假定 $\lambda = 480$ nm，且两玻璃片厚度均为 e，求 e.

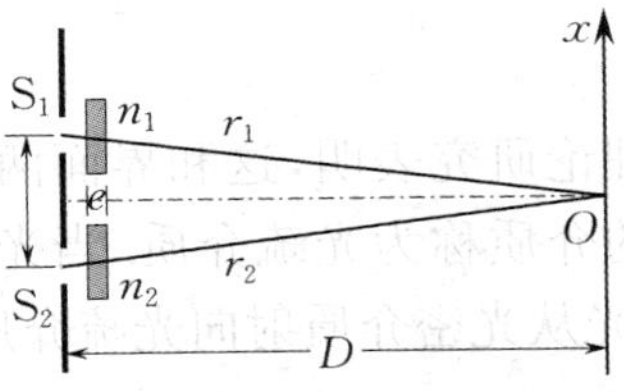

图 11.16

分析 本题是干涉现象在工程测量中的一个具体应用，它可以用来测量透明介质薄片的微小厚度或折射率. 在不加介质片之前，两相干光均在空气中传播，它们到达屏幕上任一点 P 的光程差由其几何路程差决定，对于点 O，光程差 $\Delta = 0$，故 O 点处为零级明纹，其余条纹相对 O 点对称分布. 而在插入介质片后，虽然两相干光在两介质薄片中的几何路程相同，但光程不同. 对于 O 点，$\Delta \neq 0$，故 O 点处不再是零级明纹，整个条纹发生平移. 可以说，干涉条纹空间分布的变化完全取决于光程差的变化. 因此，对于屏幕上某点 P(明纹或暗纹位置)，只要计算出插入介质片前后光程差的变化，即可知道其干涉条纹的变化情况.

插入介质前的光程差

$$\Delta_1 = r_2 - r_1 = k_1\lambda \text{（对应第 } k_1 \text{ 级明纹）},$$

插入介质后的光程差

$$\Delta_2 = [(n_2 - 1)e + r_2] - [(n_1 - 1)e + r_1] = k_2\lambda \text{（对应第 } k_2 \text{ 级明纹）}.$$

光程差的变化量为

$$\Delta_2 - \Delta_1 = (n_2 - n_1)e = (k_2 - k_1)\lambda,$$

式中 $k_2 - k_1$ 可以理解为移过 P 点的条纹数(本题为 5). 因此，对于这类问题，求解光程差的变化是解题的关键.

解 由上述分析可知，两介质片插入前后，对于原零级明纹所在 O 点，光程差变化量为

$$\Delta_2 - \Delta_1 = (n_2 - n_1)e = 5\lambda,$$

将有关数据代入，可得

$$e = \frac{5\lambda}{n_2 - n_1} = 8.0\ \mu\text{m}.$$

2. 劳埃德镜和半波损失

如图 11.17 所示，为解决杨氏双缝干涉条纹亮度不足的问题，劳埃德(Lloyd,1800—1881) 设计了劳埃德镜实验. M 为一平面镜，由狭缝光源 S_1 发出的单色光，一部分(以 1 表示的光) 直接射到屏幕 x 上，另一部分(以 2 表示的光) 以接近 90° 的入射角掠射到平面镜 M 上，然后再由 M 反射到屏幕 x 上. S_2 是 S_1 在平面镜 M 中的虚像，S_2 与 S_1 构成一对相干光源，但其中 S_2 为虚光源，平面镜反射的光线可以看成是由虚光源 S_2 发出的. 这样，当这两束光线在空间相遇时即可产生干涉现象，即在这两束光线叠加的区域(图中阴影部分) 中放置屏幕 x′，将会看到明、暗相间的等间距干涉条纹.

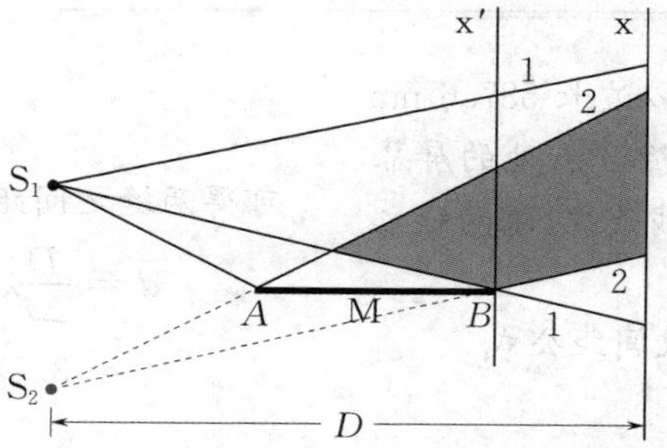

图 11.17 劳埃德镜

在上述实验中，若把屏幕 x′ 放到与平面镜 M 一端 B 刚好接触的位置，则从 S_1，S_2 发出的光到达接触点 B 的路程相等. 在 B 处似乎应出现明纹，但是实验结果是，在接触处为一暗纹. 这表明，直接射到屏幕上的光与由平面镜反射出来的光在平面镜与屏幕接触处相位相反，即相位差为 π. 由于入射光不可能有相位的变化，只能认为光从空气射向平面镜发生反射时，反射光有 π 的相位突变. 由波动理论可知，相位差为 π，相当于反射光与入射光之间附加了半个波长 $\frac{\lambda}{2}$ 的光程差. 因此，光经反射相位发生突变的现象，称为**半波损失**.

是否只要光被反射，反射光就会有半波损失呢?实验和理论研究表明，这和界面两侧介质的折射率有关. 折射率较大的介质称为光密介质，折射率较小的介质称为光疏介质. 当光从光疏介质射向光密介质，被光密介质反射时，反射光有半波损失；当光从光密介质射向光疏介质，被光疏介质反射时，反射光无半波损失.

劳埃德镜实验的“反常现象”，正是由于光从光疏介质(空气) 射向光密介质(玻璃)，反射光有半波损失造成的.

11.3.3 分振幅干涉

日常生活中，我们常常能看到，水面的油膜及肥皂泡在阳光的照射下会出现彩色的条纹，这就是薄膜干涉. 薄膜干涉是薄膜上、下表面反射(或折射) 光束相遇而产生的一种干涉现象. 薄膜干涉为分振幅干涉. 它在工程技术领域应用广泛，如精密长度的测量、工件表面平整度的测量等. 薄膜干涉通常分为平行平面膜产生的等倾干涉和非平行膜产生的等厚干涉两种类型.

1. 等倾干涉

1) 等倾干涉光程差

如图 11.18 所示，有一均匀透明的平行平面介质膜，膜的折射率为 n，厚为 d，M_1，M_2 为薄膜上、下两个平面，n_1 和 n_2 分别为薄膜上、下两侧介质的折射率. S为单色面光源，S发出的光束以入射角 i 投射到 M_1 上，一部分经 M_1 反射得到第一束反射光束1，另一部分射进薄膜，并被 M_2 反射，再经 M_1 折射，得到第二束反射光束2. 由于对一般介质薄膜来说，反射光束中只有上述两束的振幅相近，其余各光束振幅都很小，可忽略不计，这里只考虑光束1和光束2. 由几何关系可知，光束1和光束2相互平行，它们只能在无穷远处相交，即只能在无穷远处才能观察到干涉条纹. 在实际实验中，我们不可能将屏幕置于无穷远处接收干涉条纹，只能用一个凸透镜将原来在无穷远处的干涉图样呈现到透镜焦平面上观测（人的眼睛也相当于凸透镜）.

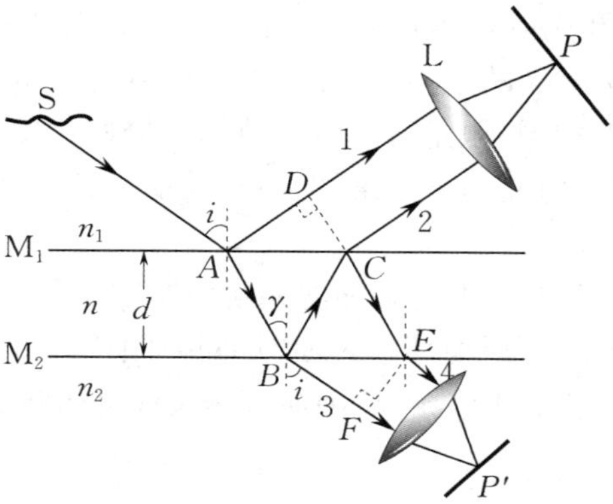

图 11.18　平行平面膜的反射和透射

讨论反射光的干涉情况，需要计算反射光束1和光束2的光程差Δ. 如图11.18所示，根据透镜的等光程性可知，光束1由 D 点经透镜到焦点 P 的光程，等于光束2由 C 点经透镜到焦点 P 的光程. 由几何关系可得，光束1和光束2的传播光程差

$$\Delta_0 = n(AB + BC) - n_1 AD. \tag{11.22}$$

若考虑上、下表面反射性质不同，可能要引入半波损失. 存在半波损失时光程差可表示为

$$\Delta = n(AB + BC) - n_1 AD + \frac{\lambda}{2}, \tag{11.23}$$

注意，是否存在半波损失，要根据三种介质的折射率大小关系来决定. 读者可以自行证明，当 $n_1 > n > n_2$ 或 $n_1 < n < n_2$ 时，反射光束1,2的光程差不计半波损失；当 $n_1 < n > n_2$ 或 $n_1 > n < n_2$ 时，反射光束1,2的光程差要计半波损失.

如图11.18所示，设折射角为 γ，则

$$AB = BC = \frac{d}{\cos\gamma},$$

$$AD = AC\sin i = 2d\tan\gamma \cdot \sin i,$$

将以上两式代入式(11.23)，得

$$\Delta = \frac{2d}{\cos\gamma}(n - n_1\sin\gamma \cdot \sin i) + \frac{\lambda}{2}, \tag{11.24}$$

将折射定律 $n_1\sin i = n\sin\gamma$ 代入式(11.24)，可得

$$\Delta = 2d\sqrt{n^2 - n_1^2\sin^2 i} + \frac{\lambda}{2}. \tag{11.25}$$

由式(11.25)可知，光程差决定于倾角（入射角）i. 凡是以相同的倾角入射到厚度均匀的介质薄膜上的光线，经薄膜上、下表面反射后产生的相干光有相同的光程差，干涉加强或减弱的情况

是一样的，它们处于同一条干涉条纹上. 所以，把这种干涉称为**等倾干涉**，相应的明暗条纹称为等倾条纹.

出现明纹的条件为

$$\Delta = 2d\sqrt{n^2 - n_1^2\sin^2 i} + \frac{\lambda}{2} = 2k\frac{\lambda}{2} \quad (k = 1,2,\cdots), \tag{11.26}$$

出现暗纹的条件为

$$\Delta = 2d\sqrt{n^2 - n_1^2\sin^2 i} + \frac{\lambda}{2} = (2k-1)\frac{\lambda}{2} \quad (k = 1,2,\cdots), \tag{11.27}$$

由图 11.18 可以看到，光束 3 和光束 4 是由同一光束在 B 点折射和反射后形成，也满足相干条件，因而在薄膜下方也可以看到透射光的干涉条纹. 读者可以自行证明，光束 3 和光束 4 的光程差与光束 1 和光束 2 的传播光程差相同，但是否产生半波损失恰好相反. 这就意味着同一倾角入射的光线，其反射光的干涉条纹和透射光的干涉条纹互补，反射相长时则透射相消；反之亦然. 这种现象也是能量守恒的要求.

式(11.26) 和式(11.27) 表明，入射角相同的光线经厚度均匀的薄膜两表面反射形成的反射光，可形成同一级条纹. 当扩展光源照射薄膜表面时，同一倾角入射的光线呈圆锥形状分布，经薄膜上、下表面反射后，形成圆环状的干涉条纹，因而等倾条纹为明暗相间的同心圆环.

2）***增透膜与增反膜***

在实际应用中，很多情况下光线垂直照射到薄膜表面，入射角为 0，反射光光程差表达式简化为

$$\Delta = 2nd + \frac{\lambda}{2}. \tag{11.28}$$

干涉明纹和暗纹对应的条件为

$$\Delta = 2nd + \frac{\lambda}{2} = \begin{cases} k\lambda, & k = 1,2,\cdots, \quad 加强(明), \\ (2k-1)\frac{\lambda}{2}, & k = 1,2,\cdots, \quad 减弱(暗). \end{cases} \tag{11.29}$$

可见，改变薄膜的厚度就可以实现反射光的加强或透射光的加强.

光学仪器如照相机、望远镜、眼镜等，都需要用到透镜. 但是，当光线垂直通过透镜时，在透镜前、后表面上将有 4% ～ 10% 的光强因反射而散失，有些光学仪器因反射而损失的光强更为严重，故采用多片透镜叠加的复合镜头. 在制造光学仪器的过程中，为了减少反射以增强透射光的强度，会在镜头表面镀一层薄膜，称为**增透膜**. 由于薄膜干涉中反射光和透射光干涉互补，因而可以在折射率为 n 的镜头上镀上一层厚度合适、折射率为 n_c 的薄膜（如氟化镁 MgF_2，$n_c = 1.38$，折射率介于玻璃和空气之间），使垂直入射的单色光经薄膜上、下表面反射得到的反射光光程差符合干涉相消条件，则透射光干涉相长，从而达到增透的目的，如图 11.19 所示. 由式(11.29) 可知，一定的薄膜厚度只能对应一种波长的光. 在照相机和助视光学仪器中，往往采用增透膜增强人眼最敏感的黄绿光（波长为 550 nm）的透射率，同时这样的薄膜对蓝光和红光的反射能力就稍大一些，所以，镜头看上去呈紫红色.

同理，为了增强光学元件的反射率，也可以在元件表面镀一层薄膜，增加反射光的强度，如图 11.20 所示，这种薄膜称为**增反膜**. 增反膜的作用是使垂直入射的单色光经薄膜上、下两表面反射得到的反射光光程差符合干涉相长条件. 例如，氦氖激光器谐振腔的全反射镜上镀 15 ～ 19 层硫化锌-氟化镁膜，可使波长为 632.8 nm 的光反射率高达 99.6%.

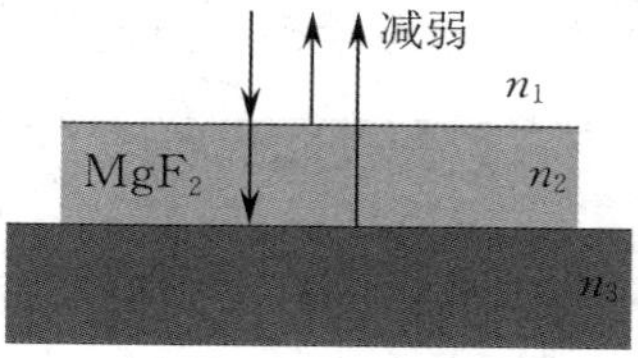

图 11.19 氟化镁增透膜

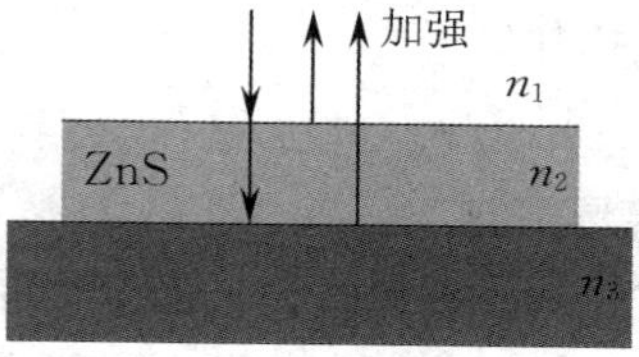

图 11.20 硫化锌增反膜

例 11-4

在一光学元件玻璃(折射率 $n_3 = 1.5$) 表面镀上一层厚度为 d、折射率为 $n_2 = 1.38$ 的氟化镁薄膜,空气的折射率 $n_1 = 1$. 为了使入射白光中对人眼最敏感的黄绿光(波长为 550 nm) 透射最大,求膜的最小厚度.

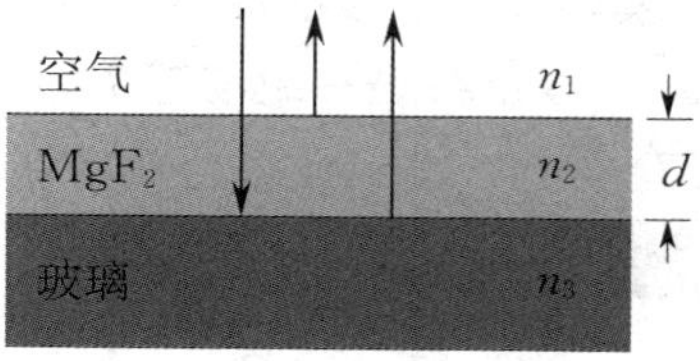

图 11.21

解 如图 11.21 所示,由于 $n_1 < n_2 < n_3$,氟化镁薄膜上、下表面两反射光均有半波损失,两反射光的光程差为

$$\Delta = 2n_2 d.$$

要使透射最大,则反射光干涉相消,即

$$\Delta = 2n_2 d = (2k-1)\frac{\lambda}{2} \quad (k = 1, 2, \cdots),$$

膜的厚度为

$$d = (2k-1)\frac{\lambda}{4n_2} \quad (k = 1, 2, \cdots),$$

当 $k = 1$ 时,膜的最小厚度为

$$d_{\min} = \frac{\lambda}{4n_2} = \frac{550}{4 \times 1.38}\text{ nm} \approx 99.6\text{ nm}.$$

例 11-5

一油轮漏出的油($n_1 = 1.20$) 污染了某海域,在海水($n_2 = 1.30$) 表面形成一层薄薄的油膜. 油膜的厚度 $d = 460$ nm,在可见光范围内(400 ~ 760 nm),问:(1) 飞行员从上往下观察,哪些波长的光增强?(2) 潜水员从下往上观察,哪些波长的光增强?

解 (1) 根据题目给出的条件,光程差为

$$\Delta = 2n_1 d.$$

根据干涉相长条件 $\Delta = 2n_1 d = k\lambda$ 得

$$\lambda = \frac{2n_1 d}{k}.$$

当 $k = 1$ 时,$\lambda = \frac{2n_1 d}{k} = 1\,104$ nm,可见光范围之外;

当 $k = 2$ 时,$\lambda = \frac{2n_1 d}{k} = 552$ nm,绿光;

当 $k = 3$ 时,$\lambda = \frac{2n_1 d}{k} = 368$ nm,可见光范围之外.

综上所述,飞行员看到的油膜是绿色的.

(2) 根据题目给出的条件,透射光的光程差为

$$\Delta = 2n_1 d + \frac{\lambda}{2}.$$

根据干涉相长条件 $\Delta = 2n_1 d + \frac{\lambda}{2} = k\lambda$ 得

$$\lambda = \frac{2n_1 d}{k - 0.5}.$$

当 $k = 1$ 时,$\lambda = \frac{2n_1 d}{k-0.5} = 2\,208$ nm,可见光范围之外;

当 $k = 2$ 时,$\lambda = \frac{2n_1 d}{k-0.5} = 736$ nm,红光;

当 $k = 3$ 时,$\lambda = \frac{2n_1 d}{k-0.5} = 441.6$ nm,紫光;

当 $k = 4$ 时,$\lambda = \frac{2n_1 d}{k-0.5} \approx 315.4$ nm,可

见光范围之外.

综上所述,潜水员看到的油膜是紫红色的.

2. 等厚干涉

由式(11.26)和式(11.27)可看出,在入射光空间折射率 n_1、薄膜的折射率 n 和入射角 i 均不变时,反射光的干涉情况取决于薄膜的厚度 d,即同一干涉明纹(暗纹)对应相同的薄膜厚度.将这一类干涉称为**等厚干涉**.等厚干涉中典型的例子是劈尖干涉和牛顿环.在科研和生产实践中,常常利用光的等厚干涉做各种精密测量,如薄膜厚度、细丝直径、微小角度等,也普遍用于工件表面平整度检查.

1) **劈尖干涉**

如图 11.22(a)所示,两块平板玻璃一端相互叠合,另一端垫入一细丝或者纸片,在两玻璃片之间就形成了劈形空气膜,称为空气劈尖.若将一平板玻璃打磨成一有微小倾角的斜坡,置于空气或其他介质中,则此玻璃薄膜称为玻璃劈尖,如图 11.22(b)所示.设劈尖两表面的夹角为 θ,称为劈尖顶角.劈尖顶角 θ 非常小.当单色光垂直入射劈尖时,经劈尖上、下表面反射产生的反射光,可认为是垂直于劈尖表面的,它们在劈尖表面相遇产生干涉,干涉条纹是一组与劈尖棱边平行的直条纹.

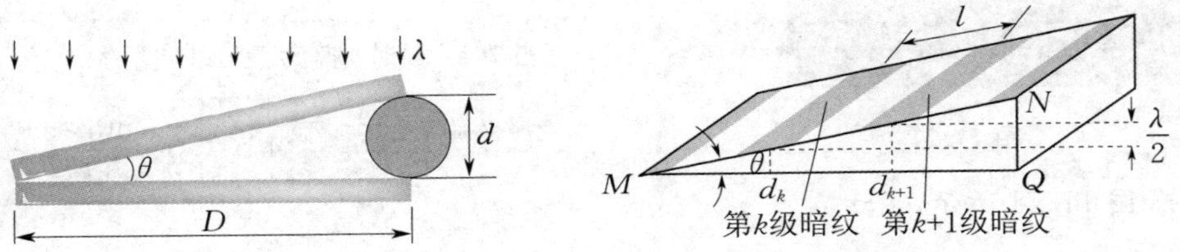

(a) 空气劈尖　　(b) 玻璃劈尖

图 11.22　劈尖干涉

现在讨论劈尖干涉条纹的分布规律.由于劈尖顶角非常小,故劈尖上、下表面仍几乎平行,等倾干涉光程差计算公式依然适用于劈尖干涉,垂直入射到劈尖表面的单色光(入射角 $i=0$)经上、下表面反射后,两反射光的光程差为

$$\Delta = 2nd\left[+\frac{\lambda}{2}\right], \tag{11.30}$$

式中 n 为劈尖折射率,反射光的光程差中是否计入半波损失取决于劈尖折射率 n 与劈尖上、下方介质折射率的关系.

由式(11.30)可看出,光程差由劈尖厚度 d 决定.当劈尖某一厚度处对应的光程差符合干涉条件时,就会出现干涉相长(明纹)或干涉相消(暗纹),也就是同一厚度对应同一级条纹.

出现明纹的条件为

$$\Delta = 2nd\left[+\frac{\lambda}{2}\right] = (2k)\frac{\lambda}{2} \quad (k = 1,2,\cdots); \tag{11.31}$$

出现暗纹的条件为

$$\Delta = 2nd\left[+\frac{\lambda}{2}\right] = (2k+1)\frac{\lambda}{2} \quad (k = 0,1,2,\cdots). \tag{11.32}$$

在劈尖棱边处,若反射光的光程差中计入半波损失,则呈现暗纹.

现在讨论条纹的间距 l.当 $\Delta = k\lambda$ 时形成明纹,设 d_k 和 d_{k+1} 分别为第 k 级和第 $k+1$ 级明纹对应的薄膜厚度,则

$$\Delta_k = 2nd_k\left[+\frac{\lambda}{2}\right] = 2k\frac{\lambda}{2},$$

$$\Delta_{k+1} = 2nd_{k+1}\left[+\frac{\lambda}{2}\right] = 2(k+1)\frac{\lambda}{2},$$

$$d_{k+1} - d_k = \frac{\lambda}{2n},$$

$$l = \frac{d_{k+1} - d_k}{\sin\theta} \approx \frac{d_{k+1} - d_k}{\theta} = \frac{\lambda}{2n\theta}. \tag{11.33}$$

因为 θ 角是一定的，所以条纹是等间距的. θ 角越大，条纹越密. 若由实验测出 l，则可利用式(11.33)确定劈尖顶角 θ.

例 11-6

在半导体生产中需要测量物质 A 上 SiO_2 薄膜的厚度，将此薄膜磨成劈尖，如图 11.23 所示. 已知 SiO_2 的折射率为 1.5，物质 A 的折射率为 1.3，用波长 633 nm 的光垂直照射，观察到整个斜面上刚好有 9 条暗纹和 9 条明纹，求 SiO_2 薄膜的厚度.

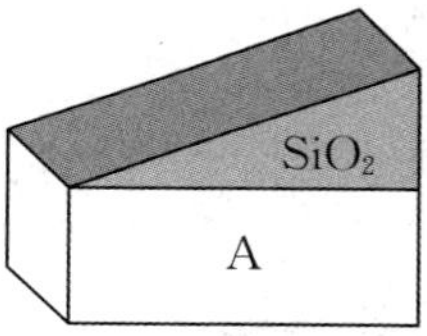

图 11.23

解 由已知条件可知，反射光的光程差要计半波损失，故劈尖棱边处为暗纹. 斜面上最大厚度处为第 9 级明纹. 根据明纹的干涉条件

$$2nd + \frac{\lambda}{2} = k\lambda,$$

可得第 k 级明纹对应的厚度为

$$d = \frac{2k-1}{4n}\lambda.$$

第 9 级明纹处薄膜厚度（SiO_2 的厚度）为

$$d = \frac{2\times 9 - 1}{4\times 1.5}\times 633\ \text{nm} \approx 1.8\ \mu\text{m}.$$

例 11-7

由两玻璃片构成的一空气劈尖，其夹角 $\theta = 5.0\times 10^{-5}$ rad，用波长 $\lambda = 500$ nm 的平行单色光垂直照射，在空气劈尖上方观察劈尖表面的等厚干涉条纹.(1) 将下面的玻璃片向下平移，看到条纹移动了 20 条，求玻璃片下移的距离；(2) 向劈尖中注入某种液体后，看到第 5 级明纹在劈尖上移动了 0.5 cm，求液体的折射率. 空气的折射率为 1.

解 (1) 劈尖下玻璃片下移，同一位置空气薄膜厚度增加，但劈尖顶角保持不变，即条纹宽度不变. 根据等厚干涉的特点，同一厚度对应同一级条纹，故条纹将向靠近劈尖棱边的方向移动.

设原来第 k 级明纹处劈尖的厚度为 d_1，光垂直入射时，由干涉明纹条件，有

$$\Delta_k = 2d_1 + \frac{\lambda}{2} = k\lambda.$$

玻璃片下移后，原第 k 级明纹处变成第 $k+20$ 级，该处的厚度变为 d_2，由干涉明纹条件，有

$$\Delta_{k+20} = 2d_2 + \frac{\lambda}{2} = (k+20)\lambda,$$

两式相减，得

$$d_2 - d_1 = \frac{20\lambda}{2} = 5\ \mu\text{m}.$$

此即玻璃片下移的距离.

(2) 在玻璃片中注入某种液体时，改变了劈尖薄膜的折射率，同一位置的光程差变大，从而使条纹向劈尖棱边移动. 未加液体时，第 5 级明纹在厚度为 d 处满足干涉相长条件

$$2d + \frac{\lambda}{2} = 5\lambda, \tag{①}$$

解出

$$d=\frac{9}{4}\lambda.$$

注入液体后，第 5 级明纹移至厚度为 d' 处，满足

$$2nd'+\frac{\lambda}{2}=5\lambda, \qquad ②$$

由式 ① 和式 ②，得

$$d'=\frac{d}{n}.$$

由几何关系可知

$$\theta\approx\tan\theta=\frac{d-d'}{\Delta l},$$

Δl 为条纹移动的距离，故

$$d'=d-\theta\Delta l=\frac{d}{n}.$$

折射率

$$n=\frac{d}{d-\theta\Delta l}=\frac{9\lambda}{9\lambda-4\theta\Delta l}$$
$$=\frac{9\times5\times10^{-7}}{9\times5\times10^{-7}-4\times5\times10^{-5}\times5\times10^{-3}}$$
$$\approx1.29.$$

2）**牛顿环**

如图 11.24(a) 所示，在一块光洁平整的玻璃板 N 上，放一曲率半径很大的平凸透镜 M. 在 M 与 N 之间就形成厚度不均匀的空气薄层. 单色点光源 S 发出的光经透镜后变成平行光，平行光照射到与水平面成 45° 的半透半反镜上，反射光再垂直照射 M 与 N 构成的装置，光线在空气薄层上、下表面反射后发生干涉，可观察到干涉条纹是一组同心圆环，称为**牛顿环**. 在中心处 $d=0$，由于存在半波损失，两相干光的光程差为$\frac{\lambda}{2}$，环心处是暗纹，如图 11.24(b) 所示.

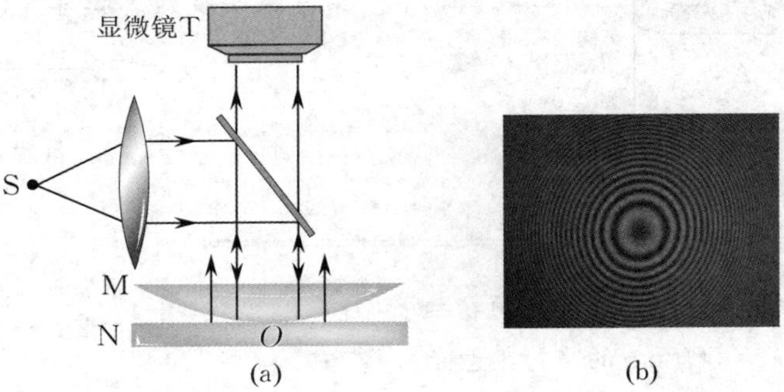

图 11.24　牛顿环装置及干涉图样

接下来计算牛顿环条纹半径. 如图 11.25 所示，设距中心 O 为 r 处的牛顿环所对应的空气膜厚度为 d，O_1 为平凸透镜曲面的曲率中心，R 为平凸透镜曲面的曲率半径. 由图中的几何关系可知

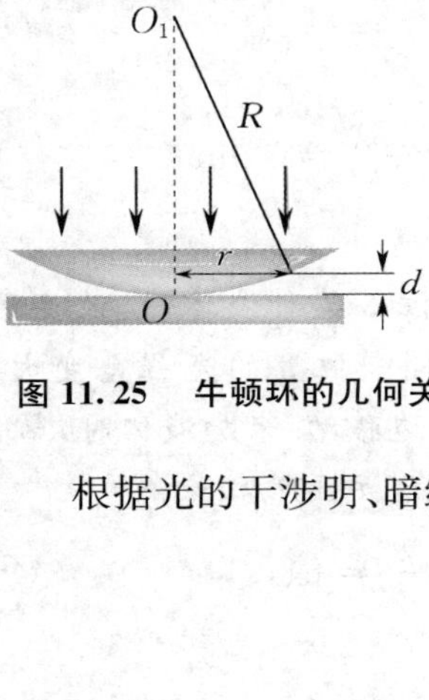

图 11.25　牛顿环的几何关系

$$r^2=R^2-(R-d)^2=2Rd-d^2. \qquad (11.34)$$

因为 $R\gg d$，所以式中 d^2 可以略去，于是得 $r^2=2Rd$，即

$$d=\frac{r^2}{2R}. \qquad (11.35)$$

式(11.35) 说明 d 与 r 的平方成正比，即离中心越远，厚度增加越快，因而光程差也增加得越快.

根据光的干涉明、暗纹条件

$$\Delta = 2nd + \frac{\lambda}{2} = \begin{cases} k\lambda, & k = 1,2,\cdots, \quad 明纹, \\ (2k+1)\frac{\lambda}{2}, & k = 0,1,2,\cdots, \quad 暗纹, \end{cases} \tag{11.36}$$

可以看出,牛顿环同一厚度对应同一级条纹,为等厚干涉.由于牛顿环装置具有轴对称性,以接触点为圆心的圆环为同一厚度空气薄层,故牛顿环干涉图样为一系列明、暗相间的同心圆环.

将式(11.35)代入式(11.36),即可求得第 k 级明环和暗环对应的半径为

$$r_k = \begin{cases} \sqrt{\frac{(2k-1)R\lambda}{2n}}, & k = 1,2,\cdots, \quad 明环, \\ \sqrt{\frac{kR\lambda}{n}}, & k = 0,1,2,\cdots, \quad 暗环, \end{cases} \tag{11.37}$$

式中 n 为牛顿环平板玻璃和平凸玻璃间介质折射率.若为空气,则 $n=1$.

式(11.37)表明,条纹级次越大时,环的半径越大,相邻明环(暗环)半径之差越小,条纹内疏外密.利用牛顿环实验可以测量平凸透镜的曲率半径 R,分别测出两个暗环的半径 r_k 和 r_{k+m},代入式(11.37),即可得到

$$R = \frac{r_{k+m}^2 - r_k^2}{m\lambda} \quad (n=1). \tag{11.38}$$

劈尖干涉和牛顿环都属于等厚干涉,除反射光干涉外,透射光也有干涉,但条纹的明、暗条件与反射光恰好相反,所以空气膜牛顿环透射光干涉中心为亮斑.

例 11-8

用波长为 589.3 nm 的黄光入射牛顿环时,测得第 k 级暗环半径为 5 mm,第 $k+5$ 级暗环半径为 7 mm,试求平凸透镜的曲率半径 R 和级数 k.

解 由式(11.37)可得

$$r_k = \sqrt{kR\lambda} = 0.005\ \text{m}, \qquad ①$$

$$r_{k+5} = \sqrt{(k+5)R\lambda} = 0.007\ \text{m},$$

则

$$r_{k+5}^2 - r_k^2 = 5R\lambda.$$

所以平凸透镜的曲率半径为

$$R = \frac{r_{k+5}^2 - r_k^2}{5\lambda} = \frac{(7\times10^{-3})^2 - (5\times10^{-3})^2}{5\times589.3\times10^{-9}}\ \text{m} \approx 8.15\ \text{m}.$$

把 R 值和 λ 代入式①,得 $k=5$.

3) 迈克耳孙干涉仪

迈克耳孙干涉仪是美国物理学家迈克耳孙和莫雷(Morley,1838—1923)为研究"以太"的漂移而设计制造出来的一种精密的光学仪器.它是根据光的干涉原理制成的,利用分振幅法产生的双光束实现薄膜干涉.迈克耳孙干涉仪在现代科技中有着广泛而重要的应用.迈克耳孙及合作者曾利用此仪器测定光速、标定米尺及推断光谱精细结构,否定了以太学说,为相对论奠定了实验基础.迈克耳孙因为发明迈克耳孙干涉仪和对光速的测定而获得1907年的诺贝尔物理学奖.直到现在,迈克耳孙干涉仪仍广泛应用于长度精密测量、光学平面质量检测等.

迈克耳孙干涉仪如图 11.26 所示.图中 M_2 为固定的平面反射镜;M_1 为可动的平面反射镜;G_1 为分光板,后表面镀银,为半透半反镜,其作用是将入射光线分成振幅相近的反射光和折射光;G_2 为补偿板,后表面不镀膜,厚度与 G_1 相同,其作用是使光束 1 和光束 2 都能两次穿过厚薄相同的平玻璃,从而避免光束 1 和光束 2 之间出现额外的光程差.G_1 和 G_2 相互平行,且与 M_1 和 M_2 都

夹成45°角.这样,来自光源S的光,经过透镜后,平行射向G_1,一部分被G_1反射后,向M_1传播,经M_1反射后再穿过G_1(光束1)向观察者传播;另一部分则透过G_1及G_2,向M_2传播,经M_2反射后再穿过G_2,经G_1反射后向观察者传播(光束2).显然,到达观察者处的光束1和光束2是相干光,相遇时会产生干涉现象.

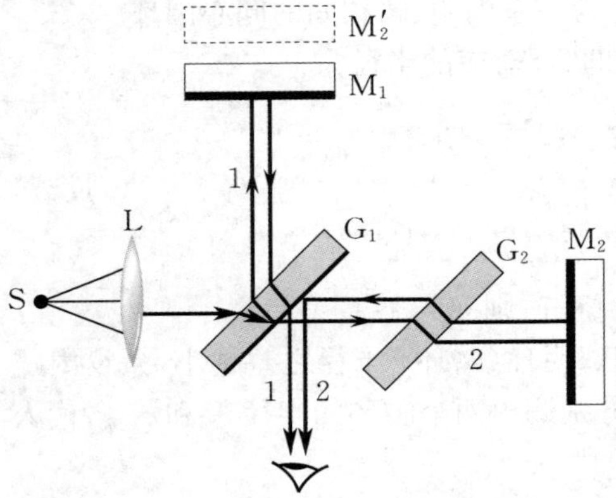

图 11.26 迈克耳孙干涉仪原理图

M_2'是M_2经G_1形成的虚像,所以从M_2上反射的光,可看成是从虚像M_2'处反射出来的.于是在M_2'与M_1之间就构成一个"空气薄膜",从薄膜的两个表面M_2'与M_1反射的光束1和光束2的干涉,就可当作薄膜干涉来处理.如果M_1与M_2严格垂直,则M_2'与M_1平行,观察者看到的就是等倾干涉(一系列明暗相间同心圆环状条纹);如果M_1与M_2不严格垂直,则M_2'与M_1不严格平行,它们之间的空气薄层就形成一个劈尖,观察到的干涉条纹就是等间距的等厚条纹.

通常M_1与M_2并不严格垂直,由于补偿板G_2抵消了两束光在玻璃中的光程差,因此相干光束1,2的光程差,由G_1到M_1和M_2'的距离d_1和d_2的差决定.若入射单色光波长为λ,则每当M_1向前或向后移动$\frac{\lambda}{2}$的距离时,就可看到干涉条纹平移过一条.若测出视场中移动过的条纹数目为m时,则M_1移动的距离为

$$\Delta d = d_2 - d_1 = m\frac{\lambda}{2}. \tag{11.39}$$

也可以说,光程差每改变一个λ,移动的条纹数为1,即

$$\delta\Delta = m\lambda, \tag{11.40}$$

其中,$\delta\Delta$为光程差的改变量,m为条纹移动的数目.

例 11-9

在迈克耳孙干涉仪的两臂中,各插入一个$l=10$ cm长的玻璃管,其中一个抽成真空,另一个储有压强为一个标准大气压的空气,用以测定空气的折射率n.设所用光波波长为546 nm,实验时,向真空玻璃管中逐渐充入空气,直至压强达到一个标准大气压为止.在此过程中,观察到107.2条干涉条纹的移动,试求空气的折射率n.

解 设玻璃管充入空气前,两相干光之间的光程差为Δ_1,充入空气后两相干光的光程差为Δ_2,光程差变化量为

$$\delta\Delta = \Delta_1 - \Delta_2 = 2(n-1)l.$$

因为干涉条纹每移动一条,对应于光程差变化一个波长,所以

$$2(n-1)l = 107.2\lambda,$$

故空气的折射率为

$$n = 1 + \frac{107.2\lambda}{2l} \approx 1.000\,29.$$

11.4 光的衍射

与干涉一样，衍射也是一切波动的共同特性. 它是指波在介质中传播时，如果遇到障碍物或开孔、狭缝等，传播路径就会发生弯曲而绕到障碍物背后继续传播的现象. 光作为电磁波也能产生衍射现象，并且能产生类似于干涉条纹的明暗相间的衍射条纹(如果用复色光，还将看到彩色光谱). 在日常生活中，光的衍射现象很普遍，例如，当你在夜间隔着纱窗看远处的灯光时，就可以看到光源周围有辐射形光芒；把削尖的铅笔或剃须刀片对着灯光观察，在其周围也能看到衍射条纹. 一切涉及光传播的问题中，衍射现象均存在，并且有着重要的实际意义.

11.4.1 光的衍射现象 惠更斯-菲涅耳原理

1. 光的衍射现象

按照几何光学的传播规律，自光源发出的光线，当其通过任意形状的孔或障碍物到达接收屏时，在接收屏上应该呈现清晰的几何阴影. 然而，实际上当孔和障碍物很小时，几何阴影就会失去清晰的轮廓，在阴影边缘出现一系列明、暗相间的条纹，且离边缘一定距离的阴影区内有光进入，这种光在传播过程中不遵循几何规律的现象，称为**光的衍射**. 如图 11.27(a) 所示，一束平行光通过一大缝M后，在接收屏上产生的光斑N和大缝M形状几乎相同. 若将大缝的宽度减小到狭缝量级($d < 10^{-4}$ m)，则可观察到光斑N逐渐变宽，且两边缘出现明暗相间的衍射条纹，如图 11.27(b) 所示.

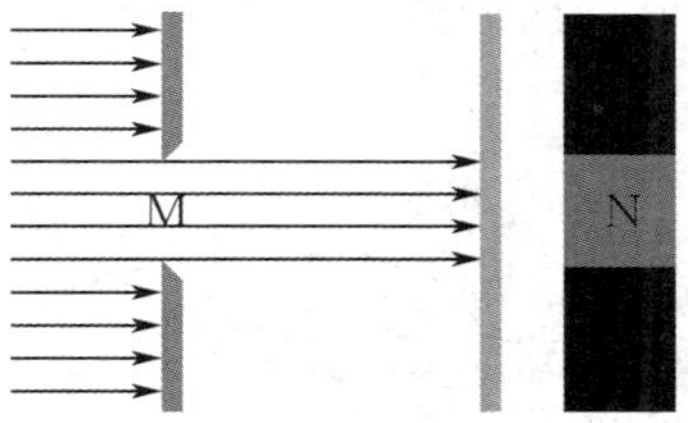

(a) 大缝衍射

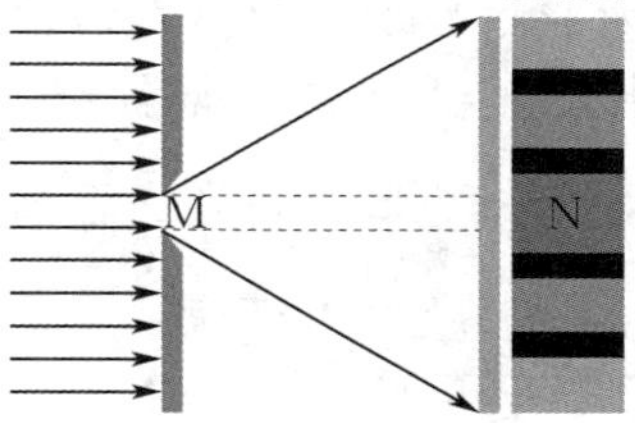

(b) 狭缝衍射

图 11.27 光的衍射

光的衍射现象很多，如圆盘、圆孔衍射，细丝衍射等，这些现象都是几何光学无法解释的. 通过对光的各种衍射现象的研究，可以从另一方面深入了解光的波动特性和研究光的传播特性.

2. 惠更斯-菲涅耳原理

1690 年，荷兰物理学家惠更斯提出了惠更斯原理：波前上的每一点都可以看作是发出球面子波的新的波源，这些子波的包络面就是下一时刻的波前. 惠更斯原理定性地解释了光的反射、折射和衍射现象，但无法解释衍射时为什么会出现明暗相间的条纹，原因是惠更斯原理的子波假设不涉及子波的强度和相位问题.

1818 年，菲涅耳吸取惠更斯原理中“子波”的概念，并在杨氏双缝干涉实验的启发下，认为子波间还存在相干叠加，进一步发展了惠更斯原理，即从同一波阵面上各点发出的子波，在传播到空间某一点时，该点的振动就是各子波在该点的相干叠加，这就是**惠更斯-菲涅耳原理**.

根据这个原理，如果已知光波在某一时刻的波阵面 S，就可以计算光波传到给定的 P 点的光

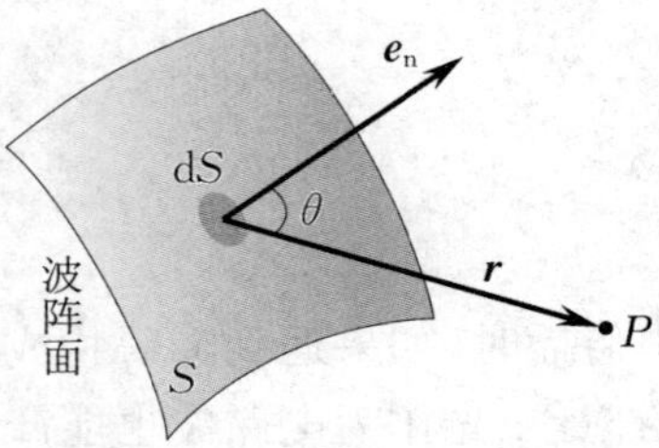

图 11.28　惠更斯-菲涅耳原理

振动的振幅和相位. 如图 11.28 所示，首先将波阵面 S 分成许多面积元 dS(可视为点光源)，得出面积元 dS 发出的子波传到 P 点时引起光振动的振幅和相位，然后通过对面积元 dS 积分，就可得到 P 点的光振动.

菲涅耳还指出：每一面积元 dS 所发出的子波在 P 点引起的光振动的振幅大小都与 dS 大小成正比，与 dS 到 P 点距离 r 成反比，并与 $\boldsymbol{r}$ 和 dS 的法线之间的夹角 θ 有关. θ 越大，引起的振幅越小，即

$$\mathrm{d}E = C\frac{K(\theta)}{r}\cos\left(\omega t - \frac{2\pi}{\lambda}r\right)\mathrm{d}S, \tag{11.41}$$

式中，$K(\theta)$ 为倾斜因子，C 是比例系数. 这就是惠更斯-菲涅耳原理的数学表达式. 它是研究衍射问题的理论基础，可以解释并定量计算各种衍射场的分布，但计算相当复杂. 接下来我们将在此原理的基础上采用菲涅耳提出的半波带法，半定量地讨论单缝夫琅禾费衍射.

3. 菲涅耳衍射和夫琅禾费衍射

光的衍射现象繁多，以光源、衍射物(圆孔、单缝、直边、圆盘等) 和接收屏之间的距离关系来看，可大致将衍射分为两类 —— 菲涅耳衍射及夫琅禾费(Fraunhofer，1787—1826) 衍射.

光源到衍射物之间的距离，衍射物到接收屏之间的距离均是有限的，而光源发出的光为发散光，在此条件下产生的光的衍射称为**菲涅耳衍射**，如图 11.29 所示，菲涅耳衍射是近场区域的衍射.

当光源、接收屏都离衍射物足够远时，衍射光和入射光都可看作平行光，在这种条件下产生的衍射称为**夫琅禾费衍射**. 在实验条件下，光源和接收屏不可能置于无穷远处，为了实现夫琅禾费衍射，常常利用两个透镜来辅助. 如图 11.30 所示，点光源 S 放在透镜 L_1 的焦点上，于是入射到衍射物上的光为平行光；接收屏放在透镜 L_2 的焦平面上，衍射光经过透镜 L_2 后，相同倾角的平行光将会聚到接收屏上，产生衍射现象.

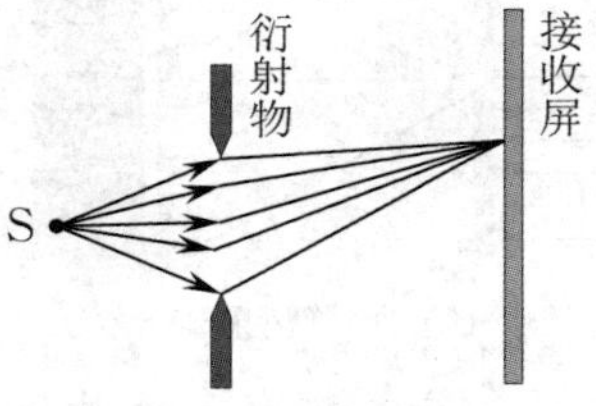

图 11.29　菲涅耳衍射

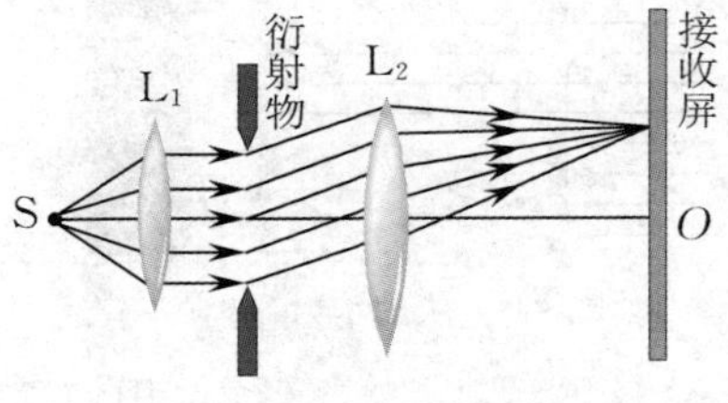

图 11.30　夫琅禾费衍射

11.4.2　单缝夫琅禾费衍射

单缝夫琅禾费衍射实验装置示意图如图 11.31 所示，点光源 S 在透镜 L_1 的焦点上，接收屏 E 在透镜 L_2 的焦平面上. 当平行光垂直照射到狭缝 G 上时，屏幕 E 上将出现明暗相间的衍射图样.

由于直接用式(11.41) 计算较为复杂，因此只介绍如何用菲涅耳半波带法来分析接收屏 E 上的衍射条纹的光强分布情况.

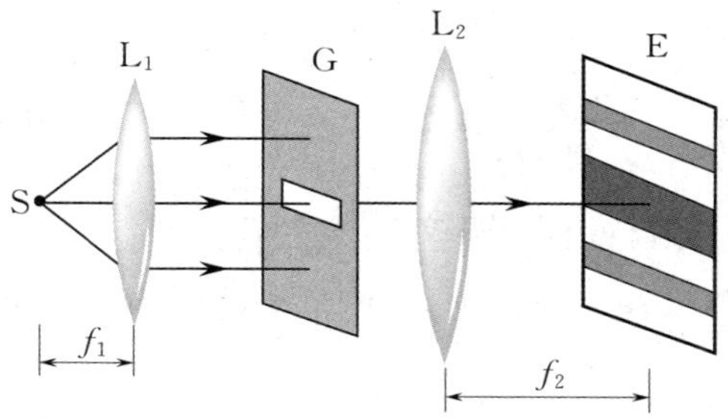

图 11.31 单缝夫琅禾费衍射实验装置示意图

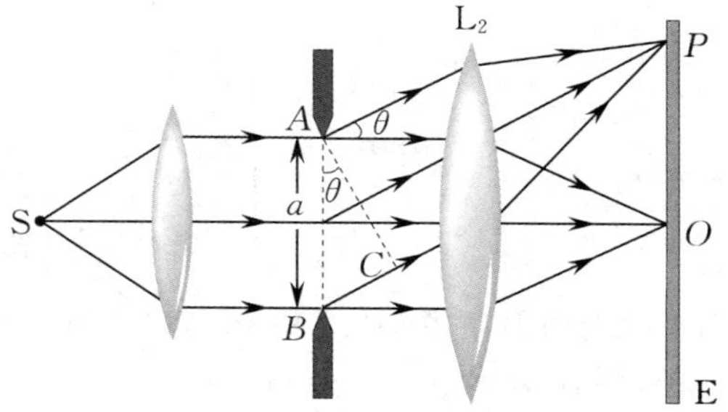

图 11.32 单缝夫琅禾费衍射

如图 11.32 所示，设缝 AB 的宽度为 a，入射光的波长为 λ. 根据惠更斯原理，当平行光垂直照射到狭缝上时，位于狭缝所在处的波阵面 AB 上的每一点都是一个新的波源，向各个方向发射子波，狭缝后任意一点的光振动，都是这些子波传到该点的振动的相干叠加，其加强或减弱的情况，取决于这些子波到达该点时的光程差. 假设衍射角为 θ 的一束平行光，经过透镜 L_2 聚焦在屏幕 E 上的 P 点，过 A 点作 AC 垂直于 BC. 由于平行光经过透镜会聚后不会产生附加的光程差，这束光线的两边缘光线之间的光程差为

$$BC = a\sin\theta. \tag{11.42}$$

BC 就是这束平行光的最大光程差，P 点的明暗程度完全取决于 BC 的量值. 如果 BC 刚好等于入射光的半波长的整数倍，即 $BC = N\dfrac{\lambda}{2}$，那么可作一些平行于 AC 的平面，使每两个相邻平面之间的距离都等于$\dfrac{\lambda}{2}$. 这些平面将把单缝处的波阵面 AB 分为整数个面积相等的部分，每一个部分称为一个半波带. 当 $N=0$ 时，衍射角为 0，$BC=0$，意味着 AB 间所有的次级光源发出的子波到达 O 点时光程差为零，全部干涉相长，所以 O 点处出现亮度最大的明纹，称为中央明纹. 若 BC 等于半波长的偶数倍，例如，当 $N=2$ 时，AB 被分成两个半波带，如图 11.33(a) 所示，由于这两个相邻半波带上的任意两个对应点所发出的光线(如 1 和 1′) 在叠加处的光程差都是$\dfrac{\lambda}{2}$，或者说是反相位的，其结果是干涉相消，即两个相邻半波带所发出的光在 P 点处将完全相互抵消，这时 P 点处为暗纹.

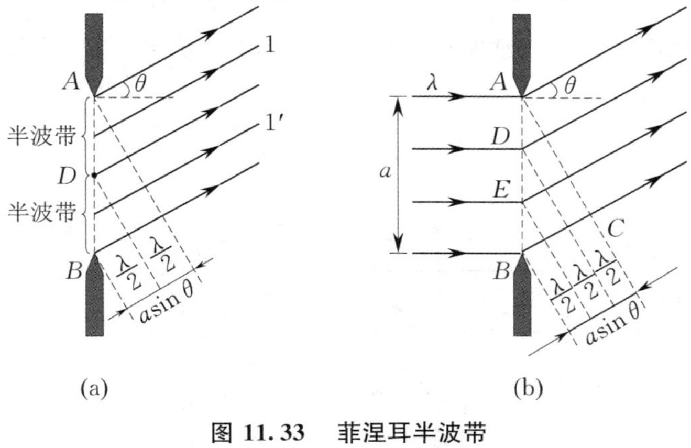

图 11.33 菲涅耳半波带

若 BC 等于半波长的奇数倍，例如，当 $N=3$，AB 被分成 3 个半波带，如图 11.33(b) 所示，则其中任意两个相邻半波带干涉相消后，还剩一个半波带的作用未被抵消，所以 P 点处是明纹. 将上述结果推广到 $N=2k$ 和 $N=2k+1$ 的一般情况，就得到单缝衍射明、暗纹的条件，即

$$a\sin\theta=\begin{cases}0,\pm\dfrac{\lambda}{2}, & \text{中央明纹},\\ \pm 2k\dfrac{\lambda}{2}=\pm k\lambda, \quad k=1,2,\cdots, & \text{暗纹},\\ \pm(2k+1)\dfrac{\lambda}{2}, \quad k=1,2,\cdots, & \text{明纹},\end{cases} \tag{11.43}$$

式中,k 称为衍射条纹级次,$2k$ 和 $2k+1$ 为单缝面上可分出的半波带数目,正负号"±"表示明、暗纹对称分布在中央明纹的两侧.

现在来讨论衍射图样特点. 由式(11.43)可知,当 a,λ 一定时,θ 越大,k 越大,被分割的半波带数越多,也就是每个半波带的面积越小,P 点处明纹的合成光强越弱. 此外,对任意的 θ 角,AB 一般不能恰好分成整数个半波带,此时接收屏上形成亮度介于最明和最暗之间的中间区域.

中央明纹:$a\sin\theta=0,\pm\dfrac{\lambda}{2}$,所有子波干涉加强;

第 1 级明纹:$k=1$,三个半波带,只有一个半波带发出的子波干涉加强 $\left(\dfrac{1}{3}\right)$;

第 2 级明纹:$k=2$,五个半波带,只有一个半波带发出的子波干涉加强 $\left(\dfrac{1}{5}\right)$,衍射光强的分布情况,如图 11.34 所示.

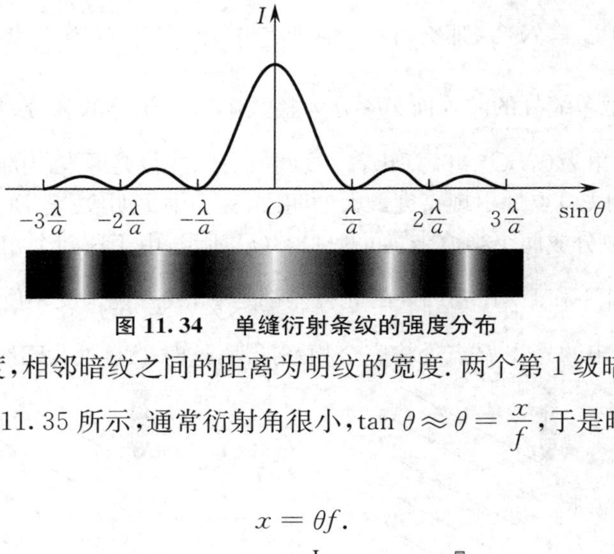

图 11.34 单缝衍射条纹的强度分布

再来讨论条纹宽度,相邻暗纹之间的距离为明纹的宽度. 两个第 1 级暗纹中心间的距离即为中央明纹的宽度. 如图 11.35 所示,通常衍射角很小,$\tan\theta\approx\theta=\dfrac{x}{f}$,于是暗纹中心距中央明纹中心 O 的距离 x 可写成

$$x=\theta f. \tag{11.44}$$

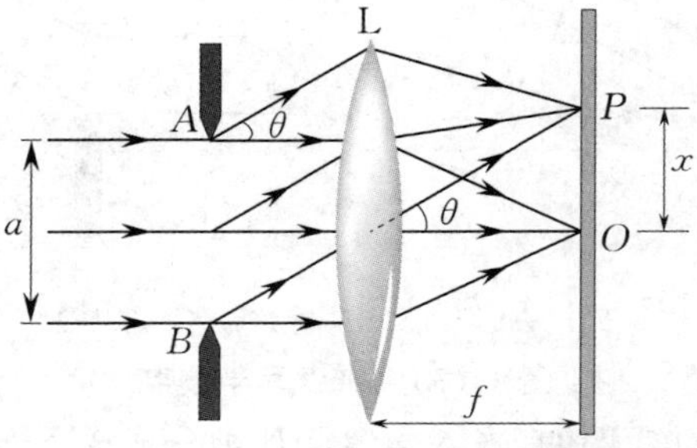

图 11.35 单缝衍射条纹宽度的计算

由式(11.43)和式(11.44)可得,接收屏上各级暗纹的中心与中央明纹中心的距离为

$$x = kf\frac{\lambda}{a}, \tag{11.45}$$

则第1级暗纹中心距中央明纹中心O的距离为

$$x_1 = \theta f = \frac{\lambda}{a}f, \tag{11.46}$$

所以中央明纹的宽度为

$$l_0 = 2x_1 = \frac{2\lambda}{a}f, \tag{11.47}$$

其他的任意相邻暗纹的距离(其他级次的明纹宽度)为

$$l = \theta_{k+1}f - \theta_k f = \left(\frac{k+1}{a}\lambda - \frac{k}{a}\lambda\right)f = f\frac{\lambda}{a}. \tag{11.48}$$

可见,中央明纹的宽度是其他级次明纹宽度的两倍.由式(11.47)可知,中央明纹的宽度正比于波长λ,反比于缝宽a.缝越窄,衍射越明显;缝越宽,衍射越不明显.当缝宽$a \gg \lambda$时,各级衍射条纹向中央靠拢以致无法分辨,只能观察到一条明纹,它就是透镜所形成的单缝的像,这个像等效于从单缝射出的光是直线传播的平行光束所生成的像.由此可见,光的直线传播现象是光的波长较障碍物的线度小很多时,衍射现象不显著的情形.

当缝宽a一定时,入射光的波长λ越大,同一级次明纹对应的衍射角也越大.因此,若以白光照射,中央明纹将是白色的,而其两侧则呈现出一系列由紫到红的彩色条纹.

例 11-10

一波长$\lambda = 600$ nm的单色平行光,垂直入射到缝宽$a = 0.6$ mm的单缝上,缝后有一焦距$f = 40$ cm的透镜.(1) 求接收屏上中央明纹的宽度;(2) 若在接收屏上P点处观察到一明纹,$OP = 1.4$ mm,问P点处是第几级明纹?对P点而言,狭缝处波阵面可分成几个半波带?

解 (1) 由式(11.47),两个第1级暗纹中心间的距离,即中央明纹的宽度为

$$l_0 = 2f\frac{\lambda}{a} = 2\times 0.4\times\frac{6\times10^{-7}}{0.6\times10^{-3}}\ \text{m} = 8.0\times10^{-4}\ \text{m}.$$

(2) 根据单缝衍射的明纹条件

$$a\sin\theta = (2k+1)\frac{\lambda}{2}, \quad ①$$

在衍射角θ较小的情况下,

$$\sin\theta \approx \tan\theta = \frac{x}{f}. \quad ②$$

联立式①和式②,解得

$$k = \frac{ax}{f\lambda} - \frac{1}{2} = \frac{0.6\times10^{-3}\times1.4\times10^{-3}}{0.4\times6\times10^{-7}} - \frac{1}{2} = 3.$$

所以P点处所在的位置为第3级明纹,根据单缝衍射的明纹条件,狭缝波阵面可分为7个半波带.

11.4.3 圆孔的夫琅禾费衍射和仪器的分辨率

1. 圆孔的夫琅禾费衍射

如果用一个直径为a的小圆孔替换夫琅禾费单缝衍射实验装置中的单缝,就可在接收屏上得到如图11.36所示的衍射图样——圆孔夫琅禾费衍射.衍射图样的中央是一明亮的圆斑,周围是一组明暗相间的同心圆环,中央亮斑称为**艾里斑**.理论计算表明,艾里斑的光强占整个入射光光强的84%.

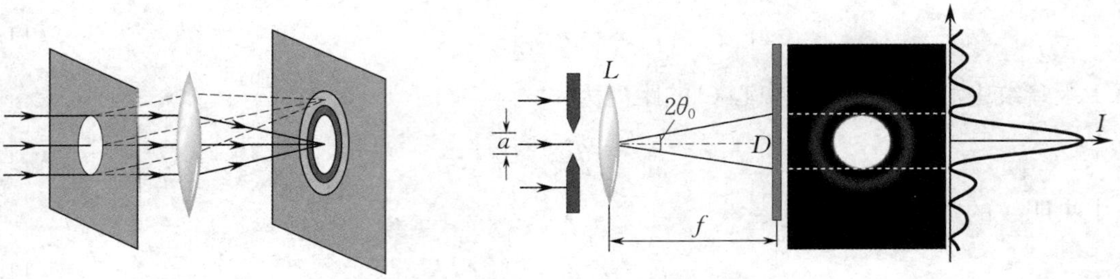

图 11.36　圆孔夫琅禾费衍射

如图 11.36 所示,艾里斑直径对透镜光心所张的角度称为艾里斑的张角宽度,其值为

$$2\theta_0 = \frac{D}{f} = 2.44\,\frac{\lambda}{a}, \tag{11.49}$$

式中,λ 为入射光波长,a 为圆孔直径,D 为艾里斑的直径,θ_0 为艾里斑半角宽度(第1级暗环所对应的衍射角).因此可推得

$$\theta_0 = 1.22\,\frac{\lambda}{a}. \tag{11.50}$$

由式(11.50)可知,半角宽度 θ_0 与圆孔直径 a 成反比,a 越大,θ_0 越小.当 $a \gg \lambda$ 时,$\theta_0 \to 0$,艾里斑就缩至一点,这时就成了几何光学研究的问题.

若以 f 表示透镜的焦距,则艾里斑的半径为

$$r = \frac{D}{2} = f\theta_0 = 1.22 f\,\frac{\lambda}{a}. \tag{11.51}$$

可以看出,单缝夫琅禾费衍射的中央明纹的半角宽度和圆孔的夫琅禾费衍射的艾里斑半角宽度只相差一个常数因子 1.22,两者均与波长成正比,与孔径成反比.因此,a 越小或 λ 越大,衍射现象越显著,当 $a \gg \lambda$ 时,衍射现象极不明显.

2. 光学仪器的分辨率

光学仪器一般是由一个或几个透镜组成的光学系统,透镜边框以内的光才可以通过透镜成像.从几何光学的角度来看,一个物点通过透镜所成的像也是一个点(称像点).但从波动光学角度来看,透镜相当于一个圆孔,一个物点所成的像将是一个具有一定大小的圆斑(艾里斑),周围有一些明、暗相间的圆形衍射条纹.假如两个物点相距较远,它们成像的两个圆斑将不重叠或重叠不太严重,如图 11.37(a),(b) 所示,这时两个物点是可以分辨的.假如两个物点相距太近,它们成像的两个圆斑将重叠,如图 11.37(c) 所示,这时两个物点分辨不清.那么可分辨和不可分辨的标准是什么呢?瑞利(Rayleigh,1842—1919)指出:当一个艾里斑的中心与另一个艾里斑的边缘重合时,刚好能分辨出两个物点的像,如图 11.37(b) 所示.这时两衍射图样的合成强度中心处的光强约为最大光强的 80%,大多数人的视觉恰好能判断出这两个物点的像,以此作为能否分辨的依据,这个依据称为瑞利判据.

设两个物点对透镜的张角为 θ,两个物点的衍射图样中艾里斑的半角宽度为 θ_0.根据瑞利判据,并由图 11.37(b) 可知,当 $\theta = \theta_0$ 时,两个物点衍射图样的中心距离正好等于艾里斑半径,此时物点对透镜的张角 θ_0 称为最小分辨角,其大小正好等于艾里斑的半角宽度.根据圆孔衍射公式,瑞利判据可以表示为

$$\theta = \theta_0 = 1.22\,\frac{\lambda}{a}, \tag{11.52}$$

式中 a 为透镜的直径.在光学中常把最小分辨角的倒数称为该仪器的分辨率,即

$$R = \frac{1}{\theta_0} = \frac{a}{1.22\lambda}. \tag{11.53}$$

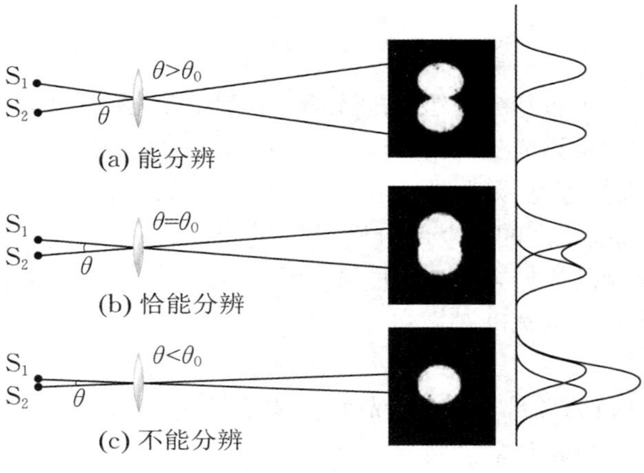

图 11.37 光学仪器的分辨本领

由式(11.52) 可以看出，最小分辨角 θ_0 与波长成正比，与透光孔径成反比. 因此，分辨率与波长成反比，波长越小，分辨率越大；分辨率又与仪器的透光孔径成正比，透光孔径越大，分辨率也越大. 在进行天文观察时，采用直径很大的透镜，就是为了提高望远镜的分辨率.

近代物理指出，电子亦有波动性. 与运动电子(如电子显微镜中的电子束) 相应的物质波波长比可见光的波长要小三四个数量级，所以电子显微镜的分辨率要比普通光学显微镜的分辨率大数千倍.

应当注意，上述讨论是指在非相干光照射时的情形，图 11.37 中两衍射图样的叠加是非相干叠加；否则，就应考虑它们的干涉效应，且式(11.53) 也不再适用.

例 11 - 11

已知天空中两颗星相对于一望远镜的角距离为 4.84×10^{-6} rad，它们都发出波长 $\lambda = 5.5\times10^{-5}$ cm 的光. 试问：望远镜的口径至少要多大，才能分辨出这两颗星？

解 根据瑞利判据，望远镜的最小分辨角为

$$\theta_0 = 1.22\,\frac{\lambda}{a},$$

故望远镜的最小口径为

$$a = 1.22\,\frac{\lambda}{\theta_0} = 1.22\times\frac{5.5\times10^{-7}}{4.84\times10^{-6}}\,\text{m} \approx 0.139\ \text{m}.$$

由瑞利判据可知，当望远镜的口径恰好为 0.139 m 时，刚好能分辨两颗星；当望远镜的口径大于 0.139 m 时，能清楚地分辨两颗星；当望远镜的口径小于 0.139 m 时，无法分辨两颗星.

11.4.4 光栅衍射

前面讲的单缝夫琅禾费衍射，讨论了明、暗纹的分布规律. 在实际应用中，我们总希望条纹更加清晰，即亮度要大一些，同时条纹间距也要大一些. 但是，对单缝夫琅禾费衍射来说，这两个因素往往是相互制约的. 若想使衍射条纹变亮，可将缝宽 a 加大，但缝宽 a 大了，条纹间距将变小，条纹分布将变密，使条纹难以分辨；反之，若想使条纹间距变大，就需将缝宽 a 变小，但这样又使条纹

的亮度也相应地减小了. 如何解决这个矛盾呢?理论和实验表明,增加缝的数目,把单缝变为多缝,每个缝的宽度变小,就可获得亮度较大且条纹间距较宽的明纹. 这就是我们将要讨论的多缝干涉,即光栅衍射问题.

1. 光栅

由许多等宽、等间距的平行狭缝所组成的光学元件称为**光栅**. 用于透射光衍射的称为透射光栅,用于反射光衍射的称为反射光栅,如图 11. 38 所示. 本书只讨论透射光栅. 透射光栅是在一块平整的透明基片上刻上大量等宽、等间距的平行刻痕而制成的. 在每条刻痕处,入射光沿各个方向散射,且不易透过. 两刻痕之间的光滑部分则可以透光,相当于狭缝. 实用的光栅,每毫米内有几十乃至上千条刻痕. 精制的光栅,1 cm 内的刻痕可以多达 10 000 条以上,所以刻制光栅是项较难的技术. 缝的宽度 a 和刻痕的宽度 b 之和

$$d = a + b \tag{11.54}$$

称为**光栅常数**,是光栅空间周期性的表示. 光栅和棱镜一样,也是一种分光装置,且已成为光谱仪、单色仪和许多精密光学测量仪器的重要元件.

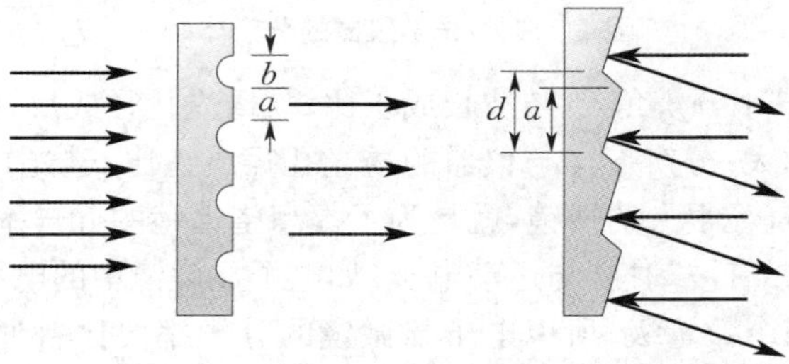

(a) 透射光栅 (b) 反射光栅

图 11. 38 透射光栅和反射光栅

光栅中含有大量相同的平行狭缝,对于每个狭缝来说,前面讨论的单缝衍射的结果都可以完全适用,每个狭缝都会在接收屏上产生一套自己的衍射条纹,各套衍射条纹在接收屏上重叠,进而干涉形成新的条纹. 在光栅衍射中,每个狭缝的衍射和多个狭缝之间的干涉在某位置都满足明纹条件,该处才可能呈现明纹. 由此可见,光栅衍射是单缝衍射和多缝干涉的总效果,故也称之为受单缝衍射调制的多缝干涉.

2. 光垂直入射光栅

如图 11. 39 所示,一束平行单色光垂直照射在光栅上,光线经过透镜 L 后,在置于透镜焦平面处屏幕上呈现各级衍射条纹.

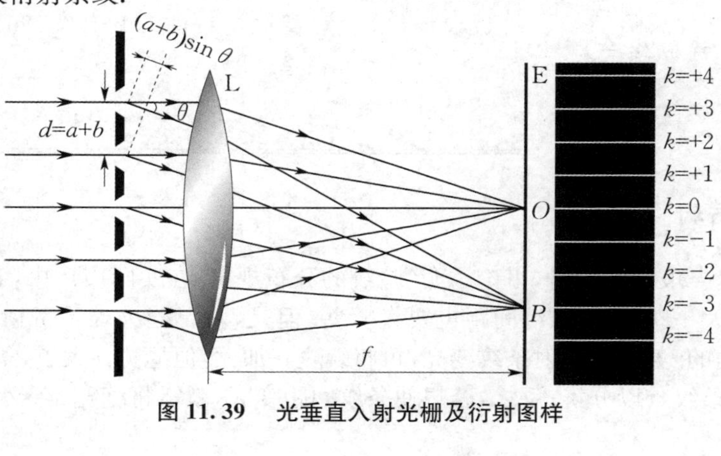

图 11. 39 光垂直入射光栅及衍射图样

以 N 表示光栅的总缝数，当单色光垂直入射到光栅表面时，先考虑多缝间的干涉，可以认为各缝共形成 N 个间距都为 d 的同相子波波源，它们沿每一个方向都发出频率相同、振幅相同的光波. 这些光波的叠加就形成多光束干涉. 在任意衍射角 θ 的方向上，从任意相邻两狭缝相对应点发出的光到达 P 点处的光程差都是相等的，其值为

$$\Delta = d\sin\theta = (a+b)\sin\theta. \tag{11.55}$$

根据干涉条件，当 θ 满足

$$(a+b)\sin\theta = d\sin\theta = \pm k\lambda \quad (k=0,1,2,\cdots) \tag{11.56}$$

时，所有的缝发出的光到达 P 点时彼此加强，形成明纹. 式(11.56) 称为光垂直入射时的**光栅方程**. 式中 k 表示主极大明纹的级次，$k=0$ 时的明纹称为中央明纹. 当 $k=1,2,\cdots$ 时，其所对应的明纹分别称为第1级、第2级…… 主极大明纹. 值得注意的是，满足光栅方程的 P 点处的合振幅是来自每一条缝的光的振幅的 N 倍，合光强则是来自一条缝的光强的 N^2 倍. 也就是说，光栅多光束干涉形成的明纹比一条缝发出的光亮得多，且 N 越大，条纹越亮.

除此之外，相邻两主极大之间有 $N-1$ 个极小(暗线) 和 $N-2$ 个光强极弱的次级明纹. 次级明纹几乎是观察不到的，因此实际上在两个主极大之间是一片连续的暗区.

下面对光栅方程做进一步分析.

(1) 光栅多光束干涉条纹的特点：在几乎黑暗的背景上出现了一系列又细又亮的明纹，而且光栅总缝数 N 越大，所形成的明纹越细越亮.

(2) 主极大明纹的最大级次. 由于 $|\sin\theta|\leqslant 1$，k 的取值有限，故只能看到有限条主极大的衍射条纹. 由光栅方程可知，可观察到的主极大明纹的最大级次为小于 $k_{\max}=\dfrac{a+b}{\lambda}$ 的最大整数.

(3) 光栅常数 d 变小，光栅刻线变密，条纹间距增大，条纹变稀；光栅常数 d 变大，光栅刻线变疏，条纹间距减小，条纹变密.

(4) 光栅方程只是出现明纹的必要条件，并不是充分条件. 这是因为光栅方程仅是讨论多缝干涉加强得到的结论，而每一条缝还要产生单缝衍射，多缝干涉的各级明纹要受到单缝衍射的调制. 单缝衍射光强大的方向，明纹的光强也大，单缝衍射光强小的方向，明纹的光强也小. 尤其是当 θ 既满足光栅方程，又满足单缝衍射形成暗纹的条件 $a\sin\theta=\pm k'\lambda$ 时，尽管在 θ 衍射方向上各缝间的干涉是加强的，但由于各单缝本身在这一方向上的衍射强度为零，其结果仍是出现暗纹，因而在光栅衍射图样上便缺少这一级明条纹. 这一现象称为光栅的**缺级现象**，所缺的级次 k 为

$$k=\pm\frac{a+b}{a}k' \quad (k'=1,2,\cdots). \tag{11.57}$$

例如，当 $\dfrac{a+b}{a}=4$ 时，缺级的级次为 ± 4，± 8，$\cdots$.

3. 光斜入射光栅

如图 11.40 所示，当光线以 φ 角斜入射光栅时(设入射光线与衍射光线在光栅平面法线的同侧)，相邻两狭缝对应位置沿任意衍射角 θ 发出的光线到达 P 点时的光程差为

$$\Delta = BA_1 + A_1C = (a+b)\sin\varphi + (a+b)\sin\theta = (a+b)(\sin\varphi+\sin\theta),$$

光栅方程为

$$(a+b)(\sin\varphi+\sin\theta) = \pm k\lambda \quad (k=0,1,2,\cdots). \tag{11.58}$$

若入射光线与衍射光线在光栅平面法线的两侧，则相邻两狭缝对应位置沿任意衍射角 θ 发出的光线到达 P 点时的光程差为

$$\Delta = (a+b)(\sin\varphi - \sin\theta).$$

这种情况下，光栅方程为

$$(a+b)(\sin\varphi-\sin\theta)=\pm k\lambda \quad (k=0,1,2,\cdots). \tag{11.59}$$

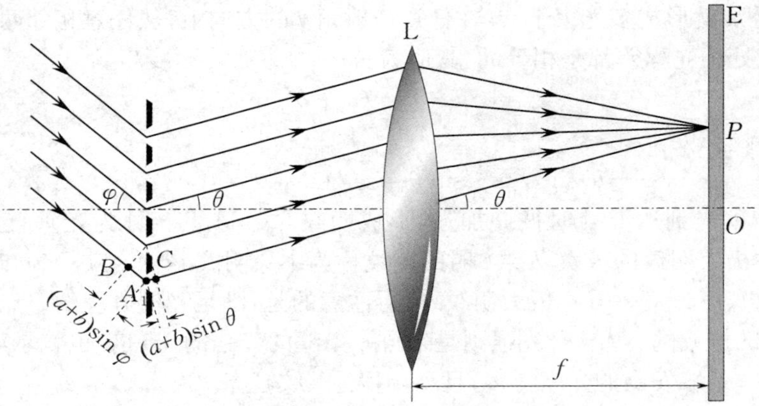

图 11.40　斜入射时的光栅衍射

4. 光栅光谱

光栅是一种色散元件，就像棱镜和干涉系统一样，它能把复色光中不同波长的光分开，形成光谱，这就是光栅光谱.

由光栅方程 $d\sin\theta=\pm k\lambda(k=0,1,2,\cdots)$ 可知，当用白光入射时，光栅常数 d 一定，白光中不同波长的光，除中央明纹($k=0$) 外，其他级次的同一级明纹所对应的衍射角是不同的. 例如，紫光波长短，对应的衍射角也小；红光波长长，对应的衍射角也大. 所以对白光来说，除中央明纹仍为白色条纹外，其他各级明纹将按由紫到红的顺序排列，形成一系列谱线. 随着级次增加，相邻级次之间的光谱将会发生重叠，如图 11.41 所示.

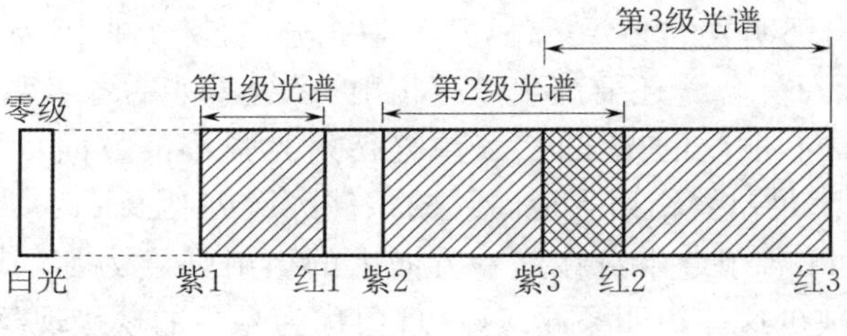

图 11.41　光栅光谱

例 11－12

为了测定一个光栅的光栅常数，用 $\lambda=632.8\text{ nm}$ 的单色平行光垂直照射光栅. 已知第 1 级明纹出现在 38° 的方向上. (1) 试问光栅的光栅常数为多少？第 2 级明纹出现在哪里？(2) 若使用该光栅对某单色光进行同样的衍射实验，则第 1 级明纹出现在 27° 的方向上，问这单色光的波长为多少？对该单色光，最多可能看到第几级明纹？

解　(1) 由题意可知，光栅常数为

$$d=\frac{k\lambda}{\sin\theta_1}=\frac{1\times 6.328\times 10^{-7}}{\sin 38^\circ}\text{ m}\approx 1.03\times 10^{-6}\text{ m}.$$

第 2 级明纹的衍射角正弦为

$$\sin\theta_1=\frac{k\lambda}{d}=\frac{2\times 6.328\times 10^{-7}}{1.03\times 10^{-6}}>1,$$

故第 2 级明纹不存在.

(2) 根据光栅方程，单色光的波长为

$$\lambda=\frac{d\sin\theta}{k}=\frac{1.03\times 10^{-6}\times\sin 27^\circ}{1}\text{m}\approx 4.676\times 10^{-7}\text{ m}.$$

用该单色光做实验，由光栅方程，有

$$k_{max}=\frac{d}{\lambda}=\frac{1.03\times10^{-6}}{4.676\times10^{-7}}\approx2.2,$$

故最多能看到第2级明纹.

例 11-13

波长为590 nm的钠光垂直照射到每厘米刻有5 000条缝的光栅上，在光栅后放置一焦距为20 cm的凸透镜，光屏竖直放置于透镜焦平面位置.(1) 求第1级和第3级明纹的距离；(2) 最多能看到几条明纹？(不考虑缺级现象)(3) 若光线以入射角30°斜入射，最多能看到第几级明纹？

解 (1) 光栅常数为

$$d=\frac{L}{N}=\frac{1\times10^{-2}}{5\ 000}\text{m}=2\times10^{-6}\ \text{m}.$$

由光栅方程 $d\sin\theta=\pm k\lambda$，第1级和第3级主极大明纹衍射角分别满足

$$\sin\theta_1=\frac{\lambda}{d}=\frac{1\times590\times10^{-9}}{2\times10^{-6}}=0.295,$$

$$\sin\theta_3=3\frac{\lambda}{d}=\frac{3\times590\times10^{-9}}{2\times10^{-6}}=0.885,$$

则

$$\theta_1\approx17.16°,\quad \theta_3\approx62.25°.$$

第1级和第3级明纹的距离为

$$\Delta x=f\tan\theta_3-f\tan\theta_1$$
$$=0.2\times(1.9-0.31)\ \text{m}$$
$$=0.318\ \text{m}.$$

(2) 垂直入射时，

$$k_{max}=\frac{d}{\lambda}=\frac{2\times10^{-6}}{590\times10^{-9}}\approx3.4.$$

最大级次取小于 k_{max} 的整数，3级，共7条明纹.

(3) 光线以30°角斜入射时，由斜入射光栅公式得

$$k=\frac{d(\sin\varphi+\sin\theta)}{\lambda}.$$

由题意知 $\varphi=30°$，k_{max} 对应 $\theta=90°$，代入，得

$$k_{max}=\frac{d(\sin30°+\sin90°)}{\lambda}=\frac{2\times10^{-6}\times1.5}{590\times10^{-9}}\approx5.1.$$

故最大级次取小于 k_{max} 的整数，5级，即最多能看到第5级明纹.

11.5 光的偏振

光的干涉和衍射说明了光的波动性，但都不能说明光是横波还是纵波，因为横波和纵波都能产生干涉和衍射. 在历史上很长一段时间内，支持光的波动性的物理学家普遍认为光波和声波一样都是纵波. 直到1817年，托马斯·杨根据光在晶体中传播时产生双折射现象，推断出光波是横波. 横波的传播方向和质点的振动方向垂直，通过波的传播方向且包含振动矢量方向的平面称为振动面. 横波的振动面与包含传播方向在内的其他平面不同，即波的振动方向相对传播方向没有对称性，这种不对称就是偏振. 纵波的振动方向与传播方向一致，因而没有这种不对称性，即纵波没有偏振现象. 光的双折射现象本质上就是偏振现象，光的偏振现象有力地证明了光是横波.

11.5.1 自然光和偏振光

1. 自然光

光波是一种电磁波，其电场强度 $\boldsymbol{E}$ 和磁场强度 $\boldsymbol{H}$ 的振动方向都垂直于波的传播方向，并且它

们之间也互相垂直. 在光波的 $\boldsymbol{E}$ 矢量和 $\boldsymbol{H}$ 矢量中，能引起感光作用的主要是 $\boldsymbol{E}$ 矢量，所以一般把 $\boldsymbol{E}$ 矢量称为光矢量，把 $\boldsymbol{E}$ 矢量的振动称为光振动，并以它的振动方向代表光的振动方向.

对于普通光源，发光的原子或分子很多，不能把一个原子或分子所发的光波分离出来. 普通光源发的光包含沿各个不同方向相互独立的光矢量 $\boldsymbol{E}$. 振幅相等的光振动在各个方向出现的概率相等，在垂直于光的传播方向的平面内对称分布，这种光叫作自然光. 例如，太阳光以及白炽灯发出的光都是自然光. 图 11.42(a) 表示自然光中光振动在垂直光传播方向的平面内对称分布时的情形.

由于自然光在与传播方向垂直的所有可能方向上的光矢量 $\boldsymbol{E}$ 的振幅都可以看作是相等的，可以简便地把自然光用两个独立的(无确定相位关系)、互相垂直且振幅相等的光振动来表示，如图 11.42(b) 所示. 若自然光的光强为 I_0，则两个分振动的光强均为 $\frac{I_0}{2}$. 通常用符号"·"表示垂直于纸面的光振动，用符号"|"表示平行于纸面的光振动，如图 11.42(c) 所示.

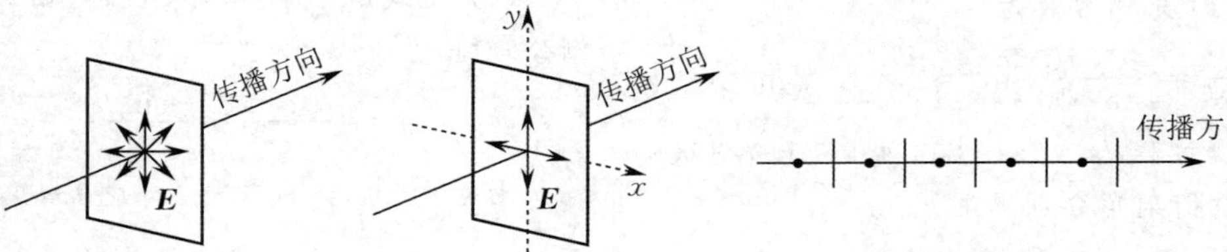

(a) 自然光的均匀性　　(b) 自然光的分解　　(c) 自然光的表示

图 11.42　自然光的分解及其表示

2. 偏振光

1) 线偏振光

如果在垂直于光波传播方向的平面内，光矢量只沿一个固定的方向振动，这样的光称为线偏振光，也称为完全偏振光，简称偏振光. 偏振光的振动方向与光传播方向组成的平面为振动面，可以用与光传播方向垂直的均匀短线来表示振动面在纸面内的线偏振光，或用均匀点表示振动面与纸面垂直的线偏振光，如图 11.43 所示.

(a) 光振动平行于纸面　　(b) 光振动垂直于纸面

图 11.43　线偏振光的表示

2) 部分偏振光

在与光的传播方向垂直的平面内，若沿某一方向的光振动比其他方向的光振动强，这种光称为部分偏振光. 对于部分偏振光，可用短线多、点少来表示平行于纸面内的光振动较强，以及用点多、短线少表示垂直于纸面内的光振动较强，如图 11.44 所示. 也可以把部分偏振光看成线偏振光与自然光的叠加. 自然界中我们遇到的许多光都是部分偏振光，如天空和湖面的光线.

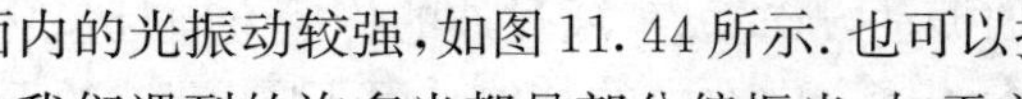

(a) 纸面内光振动较强　　(b) 垂直纸面的光振动较强

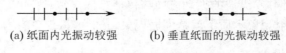

图 11.44　部分偏振光的表示

11.5.2 起偏和检偏

在研究光的振动本性时，通常需要从自然光中获得线偏振光. 从自然光中获得线偏振光的方法很多，这里主要介绍利用偏振片产生线偏振光.

早期的偏振片大多是利用二向色性的物质(对某一方向的光矢量有强烈的吸收而对垂直于该方向的光矢量却吸收很少的物质，如硫酸金鸡纳碱) 蒸镀在透明基片上制成的. 现在使用的偏振片，大多是用经拉伸的聚乙烯醇浸碘液处理后制成的. 偏振片能吸收某一个方向的光振动，而只让与之垂直的另一方向光振动完全通过，当自然光通过偏振片后即成为沿某一特定方向振动的线偏振光. 偏振片的这一特定的透光方向称为偏振片的偏振化方向或透光轴，用符号“↕”表示. 用偏振片来获得偏振光叫作起偏，这时的偏振片叫作起偏器，如图 11.45 所示.

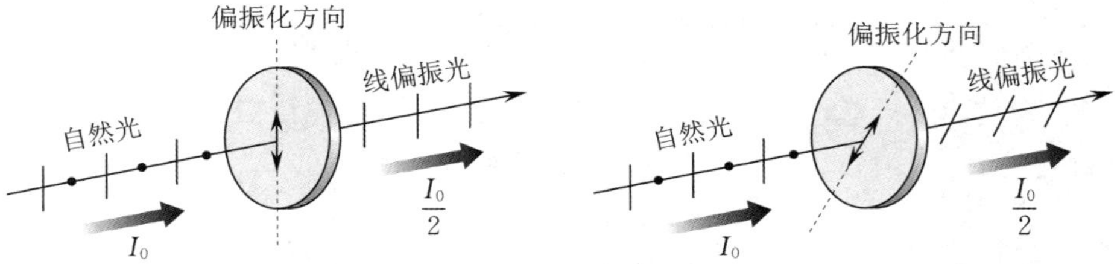

图 11.45 线偏振光的获得

偏振片既可用于起偏，也可用于检偏，用于检偏的偏振片称为检偏器. 如图 11.46 所示，偏振片 M 的作用为起偏，偏振片 N 的作用就是检偏. 当 M 与 N 的偏振化方向相互平行时，自然光通过 M 后产生的线偏振光能够全部通过 N 而在其后光强最大；当 M 与 N 的偏振化方向相互垂直时，则自然光通过 M 后产生的线偏振光被 N 全部吸收，最后没有光从 N 通过. 若入射到检偏器的光是自然光，当旋转检偏器时，则不能观察到光强的强弱变化；若入射到检偏器的光是线偏振光，当旋转检偏器时，可看到光强在最亮和最暗之间变化；若入射到检偏器的光是部分偏振光，则旋转检偏器时仍可看到光强的强弱变化，但没有完全变暗(消光) 的位置. 据此便可检验一束光是否为线偏振光.

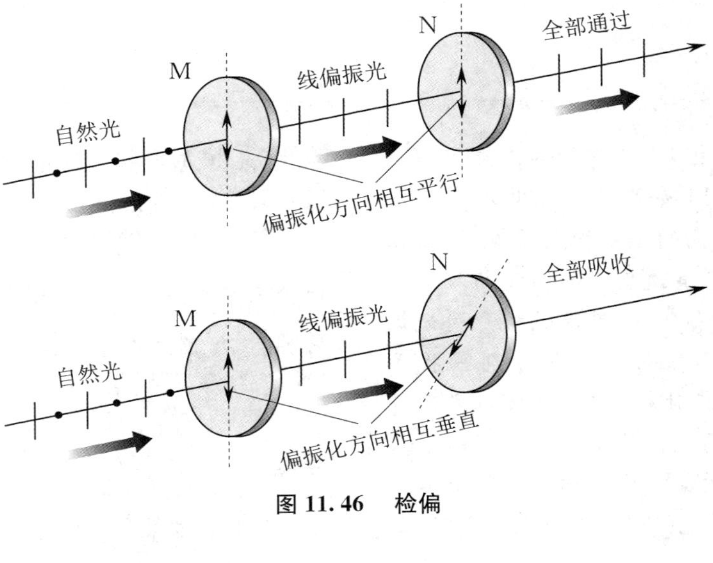

图 11.46 检偏

11.5.3　马吕斯定律

1808 年，马吕斯(Malus，1775—1812) 通过实验发现，强度为 I_0 的线偏振光，通过检偏器后(在不考虑除检偏器之外的吸收的情况下)，光的强度为

$$I = I_0\cos^2\alpha. \tag{11.60}$$

式(11.60) 称为**马吕斯定律**. 其中 α 为检偏器的偏振化方向与入射线偏振光的偏振化方向之间的夹角.

马吕斯定律的证明如下：在图 11.47 中，偏振片 M 和 N 的偏振化方向之间的夹角为 α，设通过 M 的光振幅为 E_0. 由图可知，光振动在垂直于 N 的偏振化方向的光矢量分量被完全吸收，沿 N 的偏振化方向的光矢量分量完全通过 N，通过的光的振幅为 $E_0\cos\alpha$. 因为光的强度正比于光矢量振幅的平方，即

$$\frac{I}{I_0} = \frac{(E_0\cos\alpha)^2}{E_0^2} = \frac{E_0^2\cos^2\alpha}{E_0^2} = \cos^2\alpha,$$

所以

$$I = I_0\cos^2\alpha.$$

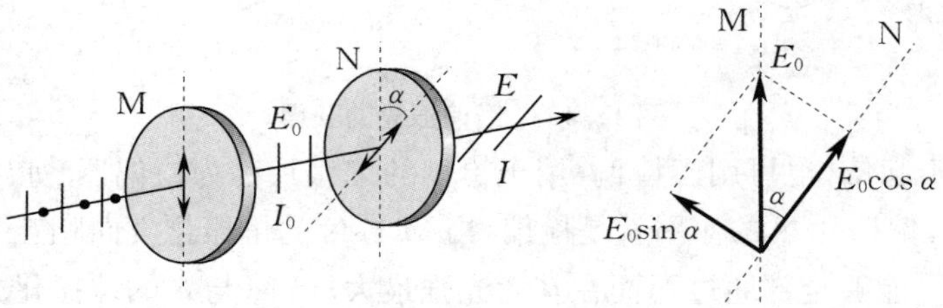

图 11.47　马吕斯定律

由式(11.60) 可知，当起偏器和检偏器的偏振化方向平行，即 $\alpha = 0$ 时，$I = I_0$，光强最大. 如果它们彼此正交，即 $\alpha = \frac{\pi}{2}$ 或 $\frac{3\pi}{2}$，则 $I = 0$，光强最小，这时没有光从检偏器中通过. 例如，当 $\alpha = \frac{\pi}{3}$ 时，$I = \frac{I_0}{4}$，即这时光强只有最大光强的 $\frac{1}{4}$. 当 α 取任意值时，从检偏器出射的光强为介于 $0 \sim I_0$ 之间的某一值.

例 11-14

平行放置两偏振片，使它们的偏振化方向间的夹角为 60°. (1) 如果两偏振片对光振动平行于其偏振化方向的光线均无吸收，那么让自然光垂直入射后，其透射光的强度与入射光的强度之比是多少？(2) 如果两偏振片对光振动平行于其偏振化方向的光线分别吸收了 10% 的能量，那么透射光强与入射光强之比是多少？(3) 若在这两偏振片中间再平行的插入另一偏振片，使它的偏振化方向与前两个偏振片均成 30°，则透射光强与入射光强之比又是多少？先按无吸收的情况计算，再按有吸收的情况计算.

解　(1) 设自然光的光强为 I_0，则通过第一个偏振片的透射光光强为 $\frac{I_0}{2}$. 由马吕斯定律可知，通过第二个偏振片的透射光光强为

$$I = \frac{I_0}{2}\cos^2 60° = \frac{I_0}{8}.$$

故透射光与入射光的光强之比为 $\frac{1}{8}$.

(2) 通过第一个偏振片的透射光光强为

$$I' = \frac{I_0}{2} \times (1 - 10\%) = \frac{9I_0}{20}.$$

由马吕斯定律可知，通过第二个偏振片的透射光光强为

$$I'' = I' \cos^2 60° \times (1 - 10\%) = \frac{81I_0}{800}.$$

故透射光与入射光的光强之比为$\frac{81}{800}$.

(3) 在无吸收的情况下，透射光的光强为

$$I = \frac{I_0}{2} \cos^4 30° = \frac{9I_0}{32};$$

透射光与入射光的光强之比为$\frac{9}{32}$.

在有吸收的情况下，透射光的光强为

$$I = \frac{I_0}{2} \cos^4 30° (1 - 10\%)^3$$

$$= \frac{6\ 561I_0}{32\ 000} = 0.205I_0.$$

透射光与入射光的光强之比为 0.205.

11.5.4　布儒斯特定律

实验发现，当自然光在两种各向同性介质的分界面上发生反射和折射时，一般情况下，反射光和折射光都是部分偏振光，且在反射光中，垂直于入射面的光振动强于平行于入射面的光振动，而在折射光中，平行于入射面的光振动强于垂直于入射面的光振动，如图 11.48(a) 所示. 改变入射角 i，反射光的偏振化程度也随之发生变化.

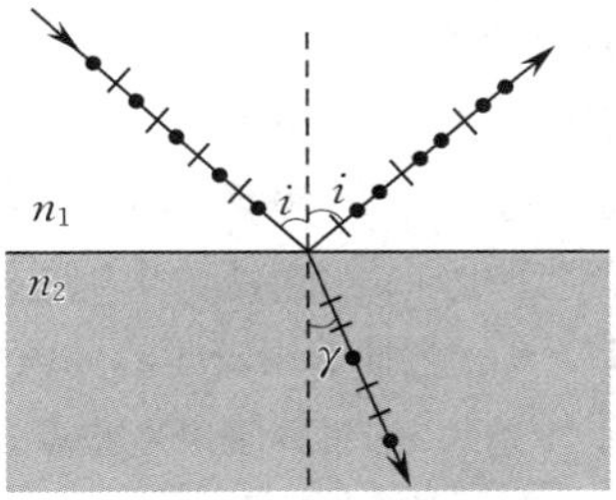

(a) 以任意角度入射

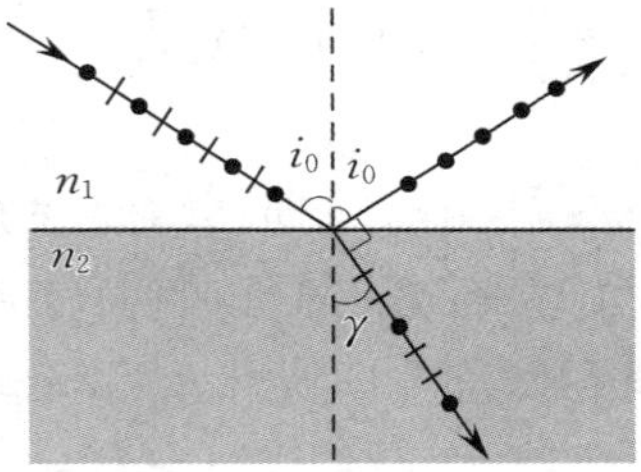

(b) 以布儒斯特角入射

图 11.48　自然光反射和折射时的偏振

1812 年，布儒斯特(Brewster，1781—1868) 发现反射光的偏振化程度和入射角有关. 当反射光线与折射光线垂直时，反射光成为线偏振光，折射光仍为部分偏振光，并且反射光的振动方向与入射面垂直，如图 11.48(b) 所示. 此时的入射角用 i_0 表示，i_0 称为布儒斯特角或起偏角.

根据折射定律 $n_1 \sin i = n_2 \sin \gamma$，布儒斯特角 i_0、折射角 γ 与两种介质的折射率 n_1 和 n_2 的关系为

$$n_1 \sin i_0 = n_2 \sin \gamma = n_2 \cos i_0,$$

即

$$i_0 = \arctan \frac{n_2}{n_1}. \tag{11.61}$$

式(11.61) 叫作**布儒斯特定律**.

太阳光照射于光滑的路面上时，会形成令人炫目的反射光，这种光直接射入眼睛，影响人们的视线. 光滑路面的反射光通常是部分偏振的，它的振动方向基本上平行于路面，因此，驾驶员可以佩戴偏光眼镜，以“过滤”掉沿水平方向振动的地面反射光. 其镜片是偏振片，偏振化方向沿着

竖直方向. 看"3D"(三维)立体电影用的眼镜,也是用两个偏振片制作的,左、右两镜片的偏振化方向相互垂直,使观众左、右眼看到的画面不同,从而呈现立体效果.

例 11-15

已知某材料在空气中的布儒斯特角 $i_0=58°$,求它的折射率. 若将它放在水中(水的折射率为 1.33),求布儒斯特角.

解 设该材料的折射率为 n,空气的折射率为 1,则

$$\tan i_0=\frac{n}{1}=\tan 58°,$$

$$n\approx 1.6.$$

将它放在水中,则对应有

$$\tan i_0'=\frac{n}{n_{水}}=\frac{1.6}{1.33}\approx 1.2.$$

故 $i_0'\approx 50.3°$.

思考题11

11-1 一平行光束从空气以入射角 $\theta\left(0<\theta<\frac{\pi}{2}\right)$ 进入水中并发生折射后,光束的截面积将发生怎样的变化?

11-2 头部没入水中的潜水员,若朝水面方向看,会看到自己头顶上有一个彩色镶边的圆洞,洞中是水面外的景色,洞外是河底的景象. 是什么原因造成这样的景象?

11-3 将一薄凸透镜置于物体和光屏之间,使物体和光屏之间的距离大于该透镜焦距的 4 倍并保持不变. 如果透镜第一次成像的长度为 a,移动透镜,第二次在光屏上成像的长度为 b,那么物体的长度是多少?

11-4 有两盏钠光灯,发出波长相同的光,照射到光屏上的某一点,问能否产生干涉?为什么?如果只用一盏钠光灯,并用黑纸盖住钠光灯的中部,使钠光灯两端的光同时照射到光屏上的某一点,问能否产生干涉?为什么?

11-5 在杨氏双缝干涉实验中,如果将单色光源 S 向上或向下平移,光屏上的干涉条纹将如何变化?增大双缝之间的距离,干涉条纹又将如何变化?

11-6 为什么用较厚的薄膜做干涉实验时观察不到干涉条纹?如果薄膜厚度很薄,比入射光的波长还小很多,能观察到干涉条纹吗?

11-7 如果用眼睛直接对着一条狭缝观察远处的与狭缝平行的线状日光灯,那么看到的衍射图样是菲涅耳衍射的结果,还是夫琅禾费衍射的结果?

11-8 在夫琅禾费单缝衍射中,把缝相对于透镜移动,衍射图样是否跟着移动?为什么?

11-9 为什么天文望远镜的口径越造越大?

习题 11

11-1 现需要一个焦距为 20.0 cm 的透镜,已知所用光学玻璃的折射率为 1.50,试求以下两种情况的球面曲率半径:

(1) 平凸镜;

(2) 球面是完全对称的双凸透镜.

11-2 某薄透镜对一实物成一倒立的实像,像高为物高的 0.5 倍. 如果实物向透镜移近 10 cm,那么所得的像与实物等高,求该薄凸透镜的焦距.

11-3 如图 11.49 所示,处于 S_1 和 S_2 位置的两个相干光源发出的波长为 λ 的单色光,分别通过两种介质

(折射率分别为 n_1 和 n_2，且 $n_1 > n_2$) 到达这两种介质分界面上的一点 P. 已知 $S_1P = S_2P = L$，问这两束光的几何路程是否相等?光程是否相等?光程差是多少?

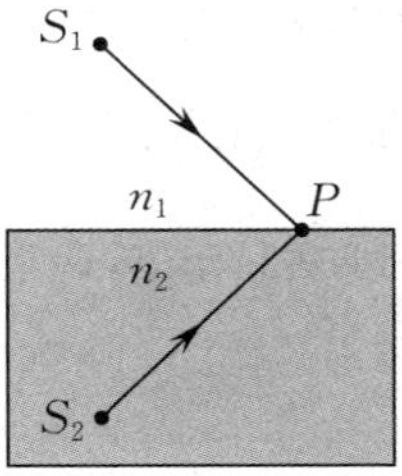

图 11.49

11-4　在双缝干涉实验中，两缝间距为0.30 mm，用单色光垂直照射双缝，在离缝 1.20 m 的屏上测得中央明纹两侧第 5 条暗纹间的距离为 22.78 mm，问所用光的波长是多少?是什么颜色的光?

11-5　在一双缝干涉实验中，缝间距为 5.0 mm，缝离屏 1.0 m，在屏上可见到两个干涉图样. 一个由 $\lambda = 480$ nm 的光产生，另一个由 $\lambda' = 600$ nm 的光产生. 问在屏上两个衍射图样的第 3 级干涉条纹间的距离是多少?

11-6　在双缝干涉实验装置中，用一云母片($n = 1.58$) 覆盖其中一条缝，结果使屏幕上第 7 级明纹恰好移动到屏幕中央原零级明纹的位置. 若入射光波长为 550 nm，求此云母片的厚度.

11-7　空气中垂直入射的白光在肥皂膜上发生反射，对 630 nm 的光有一个干涉极大(干涉相长)，而对 525 nm 的光有一个干涉极小(干涉相消). 其他波长的可见光经反射后并没有极小. 假定肥皂膜的折射率与水相同，即 $n = 1.33$，膜的厚度是均匀的，问膜的厚度是多少?

11-8　如图 11.50 所示，利用空气劈尖测细丝直径. 已知 $\lambda = 589.3$ nm，$L = 2.888 \times 10^{-2}$ m，测得 30 条条纹的总宽度为 4.295×10^{-3} m，求细丝直径 D.

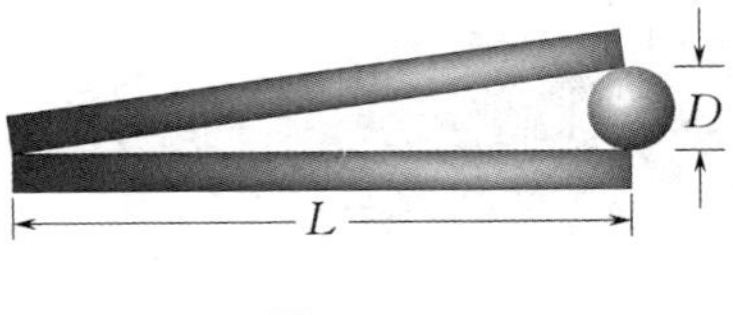

图 11.50

11-9　波长为 500 nm 的单色光垂直照射到由两块光学平板玻璃构成的空气劈尖上. 在观察反射光的干涉现象中，与劈尖棱边的距离 $l = 1.56$ cm 的 A 处是从劈尖棱边算起的第 4 条暗纹中心.

(1) 求此空气劈尖的劈尖顶角；

(2) 改用 600 nm 的单色光垂直照射到此劈尖上仍可观察到反射光的干涉条纹，问 A 处是明纹还是暗纹?

(3) 在第(2) 问的情形下，从劈尖棱边到 A 处的范围内共有几条明纹?几条暗纹?

11-10　在牛顿环实验中，当透镜与玻璃间充满某种液体时，第 10 个明环的直径由 1.408×10^{-2} m 变为 1.278×10^{-2} m，试求这种液体的折射率.

11-11　用钠光灯作为光源观察牛顿环时，测得某级明纹的半径为 3.20 mm，它外面第 5 级明纹半径为 4.60 mm. 已知钠光灯的光的波长为 589.3 nm，求所用平凸透镜的曲率半径.

11-12　把折射率 $n = 1.40$ 的薄膜放入迈克耳孙干涉仪的一臂，如果由此产生了 7.0 条条纹的移动，求薄膜厚度(设入射光的波长为 589 nm).

11-13　利用迈克耳孙干涉仪可以测量单色光的波长. 当 M_1 的移动距离为 0.332 mm 时，观察到干涉条纹移动了 1 024 条，求所用单色光的波长.

11-14　见图 11.35，平行单色光垂直照射缝宽 $a = 0.6$ mm 的单缝，透镜的焦距 $f = 0.4$ m. 若在屏上 $x = 1.4$ mm 处的 P 点看到明纹，试求：

(1) 入射光的波长；

(2) P 点处条纹的级次；

(3) 缝面所能分成的半波带数.

11-15　一平行单色光垂直入射一单缝，其第 3 级明纹位置恰好与波长 600 nm 的单色光垂直入射该缝时的第 2 级明纹位置重合，试求该单色光的波长.

11-16　迎面而来的两辆并行的汽车，车头灯相距为 1.0 m，问在汽车离人多远处，它们刚能被人眼分辨?设人眼瞳孔的直径为 3.0 mm，光在空气中的波长 $\lambda = 500$ nm.

11-17　在通常的亮度下，人眼瞳孔的直径约为 3 mm，在可见光中，人眼感受最灵敏的波长是 550 nm 的黄绿光.

(1) 人眼的最小分辨角是多大?

(2) 如果在黑板上画两条平行直线，相距 2 mm，那么坐在距黑板多远处的同学恰能分辨?

11－18 某单色光垂直入射到一个每厘米有6 000条刻痕的光栅上，其第1级主极大明纹的衍射角为20°，试求该单色光的波长．它的第2级主极大明纹在何处？

11－19 用钠光($\lambda = 589.3$ nm)垂直照射到某光栅上，测得第3级主极大明纹的衍射角为60°．

(1) 若换用另一光源，测得其第2级主极大明纹的衍射角为30°，求该光源发出的光波长．

(2) 若以白光(400 ～ 760 nm)照射在该光栅上，求其第2级光谱的张角．

11－20 测得从一池静水的表面反射出来的太阳光是线偏振光，问此时太阳处在地平线的多大仰角处？(水的折射率为1.33)

11－21 使自然光入射到相互平行的两个偏振片上，若(1) 透射光强为入射光强的$\frac{1}{2}$，(2) 透射光强为入射光强的$\frac{1}{4}$，问两种情形下，两个偏振片的偏振化方向的夹角各为多少？

第5篇

近代物理基础

相对论和量子理论是两个20世纪物理学划时代的成就，它们既是近代物理的两大支柱，又是近代物理的基本内容．在相对论和量子理论发展的基础上，既开拓了一系列新的研究领域，又开拓了人类应用高新技术的新时代，以信息技术为代表的一系列新学科、新材料、新能源、新技术得以迅速兴起和发展．

本篇介绍狭义相对论基础和量子物理基础．

第12章

狭义相对论基础

牛顿建立的经典力学理论至今已有300多年的历史，以经典力学为基础的经典物理理论在工程技术、科技领域发挥了巨大的作用. 但是随着物理学的发展，人们对客观物质世界认识的深入，发现当物体做高速运动（接近光速）时，牛顿的绝对时空观不再成立. 另外，麦克斯韦的电磁场理论不服从伽利略变换，利用经典力学的相对性原理解释天文现象和光速也遇到了困难.

爱因斯坦摆脱了经典力学时空观的束缚，从根本上改变了时间、空间和运动的绝对时空观的观念，建立了狭义相对论时空观，提出了光速不变原理和狭义相对论的相对性原理，并揭示了质量和能量的内在联系. 狭义相对论是研究高能物理和微观粒子的基础，也是现代物理学和现代工程技术不可缺少的基础理论. 本章主要介绍伽利略变换、狭义相对论的基本原理、洛伦兹变换、狭义相对论时空观和相对论力学的一些结论.

12.1 伽利略变换 牛顿的绝对时空观

12.1.1 伽利略变换式 经典力学的相对性原理

设有两个惯性系 S 和 S'，固定在两个惯性系上的直角坐标系的对应坐标轴相互平行，且 S' 系相对 S 系以速度 $\boldsymbol{u}$ 沿 x 轴正方向运动，如图12.1所示. 开始时两直角坐标系完全重合. 由经典力学可知，在时刻 t，P 点在这两个惯性系中的位置坐标和时间有如下对应关系：

$$\begin{cases} x' = x - ut, \\ y' = y, \\ z' = z, \\ t' = t \end{cases} \quad \text{或} \quad \begin{cases} x = x' + ut, \\ y = y', \\ z = z', \\ t = t'. \end{cases} \tag{12.1}$$

这就是经典力学（也称牛顿力学）中的**伽利略时空变换公式**.

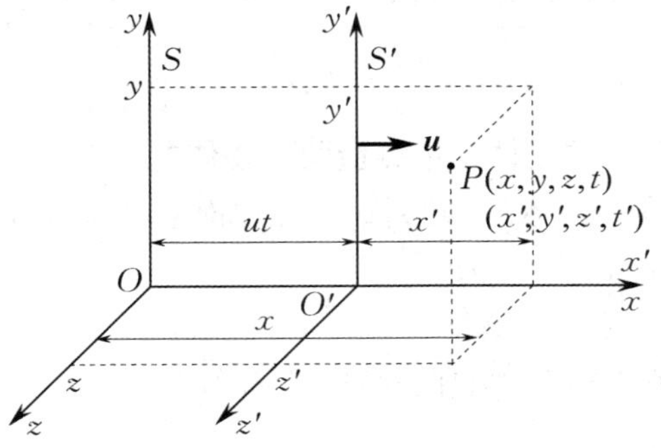

图 12.1 惯性系 S' 以速度 $\boldsymbol{u}$ 相对惯性系 S 运动

将式(12.1) 对时间求导,就得到经典力学中的速度变换关系式:

$$\begin{cases} v'_x = v_x - u, \\ v'_y = v_y, \\ v'_z = v_z \end{cases} \quad 或 \quad \begin{cases} v_x = v'_x + u, \\ v_y = v'_y, \\ v_z = v'_z. \end{cases} \tag{12.2}$$

这就是伽利略速度变换式.其矢量形式为

$$\boldsymbol{v} = \boldsymbol{v}' + \boldsymbol{u},$$

即绝对速度、相对速度和牵连速度的关系.它表明,在不同的惯性系中,物体的速度是不同的,物体的速度与惯性系的选择有关.

将式(12.2) 对时间求导,就得到经典力学中的加速度变换关系式:

$$\begin{cases} a'_x = a_x, \\ a'_y = a_y, \\ a'_z = a_z. \end{cases} \tag{12.3}$$

这就是伽利略加速度变换式.其矢量形式为

$$\boldsymbol{a}' = \boldsymbol{a}.$$

上式表明,在两个做相对匀速直线运动的惯性系中,加速度是个不变量.牛顿运动定律的形式也是相同的,即

$$\boldsymbol{F} = m\boldsymbol{a}, \quad \boldsymbol{F}' = m\boldsymbol{a}'.$$

上述结果表明,牛顿运动方程的形式与惯性系的选择无关.对伽利略变换而言,牛顿运动方程是不变式.对于所有的惯性系,牛顿力学的规律都应具有相同的形式,这就是牛顿力学的相对性原理(经典力学的相对性原理).它在宏观、低速的范围内与实验结果是一致的.

12.1.2 绝对时空观

牛顿在创建经典力学体系时,曾选定若干公理作为整个理论的基石,其中包括绝对时间及绝对空间的假定:时间和空间的量度与物质的运动无关,即与惯性系的选取无关,是绝对不变的.

1. 时间间隔的绝对性

时间间隔的绝对性:在不同的惯性系中测得两事件发生的时间间隔是相同的.

假定一辆汽车以速率 v 匀速沿水平公路行驶并先后通过电线杆 A 和 B.站在地面上(S 系)的人测得车通过 A 和 B 的时间间隔为 $\Delta t = t_B - t_A$;站在车上(S' 系)的人测得车通过 A 和 B 的时间间隔为 $\Delta t' = t'_B - t'_A$.根据伽利略变换式可知两者是相等的,即 $\Delta t = \Delta t'$.也就是说,在两个做相对匀速直线运动的惯性系(地面和汽车)中,时间的测量是绝对的,与惯性系的选择和物质的运动无关.

2. 空间间隔的绝对性

空间间隔的绝对性:在不同的惯性系中测量同一物体的长度是相同的.

假定一辆汽车以低速 v 匀速沿水平公路行驶,在地面上(S 系)的人和在车上(S' 系)的人测得水平公路上两电线杆 A 和 B 间的距离为

$$L_{AB} = X_B - X_A = (X'_B + ut) - (X'_A + ut) = X'_B - X'_A = L'_{AB}.$$

也就是说,在两个做相对匀速直线运动的惯性系(地面和汽车)中,长度的测量是绝对的,与惯性系的选择和物质的运动无关.

12.2　狭义相对论的基本原理

12.2.1　迈克耳孙-莫雷实验

当物体做低速运动时，伽利略变换和牛顿力学相对性原理是符合实际情况的，可以解决任何惯性系中所有低速物体运动的问题. 但当涉及物体做高速运动的情况和电磁现象，包括光的传播现象时，伽利略变换和牛顿力学相对性原理就遇到了不可克服的困难. 人们早就知道，机械波需要在弹性介质中传播，例如，空气可以传播声波，而真空却不能. 因此，在光和电磁理论发展初期，人们认为光和电磁波的传播也需要一种弹性介质. 19 世纪的物理学家称这种介质为以太. 他们认为，以太充满整个空间，即使是真空也不例外，并且可以渗透到一切物质的内部. 在相对以太静止的参考系中，光速大小在各个方向上都是相同的，这个参考系被称作以太参考系，它就可以作为所谓的绝对参考系. 倘若有一运动参考系，相对绝对参考系以速度 $\boldsymbol{v}$ 运动，则由牛顿力学相对性原理，光在运动参考系中的速度应为

$$\boldsymbol{c}' = \boldsymbol{c} - \boldsymbol{v},$$

其中，$\boldsymbol{c}$ 是光在绝对参考系中的速度，$\boldsymbol{c}'$ 是光在运动参考系中的速度. 从上式可以看出，在运动参考系中，光速大小在各个方向上是不同的.

如果我们能借助某种方法测出运动参考系相对以太的速度，则作为绝对参考系的以太也就被确定了. 为此历史上有许多物理学家做过大量的实验来寻找这个绝对参考系，但都得出了否定的结论. 其中最著名的是迈克耳孙和莫雷所做的实验.

迈克耳孙和莫雷实验装置（详见 11.3 节，这里再给出简图）如图 12.2 所示. 由光源 S 发出波长为 λ 的光，射到半反射镜 G 后，一部分被反射到反射镜 M_1 上，另一部分透过 G 到达反射镜 M_2. 由 M_1 反射回来的光，透过 G 到达望远镜 T；由 M_2 反射回来的光由 G 反射后也到达 T. 假定 G 到 M_1 和 M_2 的距离相等，且 M_1 与 M_2 不严格垂直，那么，在望远镜 T 中将看到等厚干涉条纹.

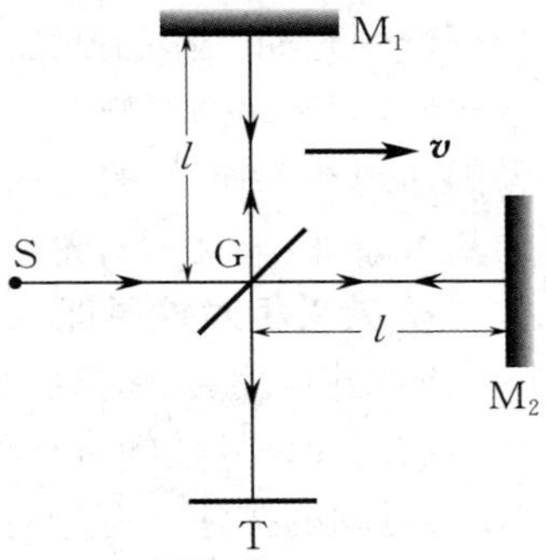

图 12.2　迈克耳孙-莫雷实验图

把固定在地球上的整个实验装置作为运动参考系，设想它相对绝对参考系（以太）的运动速度为 $\boldsymbol{v}$. 从运动参考系来看，以太则以 $-\boldsymbol{v}$ 的速度相对运动参考系运动. 由于在以太中不论哪个方向光的速度大小均为 c，如果以以太为 S 系，实验装置为 S' 系，那么，从 S' 系来看，光自 G 到 M_2 的速度为 $c-v$，而光自 M_2 到 G 的速度则为 $c+v$. 于是，从 S' 系来看，光从 G 到 M_2，然后再由 M_2 回到 G 所需的时间为

$$t_1' = \frac{l}{c-v} + \frac{l}{c+v} = \frac{2l}{c\left(1-\dfrac{v^2}{c^2}\right)}.$$

而从 S' 系来看，光自 G 到 M_1 和自 M_1 到 G 的速度大小均为 $(c^2-v^2)^{\frac{1}{2}}$. 所以，在 S' 系看来，光从 G 到 M_1 然后再返回 G 所需的时间为

$$t_2' = \frac{2l}{(c^2-v^2)^{\frac{1}{2}}} = \frac{2l}{c\left(1-\dfrac{v^2}{c^2}\right)^{\frac{1}{2}}}.$$

由以上两式可以看出，在 S' 系看来，这两束光到达望远镜的时间差为

$$\Delta t' = t'_2 - t'_1 = \frac{2l}{c\left(1-\frac{v^2}{c^2}\right)} - \frac{2l}{c\left(1-\frac{v^2}{c^2}\right)^{\frac{1}{2}}}$$

$$= \frac{2l}{c}\left[\left(1+\frac{v^2}{c^2}+\cdots\right)-\left(1+\frac{v^2}{2c^2}+\cdots\right)\right].$$

由于 $v \ll c$，上式可写成

$$\Delta t' = \frac{l}{c}\frac{v^2}{c^2},$$

所以，波长为 λ 的两束光的光程差 $\Delta = c\Delta t' \approx l\frac{v^2}{c^2}$. 若把整个仪器装置旋转 90°，则前、后两次的光程差为 2Δ，从望远镜 T 中应看到干涉条纹移动 ΔN 条，即

$$\Delta N = \frac{2\Delta}{\lambda} = \frac{2lv^2}{\lambda c^2}.$$

在该实验中，已知 λ，l 和 c，只要测出 ΔN，即可算出地球相对以太的绝对速度 v，就可以把以太作为绝对参考系了. 尽管当时的仪器设备精度已经很高，足够观察到 $\frac{1}{100}$ 条条纹的移动，但实验者没有观察到这个预期的条纹移动. 迈克耳孙等人在不同的地理条件、不同的季节条件下，又进行了多次实验，始终没有得到预期的结果. 这就证明了以太根本不存在. 在大量的实验都无法证实绝对参考系（以太）存在的情况下，许多物理学家开始重新思考新的基本理论.

12.2.2 狭义相对论的基本原理

爱因斯坦坚信世界的统一性和合理性，他在洛伦兹（Lorentz，1853—1928）等人为探求新理论所做的先期工作的基础上，深入研究牛顿力学和麦克斯韦电磁场理论，他认为相对性原理具有普遍性，无论是对牛顿力学还是对麦克斯韦电磁场理论都是如此. 他否定了牛顿的绝对时空观. 爱因斯坦在 1905 年的一篇论文中，摒弃了以太假说和绝对参考系的假设，提出了两条狭义相对论的基本原理：狭义相对论原理和光速不变原理.

1. 狭义相对性原理

狭义相对性原理指出，物理定律在所有的惯性系中都具有相同的形式，即所有的惯性系对运动的描述都是等效的. 也就是说，不论在哪一个惯性系中做实验，都不能确定该惯性系的运动情况. 对运动的描述只有相对意义，绝对静止的参考系是不存在的.

2. 光速不变原理

光速不变原理指出，真空中的光速是常量，它与光源或观测者的运动无关，即不依赖于惯性系的选择.

应当指出，爱因斯坦的狭义相对论的基本原理，是与伽利略变换（或绝对时空观）相矛盾的. 例如，对一切惯性系光速都是相同的，这与伽利略速度变换公式是相矛盾的. 机场照明跑道的灯光相对地球以速度 c 传播，在相对地球以速度 v 运动着的飞机上看，按光速不变原理，光仍然以速度 c 传播. 而按伽利略变换，当光的传播方向与飞机的运动方向一致时，在飞机上测得的光速应为 $c-v$；当两者的运动方向相反时，在飞机上测得的光速应为 $c+v$.

12.2.3 洛伦兹变换

由于伽利略变换与狭义相对论的基本原理不相容，因此需要寻找一个满足狭义相对论的变

换. 爱因斯坦推出了这个变换,并称它为洛伦兹变换(在爱因斯坦推出这个变换之前,洛伦兹在 1904 年研究电磁场理论时已经提出了该变换的数学形式,但当时未给予正确的物理解释).

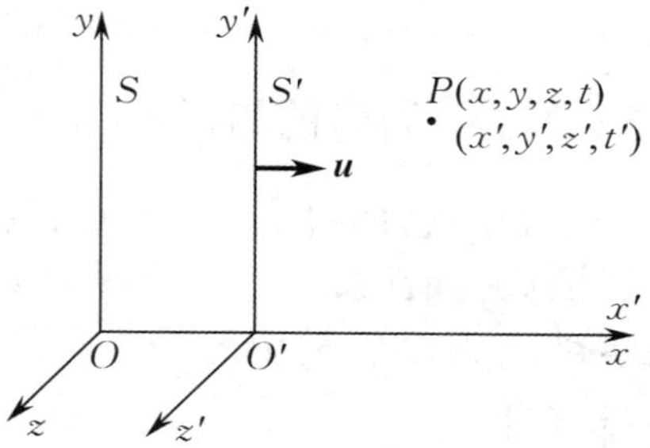

图 12.3 两个惯性系

设有两个惯性系 S 和 S',其中惯性系 S' 沿 $x(x')$ 轴正方向以速度 u 相对惯性系 S 运动,如图 12.3 所示. 以两个惯性系的坐标原点相重合的瞬间为计时起点. 若有一事件发生在空间中 P 点,在惯性系 S 中测得 P 点坐标是 x,y,z,时间为 t;而在 S' 中测得 P 点坐标是 x',y',z',时间是 t'. 由狭义相对性原理和光速不变原理可得,该事件在两个惯性系 S 和 S' 中的时空坐标变换为

$$\begin{cases} x' = \dfrac{x-ut}{\sqrt{1-\dfrac{u^2}{c^2}}}, \\ y' = y, \\ z' = z, \\ t' = \dfrac{t-\dfrac{ux}{c^2}}{\sqrt{1-\dfrac{u^2}{c^2}}} \end{cases} \quad \text{或} \quad \begin{cases} x = \dfrac{x'+ut'}{\sqrt{1-\dfrac{u^2}{c^2}}}, \\ y = y', \\ z = z', \\ t = \dfrac{t'+\dfrac{ux'}{c^2}}{\sqrt{1-\dfrac{u^2}{c^2}}}. \end{cases} \tag{12.4}$$

式(12.4) 叫作**洛伦兹时空坐标变换**. 应当注意,在洛伦兹时空坐标变换中,t 和 t' 都依赖于空间坐标,即 t 是 t' 和 x' 的函数,t' 是 t 和 x 的函数. 这与伽利略变换的结果是完全不同的. 容易看出,当惯性系 S' 沿 $x(x')$ 轴相对惯性系 S 运动的速度 u 远小于光速 c 时,洛伦兹时空坐标变换就与伽利略时空变换公式一致了,即存在着对应原理.

式(12.4) 对时间求一阶导数并利用洛伦兹时空坐标变换,即可得洛伦兹速度变换:

$$\begin{cases} v'_x = \dfrac{v_x - u}{1-\dfrac{u}{c^2}v_x}, \\ v'_y = \dfrac{v_y\sqrt{1-\dfrac{u^2}{c^2}}}{1-\dfrac{u}{c^2}v_x}, \\ v'_z = \dfrac{v_z\sqrt{1-\dfrac{u^2}{c^2}}}{1-\dfrac{u}{c^2}v_x} \end{cases} \quad \text{或} \quad \begin{cases} v_x = \dfrac{v'_x + u}{1+\dfrac{u}{c^2}v'_x}, \\ v_y = \dfrac{v'_y\sqrt{1-\dfrac{u^2}{c^2}}}{1+\dfrac{u}{c^2}v'_x}, \\ v_z = \dfrac{v'_z\sqrt{1-\dfrac{u^2}{c^2}}}{1+\dfrac{u}{c^2}v'_x}. \end{cases} \tag{12.5}$$

12.3 狭义相对论的时空观

由洛伦兹时空坐标变换可以得到许多与日常经验相违背的、令人惊奇的结论. 例如,选择的惯性系不同,测得的两点间的距离或物体的长度不同,某一过程所经历的时间也不相同. 这些结论后来都被近代高能物理中的许多实验所证实. 下面先讨论狭义相对论时空观的基础,即同时的相对性. 然后再推导和讨论时间的相对性(时间的延缓效应)和空间的相对性(长度的收缩效应).

12.3.1 同时的相对性

在牛顿力学中,时间是绝对的. 也就是说,如果两个事件在惯性系 S 中是被同时观察到的,那么在另一惯性系 S' 中也会被同时观察到. 但在狭义相对论中,这两个事件在惯性系 S 中被同时观察到,在惯性系 S' 中却不一定. 这就是狭义相对论中同时的相对性.

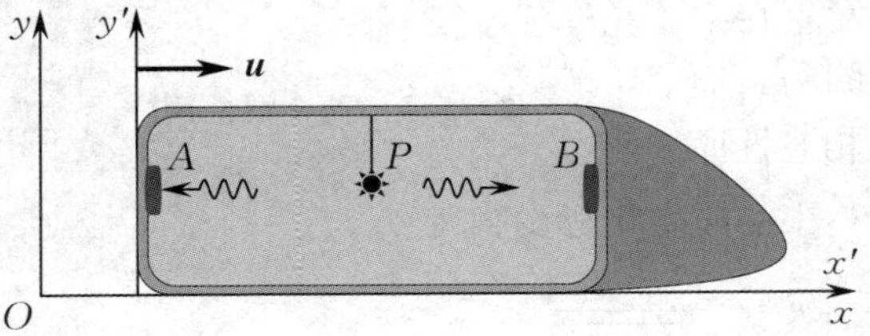

图 12.4 同时的相对性

如图 12.4 所示,设有一火车车厢以速度 u 沿 x 轴正方向做匀速直线运动,在车厢正中间的 P 点处有一光源,光源发出的光同时向车厢两端的 A 和 B 传播. 以静止的地面为 S 系,车厢为 S' 系. 对 S' 系来说,由光速不变原理可知,光向 A 和 B 传播的速度相同,因此应同时到达 A 和 B. 可是对 S 系来说,因为车厢的 A 端以速度 u 向光(P 发出的光,而不是 P)接近,B 端以速度 u 离开光,所以光到达 A 端要比到达 B 端早一些,即从 S 系来看,由 P 发出的光并不是同时到达 A 和 B 的. 这就是同时的相对性.

由洛伦兹时空坐标变换可以求得同时的相对性. 设在 S' 系中观察到不同地点 x'_1 和 x'_2 同时发生两个事件,即 $\Delta t' = t'_2 - t'_1 = 0$,$\Delta x' = x'_2 - x'_1$. 由洛伦兹时空坐标变换得

$$\Delta t = \frac{\Delta t' + \frac{u}{c^2}\Delta x'}{\sqrt{1-\beta^2}},$$

式中 $\beta = \frac{u}{c}$. 当 $\Delta t' = 0$ 时,$\Delta x' \neq 0$,从而 $\Delta t \neq 0$. 这表明,在 S' 系中不同地点同时发生的两个事件,对 S 系中的观察者来说则不是同时发生的. 同理,在 S 系中不同地点同时发生的两事件,S' 系中的观察者也认为不是同时发生的. 这说明"同时"具有相对性,它与惯性系有关,并且所有的惯性系都是"平等"的. 只有在某一惯性系中同一地点、同时发生的两事件,才会被另一惯性系中的观察者认为是同时发生的.

12.3.2 时间的相对性——时间延缓

设在 S' 系中有一个静止的钟,有两个事件先后发生在 S' 系中同一地点 x',此钟记录的时刻分别为 t'_1 和 t'_2,于是,S' 系中的钟所记录的两事件发生的时间间隔 $\Delta t' = t'_2 - t'_1$,常称为固有时间 Δt_0. 而 S 系中的钟所记录的两事件发生的时刻分别为 t_1 和 t_2,时间间隔 $\Delta t = t_2 - t_1$,常称为测量时间. 若 S' 系以速度 u 沿 $x(x')$ 轴正方向运动,则由洛伦兹时空坐标变换可得

$$t_1 = \frac{t'_1 + \frac{ux'}{c^2}}{\sqrt{1-\frac{u^2}{c^2}}}, \quad t_2 = \frac{t'_2 + \frac{ux'}{c^2}}{\sqrt{1-\frac{u^2}{c^2}}}.$$

于是

$$\Delta t = t_2 - t_1 = \frac{t'_2 - t'_1}{\sqrt{1-\frac{u^2}{c^2}}} = \frac{\Delta t'}{\sqrt{1-\frac{u^2}{c^2}}} = \frac{\Delta t_0}{\sqrt{1-\frac{u^2}{c^2}}}. \tag{12.6}$$

可见,$\Delta t > \Delta t_0$. 也就是说,在 S' 系中同一地点发生的两个事件的时间间隔,小于由 S 系中所记录的这

两个事件发生的时间间隔. 由于 S' 系是以速度 u 沿 $x(x')$ 轴运动的,因此可以说,相对于惯性系运动的钟走慢了. 这就是时间延缓效应. 时间延缓也是相对的. 同样,在 S 系中静止的钟所记录的在 S 系中同一地点发生的两个事件的时间间隔,小于由 S' 系中的钟所记录的这两个事件的时间间隔. 时间的测量是相对的,与惯性系的选择有关. 当两惯性系沿 $x(x')$ 轴相对运动的速度 u 远小于光速 c 时,在 S' 系和 S 系中测得的两事件的时间间隔近似相等,即满足经典力学的相对性原理.

例 12-1

设想有一"仙洞"以速率 $u=0.999c$ 做直线运动. 若"仙洞"中的两位"神仙"下一盘棋用了两小时,则地球上的"凡人"测得他们下一盘棋用了多少时间?

解

$$\Delta t=\frac{\Delta t_0}{\sqrt{1-\frac{u^2}{c^2}}}=\frac{2}{\sqrt{1-\left(\frac{0.999c}{c}\right)^2}}\text{h}\approx 44.7\ \text{h}.$$

12.3.3　空间的相对性 —— 长度收缩

设有两个观察者分别静止于惯性系 S 和 S' 中,S' 系以速度 u 相对 S 系沿 x 轴正方向运动. 一细棒静止于 S' 系中并沿 x' 轴放置,如图 12.5 所示. S' 系中的观察者测得棒两端点的坐标为 x'_1 和 x'_2(可以不同时测量),则棒长 $l'=x'_2-x'_1$. 通常把观察者相对棒静止时测得的棒的长度称为固有长度 l_0,在此处 $l'=l_0$. 当 S' 系以速度 u 沿 $x(x')$ 轴正方向相对 S 系运动时,S' 系中观察者测得的棒长不变,仍为 l';而 S 系中的观察者同时测得棒两端点的坐标为 x_1 和 x_2(必须同时测量),则棒的长度 $l=x_2-x_1$,通常把观察者相对棒运动时测得的棒的长度称为测量长度 l. 由洛伦兹时空坐标变换有

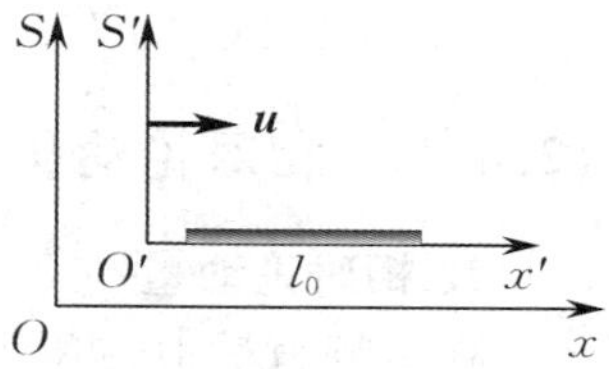

图 12.5　长度的收缩图

$$x'_1=\frac{x_1-ut_1}{\sqrt{1-\frac{u^2}{c^2}}},\quad x'_2=\frac{x_2-ut_2}{\sqrt{1-\frac{u^2}{c^2}}},$$

式中 $t_1=t_2$. 将两式相减,得

$$x'_2-x'_1=\frac{x_2-x_1}{\sqrt{1-\frac{u^2}{c^2}}},$$

即

$$l=l'\sqrt{1-\frac{u^2}{c^2}}=l_0\sqrt{1-\frac{u^2}{c^2}}.\tag{12.7}$$

可见,$l<l_0$. 也就是说,在 S 系中测得的运动细棒的长度,小于在相对细棒静止的 S' 系中所测得的长度. 物体沿运动方向发生的长度收缩现象称为洛伦兹收缩. 同样,若棒静止于 S 系中,则在 S' 系中测得的长度发生收缩. 这说明空间的测量具有相对性,与惯性系的选择是有关的.

注意:(1) 长度收缩(洛伦兹收缩)仅发生在物体的运动方向上;

(2) 当 u 远小于 c 时,$l\approx l_0$,即满足经典力学的相对性原理;

(3) 长度收缩(洛伦兹收缩)具有相对效应.

例 12-2

设想有一飞船相对地球以速率 $u=0.99c$ 做直线运动. 以飞船为参考系测得飞船长为 80 m,问在地面上的观察者测得飞船有多长?

解 以飞船为参考系测得的飞船长为固有长度 l_0,在地面上测得的飞船长为

$$l=l_0\sqrt{1-\frac{u^2}{c^2}}=80\sqrt{1-\left(\frac{0.99c}{c}\right)^2}\ \mathrm{m}\approx 11.29\ \mathrm{m}.$$

综上所述,狭义相对论指出了时间和空间的量度与惯性系的选择有关. 不存在孤立的时间,也不存在孤立的空间,时间、空间与运动是相互紧密联系的,并与物质有着不可分割的联系,这深刻地反映了时空的性质. 狭义相对论时空观为科学、辩证地认识客观世界提供了科学论据,它是我们正确认识自然界应持有的基本观点.

12.4 相对论动量和能量

12.4.1 相对论动量

1. 相对论动量

在牛顿力学中,速度为 $\boldsymbol{v}$、质量为 m 的质点的动量的表达式为 $\boldsymbol{p}=m\boldsymbol{v}$. 对于一个由许多质点组成的系统,其动量为 $\boldsymbol{p}=\sum\limits_i \boldsymbol{p}_i=\sum\limits_i m_i\boldsymbol{v}_i$. 在没有外力作用于系统的情况下,系统的总动量是守恒的,即 $\sum\limits_i m_i\boldsymbol{v}_i=$ 常矢量.

但在狭义相对论中,惯性系间的速度变换是遵守洛伦兹速度变换的. 这时若要使动量守恒表达式在高速运动情况下仍然保持不变,就必须对动量表达式进行修正,使之适合洛伦兹速度变换. 按照狭义相对性原理和洛伦兹速度变换,当动量守恒表达式在任意惯性系中都保持不变时,则质点的动量表达式应为

$$\boldsymbol{p}=\frac{m_0\boldsymbol{v}}{\sqrt{1-\frac{v^2}{c^2}}}. \tag{12.8}$$

式(12.8) 称为相对论动量表达式. 式中 m_0 为质点静止时的质量,称为**静质量**;$\boldsymbol{v}$ 为质点相对某惯性系运动的速度. 可见当 $v\ll c$ 时,有 $\boldsymbol{p}\approx m_0\boldsymbol{v}$,这与牛顿力学的动量表达式是相同的.

2. 相对论质量

为了不改变动量的基本定义,应把式(12.8) 写为

$$\boldsymbol{p}=\frac{m_0}{\sqrt{1-\frac{v^2}{c^2}}}\boldsymbol{v}=m\boldsymbol{v},$$

其中

$$m=\frac{m_0}{\sqrt{1-\frac{v^2}{c^2}}}. \tag{12.9}$$

这说明在狭义相对论中,质量 m 是与速度有关的,称为**相对论质量**. 可见,当 $v\ll c$ 时,有 $m\approx m_0$,

即相对论质量与静质量没有明显的差别了. 因此在低速情况下,牛顿力学仍然是适用的.

对于微观粒子(如电子、质子、介子等)的运动,由于速度与光速很接近,其相对论质量和静质量就有显著的不同. 例如,在加速器中被加速的质子,其速度可达 2.7×10^8 m/s,其相对论质量为

$$m=\frac{m_0}{\sqrt{1-\left(\frac{2.7\times10^8}{3\times10^8}\right)^2}}=\frac{m_0}{\sqrt{1-0.81}}\approx2.3m_0.$$

3. 狭义相对论动力学的基本方程

当作用于质点的合外力为 $\boldsymbol{F}$ 时,由相对论动量表达式可得

$$\boldsymbol{F}=\frac{\mathrm{d}\boldsymbol{p}}{\mathrm{d}t}=\frac{\mathrm{d}}{\mathrm{d}t}(m\boldsymbol{v})=\frac{\mathrm{d}}{\mathrm{d}t}\left(\frac{m_0\boldsymbol{v}}{\sqrt{1-\frac{v^2}{c^2}}}\right). \tag{12.10}$$

式(12.10)为狭义相对论动力学的基本方程.

可见,当 $v\ll c$ 时,有 $\boldsymbol{F}=\frac{\mathrm{d}\boldsymbol{p}}{\mathrm{d}t}=\frac{\mathrm{d}}{\mathrm{d}t}(m_0\boldsymbol{v})=m_0\frac{\mathrm{d}\boldsymbol{v}}{\mathrm{d}t}=m_0\boldsymbol{a}$,即为经典力学中的牛顿第二定律.

在式(12.10)中,若 $\boldsymbol{F}=\boldsymbol{0}$,则系统的总动量不变,由相对论动量表达式可得系统的动量守恒定律的表达式

$$\sum\boldsymbol{p}_i=\sum m_i\boldsymbol{v}_i=\sum\frac{m_{0i}}{\sqrt{1-\frac{v^2}{c^2}}}\boldsymbol{v}_i=\text{常矢量}. \tag{12.11}$$

式(12.11)为相对论的动量守恒定律.

可见,当 $v\ll c$ 时,有 $\sum\boldsymbol{p}_i=\sum m_i\boldsymbol{v}_i=\sum\frac{m_{0i}}{\sqrt{1-\frac{v^2}{c^2}}}\boldsymbol{v}_i=\sum m_{0i}\boldsymbol{v}_i=$ 常矢量,即为经典力学的动量守恒定律.

综上,可以认为相对论的动量概念、质量概念,以及相对论的动力学基本方程和相对论的动量守恒定律都具有普遍的意义,牛顿力学只是狭义相对论动力学在物体低速($v\ll c$)运动条件下的近似.

12.4.2　相对论中质量与能量的关系

由狭义相对论动力学的基本方程出发,根据狭义相对论的基本原理,可以得到相对论中的质量与能量的关系式.

在狭义相对论中,动能定理仍然成立. 设一质点在变力作用下由静止开始沿 x 轴做一维运动. 当质点的速率为 v 时,它具有的动能等于外力所做的功,即

$$E_\mathrm{k}=\int F_x\mathrm{d}x=\int\frac{\mathrm{d}p}{\mathrm{d}t}\mathrm{d}x=\int v\mathrm{d}p.$$

由 $\mathrm{d}(pv)=p\mathrm{d}v+v\mathrm{d}p$,上式可写成 $E_\mathrm{k}=pv-\int p\mathrm{d}v$. 将相对论动量表达式代入,得

$$E_\mathrm{k}=\frac{m_0v^2}{\sqrt{1-\frac{v^2}{c^2}}}-\int_0^v\frac{m_0v}{\sqrt{1-\frac{v^2}{c^2}}}\mathrm{d}v,$$

积分可得

$$E_k = \frac{m_0 v^2}{\sqrt{1-\frac{v^2}{c^2}}} + m_0 c^2 \sqrt{1-\frac{v^2}{c^2}} - m_0 c^2,$$

将其整理可得

$$E_k = mc^2 - m_0 c^2. \tag{12.12}$$

式(12.12)是相对论动能表达式.

在 $v \ll c$ 的情况下,有 $\left(1-\frac{v^2}{c^2}\right)^{-\frac{1}{2}} \approx \left(1+\frac{1}{2}\frac{v^2}{c^2}\right)$,将它代入式(12.12),可得

$$E_k = m_0\left(1-\frac{v^2}{c^2}\right)^{-\frac{1}{2}} c^2 - m_0 c^2 \approx m_0\left(1+\frac{1}{2}\frac{v^2}{c^2}\right)c^2 - m_0 c^2 = \frac{1}{2} m_0 v^2,$$

即经典力学的动能表达式. 可见,经典力学的动能表达式是相对论动能表达式在物体的速度远小于光速时的近似.

由式(12.12)可得 $mc^2 = E_k + m_0 c^2$. 爱因斯坦对此做出了具有深刻意义的说明:mc^2 是质点运动时具有的**总能量**,$m_0 c^2$ 为质点静止时具有的静能,质点的总能量等于质点的动能与其静能之和. 或者说,质点的动能是其总能量与静能之差.

从相对论的观点来看,质点的总能量等于相对论质量与光速的二次方的乘积. 若用 E 表示质点的总能量,则有

$$E = mc^2. \tag{12.13}$$

式(12.13)就是爱因斯坦**质能方程**. 该方程指出,质量和能量这两个重要的物理量之间有着密切的联系. 如果一个物体或一个系统的能量有 ΔE 的变化,则无论能量的形式如何,其质量必有相应的改变,其值为 Δm,它们之间的关系为

$$\Delta E = (\Delta m)c^2. \tag{12.14}$$

在日常生活中,观测系统能量的变化并不难,但其相应的质量变化很小,不易检测. 例如,1 kg 水由 0 ℃ 加热到 100 ℃ 时所增加的能量为 4.18×10^5 J,而质量相应只增加了 4.6×10^{-12} kg,极其微小. 在研究核反应时,质能关系被完全验证,并得到了广泛的应用. 例如,重核的裂变反应和轻核的聚变反应都能释放出巨大的能量.

12.4.3 相对论中动量与能量的关系

在狭义相对论中,有

$$E = mc^2 = \frac{m_0 c^2}{\sqrt{1-v^2/c^2}}, \quad p = mv = \frac{m_0 v}{\sqrt{1-v^2/c^2}}, \quad E_0 = m_0 c^2.$$

因为

$$E^2 = (mc^2)^2 - m^2 v^2 c^2 + m^2 v^2 c^2 = m^2 c^4\left(1-\frac{v^2}{c^2}\right) + m^2 v^2 c^2,$$

整理可得

$$(mc^2)^2 = (m_0 c^2)^2 + m^2 v^2 c^2,$$

所以

$$(mc^2)^2 = (m_0 c^2)^2 + (pc)^2 \quad 或 \quad E^2 = E_0^2 + (pc)^2. \tag{12.15}$$

式(12.15)就是相对论中动量与能量的关系. 对于静质量为零的粒子,如光子,也有动量和能量,它们的关系为 $p = \frac{E}{c}$.

例 12－3

正负电子对撞机可以把电子的速度加速到0.999 999 945 5c，求其静能、总能量、动能和动量.

解　电子的静能

$$E_0 = m_0c^2 \approx 0.511\ \text{MeV},$$

电子的总能量

$$E = mc^2 = m_0c^2\frac{1}{\sqrt{1-\frac{v^2}{c^2}}} \approx 1\,547.8\ \text{MeV},$$

电子的动能

$$E_k = mc^2 - m_0c^2 \approx 1\,547.3\ \text{MeV},$$

电子的动量

$$p = \frac{\sqrt{E^2-E_0^2}}{c} = \left(\frac{1.60\times10^{-13}}{3\times10^8}\sqrt{1\,547.8^2-0.511^2}\right)\text{kg}\cdot\text{m/s} = 8.25\times10^{-19}\ \text{kg}\cdot\text{m/s}.$$

思考题12

12－1　狭义相对性原理与经典力学的相对性原理之间有什么区别？

12－2　两个观测者分别处于两个惯性系中，但他们在测量中发现，在另一个惯性系中的米尺总比自己手中的米尺要短些. 这是为什么？

12－3　一大型客机以 600 m/s 的平均速度相对地面飞行，机上的乘客下机后，是否需要因时间延缓效应而对手表进行修正？

12－4　(1) 发生在某惯性系中同一地点、同一时刻的两个事件，对于相对该惯性系做匀速直线运动的其他惯性系的观察者来说，它们是否同时发生？

(2) 在某惯性系中发生于同一时刻、不同地点的两个事件，它们在其他惯性系中是否同时发生？

12－5　若一粒子的质量为其静质量的 100 倍，则该粒子必须以多大的速率运动？(用光速表示)

12－6　判断下列说法是否正确.

(1) 在狭义相对论中，时间与空间是相互联系的，并与物质有不可分割的联系，时间和空间是相对的，与惯性系的选择有关.

(2) 绝对时空观表明时间和空间是绝对的，与惯性系的选择无关.

(3) 物理定律在所有的惯性系中都具有相同的表达式. 真空中的光速是常量，它与光源或观察者的运动无关.

(4) 在狭义相对论中，物体沿着与参考系运动方向垂直方向上的长度缩短了.

(5) 迈克耳孙-莫雷实验证明了绝对参考系以太的存在.

(6) 长度收缩和时间延缓效应是时间和空间的基本属性之一，与具体的物质属性或物理过程的机理无关.

(7) 没有“绝对”的时间和空间. 长度收缩和时间延缓是相对的.

(8) 由洛伦兹时空坐标变换得 $\Delta t = \dfrac{\Delta t' + \dfrac{u}{c^2}\Delta x'}{\sqrt{1-\beta^2}}$，它表明：在一个惯性系的不同地点同时发生的两个事件，在另一个惯性系是不同时的. 说明同时是具有相对性的，它与惯性系的选择有关.

习题 12

12-1 两惯性系 S 和 S'，在 $t=t'=0$ 时其坐标原点重合. 现 S' 系以 $\frac{\sqrt{3}c}{2}$ 的速度相对于 S 系沿 $x(x')$ 轴正方向运动，当 $t'=4\times10^{-8}$ s 时，在 $x'=50$ m，$y'=0$，$z'=0$ 处发生一事件，则该事件在 S 系中的时空坐标为多少？

12-2 在惯性系 S' 中，有两个事件同时发生在 x' 轴上相距 2.0×10^3 m 的两处. 在惯性系 S 中观测到这两事件相距为 4.0×10^3 m，求测得这两事件发生的时间间隔.

12-3 一宇宙飞船的固有长度为 15 m，当它以 $v=\frac{\sqrt{5}c}{3}$ 的速度相对地面做匀速直线运动时，地面观察者测得它的长度是多少？

12-4 一宇宙飞船以 $v=0.8c$ 的速率相对于地面做匀速直线运动. 若飞船上的宇航员用计时器记录他观测某一星云现象的时间为 12 min，则地球上的观察者观测同一事件用去的时间是多少？

12-5 一宇航员要去离地球为 5 光年的星球上旅行. 如果宇航员希望把这路程缩短为 4 光年，问他所乘的宇宙飞船相对于地球的速度需为多少？

12-6 若一电子的总能量为 5.0 MeV，求该电子的静能、动能、动量和速率.

12-7 一被加速器加速的电子，其能量为 3.00×10^9 eV，问：

(1) 电子的相对论质量为其静质量的多少倍？

(2) 电子的速率为多少？

第13章

量子物理基础

量子概念最早是1900年普朗克(Planck,1858—1947)为了解释黑体辐射规律提出的,这一概念打破了能量只能连续变化的思维框架,宣告了量子物理的诞生.量子物理发展到今天已有百余年,这期间,经过爱因斯坦、玻尔(Bohr,1885—1962)、德布罗意(de Broglie,1892—1987)、玻恩(Born,1882—1970)、海森伯(Heisenberg,1901—1976)、狄拉克(Dirac,1902—1984)等许多物理学家的努力,到20世纪30年代,已经建成了一套完整的体系.量子物理是研究微观粒子的运动、相互作用的理论.目前,量子理论已经有了丰富的内容,无论是高能物理、凝聚态物理、表面物理、统计物理、天体物理、核物理以及量子电子学等都以量子物理作为理论基础.量子理论的影响早已渗透到化学、生物学等领域,形成了量子化学、量子生物学等交叉学科,极大地推动了高新技术的发展(如半导体材料、核技术、激光理论、微电子技术等).物理学的发展使人类科技达到了前所未有的高度.

本章介绍量子物理的基本概念、基本原理以及对一些简单问题的应用.

13.1　早期量子论

19世纪末20世纪初,物理学的研究范围深入到了电磁辐射与微观物质的作用以及物质的微观结构,发现了许多经典物理学无法解释的现象.物理学家提出了一些与经典物理学不相容的量子化假设来解决这些问题,形成了半经典半量子的早期量子理论,成功地解释了相应的现象.

13.1.1　光的波粒二象性

1. 黑体辐射　普朗克能量子理论

1)*黑体辐射及其规律*

所有物体在温度高于绝对零度时都要向外辐射电磁波,这种与温度有关的辐射称为**热辐射**.物体在向外辐射的同时,又不断地从周围环境中吸收外来的辐射,从而构成了一个辐射和吸收并存的过程.如果辐射多于吸收,其温度将下降;反之,温度升高.经过一段时间以后,辐射与吸收将会达到平衡的状况,此时称为**平衡热辐射**.

实验指出,物体的温度越高,热辐射越强烈,辐射中含有多种波长的电磁波,称为辐射连续谱.但各波长成分的辐射能量并不相同,而且能量按波长的分布也随温度而异,温度越高,短波区域电磁波辐射的能量越高.例如,室温下的铁块主要辐射波长很长的红外线,随着温度的升高,它就会发出红光;当温度继续升高,它就会发出青白色的光.天文学上常通过这种方法确定恒星的温度.其次,不同物体在同一温度下所辐射的能量也是不同的,与其表面状况(如颜色、粗糙度等)有关.例如,黑色物体的吸收本领和辐射本领就比白色物体强.

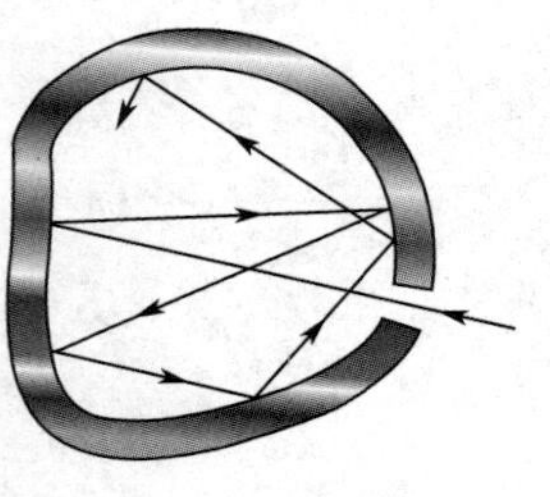

图 13.1　黑体模型

辐射到不透明物体表面的电磁波，一部分被物体吸收，另一部分被物体反射(不考虑透射). 物体的吸收本领随物体的性质而异，黑色的物体能吸收各种入射的光波，例如，炭黑能够吸收光辐射的 95% 以上. 如果一个物体能全部吸收各种外来电磁辐射，而无反射，则称之为**绝对黑体**，简称**黑体**. 绝对黑体同时也是良好的辐射发射体. 如图 13.1 所示，实验中一个开有小洞的空腔可以近似模拟绝对黑体，因为任何进入洞内的入射光线在腔内经多次反射后几乎全部被吸收，而再由洞口发射出来的机会是极小的.

在温度为 T 的热平衡态下，单位时间从黑体单位表面积上辐射的在某波长附近单位波长范围内的电磁波能量称为**单色辐出度**，用 $M_\lambda(\lambda,T)$ 表示. 实验中得到的黑体 $M_\lambda(\lambda,T)$ 辐射曲线如图 13.2 所示，由此可以总结出黑体辐射的两条实验规律：维恩位移定律和斯特藩-玻尔兹曼定律.

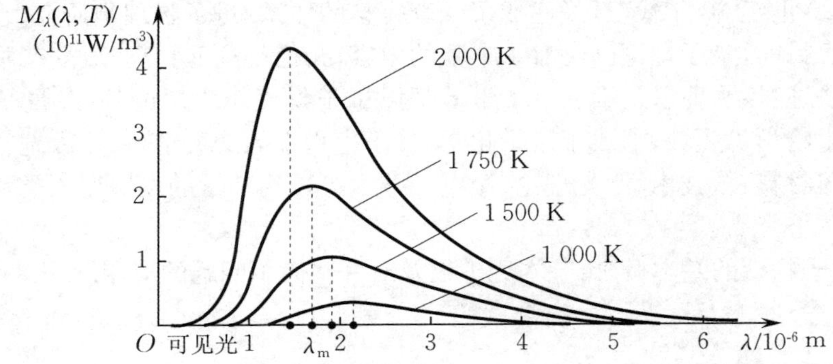

图 13.2　黑体 $M_\lambda(\lambda,T)$ 辐射曲线图

(1) 维恩位移定律.

图 13.2 所示是实验中测得的多条黑体辐射曲线，每一条曲线都有一个极大值，即某一波长(λ_m)附近单位波长范围内辐射的电磁波的能量占总辐射能量比例最大. 该电磁波的波长随温度 T 的升高而减小，即当温度升高时，λ_m 将向短波方向移动. 这和将铁块加热时，随着温度的升高，其颜色由暗红逐渐变成青白色的事实是相符的.

相关实验表明，曲线极大值对应的波长 λ_m 与相应的温度 T 有一简单关系. 1893 年，维恩(Wien，1864—1928)得出

$$\lambda_m T = b, \tag{13.1}$$

式中 $b = 2.897 \times 10^{-3}$ m · K，称为维恩常量.

(2) 斯特藩(Stefan)-玻尔兹曼定律.

在一定温度下，黑体单位面积辐射的总功率 $M(T)$(辐出度)与温度 T 的 4 次方成正比，即

$$M(T) = \int_0^\infty M_\lambda(\lambda,T)\mathrm{d}\lambda = \sigma T^4, \tag{13.2}$$

式中 $\sigma = 5.67 \times 10^{-8}$ W/(m^2 · K^4)，称为斯特藩常量.

2) **普朗克能量子理论**

为了从理论上解释黑体辐射实验规律，19 世纪末，很多物理学家做出了尝试，其中在经典物理学基础上推导得出的公式有两个：维恩公式和瑞利-金斯(Jeans)公式. 维恩认为：空腔黑体内的热平衡辐射是由一系列驻波振动组成的，每一频率的驻波振动可对应相同频率的简谐振子，简谐振子的能量分布遵从经典的类似气体分子速率分布的麦克斯韦分布规律. 基于此，维恩得出维恩

公式，该公式在短波波段与实验相符，当波长较长时与实验偏差较大. 瑞利和金斯从经典电动力学出发，利用能量均分定理也得到单色辐出度表达式（瑞利-金斯公式），瑞利-金斯的结果在长波波段与实验相符合，在短波波段与实验有明显差别，而且当波长趋于零时，瑞利-金斯的结果趋于无穷大. 这显然与黑体辐射总能量为定值相矛盾，在历史上称之为“紫外灾难”. 可以看出，经典物理学在解释黑体辐射现象上失效了.

普朗克分析了维恩公式和瑞利-金斯公式，发现只要做出与经典物理学相矛盾的能量量子化假设，利用经典统计方法就可以得到与实验相符的结果. 能量量子化假设认为，黑体中的原子、分子无规则的热振动可以看作简谐振动，这些振动可以发射和吸收电磁辐射，这些振动的能量是不连续变化的，只能取离散的值. 对于频率为 ν 的振子，其能量 E 只能为 $h\nu$ 的整数倍，即

$$E = nh\nu \quad (n = 1,2,\cdots), \tag{13.3}$$

其中，n 为量子数，只能取大于 0 的正整数；h 为普朗克常量，量值为 6.626×10^{-34} J • s；$h\nu$ 称为能量子. 基于能量量子化假设，普朗克于 1900 年 12 月 14 日在德国物理学会上宣布从理论上导出了黑体辐射公式，即普朗克公式

$$M_\lambda(\lambda, T) = \frac{2\pi hc^2\lambda^{-5}}{e^{\frac{hc}{k\lambda T}} - 1}. \tag{13.4}$$

普朗克公式与实验结果符合得非常好，如图 13.3 所示，表明能量量子化假设使黑体辐射得到了合理的解释.

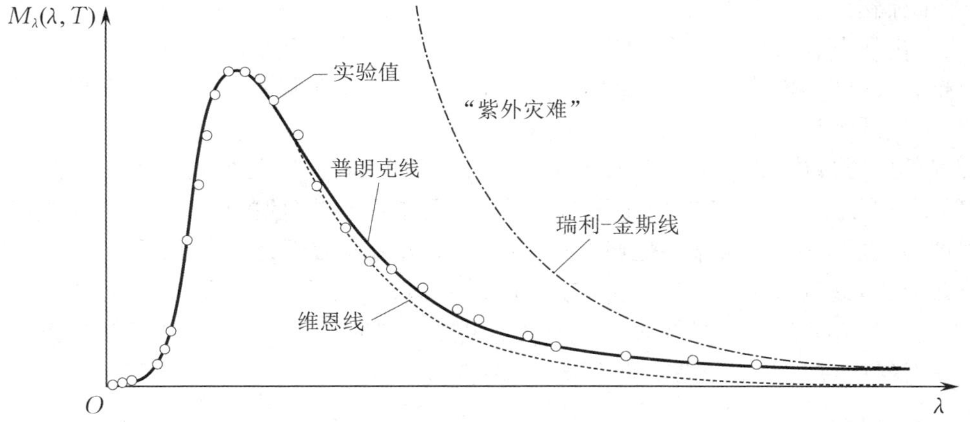

图 13.3　三种黑体辐射理论公式与实验曲线比较

在能量观念上，普朗克的能量量子化假设与经典理论有着本质上的区别. 经典理论认为能量是连续的，物体辐射或吸收的能量可以是任意量值. 普朗克能量量子化假设认为，电磁辐射或吸收的能量是不连续的，对于一定的频率，存在着最小的能量单元（能量子），物体辐射或吸收能量必须是这个最小单元的整数倍. 能量量子化假设突破了传统的观念，揭示了微观世界中能量量子化这个重要规律，是量子力学的开端.

2. 爱因斯坦光子理论

1）光电效应

1887 年，赫兹（Hertz，1857—1894）在研究两个电极之间的放电现象时发现，当用紫外线照射电极时，放电强度增大. 这说明金属中的电子可以接收照射光的能量逸出金属表面. 这种现象称为**光电效应**，逸出的电子称为光电子，光电子形成的电流叫作光电流. 光电效应的实验原理如图 13.4 所示，在正极 A 和负极 K 之间加一可以改变极性的电压 U_{AK}，电路中还有电流计 G，伏安

表V和电池组E. 通过改变加在光电管两端的电压,研究光电流的变化,可以总结出以下光电效应的实验规律.

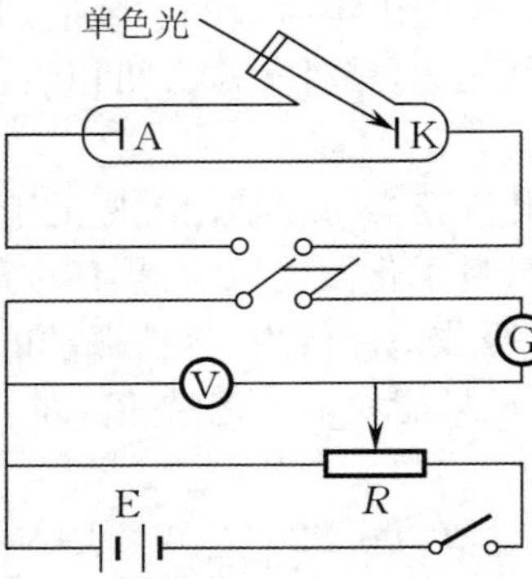

图 13.4 光电效应实验原理图

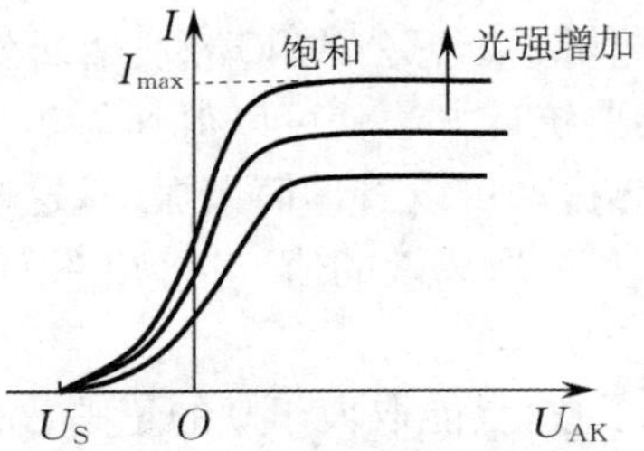

图 13.5 同一频率光电管的伏安曲线

(1) 当且仅当入射光频率大于某一特定频率 ν_0 时才会产生光电效应,与入射光强无关. ν_0 称为**截止频率或红限频率**.

(2) 如图 13.5 所示,当入射光频率一定时($\nu > \nu_0$),光电流 I 随着光电管两端的电压 U_{AK} 的增大而迅速增加,但是当 U_{AK} 增大到足够大后,即使再增加光电管两端的电压,光电流也不会再增加,此时光电流达到一个饱和值 I_{max},称为饱和光电流. 饱和光电流与入射光强度成正比. 对一定的频率,有一电压 U_S,当 $U_{AK} \leqslant U_S$ 时,电流为零,这一电压称为**截止电压**.

(3) 光电效应是瞬时效应. 当 $\nu \geqslant \nu_0$ 时,即使入射光强度非常弱,一旦有光照射,立即产生光电子,响应时间约为10^{-9} s.

按照光的电磁理论,光是以波动形式在空间传播的电磁场,光的能量与光矢量振幅有关. 因此,在光照下,电子受电场作用吸收了光的能量而做受迫振动,吸收的能量与入射光强度成正比,当吸收的能量足够大(光矢量振幅足够大)时,电子将逸出表面成为光电子. 所以,只要照射的入射光强度足够大,光电效应就能够产生,与频率无关. 另外,电子吸收能量做受迫振动需要一定的时间才能获得足够动能,因而光电效应的产生不可能是瞬时的. 可见,经典电磁理论对光电效应的解释与实验结果存在着十分尖锐的矛盾.

2) 爱因斯坦光子理论

1905 年,爱因斯坦把普朗克在进行黑体辐射研究中提出的辐射能量不连续的观点用于光辐射,发展了普朗克的能量量子化假设,提出了光子假说:从一点出发的光线,在不断扩大的空间范围传播时其能量不是连续分布的,而是由一个数目有限的局限于空间的能量量子组成的,它们在运动中并不瓦解,并且只能整个地发射或被吸收. 也就是说,光是能量分立的以光速运动的光子流,如图 13.6 所示. 每个光子能量为

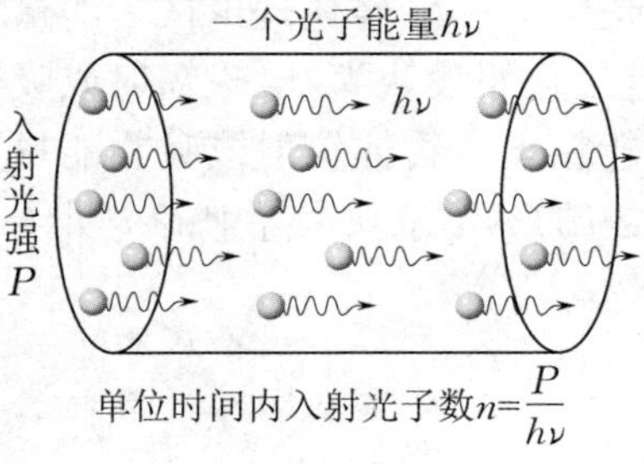

图 13.6 光子模型

$$E = h\nu, \tag{13.5}$$

式中,h 为普朗克常量,ν 为入射光频率. 由此假设,爱因斯坦结合能量守恒与转化定律建立了描述光电效应的方程:

$$h\nu = \frac{1}{2}mv_m^2 + A_0, \tag{13.6}$$

式中，A_0 为功函数，是金属束缚电子的能量，$\frac{1}{2}mv_m^2$ 是电子逸出表面时的最大初动能. 式(13.6)称为爱因斯坦光电效应方程.

表 13.1 给出了一些金属和半导体的截止频率和功函数.

表 13.1　一些金属和半导体的截止频率和功函数

金属或半导体	截止频率 /10^{14} Hz	功函数 /eV	金属或半导体	截止频率 /10^{14} Hz	功函数 /eV
铯 Cs	4.69	1.94	铝 Al	9.03	3.74
铷 Rb	5.15	2.13	硅 Si	9.90	4.10
钾 K	5.43	2.25	铜 Cu	10.80	4.47
钠 Na	5.53	2.29	钨 W	10.97	4.54
锑 Sb	5.68	2.35	锗 Ge	11.01	4.56
钙 Ca	6.55	2.71	硒 Se	11.40	4.72
锌 Zn	8.06	3.34	银 Ag	11.55	4.78
铀 U	8.76	3.63	铂 Pt	15.28	6.33

不同频率的光，光子的能量是不同的. 频率越高的光，光子的能量就越大. 当光子的频率增加到特定的阈值 ν_0，使其光子的能量 $h\nu_0$ 等于 A_0 时，电子的初动能为零，电子刚好能逸出金属表面，ν_0 即为截止频率. 当光的频率大于或等于 ν_0，电子才能从金属表面逸出，这就说明了光电效应应该对光的频率有要求，这与实验结果一致. 按照光子假说，每个光子携带的能量为 $h\nu$，当光子与金属中自由电子相遇，类似于一个碰撞过程，电子立即吸收光子能量，从金属中释放出来，形成光电子. 光电效应的发生是“瞬时的”，不会有滞后现象，这与实验结果也是一致的. 此外，利用光子理论可以解释所有光电效应的规律，读者可自行证明.

光子理论不仅可以完整地解释光电效应的实验规律，同时也为测定普朗克常量 h 的值提供了方法. 密立根(Millikan，1868—1953) 花了近 10 年的时间，于 1914 年成功地由实验验证了光电效应方程的正确性，准确地测定了普朗克常量的大小.

光子作为粒子不仅有能量，而且有动量. 光子的静质量为零，爱因斯坦根据相对论中的动量和能量关系，导出了波长为 λ、频率为 ν 的光子动量为

$$p = \frac{h}{\lambda}. \tag{13.7}$$

爱因斯坦光子理论成功地解释了光电效应，为此他获得了 1921 年的诺贝尔物理学奖. 光电效应在科学研究、工程技术、天文和军事等方面都有重要的应用. 例如，光功率的测量、光信号的记录、电影、电视和自动控制等应用中都有利用光电效应制成的光电转换器.

3. 光的波粒二象性

光的干涉和衍射现象是光的波动性的直接证明，黑体辐射、光电效应又说明光具有粒子行为. 这就是说，在某些情况下光显示出波动性，而在另一些情况下则显示出粒子性，两者共存，并不矛盾，即光具有波粒二象性.

波长为 λ、频率为 ν 的光子，其能量和动量分别为

$$E = h\nu, \quad p = \frac{h}{\lambda}, \tag{13.8}$$

由质能关系 $E = mc^2$ 可以导出光子的质量为

$$m=\frac{h\nu}{c^2}. \tag{13.9}$$

除光电效应外,光的量子性还表现在康普顿效应中. 1922 年到 1923 年,康普顿(Compton,1892—1962) 将 X 射线照射在石墨上发生散射,发现在散射出的 X 射线中不但存在与入射波长相同的射线,同时还存在波长大于入射波长的射线成分,且波长的变化与 X 射线的散射角有关,这一现象称为康普顿效应. 用经典电磁理论是无法解释康普顿效应的,因为如果将 X 射线视为某种波长的电磁波,散射光应该是光强(波幅) 减小,而波长不会改变的. 康普顿认为,X 射线的散射是光子与原子内电子碰撞的结果,碰撞过程中能量损失,波长变长. 结合相对论知识和碰撞理论就可以定量解释实验现象.

需要强调的是,波粒二象性中的"波"与"粒"任何一个都不再是纯粹的经典物理图像了. 从上述分析可以看出,说光是粒子,其运动却又不服从经典力学规律,而服从光束传播的规律,即电磁波的波动方程. 另一方面,若说光是波动,但其能量的发射和吸收又是一份一份的,即光的能量转化并不遵从波动规律,而是量子化的. 也就表明,波粒二象性是相互渗透的,波动性中有粒子性,而粒子性中又有波动性.

13.1.2 原子结构的玻尔理论

1. 原子结构

1911 年,英国物理学家卢瑟福(Rutherford,1871—1937) 实验小组利用 α 粒子轰击金属铂薄膜,在分析散射实验结果的基础上,提出了原子的行星模型(也称有核模型):如图 13.7 所示,原子的中心有一个带正电的原子核,它几乎集中了原子的全部质量,其线度在 $10^{-14}\sim10^{-15}$ m 范围内,而电子在原子核周围绕核旋转,正如行星绕太阳运转一样. 该模型是通过实验总结出的,能与 α 粒子散射实验结果相印证,但与经典物理学的结论相矛盾.

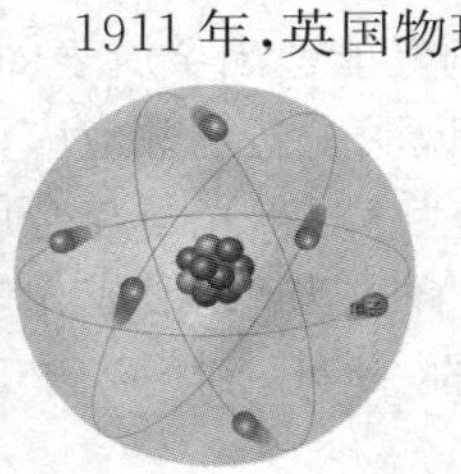

图 13.7 原子有核模型示意图

(1) 按照经典电磁理论,做加速运动的带电粒子一定要辐射电磁波. 电磁波携带能量,因此绕核旋转的电子的动能逐渐减小,最后电子被吸引到原子核上,从而得出原子结构不稳定的结论. 然而,实际上原子是稳定存在的.

(2) 按照经典电磁理论,电子做圆周运动会辐射电磁波,且电子发射的电磁波的周期与电子做圆周运动的周期应当相同. 电子辐射电磁波过程会有能量损失,其运动半径就会越来越小,相应的电子运动周期由于运动半径的减小而逐渐减小. 因此原子辐射的电磁波应该是连续光谱. 然而,早在 1885 年,巴耳末(Balmer,1825—1898) 就发现,氢原子光谱的前四条光谱线(可见光区) 的波长是分立的(见表 13.2),可以简单归纳为

$$\tilde{\nu}=R_{\mathrm{H}}\left(\frac{1}{2^2}-\frac{1}{n^2}\right)\quad(n=3,4,5,6), \tag{13.10}$$

式中,$\tilde{\nu}$ 为谱线的波数(波长的倒数),R_{H} 为常数,称为里德伯(Rydberg,1854—1919) 常量. 除此之外,在红外区和紫外区还发现了其他分立的光谱系. 原子光谱线分立的实验现象和经典电磁理论或原子结构模型是矛盾的,要么是原子模型有误,要么是经典理论在此处不适用.

表 13.2 氢原子巴耳末系光谱线

谱线名	H_α	H_β	H_γ	H_δ	H_ε	H_ζ	H_η
n	3	4	5	6	7	8	9
波长 /nm	656.3	486.1	434.1	410.2	397.0	388.9	383.5
颜色	红色	蓝绿色	紫色	紫色	紫外	紫外	紫外

2. 玻尔理论

1912年，玻尔来到卢瑟福的实验室，参加了α粒子散射实验的研究工作，并深深地被卢瑟福提出的原子结构及其稳定性问题所吸引. 玻尔将原子有核结构模型与爱因斯坦光子假设结合起来，于 1913 年以"原子构造和分子构造"为题，接连发表了三篇划时代的论文，提出了氢原子模型.

玻尔氢原子模型包括以下三个基本假设：

(1) 定态假设. 电子绕原子核在一系列特定的轨道做匀速圆周运动，这些状态是稳定的，不向外辐射能量. 这些状态称为定态. 一个定态对应于电子的一个能级.

(2) 频率假设. 当原子从某一能级（能量为 E_n）跃迁到另一能级（能量为 E_m）时会吸收或发出电磁辐射，辐射或吸收电磁波的频率为

$$\nu = \frac{|E_n - E_m|}{h}. \tag{13.11}$$

(3) 角动量量子化假设. 电子绕原子核做匀速圆周运动时，角动量是量子化的，其取值为

$$L = mv_n r_n = n\hbar = n\frac{h}{2\pi} \quad (n = 1, 2, \cdots), \tag{13.12}$$

式中，m 为电子质量；$\hbar = \dfrac{h}{2\pi}$，称为约化普朗克常量；n 为量子数，取大于零的正整数.

利用玻尔理论，结合牛顿力学，可以很好地解释氢原子光谱规律. 电子绕原子核做圆周运动，由静电力提供向心力，对第 n 个能级，有

$$mv_n r_n = n\frac{h}{2\pi}, \qquad \frac{1}{4\pi\varepsilon_0}\frac{e^2}{r_n^2} = \frac{mv_n^2}{r_n}.$$

由此可得

$$r_n = n^2\frac{\varepsilon_0 h^2}{\pi m e^2} = n^2 r_1, \tag{13.13}$$

$$r_1 = \frac{\varepsilon_0 h^2}{\pi m e^2} = 0.052\ 9\ \text{nm},$$

r_1 称为氢原子第一轨道半径.

氢原子能量

$$E_n = E_{kn} + E_{pn} = -\frac{me^4}{8\varepsilon_0^2 h^2 n^2} = \frac{E_1}{n^2}, \tag{13.14}$$

其中 $E_1 = -13.6$ eV，是氢原子的基态（能量最低的状态，其他状态为激发态）能量.

可以看出，由玻尔理论导出的氢原子能量是量子化的. 当原子在不同能级跃迁时，依据频率假设可以得出氢原子谱线公式

$$\tilde{\nu} = \frac{me^4}{8\varepsilon_0^2 h^3}\left(\frac{1}{m^2} - \frac{1}{n^2}\right) = R_H\left(\frac{1}{m^2} - \frac{1}{n^2}\right),$$

式中，$R_H = \dfrac{me^4}{8\varepsilon_0^2 h^3 c}$ 是里德伯常量的理论值.

光谱是分立谱线，R_H 与实验测得结果符合得非常好. 玻尔理论在解释氢原子结构的问题上取得了很大成功，他也因此获得了 1922 年的诺贝尔物理学奖.

玻尔理论也存在很大的局限性，它是半经典半量子理论，是在经典的理论上生硬地强加了一个量子化条件. 除此以外，它不能解释复杂原子的光谱，不能计算光谱线相对强度. 要更准确地描述原子的行为，需要放弃经典物理对粒子的认识，用量子力学来解释. 但玻尔的半经典半量子理论仍然受到普遍的重视，它打开了人们认识原子的大门.

13.2 波函数和薛定谔方程

13.2.1 实物粒子的波动性

光具有波粒二象性，那么实物粒子具有波动性吗？1924年，法国物理学家德布罗意在总结前人工作的基础上，提出了这个问题：整个世纪以来，如果说在光学研究中，比起波的研究方法，粒子的研究方法被过于忽视了的话，那么在实物粒子的理论上，是不是发生了相反的错误，把粒子的图像想得太多，而过分忽视了波的图像呢？德布罗意在巴黎大学提交的博士论文中提出了与光的波粒二象性对称的思想：具有能量 E 和动量 p 的实物粒子具有波动性，与粒子相联系的波的波长 λ 和频率 ν 分别为

$$\lambda=\frac{h}{p},\quad \nu=\frac{E}{h}. \tag{13.15}$$

这种波称为**德布罗意波**或**物质波**，λ 为德布罗意波长. 这就是**德布罗意假设**. 实物粒子的运动，既可用动量、能量来描述，也可用波长、频率来描述. 在有些情况下，其粒子性表现得突出，在另一些情况下，又是波动性表现得突出些. 这就是实物粒子的波粒二象性.

按照德布罗意假设，粒子以速度 v 做匀速直线运动时，相应的物质波波长和频率不变，对应的是平面单色波，其波长为

$$\lambda=\frac{h}{mv}.$$

当速度不太大时，$E=\frac{p^2}{2m}$，$\lambda=\frac{h}{\sqrt{2mE}}$. 电子被电压 U 加速后，它的德布罗意波长 $\lambda=\frac{h}{\sqrt{2meU}}=\frac{1.225}{\sqrt{U}}$ nm（U 的单位为 V）. 当 $U=150$ V 时，波长为 0.1 nm. 可见，通常情况下电子的波长很短，这也是为什么粒子的波动性长期以来没有被发现的原因.

德布罗意假设是否正确，需要通过实验验证. 1927年，戴维孙（Davisson，1881—1958）和革末（Germer，1896—1971）首先在实验中观察到电子在晶体表面上反射后产生衍射的现象（见图 13.8）. 后来汤姆孙（G. P. Thomson，1892—1975）又用电子通过金属箔获得了电子的衍射图样（见图 13.9），电子的双缝干涉现象随后也在实验中观察到. 迄今为止，不仅是电子，其他实物粒子，如质子、中子、氦原子等，都已证实有衍射现象，因此，德布罗意物质波理论的普适性毋庸置疑. 德布罗意也因此获得了1929年的诺贝尔物理学奖. 实物粒子的波动性在现代科学实验与生产技术中有广泛应用. 例如，电子显微镜、慢中子衍射技术应用于研究晶体结构与生物大分子结构等.

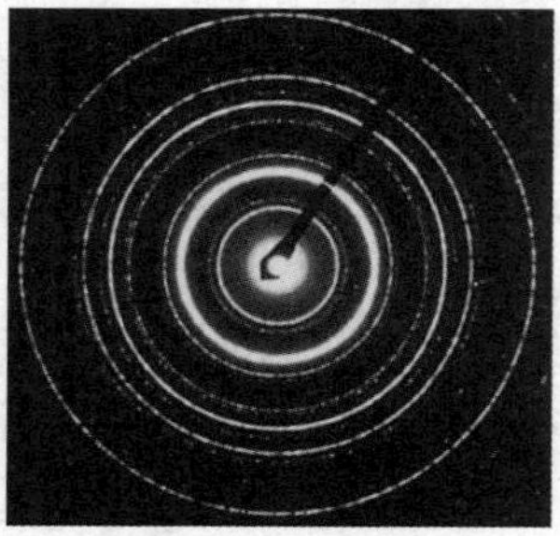

图 13.8　单晶电子衍射实验

图 13.9　多晶电子衍射图样

例 13-1

计算质量为 0.01 kg、速率为 300 m/s 的子弹的德布罗意波长.

解　由德布罗意波长公式可知

$$\lambda=\frac{h}{mv}=\frac{6.63\times10^{-34}}{0.01\times300}\text{m}=2.21\times10^{-34}\ \text{m}.$$

可见，由于普朗克常量极其微小，以致宏观物体的波长小到实验无法测量. 因此宏观物体只体现其粒子性的一面.

13.2.2　波函数及其意义

1. 波函数

德布罗意假设表明，一切粒子都有波粒二象性. 若把一个粒子的能量和动量看作粒子性体现，与之相联系的物质波的频率和波长作为波动性体现，则波粒二象性可以通过德布罗意假设来相互转换.

既然粒子具有波动性，应该有描述其波动性的函数，正如经典物理学中的波动方程（波函数）一样. 波长为 λ、频率为 ν、以速度 u 沿 x 轴正方向传播的平面简谐波波动方程为

$$y=A\cos\left[2\pi\left(\nu t-\frac{x}{\lambda}\right)\right].$$

若写成复数形式，则为

$$y=Ae^{-i2\pi\left(\nu t-\frac{x}{\lambda}\right)}.$$

相应地，描述粒子波动性的函数称为波函数，用 $\psi(x,t)$ 表示. 按照德布罗意假设：能量为 E、动量为 p 的自由粒子（孤立粒子）沿 x 轴运动，其德布罗意波的波长 λ 和频率 ν 保持不变，对应的物质波应为平面单色波. 故其波函数为

$$\psi=A\cos\left[2\pi\left(\nu t-\frac{x}{\lambda}\right)\right]=A\cos\frac{2\pi}{h}(Et-px)=A\cos\frac{1}{\hbar}(Et-px).$$

在量子力学中，一般写为复数形式

$$\psi=Ae^{\frac{i}{\hbar}(px-Et)}①.$$

根据波动知识，波的强度与振幅的二次方成正比，物质波的强度可写为

$$A^2=|\psi|^2=\psi\psi^*.\tag{13.16}$$

2. 波函数的意义

在经典物理学中，波函数有明确的意义，它表示了波动的频率、波长、振幅、能量和任意点的振动. 那么德布罗意波是什么波？是否也是某个物理量的振动在空间传播？波函数有何意义？

要注意的是，波粒二象性绝不能用经典观念来理解. 例如，有人曾设想物质波是由大量粒子相互作用在空间形成的疏密波，像空气振动形成声波那样，但这观念很快被实验否定了：在电子双缝干涉实验中，人们把电子流减至极弱，每次只发射一个电子，开始时电子落在接收屏上显得杂乱无章，但很长时间后干涉图样便显现出来（见图 13.10）. 这个实验表明，即使一个电子也有波动性，也有与之联系的波长. 又有人曾设想电子就是一个有一定形状的波包. 这种想法也遇到了很大的困难. 例如，从理论分析知道，一个德布罗意波包是不稳定的，它在运动中会扩散. 就是说，

---

① 若所考虑的自由粒子不是沿 x 轴方向运动，而是做三维运动，则其波函数改写为 $\psi=Ae^{\frac{i}{\hbar}(\boldsymbol{p}\cdot\boldsymbol{r}-Et)}$.

随着时间的推移，波包在空间的扩展程度越来越大. 这样就很难同一个稳定的粒子直接联系.

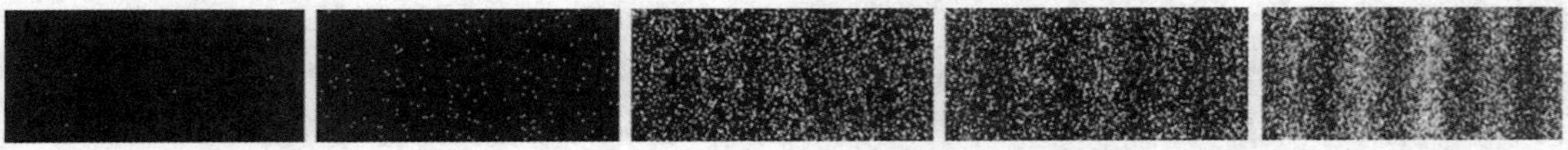

图 13.10　电子双缝干涉图样

1926 年，玻恩利用类比的方法提出了一个普遍被接受的解释，并由此获得了 1954 年的诺贝尔物理学奖.

在光的衍射中，从光的波动性角度来看，明纹处光的强度大，而光的强度与振幅的二次方成正比；若从光的粒子性出发，意味着到达该处的光子数多，即光子在该处的粒子数密度大. 因此，振幅的二次方反映了该处出现光子的概率. 相应地，对于电子干涉，凡是胶片感光的地方，从粒子性来看，表明此处电子数密度大；从波动性来看，意味着该处的物质波强度大，即 $|\psi|^2 = \psi\psi^*$ 大. 因此 $|\psi|^2$ 也反映了在该处单位体积内出现的电子数. 两者应该成正比关系，即

$$\mathrm{d}N \propto N\,|\psi|^2\mathrm{d}V.$$

上式中含有电子的总数 N，显然是合理的，因为到达该处的电子具体数目 $\mathrm{d}N$ 应与总数 N 成正比. 这样，我们就得到

$$|\psi|^2 \propto \frac{\mathrm{d}N}{N\,\mathrm{d}V}. \tag{13.17}$$

由此看出，$|\psi|^2$ 表示的是某一时刻空间中某位置单位体积粒子出现的概率. 或者说它是粒子在空间分布的概率分布函数. 这就是玻恩对物质波所做的统计性解释. 波函数完整地表示了微观粒子的状态. 对波函数的理解要注意以下几点：

(1) 波函数本身表示了微观粒子的波动性，波函数绝对值的平方描述了微观粒子空间位置概率分布，它是微观粒子波粒二象性的数学表述. 由波函数可以求得微观粒子在空间各点出现的概率分布；已知波函数，可以通过量子力学方法求出粒子动量、能量、角动量等任意力学量的取值概率和平均值. 也就是说，波函数完整地描述了粒子的力学状态.

(2) 根据波函数的统计解释，$|\psi|^2$ 代表概率密度. 因此波函数需要满足一些特定的条件：

① 粒子出现在任一点的概率总是有限值的，ψ 应该是一个有限的函数.

② 对整个空间来说，总的概率应该为 1，即波函数应该是归一化的.

$$\iiint_V |\psi|^2\mathrm{d}V = 1 \tag{13.18}$$

就是归一化条件.

③ 粒子在任一时刻任一点出现的概率是唯一的，因此 ψ 应该是单值函数.

④ 由于概率是连续分布的，通常 ψ 应该是连续函数，而且 ψ 的一阶导数一般也是连续的.

总之，波函数一般情况下应该是连续、单值、有限和归一化函数. 违背这个条件，就不是概率波函数了. 在求解粒子波函数时，波函数必须满足前三个条件，称之为波函数的标准化条件. 由于我们关心的是粒子出现在各点的相对概率，将波函数乘以一常数后并不改变概率的相对分布，故归一化仅是数学上的要求.

3. 不确定关系

在经典力学中，一个系统的运动状态，可用坐标、动量及其所经过的轨迹等概念来描述. 因而知道物体在某时刻的坐标、动量以及物体所在势场的性质，就可以按牛顿运动方程求出物体在任

一时刻的运动状态(坐标和动量)，以及物体在任一段时间内的运动轨迹. 这种宏观体系的运动(包括天体以及地球上各种物体)已由大量的观察实验所证实. 但是对于微观粒子，由于具有明显的波动性，需要用波函数来描述. 波函数模的平方只能给出粒子在各处出现的概率，而不能确定粒子一定出现在什么地方. 可以说，由于波粒二象性，在任意时刻粒子的位置和动量都具有不确定性. 各物理量的不确定程度满足不确定关系(也称为测不准关系).

德国物理学家海森伯根据量子力学推出：如果一个粒子的 x 方向位置坐标具有一个不确定量 Δx，那么其同一时刻、同一方向的动量也有一个不确定量 Δp_x，两者的乘积满足

$$\Delta x \cdot \Delta p_x \geqslant \frac{\hbar}{2}. \tag{13.19}$$

这就是位置坐标和动量的不确定关系式. 式(13.19)表明，如果粒子的位置坐标 x 完全确定($\Delta x = 0$)，那么粒子动量分量 p_x 的数值就完全不确定($\Delta p_x = \infty$). 如果粒子动量分量 p_x 完全确定($\Delta p_x = 0$)，那么粒子的位置坐标 x 就完全不确定($\Delta x = \infty$). 这个关系不是对测量粒子位置坐标 x 和粒子动量分量 p_x 的精确度加以约束，而是在同时测量两者时对不确定量乘积的限制.

不确定关系是由于微观粒子的波粒二象性产生的，可以通过电子单缝衍射实验结果来说明. 如图 13.11 所示，设单缝宽度为 Δx，使电子束垂直入射单缝，在缝后放置照相底片以记录电子落在底片上的位置. 电子可以从缝上任何一点通过单缝，因此在电子通过单缝时刻，其位置的不确定量就是缝宽 Δx. 由于电子具有波动性质，底片上呈现出和单色光单缝衍射类似的电子衍射图样. 电子在通过单缝时刻，其 x 方向动量也有一个不确定量 Δp_x，可根据衍射电子的分布来估算 Δp_x 的大小. 为简便起见，先考虑到达单缝衍射中央明纹区的电子. 设 θ 为第 1 级暗纹的衍射角，则 $\Delta x \sin\theta = \lambda$，又有 $\Delta p_x = p \sin\theta$. 根据德布罗意波长公式 $p = \frac{h}{\lambda}$，可得

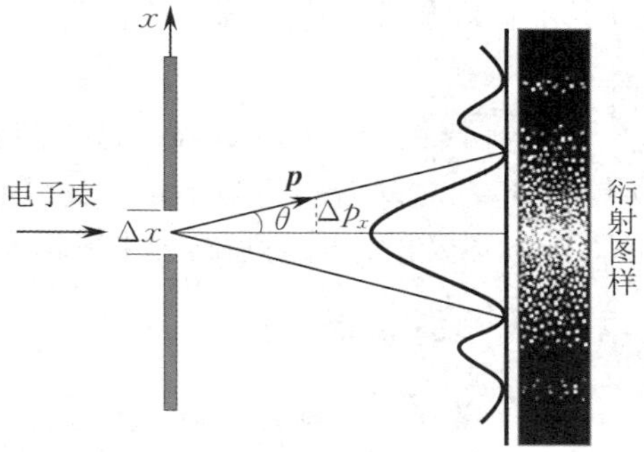

图 13.11　电子单缝衍射

$$\Delta p_x = p\sin\theta = \frac{h}{\lambda} \cdot \frac{\lambda}{\Delta x} = \frac{h}{\Delta x}.$$

由于实际实验中部分电子会落在中央明纹外，即 Δp_x 会更大，故有

$$\Delta x \Delta p_x \geqslant h.$$

以上只是粗略的估算，用量子力学方法，最终可以推导出严格的不确定关系式[式(13.19)]. 在实际应用中，不确定关系主要用于数量级的估算，故经常简写为

$$\Delta x \cdot \Delta p_x \geqslant \hbar. \tag{13.20}$$

不确定关系表明，微观粒子的位置坐标和同一方向的动量不可能同时具有确定值，且位置坐标越确定，动量就越不确定；反之亦然. 因此，对于具有波粒二象性的微观粒子，不可能同时用某一时刻的位置坐标和动量描述其运动状态. 此时轨道的概念已失去意义，经典力学规律也不再适用. 当然，如果在所讨论的具体问题中，粒子位置坐标和动量的不确定量相对很小，说明粒子波动性不显著，以致观测不到，那么仍可用经典力学处理.

实际上，不确定关系不仅存在于动量和位置坐标这一组物理量之间，也存在于其他组物理量之间. 例如，存在于能量和时间之间的不确定关系为

$$\Delta E \cdot \Delta t \geqslant \frac{\hbar}{2}. \tag{13.21}$$

在实际应用中，我们经常用不确定关系来估算微观体系中物理量的大小，对体系做定性分析，其结果在数量级上是可靠的. 例如，原子线度的数量级为 10^{-10} m，所以氢原子核外电子的位置不确定量 Δx 也为 10^{-10} m. 由不确定关系，可以求出氢原子中电子速度的不确定量为

$$\Delta v_x=\frac{\Delta p_x}{m}\geqslant\frac{\hbar}{m\Delta x}=\frac{1.05\times10^{-34}}{9.1\times10^{-31}\times10^{-10}}\text{m/s}=1.15\times10^{6}\ \text{m/s}.$$

根据玻尔氢原子理论，氢原子中电子在轨道上的速度也在 10^6 m/s 量级，即速度和速度不确定量有相同的数量级. 因此电子在原子中运动没有确定的轨道和速度.

例 13-2

设子弹的质量为 0.01 kg，枪口直径为 0.5 cm，试用不确定关系计算子弹射出枪口的横向速度.

解 枪口直径可以当作子弹射出枪口的位置不确定量 Δx. 由不确定关系

$$\Delta x\cdot m\Delta v_x\geqslant\hbar,$$

可得

$$\Delta v_x=\frac{\hbar}{m\Delta x}=\frac{1.05\times10^{-34}}{0.01\times0.005}\ \text{m/s}=2.1\times10^{-30}\ \text{m/s}.$$

由例 13-2 可知，子弹横向速度的数量级很小，和子弹飞行速度(几百米每秒) 相比，这一速度引起的运动方向偏转是微不足道的. 因此，对于子弹这种宏观粒子，它的波动性不会对它的“经典式” 运动以及射击时的瞄准带来任何实际的影响.

13.2.3 薛定谔方程

既然微观粒子具有波粒二象性，其运动状况就不能用经典的坐标、动量、轨道等概念来精确描述，在经典力学中用来描述宏观物体运动的基本方程 $\boldsymbol{F}=\frac{\mathrm{d}\boldsymbol{p}}{\mathrm{d}t}$ 对微观粒子也就不再适用. 为此，就要寻求能够反映微观粒子波粒二象性并能描述其运动的方程. 在量子力学中，微观粒子的运动状态用波函数 $\psi(\boldsymbol{r},t)$ 描述. 反映微观粒子运动的基本方程称为薛定谔方程，它是有关波函数的偏微分方程.

1. 一般(含时) 薛定谔方程

1926 年，奥地利物理学家薛定谔(Schrödinger，1887—1961) 建立了适用于微观粒子低速运动的微分方程，也就是波函数满足的动力学方程，称为薛定谔方程：

$$\mathrm{i}\hbar\frac{\partial\psi}{\partial t}=-\frac{\hbar^2}{2m}\nabla^2\psi+U(\boldsymbol{r},t)\psi,\tag{13.22}$$

式中，$U(\boldsymbol{r},t)$ 是粒子的势能函数，∇^2 是一个运算符号(算符)，称为拉普拉斯算符. 在直角坐标系下，

$$\nabla^2=\frac{\partial^2}{\partial x^2}+\frac{\partial^2}{\partial y^2}+\frac{\partial^2}{\partial z^2},$$

即对函数分别求坐标的二阶导数再求和，是一个标量运算符号. 薛定谔方程描述的是粒子在势能函数 $U(\boldsymbol{r},t)$ 下，量子状态(波函数) 随时间的演化规律. 求解此方程，即可得到任意时刻粒子的状态. 薛定谔方程不是从任何已有的理论推导出来的，它是量子力学的基本假设之一，其重要性就如同经典力学中的牛顿第二定律. 一般情况下 $U(\boldsymbol{r},t)$ 是时间的函数，此时式(13.22) 是一般薛定谔方程，也称为含时薛定谔方程.

一般来说，只要知道了粒子的质量和粒子在势场中的势能函数的具体形式，就可以写出薛定

谔方程. 薛定谔方程是一个二阶偏微分方程，根据初始条件和边界条件求解，就可以得到表示微观粒子运动状态的波函数. 由于波函数必须满足单值、有限、连续和归一化的条件，只有当薛定谔方程中的总能量具有某些特定值时才有解. 这些特定能量值称为能量的本征值，而相应的波函数称为本征波函数或本征解.

2. 定态薛定谔方程

在许多情形下，粒子的势场在空间是稳定分布的，即势能不随时间变化，$U=U(\boldsymbol{r})$. 一个微观粒子在不显含时间的势场中运动时，其含时薛定谔方程可以通过分离变量法求解，即令

$$\psi(\boldsymbol{r},t)=\varphi(\boldsymbol{r})f(t),$$

式中，$\varphi(\boldsymbol{r})$ 只是位置矢量 $\boldsymbol{r}$ 的函数，$f(t)$ 只是时间 t 的函数. 将其代入薛定谔方程，可以得到

$$\mathrm{i}\hbar\frac{1}{f}\frac{\mathrm{d}f}{\mathrm{d}t}=-\frac{\hbar^2}{2m}\frac{1}{\varphi}\nabla^2\varphi+U.$$

此式左边只是时间的函数，右边是位置矢量的函数. 要使此式成立，只能是两边同时等于一个常数. 令此常数为 E，则有

$$\mathrm{i}\hbar\frac{\mathrm{d}f}{\mathrm{d}t}=Ef,\quad -\frac{\hbar^2}{2m}\nabla^2\varphi+U\varphi=E\varphi.$$

很容易解出 $f(t)=\mathrm{e}^{-\frac{\mathrm{i}Et}{\hbar}}$，则 $\psi(\boldsymbol{r},t)=\varphi(\boldsymbol{r})\mathrm{e}^{-\frac{\mathrm{i}Et}{\hbar}}$. 可以看出，波函数振动的角频率 $\omega=\dfrac{E}{\hbar}$. 由德布罗意波频率公式可知，这里的 E 正是粒子的总能量. 这种情况下粒子总能量是确定不变的，故称为**定态**.

另一个关于位置矢量的方程

$$-\frac{\hbar^2}{2m}\nabla^2\varphi+U\varphi=E\varphi,\tag{13.23}$$

称为**定态薛定谔方程**. 如果知道粒子的势能函数，只需求解该方程即可得到粒子的波函数和总能量.

综上分析，当粒子所处势场不随时间改变时，只需求解定态薛定谔方程，求出 $\varphi(\boldsymbol{r})$. 定态下波函数 $\psi(\boldsymbol{r},t)=\varphi(\boldsymbol{r})\mathrm{e}^{-\frac{\mathrm{i}Et}{\hbar}}$，会随时间演变，但是任一时刻粒子出现在位置矢量 $\boldsymbol{r}$ 附近的概率密度，即

$$|\psi(\boldsymbol{r},t)|^2=\psi(\boldsymbol{r},t)\psi^*(\boldsymbol{r},t)=|\varphi(\boldsymbol{r})|^2,\tag{13.24}$$

与时间无关. 因此定态下，粒子位置的概率分布与时间无关，其状态只需用 $\varphi(\boldsymbol{r})$ 描述，$\varphi(\boldsymbol{r})$ 也称为波函数. 定态问题在量子力学中有非常重要的意义.

13.2.4　薛定谔方程的简单应用

1. 一维无限深势阱

设有一粒子处于势能为 U 的力场中，并沿 x 轴做一维运动，其势能函数满足下述条件：

$$U=\begin{cases}0, & 0<x<a,\\ \infty, & x\leqslant 0,x\geqslant a,\end{cases}\tag{13.25}$$

其势能函数曲线如图 13.12 所示. 这种势能分布曲线像阱，故称为一维无限深势阱. 在阱内，由于势能为零，粒子不受力. 在边界上($x=0$ 和 $x=a$ 处)，由于势能突然增大到无限大，粒子受到无限大的指向阱内的力. 因此，粒子的位置不可能到达 $0<x<a$ 的范围以外，即波函数在 $x\leqslant 0$ 和 $x\geqslant a$ 的区域内等于零. 处于势阱中的粒子行为要受到

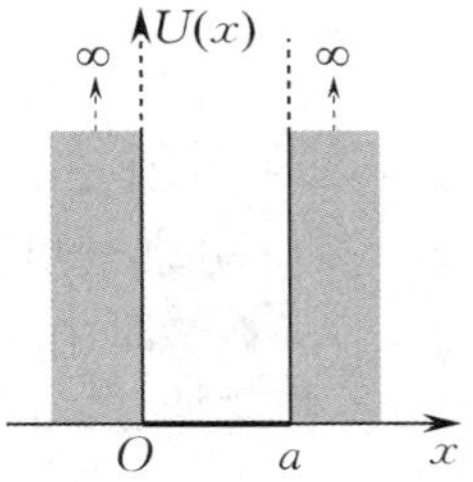

图 13.12　一维无限深势阱

势场的限制，不能运动到无限远处，这种状态称为**束缚态**. 金属中的自由电子、原子核中的核子（中子、原子）所处的状态就属于这种情况. 一维无限深势阱是一个理想模型.

在势阱内部，定态薛定谔方程为

$$-\frac{\hbar^2}{2m}\frac{\mathrm{d}^2}{\mathrm{d}x^2}\varphi_{\mathrm{in}} = E\varphi_{\mathrm{in}}.$$

令 $k^2 = \frac{2mE}{\hbar^2}$，得 $\frac{\mathrm{d}^2}{\mathrm{d}x^2}\varphi_{\mathrm{in}} + k^2\varphi_{\mathrm{in}} = 0$，该方程的解为

$$\varphi_{\mathrm{in}} = A\sin(kx+\delta),$$

式中待定系数 A 和 δ 由波函数标准条件决定. 在阱外 $\varphi_{\mathrm{ex}} = 0$，波函数在势阱壁上应该连续，所以，$\varphi_{\mathrm{in}}(0) = \varphi_{\mathrm{ex}}(0) = 0$，代入波函数，可得 $A\sin\delta = 0$. 由于 $A \neq 0$，故 $\delta = 0$；又由连续性 $\varphi_{\mathrm{in}}(a) = \varphi_{\mathrm{ex}}(a) = 0$，代入后可得 $A\sin ka = 0$，所以

$$ka = n\pi \quad 或 \quad k = \frac{n\pi}{a} \quad (n = 1,2,\cdots),$$

n 不能取零，否则势阱内波函数处处为零. 还可以看出，n 取负整数不会给出新波函数. 粒子能量取值为

$$E_n = \frac{k^2\hbar^2}{2m} = \frac{n^2\pi^2\hbar^2}{2ma^2}. \tag{13.26}$$

式(13.26)表明，势阱中粒子能量只能取分立值，能量是量子化的，不同能量对应不同能级. 能级间隔 $\Delta E = E_{n+1} - E_n = (2n+1)\frac{\pi^2\hbar^2}{2ma^2}$. 可见，微观粒子的质量越大，粒子的能级间隔越小；势阱宽度越宽，能级间隔越小. 能量最低的状态称为**基态**，基态的能量并不为零，为 $\frac{\pi^2\hbar^2}{2ma^2}$，也称为零点能. 零点能不为零，是粒子波动性的必然结果.

常数 A 由归一化条件

$$\int_{-\infty}^{+\infty}|\varphi|^2\mathrm{d}x = \int_0^a A^2\left(\sin\frac{n\pi x}{a}\right)^2\mathrm{d}x = 1$$

决定，由此可得

$$A = \sqrt{\frac{2}{a}}.$$

粒子波函数为

$$\psi(x,t) = \varphi_n(x)\mathrm{e}^{-\frac{\mathrm{i}}{\hbar}Et} = \begin{cases}\sqrt{\frac{2}{a}}\sin\frac{n\pi x}{a}\mathrm{e}^{-\frac{\mathrm{i}}{\hbar}Et}, & 0 < x < a, \\ 0, & x \leqslant 0, x \geqslant a,\end{cases} \tag{13.27}$$

粒子出现的概率密度为

$$\rho(x) = |\psi(x,t)|^2 = \begin{cases}\frac{2}{a}\left(\sin\frac{n\pi x}{a}\right)^2, & 0 < x < a, \\ 0, & x < 0, x > a.\end{cases} \tag{13.28}$$

图 13.13 分别给出了 $n = 1,2,3$ 时的一维无限深势阱中粒子的定态波函数及其概率密度. 可以看出，粒子在势阱中的分布并不是均匀的，有些位置粒子出现概率大，有些位置粒子则不会出现. 这也是粒子波动性的体现.

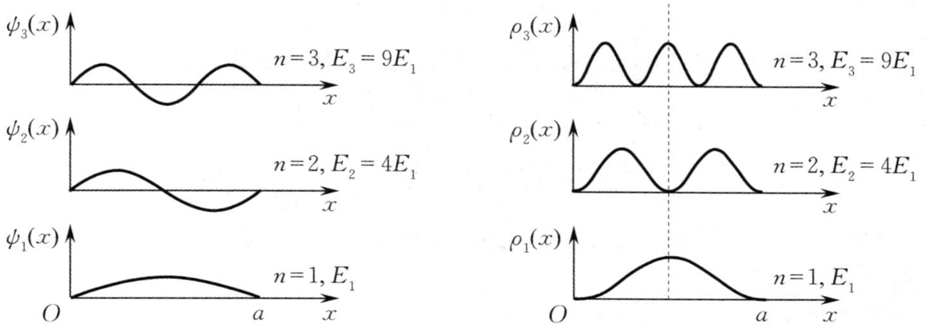

(a) 定态波函数　　(b) 概率密度

图 13.13　无限深势阱中粒子的定态波函数及其概率密度

2. 一维方势垒和隧道效应

如果外力场的势能满足：

$$U = \begin{cases} U_0, & 0 < x < a, \\ 0, & x \leqslant 0, x \geqslant a, \end{cases} \tag{13.29}$$

那么这种势能分布称为一维方势垒，如图 13.14 所示，它像是在粒子面前树立了一堵高墙.

按照经典理论，如果处在 $x < 0$ 范围内的粒子的能量 $E < U_0$，那么粒子无法越过势垒. 而在 $x > a$ 区域的粒子，当 $E < U_0$，也不会穿过势垒进入 $x < 0$ 的区域.

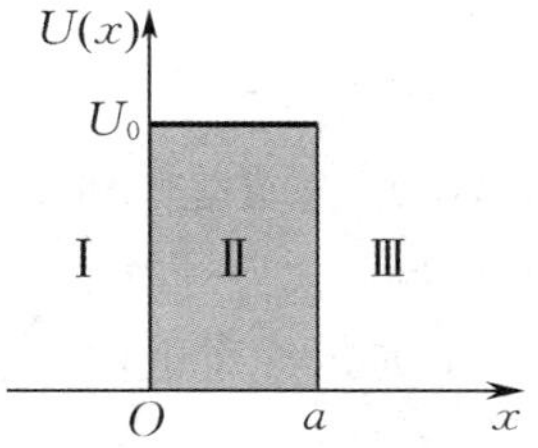

图 13.14　一维方势垒

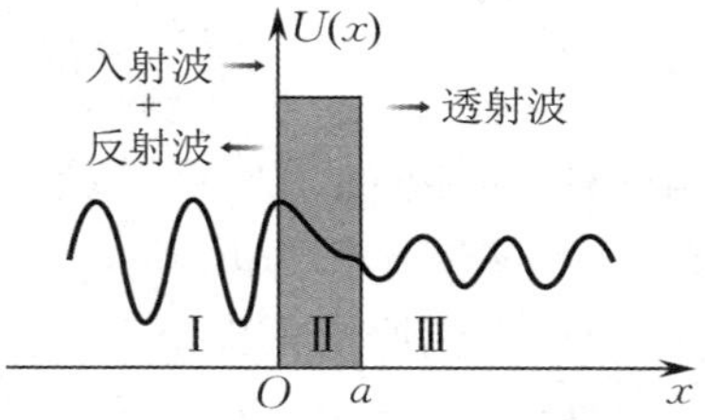

图 13.15　隧道效应

然而，从量子力学的观点来分析却会得到不同的结果. 如图 13.15 所示，处于 $x < 0$ 区域中的粒子，具有波粒二象性，虽然其能量 E 小于势垒的高度 U_0，但是，与粒子对应的物质波在势垒壁上会发生反射和透射. 这就意味着粒子有一定的概率处于势垒内，甚至还有一定的概率能穿透势垒进入 $x > a$ 的区域. 这种量子现象称为**隧道效应**. 势垒越窄，隧道效应越明显，粒子穿过势垒的概率越高；势垒越宽，隧道效应越不明显，粒子穿过势垒的概率越低. 当势垒宽度 a 宽到一定程度时，隧道效应消失.

隧道效应已经被许多实验所证实. 例如，α 粒子从放射性原子核中释放出来就是隧道效应的结果. 扫描隧道显微镜(STM) 也是利用隧道效应制成的.

13.3　原子中的电子

13.3.1　氢原子的量子理论

氢原子有着最简单的原子结构，由一个质子和一个电子组成. 我们现在用量子力学的方法来研究其电子绕质子的运动情况. 由于质子质量是电子质量的 1 836 倍，因此可以近似认为质子静止. 而电子受到质子的静电力作用而束缚在质子周围运动，其势能为静电势能 $U=-\frac{1}{4\pi\varepsilon_0}\frac{e^2}{r}$，与时间无关. 电子的定态薛定谔方程为

$$-\frac{\hbar^2}{2m}\left(\frac{\partial^2}{\partial x^2}\varphi+\frac{\partial^2}{\partial y^2}\varphi+\frac{\partial^2}{\partial z^2}\varphi\right)-\frac{1}{4\pi\varepsilon_0}\frac{e^2}{\sqrt{x^2+y^2+z^2}}\varphi=E\varphi. \tag{13.30}$$

在空间直角坐标系下，此方程相当复杂. 由于势能具有球对称性，选择球坐标系(r,θ,φ) 可以适当简化方程，得

$$\frac{1}{r^2}\frac{\partial}{\partial r}\left(r^2\frac{\partial}{\partial r}\varphi\right)+\frac{1}{r^2\sin\theta}\frac{\partial}{\partial\theta}\left(\sin\theta\frac{\partial}{\partial r}\varphi\right)+\frac{1}{r^2\sin^2\theta}\frac{\partial^2}{\partial\varphi^2}\varphi+\frac{2m}{\hbar^2}\left(E+\frac{1}{4\pi\varepsilon_0}\frac{e^2}{r}\right)\varphi=0.$$

这是一个复杂的微分方程，其解是 r,θ,φ 的函数，可以通过分离变量的方法精确求解. 将波函数分离成径向和角向三个波函数的乘积，即 $\psi(r)=R(r)\Theta(\theta)\Phi(\varphi)$. 代入方程后，得到三个单一变量、单一函数的常微分方程. 具体求解过程比较复杂，在这里我们仅介绍最后结论.

电子被局限在质子周围特定的区域，因而是束缚态. 由于波函数必须满足标准条件，故导致电子能量分立（能量量子化）. 这些离散的能量值称为能级，每一个能级与相应的波函数对应. 除此之外，氢原子的角动量以及角动量空间取向也是量子化的. 氢原子波函数由三个量子数来确定：主量子数 n、角量子数 l、磁量子数 m_l.

1. 主量子数 n

主量子数 n 和波函数的径向部分 $R(r)$ 有关，它决定着氢原子的能级

$$E_n=-\frac{me^4}{32\pi^2\varepsilon_0^2\hbar^2}\frac{1}{n^2}=-\frac{13.6}{n^2}\ \text{eV}\quad(n=1,2,\cdots). \tag{13.31}$$

可见，氢原子能量只能取离散的值，即是量子化的. 能级间隔随 n 的增大而很快地减小. 基态$n=1$ 的能量为 -13.6 eV，第一激发态 $E_2=-3.40$ eV，第二激发态 $E_3=-1.51$ eV…… 当$n=\infty$ 时，$E=0$，此时电子已经脱离原子核束缚，变为电离状态，故 13.6 eV 是氢原子的电离能.

这些结论虽与玻尔理论的结果是相同的，但区别在于能量量子化是量子力学的必然结论，而无须像玻尔理论那样人为地去假定. 玻尔理论认为电子具有确定的轨道，而量子力学给出的是电子在某处出现的概率，并不能断言电子究竟出现在何处，当然也就不存在所谓的轨道概念.

2. 角量子数 l

角量子数 l 和波函数的角向部分 $\Theta(\theta)\Phi(\varphi)$ 有关，它决定了电子绕原子核运动的轨道角动量大小

$$L=\sqrt{l(l+1)}\,\hbar\quad(l=0,1,2,\cdots,n-1). \tag{13.32}$$

氢原子中电子的轨道角动量只能取上式限定的数值，它也是量子化的. 同时它还要受到主量子数 n 的限制，角量子数 l 的最大值为 $n-1$. 对于一定的 n，l 共有 n 个可能的取值. 也就是说，当 n 确定（能量确定）而 l 取不同的值时，电子应有几种不同的状态. 这几种状态对应着相同的能量值，在量子力学中称为能量简并. l 值不同，表明电子绕核转动的情况不同，也表现在波函数的不同，因此电子的概率分布也不同. 习惯上用一些小写字母表示电子具有某一轨道角动量的量子态，规定如下：

$$l=0,1,2,3,4,5,6,\cdots，分别记为\ \text{s},\text{p},\text{d},\text{f},\text{g},\text{h},\text{i},\cdots.$$

电子状态可以用主量子数和角量子数字母组合表示，如 1 s 电子态代表 $n=1$，$l=0$.

3. 磁量子数 m_l

求解波函数还可得出，电子的角动量矢量的方向在空间的取向不能连续地改变，而只能取一些特定的方向. 角动量在空间的取向可做如下理解：由于电子的转动相当于一圆电流，而圆电流

是具有一定的磁矩的．由于电子带负电，电子磁矩的方向总与角动量的方向相反．磁矩在外磁场的作用下是有一定取向的，因此使电子转动的角动量方向有一定的取向（见图 13.16）．取外磁场方向为 z 轴正方向，薛定谔方程给出角动量 $\boldsymbol{L}$ 在外磁场方向的投影只能取以下离散的值，即

$$L_z = m_l \hbar \quad (m_l = 0, \pm 1, \pm 2, \cdots, \pm l), \tag{13.33}$$

式中 m_l 称为磁量子数．对于一定的角量子数 l，m_l 可取 $2l+1$ 个值．这表明角动量在空间的取向只有 $2l+1$ 种可能．这个结论称为角动量的空间量子化．

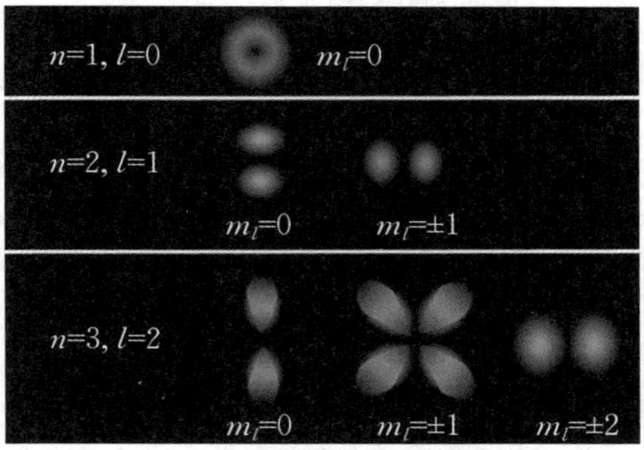

图 13.16　氢原子电子云图像

综上所述，氢原子的状态由量子数 n, l, m_l 来确定，一组 (n, l, m_l) 取值对应一个波函数 $\psi(r)_{n,l,m_l}$，其绝对值平方给出了相应电子在空间中各点的概率密度，从而否定了经典物理学中轨道的概念，取而代之的是"电子云"图像．当然，电子云并不表示电子实际上是云状的，电子云实际上是"概率云"．电子云浓的地方找到电子的概率大一些，电子云淡的地方找到电子的概率小一些．

13.3.2　多电子原子中的电子分布

1. 电子自旋

1922 年，施特恩（Stern，1888—1969）与格拉赫（Gerlach，1889—1979）首先对角动量的空间取向量子化进行了实验研究．如图 13.17 所示，在真空状态下，基态银原子发射器产生的银原子束通过狭缝，经过非均匀磁场后，打在照片底版上．对于具有磁矩的原子，轨道磁矩和轨道角动量成正比．原子在不均匀磁场中运动，会受到磁力矩的作用而发生偏转，偏转的方向及大小与磁矩在磁场中的指向有关．如果原子具有磁矩，而且是空间量子化的，那么会在底版上呈现出条状的原子沉积．实验发现，当没有磁场时，底版上呈现的是一条细痕迹；加上磁场后，观察到的是两条痕迹，这说明原子束经过磁场后分为两束．这一现象证明了原子具有磁矩，而且磁矩在外磁场中只有两种可能的取向．这也就证明了角动量空间取向量子化的存在．

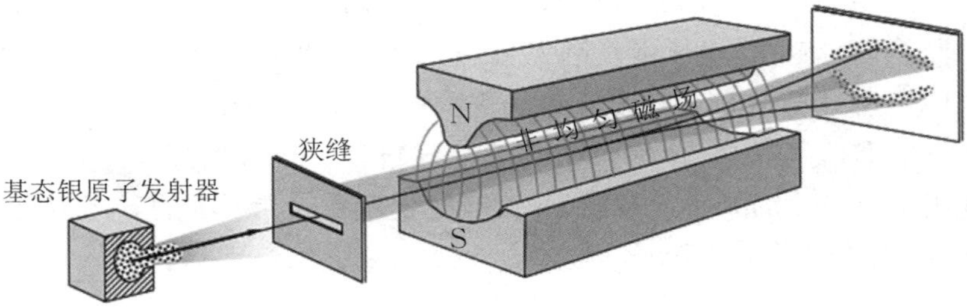

图 13.17　施特恩-格拉赫实验

但是，实验结果还是令人难以理解．按当时已知的角动量量子化的概念，当电子的轨道角动量量子数为 l 时，它在空间的取向应有 $2l+1$ 种可能，相应的磁矩也有 $2l+1$ 种可能取向，原子射线在磁场中发生能级分裂就应该产生奇数条沉积；而实验中所用银原子处于基态（$n=1, l=0$），轨道角动量和轨道磁矩都为零，应当只有一条沉积线，而实验结果却有两条沉积线．

为了解释上述实验的结论，1925 年，乌伦贝克（Uhlenbeck，1900—1988）和古德斯密特（Goudsmit，1902—1978）提出了电子具有自旋运动的假设，即每个电子都具有自旋角动量，其大

小为

$$S=\sqrt{s(s+1)}\hbar, \tag{13.34}$$

式中，s 为自旋量子数. 对于电子，s 只能取$\frac{1}{2}$，因此电子自旋角动量 $S=\frac{\sqrt{3}}{2}\hbar$. 自旋是电子固有属性，每个电子都具有相同的自旋角动量.

自旋角动量空间取向也是量子化的，在外磁场中，自旋角动量沿外磁场方向的投影 S_z 只有如下两种取值：

$$S_z=m_s\hbar \quad \left(m_s=\pm\frac{1}{2}\right), \tag{13.35}$$

m_s 称为自旋磁量子数. 引入电子自旋概念后，施特恩-格拉赫实验结果得到了很好的解释.

2. 四个量子数

综合以上讨论可知，原子中电子的运动状态需要用四个量子数来描述：

(1) 主量子数 n，$n=1,2,\cdots$，它大体上决定了原子中电子的能量.

(2) 角量子数 l，$l=0,1,2,\cdots,n-1$，它决定了电子轨道角动量的大小. 一般来说，对于多电子原子，处于同一主量子数 n、不同角量子数 l 的状态中的各个电子能量会稍有不同.

(3) 磁量子数 m_l，$m_l=0,\pm1,\pm2,\cdots,\pm l$，它决定电子轨道角动量在外磁场中的指向. 若有宏观外磁场，则会对电子能量产生影响.

(4) 自旋磁量子数 m_s，$m_s=\pm\frac{1}{2}$，它决定电子自旋角动量在外磁场中的指向. 若有宏观外磁场，则会对电子能量产生影响.

3. 多电子原子的壳层结构

氢原子和类氢离子核外只有一个电子，它们的结构最简单，可以精确求解相应的薛定谔方程. 对于多电子原子，电子之间的相互作用也会影响它们的运动状态，电子的势能将会很复杂，它们的薛定谔方程就比单电子原子复杂得多，不能完全精确地求解. 不过利用量子力学的近似方法也可以求得足够精确的解. 结果表明，原子中的每一个电子的状态仍然可以用 n,l,m_l,m_s 四个量子数确定. 主量子数 n 越大，电子离原子核越远，电子的能量主要由 n 确定，较小程度上由角量子数 l 决定. 一般情况下 n,l 越大，电子能量越大. 磁量子数 m_l 决定电子轨道角动量在外场方向的分量，自旋量子数 m_s 决定电子自旋角动量在外场方向的分量(也可形象地理解为电子自旋方向是“向上”还是“向下”). 这些电子在原子内部是如何分布的呢?1916 年，柯塞尔(Kossel，1888—1956)提出了形象化的壳层分布模型. 这些电子在不同壳层上的分布情况，应当遵从两条原理：泡利不相容原理和能量最低原理.

1) ***泡利不相容原理***

1925 年，泡利(Pauli，1900—1958)仔细分析了原子光谱和其他实验后提出：原子中不可能同时有两个或两个以上的电子具有相同的运动状态. 这就是泡利不相容原理. 原子中电子的状态是由四个量子数确定的. 也就是说，一个原子内任意两个电子不可能有完全相同的一组量子数(n,l,m_l,m_s). 泡利不相容原理是微观粒子运动的基本规律之一.

利用泡利不相容原理就可以计算各个壳层所能容纳的电子数. 当 n 给定时，l 的可能取值只有 n 个；当 l 给定时，m_l 的可能取值有 $2l+1$ 个；当 n,l,m_l 都给定时，m_s 有两个可能取值. 根据泡利不相容原理，原子中具有相同主量子数 n(同一壳层)的电子数目最多为

$$Z_n = \sum_{l=0}^{n-1} 2(2l+1) = 2n^2. \tag{13.36}$$

对应于$n=1,2,3,4,\cdots$的原子壳层,分别用大写字母K,L,M,N等表示. l相同的电子组成支壳层或分壳层. 对应于$l=1,2,3,4,\cdots$状态的支壳层,分别用小写字母s,p,d,f等表示. 表13.3列出了各原子壳层和支壳层可能容纳的电子数.

表 13.3　各原子壳层和支壳层可能容纳的电子数

n	l						Z_n
	0,s	1,p	2,d	3,f	4,g	5,h	
1,K	2	—	—	—	—	—	2
2,L	2	6	—	—	—	—	8
3,M	2	6	10	—	—	—	18
4,N	2	6	10	14	—	—	32
5,O	2	6	10	14	18	—	50
6,P	2	6	10	14	18	22	72

2) **能量最低原理**

原子处于正常状态时,每个电子都趋向于占据最低能级. 也就是说,原子系统的总能量最低时最稳定,这称为能量最低原理. 根据此原理,电子一般按n由小到大的次序填入各能级. 但由于能级还和角量子数l有关,在有些情况下,当n较小的壳层尚未填满时,n较大的壳层上就开始有电子填入了. 关于n和l都不同的状态的能级高低问题,我国科学家徐光宪(1920—2015)总结出这样的规律:对于原子的最外层电子(价电子),其能级高低由$n+0.7l$确定. $n+0.7l$越大,能级越高. 例如,4s($n=4,l=0$)和3d($n=3,l=2$)两个状态,4s态应比3d态先填入电子. 钾、钙的原子就是这样. 这种情况更多出现在原子序数大的原子中.

支壳层已经被电子填满,叫作支壳层的闭合. 闭合的支壳层的总角动量为零. 因此,一般元素的物理、化学性质主要反映在未被填满的价电子层上. 电子在核外的排布叫作原子的电子组态. 下面举几个典型的粒子说明电子排布的规律性.

氖原子(Ne,$Z=10$)电子组态为$1s^2 2s^2 2p^6$. 由于1s,2s,2p各个支壳层电子都已成对,总自旋角动量为零. p壳层已填满,所以这一壳层中电子轨道角动量在各个可能的方向都有,叠加的效果是总角动量为零. 故氖原子不容易和其他原子结合而成为"惰性"原子.

钠原子(Na,$Z=11$)电子组态为$1s^2 2s^2 2p^6 3s^1$. 由于里面三个支壳层都是闭合的,而最外层一个电子离原子核较远,受到的束缚较弱,钠原子很容易失去这个电子而与其他原子结合. 这就是钠原子化学活性很强的原因.

氯原子(Cl,$Z=17$)电子组态为$1s^2 2s^2 2p^6 3s^2 3p^5$. 3p支壳层可以容纳6个电子,这里已经有5个了,还剩一个"空位". 这使得氯原子很容易夺取其他原子的电子来形成闭合的支壳层,从而和其他原子形成稳定的分子. 故氯原子的化学活性也很强.

银原子(Ag,$Z=47$)电子组态为$1s^2 2s^2 2p^6 3s^2 3p^6 3d^{10} 4s^2 4p^6 4d^{10} 5s^1$. 最外层一个电子并没有先填入4f支壳层,而是填入了5s,这是由于5s态能量更低. 已填入电子的四个壳层及各支壳层都已闭合,银原子的总角动量就是最外层的5s电子的自旋角动量. 在施特恩-格拉赫实验中,银原子束分裂为两束就说明电子自旋角动量的空间量子化.

思考题13

13-1 人体也向外发出热辐射，为什么在黑暗中人眼却看不见他人人体？

13-2 如何测量恒星的温度？

13-3 普朗克能量量子化假设的内容是什么？它在物理学史上有何意义？

13-4 在光电效应实验中，如果(1) 将入射光强增加一倍，(2) 将入射光频率增加一倍，分别会对实验结果产生什么影响？

13-5 玻尔氢原子理论的基本假设是什么？它存在什么缺陷？

13-6 微观粒子的波粒二象性与经典的波和粒子的区别是什么？

13-7 波函数的物理意义是什么？它必须满足哪些条件？

13-8 若波函数在空间各点的振幅同时增大 N 倍，则粒子在空间分布的概率会发生什么变化？

13-9 根据不确定关系，电子在绝对零度下会静止下来吗？

13-10 不确定关系对宏观物体是否适用？为什么经典力学中不考虑粒子的波动性？

13-11 薛定谔方程是严格推导出来的吗？其意义是什么？

13-12 原子内部的电子有确定的轨道吗？玻尔理论得出的轨道半径对应于量子力学中的哪个量？

13-13 决定原子中的电子状态需要几个量子数？各自有何意义？

13-14 原子内电子的量子态由 n, l, m_l, m_s 四个量子数表征. 当 n, l, m_l 一定时，不同的量子态数目是多少？当 n, l 一定时，不同的量子态数目是多少？当 n 一定时，不同的量子态数目是多少？

习题13

13-1 太阳光光谱的单色辐出度极大值出现在 483 nm 处，求：

(1) 太阳表面的温度；

(2) 太阳表面单位面积辐射的总功率.

13-2 用辐射高温计测得炉壁小孔的辐出度为 $22.8\ \mathrm{W/cm^2}$，求炉内温度.

13-3 已知红光的波长为 700 nm，求其光子的能量、动量和质量.

13-4 若一个光子的能量等于一个电子的静能量，试求该光子的能量、动量和波长.

13-5 在银河系宇宙空间内，星光的能量密度为 $10^{-15}\ \mathrm{J/m^3}$，相应的光子数密度是多大？假定光子的平均波长为 500 nm.

13-6 室温(300 K) 下的中子称为热中子，求热中子的德布罗意波长.(中子质量为 1.67×10^{-27} kg)

13-7 一带电粒子经 206 V 的电势差加速后，测得其德布罗意波长为 2×10^{-3} nm. 已知该带电粒子的电荷与电子电荷相等，求带电粒子的质量.

13-8 一质量为 40 g 的子弹，以 10^3 m/s 的速率飞行.

(1) 求其德布罗意波长；

(2) 若测量子弹位置的不确定量为 0.1 μm，求其速度的不确定量.

13-9 一波长为 300 nm 的光子，假定其波长测量的精确度约为百万分之一，试求这个光子位置的不确定量.

13-10 一个质子放在一维无限深势阱中，阱宽 $a=10^{-14}$ m，问：

(1) 质子的零点能量有多大？

(2) 由 $n=2$ 态跃迁到 $n=1$ 态时，质子放出多大能量的光子？

13-11 已知氢原子处在能量值为 −0.85 eV 的能级上，当它由该能级跃迁到比基态能量高 10.20 eV 的另一能级上时，试求：

(1) 发射光子的能量；

(2) 这两个能级对应的主量子数.

13-12 实验发现基态的氢原子可以吸收能量为 12.75 eV 的光子，问：

(1) 氢原子吸收光子后被激发到哪个能级？

(2) 受激发的氢原子向低能级跃迁时，可以发出哪几条谱线？

13-13 写出下列各电子态角动量的大小：(1) 1s；(2) 2p；(3) 3d；(4) 4f.

选学篇

选学篇分为六个专题，分别介绍了刚体的定轴转动、固体的弹性、流体力学基础、电场中的物质、磁场中的物质和熵.

选学Ⅰ、选学Ⅱ分别介绍了刚体定轴转动和弹性体力学. 刚体是无形变的固体模型，弹性体是形变可恢复的固体模型，两者都是理想模型，但在描述固体运动规律上相较于质点模型更为精细，适合机械类、土木类、材料类等专业选学. 选学Ⅲ介绍了流体静力学、动力学以及流体的黏滞定律，适合材料类、土木类、生化类等专业选学. 选学Ⅳ、选学Ⅴ分别介绍了物质与电场、磁场的相互作用，包括导体、电介质和磁介质及其电磁特性和规律，适合计算机类，电子电气类、材料类等专业选学. 选学Ⅵ介绍了熵的概念及熵增加原理，适合材料类、生化类等专业选学.

在实际教学中，可以根据不同专业的教学要求，组合不同的教学内容，以适应学校和院系在人才培养过程中对学生物理基础的要求.

选学 I

刚体的定轴转动

质点力学中经常把所研究的物体抽象为形状和大小均可忽略的有质量的点——质点.然而，当我们研究电机转子的转动、车轮的滚动、地球的自转以及桥梁的平衡等问题时，物体的形状、大小及其变化往往是不可忽略的.考虑物体形状和大小以及它们的变化会使问题变得相当复杂.在多数情况下，物体的形变都很小，可以忽略不计，由此而产生一个新的理想模型——刚体(一个在任何情况下形状和大小都不发生变化的力学研究对象).可以将刚体看作由无数个连续分布的质元(可看作质点)构成的系统，由于刚体不变形，各质元间距离保持不变，运用已知的质点系运动规律就可以研究刚体的运动.

刚体力学的内容十分庞杂，本书只讨论刚体的定轴转动，包括刚体定轴转动的描述、定轴转动的转动定律、定轴转动的动能定理和角动量定理及守恒定律.

I.1 刚体运动的基本概念

刚体和质点一样是一个理想化的力学模型，真正的刚体在自然界中是不存在的.当物体在力的作用下，大小和形状变化甚微，可忽略不计，这种物体就可视为刚体.另外，坚硬的物体不一定是刚体.能否将研究对象视为刚体，还要看研究问题的性质而定.例如，钢材虽然坚硬，但在材料力学中它是弹性体，甚至可能是塑性体.

刚体的运动形式多种多样，平动和转动是刚体的两种最简单、最基本的运动形式.

I.1.1 刚体的平动

刚体运动时，刚体内任意两点间的连线总是平行于它们初始位置间的连线，这样的运动称为刚体的平动(或平移).如图 I.1 所示，由于刚体内任意两点间的连线 AB 在运动过程中始终平行，该刚体的运动属于平动.日常生活中常见的刚体平动有沿轨道运动的车厢(见图 I.2)、活塞的运动等.在工程技术中被广泛采用的平行四连杆机构(如一些汽车的雨刷)，如图 I.3 所示，其中 $O_1A = O_2B, O_1O_2 = AB$，两杆 O_1A, O_2B 可各自绕通过 O_1, O_2 并与纸面垂直的轴转动.由于四连杆机构在运动过程中，O_1ABO_2 始终保持平行四边形，且 AB 杆上任意一点的轨迹都是圆，因此杆 AB 的运动属于平动.

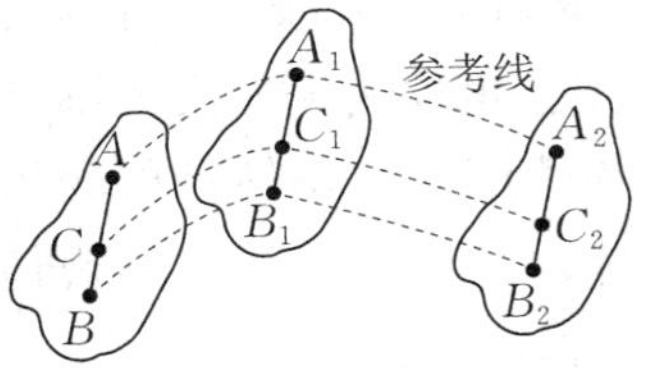

图 I.1 刚体的平动

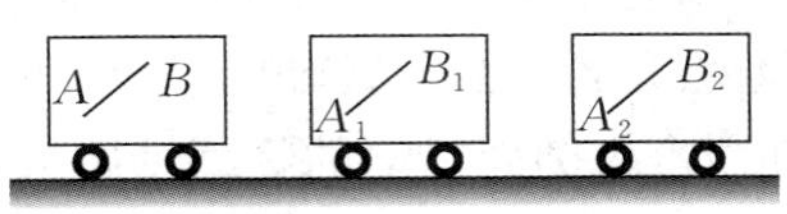

图 I.2 沿直线轨道运动的车厢

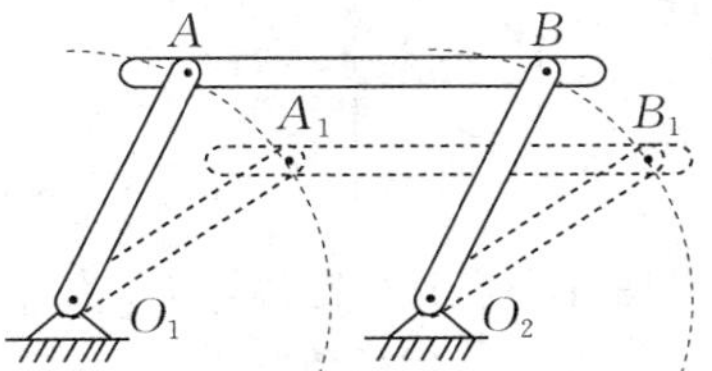

图 I.3 平行四连杆机构

由图 Ⅰ.1 或图 Ⅰ.2 很容易看出，刚体做平动时，刚体上各点的运动情况完全相同，即具有相同的位移、速度、加速度等. 只要知道刚体上任意一点的运动情况，整个刚体的运动情况也就知道了；刚体上任意一点的运动均可代表整个刚体的运动，刚体的平动可看成质点的运动. 描述质点运动的物理量和质点的运动规律都适用于描述整个刚体的平动.

Ⅰ.1.2 刚体的转动

刚体运动时，如果刚体上所有质元都绕同一转轴做圆周运动(见图 Ⅰ.4)，这种运动称为刚体的转动. 当转轴固定时，称为定轴转动，它是刚体转动的最简单的形式. 图 Ⅰ.5 所示的门的运动就属于定轴转动. 刚体做定轴转动时，构成刚体的各个质元均绕同一个固定轴做半径不同的圆周运动，各个质元具有相同的角位移、角速度和角加速度. 当转轴的位置或方向随时间改变时，则称为一般转动或非定轴转动，这个转轴称为瞬时转轴. 图 Ⅰ.6 所示的汽车运动时的轮胎的转动和图 Ⅰ.7 所示的旋转陀螺的转动都属于一般转动.

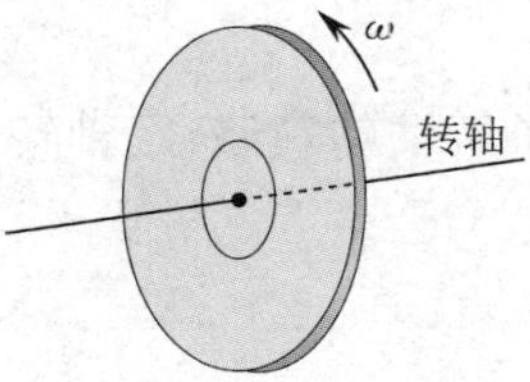

图 Ⅰ.4 刚体的转动

图 Ⅰ.5 刚体的定轴转动

图 Ⅰ.6 汽车轮胎的转动

图 Ⅰ.7 旋转陀螺的转动

可以证明，无论刚体的运动多么复杂，都可将它看成平动和转动的合成. 例如，一个车轮的滚动，可以分解为车轮随着转轴的整体平动和车轮绕转轴的转动. 又如，在拧螺帽时，螺帽绕中轴转动，同时向上(或向下) 平动.

Ⅰ.2 刚体定轴转动的运动学规律

如图 Ⅰ.8 所示，过做定轴转动的刚体的转轴作一固定在参考系上的平面 Ⅰ(称为定平面)，再过定轴在刚体上作一随刚体转动的平面 Ⅱ(称为动平面)，动平面与定平面的夹角(称为二面角)θ 就为描述刚体定轴转动的角位置，并规定动平面 Ⅱ 逆时针转动时与定平面 Ⅰ 间的夹角为正，反之为负. 角位置 θ 与时间的函数关系

$$\theta = \theta(t) \tag{Ⅰ.1}$$

称为刚体定轴转动的运动方程，又叫作转动方程.

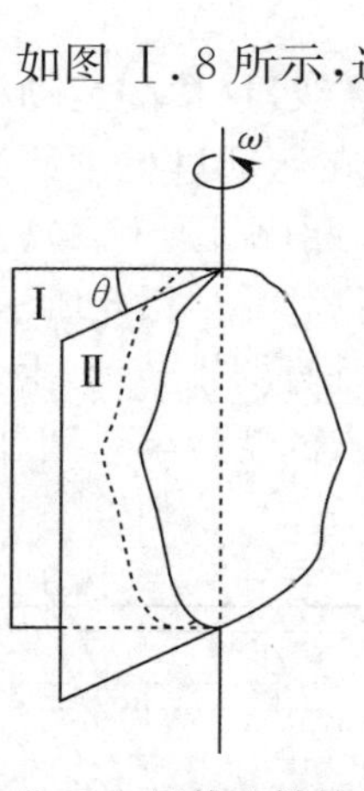

图 Ⅰ.8 刚体定轴转动时的角位置

刚体做定轴转动时，刚体中各质元都在与转轴垂直的平面(称为转动平面) 内做半径不一定相同但角位移、角速度、角加速度相同的圆周运动，圆心就是各平面与转轴的交点. 可见，描述刚体定轴转动的物理量和描述质点做圆周运动的物理量相似，刚体定轴转动的运动学规律和质点做圆周运动的运动规律有相同之处(见 1.4 节).

例 I-1

一飞轮半径为 0.3 m，转速为 300 r/min，因受到制动而均匀减速，经 1 min 停止转动，试求：(1) 角加速度和在此时间内飞轮所转的圈数；(2) 制动开始后 3 s 时，飞轮的角速度、飞轮边缘上一点的速度、切向加速度和法向加速度.

解 由题意可知，飞轮的初始角速度为

$$\omega_0 = \frac{2\pi \times 300}{60}\ \text{rad/s} = 10\pi\ \text{rad/s},$$

当 $t = 60$ s 时，$\omega = 0$，飞轮做匀减速运动. 设 $t = 0$ 时，$\theta_0 = 0$.

(1) 在 1 min 时间内飞轮的角加速度为

$$\beta = \frac{\omega - \omega_0}{t} = \frac{0 - 10\pi}{60}\ \text{rad/s}^2 = -\frac{\pi}{6}\ \text{rad/s}^2,$$

在此时间内飞轮转过的角位移为

$$\theta = \frac{\omega^2 - \omega_0^2}{2\beta} = \frac{0 - (10\pi)^2}{2 \times \left(-\frac{\pi}{6}\right)}\ \text{rad} = 300\pi\ \text{rad},$$

在此时间内飞轮所转的圈数为

$$N = \frac{\theta}{2\pi} = \frac{300\pi}{2\pi} = 150\ \text{r}.$$

(2) 在 $t = 3$ s 时，飞轮的角速度为

$$\omega = \omega_0 + \beta t = \left(10\pi - \frac{\pi}{6} \times 3\right)\text{rad/s} = 9.5\pi\ \text{rad/s},$$

$t = 3$ s 时，飞轮边缘上一点的速度的大小为

$$v = r\omega = 0.3 \times 9.5\pi\ \text{m/s} \approx 8.95\ \text{m/s},$$

切向加速度和法向加速度分别为

$$a_t = r\beta = 0.3 \times \left(-\frac{\pi}{6}\right)\ \text{m/s}^2 \approx -0.157\ \text{m/s}^2,$$

$$a_n = r\omega^2 = 0.3 \times (9.5\pi)^2\ \text{m/s}^2 \approx 266.95\ \text{m/s}^2.$$

例 I-2

在高速旋转的微型电动机中有一圆柱形转子可绕垂直其横截面并通过中心的轴转动. 开始时，它的角速度 $\omega_0 = 0$，经 100 s 后，其转速达到 6 000 r/min. 已知转子的角加速度 β 与时间成正比，问在这段时间内，转子转过的角度和转子转过的圈数分别是多少？

解 根据题意，可设转子的角加速度为

$$\beta = ct,$$

其中 c 为比例常数. 由角加速度的定义及上式，有

$$\beta = \frac{d\omega}{dt} = ct,$$

因此

$$d\omega = ct\,dt,$$

两边积分，得

$$\int_0^\omega d\omega = c\int_0^t t\,dt,$$

即

$$\omega = \frac{1}{2}ct^2. \qquad ①$$

由题意可知，在 $t = 100$ s 时，

$$\omega = 6\ 000 \times \frac{2\pi}{60}\ \text{rad/s} = 200\pi\ \text{rad/s},$$

代入式 ①，得

$$c = \frac{2\omega}{t^2} = \frac{2 \times 200\pi}{100^2}\ \text{rad/s}^3 = \frac{\pi}{25}\ \text{rad/s}^3,$$

所以

$$\omega = \frac{\pi}{50}t^2.$$

由角速度的定义及上式得

$$\omega = \frac{d\theta}{dt} = \frac{\pi}{50}t^2,$$

两边积分，得

$$\int_0^\theta d\theta = \frac{\pi}{50}\int_0^t t^2\,dt,$$

即

$$\theta = \frac{\pi}{150}t^3.$$

在 100 s 内，转子转过的角度

$$\theta = \frac{\pi}{150}t^3 = \frac{\pi}{150} \times 100^3\ \text{rad} = 2.09 \times 10^4\ \text{rad}.$$

在 100 s 内，转子转过的圈数

$$N = \frac{\theta}{2\pi} = \frac{\pi}{2 \times \pi \times 150} \times 100^3\ \text{r} \approx 3.33 \times 10^3\ \text{r}.$$

Ⅰ.3 刚体定轴转动的动力学规律

Ⅰ.3.1 力矩

用力使物体转动，其效果不仅取决于力的大小，还取决于力的作用方向和作用点. 例如，用同样大小的力推门，当作用点靠近门轴时不容易把门推开，而当作用点远离门轴时则很容易把门推开. 如果力的作用方向与转轴平行或通过转轴，不论用多大的力都不能把门推开. 实际情况表明，仅当作用力在转动平面内的分量不为零，且与转轴不相交时，才能产生转动效果. 对于力的这种能够改变刚体定轴转动状态的作用，就用力对转轴的力矩来表征.

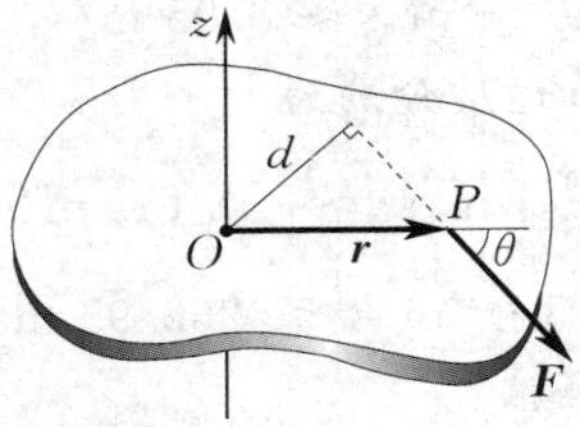

图 Ⅰ.9 力矩

力矩是改变刚体转动状态的原因. 图Ⅰ.9 为某一刚体的一个横截面，它可绕过 O 点且与该平面垂直的 z 轴旋转. 令作用在刚体内 P 点上的力 $\boldsymbol{F}$ 也在此平面内. O 点到力的作用点 P 的径矢为 $\boldsymbol{r}$，径矢 $\boldsymbol{r}$ 与力 $\boldsymbol{F}$ 间的夹角为 θ. 从转轴与横截面的交点 O 到力 $\boldsymbol{F}$ 的作用线的垂直距离 d 叫作力对转轴的力臂，其大小 $d = r\sin\theta$. 力 $\boldsymbol{F}$ 的大小和力臂 d 的乘积，叫作力 $\boldsymbol{F}$ 对转轴的力矩，用 $\boldsymbol{M}$ 表示. 其大小为

$$M = Fd = Fr\sin\theta, \tag{Ⅰ.2}$$

力矩 $\boldsymbol{M}$ 的矢量式为

$$\boldsymbol{M} = \boldsymbol{r}\times\boldsymbol{F}. \tag{Ⅰ.3}$$

力矩的方向垂直于 $\boldsymbol{r}$ 与 $\boldsymbol{F}$ 所构成的平面，可用右手定则判断，如图Ⅰ.10 所示. 在国际单位制中，力矩的单位是牛[顿] 米(N·m). 式(Ⅰ.3) 中的 $\boldsymbol{F}$ 是作用在垂直于转轴的平面内的外力. 如果作用于刚体上的外力不在此平面内，如图Ⅰ.11 中的 $\boldsymbol{F}$，则把它分解为两个分力，其中一个分力 $\boldsymbol{F}_1$ 与转轴平行，另一个分力 $\boldsymbol{F}_2$ 在垂直于转轴的平面内. 这样，只有分力 $\boldsymbol{F}_2$ 才对刚体转动状态的改变有作用.

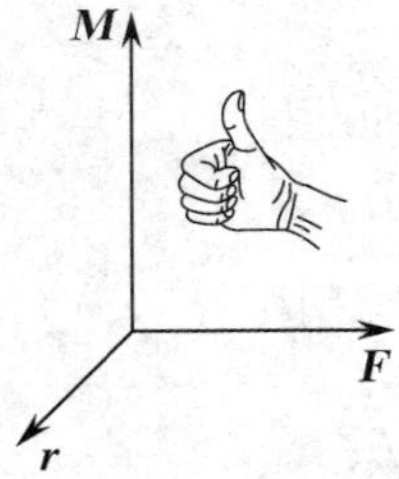

图 Ⅰ.10 确定力矩方向的右手定则

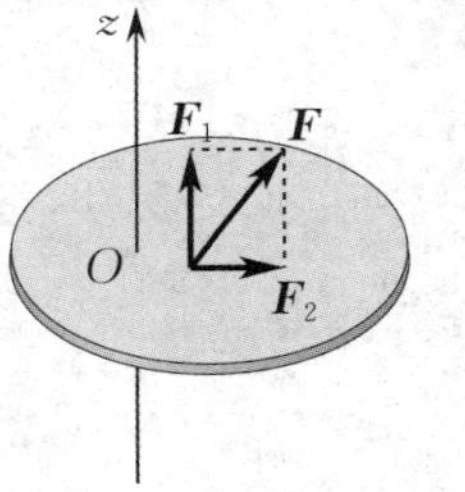

图 Ⅰ.11 力对刚体定轴转动的影响

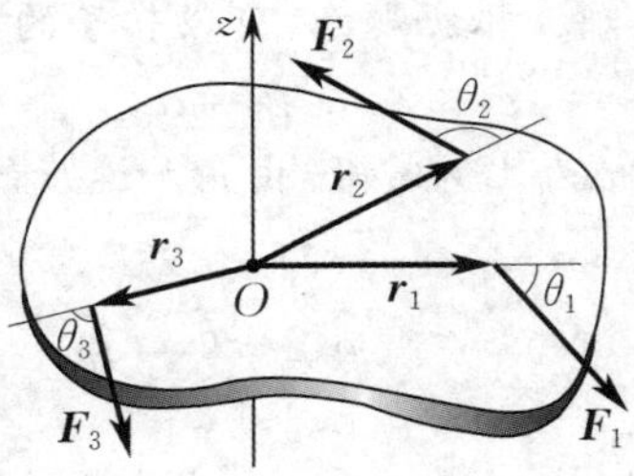

图 Ⅰ.12 几个力作用在绕定轴转动刚体上的合力矩

力矩虽然是矢量，但对于定轴转动，力矩的方向沿转轴只有两个，因此，可以化为标量形式，用正、负号表示其方向. 通常规定：按右手定则，沿 z 轴从上向下看，力矩产生沿逆时针方向的转动为正，反之为负.

若有几个外力同时作用在一个绕定轴转动的刚体上，且这几个外力都在与转轴垂直的平面内，则合力矩等于各个外力的力矩之和. 图 Ⅰ.12 所示的刚体所受的合力矩为

$$M = -F_1r_1\sin\theta_1 + F_2r_2\sin\theta_2 + F_3r_3\sin\theta_3.$$

若 $M > 0$，则合力矩的方向沿 z 轴正方向；若 $M < 0$，则合力矩方向沿 z 轴负方向.

Ⅰ.3.2　刚体定轴转动的转动定律

1. 转动定律

如图 Ⅰ.13 所示，一刚体可看成由无数个质点组成. 对于其中任一质点 i，假设它的质量为 Δm_i，所受的外力为 $\boldsymbol{F}_i$，内力为 $\boldsymbol{f}_i$，距转轴的距离为 r_i，质点绕转轴做半径为 r_i 的圆周运动. 由牛顿第二定律可知，质点 i 在切向的运动方程为

$$F_{it}+f_{it}=\Delta m_i a_{it}=\Delta m_i r_i\beta,$$

式中 F_{it} 和 f_{it} 分别是外力和内力在切向的分力. 用 r_i 乘上式两边，得

$$F_{it}r_i+f_{it}r_i=\Delta m_i r_i^2\beta.$$

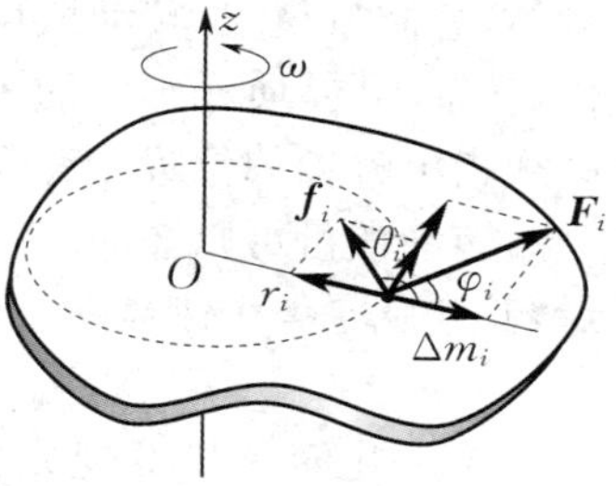

图 Ⅰ.13　转动定律的推导

不难理解，上式左边就是作用在质点 i 上的对转轴的外力矩和内力矩之和. 对刚体中所有 n 个质点列出上式后，左右分别相加，可得

$$\sum_{i=1}^{n}F_{it}r_i+\sum_{i=1}^{n}f_{it}r_i=\sum_{i=1}^{n}\Delta m_i r_i^2\beta.$$

由于刚体内任意两点之间的相互作用力（内力）大小相等，方向相反，且在同一直线上，故刚体的内力力矩之和为零. 考虑到同一刚体上各点的角加速度 β 相同，故上式变为

$$\sum_{i=1}^{n}F_{it}r_i=\left(\sum_{i=1}^{n}\Delta m_i r_i^2\right)\beta,$$

式中 $\sum_{i=1}^{n}F_{it}r_i$ 为作用在整个刚体上的外力对转轴的合力矩（法向分力过转轴，因而力矩为零）. 若把合外力矩记作 M，则上式可写成

$$M=\sum_{i=1}^{n}M_i=\sum_{i=1}^{n}F_{it}r_i=\left(\sum_{i=1}^{n}\Delta m_i r_i^2\right)\beta.$$

定义 $J=\sum_{i=1}^{n}\Delta m_i r_i^2$，称为刚体对转轴的转动惯量，则有

$$M=J\beta. \tag{Ⅰ.4}$$

式（Ⅰ.4）表示，刚体绕定轴转动时，刚体的角加速度与它所受的合外力矩成正比，与刚体的转动惯量成反比. 这一结论叫作**刚体定轴转的转动定律**，简称**转动定律**.

刚体定轴转动的转动定律与质点运动的牛顿第二定律在数学表达式上相似. 转动定律是解决刚体定轴转动的基本定律，它与质点动力学中的牛顿第二定律处于同等重要的地位. 转动定律中的合外力矩、转动惯量和角加速度都是相对于同一转轴而言的.

2. 转动惯量

1）转动惯量的定义和计算

由转动定律 $M=J\beta$，当刚体的合外力矩不变时，转动惯量越大，角加速度越小；转动惯量越小，角加速度越大. 可见，转动惯量是反映刚体转动惯性大小的物理量.

由转动惯量的定义式 $J=\sum_{i=1}^{n}\Delta m_i r_i^2$ 可知，转动惯量是标量，在国际单位制中，其单位为千克二次方米（$\mathrm{kg\cdot m^2}$）. 对于质量离散分布的刚体，转动惯量等于各质点的质量与各质点到转轴距离平方的乘积之和. 对于质量连续分布的刚体，转动惯量可用积分式计算，即

$$J=\int r^2\mathrm{d}m, \tag{Ⅰ.5}$$

式中，dm为刚体上某处质元的质量，r为质元dm到转轴的垂直距离. 如果刚体的质量呈线分布，那么$dm=\lambda dl$，λ为单位长度的质量(质量线密度)；若刚体的质量呈面分布，则$dm=\sigma dS$，σ为单位面积的质量(质量面密度)；若刚体的质量呈体分布，则$dm=\rho dV$，ρ为单位体积的质量(质量体密度).

影响刚体转动惯量的因素有刚体的质量、质量分布和转轴位置. 对于形状、大小相同的均匀刚体，总质量越大，转动惯量越大；总质量相同的刚体，质量分布离轴越远，转动惯量越大；同一刚体，转轴不同，质元到轴的距离分布就不同，因而转动惯量也不同. 因此，讨论刚体的转动惯量时，必须指出转轴的位置才有明确的意义.

转动惯量可以叠加. 当一个刚体由几部分组成时，可分别计算各个部分对同一转轴的转动惯量，其和就是整个刚体对该转轴的转动惯量，即

$$J=J_1+J_2+\cdots+J_n. \tag{Ⅰ.6}$$

对于几何形状不规则的刚体的转动惯量，考虑到用定义式计算的复杂性，通常由实验测定.

2) 平行轴定理

根据3.1.2节内容，刚体质量分布的中心(刚体的质心C)的坐标为

$$r_C=\frac{\int r\mathrm{d}m}{\int \mathrm{d}m},$$

对于质量均匀分布、形状规则的刚体，其几何中心就是质心.

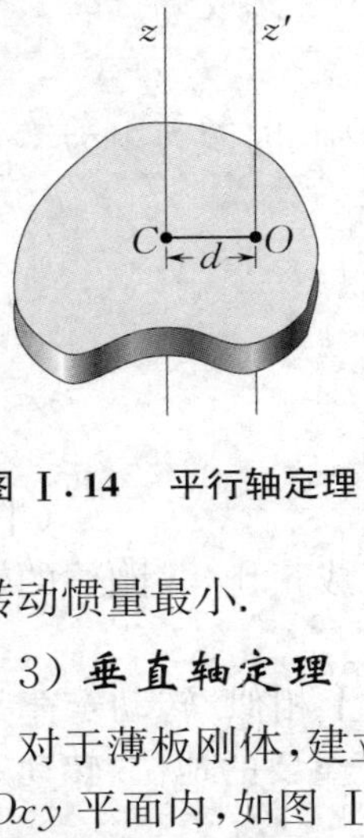

图Ⅰ.14 平行轴定理

如图Ⅰ.14所示，z轴为通过刚体质心的转轴，刚体相对于z轴的转动惯量为J_C. 如果有另一转轴z'轴与z轴平行，则刚体对z'轴的转动惯量

$$J=J_C+md^2, \tag{Ⅰ.7}$$

式中，m为刚体的质量，d为两平行轴之间的距离.

式(Ⅰ.7)为平行轴定理的数学表达式，它表示刚体对任一转轴的转动惯量等于刚体对通过质心并与该轴平行的轴的转动惯量J_C加上刚体质量与两轴距离平方的乘积. 可以看出，刚体相当于通过质心的转轴的转动惯量最小.

3) 垂直轴定理

对于薄板刚体，建立坐标系$Oxyz$，其中z轴与薄板面垂直，薄板在Oxy平面内，如图Ⅰ.15所示. 可以证明，薄板刚体对z轴的转动惯量等于对x轴的转动惯量与对y轴的转动惯量之和，即

$$J_z=J_x+J_y, \tag{Ⅰ.8}$$

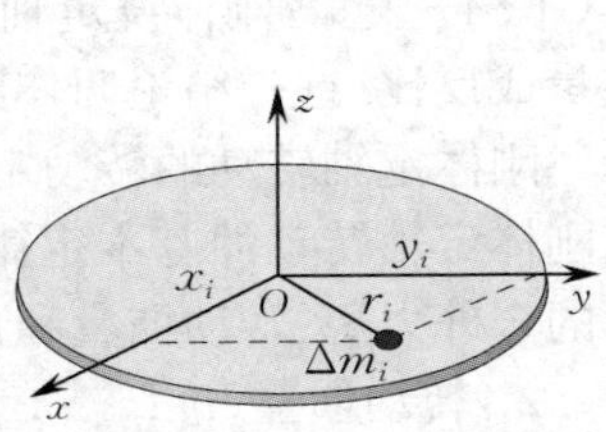

图Ⅰ.15 垂直轴定理

式(Ⅰ.8)称为垂直轴定理.

例Ⅰ-3

如图Ⅰ.16所示，有一质量为m、长为L的均匀细棒. 求细棒分别相对于通过棒中心O和棒端点O'并与棒垂直的轴的转动惯量.

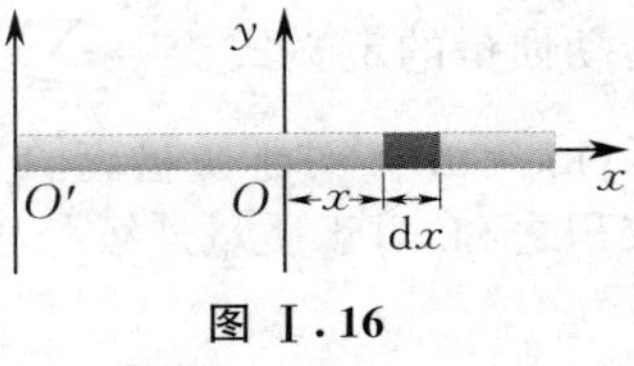

图Ⅰ.16

解　以杆的中心 O 为坐标原点，建立如图 Ⅰ.16 所示的坐标. 在棒上距 O 点 x 处取一长度为 $\mathrm{d}x$ 的质元. 此质元的质量 $\mathrm{d}m=\dfrac{m}{L}\mathrm{d}x$. 当棒绕 y 轴转动时，质元对 y 轴的转动惯量 $\mathrm{d}J=x^2\mathrm{d}m=\dfrac{m}{L}x^2\mathrm{d}x$，整个细棒对 y 轴的转动惯量为

$$J_y=\int\mathrm{d}J=\int_{-\frac{L}{2}}^{\frac{L}{2}}\frac{m}{L}x^2\mathrm{d}x=\frac{1}{12}mL^2.$$

当转轴通过棒的端点并与棒垂直时（如 y' 轴），棒的转动惯量有两种计算办法.

方法一　利用定义式，仿照上述方法可得

$$J_{y'}=\int\mathrm{d}J=\int_0^L\frac{m}{L}x^2\mathrm{d}x=\frac{1}{3}mL^2.$$

方法二　由平行轴定理计算.

$$\begin{aligned}J_{y'}&=J_y+m\left(\frac{L}{2}\right)^2\\&=\frac{1}{12}mL^2+m\left(\frac{L}{2}\right)^2\\&=\frac{1}{3}mL^2.\end{aligned}$$

例 Ⅰ-4

求质量为 m、半径为 R 的均匀细圆环相对于通过其中心并与圆环平面垂直的轴的转动惯量.

解　如图 Ⅰ.17 所示，在圆环上任取一质元 $\mathrm{d}m$，该质元对轴的转动惯量 $\mathrm{d}J=R^2\mathrm{d}m$. 因为圆环上各质元到轴的垂直距离都相等且为 R，所以圆环对轴的转动惯量为

$$J=\int\mathrm{d}J=\int R^2\mathrm{d}m=R^2\int\mathrm{d}m,$$

其中 $\int\mathrm{d}m$ 为环的总质量 m. 故有

$$J=mR^2.$$

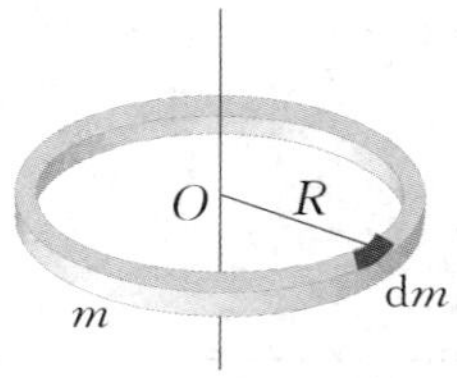

图 Ⅰ.17

例 Ⅰ-5

有一质量为 m、半径为 R 的均匀薄圆盘，求相对于通过薄圆盘中心并与盘面垂直的轴的转动惯量.

解　如图 Ⅰ.18 所示，在薄圆盘上任取一半径为 r、宽为 $\mathrm{d}r$ 的圆环，则此圆环的质量为

$$\mathrm{d}m=2\pi r\mathrm{d}r\cdot\sigma,$$

式中，$\sigma=\dfrac{m}{\pi R^2}$ 为薄圆盘的质量面密度. 此圆环的转动惯量为

$$\mathrm{d}J=r^2\mathrm{d}m=r^2\cdot2\pi r\sigma\mathrm{d}r=2\pi r^3\sigma\mathrm{d}r,$$

薄圆盘的转动惯量为

$$\begin{aligned}J&=\int_0^R2\pi r^3\sigma\mathrm{d}r=\frac{1}{4}2\pi R^4\sigma\\&=\frac{1}{4}2\pi R^4\frac{m}{\pi R^2}=\frac{1}{2}mR^2.\end{aligned}$$

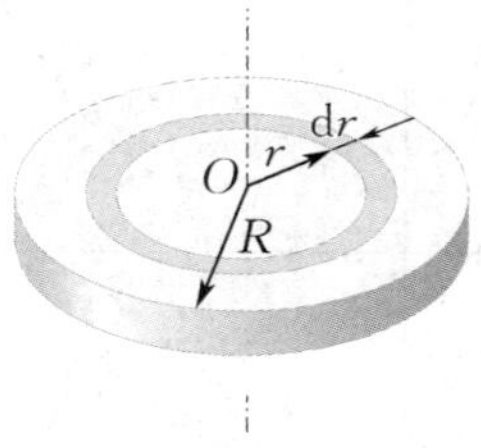

图 Ⅰ.18

常见的均匀规则刚体的转动惯量如表 Ⅰ.1 所示.

表 Ⅰ.1 常见的均匀规则刚体的转动惯量

刚体	轴的位置		转动惯量
细杆	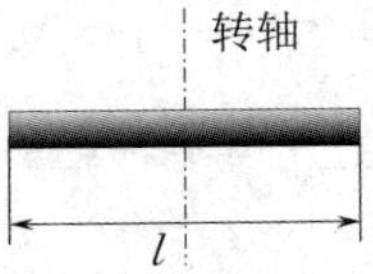	转轴通过中心且与棒垂直	$\frac{1}{12}ml^2$
	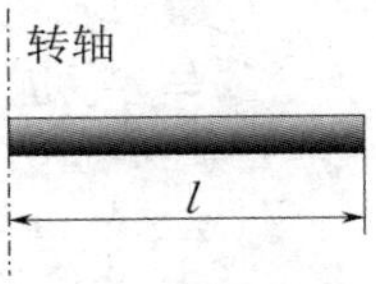	转轴通过一端且与棒垂直	$\frac{1}{3}ml^2$
细圆环	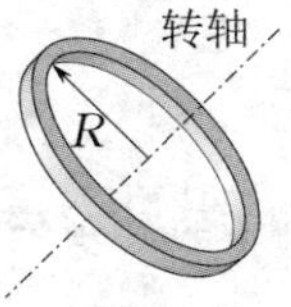	转轴通过中心且与环面垂直	mR^2
	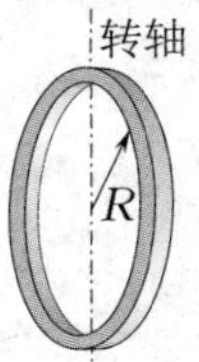	转轴沿直径	$\frac{1}{2}mR^2$
薄圆盘	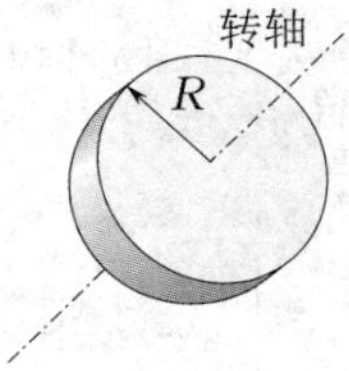	转轴通过中心且与盘面垂直	$\frac{1}{2}mR^2$
实心圆柱体	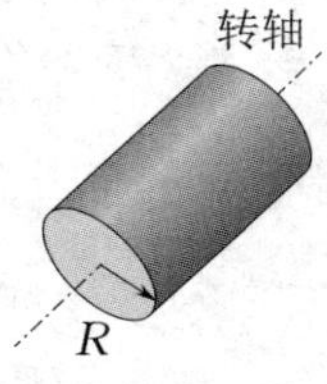	转轴沿几何轴	$\frac{1}{2}mR^2$
球体	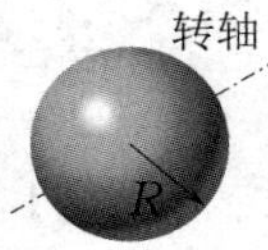	转轴沿球的任一直径	$\frac{2}{5}mR^2$

例 Ⅰ-6

一质量为 m、长为 L 的均匀细棒 AB,与质量为 m_1 的质点 A 和质量为 M 的质点 B 组成的刚体结构如图 Ⅰ.19 所示,试求此刚体对过 AB 中点且垂直 AB 的转轴的转动惯量.

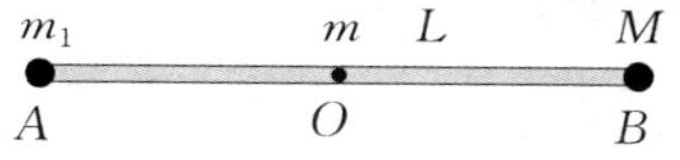

图 Ⅰ.19

解　由题意可知，此刚体可视为由三部分组成：细棒、质点 m_1 和质点 M. 由式(Ⅰ.6)可得

$$J = J_{AB} + J_{m_1} + J_M.$$

由表 Ⅰ.1 可知

$$J_{AB} = \frac{1}{12}mL^2.$$

由式(Ⅰ.5)可得

$$J_{m_1} = m_1\left(\frac{L}{2}\right)^2,\quad J_M = M\left(\frac{L}{2}\right)^2.$$

故

$$J = \frac{1}{12}mL^2 + \frac{1}{4}m_1L^2 + \frac{1}{4}ML^2 = \frac{1}{4}L^2\left(\frac{m}{3} + m_1 + M\right).$$

3. 刚体定轴转动的两类问题

刚体定轴转动的转动定律与质点运动的牛顿第二定律在解决实际问题时的处理方式相似. 刚体定轴转动问题可大致分为两类：

(1) 已知刚体所受的合外力矩(由受力分析得出)，求刚体定轴转动的角量.

此类问题的一般解法是：应用转动定律求出刚体转动的角加速度 β，然后由运动的初始条件(ω_0,θ_0)通过求积分或根据刚体运动学公式求出转动的角量.

(2) 已知刚体转动规律 $\theta=\theta(t)$，求刚体所受的合外力矩.

此类问题的一般解法是：通过求导的方法，求出角加速度 β，然后应用转动定律求出合外力矩.

例 Ⅰ-7

用落体观察法测定飞轮的转动惯量. 将半径为 R 的飞轮支承在 O 点上，然后在绕过飞轮的绳子的一端挂一质量为 m 的重物. 令重物以初速度为零下落并带动飞轮转动，如图 Ⅰ.20 所示. 若重物下落的距离为 h，所用的时间为 t，试求出飞轮的转动惯量.(假设轴承间无摩擦)

解　设绳子的拉力为 F. 对飞轮而言，根据转动定律，有

$$FR = J\beta,$$

而对重物而言，由牛顿第二定律，有

$$mg - F = ma.$$

由于绳子在运动过程中不伸长，因此有

$$a = \beta R.$$

重物做匀加速下落的运动，有

$$h = \frac{1}{2}at^2.$$

联立上述方程，可解得飞轮的转动惯量为

$$J = mR^2\left(\frac{gt^2}{2h} - 1\right).$$

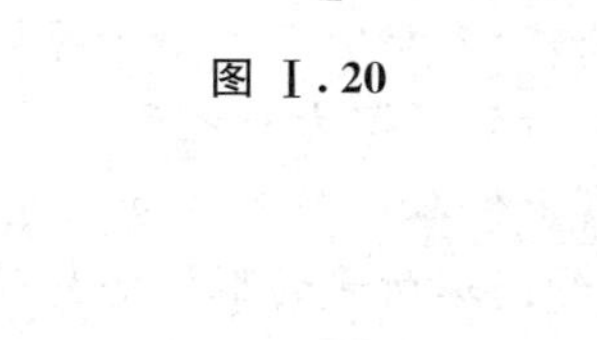

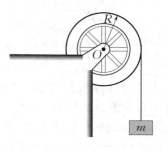

图 Ⅰ.20

例 Ⅰ-8

质量分别为 m_1 和 m_2 的两物体 A,B，分别悬挂在图 Ⅰ.21(a) 所示的组合轮两端. 设两轮的半径分别为 R 和 r，两轮的转动惯量分别为 J_1 和 J_2，轮与轴承间、绳索与轮间的摩擦力

均略去不计，绳的质量也略去不计. 试求两物体的加速度和绳的张力.

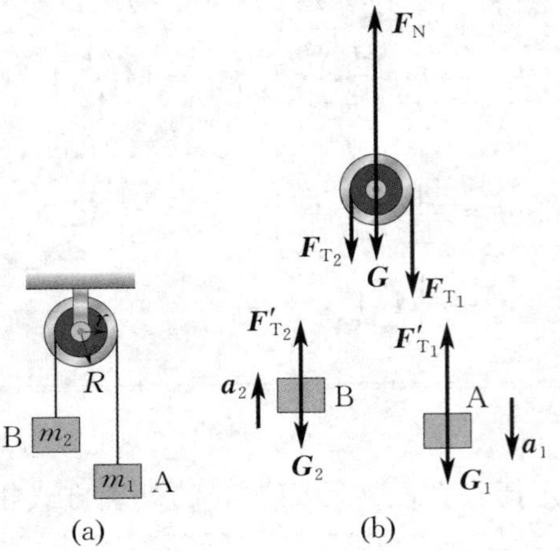

图 Ⅰ.21

解 分别对两物体及组合轮进行受力分析，如图 Ⅰ.21(b) 所示. 根据质点的牛顿运动定律和刚体的转动定律，有

$$G_1 - F'_{T_1} = m_1 g - F'_{T_1} = m_1 a_1,$$
$$F'_{T_2} - G_2 = F'_{T_2} - m_2 g = m_2 a_2,$$
$$F_{T_1} R - F_{T_2} r = (J_1 + J_2)\beta,$$
$$F'_{T_1} = F_{T_1},\quad F'_{T_2} = F_{T_2}.$$

由角加速度和加速度之间的关系，有

$$a_1 = \beta R,\quad a_2 = \beta r.$$

解上述方程组，可得

$$a_1 = \frac{m_1 R - m_2 r}{J_1 + J_2 + m_1 R^2 + m_2 r^2} gR,$$
$$a_2 = \frac{m_1 R - m_2 r}{J_1 + J_2 + m_1 R^2 + m_2 r^2} gr,$$
$$F_{T_1} = \frac{J_1 + J_2 + m_2 r^2 + m_2 Rr}{J_1 + J_2 + m_1 R^2 + m_2 r^2} m_1 g,$$
$$F_{T_2} = \frac{J_1 + J_2 + m_1 R^2 + m_1 Rr}{J_1 + J_2 + m_1 R^2 + m_2 r^2} m_2 g.$$

例 Ⅰ-9

均匀圆盘的质量为 m，半径为 R，在水平桌面上绕其中心旋转，如图 Ⅰ.22 所示. 设圆盘与桌面之间的摩擦系数为 μ，求圆盘以角速度 ω_0 旋转到静止时所需要的时间.

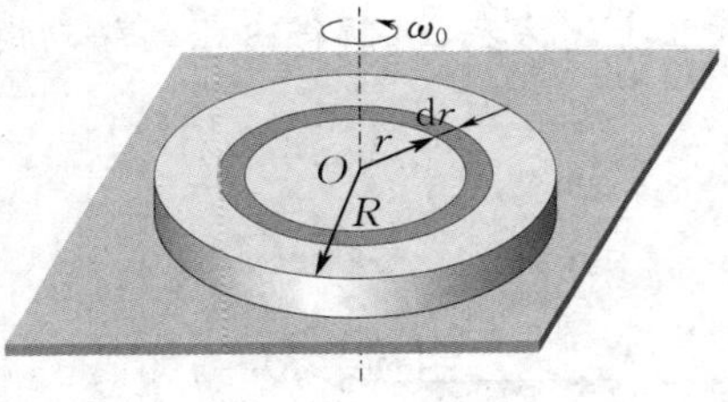

图 Ⅰ.22

解 选圆盘作为研究对象，它受重力、桌面的支持力和摩擦力的作用，前两个力由于平行于转轴，对中心轴的力矩为零. 将圆盘分成许多个细圆环，整个圆盘所受的摩擦力矩等于这些细圆环所受摩擦力矩之和.

在圆盘上任取一个半径为 r、宽度为 $\mathrm{d}r$ 的细圆环，该细圆环所受的摩擦力矩等于环上各质点所受摩擦力矩之和. 由于细圆环上各个质点所受摩擦力的力臂相等，力矩的方向相同，因此，若取 ω_0 的方向为正方向，则细圆环所受的力矩为

$$\mathrm{d}M = -\mu g r\,\mathrm{d}m,$$

其中 $\mathrm{d}m = \sigma \mathrm{d}S = \frac{m}{\pi R^2} 2\pi r \mathrm{d}r = \frac{2mr\,\mathrm{d}r}{R^2}$，为细圆环的质量. 故

$$\mathrm{d}M = -2\mu m g \frac{r^2}{R^2}\mathrm{d}r.$$

整个圆盘所受的摩擦力矩为

$$M = \int_0^R -2\mu m g \frac{r^2}{R^2}\mathrm{d}r = -\frac{2}{3}\mu m g R,$$

式中负号表示力矩与 ω_0 的方向相反，是阻力矩. 根据转动定律，角加速度为

$$\beta = \frac{M}{J} = \frac{-\frac{2}{3}\mu m g R}{\frac{1}{2} m R^2} = -\frac{4\mu g}{3R}.$$

上式表明，角加速度为常量且与 ω_0 的方向相反，圆盘做匀减速转动.

由 $\omega = \omega_0 + \beta t$ 得圆盘停止转动($\omega = 0$) 所需要的时间为

$$t = \frac{-\omega_0}{\beta} = \frac{3R\omega_0}{4\mu g}.$$

Ⅰ.4　刚体定轴转动的动能定理　机械能守恒定律

Ⅰ.4.1　刚体定轴转动的转动动能

刚体定轴转动和质点运动一样具有动能，这个动能称为转动动能．由于刚体可视为由许多质点所组成，因此刚体的转动动能等于各质点动能的总和．

设时刻 t，转动惯量为 J 的刚体上各质点的质量与速率分别为 $\Delta m_1,\Delta m_2,\cdots,\Delta m_n$ 与 $v_1,v_2,\cdots,v_n$，各质点到转轴的垂直距离分别为 $r_1,r_2,\cdots,r_n$．当刚体以角速度 ω 绕定轴转动时，第 i 个质点的动能为

$$E_{ki}=\frac{1}{2}\Delta m_i v_i^2=\frac{1}{2}\Delta m_i r_i^2\omega^2,$$

整个刚体的转动动能为

$$E_k=\sum_{i=1}^{n}\Delta E_{ki}=\sum_{i=1}^{n}\frac{1}{2}\Delta m_i r_i^2\omega^2=\frac{1}{2}\Big(\sum_{i=1}^{n}\Delta m_i r_i^2\Big)\omega^2,$$

式中 $\sum\limits_{i=1}^{n}\Delta m_i r_i^2$ 为刚体的转动惯量 J．故

$$E_k=\frac{1}{2}J\omega^2. \tag{Ⅰ.9}$$

式(Ⅰ.9)表示，刚体定轴转动的转动动能等于刚体的转动惯量与角速度二次方的乘积的一半．这与质点的动能 $E_k=\frac{1}{2}mv^2$ 在形式上相似．

Ⅰ.4.2　力矩的功和功率

在质点力学中，若一质点受外力的作用，并在力的方向上发生了一段位移，我们说力对质点做了功．与此相类比，如果刚体在力矩作用下发生了一定的角位移，那么力矩也做了功．

图Ⅰ.23所示为力矩对一刚体做功的示意图．设该刚体在外力 $\boldsymbol{F}$ 的作用下(其作用点到转轴的距离为 r)绕定轴 z 轴转过角位移 $\mathrm{d}\theta$．由于刚体上各点均绕转轴做圆周运动，因此力的作用点所发生的元位移大小为 $\mathrm{d}s=r\mathrm{d}\theta$．设力 $\boldsymbol{F}$ 在法向的分力为 $\boldsymbol{F}_n$，在切向的分力为 $\boldsymbol{F}_t$．根据功的定义可知，$\boldsymbol{F}_n$ 的方向与元位移方向垂直，不做功，故力 $\boldsymbol{F}$ 在这一过程中所做的功为

$$\mathrm{d}W=F_t\mathrm{d}s=F_t r\mathrm{d}\theta. \tag{Ⅰ.10}$$

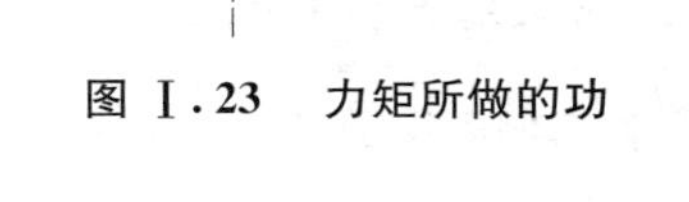

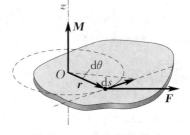

图Ⅰ.23　力矩所做的功

又由力矩定义可知，法向分力 $\boldsymbol{F}_n$ 的力矩为零，力矩的功只和切向分力 $\boldsymbol{F}_t$ 的力矩有关．因此力 $\boldsymbol{F}$ 对转轴的力矩为

$$M=F_t r,$$

式(Ⅰ.10)可写成

$$\mathrm{d}W=M\mathrm{d}\theta, \tag{Ⅰ.11}$$

式中 $\mathrm{d}W$ 表示力矩 M 在角位移 $\mathrm{d}\theta$ 内所做的元功．

如果刚体经历了一个过程，它的角位置由 θ_1 变为 θ_2，那么力矩所做的功为

$$W=\int_{\theta_1}^{\theta_2}M\mathrm{d}\theta. \tag{Ⅰ.12}$$

若力矩的大小和方向都不变，当刚体在此力矩作用下角位移为 $\Delta\theta$ 时力矩所做功为

$$W=M(\theta_2-\theta_1)=M\Delta\theta. \tag{Ⅰ.13}$$

式(Ⅰ.13)表示，恒力矩对绕轴转动的刚体所做的功，等于力矩的大小与转过的角位移 $\Delta\theta$ 的乘积.

力矩的功率为单位时间内力矩对刚体所做的功，即

$$P=\frac{\mathrm{d}W}{\mathrm{d}t}.$$

若刚体在力矩的作用下，$\mathrm{d}t$ 时间内转过了 $\mathrm{d}\theta$ 角度，则作用在刚体上力矩的功率为

$$P=\frac{\mathrm{d}W}{\mathrm{d}t}=M\frac{\mathrm{d}\theta}{\mathrm{d}t}=M\omega. \tag{Ⅰ.14}$$

式(Ⅰ.14)表示，力矩的功率等于力矩与角速度的乘积. 当功率一定时，转速越大，力矩越小；转速越小，力矩越大.

Ⅰ.4.3 刚体定轴转动的动能定理

设刚体在合外力矩 M 的作用下，绕定轴转过了一微小角位移 $\mathrm{d}\theta$，在此过程中合外力矩对刚体所做的元功为

$$\mathrm{d}W=M\mathrm{d}\theta,$$

由转动定律 $M=J\beta=J\frac{\mathrm{d}\omega}{\mathrm{d}t}$，上式可写成

$$\mathrm{d}W=J\frac{\mathrm{d}\omega}{\mathrm{d}t}\mathrm{d}\theta=J\frac{\mathrm{d}\theta}{\mathrm{d}t}\mathrm{d}\omega=J\omega\mathrm{d}\omega. \tag{Ⅰ.15}$$

如果合外力矩 M 对刚体的作用使得刚体的角位置从 θ_1 变成 θ_2，角速度从 ω_1 变成 ω_2，那么合外力矩对刚体所做的功为

$$W=\int_{\theta_1}^{\theta_2}M\mathrm{d}\theta=J\int_{\omega_1}^{\omega_2}\omega\mathrm{d}\omega=\frac{1}{2}J\omega_2^2-\frac{1}{2}J\omega_1^2=\Delta E_{\mathrm{k}}. \tag{Ⅰ.16}$$

式(Ⅰ.16)表示合外力矩对定轴转动的刚体所做的功等于刚体的转动动能的增量. 这就是刚体定轴转动的动能定理.

例 Ⅰ-10

一均匀细棒长为 L，质量为 m，可绕通过点 O 并与棒垂直的水平轴在竖直平面内转动，如图 Ⅰ.24 所示，$\overline{AO}=\frac{L}{3}$，在棒的 A 端施加一水平恒力 $\boldsymbol{F}(F=2mg)$，棒在力 $\boldsymbol{F}$ 的作用下，由静止转过 30°，求：(1) 力 $\boldsymbol{F}$ 所做的功；(2) 撤去力 $\boldsymbol{F}$，细棒回到平衡位置时的角速度(忽略细棒在转动过程中摩擦力做功).

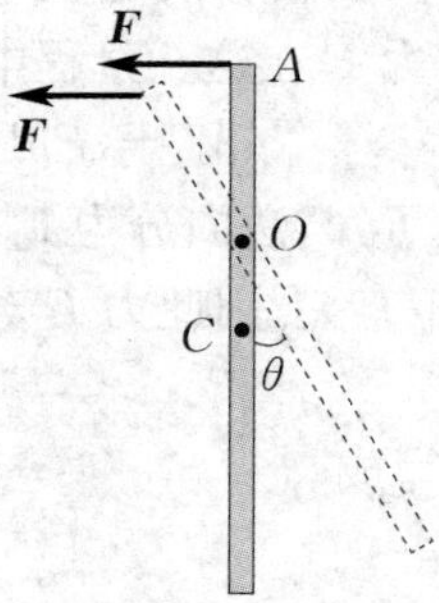

图 Ⅰ.24

解　(1) 选棒为研究对象. 棒在力 $\boldsymbol{F}$ 作用下转过 30° 时,力矩的功为

$$W=\int M\mathrm{d}\theta=\int_0^{\frac{\pi}{6}}F\frac{L}{3}\cos\theta\mathrm{d}\theta$$

$$=\int_0^{\frac{\pi}{6}}\frac{2}{3}mgL\cos\theta\mathrm{d}\theta=\frac{1}{3}mgL.$$

(2) 棒在力 $\boldsymbol{F}$ 的作用下,从平衡位置由静止开始转动到撤去力 $\boldsymbol{F}$ 后又返回到平衡位置的过程中,初位置(平衡位置)时棒的角速度 $\omega_0=0$,末位置(平衡位置)棒的角速度用 ω 表示,在这一过程中只有外力 $\boldsymbol{F}$ 做功. 由定轴转动的动能定理得

$$W=\frac{1}{2}J\omega^2-\frac{1}{2}J\omega_0^2,$$

由平行轴定理可得

$$J=\frac{1}{9}mL^2.$$

由以上各式可求得棒回到平衡位置时的角速度为

$$\omega=\sqrt{\frac{6g}{L}}.$$

注意,如果取撤去力 $\boldsymbol{F}$ 时的位置为初位置,棒回到平衡状态时为末位置,再用定轴转动的动能定理计算,同样可得到上面的结果. 但解题过程比较复杂,因为这时在初位置的角速度 $\omega_0\neq0$. 由此可见,用动能定理解题时,初、末状态选择恰当,可为解题带来方便.

例 Ⅰ-11

均匀细棒绕过 O 端的水平轴在铅直平面内旋转,如图 Ⅰ.25 所示. 转轴处摩擦可忽略. 最初棒在水平位置,然后任其自由端落下,求棒转到竖直位置时的角速度.

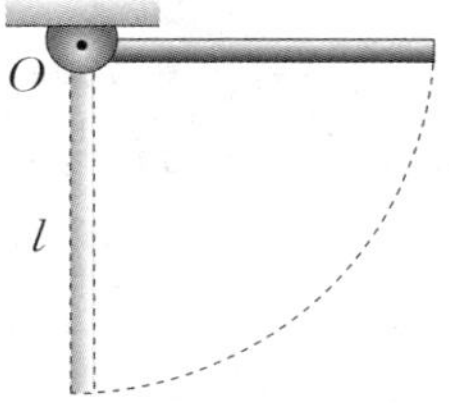

图 Ⅰ.25

解　**方法一**　用刚体定轴转动的动能定理求解.

选均匀细棒为研究对象,其自由端落下过程中,受两个力的作用,重力和轴承的支持力. 因为支持力对轴的力矩等于零,所以棒在运动过程中只有重力矩做功. 由 $W=\int M\mathrm{d}\theta$ 可得

$$W=\int_0^{\frac{\pi}{2}}mg\frac{l}{2}\cos\theta\mathrm{d}\theta=mg\frac{l}{2}.$$

棒开始时的转动动能等于零,转到竖直位置时的转动动能为 $\frac{1}{2}J\omega^2$. 根据刚体定轴转动的动能定理可得

$$mg\frac{l}{2}=\frac{1}{2}J\omega^2,$$

其中 $J=\frac{1}{3}ml^2$.

解上述方程可得 $\omega=\sqrt{\frac{3g}{l}}$.

方法二　用刚体系统的机械能守恒定律求解.

选均匀细棒和地球为研究对象,均匀细棒的自由端落下过程中,受两个力的作用,重力和轴承的支持力. 因为支持力对棒做功为零,棒在运动过程中只有重力做功,故系统的机械能守恒. 设棒在初始位置时的重力势能为零,则棒在初位置(水平位置)时的机械能为

$$E_1=0,$$

棒在末位置(竖直位置)时的机械能为

$$E_2=\frac{1}{2}J\omega^2-mg\frac{l}{2}.$$

根据机械能守恒定律,得 $E_1=E_2$,即

$$0=\frac{1}{2}J\omega^2-mg\frac{l}{2},$$

其中 $J=\frac{1}{3}ml^2$.

解上述方程可得

$$\omega=\sqrt{\frac{3g}{l}}.$$

Ⅰ.4.4 机械能守恒定律

式(Ⅰ.16)左侧是合外力矩对刚体所做的功.若刚体处于保守场,合外力矩可分为保守力矩和非保守力矩.保守力矩所做的功应与相应的势能增量负值相等,即

$$\int_{\theta_1}^{\theta_2} M\mathrm{d}\theta = -\Delta E_{\mathrm{p}}, \tag{Ⅰ.17}$$

式中,E_{p} 为刚体在保守场中所具有的势能(严格讲应为刚体与保守力的施力物体所组成系统的势能).与质点不同的是,刚体具有一定质量分布,确定刚体在保守场中的势能应以其质心位置为准.例如,研究刚体在重力场中的重力势能时,可把它的全部质量集中到质心上,用质心距重力势能零点的位置来确定其势能,即仍可用 mgh 来表示(m 为刚体总质量,h 为质心距重力势能零点的高度).

对于刚体和保守力施力物体所组成的系统而言,式(Ⅰ.16)可写为

$$\int_{\theta_1}^{\theta_2} M\mathrm{d}\theta = \int_{\theta_1}^{\theta_2} M_{\text{外}}\,\mathrm{d}\theta + \int_{\theta_1}^{\theta_2} M_{\text{内保}}\mathrm{d}\theta + \int_{\theta_1}^{\theta_2} M_{\text{内非保}}\mathrm{d}\theta = \Delta E_{\mathrm{k}}.$$

将式(Ⅰ.17)代入,可得

$$\begin{aligned}\int_{\theta_1}^{\theta_2} M_{\text{外}}\,\mathrm{d}\theta + \int_{\theta_1}^{\theta_2} M_{\text{内非保}}\mathrm{d}\theta &= \Delta E_{\mathrm{k}} + \Delta E_{\mathrm{p}} = (E_{\mathrm{k}} - E_{\mathrm{k0}}) + (E_{\mathrm{p}} + E_{\mathrm{p0}}) \\ &= E - E_0 = \Delta E.\end{aligned} \tag{Ⅰ.18}$$

这就是刚体定轴转动的功能原理.其文字表述为:在刚体定轴转动过程中,合外力矩与非保守力矩所做的功等于系统机械能的增量.

当 $\int_{\theta_1}^{\theta_2} M_{\text{外}}\,\mathrm{d}\theta + \int_{\theta_1}^{\theta_2} M_{\text{内非保}}\mathrm{d}\theta = 0$ 时,$\Delta E = 0$,即

$$E = E_{\mathrm{k}} + E_{\mathrm{p}} = \text{常量}. \tag{Ⅰ.19}$$

式(Ⅰ.19)就是刚体定轴转动的机械能守恒定律.它表明:在只有保守力矩做功的情况下,系统的机械能守恒,系统的动能和势能可以相互等量的转化.

Ⅰ.5 刚体定轴转动的角动量定理 角动量守恒定律

Ⅰ.5.1 刚体定轴转动的角动量定理

如图Ⅰ.26所示,当刚体以角速度 $\boldsymbol{\omega}$ 绕定轴转动时,刚体上每个质点都以相同的角速度 $\boldsymbol{\omega}$ 绕转轴转动,其中任一质点 m_i 对转轴的角动量为

$$\boldsymbol{L}_i = \boldsymbol{r}_i \times m_i \boldsymbol{v}_i. \tag{Ⅰ.20}$$

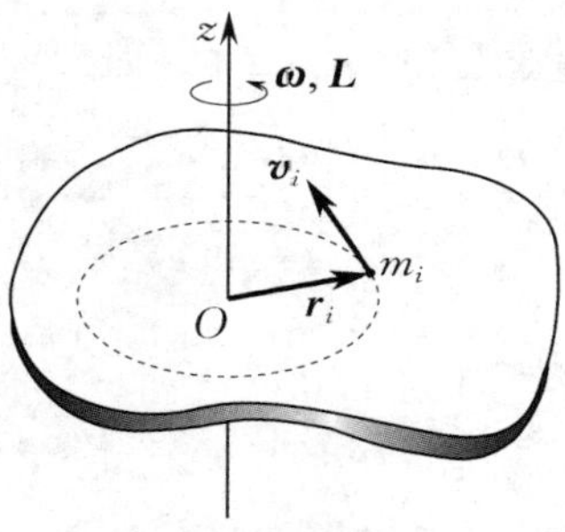

图Ⅰ.26 刚体定轴转动的角动量

因 $\boldsymbol{r}_i$ 与 $\boldsymbol{v}_i$ 垂直,故其大小 $L_i = r_i m_i v_i \sin\frac{\pi}{2} = m_i r_i^2 \omega$,式中 r_i 是质量为 m_i 的质点与转轴的距离.刚体的角动量等于刚体上所有质点对转轴的角动量之和,即

$$L = \sum_i m_i r_i^2 \omega = \left(\sum_i m_i r_i^2\right)\omega,$$

由于 $\sum_i m_i r_i^2 = J$,因此刚体的角动量可写成

$$\boldsymbol{L} = J\boldsymbol{\omega}, \tag{Ⅰ.21}$$

即刚体绕定轴转动的角动量等于刚体的转动惯量与角速度的乘积. 角动量是矢量，其大小由式(Ⅰ.21)确定，角动量的方向与角速度的方向一致，与转轴平行. 定轴转动中角动量的方向只有两个方向，故可以采用标量运算.

根据转动定律，刚体所受的合外力矩与角加速度的关系为

$$\boldsymbol{M} = J\boldsymbol{\beta} = J\frac{\mathrm{d}\boldsymbol{\omega}}{\mathrm{d}t}.$$

由于刚体对同一转轴的转动惯量 J 是常量，因此上式可改写成

$$\boldsymbol{M} = \frac{\mathrm{d}(J\boldsymbol{\omega})}{\mathrm{d}t} = \frac{\mathrm{d}\boldsymbol{L}}{\mathrm{d}t}. \tag{Ⅰ.22}$$

式(Ⅰ.22)表明，刚体绕某定轴转动时，作用于刚体的合外力矩等于刚体绕此定轴的角动量对时间的变化率. 式(Ⅰ.22)就是**刚体绕定轴转动的角动量定理**的微分形式. 对式(Ⅰ.22)变形为 $\boldsymbol{M}\mathrm{d}t = \mathrm{d}\boldsymbol{L}$，两边积分，有

$$\int_0^t \boldsymbol{M}\mathrm{d}t = \int_{\boldsymbol{L}_0}^{\boldsymbol{L}} \mathrm{d}\boldsymbol{L} = \boldsymbol{L} - \boldsymbol{L}_0, \tag{Ⅰ.23}$$

式中，$\boldsymbol{L}_0$ 和 $\boldsymbol{L}$ 分别为刚体在 $t=0$ 时刻和 t 时刻的角动量，$\int_0^t \boldsymbol{M}\mathrm{d}t$ 为刚体在时间间隔 t 内所受的冲量矩. 式(Ⅰ.23)表示，刚体定轴转动时，作用在刚体上的冲量矩等于刚体角动量的增量. 式(Ⅰ.23)就是刚体定轴转动的角动量定理的积分形式.

当转动惯量一定时，有

$$\int_0^t \boldsymbol{M}\mathrm{d}t = J\boldsymbol{\omega} - J\boldsymbol{\omega}_0 = J(\boldsymbol{\omega} - \boldsymbol{\omega}_0); \tag{Ⅰ.24}$$

当转动惯量变化时，有

$$\int_0^t \boldsymbol{M}\mathrm{d}t = J\boldsymbol{\omega} - J_0\boldsymbol{\omega}_0. \tag{Ⅰ.25}$$

Ⅰ.5.2　刚体定轴转动的角动量守恒定律

在式(Ⅰ.22)中，当刚体所受的合外力矩为零，即 $\boldsymbol{M} = \boldsymbol{0}$ 时，有

$$\frac{\mathrm{d}\boldsymbol{L}}{\mathrm{d}t} = \boldsymbol{0} \quad 或 \quad \boldsymbol{L} = J\boldsymbol{\omega} = 常矢量. \tag{Ⅰ.26}$$

式(Ⅰ.26)表明，当刚体所受的合外力矩为零或者不受外力矩的作用时，刚体的角动量保持不变. 这就是**刚体定轴转动的角动量守恒定律.**

刚体定轴转动的角动量守恒定律表明，当刚体定轴转动且 $\boldsymbol{M} = \boldsymbol{0}$ 时，如果转动惯量不变，那么角速度为常矢量，即刚体做匀速转动；如果转动惯量可以改变，由 $J\boldsymbol{\omega} = J_0\boldsymbol{\omega}_0$ 得 $\boldsymbol{\omega} = \frac{J_0\boldsymbol{\omega}_0}{J}$，表示刚体的角速度随转动惯量的变化而变化，但两者的乘积不变. 当转动惯量变大时，角速度变小；当转动惯量变小时，角速度变大.

当转动系统是由多个刚体组成且该系统所受到的合外力矩为零时，该系统的角动量守恒定律可表示为

$$\sum_i J_i\boldsymbol{\omega}_i = 常矢量. \tag{Ⅰ.27}$$

近代物理表明，角动量守恒定律和动量守恒定律、机械能守恒定律一样，都是自然界中普遍存在的规律.

转动物体的角动量守恒在实际中有很多应用. 例如，花样滑冰运动员在表演时，受重力和地

图 Ⅰ.27　跳水过程中的角动量守恒

面支持力的作用，这些力均通过了人体转动轴，力矩为零，满足角动量守恒的条件. 花样滑冰运动员常常先伸开双臂与腿，绕通过足尖的竖直轴以一定的角速度转动，此时转动惯量较大. 当他把两臂与腿迅速收拢时(转动惯量变小)，旋转的速度明显加快，以完成特定的花样动作. 同样，跳水过程中跳水运动员先将两臂伸直(转动惯量较大)，并以某一角速度离开跳板，在空中时，将两臂和腿尽量弯曲缩起来，以减小转动惯量，因而角速度增大，在空中迅速翻转，当快接近水面时，再伸直两臂和腿以增大转动惯量，减小角速度，以便竖直地进入水中，如图 Ⅰ.27 所示. 可见，分析人体转动时角动量守恒定律是其力学基础.

对于直升机来说，当安装在直升机上方的旋翼转动时，根据角动量守恒定律，它必然引起机身反向打转，以维持总的角动量为零，这样一来，直升机便无法确定航向了. 为了防止机身打转，通常在直升机的尾部再装上一个在竖直平面内转动的小螺旋桨，叫作尾桨，它提供一个附加的水平力，其力矩可抵消旋翼给机身的反作用力矩.

例 Ⅰ-12

如图 Ⅰ.28 所示，在光滑的水平面上有一细杆，其质量$m_1=10$ kg，长 $l=40$ cm，可绕通过其中点并与之垂直的轴转动. 一质量为 $m_2=10$ g 的子弹，以 $v=2\times10^2$ m/s 的速度射入杆端，其方向与杆及轴正交. 若子弹陷入细杆中，试求细杆获得的角速度.

解　以子弹和细杆为一系统，设细杆获得的角速度为 ω'. 根据角动量守恒定律，有

$$J_2\omega=(J_1+J_2)\omega',$$

即

$$m_2\left(\frac{l}{2}\right)^2\cdot\frac{2v}{l}=\left[\frac{m_1l^2}{12}+m_2\left(\frac{l}{2}\right)^2\right]\omega',$$

代入数据，解得

$$\omega'=\frac{6m_2v}{(m_1+3m_2)l}=\frac{6\times10^{-2}\times2\times10^2}{(10+3\times10^{-2})\times0.4}\text{ rad/s}\approx2.99\text{ rad/s}.$$

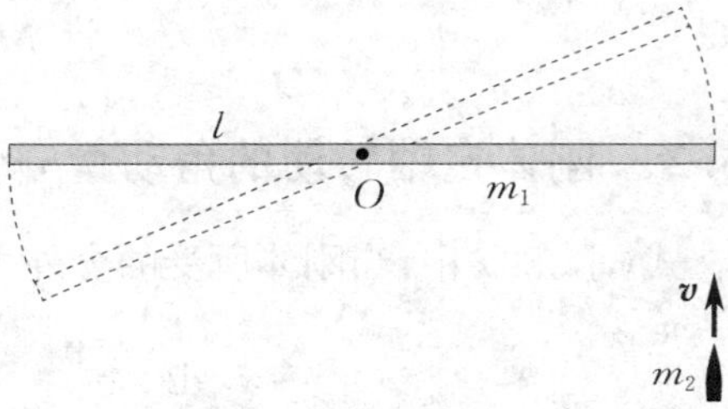

图 Ⅰ.28

例 Ⅰ-13

在工程上，两个轴线在中心连线上的飞轮 A 和 B，常用啮合器 C 使它们以相同的转速一起转动，如图 Ⅰ.29 所示. 设 A 轮的转动惯量(含啮合器)$J_A=10\text{ kg}\cdot\text{m}^2$，B 轮的转动惯量(含啮合器)$J_B=20\text{ kg}\cdot\text{m}^2$，开始时，A 轮的转速为 900 r/min，B 轮静止，求两轮对心啮合后的转速.

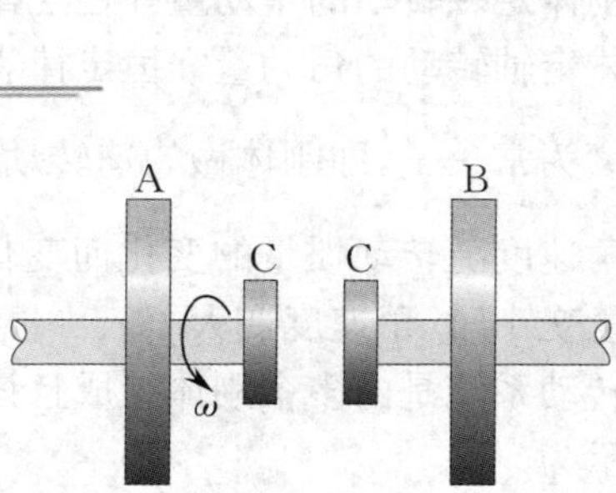

图 Ⅰ.29

解　在 A 和 B 的啮合过程中，系统受到轴向正压力，但它对转轴的力矩为零. 啮合器 C 两片之间的摩擦力是系统的内力，成对内力对

轴的力矩之和为零，所以系统的角动量守恒. 由此可得

$$J_A\omega_A=(J_A+J_B)\omega,$$

又

$$\omega_A=\frac{900\times2\pi}{60}\ \text{rad/s}=30\pi\ \text{rad/s},$$

代入已知数据，得

$$\omega=\frac{10\times30\pi}{10+20}\ \text{rad/s}=10\pi\ \text{rad/s}.$$

故转速为

$$n=\frac{10\pi}{2\pi}\times60\ \text{r/min}=300\ \text{r/min}.$$

例 Ⅰ-14

一轻绳绕过定滑轮(质量忽略). 质量为 m 的人抓住绳的一端，而绳的另一端系了与人等重的一物体 B，如图 Ⅰ.30 所示. 设滑轮半径为 R，试求当人相对绳以匀速率 u 从静止开始向上爬时，物体 B 上升的速率.

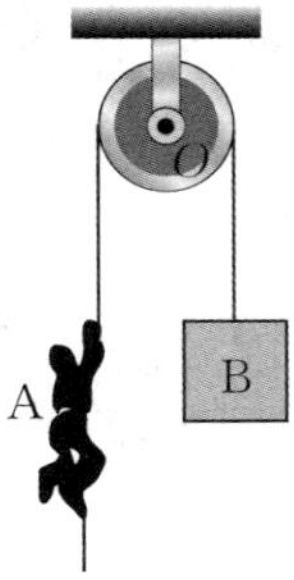

图 Ⅰ.30

解　取人和物体 B 为系统，系统的外力为人和物体的重力. 人的重力对滑轮轴心 O 的力矩大小为 mgR，方向垂直于纸面向外. 而物体重力对 O 点的力矩大小也为 mgR，但方向与人的重力矩相反，系统对参考点 O 所受的合外力矩为零. 因此，系统对参考点 O 的角动量守恒.

设当人以速率 u 相对绳向上爬时，物体 B 相对地面以 v 向上升. 这时系统对 O 点的角动量为 $mvR-m(u-v)R$，其中 $u-v$ 为人相对地面的速率. 在人向上爬以前，系统的角动量为零. 根据角动量守恒定律，有

$$mvR-m(u-v)R=0,$$

解得

$$v=\frac{u}{2}.$$

由此可知，当人相对绳以速率 u 向上爬时，物体相对地面上升的速率 $v=\frac{u}{2}$. 这时人相对地的速率 $v'=u-v=\frac{u}{2}$，与物体相对地面的速率相同.

思考题 Ⅰ

Ⅰ-1　刚体模型的特征是什么?在什么情况下实际物体可当作刚体对待?

Ⅰ-2　判断下列几种说法是否正确：

(1) 在传统建筑中关或开门窗时，门窗的运动是转动；

(2) 地球自西向东自转，其自转角速度矢量指向地球北极；

(3) 刚体绕定轴做匀速转动时，其速度和角速度都不变；

(4) 刚体绕定轴做匀变速转动时，其角加速度不变；

(5) 在处理定轴转动问题时，总要取一个转动平面 S，只有平面 S 上的分力对轴产生的力矩才对定轴转动有贡献；

(6) 力对轴的力矩 $\boldsymbol{M}$ 的方向与轴平行；

(7) 质量一定的刚体，其转动惯量一定；

(8) 某瞬时平动刚体上各点速度大小相等，但方向可以不同；

(9) 平动刚体上各点的轨迹一定是直线；

(10) 平动刚体上各点的轨迹可以是曲线.

Ⅰ-3 两个均匀圆盘A和B,密度分别为ρ_A和ρ_B,且$\rho_A > \rho_B$,但两圆盘的质量和厚度相同. 两盘对通过盘心且垂直盘面的转轴的转动惯量哪个大些?

Ⅰ-4 两个质量、外径相同的飞轮A,B,以相同的角速度绕中心轴转动,A是圆盘形,B是圆环状,在相同阻力矩作用下,谁先停下来?

Ⅰ-5 将质量相同的一个生鸡蛋和一个熟鸡蛋放在桌面上并使它们旋转,如何判定哪个是生的,哪个是熟的?请论述其原理.

Ⅰ-6 判断下列几种说法是否正确：

(1) 刚体受到力的作用必有力矩；

(2) 如果刚体绕定轴做匀速转动,那么受到的力矩一定为零；

(3) 刚体受力越大,此力对定轴的力矩也越大；

(4) 刚体绕定轴做匀变速转动时,其受到的合力矩不变；

(5) 在刚体定轴转动的转动定律中,力矩、角加速度和转动惯量必须是相对同一转轴而言的.

Ⅰ-7 判断下列几种说法是否正确：

(1) 如果某刚体始、末两状态的角动量相同,表明该刚体的角动量守恒；

(2) 如果刚体的角动量守恒,则始、末状态的角速度一定相同；

(3) 只有刚体受到的合外力矩为零时,刚体的角动量才守恒；

(4) 刚体的角动量守恒,其动量也守恒.

习题Ⅰ

Ⅰ-1 一飞轮绕定轴转动,其角位置与时间的关系为$\theta = at + bt^2 + ct^3 + d$,其中$a,b,c,d$均为常量,试求：

(1) 飞轮的角速度和角加速度；

(2) 距转轴r处的质点的切向加速度和法向加速度.

Ⅰ-2 一滑轮绕定轴转动,其角加速度随时间变化的关系为$\beta = 2at - 4bt^3$,其中a,b均为常量. 设$t = 0$时,滑轮的角速度和角位置分别为ω_0和θ_0,试求滑轮在t时刻的角速度和角位置.

Ⅰ-3 如图Ⅰ.31所示,发电机的皮带轮A被汽轮机的皮带轮B带动,A轮和B轮的半径分别为$r_1 = 30$ cm,$r_2 = 75$ cm. 已知汽轮机在启动后以匀角加速度0.8π rad/s^{2}转动,两轮与皮带间均无滑动.

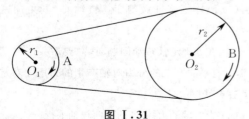

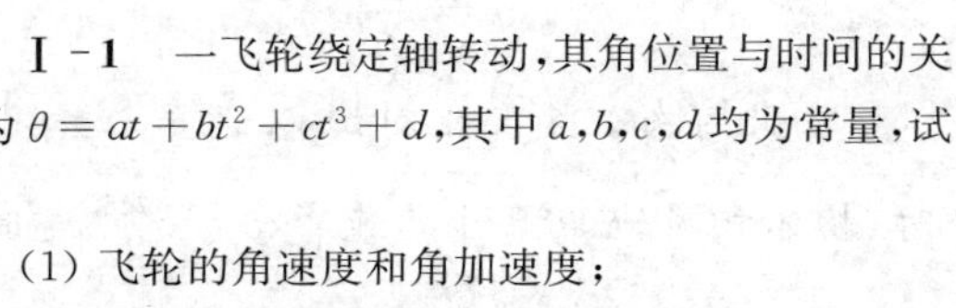

图Ⅰ.31

(1) 经过多长时间后发电机的转速为600 r/min?

(2) 当汽轮机停止工作后,发电机在1 min内由600 r/min减到300 r/min. 设减速过程是均匀的,求角加速度及在这1 min内转过的圈数.

Ⅰ-4 如图Ⅰ.32所示,试求质量为M、半径为R的均匀圆盘对过其边缘端点A且垂直于盘面的轴的转动惯量.

Ⅰ-5 如图Ⅰ.33所示,一根长为l、质量为m的均匀细杆,可绕水平光滑轴在竖直平面内转动,最初细杆静止在水平位置,求它下摆θ角时的角速度和角加速度.

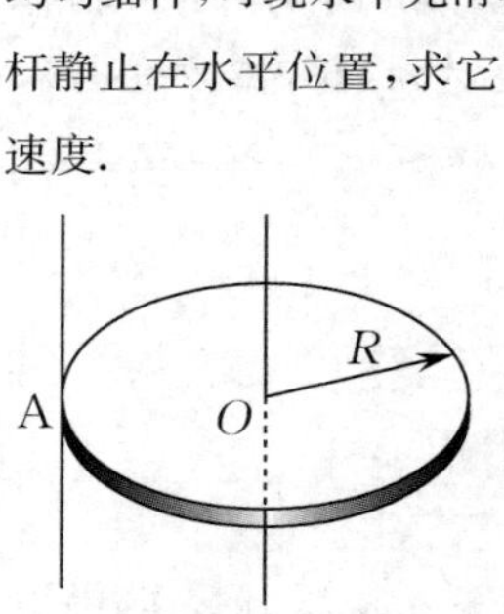

图Ⅰ.32

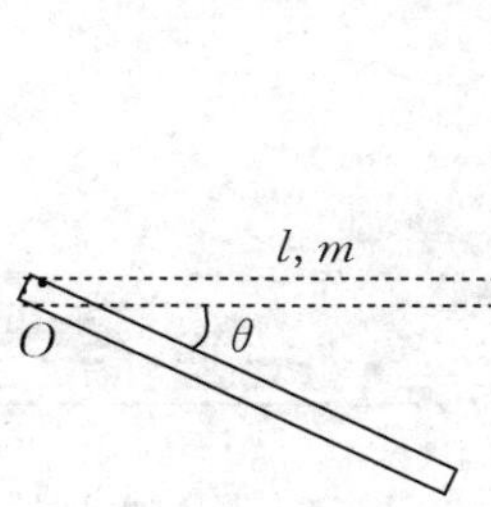

图Ⅰ.33

Ⅰ-6 如图Ⅰ.34所示,定滑轮的半径为r,绕转轴的转动惯量为J,滑轮两边分别悬挂质量为m_1和m_2的物体A,B. 物体A置于倾角为θ的斜面上,它和斜面间的摩擦系数为μ. 若物体B向下做加速运动,求：

(1) 其下落加速度的大小；

(2) 滑轮两边绳子的张力. (设绳的质量及伸长均不计,绳与滑轮间无滑动,滑轮轴光滑.)

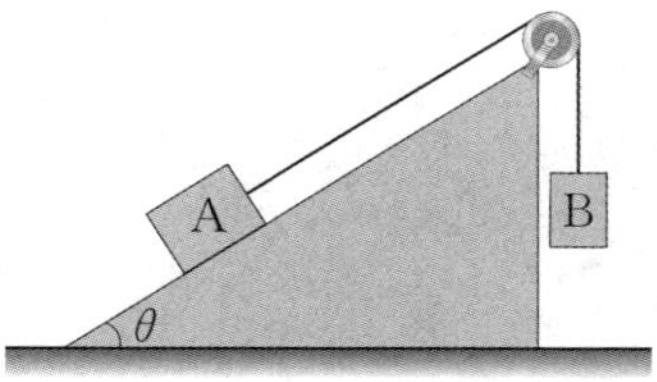

图 Ⅰ.34

Ⅰ-7　如图 Ⅰ.35 所示，一长为 l、质量为 m 的均匀细杆竖直放置，其下端与一固定铰链相连，并可以绕其转动. 由于此竖直放置的细杆处于非稳定状态，受到微小扰动时，细杆在重力的作用下由静止开始绕铰链转动，试计算细杆转到与竖直线成 θ 角时的角速度与角加速度.

Ⅰ-8　如图 Ⅰ.36 所示，一根轻绳跨过定滑轮，其两端分别悬挂着质量为 m_1 和 m_2 的物体，且 $m_1 < m_2$. 滑轮(可视为均匀圆盘)半径为 R，质量为 m_3，绳不能伸长，绳与滑轮间也无相对滑动，忽略转轴处摩擦，试求物体的加速度和绳子的张力.

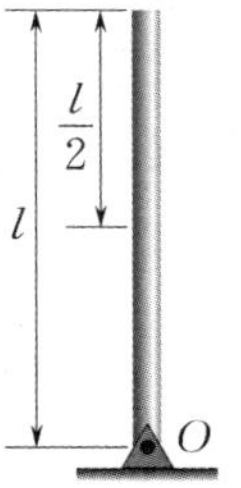

图 Ⅰ.35

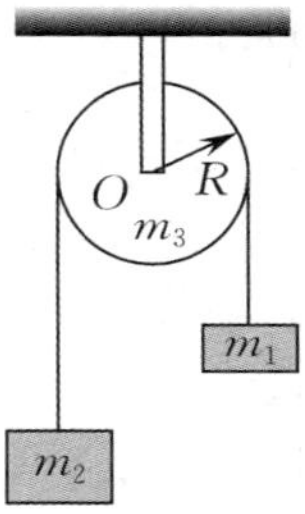

图 Ⅰ.36

Ⅰ-9　一轻绳绕在半径 $r = 20$ cm 的飞轮边缘，在绳端施以 $F = 98$ N 的拉力，飞轮的转动惯量 $J = 0.5\ \mathrm{kg \cdot m^2}$，飞轮与转轴间的摩擦不计，如图 Ⅰ.37 所示，试求：

(1) 飞轮的角加速度；

(2) 当绳端由静止下降 $h = 5$ m时，飞轮所获得的动能；

(3) 以重量 $G = 98$ N 的物体挂在绳端，试求飞轮的角加速度.

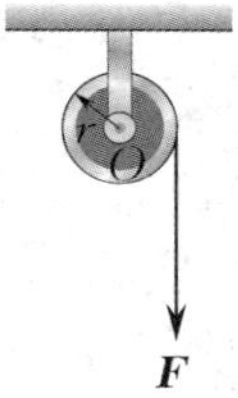

图 Ⅰ.37

Ⅰ-10　一质量为 20 kg 的小孩，站在一半径为 3 m、转动惯量为 450 $\mathrm{kg \cdot m^2}$ 的静止水平转台的边缘，此转台可绕通过转台中心的竖直轴转动，转台与轴间的摩擦不计. 如果此小孩相对转台以 1 m/s 的速率沿转台边缘行走，问转台的角速度有多大？

Ⅰ-11　如图 Ⅰ.38 所示，在光滑的水平面上有一轻质弹簧(其弹性系数为 k)，它的一端固定，另一端系一质量为 m_1 的滑块. 最初滑块静止时，弹簧呈自然长度 l_0. 今有一质量为 m_2 的子弹以速度 v_0 沿水平方向并垂直于弹簧轴线射向滑块且留在其中，滑块在水平面内滑动，当弹簧被拉至长度 l 时，求滑块速度的大小和方向.

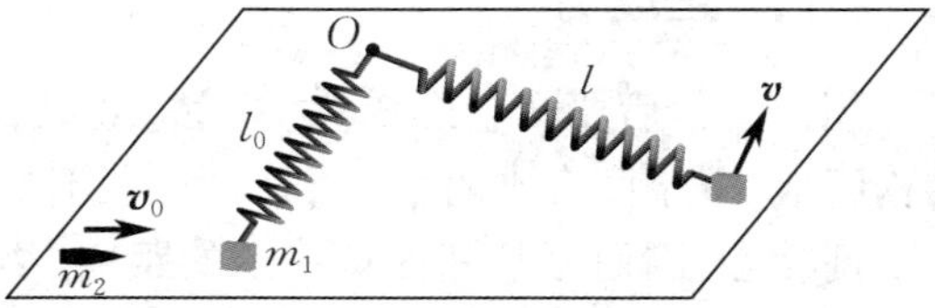

图 Ⅰ.38

选学 Ⅱ

固体的弹性

前面的章节中，我们总把研究对象简化为“质点”或“刚体”，前者不考虑物体的形状、大小，后者有形状但无形变. 实际上，任何物体在力的作用下，都会发生或多或少形状大小的变化(形变). 当撤除物体所受的外力后，在外力作用下所发生的形状和体积的变化完全消失而恢复原状的形变称为**弹性形变**，相应的物体称为**弹性体**. 弹性体也是一种理想模型. 在弹性体内，如果各点弹性相同且与方向无关，则该弹性体称为各向同性弹性体. 本章讨论固体的弹性. 固体弹性体有四种形变，分别为拉伸(压缩)、剪切、弯曲和扭转. 后两种形变可以看成前两种形变的组合.

不研究物体的微观构造，只把它当作充满所在空间的连续介质来研究，称这样的物体为连续体模型. 连续体包括弹性体和流体(液体和气体)，它们的共同特点是其内部质点之间可以有相对运动. 处理连续体的方法是不再把它看成一个个离散的质点，而是取“质元”，即有质量的体积元. 不再认为力是作用在一个个离散的质点上，而是作用在质元的表面上，因此需要引进作用在单位面积上的力，即“应力”的概念. 这就是弹性力学研究方法的特点.

Ⅱ.1 弹性体的拉伸与压缩

Ⅱ.1.1 正应力

固体受力后要产生形变，这是固态物质的宏观属性. 从微观来看，固体由大量分子按一定的结构组成，分子间存在着引力和斥力，在不受外力作用时，平均说来，这些分子间的引力和斥力处于平衡状态，因而分子间保持一定的距离，物体有一定的形状和大小. 当它受到外力的拉伸时，分子受力的平衡状态就被破坏，分子间发生相对位移而增大了距离，由于分子间距离的增大而产生的相互引力要反抗距离的增大，使分子间保持一个新的距离，每个分子位于一个新的平衡位置，这时物体处于一定的形变状态. 反之，当物体受到外力的挤压时，分子间的距离就要缩短，同时就要产生斥力，而这个斥力要反抗距离的缩短，从而每个分子都位于一个新的平衡位置，物体就处于一个被压缩的形变状态. 分子间的相互作用力形成了物体的内力，拉伸时产生的内力叫作张力，挤压时产生的内力叫作压力，它们统称为弹性力. 可见，弹性力产生的外部条件是外力，其内因则是大量分子间相互的作用力.

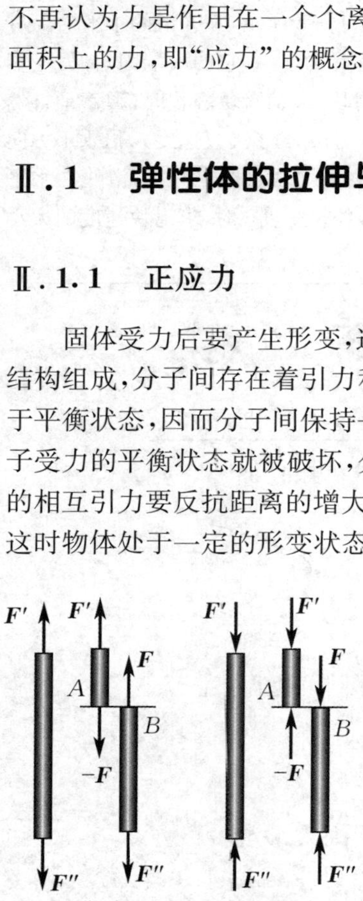

(a) 拉力　　(b) 压力

图 Ⅱ.1　直杆的拉伸和压缩

如图 Ⅱ.1 (a)，(b) 所示，一直杆受到的一对拉力(压力)$\boldsymbol{F}'$ 和 $\boldsymbol{F}''(=-\boldsymbol{F}')$ 是平衡力(不计重力). 在杆上某位置作与杆轴线垂直的假想截面 AB，将直杆分为上、下两部分，上部分通过假想截面对下部分施以向上(下)的拉(压)力 $\boldsymbol{F}$，下部分通过假想截面对上部分施以向下(上)的拉(压)力 $-\boldsymbol{F}$. 对整体直杆而言,这对力为内力. 由于不计杆自重,则有

$$|\boldsymbol{F}|=|\boldsymbol{F}'|=|\boldsymbol{F}''|.$$

内力是作用在假想截面上的,用 S 表示假想截面面积,F_n 表示内力在假想截面垂直方向上的投影,定义

$$\sigma=\frac{F_n}{S}\tag{Ⅱ.1}$$

为假想截面 S 上的**拉伸应力**或**压缩应力**,统称为**正应力**. 在国际单位制中,应力的单位为牛[顿]每平方米(N/m^2),也称为帕[斯卡](Pa).

例 Ⅱ-1

图 Ⅱ.2(a) 所示为装有高压气体的薄壁圆柱体容器的横截面,壁厚为 d,圆柱内半径为 R,气体压强为 p,求壁内沿圆周切向的应力,不计容器自重,且不计大气压.

解　用纵向假想截面取图中的一半圆柱容器和气体作为隔离体,其长度为单位长度,受力如图 Ⅱ.2(b) 所示. 因气体受压,故另一侧器壁对隔离体作用以拉力. 由平衡条件有

$$-2pR+2\sigma d=0,$$

解得

$$\sigma=\frac{Rp}{d},$$

即器壁沿圆周切向受拉伸应力. 由此可以推知,当圆柱体容器外部受压而内部压强较小时,器壁沿圆周切向受压缩应力.

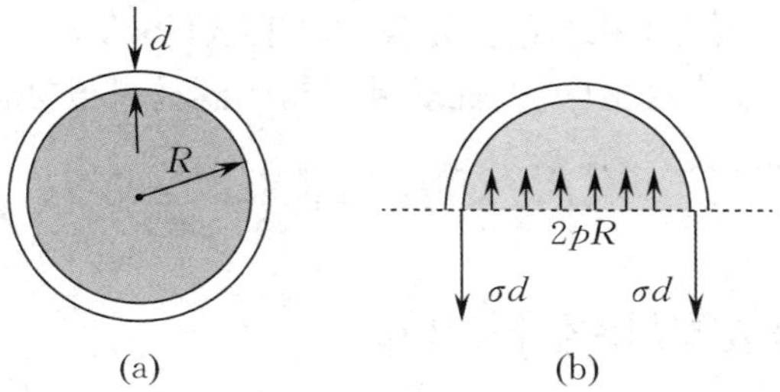

图 Ⅱ.2

Ⅱ.1.2　线应变

直杆在竖直方向受拉力的作用下发生拉伸或压缩形变,如图 Ⅱ.3 所示,l_0 为直杆原长,b_0 为原直杆横向边长,l 为直杆形变后长度,b 为直杆形变后横向边长. 令 $\Delta l=l-l_0$,$\Delta l>0$,称为杆的绝对伸长;$\Delta l<0$,称为杆的绝对压缩. 绝对伸长(或绝对压缩)与原长之比称为**相对伸长**(或**相对压缩**),又称为**线应变**,即

$$\varepsilon=\frac{\Delta l}{l_0},\tag{Ⅱ.2}$$

式中 ε 为正(负)表示拉伸(压缩)形变. 它可以很好地反映形变程度.

直杆拉伸和压缩时,还产生横向形变. 拉伸时,横向收缩;压缩时,横向膨胀. 横向相对形变或应变为

$$\varepsilon'=\frac{b-b_0}{b_0}=\frac{\Delta b}{b_0}.\tag{Ⅱ.3}$$

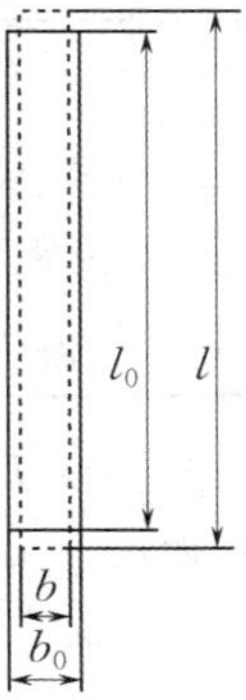

图 Ⅱ.3　直杆的线应变

对于大多数材料,ε' 的绝对值为 ε 的绝对值的 $\frac{1}{4}\sim\frac{1}{3}$. 横向应变与纵向应变之比的绝对值称为泊松比,记为 μ,有

$$\mu=\left|\frac{\varepsilon'}{\varepsilon}\right|.\tag{Ⅱ.4}$$

泊松比是描写物质弹性特征的物理量. 常见材料的泊松比如表 Ⅱ.1 所示.

表 Ⅱ.1 常见材料的泊松比

材料	泊松比	材料	泊松比
金	0.42	铜及合金	0.34
铂	0.39	铁合金	0.30～0.32
银	0.37	铅及合金	0.43
钨	0.28	钼及合金	0.32

Ⅱ.1.3 胡克定律

对于有拉伸(压缩)形变的弹性体,当应变较小时,应变与应力成正比,即

$$\sigma = Y\varepsilon. \tag{Ⅱ.5}$$

式(Ⅱ.5)称为**胡克定律**,是胡克(Hooke,1635—1703)于1678年从实验中总结出来的. 其中 Y 称为**杨氏模量**(或**弹性模量**). 杨氏模量只与材料本身的性质有关,与应力有相同的单位.

又因为

$$\sigma = \frac{F_n}{S}, \quad \varepsilon = \frac{\Delta l}{l_0},$$

故胡克定律又可以表示为

$$\frac{F_n}{S} = Y\frac{\Delta l}{l_0}. \tag{Ⅱ.6}$$

可见,当所受应力一定时,应变越小,杨氏模量越大. 杨氏模量是描述材料本身弹性的物理量,它反映了材料对于拉伸和压缩形变的抵抗能力. 对于一定的材料而言,拉伸和压缩杨氏模量可近似认为相同. 表 Ⅱ.2 列出了几种常见材料的杨氏模量.

表 Ⅱ.2 几种常见材料的杨氏模量

材料	杨氏模量 /10^{10} Pa	材料	杨氏模量 /10^{10} Pa
铝	7.0	铁	19
绿石英	9.1	铅	1.6
铜	11	钢	20
玻璃	5.5	花岗石	4.5

以直杆为例,施以外力,当应力超过某限度时,撤去外力后仍有剩余应变 ε_p(称为塑性应变),称为塑性形变. 塑性力学便是专门研究这类现象的. 继续增大外力,当应力达到某一极限时直杆断裂,此时的应力称为强度极限.

Ⅱ.1.4 拉伸和压缩的弹性势能

外力迫使弹性体产生拉伸(压缩)形变,反抗形变的弹性力也是保守力,拉伸(压缩)形变也具有弹性势能,弹性势能等于自势能零点开始保守力做功的负值. 当外力拉伸或压缩直杆时,外力所做的功与弹性体反抗形变而对外界施力物体所做的功,大小相等而符号相反. 所以,弹性势能等于自势能零点开始外力做功的正值.

选择变量 x 表示直杆拉伸(压缩)过程中的绝对伸长(压缩). 直杆形变前,$x=0$;发生形变 Δl 后,$x=\Delta l$. 在形变过程中,由胡克定律有

$$F_n = YS\frac{x}{l_0},$$

外力所做的功为

$$W=\int_0^{\Delta l}F_n\mathrm{d}x,$$

略去形变过程中横截面积 S 的变化,外力所做的功为

$$W=\frac{YS}{l_0}\int_0^{\Delta l}x\mathrm{d}x=\frac{1}{2}Y\left(\frac{\Delta l}{l_0}\right)^2 Sl_0.$$

取未发生形变时为势能零点,则此外力所做的功等于形变达到 Δl 时的势能,即

$$E_p=\frac{1}{2}Y\left(\frac{\Delta l}{l_0}\right)^2 Sl_0=\frac{1}{2}Y\varepsilon^2 V, \tag{Ⅱ.7}$$

其中 $V=Sl_0$ 为直杆未发生形变时的体积. 式(Ⅱ.7)为直杆拉伸(压缩)弹性势能的表示式. 弹性势能应属于物体本身. 直杆各部分都发生形变,故弹性势能分布于直杆全部体积内. 若直杆形变是均匀的,则弹性势能均匀地分布于直杆中. 用体积 V 除式(Ⅱ.7),即得**弹性势能密度**

$$E_p^0=\frac{1}{2}Y\varepsilon^2. \tag{Ⅱ.8}$$

可见,对于一定的弹性体,单位体积内拉伸(压缩)势能与应变的平方成正比.

例 Ⅱ-2

如图 Ⅱ.4 所示,利用直径 d 为 0.02 m 的钢杆 CD 固定刚性杆 AB. 若 CD 杆内的应力不得超过 $\sigma_{max}=1.6\times10^8$ Pa,问 B 处最多能悬挂多大重量的重物(忽略两杆自身重量)?

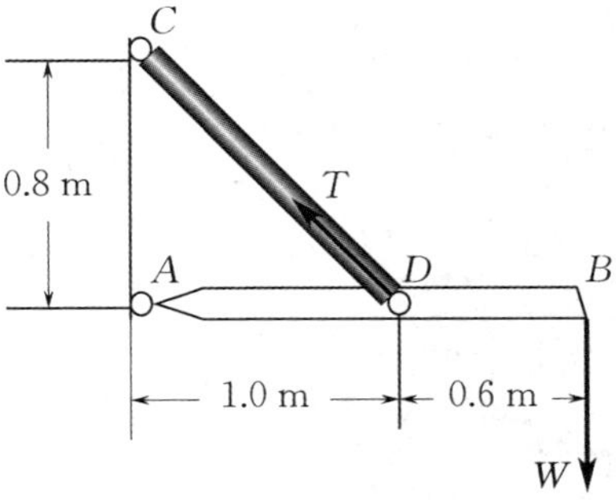

图 Ⅱ.4

解 隔离杆 AB 进行受力分析,以过 A 点垂直于纸面的直线为轴,由力矩平衡条件有

$$T\times\frac{0.8}{\sqrt{1.0^2+0.8^2}}\times1.0=W\times(1.0+0.6),$$

解得

$$W=0.39T.$$

杆 CD 所受的应力为

$$\sigma=\frac{T}{S},$$

则 $T=\sigma S=\sigma\pi\left(\frac{d}{2}\right)^2$. 杆能承受的最大拉力

$$T_{max}=\frac{\pi d^2}{4}\sigma_{max}=\frac{1}{4}\times\pi\times0.02^2\times1.6\times10^8\ \mathrm{N}\approx5.02\times10^4\ \mathrm{N},$$

B 处能悬挂的最大重量

$$W_{max}=0.39T_{max}\approx1.96\times10^4\ \mathrm{N}.$$

Ⅱ.2 弹性体的剪切形变

Ⅱ.2.1 切应力与切应变

在生活中，当我们用剪刀剪物体的时候，物体受到剪刀施加的大小相等、方向相反且相距很近的一对近似平行力（力偶）的作用；在工程技术中，连接构件的铆钉、螺栓等也都会受到类似的一对力的作用. 其效果是使物体上两力作用的平面间产生相对滑动. 当物体受到力偶作用时物体的两个平行截面间发生相对平移时的形变，称为**剪切形变**.

如图 Ⅱ.5 所示，取发生形变部分作为隔离体，左、右两个截面上受到由 $\boldsymbol{F}$ 和 $\boldsymbol{F}'(=-\boldsymbol{F})$ 组成的力偶作用而发生剪切形变. 假设力 $\boldsymbol{F}$ 在假想截面 $ABCD$ 上均匀分布，则切应力为

$$\tau=\frac{F}{S},\tag{Ⅱ.9}$$

式中，S 为假想截面 $ABCD$ 的面积. 切应力与正应力有相同的单位.

图Ⅱ.6 所示为剪切形变中发生相对滑动的两个平行平面的截面图，平面 bc 相对平面 ad 产生了形变量 bb' 或 cc'. 可以看出，剪切形变的特征是平行截面间的相对滑移 $bb'=cc'$. 要注意的是，即使两平行截面间发生相同的相对滑移 bb'，cc'，但若两平行截面间的距离 ab 不同，形变程度仍不相同.

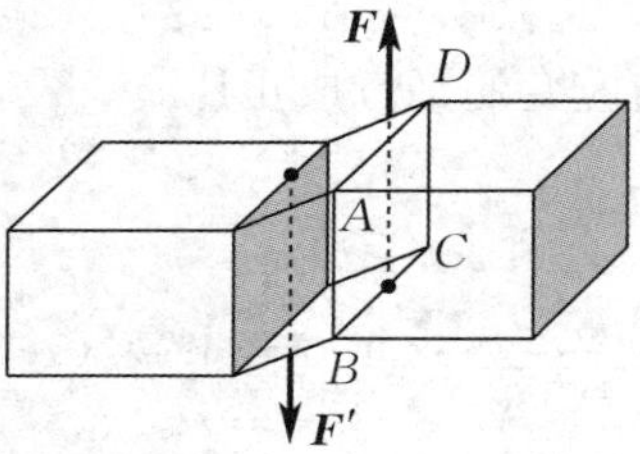

图 Ⅱ.5 剪切形变

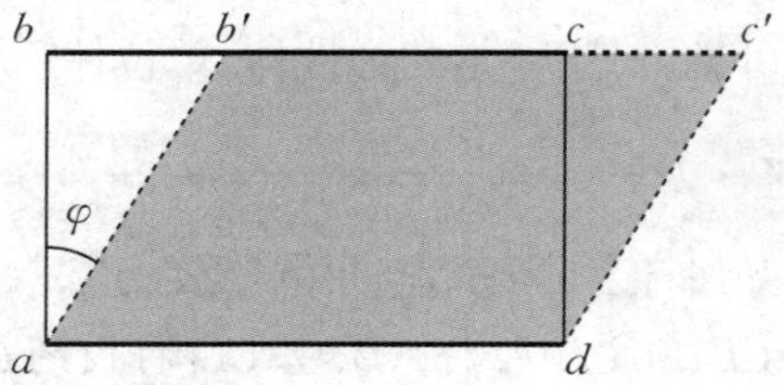

图 Ⅱ.6 切应变

用切应变来描写剪切形变. 平行截面间相对滑动位移与截面垂直距离之比，称为**切应变**. 由图 Ⅱ.6 可知 $\tan\varphi=\dfrac{bb'}{ab}$. 若形变很小，则 $\tan\varphi\approx\varphi$，故切应变可表示为

$$\varphi=\frac{bb'}{ab}.\tag{Ⅱ.10}$$

切应变 φ 又称为切变角，切应变是一个无量纲的数.

Ⅱ.2.2 剪切形变的胡克定律

形变在一定限度内，切应力与切应变成正比，即

$$\tau=G\varphi,\tag{Ⅱ.11}$$

此式即为剪切形变的胡克定律. 式中 G 为**切变模量**，它反映了材料反抗剪切形变的能力，其单位与杨氏模量相同.

通过理论推导，对于各向同性、均匀的弹性体，杨氏模量 Y、切变模量 G 和泊松比 μ 之间的关系为

$$G=\frac{Y}{2(1+\mu)}.\tag{Ⅱ.12}$$

由此可知，描述弹性体性质的三个物理量 G，Y，μ 只有两个是独立的. 其中 Y 表示材料反抗拉

伸与压缩形变的能力，G 反映材料反抗剪切形变的能力，μ 表征材料横向收缩或膨胀的特性.

例 Ⅱ-3

如图 Ⅱ.7 所示，在剪切钢板时，由于刀口不锋利，没有切断，该钢板发生了剪切形变. 钢板的横截面积 $S = 90\ \text{cm}^2$. 两刀口间的垂直距离 $d = 0.5$ cm. 当剪切力 $F = 7\times10^5$ N 时，求：(1) 钢板中的切应力；(2) 钢板的切应变；(3) 与刀口相齐的两个截面所发生的相对滑移. 已知钢的切变模量 $G = 8\times10^{10}$ Pa.

解　(1) 根据切应力定义，

$$\tau = \frac{F}{S} \approx 7.78\times10^7\ \text{N/m}^2.$$

(2) 由胡克定律 $\tau = G\varphi$ 得切应变

$$\varphi = \frac{\tau}{G} = 9.7\times10^{-4}\ \text{rad}.$$

(3) 由几何关系 $\varphi = \dfrac{\Delta l}{d}$，得相对滑移

$$\Delta l = \varphi d = 9.7\times10^{-4}\times0.5\ \text{cm} = 4.85\times10^{-4}\ \text{cm}.$$

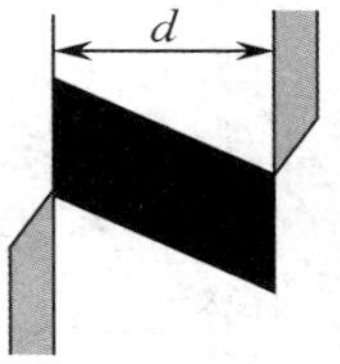

图 Ⅱ.7

Ⅱ.2.3　剪切形变中的弹性势能

当材料发生剪切形变时，外力所做的功转化为弹性势能. 势能的大小等于力偶矩 $\boldsymbol{M}(\boldsymbol{F},\boldsymbol{F}')$ 所做的功. 由于 φ 较小，可忽略形变过程中力偶矩的变化. 根据力矩做功的计算公式，切变角从 0 变化到 φ 的过程中力偶矩所做的功为

$$W = \int_0^{\varphi} M\text{d}\theta = \int_0^{\varphi} GSb\theta\,\text{d}\theta = \frac{1}{2}G\varphi^2 V,$$

其中，S 为假想截面面积，b 为初始时刻两假想截面间距，θ 为任意时刻切变角，V 为两假想截面间的体积. 故弹性势能 $E_\text{p} = \dfrac{1}{2}G\varphi^2 V$，单位体积内剪切形变的弹性势能（弹性势能密度）

$$E_\text{p}^0 = \frac{1}{2}G\varphi^2. \tag{Ⅱ.13}$$

可见，对于一定材料，单位体积内剪切形变的弹性势能与切变角的平方成正比.

Ⅱ.3　弹性体的弯曲与扭转

除拉伸（压缩）和剪切形变外，还有两种常见的形变，一为梁的弯曲，二为杆的扭转. 这两种形变可以看作是由拉伸（压缩）和剪切形变组成的.

Ⅱ.3.1　梁的弯曲

如图 Ⅱ.8(a) 所示，一根横截面为矩形的横梁，不计自重，在梁上左、右对称处施加相同的力 $\boldsymbol{p}_1,\boldsymbol{p}_2$，则两端支持力 $\boldsymbol{N}_1 = \boldsymbol{N}_2 = -\boldsymbol{p}_1 = -\boldsymbol{p}_2$，$\boldsymbol{N}_1,\boldsymbol{p}_1$ 和 $\boldsymbol{N}_2,\boldsymbol{p}_2$ 形成两对力偶，正是这两对力偶的力偶矩使梁发生了弯曲形变. 在横梁内取两个彼此接近的横截面 AB 和 $A'B'$，又将两横截面中间部分沿横梁轴线方向分成许多层. 实验表明，在横梁细长且形变程度小的情况下，形变后的 AB 和

$A'B'$ 仍可认为是平面，只是相对转过一定角度，如图 Ⅱ.8(b) 所示. 因此，梁弯曲后，靠近上缘各层，如 AA' 层，发生压缩形变，越靠近上层，压缩越厉害；靠近下缘各层，如 BB' 层，发生拉伸形变，越靠近下缘，拉伸越厉害. 处于中间的 CC' 层，既不伸长也不压缩，叫作中性层. 由此可见，梁的弯曲是由不同程度的拉伸、压缩形变所组成的.

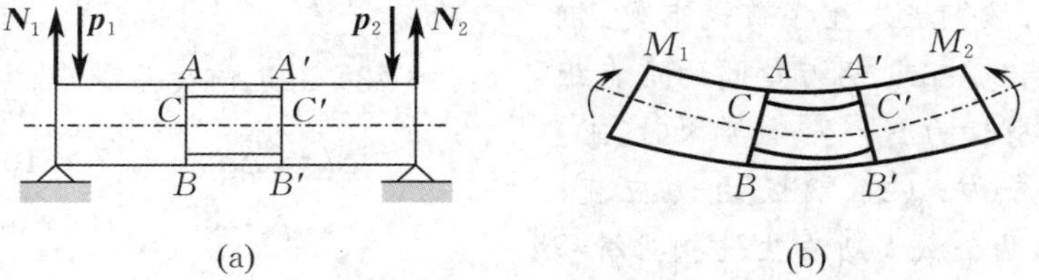

图 Ⅱ.8 梁的弯曲

根据胡克定律，应力与应变成正比. 那么，根据弯曲的形变特点，中性层以上各层将出现压缩应力，中性层以下各层将出现拉伸应力. 并且，越靠近上、下缘，应力越大. 图 Ⅱ.9(a) 表示通过假想截面 AA' 的应力分布情况. 梁内的应力分布表明，与轴线平行各层，在抵抗弯曲形变中所起的作用不同，上、下边缘的贡献最大，中性层附近贡献小，中性层没有贡献. 因此，工程技术中常采用空心钢管来构建横梁，既安全可靠，又能减轻重量，节约原材料.

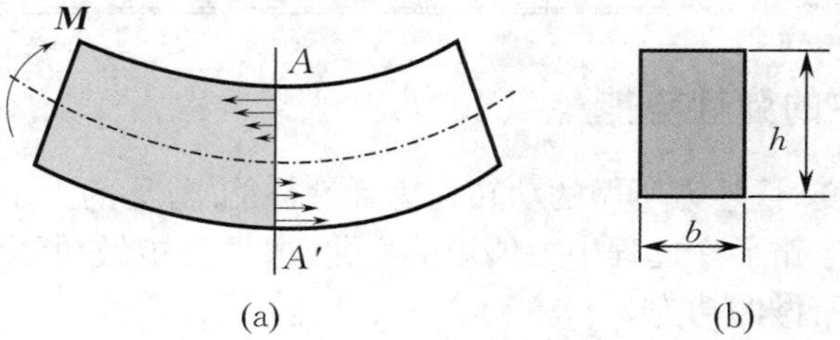

图 Ⅱ.9 梁的弯曲应力分布

可以证明，用中性层的半径 R 或曲率 K 可以描述纯弯曲形变. 对于矩形截面梁在上述二力偶作用下的弯曲，其关系式为

$$K = \frac{1}{R} = \frac{12M}{Ybh^3}, \tag{Ⅱ.14}$$

式中，M 表示施加于梁的力偶矩，Y 为材料的杨氏模量，b 为梁的宽度，h 为梁的高度，如图 Ⅱ.9(b) 所示. 在一定负载下，梁的弯曲程度(曲率) 与宽度的一次方和高度的三次方成反比. 也就是说，通过增加梁的高度来提升梁的抗弯能力比增加梁的宽度来提升梁的抗弯能力有效得多.

Ⅱ.3.2 杆的扭转

在工程应用中有很多承受扭转形变的杆件，如传动轴、转动的螺丝刀、电动机的转轴等. 如图 Ⅱ.10(a) 所示，圆柱体受到作用在与其轴线垂直的两个平面上大小相等、方向相反的两个力偶矩，而发生扭转形变. 在圆柱体细长且形变程度小的情况下，各横截面间距离不变(不发生沿轴线的拉伸压缩)，各横截面上的半径仍为直线，但发生了相对转动. 圆柱体两端面相对转过的角度叫作圆柱体的扭转角，图中用 θ 表示.

假想用半径不同的柱面将圆柱体分成许多同心薄层，再以通过中心轴线的平面以及与圆柱体上、下底平行的平面分割圆柱体，得出图 Ⅱ.10(b) 中阴影所示的单元体. 显然，这些单元体都发生了剪切形变. 可见，扭转形变实质上是由剪切形变组成的，从图 Ⅱ.10(b) 不难看出，φ 角正是相应单元体的切应变.

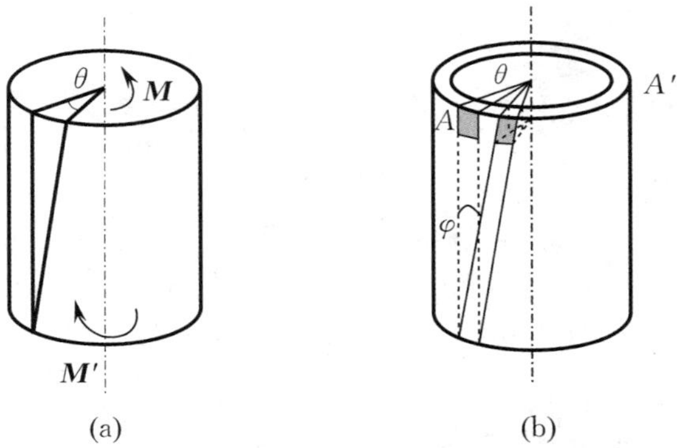

图 Ⅱ.10　杆的扭转

在微小形变的条件下,单元体的切应变等于

$$\varphi=\frac{r\theta}{l},\tag{Ⅱ.15}$$

式中,r 表示单元体圆柱的半径,l 表示柱长. 可见,在同一同心圆薄层内切应变相同,不同层内切应变不同,中心轴线处的狭长体积元无切应变,圆柱体表面上体积元的切应变最大. 从式(Ⅱ.15)还可以看出,扭转角并不反映杆的真实剪切形变程度. 切应变 φ 和体积元所在半径 r 一定时,杆越长(l 越大),扭转角 θ 越大.

因内、外层切应变不同,根据剪切形变的胡克定律,内、外层的切应力也不同,靠外层切应力大. 切应力起抵抗扭转形变的作用,因此抵抗扭转形变的任务主要由外层材料承担,靠近中心轴线的材料几乎不起什么作用. 对于承受扭转形变的构件,可采用空心柱体,以节约材料和减轻重量.

扭转力矩 M 和实心圆柱体的扭转角 θ 有如下关系:

$$M=\frac{\pi GR^4}{2l}\theta=c\theta,\tag{Ⅱ.16}$$

其中,R 和 l 分别表示圆柱体的半径和长度,G 为切变模量,c 称为圆柱体的扭转系数,

$$c=\frac{\pi GR^4}{2l}.\tag{Ⅱ.17}$$

式(Ⅱ.16)表明,外力偶矩与扭转角 θ 成正比. 卡文迪什(Cavendish,1731—1810)在测量引力常量时就利用了石英丝扭转形变的这个性质. 式(Ⅱ.17)表明,扭转系数与半径的四次方成正比,与长度成反比. 也就是说,短而粗的圆柱体具有较强的反抗扭转形变的能力;反之,细而长的圆柱体反抗扭转形变的能力较弱. 增加杆的半径比减小长度更有效.

思考题 Ⅱ

Ⅱ-1　关于应力的定义在弹性体做加速运动时是否仍然适用?

Ⅱ-2　牛顿第二定律指出:物体所受合外力不为零时,必有加速度. 是否合力不为零,必产生形变?举例说明.

Ⅱ-3　判断以下对胡克定律的叙述是否正确:当物体受到外力而发生拉伸(压缩)形变时,外力与物体的伸长(压缩)成正比;对于一定的材料,比例系数是常数,称为该材料的杨氏模量.

Ⅱ-4　一空心圆管是否比相同直径的实心圆棒抗弯能力好?

Ⅱ-5　为什么金属薄平板容易发生形变?若在平板上加工出凸凹槽,则不易发生形变. 为什么?

习题 Ⅱ

Ⅱ-1 一钢杆的截面积为 5.0×10^{-4} m^2，所受轴向外力如图Ⅱ.11所示，$F_1=6\times10^4$ N，$F_2=8\times10^4$ N，$F_3=5\times10^4$ N，$F_4=3\times10^4$ N，分别求 A，B 之间，B，C 之间，C，D 之间的应力.

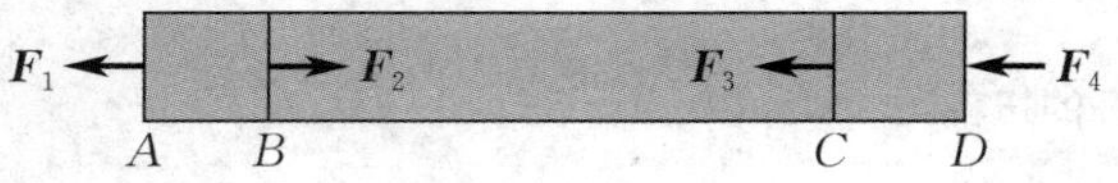

图 Ⅱ.11

Ⅱ-2 铜杆长 1.1 m，钢杆长 0.5 m，两者横截面积都是 3 cm^2，两者焊接在一起，在此杆的两端加以 6 000 N 正压力，求杆中正应力和全杆被压短的长度.

Ⅱ-3 如图 Ⅱ.12 所示，电梯用三根不在一条直线上的钢索悬挂. 电梯质量为 500 kg，最大负载极限 5.5 kN. 每根钢索都能独立承担总负载，且其应力仅为允许应力的 70%. 若电梯向上的最大加速度为 $\frac{g}{5}$，问钢索直径为多少？将钢索看作圆柱体，且不计其自重，取钢的允许应力为 6.0×10^8 Pa.

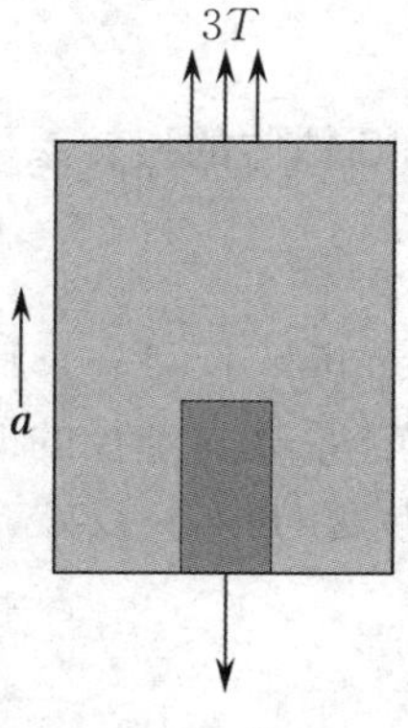

图 Ⅱ.12

Ⅱ-4 边长为 0.01 m 的立方体，在相对的两个面上施加 800 N 的切力，其大小相等，方向相反. 施力后两相对面的相对位移为 0.001 mm(见图 Ⅱ.13)，求：

(1) 该物体的切应力；

(2) 该物体的切应变；

(3) 该物体的切变模量；

(4) 该物体的弹性势能密度.

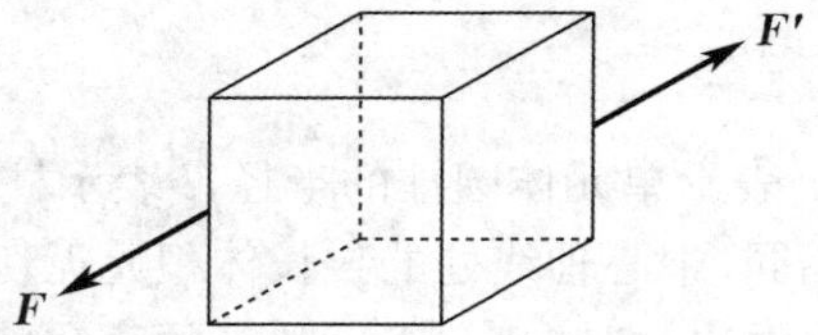

图 Ⅱ.13

Ⅱ-5 一装置固定在基座A上，一螺栓B将其连接，如图 Ⅱ.14 所示. 已知 $F=200$ kN，$\delta=2$ cm，螺栓材料可承载的最大切应力 $\tau_{max}=80$ MPa，求螺栓的最小直径.

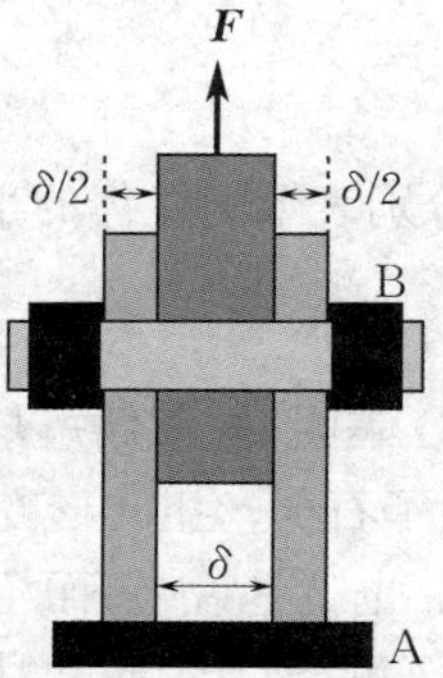

图 Ⅱ.14

选学Ⅲ

流体力学基础

自然界物质存在的主要形式是固体、液体和气体. 液体和气体统称为流体. 从力学的角度来看,流体与固体的主要差别在于它们对外力的反抗能力不同. 固体可以反抗拉力、压力和剪切力. 而流体几乎不能承受拉力,处于平衡状态的流体还不能反抗剪切力,即使在很小的剪切力作用下也将发生连续不断的形变. 流体的这种特性称为流动性,是区别于固体的根本标志. 此外,流体还具有黏滞性、可压缩性(与气体相比,液体的可压缩性是很小的).

流体力学是研究流体(液体和气体) 平衡和运动的规律以及流体与固体之间相互作用的科学. 由于流体力学研究的是流体的机械运动,因此,反映机械运动共同本质的质点、质点系力学规律,对流体也同样适用. 另外,流体还具有本身所特有的规律,如连续性原理、伯努利方程等.

本章先讨论流体静力学问题,如静止流体的压强、压强的传递、压强的分布等,再讨论流体动力学,着重讨论理想流体的连续性原理和伯努利方程.

Ⅲ.1　理想流体

流体由大量的不断做无规则热运动的分子所组成. 从微观看,由于分子间存在空隙,因此流体是不连续的. 但是,以微观离散的分子为对象来研究流体的运动将是极其复杂的. 在一般工程中,所研究流体的空间尺度远比分子尺寸大得多,而且要解决的实际问题也不是流体微观运动的特性,而是流体宏观运动的特性(大量分子运动的统计平均特性). 1753 年,瑞士学者欧拉(Euler,1707—1783) 提出了流体的连续介质假说,认为流体所占有的空间连续,而且无空隙地充满着流体质点(也称为流体微团),质点的尺度在微观上足够大,能包含大量的分子,使得在统计平均后能得到其物理量的确定值,而在宏观上又足够小,远小于所研究问题的特征尺度,使得描述其运动的物理量可以看成是均匀的. 实践证明,采用连续介质模型,解决一般工程问题中的流体力学问题是完全合理、有效的.

实际流体都是可压缩的. 就液体来说,压缩程度一般都很小. 例如,在 500 个标准大气压($1\ \text{atm} = 1.013 \times 10^5\ \text{Pa}$) 下,每增加一个标准大气压,水的体积减小量不到原体积的两万分之一,水银体积的减少量不到原体积的百万分之四. 因此通常可不考虑液体的可压缩性. 气体的压缩性非常明显. 例如,地球表面的大气密度随高度的增加而减小. 但在一定条件下气体也可以看作是不可压缩的,因为气体的流动性也很大,只要有很小的压强差就足以使气体迅速地流动起来,各处密度差异并不大,趋于均匀. 因此引入马赫(Mach,1838 — 1916) 数 $M = \dfrac{\text{流速}}{\text{声速}}$,当 $M^2 \ll 1$ 时,可认为气体不可压缩. 例如,正常呼吸时的气流,可视为不可压缩;打喷嚏、咳嗽时的气流,应计入可压缩性. 在研究问题时,若不考虑流体的压缩性,则可抽象为不可压缩流体;反之,称为可压缩流体.

在实际流体流动中,当流体各层有相对滑动时,相邻两层之间存在内摩擦力,这种力阻碍流体各部分间的相对滑动. 流体的这种性质称为黏滞性. 例如，水在河道中流动时，河道中心的流速最大，越靠近岸边，流速越小. 这就是流速不同的各流层之间有内摩擦力存在的表现. 一般油类的黏滞性比较大，而水、酒精等的黏滞性比较小，气体的黏滞性更小. 在有些情况下，黏滞性可以忽略不计，认为流体完全没有黏滞性，这样理想的模型叫作非黏性流体. 若黏滞性起重要作用，则需看作黏性流体.

一般在我们研究的问题中，压缩性和黏滞性是影响流体运动的次要因素，只有流动性才是决定运动的主要因素. 为了突出流体的这一主要特征，我们引入**理想流体**这一模型，它是完全不可压缩又无黏滞性的流体.

Ⅲ.2 静止流体

Ⅲ.2.1 静止流体内某点的压强

人在水中会感受到来自四面八方的压力，巨型飞机能凭借大气的升力飞行. 这些例子表明，流体能给物体以作用力，流体的内部不同部分之间也存在相互作用力. 首先研究静止流体间的相互作用力. 所谓静止流体，是指在外力作用下保持静止状态的流体. 流体静力学则是研究流体静止时的力学规律，它在工程中有着广泛的应用. 例如，当涉及挡水建筑物、水工结构、高压容器等时，都要用到流体静力学的基本原理.

研究流体内部各部分相互作用力的方法和研究弹性体方法相似. 设想在流体内部某一位置沿某一方向取一微小的假想截面，这个假想截面将附近流体分成两部分，并设想这两部分之间的相互作用力分成与假想截面垂直和平行的两个分力，前者对应于正应力，后者对应于切应力或称为内摩擦力.

静止流体的应力有两个特征：

其一，静止流体不能承受切应力，也不能承受拉伸应力，只能承受压缩应力，即压强. 压强的作用方向为作用面的内法线方向. 取各种稀薄或黏稠的液体，观察静止在液面上的木板，无论多小的推力都能使它移动，这是因为黏附在木板表面层的液体随木板与更下层的液体发生了相对滑动. 这表明，静止液体内部没有阻碍层与层之间发生相对滑动的阻力，即静止液体内部没有静摩擦力. 在重力作用下静止液面总保持水平也进一步证明了这一点. 若存在层与层之间的静摩擦力，一旦液面倾斜，便可能借助下层阻力保持倾斜液面的平衡. 大量事实表明，静止流体内任意假想截面两侧的流体间不会产生沿截面切线方向的作用力，即静止流体不具反抵抗剪切形变的能力. 同样，当流体受到拉伸应力的作用时，就会发生连续不断的拉伸形变运动，因此静止流体也不能承受拉伸应力.

其二，流体中某一点的压强的大小与压强的作用方向无关. 流体可以承受压力，当流体受到外部压力作用时，流体分子间的斥力就会抗衡这种压力而保持静止状态. 在流体内部某点取一假想面积元，用 ΔF 和 ΔS 分别表示通过该面积元两侧流体相互压力的大小和假想面积元的面积，则

$$p = \lim_{\Delta S \to 0} \frac{\Delta F}{\Delta S}, \tag{Ⅲ.1}$$

叫作与无穷小假想面积元相对应的压强.

如图 Ⅲ.1 所示，在静止流体中某一点的周围，用假想截面围出微小的三棱直角柱体作为隔离

体，柱体横截面沿 x 轴边长为 Δx，沿 y 轴边长为 Δy，斜边长为 Δl，另一边长为 Δz. 该隔离体在 Oxy 平面内的受力情况如图 Ⅲ.2 所示，其重量等于 $\Delta W=\Delta mg=\rho g\Delta x\Delta y\Delta z$，$\Delta m$ 和 ρ 分别表示隔离体的质量和流体密度. 周围流体作用于各面的力均垂直于各假想截面，设作用于柱面上的压强分别为 p_x，p_y，p_n，得平衡方程为

$$p_x\Delta y\Delta z-p_n\Delta l\Delta z\cos\alpha=0,$$

$$p_y\Delta x\Delta z-p_n\Delta l\Delta z\sin\alpha-\frac{1}{2}\rho g\Delta x\Delta y\Delta z=0.$$

又 $\Delta l\sin\alpha=\Delta x$，所以

$$p_y=p_n+\frac{1}{2}\rho g\Delta y.$$

令 $\Delta x,\Delta y,\Delta z,\Delta l$ 都趋于 0，得

$$p_x=p_n=p_y. \tag{Ⅲ.2}$$

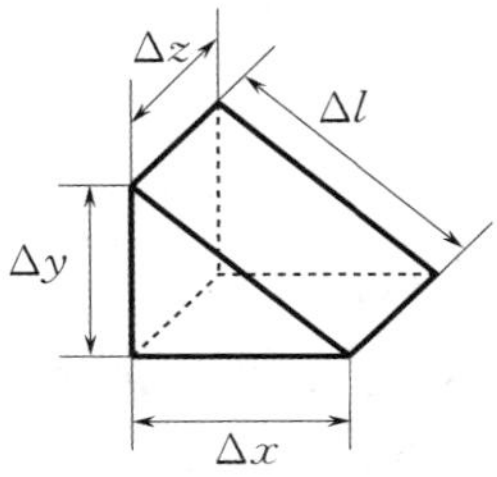

图 Ⅲ.1

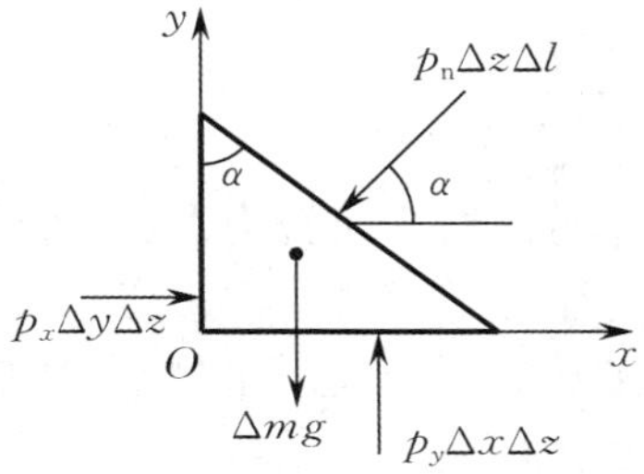

图 Ⅲ.2

由于面积元是任意选取的，因此，过静止流体内一点各不同方位无穷小面积元上的压强大小都相等. 静止流体内某点的压强等于过此点任一假想面积元上正压力大小与面积元的面积之比在面积元的面积趋于零时的极限.

在国际单位制中，压强的单位为帕[斯卡](Pa)，此外还有巴(bar)，1 bar $=10^5$ Pa.

Ⅲ.2.2　重力作用下静止流体内的压强分布

如图 Ⅲ.3 所示，密度为 ρ 的流体静止于容器中，受到竖直向下的重力作用，流体表面压强为 p_0. 取竖直向上为 z 轴正方向. 在流体内部坐标 z 处选一长方体微元，其上、下表面与重力方向垂直，边长分别为 Δx，Δy 和 Δz，质量为 Δmg. 长方体微元的受力情况如图 Ⅲ.4 所示，处于平衡状态. 由平衡条件可知，在水平方向上有

$$p_1\Delta x\Delta z=p_2\Delta x\Delta z,$$

即

$$p_1=p_2. \tag{Ⅲ.3}$$

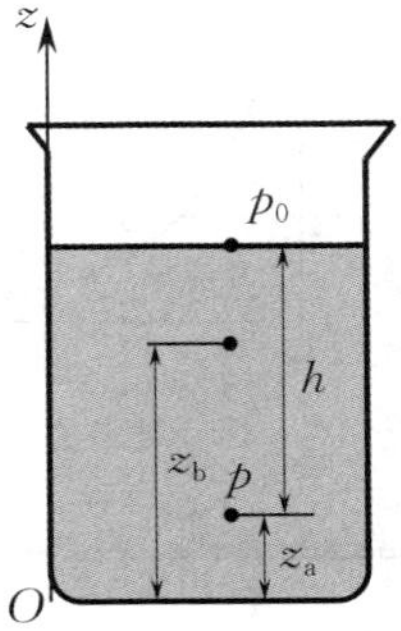

图 Ⅲ.3

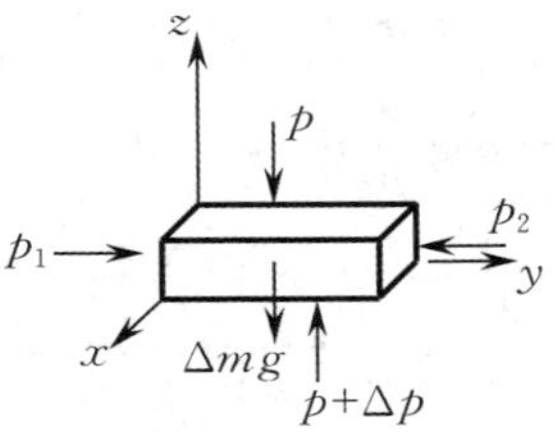

图 Ⅲ.4

这里长方体微元的位置可以选取，表明静止流体中所有等高的地方压强都相等.

在竖直方向上有

$$(p+\Delta p)\Delta x\Delta y-p\Delta x\Delta y=\Delta mg=-\rho g\Delta x\Delta y\Delta z,$$

即

$$\Delta p=-\rho g\Delta z.$$

令长方体微元各边趋于无穷小，则上式的微分形式为

$$\mathrm{d}p=-\rho g\,\mathrm{d}z. \tag{Ⅲ.4}$$

式(Ⅲ.4)表明，在重力作用下，静止流体内的压强随流体高度的增加而减小. 设高度为 z_a 和 z_b 处的压强分别为 p_a，p_b，有

$$\int_{p_a}^{p_b}\mathrm{d}p=-\int_{z_a}^{z_b}\rho g\,\mathrm{d}z,$$

即

$$p_b-p_a=-\int_{z_a}^{z_b}\rho g\,\mathrm{d}z. \tag{Ⅲ.5}$$

考虑到流体几乎不可压缩，ρ 可视为常量，则有

$$p_b-p_a=\rho g(z_a-z_b). \tag{Ⅲ.6}$$

上式给出了高度差为 z_b-z_a 时的压强差. 图 Ⅲ.3 中，流体的自由表面处压强为大气压 p_0，因此可以得到深度为 h 处的压强

$$p=p_0+\rho gh. \tag{Ⅲ.7}$$

例 Ⅲ-1

地球被包围在大气中，若认为大气温度不随高度而改变，则大气密度 ρ 与压强 p 成正比，试求大气压随高度的变化. 可认为重力加速度 g 为一常量.

解 设竖直向上为 z 轴正方向，海平面上任取一点为坐标原点，在大气内部选一长方体微元，由式(Ⅲ.4)有

$$\mathrm{d}p=-\rho g\,\mathrm{d}z.$$

由题意可知，大气密度与大气压成正比，即

$$\rho=kp.$$

设坐标原点处大气压强为 p_0，密度为 ρ_0，则

$$k=\frac{p}{p_0}. \qquad ①$$

代入式①，得

$$\mathrm{d}p=-\rho_0 g\frac{p}{p_0}\mathrm{d}z,$$

即

$$\int_{p_0}^{p}\frac{\mathrm{d}p}{p}=-\int_0^z\frac{\rho_0 g}{p_0}\mathrm{d}z.$$

积分得

$$\ln\frac{p}{p_0}=-\frac{\rho_0 g}{p_0}z,$$

即

$$p=p_0\mathrm{e}^{-\frac{\rho_0 g}{p_0}z}.$$

可见，大气压随高度按指数规律变化，如图 Ⅲ.5 所示.

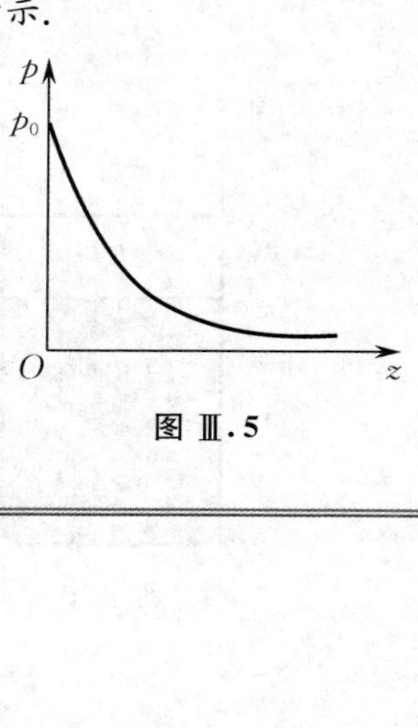

图 Ⅲ.5

1648年，帕斯卡(Pascal，1623—1662)演示了著名的裂桶实验．用一个密闭的装满水的木桶，在桶盖上插入一根细长的管子，从楼房的阳台上向细管子里灌水．结果只用了一杯水，就把桶压裂了．其原因正是**帕斯卡原理**：作用在密闭容器中流体上的压强等值地传到了流体各处以及器壁上．

如图Ⅲ.6所示，在流体的表面加横截面积为S的活塞，初始时，流体表面A点处的压强为p_0，距流体表面A点深为h的B点的压强则为$p_0+\rho gh$．现以力$\boldsymbol{F}$向下压活塞，则A点处的压强增加$\Delta p=\dfrac{F}{S}$，变为$p_0+\Delta p$．根据式(Ⅲ.7)，B点处的压强也增加了Δp，变为$p_0+\Delta p+\rho gh$．因为B为任意选取的点，所以流体内部所有点的压强都增加了Δp．也就是说，活塞作用于流体表面的压强大小等值地传到了流体的其他部分．帕斯卡原理实际是静止流体压强分布规律式[式(Ⅲ.7)]的推论．水压机、油压千斤顶等工程机械都是根据帕斯卡原理制成的．

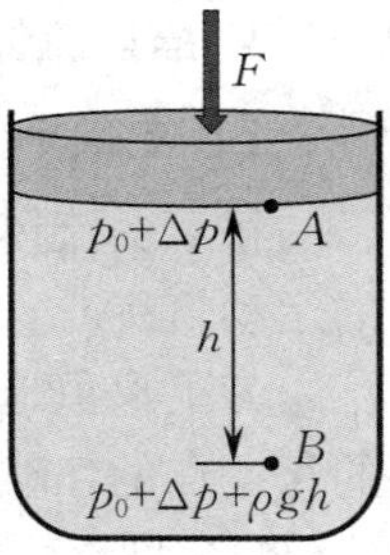

图Ⅲ.6

Ⅲ.3　运动流体

Ⅲ.3.1　描述流体运动的方法和基本概念

描述流体运动的方法有拉格朗日(Lagrange，1736—1813)法和欧拉法两种．

1. 拉格朗日法

拉格朗日法是将流体分成许多无穷小的微元(流体微团)，着眼于各个流体微团的运动情况，求出它们各自的运动轨迹，并通过综合所有流体微团运动情况来获得整个流体的运动规律．拉格朗日法实际上是沿用质点系动力学的方法来讨论流体的运动．

用拉格朗日法描述流体运动时，运动质点的位置矢量是初始位置矢量、初速度及时间的函数，即

$$\boldsymbol{r}=\boldsymbol{r}(\boldsymbol{r}_0,\boldsymbol{v}_0,t).\qquad(Ⅲ.8)$$

根据这种方法，了解所有流体微团的运动规律，才算是掌握了流体的运动情况．但是，由于流体微团的运动轨迹非常复杂，运用这种方法分析流体运动，在数学上会遇到很大的困难，况且在使用上一般也不需要知道给定流体微团运动的全过程，所以除少数情况(如研究波浪运动)外，在流体力学中通常不采用拉格朗日法．

2. 欧拉法

欧拉法着眼于流体经过的空间，将其视为一个场，考察场中各点(作为位置的函数)描述运动的物理量(速度、加速度、压强、密度等)随时间的变化关系，来获得整个场的运动特性．根据物理量的不同，对应的场分别称为流速场、加速度场、压强场和密度场．前两者为矢量场，后两者为标量场．这种方法比拉格朗日法更方便，在流体力学中得到更广泛的应用．

用欧拉法描述流体流动时，物理量是空间坐标和时间的连续可微函数．例如，流场中各空间点的流速所组成的流速场可表示为

$$\boldsymbol{v}=\boldsymbol{v}(x,y,z,t).\qquad(Ⅲ.9)$$

同样，各空间点压强所组成的压强场可以表示为

$$p=p(x,y,z,t).\qquad(Ⅲ.10)$$

在流场中，若所有位置的各个物理量都不随时间而改变，则这种流动称为**定常流动**. 此时，各物理量仅是空间坐标的函数，与时间无关. 若流场中任一位置的某个物理量随时间变化，则这种流动称为非定常流动.

3. 描述流体运动的基本概念

1）迹线和流线

将某一流体微团在流场中连续占据的位置连成线，就是流体微团的**迹线**，迹线就是流体微团的运动轨迹.

为了形象地对流速场进行几何描述，可引入流线概念. 在流速场中画许多曲线，使得曲线上的每一点的切线方向和位于该点处流体微团的速度方向一致. 这条曲线就称为该时刻的一条**流线**（见图 Ⅲ.7）. 因此，一条流线表明了该时刻这条曲线上各点的流速方向，在运动流体的整个空间中，可绘出一系列流线，称为流线簇.

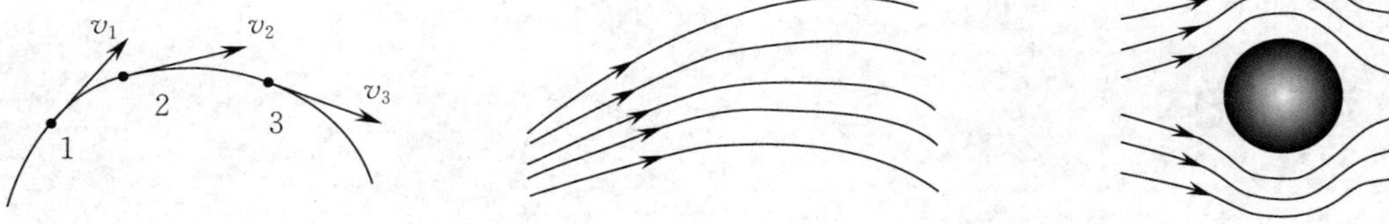

图 Ⅲ.7　流线和流线簇

流线具有如下性质：

① 一般情况下，流线不能相交，也不能突然转折，只能是一条光滑的曲线. 因为若两条流线相交，则会在交点处出现速度方向不确定的问题.

② 在定常流动条件下，流线的形状和位置不随时间改变；在非定常流动条件下，流线的形状和位置一般是随时间而变化的.

③ 对于定常流动，流线和迹线重合；对于非定常流动，流线和迹线一般不重合.

④ 对于不可压缩流体和亚声速（流速低于当地声速）可压缩流体，流线簇的疏密程度反映了该时刻流场中各点的流速大小. 流线密的地方流速大，而流线疏的地方流速小.

2）流面、流管和过流断面

在流场中取一条曲线（不是流线），过曲线上的所有流线组成的面称为**流面**，流面上每一点的流速与流面相切. 若所取的曲线为一条非流线的封闭曲线，则过此封闭曲线上的所有流线就组成了一个管道，称为**流管**，如图 Ⅲ.8(a) 所示. 按照流线不能相交的特点，流管就相当于一个刚性的管道，里面的流体流不出来，外部的流体也流不进去. 日常生活中自来水管的内表面就是流管的实例之一.

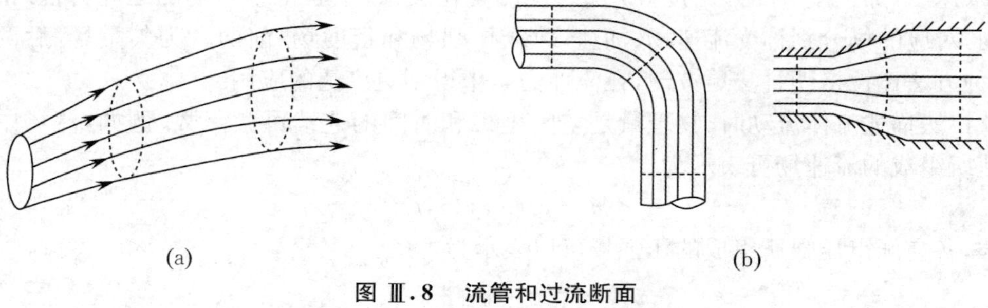

图 Ⅲ.8　流管和过流断面

垂直于流线的断面称为**过流断面**，如图 Ⅲ.8(b) 所示. 过流断面可以是平面，也可以是曲面. 当流线互相平行时，过流断面为平面；否则，为曲面.

4. 不可压缩流体的连续性方程

首先介绍流量的概念. 如图 Ⅲ.9(a) 所示，在 Δt 的时间间隔内，通过流管某过流断面 ΔS 的流体的体积为 ΔV，当 Δt 趋于 0 时 ΔV 和 Δt 之比的极限称为该过流断面上的**流量**. 若流管很细，则可认为形成流管的各条流线互相平行，且过流断面上各点流速相等. 用 v 表示该过流断面上的流速，用 Δl 表示 Δt 时间内流体通过流管的长度，用 Q 表示流量，则

$$Q = \lim_{\Delta t \to 0} \frac{\Delta V}{\Delta t} = \lim_{\Delta t \to 0} \frac{\Delta l \cdot \Delta S}{\Delta t} = v\Delta S. \qquad (Ⅲ.11)$$

在国际单位制中，流量的单位为立方米每秒(m^3/s). 常用单位还有 L/s.

如图 Ⅲ.9(b) 所示，在细管中，任意两点处的过流断面 ΔS_1，ΔS_2，与它们之间的流管壁面共同围成一段封闭体积. 由于流体不能通过流管壁出入流管，只能顺流管通过 ΔS_1 进入封闭体积，再通过 ΔS_2 排出. 又因为流体不可压缩，封闭体积内质量恒定，根据质量守恒定律，通过 ΔS_1 进入的流体质量与通过 ΔS_2 排出的流体质量相等，也就意味着进、出流管的流量相同，即

$$v_1 \Delta S_1 = v_2 \Delta S_2 \quad 或 \quad v\Delta S = 常量. \qquad (Ⅲ.12)$$

式(Ⅲ.12)称为**不可压缩流体的连续性方程**(也称连续性原理). 对于不可压缩流体，通过流管各过流断面的流量都相等.

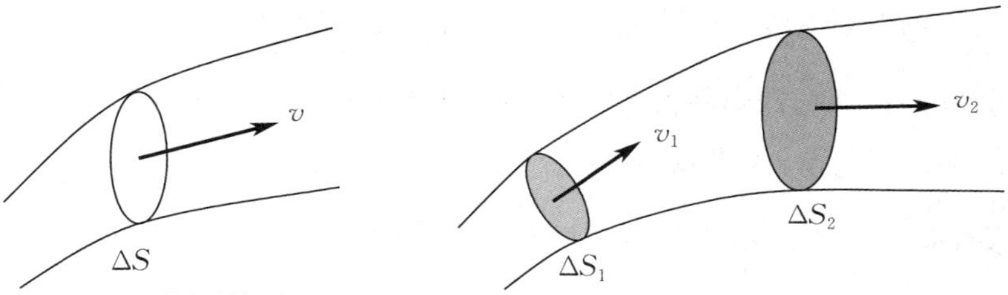

(a) 流量的概念　　(b) 连续性方程

图 Ⅲ.9

Ⅲ.3.2　伯努利方程

研究流体力学问题，必须注意流体是处于静止还是流动，流动中流体的压强分布与静止流体中的压强分布迥然不同.

伯努利方程是 1738 年瑞士物理学家伯努利(Bernoulli，1700—1782)提出的，是理想流体定常流动的基本动力学方程，揭示了同一细流管各处的压强、速度和高度之间的关系，是功能原理在流体力学中的表现形式.

如图 Ⅲ.10 所示，在惯性系中，理想流体在重力作用下做定常流动. 在理想流体内某一细流管内任取微团 ab，自位置 1 运动至位置 2，因形状发生变化，流体微团在两位置处的长度分别为 Δl_1，Δl_2，底面积分别为 ΔS_1 和 ΔS_2. 由于理想流体不可压缩，因而密度 ρ 不变，流体微团 ab 的质量 $m = \rho \Delta l_1 \Delta S_1 = \rho \Delta l_2 \Delta S_2$，即

$$\Delta l_1 \Delta S_1 = \Delta l_2 \Delta S_2 = \Delta V. \qquad (Ⅲ.13)$$

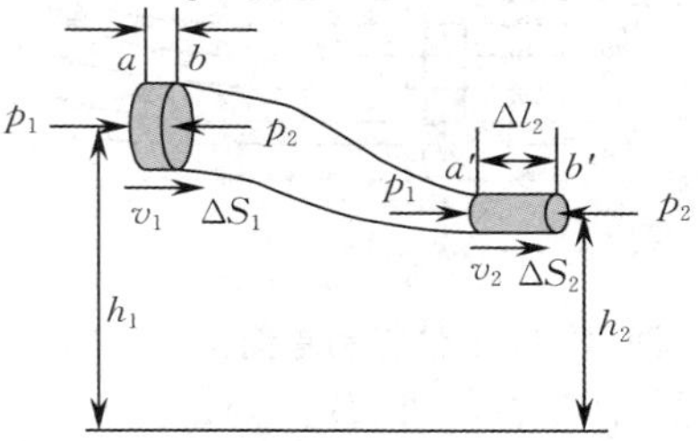

图 Ⅲ.10　伯努利方程

流体微团 ab 的体积相对于流体流过的空间很小，流体微

团范围内各点的压强和流速也可认为是均匀的，分别用 p_1, p_2, v_1, v_2 表示. 设流体微团的位置 1 和位置 2 距离重力势能零点的高度分别为 h_1 和 h_2，考虑到流体微团 ab 本身的线度和它所经过的路径相比非常小，在应用动力学原理时可将它视为质点. 由功能原理有

$$W_{外} + W_{内非} = (E_k + E_p) - (E_{k0} + E_{p0}) = \Delta E.$$

流体微团的动能增量为

$$E_k - E_{k0} = \frac{1}{2}mv_2^2 - \frac{1}{2}mv_1^2 = \frac{1}{2}\rho\Delta l_2\Delta S_2 v_2^2 - \frac{1}{2}\rho\Delta l_1\Delta S_1 v_1^2.$$

流体微团的势能增量为

$$E_p - E_{p0} = mgh_2 - mgh_1 = \rho g\Delta l_2\Delta S_2 h_2 - \rho g\Delta l_1\Delta S_1 h_1.$$

由于理想流体不存在黏性力做功，只需要考虑周围流体对流体微团压力所做的功，但压力的方向总与所取截面垂直，因此作用于流体微团侧面的压力不做功，只有作用于流体微团前、后两底面的压力做功. 压力做功包括作用于后底的压力由 a 到 a' 做的正功及作用于前底面的压力由 b 至 b' 做的负功两个部分. 前底面和后底面都经过路程 ba'. 因为是定常流动，它们先后通过这段路程同一位置的截面面积相同，压强也相等，不同的只是一力做正功，一力做负功，其和恰好为零. 所以，只包括压力 p_1 推动后底由 a 至 b 做的正功及压力 p_2 阻止前底面由 a' 至 b' 做的负功，即

$$W_{外} + W_{内非} = p_1\Delta S_1\Delta l_1 - p_2\Delta S_2\Delta l_2.$$

代入功能原理，有

$$\frac{1}{2}\rho\Delta l_2\Delta S_2 v_2^2 + \rho g\Delta l_2\Delta S_2 h_2 - \frac{1}{2}\rho\Delta l_1\Delta S_1 v_1^2 - \rho g\Delta l_1\Delta S_1 h_1^2 = p_1\Delta l_1\Delta S_1 - p_2\Delta l_2\Delta S_2.$$

因理想流体不可压缩，依连续性原理，将式(Ⅲ.13)代入上式，并用 ΔV 除等式两端，得

$$p_1 + \frac{1}{2}\rho v_1^2 + \rho gh_1 = \frac{1}{2}\rho v_2^2 + \rho gh_2 + p_2. \tag{Ⅲ.14}$$

因为位置 1 和位置 2 是任意选定的，所以对同一细流管内各个不同截面有

$$p + \frac{1}{2}\rho v^2 + \rho gh = 常量. \tag{Ⅲ.15}$$

式(Ⅲ.14)和式(Ⅲ.15)称为**伯努利方程**.

推导过程中，选择一定流体微团并研究其沿细流管的运动，因此涉及的压强 p 和流速 v 实际指细流管横截面上的平均值. 在推导的最后阶段令 ΔS 趋于零，则流管演变为流线，故式(Ⅲ.14)中各量表示在同一流线上不同两点 1 和 2 的取值. 于是可以得出结论：在惯性系中，当理想流体在重力作用下做定常流动时，一定流线上(或细流管内)各点处的 $p + \frac{1}{2}\rho v^2 + \rho gh$ 为一常量.

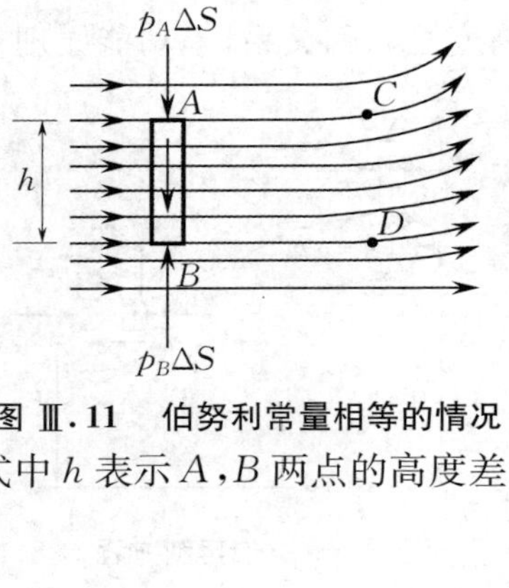

图 Ⅲ.11　伯努利常量相等的情况

一般说来，常量 $p + \frac{1}{2}\rho v^2 + \rho gh$ 的数值因流线而异. 但在特殊情况下，不同流线上的常量相同. 若各流管均来自流体微团以相同的速度做匀速直线运动，如图 Ⅲ.11 所示，沿竖直方向选择一柱形隔离体 AB，其上、下底面包含 A, B 两点，此隔离体必将沿水平方向做匀速运动. 由于在竖直方向无加速度，根据平衡条件可得出与静止流体中类似的公式

$$p_B = p_A + \rho gh,$$

式中 h 表示 A, B 两点的高度差. 以 B 点所在的高度为重力势能零点，则 A 点所在流线上各点有

$$\frac{1}{2}\rho v^2 + p_A + \rho g h = C_A,$$

式中 C_A 为常量；在 B 点各流线上有

$$\frac{1}{2}\rho v^2 + p_B = C_B,$$

式中 C_B 为常量. 由以上三式可得 $C_A = C_B$，故不同流线上伯努利方程中的常量是相等的. 图 Ⅲ.11 中，A,B,C,D 点等处的伯努利常量是一样的. 可以证明，只要流体某处的流体微团均以相同速率沿同一方向做匀速运动，该处不同流线上的伯努利常量就相等.

当理想流体在水平管道中做定常流动时，$h_1 = h_2$，伯努利方程变为

$$p_1 + \frac{1}{2}\rho v_1^2 = \frac{1}{2}\rho v_2^2 + p_2 \quad 或 \quad p + \frac{1}{2}\rho v^2 = 常量.$$

上式表明，在水平管道中流动的流体，流速大的地方压强小，流速小的地方压强大. 对于气体，由于密度很小，在高度差不是很大的情况下，也可以近似应用此结论.

在工程上，$p + \rho g h$ 称为静压强，$\frac{1}{2}\rho v^2$ 称为动压强. 在应用时，常将式(Ⅲ.14) 和式(Ⅲ.15) 两边除以 ρg，得

$$\frac{p_1}{\rho g} + \frac{v_1^2}{2g} + h_1 = \frac{p_2}{\rho g} + \frac{v_2^2}{2g} + h_2, \tag{Ⅲ.16}$$

$$\frac{p}{\rho g} + \frac{v^2}{2g} + h = H = 常量. \tag{Ⅲ.17}$$

式中，H 称为总水头，$\frac{p}{\rho g}$ 称为压力水头，$\frac{v^2}{2g}$ 称为流速水头，h 称为位置水头，它们都具有长度量纲. 伯努利方程也可表述为：只在重力作用下的理想流体做定常流动时，沿流线方向的总水头不变.

例 Ⅲ-2

文丘里流量计的原理. 文丘里管常用于测量充满管道的流体的流量或流速. 如图 Ⅲ.12 所示，在变截面管的下方装有 U 形管(内装水银). 测量水平管道内的流速时，将流量计串联于管道内，根据水银表面的高度差可求出流量或流速. 已知变截面管的横截面分别为 S_1 和 S_2，水银与流体的密度分别为 $\rho_{汞}$ 与 ρ，水银面高度差为 h，求液体流量. 设水平管道中的流体为理想流体，做定常流动.

解　在惯性系中，文丘里管内理想流体在重力作用下做定常流动，可运用伯努利方程. 根据伯努利方程的要求，在管道中心轴线处取一流线，对流线上的 1,2 两点，有

$$\frac{1}{2}\rho v_1^2 + p_1 = \frac{1}{2}\rho v_2^2 + p_2.$$

在 1,2 两点处分别取与管道垂直的横截面 S_1 和 S_2，根据连续性原理，有

$$v_1 S_1 = v_2 S_2.$$

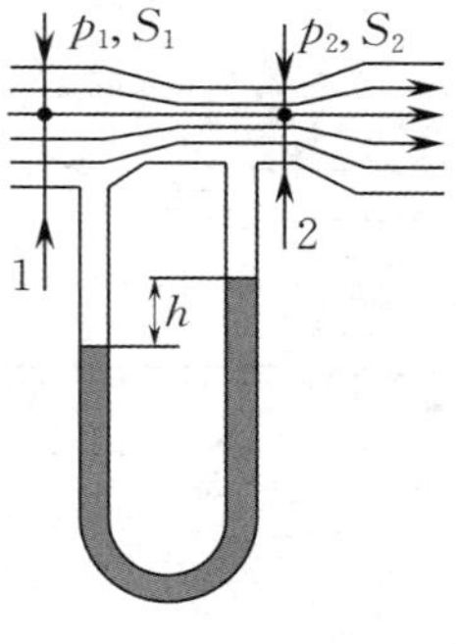

图 Ⅲ.12　文丘里流量计

由于通过 S_1 和 S_2 横截面的流线是平行的，横截面上的压强随高度分布的规律与静止流体相同，U 形管内为静止流体，因此，自 1 点经 U 形管到 2 点，可运用不可压缩静止流体压强公式，由此得到管道中心线上 1,2 两点之间的压强差为

$$p_1 - p_2 = (\rho_{汞} - \rho)gh.$$

联立以上三式，可解出流量为

$$Q = v_1 S_1 = v_2 S_2 = \sqrt{\frac{2(\rho_{汞} - \rho)ghS_1^2 S_2^2}{\rho(S_1^2 - S_2^2)}}.$$

例 Ⅲ-3

如图Ⅲ.13所示，大桶侧壁有一小孔，桶内水面与小孔之间的高度差为 h，求水从小孔流出的速度和流量.

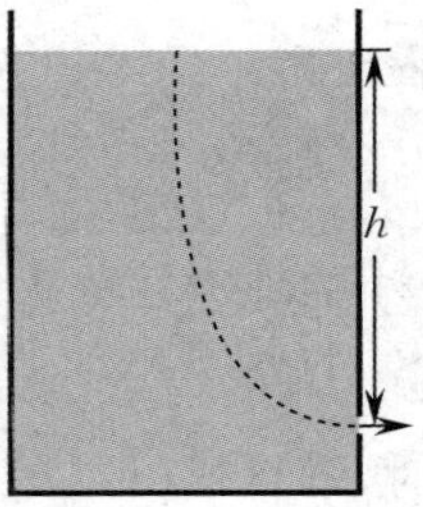

图Ⅲ.13

解 取一从水面到小孔的流管，在水面一端的流速几乎是0(因桶的横截面积比小孔大得多)，水面到小孔的高度差为 h，此流线两端的压强都为 p_0(大气压). 取小孔中心为势能零点，由伯努利方程有

$$p_0 + \rho gh = p_0 + \frac{1}{2}\rho v^2,$$

由此得小孔处的流速为

$$v = \sqrt{2gh}.$$

这说明，液体在自重作用下，从大截面的容器经小孔流出的速度等于液体质点从自由液面自由下落 h 高度时的速度. v 与小孔的面积 S 的乘积就是流量.

例 Ⅲ-4

皮托管常被用来测量气体的流速. 如图Ⅲ.14所示，开口 a 和 a' 与气体流动的方向平行，开口 b 则垂直于气体流动的方向. 平行开口与垂直开口分别通向U形管压强计(皮托管，内装液体)的两端. 已知气体密度为 ρ，液体密度为 $\rho_{液}$，U形管内液面高度差为 h，求气体的流速. 气体沿水平方向流动，皮托管水平放置. 气体可视为做定常流动的理想流体.

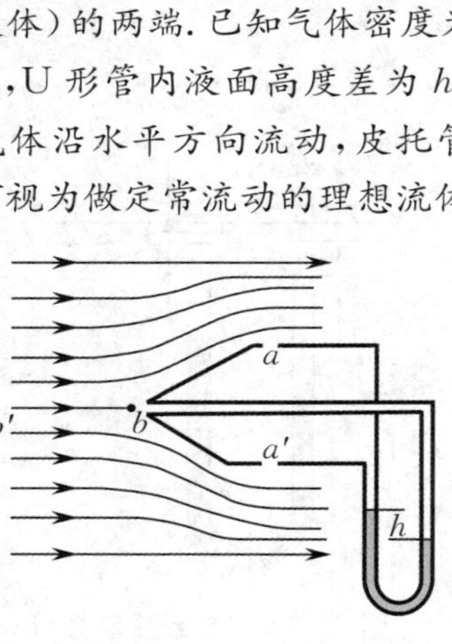

图Ⅲ.14 皮托管示意图

解 因为气体可视为做定常流动的理想流体，所以在惯性系内重力场中，可运用伯努利方程. 用皮托管测流速，相当于在流体内放一障碍物. 流体被迫分为两路绕过该物体，在物体前方流体开始分开的地方，流线上流速等于零的一点称为驻点(如图中的 b 点). 在远处未受皮托管干扰的地方，流体内各部分均相对于皮托管以相同的速度做匀速直线运动，空间中各点处的 $p + \frac{1}{2}\rho v^2 + \rho gh$ 为一常量. 对于 a，b 两点来说，有

$$p_a + \frac{1}{2}\rho v_a^2 + \rho gh_a = \rho gh_b + p_b,$$

式中 h_a，h_b 分别表示 a，b 两点相对于势能零点的高度，这两点的高度差很小，可视为相等. 因此有

$$\frac{1}{2}\rho v_a^2 = p_b - p_a.$$

皮托管的大小与气体流动的范围相比是微乎其微的，皮托管的放置对流体速度分布影响不大，可近似认为 v_a 为待测流速. 于是

$$v \approx v_a = \sqrt{\frac{2(p_b - p_a)}{\rho}},$$

又

$$p_b - p_a = \rho_{液} gh,$$

因此

$$v = \sqrt{2\rho_{液}\frac{gh}{\rho}}.$$

例 Ⅲ-5

图 Ⅲ.15 所示是一虹吸现象示意图. 把一根充满水的、弯曲的、粗细均匀的虹吸管插入水桶中,水就从虹吸管中流出. 虹吸管的出口处比桶中水面低 H,管 CD 比水面高 h. 设水桶很大而虹吸管很细,求虹吸管中水流的速度以及 B,C,D 三点处的压强.

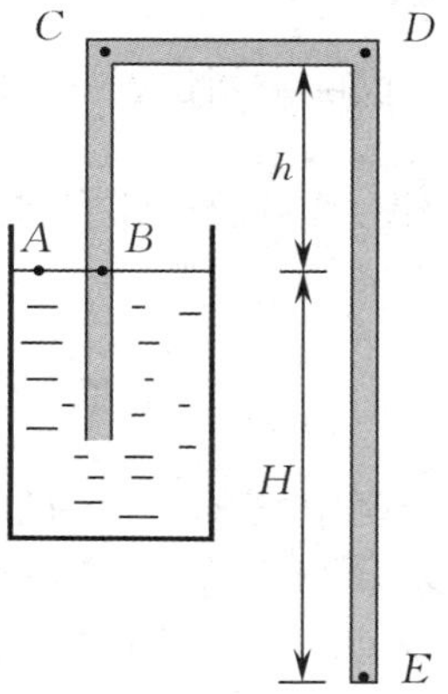

图 Ⅲ.15　虹吸现象示意图

解　设水桶很大而虹吸管很细,则桶内水面下降速度很小,所以水的流动可以看作定常流动. 在流体中取一条流线 $ABCDE$,首先对 A,E 两点运用伯努利方程. 由于 $v_A=0,p_A=p_0$,并规定 E 点为势能零点,因此

$$p_E+\frac{1}{2}\rho v_E^2=p_0+\rho gH.$$

近似认为小孔 E 附近的流线是平行的,并且是定常流动,$p_E=p_0$. 代入上式,可得虹吸管出口处流速

$$v_E=\sqrt{2gH}.$$

由于虹吸管的粗细是均匀的,由连续性原理可知,虹吸管中 B,C,D 三点的流速都为 $\sqrt{2gH}$. 这样对 B,C,D,E 四点应用伯努利方程,得

$$p_E+\frac{1}{2}\rho v_E^2=p_B+\frac{1}{2}\rho v_B^2+\rho gH,$$

$$p_E+\frac{1}{2}\rho v_E^2=p_C+\frac{1}{2}\rho v_C^2+\rho g(H+h),$$

$$p_E+\frac{1}{2}\rho v_E^2=p_D+\frac{1}{2}\rho v_D^2+\rho g(H+h).$$

解得

$$p_B=p_0-\rho gH,$$
$$p_C=p_D=p_0-\rho g(H+h).$$

结果表明,在粗细均匀的虹吸管中,等高的 C,D 两点的压强是相等的,即 $p_C=p_D$;而 A,B 两点虽然等高,但由于 A 点在水桶水面上,而 B 点在虹吸管中,它们的压强是不相等的,

$$p_A=p_0,\quad p_B=p_0-\rho gH.$$

由此可见,水之所以能通过虹吸管源源不断地流出,是因为虹吸管外水桶中的水压比虹吸管内等高点的水压大. 于是水在这个压强差的驱使下由水桶流向虹吸管,产生虹吸现象.

Ⅲ.3.3　流体的黏性

黏性是流体的固有属性,是运动流体产生机械能损失的根源. 不考虑流体的黏性,在不少情况下可对流体问题进行简化,但对另外一些情况,流体的黏性起重要作用,甚至某些现象本质上是由黏性引起的. 这时就必须考虑流体的黏性.

1. 黏性定律

在流体中取一假想截面,若该截面两侧的流体沿截面以不同的速度运动,即截面两侧的流体有相对速度,则两侧流体间存在沿截面的切向力,较快层流体对较慢层流体施加向前的拉力,较慢层对较快层施加阻力. 这一对力相当于固体间的滑动摩擦力. 因它是流体内部不同部分间的内摩擦力,故称为黏性力.

图 Ⅲ.16 所示为黏性流体内部某一点附近的流动情况,两部分以不同的速率 v_1 和 v_2 运动. 建

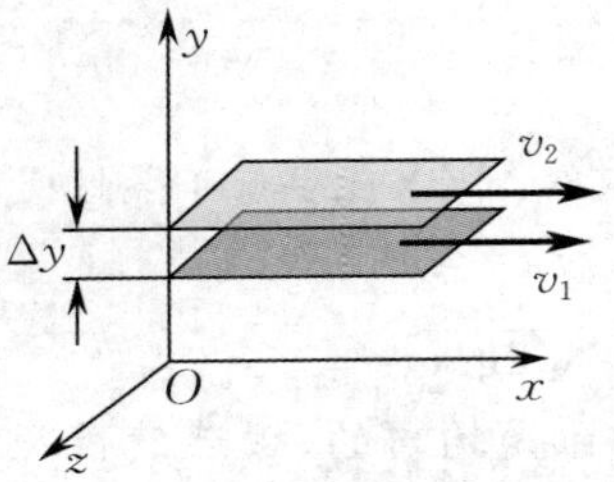

图 Ⅲ.16 黏性定律

立空间直角坐标系 $Oxyz$，y 轴与流速方向垂直，且用 Δy 表示以速率 v_1 和 v_2 运动的两层流体间的距离，用比值

$$\frac{\Delta v}{\Delta y}=\frac{v_2-v_1}{\Delta y}$$

描述在 $y\sim y+\Delta y$ 之间流速对空间的平均变化率. 不过，它并不能精确地反映在 y 点处流速对空间的变化率. 取 Δy 趋于零时流速对空间的平均变化率的极限，得

$$\frac{\mathrm{d}v}{\mathrm{d}y}=\lim_{\Delta y\to 0}\frac{\Delta v}{\Delta y}.$$

流速沿与速度垂直方向上的变化率 $\frac{\mathrm{d}v}{\mathrm{d}y}$ 称为**速度梯度**，它反映了速度随空间位置变化缓急的情况.

实验证明，流体内面积元两侧相互作用的黏性力大小 f 与面积元的面积 ΔS 及速度梯度 $\frac{\mathrm{d}v}{\mathrm{d}y}$ 成正比，即

$$f=\eta\frac{\mathrm{d}v}{\mathrm{d}y}\Delta S. \tag{Ⅲ.18}$$

此式称为**黏性定律**，式中的比例系数 η 称为黏性系数. 在国际单位制中，η 的单位为牛[顿]秒每二次方米，即帕[斯卡]秒(Pa · s). η 除与物质材料有关外，还和温度、压强有关. 液体的黏性系数 η 随温度的升高而减小，气体的黏性系数随温度的升高而增加. 压强不太大时，液体的黏性系数变化不大；压强很高时，黏性急剧增加. 气体的黏性基本上不受压强的影响. 一般来说，液体内的黏性力小于固体间的静摩擦力，故在机械上常用机油润滑，以减少磨损. 气体的黏性力更小，气垫船就利用了气体这一特点. 在生产上，根据不同需要，对黏性系数的要求也不同，例如在液压传动中，若油液黏性系数过大，将增大摩擦和功率损失；若黏性系数过小，则加重漏油现象. 这两方面是互相矛盾的. 此外，在液压传动中，还希望在使用范围内黏性系数不因为温度变化而发生显著的改变，因此选择油的型号时要视具体情况而定. 表 Ⅲ.1 列出了常见物质的黏性系数.

表 Ⅲ.1 常见物质的黏性系数

物质	温度 /℃	η/Pa · s
空气	0	1.7×10^{-5}
	20	1.8×10^{-5}
水	20	1.0×10^{-3}
	40	0.65×10^{-3}
	80	0.35×10^{-3}
乙醇	20	1.2×10^{-3}

2. 黏性阻力

当物体在流体中相对流体运动时，物体表面会有“附面层”. 该层内侧(靠近物体)的流体微团相对于物体静止，该层外侧的流体微团则有流体的速度. 因此，附面层内存在速度梯度和黏性力，表现为对物体的阻力. 当较小的物体在黏性较大的流体中缓慢地运动时，黏性力是阻力的主要因素，叫作黏性阻力. 斯托克斯(Stokes，1819—1903)公式可用来描述球形物体受到的黏性阻力，其表达式为

$$f = 6\pi\eta v r,\qquad (Ⅲ.19)$$

式中，r 为球体半径，v 为球体运动速度，η 为黏性系数. 该公式在速度较小时才成立，例如，雾中水滴降落时所受的阻力即适用此式. 血细胞在血浆中受到重力、浮力和阻力平衡时匀速下降，速度约为 5 cm/h，可用斯托克斯公式计算阻力.

思考题 Ⅲ

Ⅲ-1　如图 Ⅲ.17 所示，三个盛放液体的容器，底面积相同，液面高度相同，液体作用于底面积的总压力是否相同？若把其中任意两容器分别放在天平的两个托盘中，天平是否平衡？为什么？

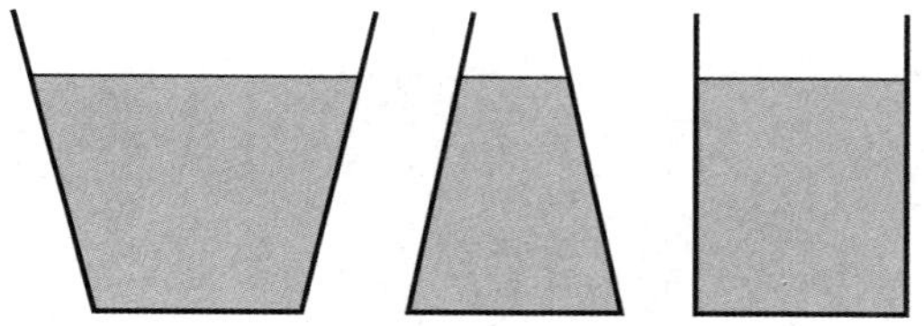

图 Ⅲ.17

Ⅲ-2　什么是帕斯卡原理？举例说明帕斯卡原理在工程上的应用.

Ⅲ-3　天平的一端放一杯水，另一端放砝码使之达到平衡. 将一铅块系线，手提着线使铅块完全浸入水中，天平是否保持平衡？为什么？

Ⅲ-4　流线和迹线有什么区别？什么情况下两者重合？

Ⅲ-5　茶壶倒水时，水流会越来越细，为什么？

Ⅲ-6　乒乓球运动中的"弧圈球"和足球运动中的"香蕉球"是怎么形成的？

习题 Ⅲ

Ⅲ-1　游泳池长 50 m，宽 25 m，水深 2 m，求游泳池各侧池壁受到的压力的总和(不计大气压).

Ⅲ-2　如图 Ⅲ.18 所示，设水坝长为 L，水深为 H，水坝的坡度为 θ，水的密度为 ρ，求水对水坝的推力.

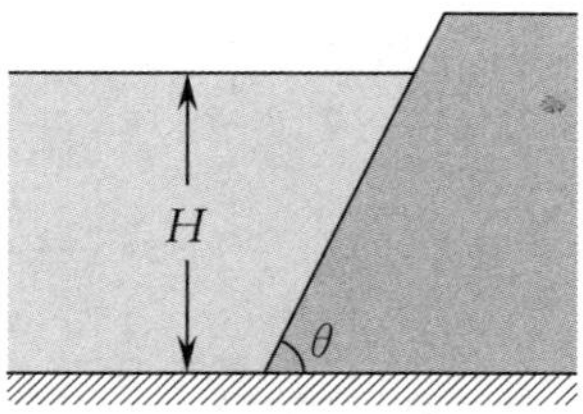

图 Ⅲ.18

Ⅲ-3　如图 Ⅲ.19 所示，容器内水的高度为 H，水从离自由表面 h 深的小孔流出.

(1) 求水流达到地面的水平射程 x；

(2) 在水面以下多深的地方开孔，可使水流的水平射程最大？最大射程是多少？

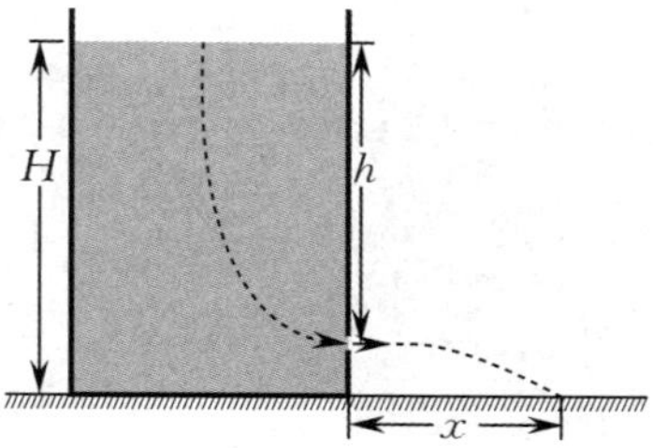

图 Ⅲ.19

Ⅲ-4　一水管的一端横截面积为 $4.0\times10^{-4}\ \mathrm{m}^2$，水的流速为 5 m/s；另一端横截面积为 $8.0\times10^{-4}\ \mathrm{m}^2$，水平高度低于前者 10 cm.

(1) 求水在较低的一端的流速；

(2) 如果较高一端的压强为 1.5×10^5 Pa，则在较低一端的压强为多少？

Ⅲ-5　一截面积为 40 cm² 的水平管子有一横截面缩小处，其横截面积为 10 cm². 水在粗管中做定常流动的流速为 100 cm/s，求：

(1) 水在缩小处的流速；

(2) 缩小处和粗管内两点间的压强差；

(3) 粗管中每分钟有多少立方米的水流出.

Ⅲ-6 空吸现象. 如图 Ⅲ.20 所示，液体从大容器经管道流入容器 B，在管道细颈处开一小孔，用细管接入容器 A 中的液体内，会发现流动的液体不但不流入 A 容器，反而 A 容器内的液体会被吸上去. 设大容器足够大，p_1 为管道细颈处压强，p_0 为大气压强，液面与出口处的高度差为 h，S_1，S_2 分别为管道细颈处和出口处的横截面积，ρ 为液体密度，液体视为理想流体，证明：

$$p_0 - p_1 = \rho g h\left(\frac{S_2^2}{S_1^2} - 1\right).$$

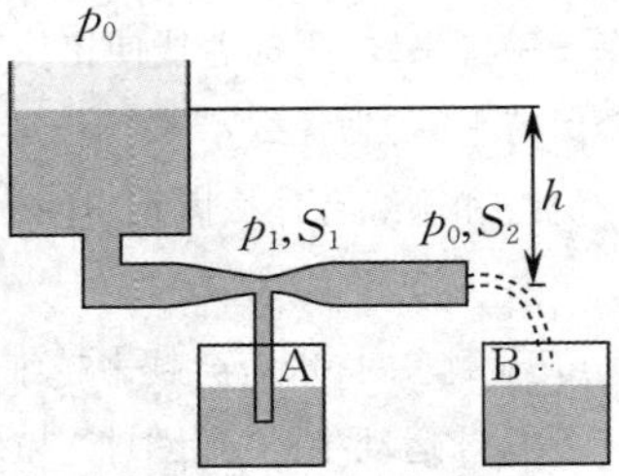

图 Ⅲ.20

Ⅲ-7 如图 Ⅲ.21 所示，有一底面积为 40 cm×45 cm、质量为 5 kg 的木板，沿着涂有润滑油（黏性系数为 0.136 2 Pa·s）的斜面匀速下滑. 已知木板下滑的速度 $v = 1.0$ m/s，油层厚度 $h = 1$ mm，求斜面与水平面的夹角 θ.

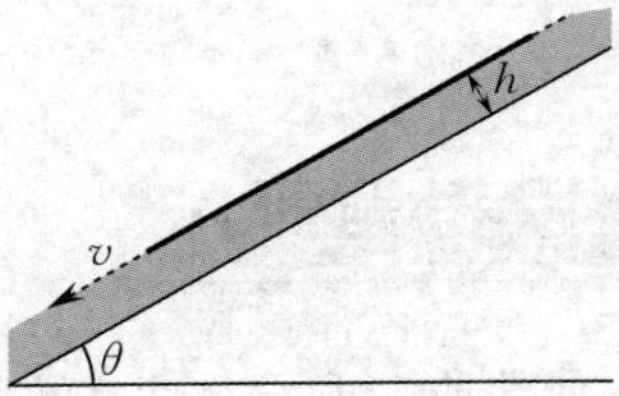

图 Ⅲ.21

选学Ⅳ

电场中的物质

第 8 章讨论了真空中的静电场. 其实真空是一种理想的情况,实际电场中总有物质存在. 根据导电性的不同,可以将物质分为导体、电介质(绝缘体)和半导体. 这里主要讨论导体、电介质与静电场的相互作用和影响.

Ⅳ.1　静电场中的导体

Ⅳ.1.1　导体的静电平衡

1. 静电感应现象

按物质的电结构模型,金属导体的电结构特点是:金属导体内部有大量的能自由运动的负电荷 —— 自由电子. 若金属导体不受外电场作用,又不带电,则自由电子在金属内做无规则的热运动,整个导体呈电中性. 若把金属导体放在外电场中,无论其带电与否,导体中的自由电子在电场力作用下做宏观定向运动,使得电荷在金属导体中重新分布,结果在导体一侧因电子的堆积而带负电,在另一侧因相对缺少负电荷而带正电. 这种在外电场作用下,引起金属导体中电荷重新分布而呈现出带电的现象,叫作**静电感应**. 静电感应过程属于非平衡问题,静电学不予讨论. 我们只讨论静电场和导体之间通过相互影响达到静电平衡状态以后,电荷和电场的分布规律.

2. 静电平衡

如图 Ⅳ.1 所示,在均匀电场 $\boldsymbol{E}_0$ 中放入一块金属导体板,在电场力的作用下,金属板内部的自由电子将逆着电场的方向运动,使得金属板的两个侧面出现了等量异号的电荷. 这些电荷在金属板的内部形成一个附加电场,其电场强度 $\boldsymbol{E}'$ 与原来的电场强度 $\boldsymbol{E}_0$ 的方向相反. 金属板内部的电场强度 $\boldsymbol{E}$ 就是 $\boldsymbol{E}_0$ 和 $\boldsymbol{E}'$ 的叠加,即 $E = E_0 - E'$. 开始时,$E' < E_0$,金属板内部的电场强度不为零,自由电子继续运动,使得 E' 增大,这个过程一直延续到 $E' = E_0$,即导体内部的电场强度为零时终止. 此时导体内没有电荷做定向运动. 这种无论导体原来是否带电和有无外电场的作用,导体内部和表面都没有电荷的宏观定向运动的状态称为导体的**静电平衡状态**.

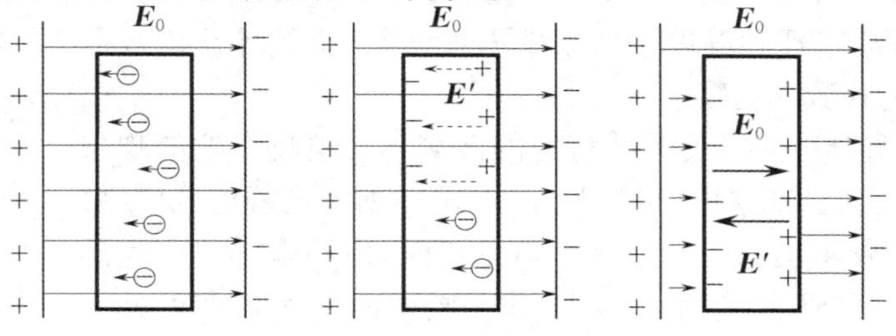

图 Ⅳ.1　静电感应

处于静电平衡状态的导体具有如下性质：

(1) 导体内部电场强度处处为零；导体表面的电场强度垂直于导体表面，电场线不进入导体内部，而与导体表面正交.

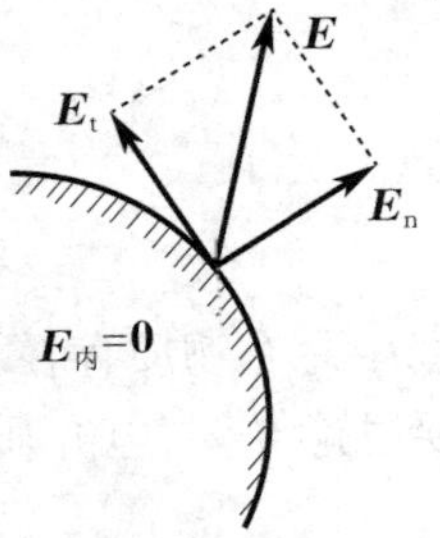

图 Ⅳ.2 静电平衡时导体表面与内部的电场强度

如果导体内部任一点的电场强度不为零，那么自由电子将做定向运动，即没有达到静电平衡状态. 假设导体表面电场强度不垂直导体表面而有切向分量，即 $E_t \neq 0$，如图 Ⅳ.2 所示，则自由电子将沿导体表面有宏观定向运动，导体未达到静电平衡状态，与静电平衡矛盾.

(2) 导体内、导体表面各处电势相同，整个导体是等势体.

以上静电平衡状态下导体的性质通常又称为静电平衡条件.

注意：导体内部电场强度处处为零，整个导体是等势体，是电场中所有电荷的共同贡献.

3. 静电平衡时导体上的电荷分布

处于静电平衡状态的导体，其内部各处无净电荷，导体所带的全部净电荷只能分布在导体表面. 证明如下：

在导体内包围 P 点任作一闭合曲面 S(高斯面)，如图 Ⅳ.3 中的虚线所示. 由静电平衡条件 $\boldsymbol{E}_内=\boldsymbol{0}$ 和高斯定理 $\oiint_S \boldsymbol{E}_内 \cdot \mathrm{d}\boldsymbol{S}=\frac{\sum q_内}{\varepsilon_0}$ 得 $\sum q_内=0$，即闭合曲面 S 内的电荷代数和为零. 由于高斯面是在导体内任意选取的，故在静电平衡时，导体内任意区域内净电荷为零，净电荷只能分布在导体表面.

(1) 对于实心的带电导体，因为导体内部无净电荷，所以导体所带的全部净电荷只能分布于导体的外表面.

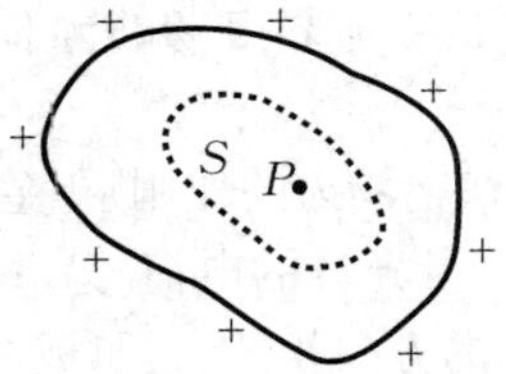

图 Ⅳ.3 静电平衡时导体上的电荷分布

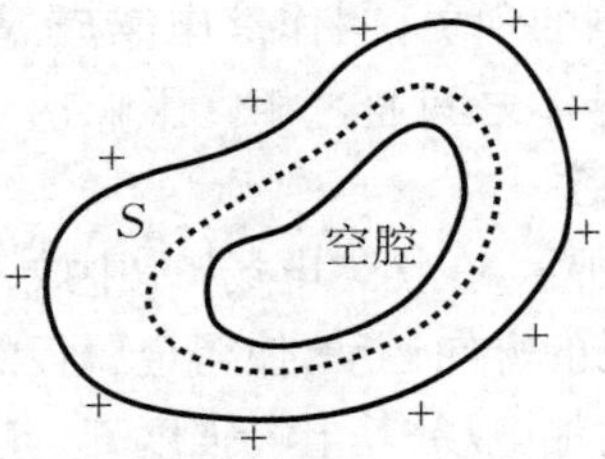

图 Ⅳ.4 静电平衡时空腔导体的电荷分布

(2) 对于空腔导体，若空腔内无其他电荷，如图 Ⅳ.4 所示，则导体空腔内表面上也无电荷分布. 空腔导体所带的净电荷将全部分布在导体外表面，导体内和空腔中任何一点处的电场强度都为零. 如果空腔导体内部有电荷，那么由高斯定理和静电平衡条件不难证明，空腔导体内表面的电荷与腔内电荷的代数和为零.

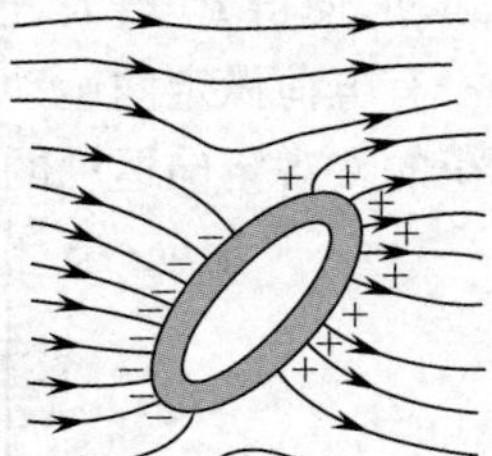

图 Ⅳ.5 用空腔导体屏蔽外电场

在静电场中，因导体的存在使某些特定的区域不受电场影响的现象称为**静电屏蔽**. 怎样才能实现静电屏蔽呢？在图 Ⅳ.5 所示的静电场中，放置一个空腔导体. 由前面的讨论可知，在静电平衡时，由静电感应产生的感应电荷只分布在导体的外表面，导体内和空腔中的电场强度处处为零. 这就是说，空腔内的整个区域都将不受外电场的影响. 这时导体和空腔内部的电势处处相等，构成一个等势体.

在有些情况下，需要屏蔽电荷激发的电场对外界的影响，这时可采用如图 Ⅳ.6 所示的办法. 在电荷 $+q$ 外面放置一个外表面接地的空腔导体，导体外表面所产生的感应正电荷与从地面上来的负电荷中和，使空腔导体外表面不带电. 这样，接地空腔导体内的电荷激发的电场对导体外就不会产生任何影响.

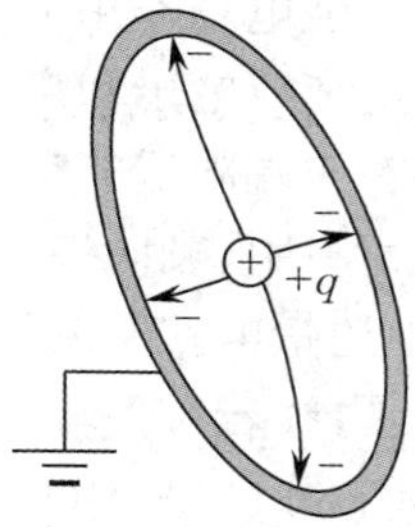

图 Ⅳ.6　接地空腔导体屏蔽内电场

综上所述，空腔导体（无论接地与否）将使腔内空间不受外电场的影响，而接地空腔导体使外部空间不受空腔内电场的影响. 这就是空腔导体的静电屏蔽作用.

在实际工作中，常用编织得相当紧密的金属网来代替金属壳体，例如，高压设备周围的金属网、校测电子仪器的金属网屏蔽室.

4. 导体表面附近的电场强度

在导体表面取面积元 ΔS，当 ΔS 很小时，可认为电荷是均匀分布的. 设其电荷面密度为 σ，则面积元 ΔS 上的电量 $\Delta q = \sigma\Delta S$. 围绕面积元 ΔS 作如图 Ⅳ.7 所示的高斯面. 下底面处于导体中，电场强度为零，通过下底面的电通量为零；在侧面，因为电场强度与侧面的法线垂直，所以通过侧面的电通量也为零；通过上底面的电通量就是通过高斯面的电通量. 由高斯定理得

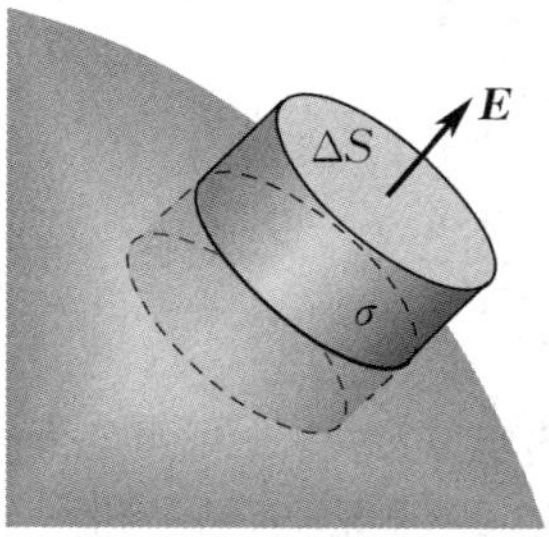

图 Ⅳ.7　导体表面附近的电场强度

$$\oint\!\!\!\oint_S \boldsymbol{E}\cdot \mathrm{d}\boldsymbol{S} = \iint_{上底} \boldsymbol{E}_{表}\cdot \mathrm{d}\boldsymbol{S} + \iint_{下底} \boldsymbol{E}_{内}\cdot \mathrm{d}\boldsymbol{S} + \iint_{侧面} \boldsymbol{E}_{侧面}\cdot \mathrm{d}\boldsymbol{S}$$

$$= E_{表}\,\Delta S + 0\cdot\Delta S + E_{表}\,\Delta S_{侧面}\cos\frac{\pi}{2}$$

$$= E_{表}\,\Delta S = \frac{\sigma\Delta S}{\varepsilon_0},$$

由此得 $\sigma = \varepsilon_0 E_{表}$，考虑电场强度的方向，有

$$\boldsymbol{E}_{表} = \frac{\sigma}{\varepsilon_0}\boldsymbol{e}_{\mathrm{n}}. \qquad (Ⅳ.1)$$

式(Ⅳ.1) 表示，当带电导体处于静电平衡时，导体表面外邻近表面处的电场强度，其数值与该处电荷面密度成正比，其方向与导体表面垂直. 当导体带正电时，电场强度的方向垂直表面向外；当导体带负电时，电场强度的方向垂直表面指向导体. 应该注意的是，导体表面附近的电场强度是所有电荷的共同贡献，而不是该处表面上电荷产生的.

5. 导体表面电荷的分布与表面形状的关系

理论与实践证实，孤立导体表面的电荷面密度 σ 与导体表面曲率半径 ρ 有关. 它们的关系是

$$\sigma \propto \frac{1}{\rho}. \qquad (Ⅳ.2)$$

由式(Ⅳ.2) 可知，导体表面凸出的地方，曲率半径较小，电荷面密度 σ 较大；导体表面较平坦的地方，曲率半径较大，电荷面密度 σ 较小；曲率半径相同的地方，电荷面密度一定相同. 表面凹进去的地方，电荷面密度 σ 很小；表面有尖端凸出的地方，曲率半径特别小，电荷面密度就很大，因而尖端附近的电场特别强.

图 Ⅳ.8(a) 所示为一个有尖端的导体表面电荷和电场强度分布的情况. 可以看出，尖端附近的电荷面密度越大，它周围的电场越强. 尖端周围空气中原来散存着的带电粒子（如电子或离子）

在这个强电场作用下做加速运动，从而获得足够大的能量，以致在它们和空气分子碰撞时使空气分子电离成电子和离子. 电离产生的电子和离子经电场加速后，又使更多的空气分子电离. 这样就会在尖端附近的空气中产生大量的带电粒子，其中，与尖端所带电荷异号的带电粒子，受尖端上电荷吸引，飞向尖端，使尖端上的电荷被中和；与尖端上电荷同号的带电粒子受排斥而飞向远方. 上述带电粒子的运动过程就好像是尖端上的电荷不断地向空气中释放一样，所以称之为尖端放电现象. 若在尖端附近放置一点燃的蜡烛，则蜡烛的火焰会受到这种离子流形成的“电风”吹动而偏斜，如图 Ⅳ.8(b) 所示. 阴雨潮湿天气，在高压输电线表面附近可看到淡蓝色辉光的电晕. 它就是一种平稳的尖端放电现象.

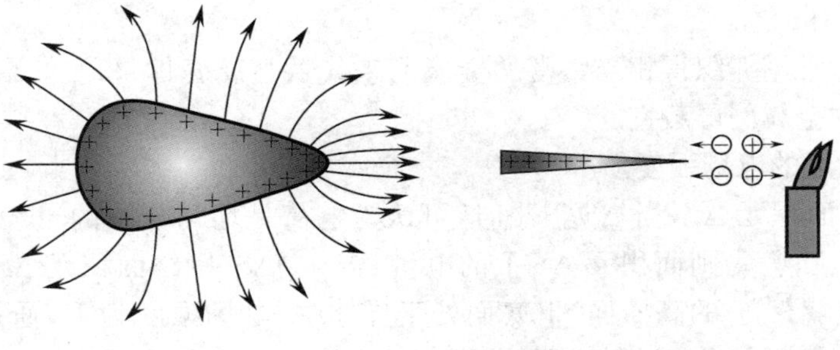

(a)　　　　(b)

图 Ⅳ.8　有尖端的导体表面电荷和电场强度分布

在高电压设备中，为了防止因尖端放电引起的危害和漏电损耗，其输电线都是较粗且表面光滑的导线；设备零部件表面光滑，并尽可能做成球面形状. 与此相反，在有些情况下，人们还要利用尖端放电现象. 例如，火花放电设备的电极往往做成尖端形状；避雷针也是根据尖端放电的道理制成的，广泛应用于武器弹药仓库、炸药等危险品生产厂房、重要军事设施等场所，是防雷击的重要措施.

Ⅳ.1.2　有导体存在时电场强度和电势的计算

将导体放入静电场，电场会影响导体上的电荷分布，同时，导体上的电荷分布也会影响电场的分布，直到导体达到静电平衡为止，最终导体的电荷分布和电场分布不再改变. 达到静电平衡后，就可以根据静电场的基本规律、电荷守恒以及导体静电平衡条件加以分析，确定导体上的电荷分布，然后再进行电场强度和电势的计算.

例 Ⅳ－1

证明：对于图 Ⅳ.9 所示的两块无限大带电平行金属板来说，相对两面(图中 2 和 3)的电荷的面密度总是大小相等且符号相反，相背两面(图中 1 和 4)的电荷的面密度总是大小相等且符号相同(忽略金属板的边缘效应).

证　设两金属板的四个表面上的电荷面密度分别为 σ_1，σ_2，σ_3 和 σ_4，如图 Ⅳ.9 所示. 由于板间电场与板面垂直，且金属板内的电场为零，选一个两底面分别在两金属板内、侧面垂直于板面的封闭圆柱形作为高斯面，如图 Ⅳ.9 中虚线所示，则通过此高斯面的电通量为零. 根据高斯定理有

$$\Delta S \cdot \sigma_2 + \Delta S \cdot \sigma_3 = 0,$$

即

$$\sigma_2 + \sigma_3 = 0. \qquad ①$$

由叠加原理可知，金属板内一点 P_1 的电场强度应该是四个无限大均匀带电面产生的电场叠加，因而有

$$E_{P_1}=\frac{\sigma_1}{2\varepsilon_0}-\frac{\sigma_2}{2\varepsilon_0}-\frac{\sigma_3}{2\varepsilon_0}-\frac{\sigma_4}{2\varepsilon_0}.$$

由于静电平衡时,导体内各处电场强度为零,所以 $E_{P_1}=0$,因而有

$$\sigma_1-\sigma_2-\sigma_3-\sigma_4=0. \qquad ②$$

由式 ① 和式 ② 可得,电荷分布的情况为

$$\begin{cases}\sigma_1=\sigma_4,\\ \sigma_2=-\sigma_3.\end{cases}$$

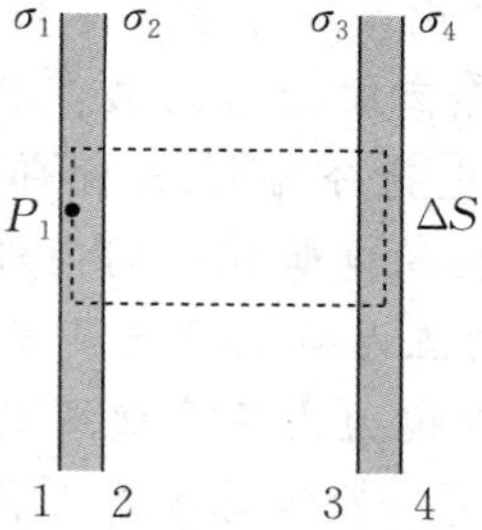

图 Ⅳ.9　无限大带电平行金属板的电荷分布

例 Ⅳ-2

设半径为 R_1 的均匀带电球体的电荷体密度为 ρ,球外有一内、外半径分别为 R_2,R_3 的同心导体球壳,如图 Ⅳ.10 所示,试计算空间电场强度和电势分布.

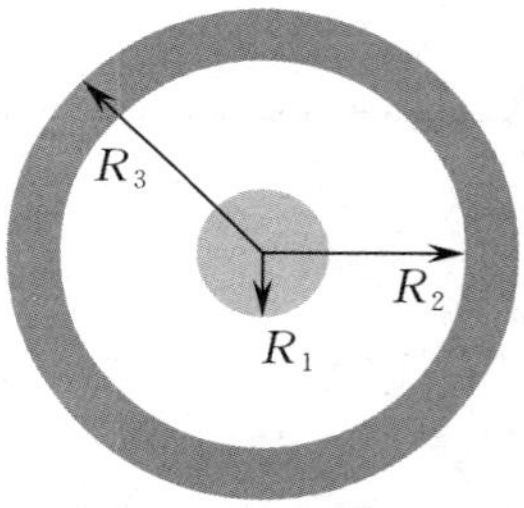

图 Ⅳ.10

解　因为处于静电平衡状态的导体内部电场强度处处为零,所以,由高斯定理和电荷守恒定律可知,导体球壳内表面带电量为 $-Q$,外表面带电量为 $Q\left(Q=\rho\cdot\frac{4}{3}\pi R_1^3\right)$. 电荷分布是球对称的,作半径为 r 的同心球面为高斯面,由高斯定理可得

$$4\pi r^2\cdot E=\frac{1}{\varepsilon_0}\sum q_{内}.$$

当 $r\leqslant R_1$ 时,

$$\sum q_{内}=\rho\cdot\frac{4}{3}\pi r^3,\quad E_1=\frac{\rho r}{3\varepsilon_0};$$

当 $R_1\leqslant r\leqslant R_2$ 时,

$$\sum q_{内}=Q=\rho\cdot\frac{4}{3}\pi R_1^3,\quad E_2=\frac{\rho R_1^3}{3\varepsilon_0 r^2};$$

当 $R_2<r<R_3$ 时,

$$\sum q_{内}=0,\quad E_3=0;$$

当 $r\geqslant R_3$ 时,

$$\sum q_{内}=Q=\rho\cdot\frac{4}{3}\pi R_1^3,\quad E_4=\frac{\rho R_1^3}{3\varepsilon_0 r^2}.$$

方法一　由定义式求解电势分布.

选无穷远处为电势零点,由电势定义可求得各区域的电势:

当 $r\geqslant R_3$ 时,

$$\varphi=\int_r^{\infty}E\,\mathrm{d}r=\int_r^{\infty}E_4\,\mathrm{d}r=\int_r^{\infty}\frac{\rho R_1^3}{3\varepsilon_0 r^2}\mathrm{d}r=\frac{\rho R_1^3}{3\varepsilon_0 r};$$

当 $R_2<r<R_3$ 时,

$$\varphi=\int_r^{\infty}E\,\mathrm{d}r=\int_r^{R_3}E_3\,\mathrm{d}r+\int_{R_3}^{\infty}E_4\,\mathrm{d}r=\frac{\rho R_1^3}{3\varepsilon_0 R_3};$$

当 $R_1\leqslant r\leqslant R_2$ 时,

$$\begin{aligned}\varphi&=\int_r^{\infty}E\,\mathrm{d}r\\&=\int_r^{R_2}E_2\,\mathrm{d}r+\int_{R_2}^{R_3}E_3\,\mathrm{d}r+\int_{R_3}^{\infty}E_4\,\mathrm{d}r\\&=\int_r^{R_2}\frac{\rho R_1^3}{3\varepsilon_0 r^2}\mathrm{d}r+0+\int_{R_3}^{\infty}\frac{\rho R_1^3}{3\varepsilon_0 r^2}\mathrm{d}r\\&=\frac{\rho R_1^3}{3\varepsilon_0}\left(\frac{1}{r}-\frac{1}{R_2}+\frac{1}{R_3}\right);\end{aligned}$$

当 $r\leqslant R_1$ 时,

$$\begin{aligned}\varphi&=\int_r^{\infty}E\,\mathrm{d}r\\&=\int_r^{R_1}E_1\,\mathrm{d}r+\int_{R_1}^{R_2}E_2\,\mathrm{d}r+\int_{R_2}^{R_3}E_3\,\mathrm{d}r+\int_{R_3}^{\infty}E_4\,\mathrm{d}r\\&=\int_r^{R_1}\frac{\rho r}{3\varepsilon_0}\mathrm{d}r+\int_{R_1}^{R_2}\frac{\rho R_1^3}{3\varepsilon_0 r^2}\mathrm{d}r+0+\int_{R_3}^{\infty}\frac{\rho R_1^3}{3\varepsilon_0 r^2}\mathrm{d}r\\&=\frac{\rho R_1^2}{2\varepsilon_0}-\frac{\rho r^2}{6\varepsilon_0}+\frac{\rho R_1^3}{3\varepsilon_0}\left(\frac{1}{R_3}-\frac{1}{R_2}\right).\end{aligned}$$

方法二 由叠加原理求解电势分布.

设 P 点距离球心为 r. 以半径为 r 的球面为高斯面，将电荷分为内、外两部分，内部电荷在场点 P 产生的电势就如同内部电荷全部集中在球心处的点电荷在 P 点处产生的电势；而外部电荷可以视为由许多极薄的带电同心球壳叠加而成，每一个薄球壳在 P 点处产生的电势就是此带电薄球壳单独存在时其本身的电势，所以

当 $r \geqslant R_3$ 时，

$$\varphi = \varphi_{内} = \frac{Q}{4\pi\varepsilon_0 r} = \frac{\rho R_1^3}{3\varepsilon_0 r};$$

当 $R_2 < r < R_3$ 时，

$$\varphi = \varphi_{内} + \varphi_{外} = 0 + \frac{Q}{4\pi\varepsilon_0 R_3} = \frac{\rho R_1^3}{3\varepsilon_0 R_3};$$

当 $R_1 \leqslant r \leqslant R_2$ 时，

$$\varphi = \varphi_{内} + \varphi_{外} = \frac{Q}{4\pi\varepsilon_0 r} + \frac{-Q}{4\pi\varepsilon_0 R_2} + \frac{Q}{4\pi\varepsilon_0 R_3} = \frac{\rho R_1^3}{3\varepsilon_0}\left(\frac{1}{r} - \frac{1}{R_2} + \frac{1}{R_3}\right);$$

当 $r \leqslant R_1$ 时，

$$\varphi = \varphi_{内} + \varphi_{外} = \frac{\rho \cdot \frac{4}{3}\pi r^3}{4\pi\varepsilon_0 r} + \int_r^{R_1} \frac{\rho \cdot 4\pi r^2 \mathrm{d}r}{4\pi\varepsilon_0 r} + \frac{-Q}{4\pi\varepsilon_0 R_2} + \frac{Q}{4\pi\varepsilon_0 R_3}$$

$$= \frac{\rho R_1^2}{2\varepsilon_0} - \frac{\rho r^2}{6\varepsilon_0} + \frac{\rho R_1^3}{3\varepsilon_0}\left(\frac{1}{R_3} - \frac{1}{R_2}\right).$$

Ⅳ.2 静电场中的电介质

电介质就是通常所说的绝缘体，即不导电的物质，如云母、橡胶、陶瓷等. 在理想电介质的分子中，原子核对电子的束缚力很强，电子无法自由移动，因而完全不能导电. 实际上没有完全绝缘的材料，任何材料内部或多或少都会有脱离原子核束缚的自由电荷，但当自由电荷很少，材料导电能力很弱时，可以将其视为理想的绝缘材料来简化分析. 本节只讨论理想的各向同性绝缘材料与电场的相互作用规律.

Ⅳ.2.1 电介质的极化

1. 电介质的极化类型

每个分子都是由原子组成的，原子又由带负电的电子和带正电的原子核组成. 虽然分子的正电荷和负电荷实际上分布于分子所占的整个体积中，但分子产生的影响（如电场）可以近似采用一种“中心模型”来计算，即可以认为分子中所有正电荷和所有负电荷分别集中于两个几何点上，这两个几何点分别称为正、负电荷中心. 也就是说，整个分子在远处所产生的电场与全部正、负电荷分别集中于正、负电荷中心时所激发的电场相同.

根据正、负电荷中心的分布情况，可以把各向同性的电介质分为两类：当外电场不存在时，正、负电荷中心重合在一起的分子称为无极分子，由无极分子组成的电介质称为无极分子电介质，如 H_2，CH_4 等，如图 Ⅳ.11(a) 所示；正、负电荷中心不重合的分子称为有极分子，由有极分子组成的电介质称为有极分子电介质，如 H_2O，SO_4^{2-} 等，如图 Ⅳ.11(b) 所示.

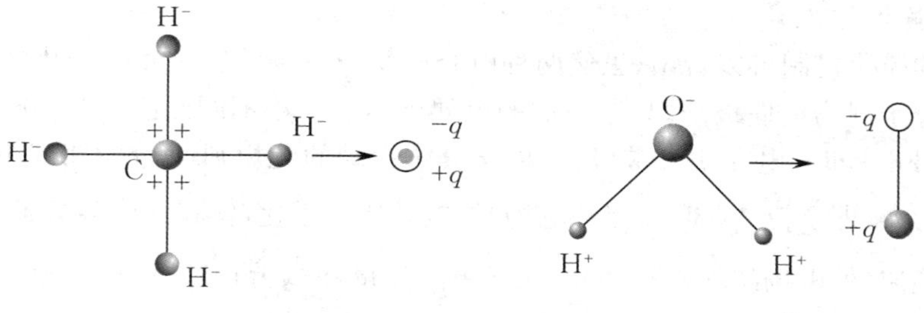

(a) CH_4分子　　(b) H_2O分子

图 Ⅳ.11　无极分子和有极分子

对于无极分子，因为其正、负电荷中心重合，所以电偶极矩 $\boldsymbol{p}=\boldsymbol{0}$；对于有极分子，分子的电偶极矩为 $\boldsymbol{p}=q\boldsymbol{l}$，其中 $\boldsymbol{l}$ 为负电荷中心指向正电荷中心的位移矢量，q 为等效电荷的电量.

在无外电场的情况下，因为无极分子的电偶极矩为零，所以无极分子电介质对外不显电性；而对于有极分子，虽然每个分子的电偶极矩不为零，但由于分子不断地做无规则热运动，各个分子电偶极矩的方向杂乱无章，因此宏观看来也不显电性.

当电介质处于外电场中时，无论是有极分子还是无极分子都要发生某种变化，这种变化称为电介质的极化. 极化分为位移极化和取向极化两种.

1）**无极分子的位移极化**

在外电场 $\boldsymbol{E}_0$ 的作用下，无极分子的正、负电荷中心将向相反的方向做一个微小的位移，如图 Ⅳ.12 所示. 这时，无极分子的正、负电荷的中心就不再重合，形成一个电偶极子. 对于整块电介质来说，由于每一个分子都形成了电偶极子，且电偶极子的电偶极矩方向与外电场 $\boldsymbol{E}_{外}$ 的方向一致（注意：由于分子热运动的影响，电偶极矩方向不能整齐地沿外电场方向），因此电介质的表面上就出现了正、负电荷. 这些正、负电荷不能在电介质中自由移动，称为**束缚电荷**，也称为**极化电荷**. 电介质在外电场的作用下，其表面出现极化电荷的现象称为电介质的极化. 由无极分子的正、负电荷中心发生相对位移而产生的极化，叫作**位移极化**.

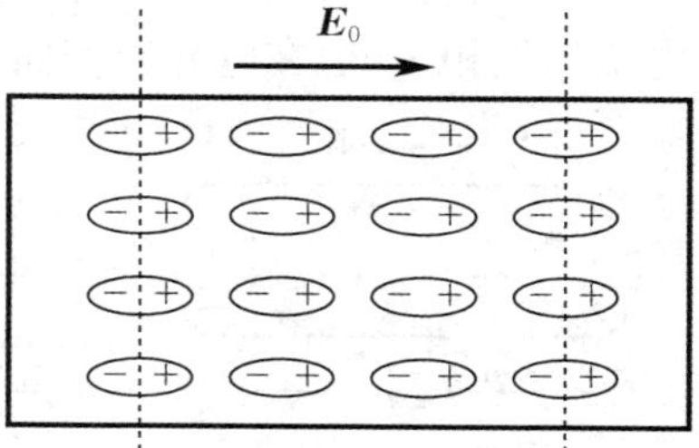

图 Ⅳ.12　无极分子的极化

2）**有极分子的取向极化**

对有极分子电介质来说，在外电场 $\boldsymbol{E}_0$ 的作用下，每个有极分子都要受到力矩的作用而转向外电场方向，如图 Ⅳ.13 所示. 这就是有极分子的极化现象. 尽管分子的无规则热运动使电偶极矩方向不能整齐地沿外电场的方向，但对整个电介质来说，其表面还是产生了极化电荷. 由于有极分子的极化主要来源于分子内部的电偶极矩的方向的改变，有极分子的这种极化称为**取向极化**.

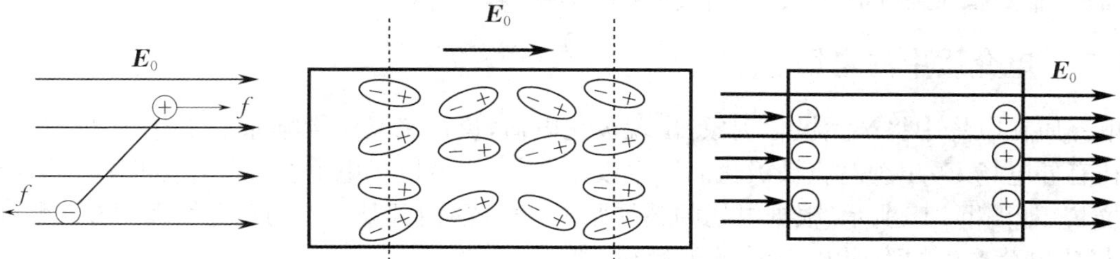

图 Ⅳ.13　有极分子的极化

2. 电极化强度

从电介质的极化机制可以看出，虽然两种电介质受外电场的影响发生变化的微观机制不同，但都是将每个分子视为电偶极子，只是它们的电偶极矩的大小不同而已. 在电介质中任取一体积元 ΔV，在没有外电场时，电介质未被极化，由于分子运动的无规则性，此体积元中各分子的电偶极矩的矢量和为零，即 $\sum \boldsymbol{p}_i = \boldsymbol{0}$；当有外电场时，电介质被极化，体积元中各分子的电偶极矩矢量之和不能相互抵消（外电场越强，分子的电偶极矩的矢量和越大），即 $\sum \boldsymbol{p}_i \neq \boldsymbol{0}$. 为了定量地描述电介质的极化程度，我们引入一个新的物理量 —— **电极化强度**（简称**极化强度**），用 $\boldsymbol{P}$ 表示，它等于单位体积内分子的电偶极矩的矢量和，即

$$\boldsymbol{P} = \frac{\sum \boldsymbol{p}_i}{\Delta V}. \tag{Ⅳ.3}$$

在国际单位制中，电极化强度的单位是库[伦] 每平方米（$\mathrm{C/m^2}$）.

若电介质中的电极化强度大小和方向处处相同，称为**均匀极化**；否则，称为**非均匀极化**. 极化现象既然是由电场引起的，那么电极化强度就应与电场强度有关. 实验表明，在各向同性的介质中，每一点的电极化强度 $\boldsymbol{P}$ 与该点的电场强度 $\boldsymbol{E}$ 方向相同且大小成正比，即

$$\boldsymbol{P} = \varepsilon_0 \chi \boldsymbol{E}, \tag{Ⅳ.4}$$

式中，χ 称为电介质的电极化率，它取决于电介质的性质，是一个没有单位的常量.

3. 电极化强度与极化电荷

电介质被极化后，每个分子都可视为电偶极子. 在电介质内部宏观小的区域内，正、负电荷的电量仍然相等，但在电介质表面出现只有正电荷或者只有负电荷的极化电荷层.

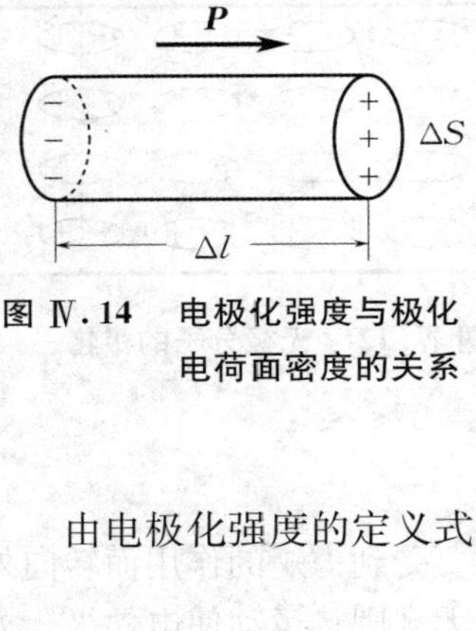

图 Ⅳ.14　电极化强度与极化电荷面密度的关系

由于电介质的极化电荷是电极化的结果，极化电荷和电极化强度之间一定存在某种关系. 在各向同性的电介质中，取一圆柱形体积元 ΔV，ΔV 的轴线与电极化强度 $\boldsymbol{P}$ 的方向一致，如图 Ⅳ.14 所示. 设小圆柱的两底面的面积为 ΔS，长为 Δl，两底面的极化电荷面密度分别为 $+\sigma'$ 和 $-\sigma'$. 这时可以把整个小圆柱看成一个电偶极子，其电偶极矩大小为 $\sigma'\Delta S\Delta l$，所以 ΔV 内所有分子的电偶极矩矢量和的大小为

$$\sum \boldsymbol{p} = \sigma' \Delta S \Delta l.$$

由电极化强度的定义式（Ⅳ.3）可知，电极化强度 $\boldsymbol{P}$ 的大小为

$$P = \frac{\left|\sum \boldsymbol{p}\right|}{\Delta V} = \frac{\sigma' \Delta S \Delta l}{\Delta S \Delta l} = \sigma'. \tag{Ⅳ.5}$$

式（Ⅳ.5）表明，当各向同性的电介质处于极化状态时，在垂直于外电场的两端面上产生的极化电荷面密度，在数值上等于该处的电极化强度的大小.

Ⅳ.2.2　电介质中的电场

电介质在电场中将产生极化现象，出现极化电荷，反过来又将影响原来的电场. 也就是说，电介质在有外电场 $\boldsymbol{E}_0$ 出现时将被极化而产生极化电荷，这些极化电荷会在周围空间产生一个附加的电场 $\boldsymbol{E}'$，如图 Ⅳ.15 所示. 根据电场的叠加原理，电介质内部某一点的总电场强度 $\boldsymbol{E}$ 应是外电场 $\boldsymbol{E}_0$ 和极化电荷产生的附加电场 $\boldsymbol{E}'$ 的矢量和，即

$$\boldsymbol{E} = \boldsymbol{E}_0 + \boldsymbol{E}'.$$

为了定量描述电介质内部的电场强度，我们使各向同性的电介质充满“无限大”平行板电容器两极板之间，如图 Ⅳ.15 所示. 设平行板电容器两极板上的电荷面密度分别为 $+\sigma$ 和 $-\sigma$，产生的电场强度为 $\boldsymbol{E}_0$，电介质被极化而产生的极化电荷面密度分别为 $+\sigma'$ 和 $-\sigma'$，所产生的电场强度为 $\boldsymbol{E}'$. 因 $\boldsymbol{E}_0$ 与 $\boldsymbol{E}'$ 方向相反，所以，电介质中的合电场强度 $\boldsymbol{E}$ 的大小为

$$E = E_0 - E'.$$

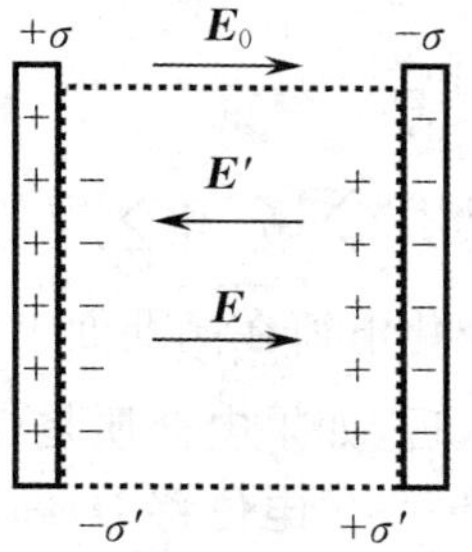

图 Ⅳ.15　电介质中的电场强度

根据无限大平板产生的电场强度知识，可以证明

$$E' = \frac{\sigma'}{\varepsilon_0},\quad P = \sigma' = \chi\varepsilon_0 E.$$

故有 $E = E_0 - \dfrac{\chi\varepsilon_0 E}{\varepsilon_0} = E_0 - \chi E$，即

$$E = \frac{E_0}{1+\chi} = \frac{E_0}{\varepsilon_r}, \tag{Ⅳ.6}$$

式中 $\varepsilon_r = \chi + 1$，称为电介质的相对电容率，它的大小由电介质的性质决定. 式(Ⅳ.6)表示，在充满均匀的各向同性的电介质的平行板电容器中，电介质内任意一点的电场强度为真空中电场强度的 $\dfrac{1}{\varepsilon_r}$. 此结论虽然是从无限大平行金属板间充满电介质这一特殊情况导出的，但可以推广至其他形状带电体的情形.

相对电容率是一个没有单位的纯数，它的大小随电介质的种类和状态的不同而不同. 几种电介质的相对电容率见表 Ⅳ.1.

表 Ⅳ.1　几种电介质的相对电容率和击穿电场强度

电介质	ε_r	击穿电场强度 /(kV/mm)	电介质	ε_r	击穿电场强度 /(kV/mm)
空气(0 ℃,1 atm)	1.000 59	3	云母	4 ～ 7	80 ～ 200
纸	3.5	14	瓷	6 ～ 8	6 ～ 20
水(0 ℃,1 atm)	80	—	玻璃	5 ～ 10	10 ～ 25
石蜡	2	30	钛酸钡	10^3 ～ 10^4	3

真空中，$\varepsilon_r = 1$，其他电介质的 $\varepsilon_r > 1$(空气中可近似为1). 相对电容率较大的电介质可以用来制造电容量大、体积小的电容器，有助于实现电子设备的小型化.

在图 Ⅳ.15 中，当极板间加上一定电压时，极板间就会有一定的电场. 电压越大，电场强度越大. 当电场强度增大到某一最大电场强度 $\boldsymbol{E}_b$ 时，电介质分子中的电子就会摆脱分子对它的束缚而成为自由电子，电介质的绝缘性被破坏而成为导体，这称为**电介质的击穿**. 电介质能够承受的最大电场强度称为电介质的**击穿电场强度**. 此时，两极板间的电压称为**击穿电压**. 几种电介质的击穿电场强度见表 Ⅳ.1.

Ⅳ.2.3　电介质中的高斯定理

电介质在电场中受电场的作用而极化，产生极化电荷，这种极化电荷和自由电荷一样会激发电场，真空中静电场的两个基本定理仍然适用. 因此，当有电介质存在时，空间任一点的电场应为自由电荷和极化电荷共同作用的效果. 由真空中的高斯定理有

$$\oiint_S \boldsymbol{E}\cdot d\boldsymbol{S}=\frac{\sum q_0+\sum q'}{\varepsilon_0},$$

其中，$\sum q_0$ 和 $\sum q'$ 分别代表高斯面内自由电荷与极化电荷的代数和，$\boldsymbol{E}$ 为空间所有自由电荷与极化电荷在高斯面上各处产生的合电场强度. 极化电荷 $\sum q'$ 在实际问题中比较难求得. 但研究发现，如果电介质是极化状况与外电场方向无关的各向同性电介质，那么只要引入一个辅助物理量 —— **电位移 $\boldsymbol{D}$**，即

$$\boldsymbol{D}=\varepsilon_r\varepsilon_0\boldsymbol{E}=\varepsilon\boldsymbol{E}, \tag{Ⅳ.7}$$

就可以避开未知的极化电荷，而将高斯定理改写成

$$\oiint_S \boldsymbol{D}\cdot d\boldsymbol{S}=\sum q_0, \tag{Ⅳ.8}$$

同时又能体现出电介质的存在和影响. 因此，式(Ⅳ.8) 称为**有电介质存在时的高斯定理**. 它表示，通过电介质中任一封闭曲面 S 的电位移通量等于该曲面所包围的自由电荷的代数和.

在式(Ⅳ.7) 中，$\varepsilon=\varepsilon_r\varepsilon_0$，称为**电介质的电容率或介电常量**.

将相对电容率的定义式 $\varepsilon_r=\chi+1$ 代入式(Ⅳ.7)，并结合 $\boldsymbol{P}=\varepsilon_0\chi\boldsymbol{E}$，还可得电位移的又一表达式

$$\boldsymbol{D}=\varepsilon_0\boldsymbol{E}+\boldsymbol{P}. \tag{Ⅳ.9}$$

在国际单位制中，电位移的单位为库[伦] 每平方米(C/m^2). 需要注意的是，电位移是描述电场的辅助量，不是描述电场性质的物理量，电场强度和电势才是描述电场性质的基本物理量，决定电荷受力的仍然是 $\boldsymbol{E}$. 由式(Ⅳ.8) 可知，电位移 $\boldsymbol{D}$ 穿过高斯面的通量只与自由电荷有关，与极化电荷无关，而 $\boldsymbol{D}$ 自身与自由电荷和极化电荷均有关.

与引入电场线方法相同，也可引入电位移线. 图 Ⅳ.16 所示为电场中放入电介质球前、后电场线与电位移线的变化情况. 无电介质球时，电场线与电位移线均连续；放入电介质球后，电场线不连续，电位移线仍然连续. 这是因为电场线起于正电荷而止于负电荷(包括自由电荷和极化电荷). 电位移线从正自由电荷出发，终止于负自由电荷，通过电介质球时并不中断. 与导体不同的是，电介质内允许有电场存在. 此外，对于非均匀电介质，除电介质表面存在极化电荷外，其内部也有一定的极化电荷存在.

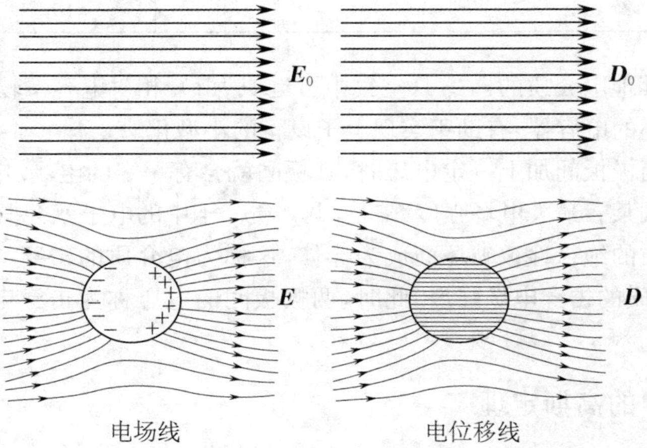

图 Ⅳ.16　电位移线与电场线的比较

Ⅳ.2.4　有电介质存在时的高斯定理的应用

有电介质存在时的高斯定理的应用和真空中高斯定理的应用基本相似. 有电介质存在时的高斯定理常用来解决以下三种特殊情况:

(1) 电荷和电介质分布具有球对称性.

(2) 电荷和电介质分布具有轴对称性,且沿轴向均匀分布.

(3) 电荷和电介质分布具有平面对称性,且沿平行平面方向均匀分布.

首先根据自由电荷的分布,用式(Ⅳ.8)求出电位移分布,再由式(Ⅳ.7)求出电场强度分布. 这样可以避免求极化电荷引起的麻烦.

例 Ⅳ-3

如图 Ⅳ.17 所示,自由电荷面密度为 $\pm\sigma_0$ 的平行板电容器的两极板 A,B 间充满两层厚度分别为 d_1 和 d_2 的各向同性电介质,它们的相对电容率分别为 ε_{r1} 和 ε_{r2},电介质的界面与带电板平行,求:(1) 各电介质中的电场强度;(2) A,B 间的电势差;(3) 两电介质分界面上的极化电荷面密度.

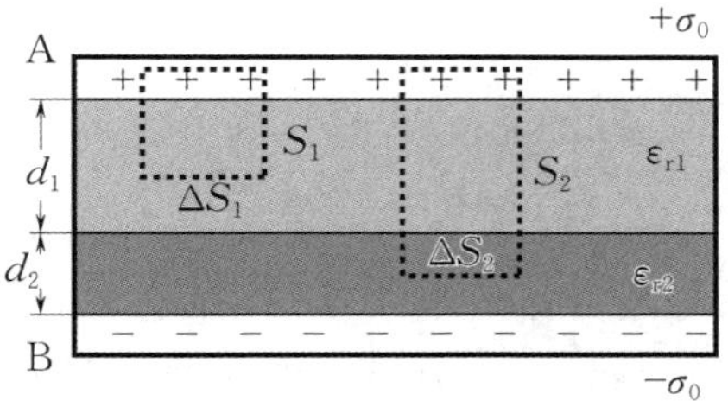

图 Ⅳ.17

解　(1) 由自由电荷和电介质的对称性可知,两层电介质中的电场都为均匀电场. $\boldsymbol{D}$ 的方向与带电平面垂直.

如图 Ⅳ.17 所示,在电介质 1 中作上、下底面面积均为 ΔS_1 的圆柱形高斯面 S_1,上底面在导体中,下底面在电介质 1 中,侧面的法线与电场强度垂直. 柱面内的自由电荷 $\sum q_0 = \sigma_0 \Delta S_1$. 根据高斯定理,得

$$\oint\!\!\!\oint_{S_1} \boldsymbol{D}_1 \cdot \mathrm{d}\boldsymbol{S}_1 = D_1 \Delta S_1 = \sigma_0 \Delta S_1,$$

所以

$$D_1 = \sigma_0,\quad E_1 = \frac{D_1}{\varepsilon_0 \varepsilon_{r1}} = \frac{\sigma_0}{\varepsilon_0 \varepsilon_{r1}};$$

同理,作高斯面 S_2,在电介质 2 中,有

$$D_2 = \sigma_0,\quad E_2 = \frac{D_2}{\varepsilon_0 \varepsilon_{r2}} = \frac{\sigma_0}{\varepsilon_0 \varepsilon_{r2}}.$$

(2) 由电势差的定义可得两极板的电势差为

$$U_{AB} = \int_A^B \boldsymbol{E} \cdot \mathrm{d}\boldsymbol{l} = E_1 d_1 + E_2 d_2 = \frac{\sigma_0}{\varepsilon_0}\left(\frac{d_1}{\varepsilon_{r1}} + \frac{d_2}{\varepsilon_{r2}}\right).$$

(3) 由 $\varepsilon_r = \chi + 1$ 和 $P = \sigma' = \chi \varepsilon_0 E$ 可得两电介质的分界面处,电介质 1 的极化电荷面密度为

$$\sigma_1' = P_1 = \frac{\varepsilon_{r1} - 1}{\varepsilon_{r1}} \sigma_0;$$

电介质 2 的极化电荷面密度为

$$\sigma_2' = P_2 = \frac{\varepsilon_{r2} - 1}{\varepsilon_{r2}} \sigma_0.$$

例 Ⅳ-4

如图 Ⅳ.18 所示,圆柱形电容器由半径为 R_1 的长直圆柱导体和与它同轴的薄导体圆筒组成,圆筒的半径为 R_2. 直圆柱导体与导体圆筒之间充以相对电容率为 ε_r 的电介质. 设直圆柱导体和导体圆筒单位长度上的电荷分别为 $+\lambda$ 和 $-\lambda$,求:(1) 电介质中的电场强度、电位移和电极化强度;(2) 电介质内、外表面的极化电荷面密度.

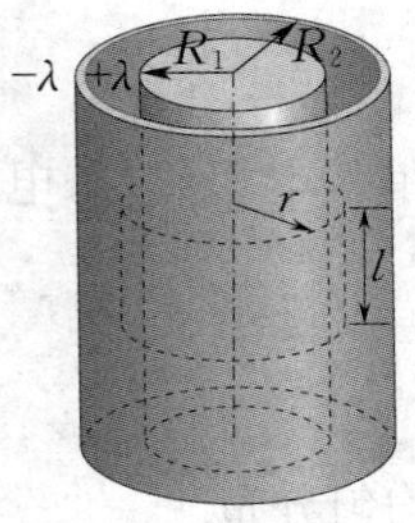

图 Ⅳ.18　圆柱形电容器

解　(1) 由对称性分析可知，电场为轴对称分布. 在半径为 $R_1 < r < R_2$ 间作一长度为 l 的圆柱形高斯面，如图 Ⅳ.18 中虚线所示. 根据有电介质存在时的高斯定理，有

$$\oiint_S \boldsymbol{D} \cdot \mathrm{d}\boldsymbol{S} = D2\pi rl = \lambda l,$$

即 $D = \dfrac{\lambda}{2\pi r}$. 由 $\boldsymbol{D} = \varepsilon \boldsymbol{E} = \varepsilon_r \varepsilon_0 \boldsymbol{E}$ 得电介质中的电场强度大小

$$E = \frac{\lambda}{2\pi\varepsilon_0\varepsilon_r r} \quad (R_1 \leqslant r \leqslant R_2). \qquad ①$$

电介质中的电极化强度为

$$P = (\varepsilon_r - 1)\varepsilon_0 E = \frac{(\varepsilon_r - 1)}{2\pi\varepsilon_r r}\lambda.$$

(2) 由式 ① 可得，电介质两表面处的电场强度分别为

$$E_1 = \frac{\lambda}{2\pi\varepsilon_0\varepsilon_r R_1} \quad (r = R_1),$$

$$E_2 = \frac{\lambda}{2\pi\varepsilon_0\varepsilon_r R_2} \quad (r = R_2).$$

由 $\boldsymbol{P} = \chi\varepsilon_0 \boldsymbol{E}$ 和 $\sigma' = P$ 可得，电介质两表面极化电荷面密度分别为

$$\sigma_1' = (\varepsilon_r - 1)\varepsilon_0 E_1 = (\varepsilon_r - 1)\frac{\lambda}{2\pi\varepsilon_r R_1},$$

$$\sigma_2' = (\varepsilon_r - 1)\varepsilon_0 E_2 = (\varepsilon_r - 1)\frac{\lambda}{2\pi\varepsilon_r R_2}.$$

Ⅳ.3　电容　电容器

电容器既是储存电荷和电能的元件，又是阻隔直流、导通交流的电路器件，在电工电子技术及其设备中得到广泛的应用. 电容是电学中的一个重要的物理量. 本节讨论孤立导体的电容、电容器的电容以及电介质对电容的影响.

Ⅳ.3.1　孤立导体的电容

所谓孤立导体，是指其他导体或带电体都离它足够远，其他导体或带电体对它的影响可以忽略不计的导体. 理论和实验都证明，在真空中，一个孤立导体的电势与其所带的电量和形状有关. 例如，真空中一个半径为 R、带电量为 q 的球形孤立导体的电势为

$$\varphi = \frac{q}{4\pi\varepsilon_0 R}. \qquad (Ⅳ.10)$$

从式(Ⅳ.10)可以看出，当电势一定时，球的半径越大，它所带电荷越多. 然而，当此球形孤立导体的半径一定时，若它所带的电荷增加一倍，则其电势相应地增加一倍，但 $\dfrac{q}{\varphi}$ 是一个常量. 这一结论虽然是对球形孤立导体而言的，但对任意形状的孤立导体也是如此. 于是，把孤立导体所带的电量 q 与其电势 φ 的比值叫作孤立导体的电容，用 C 表示，即

$$C = \frac{q}{\varphi}. \qquad (Ⅳ.11)$$

由于孤立导体的电势总是正比于电荷，因此它们的比值既不依赖于电势也不依赖于电荷，仅与导体的形状和尺寸有关. 对于真空中的球形孤立导体来说，有

$$C=\frac{q}{\varphi}=\frac{q}{\frac{1}{4\pi\varepsilon_0}\frac{q}{R}}=4\pi\varepsilon_0 R. \qquad (Ⅳ.12)$$

可以看出，真空中球形孤立导体的电容正比于球的半径.

应当明确，电容是描述导体电学性质的物理量，它与导体是否带电无关，就像导体的电阻与导体是否通有电流无关一样. 电容反映了导体容纳电荷的能力.

在国际单位制中，电容的单位为法[拉](F). 在实际应用中，F 太大，常用 μF，pF 等作为电容的单位. 它们之间的关系为

$$1\ \text{F}=10^6\ \mu\text{F}=10^{12}\ \text{pF}.$$

Ⅳ.3.2　电容器及其电容

1. 电容器

孤立导体的电容都很小，例如，对于球形孤立导体，当 $R=1$ m 时，

$$C=4\pi\varepsilon_0 R=4\times3.14\times8.85\times10^{-12}\times1\ \text{F}\approx1.11\times10^{-10}\ \text{F}.$$

如果把地球视为孤立导体，它的电容也只有 7.09×10^{-6} F.

在实际问题中，我们遇到的一般都不是孤立导体. 当一个带电导体周围有其他导体存在时，其电势不仅取决于自身所带电量，而且还与周围导体的情况有关，因而其 $\frac{q}{\varphi}$ 不再是一个常量. 为了消除其他导体的影响，我们可以利用静电屏蔽原理设计一种电容不易受其他物体影响、体积小、有较大电容值的导体系统. 例如，用一个封闭的导体球壳 B 将导体 A 屏蔽起来，其中间充以空气或电介质，如图 Ⅳ.19 所示. 这样的导体组 —— 两个非常靠近的中间为真空或充满电介质的导体组合，称为电容器. 两个导体称为电容器的极板. 实验证明，两极板之间的电势差 U_{AB} 与极板上的电量 q 成正比，即 $\frac{q}{U_{AB}}$ 是一个确定的值.

电容器电容的定义为

$$C=\frac{q}{U_{AB}}=\frac{q}{\varphi_A-\varphi_B}, \qquad (Ⅳ.13)$$

式中，q 为一个极板所带电量的绝对值，U_{AB} 为两极板的电势差. 电容 C 是描述电容器储存电荷和电能本领的物理量，其大小取决于电容器本身的结构、形状、相对位置和所充电介质的种类等情况. 常用“—||—”表示固定电容器，用“—⫽—”表示可变电容器.

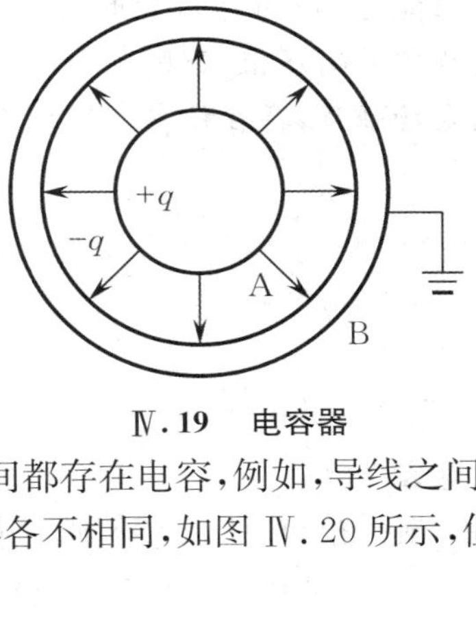

Ⅳ.19　电容器

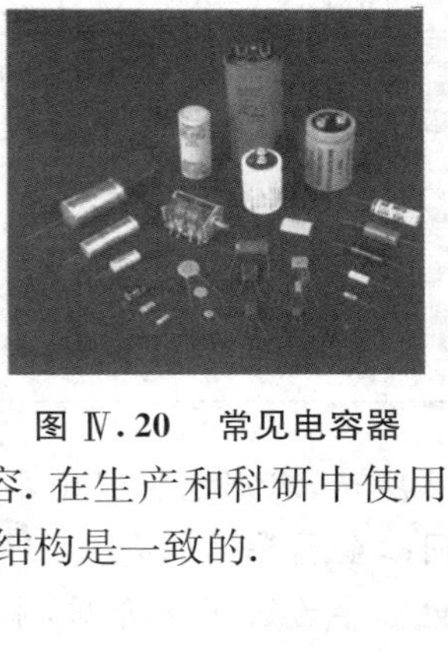

图 Ⅳ.20　常见电容器

任何导体间都存在电容，例如，导线之间存在分布电容. 在生产和科研中使用的各种电容器种类繁多，外形各不相同，如图 Ⅳ.20 所示，但它们的基本结构是一致的.

电容器在电路中的作用有:通交流、隔直流;与其他元件组成振荡器、时间延迟电路等;储存电能;在真空器件中建立各种电场.

2. 电容器电容的计算

电容器的电容与两极板的形状和极板之间的电介质有关,一般由实验测量,在特殊情况下,可通过理论计算得到. 计算电容的一般步骤:先假设电容器的两极板带有等量异号电荷 $\pm q$,再求出两极板之间的电场强度分布,然后利用电场强度和电势的关系计算两极板之间的电势差,最后根据电容器电容的定义式(Ⅳ.13)求得电容. 计算出的电容值与假设的电量无关,只取决于电容器的形状和电介质种类.

例 Ⅳ-5

平行板电容器电容的计算.

如图 Ⅳ.21 所示,平行板电容器由两个彼此靠得很近的平行导体板 A,B 组成. 设两极板间的距离为 d,两极板的面积均为 S. (1) 求电容器的电容;(2) 若在两极板间充满相对电容率为 ε_r 的电介质,求电容器的电容.

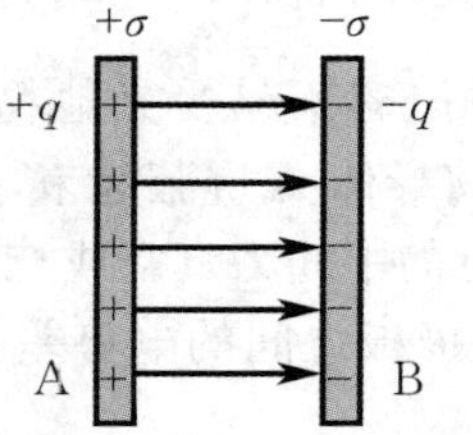

图 Ⅳ.21　平行板电容器

解 (1) 设 A,B 分别带有 $+q$, $-q$ 的电荷. 由高斯定理可得极板间的电场强度为

$$E=\frac{\sigma}{\varepsilon_0}=\frac{q}{S\varepsilon_0},$$

则由电势差的定义可得,两极板之间的电势差为

$$\varphi_A-\varphi_B=\int_A^B \boldsymbol{E}\cdot d\boldsymbol{l}=Ed=\frac{qd}{S\varepsilon_0}.$$

由电容器电容的定义可得,平行板电容器的电容为

$$C=\frac{q}{\varphi_A-\varphi_B}=\frac{S\varepsilon_0}{d}.$$

(2) 若在两平板间充满相对电容率为 ε_r 的电介质,则极板间的电场强度减小为

$$E'=\frac{E}{\varepsilon_r}=\frac{q}{S\varepsilon_0\varepsilon_r},$$

则电势差变为

$$\varphi'_A-\varphi'_B=\int_A^B \boldsymbol{E}'\cdot d\boldsymbol{l}=\frac{qd}{S\varepsilon_0\varepsilon_r},$$

电容为

$$C'=\frac{q}{\varphi'_A-\varphi'_B}=\frac{S\varepsilon_0\varepsilon_r}{d}=\varepsilon_r C.$$

由此可见,平行板电容器的电容与极板的面积成正比,与极板之间的距离成反比,还与电介质的性质有关. 还可以看出,两极板间充满各向同性均匀电介质后,电容器的电容增大为原来的 ε_r 倍. 此结论虽由平行板电容器推出,但对其他形状的电容器也适用. 衡量一个实际电容器的性能有两个主要指标:一是它的电容大小;另一个是它的耐压能力. 两极板间充满电介质后,既可以增大电容,也可以提高耐压能力. 使用电容器时,所加的电压不能超过规定的耐压值,否则电介质中就会产生过大的电场强度,存在被击穿的危险.

例 Ⅳ-6

如图 Ⅳ.22 所示,球形电容器由半径分别为 R_1 和 R_2 的同心金属导体球壳 A,B 组成,球壳间充满相对电容率为 ε_r 的电介质,求电容器的电容.

解 设内、外球壳分别带有 $+q$, $-q$ 的电荷,由高斯定理可求得两金属球壳之间的电场

强度大小为

$$E=\frac{q}{4\pi\varepsilon_0\varepsilon_r r^2},$$

电场强度方向沿半径方向.

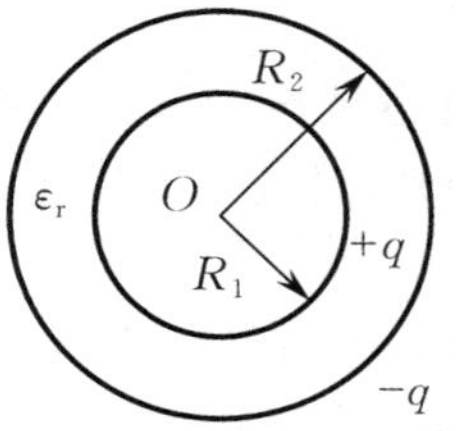

图 Ⅳ.22

由电势差的定义,两球壳之间的电势差为

$$\varphi_A-\varphi_B=\int_{R_1}^{R_2}\boldsymbol{E}\cdot d\boldsymbol{r}=\int_{R_1}^{R_2}\frac{q}{4\pi\varepsilon_0\varepsilon_r r^2}dr=\frac{q}{4\pi\varepsilon_0\varepsilon_r}\left(\frac{1}{R_1}-\frac{1}{R_2}\right).$$

由电容器电容的定义,球形电容器的电容为

$$C=\frac{q}{\varphi_A-\varphi_B}=\frac{4\pi\varepsilon_0\varepsilon_r}{\frac{1}{R_1}-\frac{1}{R_2}}=4\pi\varepsilon_0\varepsilon_r\left(\frac{R_1R_2}{R_2-R_1}\right).$$

可见,球形电容器的电容只由它的几何结构和电介质决定.

3. 电容器的并联和串联

在实际电路中,当遇到一个电容器的电容或耐压能力不能满足要求时,就把几个电容器连接起来使用. 电容器的基本连接方式有并联和串联两种.

并联电容器电路如图 Ⅳ.23 所示,这时各电容器的电压相等,都为总电压 U,而总电量为各电容器所带电量之和. 设各电容器所带的电量分别为 $q_1,q_2,\cdots,q_n$,电容分别为 $C_1,C_2,\cdots,C_n$. 将它们并联后,总电容为

$$C=\frac{q}{U}=\frac{q_1+q_2+\cdots+q_n}{U}=\frac{q_1}{U}+\frac{q_2}{U}+\cdots+\frac{q_n}{U}=C_1+C_2+\cdots+C_n. \qquad (Ⅳ.14)$$

可见,并联电容器的等效电容等于每个电容器电容之和.

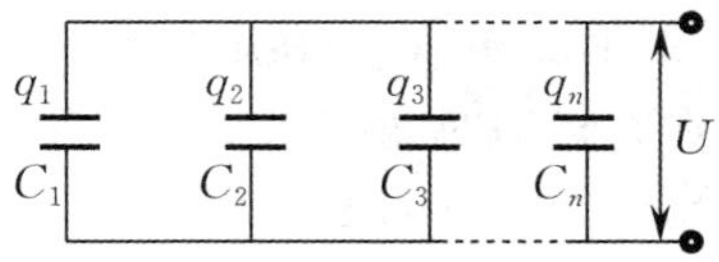

图 Ⅳ.23　电容器的并联

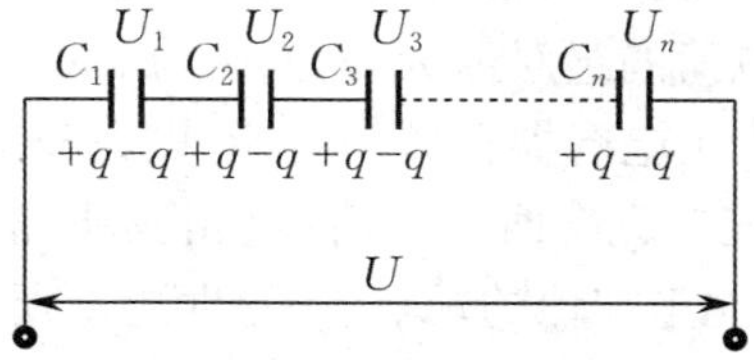

图 Ⅳ.24　电容器的串联

串联电容器电路如图 Ⅳ.24 所示. 设各电容器的电容分别为 $C_1,C_2,\cdots,C_n$. 当充满电后,由于静电感应,每个电容器的两个极板上都分别带有等量异号电荷 $+q$ 和 $-q$. 设各电容器的两个极板间的电势差分别为 $U_1,U_2,\cdots,U_n$,串联后总电压为

$$U=U_1+U_2+\cdots+U_n,$$

等效电容为

$$C=\frac{q}{U}=\frac{q}{U_1+U_2+\cdots+U_n}=\frac{q}{\frac{q}{C_1}+\frac{q}{C_2}+\cdots+\frac{q}{C_n}}$$

$$=\frac{1}{\frac{1}{C_1}+\frac{1}{C_2}+\cdots+\frac{1}{C_n}}. \qquad (Ⅳ.15)$$

可见,串联电容器的等效电容的倒数等于每个电容器电容的倒数之和.

比较电容器的并联和串联可以看出,并联时,总电容增大,但因为每个电容器都是直接接在

电源上的，所以电容器组的耐压能力受到耐压能力最低的那个电容器的限制；串联时，总电容比每个电容都小，但是，由于总电压分配到各个电容器上，因此电容器组的耐压能力比每个电容器都高.

Ⅳ.3.3 电容器及静电场的能量

如图 Ⅳ.25 所示，将一个直流电源 $\mathscr{E}$、一个电容器 C 和一个灯泡 R 按线路连接起来. 先将开关 K 接通 a 端，然后将开关 K 接通 b 端，此时灯泡会发出一次强的闪光，这说明在接通 a 端时，电容器 C 存储了能量.

这个实验过程可以这样来分析. 开关 K 接通 a 端，电容器两极板与电源相连，由于存在电势差，在电场力作用下，电容器两极板带上电荷，这个过程称为电容器的充电. 当电容器两端电压和电源电动势相等时，充电结束. 当开关接通 b 端时，两极板上的电荷通过电路中和，这个过程中使灯泡发光，这一过程称为电容器的放电. 充电过程是电容器从电源获得能量，而放电过程则是电容器释放能量.

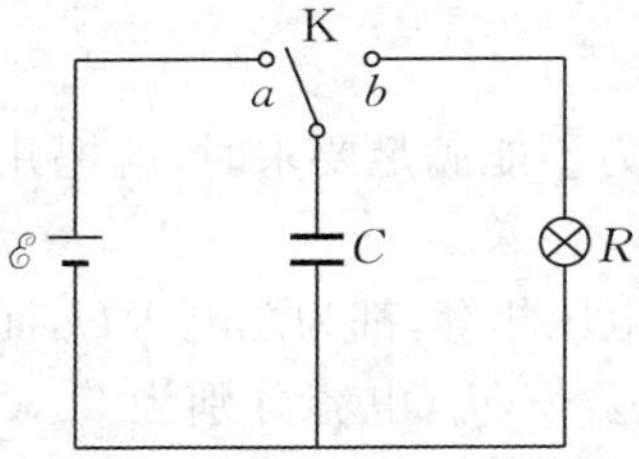

图 Ⅳ.25 电容器充、放电

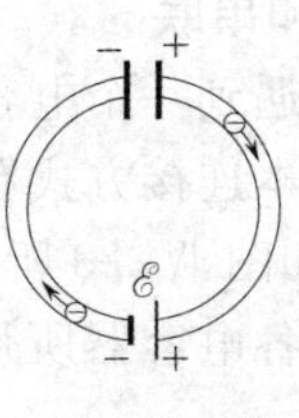

图 Ⅳ.26 电容器充电电源做功

我们通过电容器充电过程来计算电容器存储的能量. 充电过程可用图 Ⅳ.26 来表示，电子从电容器的一个极板被拉到电源，并经电源被推到另外一个极板上去，这时被拉出电子的极板带正电，被推入电子的极板带负电，如此进行下去，直到电容器电压和电源电动势相等，充电完毕. 设正极板所带电荷的绝对值为 Q，电压为 U. 完成这个过程需要电源做功，从而电池存储的化学能被消耗而转化成了电容器存储的电能. 设在充电过程中某一时刻电容器极板所带的电量为 q，电压为 u（注意与充电完毕时的电荷 Q 和电压 U 相区别）. 电源在极短时间内把 $-\mathrm{d}q$ 电量从正极板迁移到负极板，从能量守恒的观点看，这时电源所做的功应等于电量 $-\mathrm{d}q$ 从正极板迁移到负极板后电势能的增加，即

$$\mathrm{d}W_{\mathrm{e}} = u\mathrm{d}q.$$

继续充电时电源继续做功，此功不断累积为电容器的电能，直到正极板带电为 Q，充电完毕. 整个充电过程中存储于电容器的电能总量为

$$W_{\mathrm{e}} = \int \mathrm{d}W_{\mathrm{e}} = \int_0^Q u\mathrm{d}q = \int_0^Q \frac{q}{C}\mathrm{d}q = \frac{1}{2}\frac{Q^2}{C}. \qquad (Ⅳ.16)$$

这就是电容器储能的公式. 利用 $Q = CU$，还可将其写成

$$W_{\mathrm{e}} = \frac{1}{2}\frac{Q^2}{C} = \frac{1}{2}CU^2 = \frac{1}{2}QU, \qquad (Ⅳ.17)$$

式中的 Q，U 都是充电完毕时的电量和电压.

由式(Ⅳ.17)可知，充电电容器必然携带能量. 电荷的存在必然产生电场，电容器的带电过程同时也是内部电场的形成过程，因此，可以认为电容器的能量存储在电容器内的电场中.

既然能量存储在电场中，就需要将电场能量用 $\boldsymbol{E}$ 表示出来. 仍然以平行板电容器为例，设极板的面积为 S，极板间的距离为 d，极板间充满相对电容率为 ε_{r} 的电介质，电容器的电容为

$$C=\frac{\varepsilon_0\varepsilon_r S}{d},$$

将其代入式(Ⅳ.17),可得

$$W_e=\frac{1}{2}\frac{Q^2}{C}=\frac{1}{2}\frac{Q^2 d}{\varepsilon_0\varepsilon_r S}=\frac{1}{2}\varepsilon_0\varepsilon_r\left(\frac{Q}{\varepsilon_0\varepsilon_r S}\right)^2 Sd.$$

由于电容器两极板间的电场强度大小为

$$E=\frac{Q}{\varepsilon_0\varepsilon_r S},$$

因此

$$W_e=\frac{1}{2}\varepsilon_0\varepsilon_r E^2 Sd=\frac{1}{2}\varepsilon_0\varepsilon_r E^2 V, \tag{Ⅳ.18}$$

式中,$V=Sd$ 是电容器中电场存在空间的体积.那么单位体积内的能量为

$$w_e=\frac{1}{2}\varepsilon_0\varepsilon_r E^2, \tag{Ⅳ.19}$$

称为电场的能量密度.式(Ⅳ.19)虽然是由平行板电容器推导出来的,但是可以证明,它对任意电场都是成立的.

在真空中,$\varepsilon_r=1$,电场的能量密度

$$w_e=\frac{1}{2}\varepsilon_0 E^2.$$

这表明,在电场强度相同的情况下,电介质中的电场能量密度将增大到 ε_r 倍.这是因为在电介质中,不但电场本身存储能量,而且电介质的极化过程也吸收并存储了能量.

一般情况下,电场是非均匀的,对能量密度沿整个电场空间积分,可得电场能量

$$W_e=\iiint_V w_e \mathrm{d}V=\iiint_V \frac{1}{2}\varepsilon_0\varepsilon_r E^2 \mathrm{d}V. \tag{Ⅳ.20}$$

例 Ⅳ-7

如图 Ⅳ.27 所示,球形电容器由半径分别为 R_1 和 R_2 的同心金属导体球壳 A,B 组成,球壳间充满相对电容率为 ε_r 的电介质,求电容器带有电量 Q 时所存储的电能.

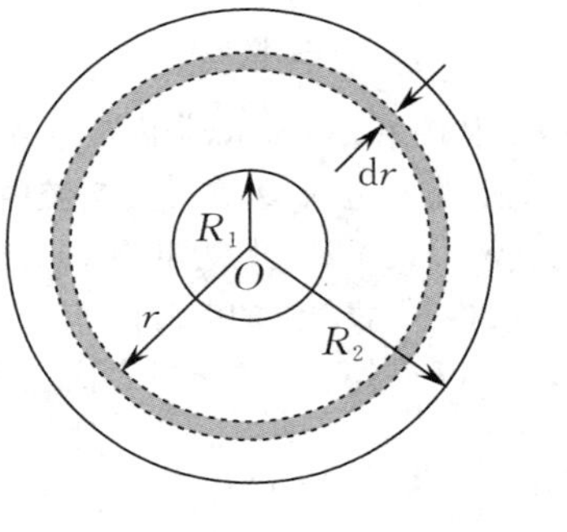

图 Ⅳ.27

解　由于此电容器的内、外球壳分别带有 $+Q$ 和 $-Q$ 的电量,根据高斯定理,可求出内球壳内部和外球壳外部的电场强度都是零.两球壳间的电场分布为

$$E=\frac{Q}{4\pi\varepsilon_0\varepsilon_r r^2}.$$

在半径为 r 处取一厚度为 $\mathrm{d}r$ 的薄球壳,薄球壳的体积 $\mathrm{d}V=4\pi r^2\mathrm{d}r$,薄球壳中的电场能量为

$$\mathrm{d}W_e=w_e\mathrm{d}V=\frac{1}{2}\varepsilon_0\varepsilon_r E^2\mathrm{d}V=\frac{Q^2}{8\pi\varepsilon_0\varepsilon_r r^2}\mathrm{d}r,$$

所以球形电容器存储的总能量为

$$W_e=\int_{R_1}^{R_2}\frac{Q^2}{8\pi\varepsilon_0\varepsilon_r r^2}\mathrm{d}r=\frac{Q^2}{8\pi\varepsilon_0\varepsilon_r}\left(\frac{1}{R_1}-\frac{1}{R_2}\right).$$

将上式和电容器能量表达式 $W_e=\dfrac{1}{2}\dfrac{Q^2}{C}$ 做比较,可得球形电容器的电容为

$$C=4\pi\varepsilon_0\varepsilon_r\left(\frac{R_1R_2}{R_2-R_1}\right).$$

上式与例Ⅳ.6计算结果相同.这里利用了能量公式,这是计算电容器电容的另外一种方法.

思考题Ⅳ

Ⅳ-1 将一带负电的导体A靠近一不带电导体B,导体B的电势如何变化?如果导体B接地,电荷如何流动?

Ⅳ-2 把一个带电体移近一个导体空腔,带电体单独在导体空腔内产生的电场是否为零?为什么?

Ⅳ-3 两块平行放置的导体大平板带电后,其内侧相对的两表面上电荷密度和外侧两板的电荷密度有何特点?说明理由.

Ⅳ-4 静电感应和电介质的极化有何相同和不同之处?

Ⅳ-5 电介质极化时产生的极化电荷是真实存在的吗?它与自由电荷是否一样?

Ⅳ-6 为什么带电的胶木棒能把电中性的纸屑吸引起来?

Ⅳ-7 对平行板电容器充电,然后再将它与电源断开.

(1) 若在两极板间插入某种电介质,则两极板上电荷、板间电场强度、电势、电容器电容和存储的电场能如何变化?

(2) 若充电后电容器仍然与电源相连,则以上各量如何变化?

习题Ⅳ

Ⅳ-1 如图Ⅳ.28所示,在一不带电的金属球旁有一点电荷$+q$,金属球半径为R.已知$+q$与金属球心间的距离为r.

(1) 试求金属球上感应电荷在球心处产生的电场强度$\boldsymbol{E}$及此时球心处的电势φ;

(2) 若将金属球接地,球上的净电荷为多少?

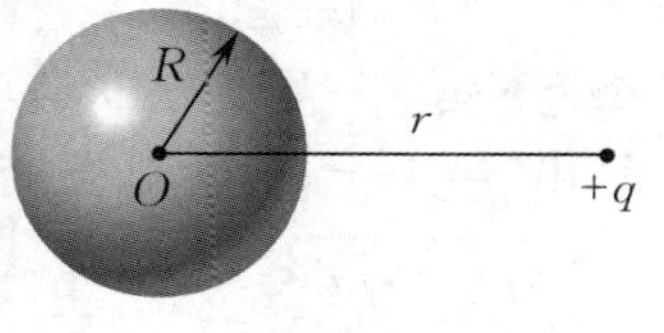

图Ⅳ.28

Ⅳ-2 将电荷面密度为σ的带电大导体薄平板置于电场强度为$\boldsymbol{E}_0$的均匀外电场中,$\boldsymbol{E}_0$的方向与板面垂直.设外电场不因带电板的引入而受干扰,求平板附近两侧的电场强度.

Ⅳ-3 如图Ⅳ.29所示,A,B为靠得很近的两块平行的大金属平板,板的面积为S,板间距离为d,使板A,B分别带电q_A和q_B,且$q_A > q_B$,求:

(1) 板A内侧的带电量;

(2) 两板间的电势差.

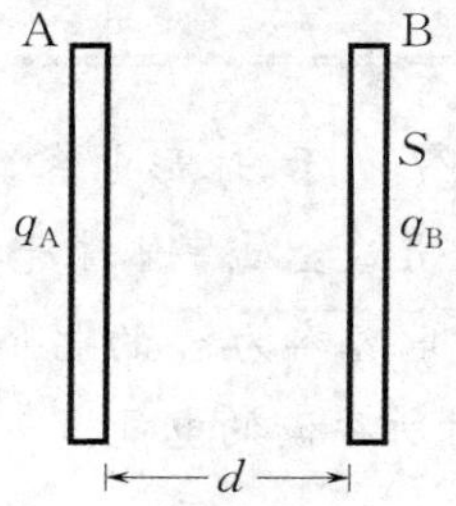

图Ⅳ.29

Ⅳ-4 如图Ⅳ.30所示,一内半径为a、外半径为b的金属球壳,带有电荷Q,在球壳空腔内距离球心r处有一点电荷q.设无限远处为电势零点,试求:

(1) 球壳内、外表面上的电荷;

(2) 球心O点处,由球壳内表面上电荷产生的电势;

(3) 球心O点处的总电势.

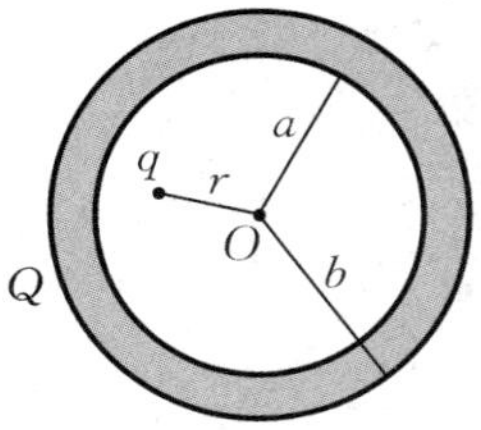

图 Ⅳ.30

Ⅳ-5　地球和电离层可当作一个球形电容器，它们相距 100 km，试估算地球-电离层系统的电容. 设地球与电离层之间为真空.

Ⅳ-6　半径为 R 的导体球，带有正电荷 Q，球外有一同心均匀电介质球壳，其半径分别为 a 和 b，相对电容率为 ε_r，如图 Ⅳ.31 所示. 试求：

(1) 电介质球壳内、外的电位移 $\boldsymbol{D}$ 和电场强度 $\boldsymbol{E}$；

(2) 电介质球壳内的电极化强度 $\boldsymbol{P}$ 和电介质球壳内外表面的极化电荷面密度 σ'；

(3) 离球心为 r 处的电势 φ.

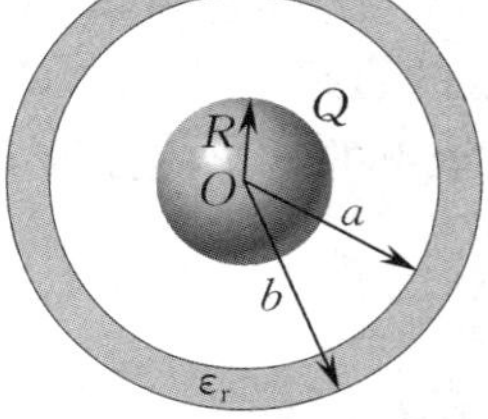

图 Ⅳ.31

Ⅳ-7　真空中两带电极板平行放置，其间距为 2 mm，极板间加 500 V 的电压，构成一平行板电容器. 其内充入相对电容率 $\varepsilon_r = 2.5$ 的电介质，试求此电容器极板间的电场强度 $\boldsymbol{E}$、电极化强度 $\boldsymbol{P}$ 和电介质内的电位移 $\boldsymbol{D}$ 的大小.

Ⅳ-8　有一均匀带电、电量为 Q 的球体，半径为 R，试求其所存储的能量.

Ⅳ-9　一平行板电容器的极板面积为 S，极板间距为 d，接在电源上维持其电压为 U. 将一块厚度为 d、电容率为 ε 的均匀电介质插入极板间.

(1) 求电场能的改变量和电场力对电介质所做的功；

(2) 若充电电量为 Q 后断开与电源连接，再插入电介质，求(1) 中的物理量.

Ⅳ-10　如图 Ⅳ.32 所示，圆柱形电容器，两圆柱面中间是空气，空气的击穿电场强度为 3×10^{6} V/m，电容器的外半径 $R_2 = 10^{-2}$ m. 在空气不被击穿的情况下，求：电容器存储能量最多时，内半径 R_1 的大小及此时内、外圆柱面之间的电势差.

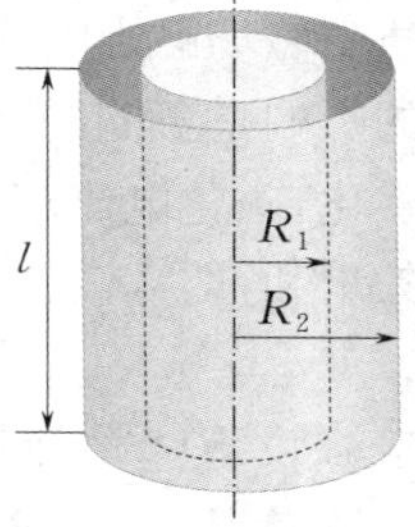

图 Ⅳ.32

选学Ⅴ

磁场中的物质

第 9 章所讨论的磁场,是在真空中的运动电荷或电流所产生的磁场. 而在实际的磁场中,一般都存在各种各样的磁介质. 磁场对处于磁场中的磁介质有作用,使其磁化,磁化了的磁介质产生磁化电流,也会产生附加磁场,从而对原磁场产生影响.

Ⅴ.1　磁介质　磁介质的磁化

Ⅴ.1.1　磁介质

在考虑物质受磁场的影响或它对磁场的影响时,该物质就可称为磁介质. 实验表明,不同的磁介质对磁场的影响是不同的. 例如,没有磁介质(真空)时,某点的磁感应强度为 $\boldsymbol{B}_0$,放入磁介质后因磁介质被磁化,磁化电流产生的附加磁感应强度为 $\boldsymbol{B}'$,那么该点的磁感应强度 $\boldsymbol{B}$ 应为这两个磁感应强度的矢量和,即

$$\boldsymbol{B} = \boldsymbol{B}_0 + \boldsymbol{B}'. \tag{Ⅴ.1}$$

附加磁感应强度 $\boldsymbol{B}'$ 的方向因磁介质而异. 有一些磁介质,在其内部任一点处 $\boldsymbol{B}'$ 的方向与 $\boldsymbol{B}_0$ 的方向相同,使得 $B > B_0$,这种磁介质称为**顺磁质**,如铝、氧、铂、锰等;还有一类磁介质,在其内部任一点处 $\boldsymbol{B}'$ 的方向与 $\boldsymbol{B}_0$ 的方向相反,使得 $B < B_0$,这种磁介质称为**抗磁质**,如铜、铋、氢等. 实验还指出,无论是顺磁质还是抗磁质,附加磁感应强度 $\boldsymbol{B}'$ 的值都较 $\boldsymbol{B}_0$ 要小得多(约为十万分之几),它对原来磁场的影响比较微弱. 所以,顺磁质和抗磁质统称为**弱磁性介质**. 此外,还有一类磁介质,在其内部的附加磁感应强度 $\boldsymbol{B}'$ 与 $\boldsymbol{B}_0$ 的方向相同,但 $\boldsymbol{B}'$ 的值比 $\boldsymbol{B}_0$ 的值大得多,即 $B' \gg B_0$,这类磁介质能显著地增强磁场,我们把它称为**铁磁质**,如铁、镍、钴等.

我们通常定义 B 与 B_0 的比值为该磁介质的相对磁导率 μ_r,即

$$\mu_r = \frac{B}{B_0}. \tag{Ⅴ.2}$$

于是,对于顺磁质,$B > B_0$,μ_r 略大于 1;对于抗磁质,$B < B_0$,μ_r 略小于 1;对于铁磁质,$B \gg B_0$,μ_r 远大于 1.

几种常见磁介质的相对磁导率如表 Ⅴ.1 所示.

表 Ⅴ.1　几种常见磁介质的相对磁导率

材料		μ_r	材料		μ_r	材料		μ_r
顺磁质	氧	$1+344.9\times10^{-5}$	抗磁质	氢	$1-3.98\times10^{-5}$	铁磁质	纯铁(99.9% 铁)	5×10^{3}(最大值)
	铝	$1+1.65\times10^{-5}$		铋	$1-16.6\times10^{-5}$		硅钢(96% 铁,4% 硅)	7×10^{2}(最大值)
	铂	$1+26\times10^{-5}$		铜	$1-1.0\times10^{-5}$		坡莫合金(78% 铁,22% 镍)	1×10^{5}(最大值)

注:表中为 20 ℃,1.013×10^{5} Pa 时的数据.

Ⅴ.1.2　磁介质的磁化

我们知道，分子或原子中的每个电子都同时参与了两种运动，一是电子绕核的轨道运动，二是电子本身的自旋. 电子的这些运动形成了微小的圆电流，这样的圆电流有相应的磁矩. 除此之外，原子核也有磁矩，但都小于电子磁矩的千分之一，一般情况下不考虑. 在计算原子磁矩时，通常只计算它的电子轨道磁矩和自旋磁矩，但有的情况下要单独考虑核磁矩，如核磁共振技术. 一个分子中所有的电子轨道磁矩和自旋磁矩的矢量和称为该分子的固有磁矩，它可以看成是由一个等效的圆形分子电流产生的. 顺磁质和抗磁质的区别就在于它们的固有磁矩不同. 研究表明，在没有外磁场作用时，抗磁质分子的固有磁矩为零；而顺磁质分子的固有磁矩不为零，但由于分子的热运动，各分子的磁矩取向是杂乱无章的. 因此，在没有外磁场时，不管是顺磁质还是抗磁质，宏观上对外都不呈现磁性.

将顺磁质放入磁场中，其分子固有磁矩就会受到磁力矩的作用，从而沿外磁场方向取向. 由于分子热运动的影响，各个分子磁矩的取向不可能完全沿外磁场方向. 外磁场越强，分子磁矩排列越整齐，正是这种排列使它对外磁场产生了影响.

虽然抗磁质没有固有磁矩，但也会受磁场影响进而影响外磁场，这是因为抗磁质的分子在外磁场中产生了和外磁场相反的感生磁矩. 可以证明，在外磁场作用下，一个电子的轨道运动和自旋运动都会发生变化，因而产生一个附加磁矩，由楞次定律可知，所产生的附加磁矩的方向总是与外加磁场方向相反. 这些附加磁矩的矢量和就是抗磁质分子在外磁场中产生的感生磁矩.

在实验室通常能获得的磁场中，一个分子所产生的感生磁矩要比分子的固有磁矩小 5 个数量级左右. 虽然顺磁质分子在外磁场中也要产生感生磁矩，但和它的固有磁矩相比，其效果是可以忽略不计的.

无论顺磁质还是抗磁质，它们的分子都会产生取向一致的磁矩，因此可以把每个分子等效地看作电流方向一致的分子圆电流，这些圆电流产生分子磁矩. 在磁介质内部，一个分子电流总与其周围的分子电流方向相反，因而它们的磁作用互相抵消；而在磁介质表面的分子圆电流没有被抵消，它们沿外侧面的流向一致，形成了沿外表面的电流，称其为磁化电流或束缚电流(见图 Ⅴ.1)，用 I_s 表示. 不难看出，顺磁质的磁化电流的方向与外磁场的方向符合右手螺旋定则，即顺磁质的磁化电流激发的磁场与外磁场方向一致，而抗磁质则正相反.

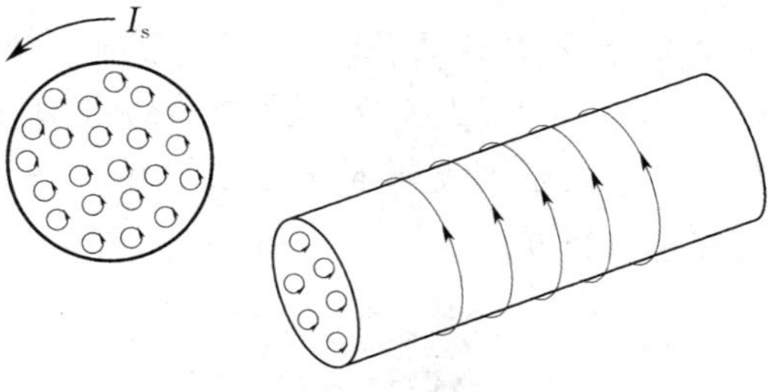

图 Ⅴ.1　磁化电流

磁介质在磁场中，其表面出现磁化电流的现象，称为磁介质的**磁化**. 磁化电流要激发出磁场 $\boldsymbol{B}'$. 在顺磁质中，$\boldsymbol{B}'$ 与 $\boldsymbol{B}_0$ 方向一致，使磁介质中的总磁感应强度得到加强，而在抗磁质中，$\boldsymbol{B}'$ 与 $\boldsymbol{B}_0$ 方向相反，使总磁感应强度减弱.

Ⅴ.2　磁介质中的安培环路定理

由于磁介质在磁场中要发生磁化，磁化电流产生的附加磁场对原磁场要产生影响，此时的安培环路定理应包含磁化电流 I_s 的影响，即

$$\oint_L \boldsymbol{B}\cdot \mathrm{d}\boldsymbol{l}=\mu_0\left(\sum I+\sum I_s\right). \tag{V.3}$$

但是,磁化电流 I_s 是难以测量的,为此,引入一个相应的辅助量——**磁场强度**,用 $\boldsymbol{H}$ 表示.其与 $\boldsymbol{B}$ 的关系为

$$\boldsymbol{H}=\frac{\boldsymbol{B}}{\mu_0\mu_r}=\frac{\boldsymbol{B}}{\mu} \quad 或 \quad \boldsymbol{B}=\mu\boldsymbol{H}, \tag{V.4}$$

式中

$$\mu=\mu_0\mu_r, \tag{V.5}$$

称为磁介质的磁导率.引入 $\boldsymbol{H}$ 后,安培环路定律就可改写为

$$\oint_L \boldsymbol{H}\cdot \mathrm{d}\boldsymbol{l}=\sum I, \tag{V.6}$$

式中 $\sum I$ 是以 L 为边界的任意闭合积分路径包围的所有传导电流的代数和.式(V.6)为磁介质中的安培环路定理.它表示,磁场强度 $\boldsymbol{H}$ 沿任意闭合回路的线积分等于该回路所包围的传导电流的代数和.式(V.6)表明,$\boldsymbol{H}$ 的环流只与穿过闭合回路的传导电流有关,而与磁化电流无关.

要注意的是,磁场强度 $\boldsymbol{H}$ 是表示磁场强弱与方向的辅助物理量,决定磁场力的仍然是磁感应强度 $\boldsymbol{B}$.在国际单位制中,$\boldsymbol{H}$ 的单位为安[培]每米(A/m).

计算有磁介质存在时的磁感应强度 $\boldsymbol{B}$,通常是先求出磁场强度 $\boldsymbol{H}$,再由 $\boldsymbol{B}=\mu\boldsymbol{H}$ 求磁感应强度 $\boldsymbol{B}$.其解题思路与在电介质中求电场强度 $\boldsymbol{E}$ 的方法类似.

例 V-1

有两个半径分别为 R_1 与 R_2 的无限长同轴圆柱形导体,在它们之间充以相对磁导率为 μ_r 的磁介质,给两圆柱形导体通以方向相反的电流 I,如图 V.2 所示,试求磁介质中任意点 P 的磁感应强度大小和圆柱形导体外一点 Q 的磁感应强度.

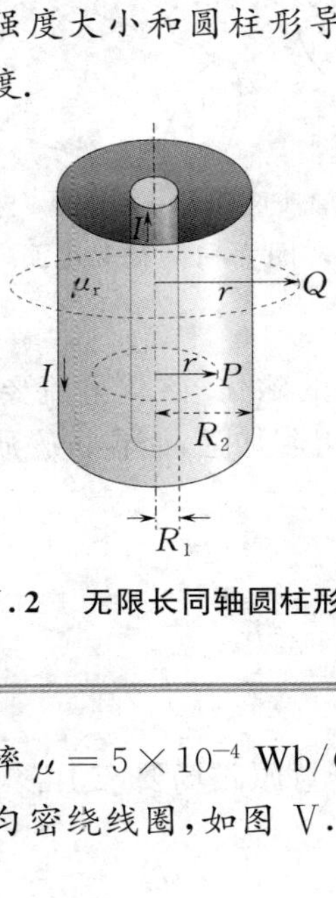

图 V.2 无限长同轴圆柱形导体

解 这两个无限长的同轴圆柱形导体,当有电流通过时,它们所产生的磁场是轴对称的.根据安培环路定理,取半径为 r 的同心圆作为闭合回路,有

$$\oint_L \boldsymbol{H}\cdot \mathrm{d}\boldsymbol{l}=H2\pi r=\sum I.$$

当 $R_1<r<R_2$ 时,$\sum I=I$,所以

$$H=\frac{I}{2\pi r},$$

$$B=\frac{\mu_0\mu_r I}{2\pi r}.$$

当 $r>R_2$ 时,$\sum I=0$,所以

$$H=0,\quad B=0.$$

例 V-2

在磁导率 $\mu=5\times10^{-4}$ Wb/(A·m)的磁介质环上均匀密绕线圈,如图 V.3 所示,单位长度的匝数 $n=1\,000$ 匝/米,绕组电流 $I=2$ A,求磁介质环内的磁场强度和磁感应

强度.

解　根据安培环路定理,对于半径为 r 的同心圆,有

$$\oint_L \boldsymbol{H}\cdot \mathrm{d}\boldsymbol{l} = NI = 2\pi rnI,$$

得

$$H2\pi r = 2\pi rnI.$$

所以

$$H = nI = 2\ 000\ \mathrm{A/m},$$

$$B = \mu nI = 1\ \mathrm{T}.$$

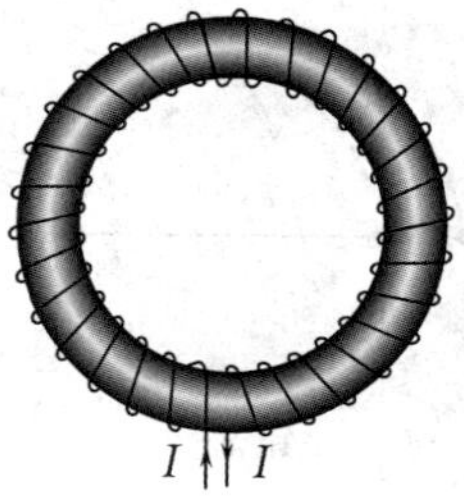

图 V.3　均匀密绕线圈

V.3　铁磁质

铁磁质是以铁为代表的一类性能特殊、磁性很强、用途广泛的物质,其磁性与顺磁质或抗磁质的磁性差别很大,具有如下特性:

(1) 在外磁场作用下能产生很强的磁感应强度.

(2) 当撤销外磁场时,仍能保持其磁化状态,叫作剩磁现象.

(3) 磁感应强度与磁场强度之间不是简单的线性关系.

(4) 具有一临界温度. 高于此温度时,铁磁性完全消失而成为顺磁质,这一温度称为**居里温度**或**居里点**. 不同的铁磁质有不同的居里温度,例如,铁的居里温度为 770 ℃,镍的居里温度为 358 ℃,钴的居里温度为 1 934 ℃.

V.3.1　铁磁质的磁滞回线

铁磁质的磁化规律可通过由实验得到的磁滞回线加以说明. 如图 V.4 所示,一铁磁质圆环,其上密绕有 N 匝线圈,线圈中通入电流 I 后,铁磁质被磁化. 应用磁介质中的安培环路定理,求得铁磁质圆环中的磁场强度的大小为

$$H = \frac{NI}{2\pi r}, \tag{V.7}$$

式中 r 为环的平均半径. 同时,可以测出环内磁感应强度 $\boldsymbol{B}$ 的大小. 从实验中获得许多组 H 和 B,这样作出的 B-H 曲线,通常称为**磁化曲线**.

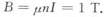

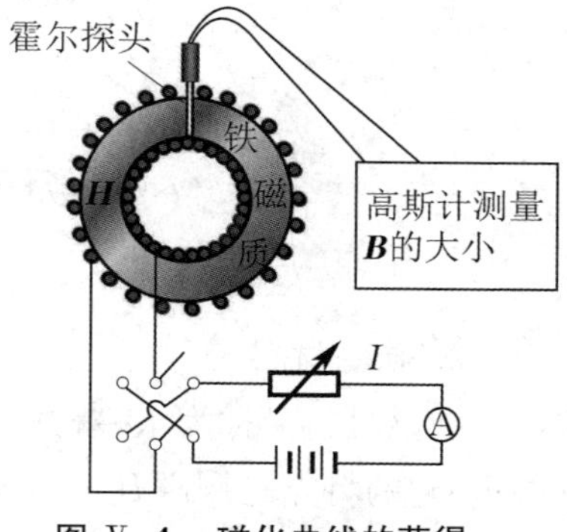

图 V.4　磁化曲线的获得

由上述方法得到铁磁质的 B-H 曲线如图 V.5 所示,图中的 O 点表示未磁化状态,即 $H=0$, $B=0$. 当逐渐增大 I 从而增大 H 时,可得 Oa 段曲线,称为初始磁化曲线. 由图可知,随着 H 的变化,B 在开始时增加得很快,以后 B 的增速逐渐变慢,最后几乎不再随 H 增大而增大,达到饱和值 B_s(饱和磁感应强度). 在 B 达到其饱和值之后,如果逐渐减小电流 I 以减小 H,直到 H 为零,磁感应强度 B 并不是沿起始曲线 Oa 减小,而是沿图中另一条曲线 ab 比较缓慢地减小. 当 H 变为零时,

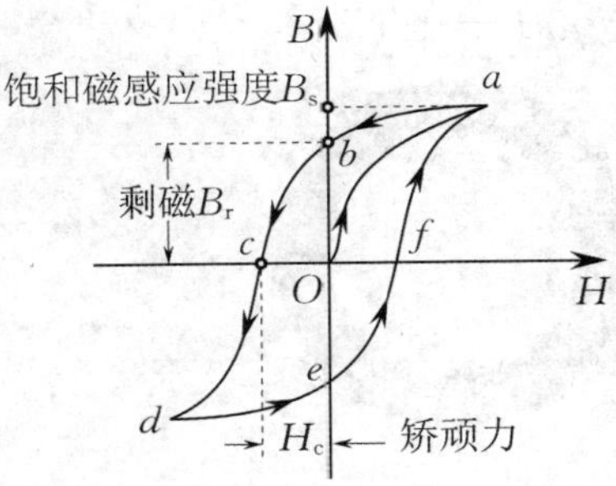

图 Ⅴ.5　磁滞回路

B 并不为零，而是减小到 B_r 值，B_r 称为剩磁. 这种 B 的变化落后于 H 的变化的现象，叫作**磁滞现象**，简称**磁滞**. 改变电流方向并逐渐增大，由图可以看出，随着反向磁场强度的增加，B 逐渐减小，当达到 $H = H_c$ 时，B 等于零，这时铁磁质的剩磁就消失了，铁磁质也就不显现磁性. 通常把 H_c 叫作矫顽力，它表示铁磁质抵抗去磁的能力. 若使反向电流继续增加，以增大反向 H 值，则磁化可达到反向饱和. 将反向电流逐渐减小到零，B 会达到 $-B_r$ 值(de 段). 再把电流改回原方向并逐渐增大，$B-H$ 曲线取 efa 段，最后形成一个闭合曲线. 这一闭合曲线叫作**磁滞回线**.

实验指出，铁磁质材料在交变磁场的作用下反复磁化时要发热. 铁磁质反复磁化时，因为铁磁质内分子的状态不断改变，所以分子的振动加剧，温度升高. 使分子振动加剧的能量是由产生磁场的电流电源提供的，这部分能量转化为热量而损失掉. 这种在反复磁化过程中的能量损失称为**磁滞损耗**. 理论和实验证明，各种铁磁质有不同的磁滞回线，磁滞回线所围的面积越大，磁滞损耗也越大. 在电器设备中这种损耗十分有害，必须尽量减小.

Ⅴ.3.2　铁磁质的应用简介

1. 软磁材料

常见的软磁材料有纯铁、硅钢、坡莫合金、铁氧体等，其磁滞回线形状如图 Ⅴ.6(a) 所示. 由图可知，软磁材料的矫顽力较小，容易磁化，也容易退磁；磁滞回线细而窄，所包围的面积小，因而磁滞损耗小. 软磁材料适用于制造电磁铁、变压器、交流电动机、交流发电机等电器中的铁芯.

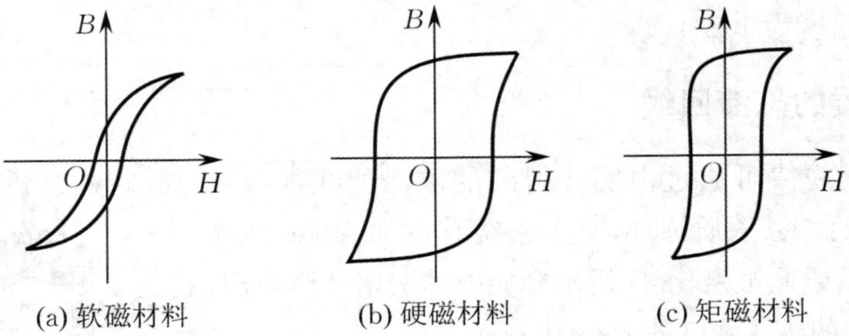

图 Ⅴ.6　不同铁磁质的磁滞回线

2. 硬磁材料

硬磁材料又称为永磁材料，常见的有碳钢、钨钢、铝镍合金等，其磁滞回线形状如图 Ⅴ.6(b) 所示. 它的特点是剩磁 B_r 和矫顽力 H_c 都比较大，磁滞回线所包围的面积也就大，磁滞特性非常显著，将硬磁材料放在外磁场中充磁后，仍能保留较强的磁性，并且这种剩余磁性不易被消除，因此硬磁材料适合用来制造永磁体、扬声器等. 在各种电表及其他一些电器设备中，常用永磁体来获得稳定的磁场. 1998 年 6 月 3 日，由美国“发现号”航天飞机携带的、美籍华裔物理学家丁肇中教授组织领导研发的阿尔法磁谱仪上所用的永磁体，就是由中国科学院电工研究所等单位研制的稀土材料钕铁硼永磁体，其磁感应强度高达 0.14 T，该永磁体的直径为 1.2 m，高为 0.8 m. 阿尔法磁谱仪是用来探测宇宙中反物质和暗物质的. 这是人类第一次将大型永磁铁送入宇宙空间，对宇宙中的带电粒子进行直接观测.

3. 矩磁材料

常见的矩磁材料有锰-镁、锂-锰等铁氧体. 铁氧体是一类化合物的总称，它由三氧化二铁(Fe_2O_3)和其他二价的金属氧化物(如 NiO, ZnO, MnO 等)的粉末混合烧结而成. 因为它的制造工艺过程类似陶瓷，所以常叫作磁性陶瓷.

铁氧体的特点是不仅具有高磁导率，而且有很高的电阻率，它的电阻率约在 $10^4 \sim 10^{11}\ \Omega\cdot m$ 之间，有的高达 $10^{14}\ \Omega\cdot m$，比金属磁性材料的电阻率(约为 $10^{-7}\ \Omega\cdot m$)要大得多，所以铁氧体的涡流损失小，常用于高频技术. 图 V.6(c) 所示是矩磁材料的磁滞回线. 从图中可以看出，矩磁材料的磁滞回线呈矩形，剩磁 B_r 和饱和磁感应强度 B_s 很接近，矫顽力小. 当它在两个方向磁化后，剩磁总是处于 $\pm B_r$ 这两个状态. 因此，可用这两种状态来表示计算机二进制的两个数码“0”与“1”，用它来制成“记忆”元件，能起到记忆和存储的作用. 此外，电子技术中也广泛利用铁氧体作为天线和电感中的磁芯.

4. 压磁材料

一些铁磁体材料受外力作用时，可以引起磁导率 μ 的变化，这一现象称为压磁效应. 例如，坡莫合金、硅钢片等具有较强的压磁效应，称这类材料为压磁材料. 一些压磁材料受压力产生形变时，沿作用力方向的磁导率 μ 降低，而与作用力垂直方向的磁导率略有提高. 受拉力作用时，其效果相反. 利用这种特性可以制作压磁式传感器，将非电学量转换为电学量.

另外，压磁材料具有强的磁致伸缩性能. 所谓磁致伸缩，是指铁磁质的形状和体积在磁场变化时也会发生变化，特别是改变物体在磁场方向上的长度. 当交变磁场作用在铁磁质上时，它可以随着磁场的增强伸长或缩短，例如，钴钢是伸长，而镍则缩短，不过其长度变化十分微小，约为其原长的 1/100 000. 磁致伸缩在工程技术上有重要的应用，例如，作为机电换能器用于钻孔、清洗，也可作为声电换能器用于探测海洋深度、鱼群等.

V.4　磁场的能量

磁场和电场一样也具有能量. 下面以包含一个线圈的简单电路为例，通过讨论该电路中的电流的变化情况，推导磁场能量的计算式.

如图 V.7 所示，当开关闭合时，电路即接通，但回路中的电流不能突变，而是从零逐渐增大到稳定值 I. 在这段电流增长的时间内，线圈中将产生自感电动势，对电流的增长起阻碍作用. 要维持电流的继续增长，外电源必须克服自感电动势做功，从而消耗电源的电能，将其转化为线圈磁场的能量而储存起来. 根据功能原理，外电源克服自感电动势所做的功等于线圈中磁场能量的增量.

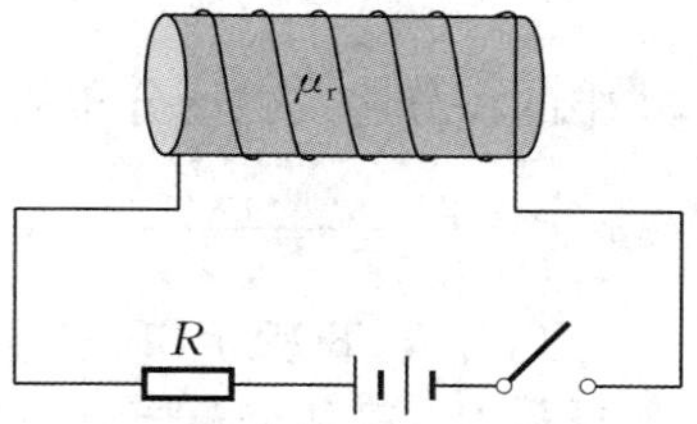

图 V.7　磁场能量的建立

设某一瞬时线圈中的电流为 i，此时线圈中的自感电动势 $\mathscr{E}_L = -L\dfrac{\mathrm{d}i}{\mathrm{d}t}$，在 $\mathrm{d}t$ 时间内，外电源克服自感电动势所做的功为

$$dW = -\mathscr{E}_L i\,dt = iL\frac{di}{dt}dt = iL\,di.$$

在电流从零增加到稳定值 I 的过程中，外电源克服自感电动势所做的总功为

$$W = \int dW = \int_0^I iL\,di = \frac{1}{2}LI^2.$$

这部分功正是由电能转化而来的线圈的磁能. 因此，磁场的能量为

$$W_m = \frac{1}{2}LI^2. \tag{Ⅴ.8}$$

式(Ⅴ.8)表示，具有自感 L 的线圈，通以电流 I 时所具有的磁场能量为 $\frac{1}{2}LI^2$. 实质上，这种能量是以磁场形式储存于电感线圈中的. 为了得到磁场能量与磁感应强度 $\boldsymbol{B}$ 之间的关系，我们以长直螺线管为特例，导出磁场能量密度的计算式.

设长直螺线管中通有电流 I，管内插有相对磁导率为 μ_r（磁导率为 $\mu = \mu_0\mu_r$）的磁介质，忽略边缘效应，则管内的磁感应强度 $B = \mu_0\mu_r nI = \mu nI$，自感 $L = \mu n^2 V$，式中 V 为长直螺线管的体积. 将其代入式(Ⅴ.8)，有

$$W_m = \frac{1}{2}LI^2 = \frac{1}{2}\mu n^2 V\left(\frac{B}{\mu n}\right)^2 = \frac{B^2}{2\mu}V, \tag{Ⅴ.9}$$

式(Ⅴ.9)表明，磁场能量与磁感应强度、磁导率和磁场所占体积有关. 由此可得，单位体积内的磁能即磁场的能量密度为

$$w_m = \frac{W_m}{V} = \frac{B^2}{2\mu}. \tag{Ⅴ.10}$$

对于各向同性均匀磁介质，有 $\boldsymbol{B} = \mu\boldsymbol{H}$，上式也可写成

$$w_m = \frac{B^2}{2\mu} = \frac{1}{2}\mu H^2 = \frac{1}{2}BH = \frac{1}{2}\boldsymbol{B}\cdot\boldsymbol{H}. \tag{Ⅴ.11}$$

式(Ⅴ.11)虽然是从长直螺线管这一特例导出的，但可以证明，它是普遍成立的磁场能量密度表达式.

对于非均匀磁场，场中各点的磁场能量密度是不同的. 可以在磁场中取一微小体积元 dV，认为该体积元内磁场能量密度是相同的，则在 dV 中的磁场能量 $dW_m = w_m dV$，整个磁场中的总能量为

$$W_m = \iiint_V dW_m = \iiint_V w_m dV = \iiint_V \frac{1}{2}\frac{B^2}{\mu}dV = \iiint_V \frac{1}{2}\mu H^2 dV, \tag{Ⅴ.12}$$

式中的积分遍及磁场分布的全部空间. 式(Ⅴ.12)是计算磁场能量的普遍表达式.

例 Ⅴ-3

如图 Ⅴ.8 所示，同轴电缆中金属芯线的半径为 R_1，同轴金属圆筒的半径为 R_2，中间充满磁导率为 μ 的磁介质. 芯线与圆筒分别与电源两极相连，芯线与圆筒上的电流大小均为 I，方向相反. 略去金属芯线内的磁场，求此同轴芯线与圆筒之间单位长度上的磁能与自感系数.

解 由安培环路定理可得

$$H = \begin{cases} 0, & r < R_1, \\ \dfrac{I}{2\pi r}, & R_1 \leqslant r < R_2, \\ 0, & r \geqslant R_2. \end{cases}$$

由式(V.11)得能量密度为

$$w_m=\begin{cases}0, & r<R_1,\\ \dfrac{\mu I^2}{8\pi^2 r^2}, & R_1\leqslant r<R_2,\\ 0, & r\geqslant R_2.\end{cases}$$

由式(V.12)可得,单位长度的总磁能为

$$W_m=\iiint_V w_m \mathrm{d}V=\int_{R_1}^{R_2}\frac{\mu I^2}{8\pi^2 r^2}2\pi r\mathrm{d}r$$

$$=\frac{\mu I^2}{4\pi}\ln\frac{R_2}{R_1}.$$

由磁能公式 $W_m=\frac{1}{2}LI^2$ 可得,单位长度的自感系数为

$$L=\frac{\mu}{2\pi}\ln\frac{R_2}{R_1}.$$

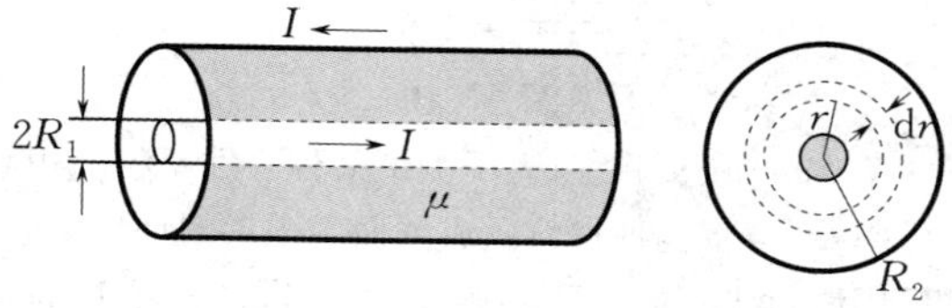

图 V.8

思考题 V

V-1　下列几种说法是否正确?说明理由:

(1) **H** 仅与传导电流有关;

(2) 在抗磁质与顺磁质中,**B** 总与 **H** 同向;

(3) 通过以闭合曲线 L 为边界的任意曲面的 **B** 通量均相等;

(4) 通过以闭合曲线 L 为边界的任意曲面的 **H** 通量均相等.

V-2　为什么一块永磁铁落到地上就可能部分退磁?把一根铁条南北放置,然后敲它几下,就可能磁化,又是为什么?

V-3　图 V.9 所示是三种不同磁介质的 $B-H$ 曲线,试指出属于顺磁质、抗磁质和铁磁质关系的曲线各是哪一条.

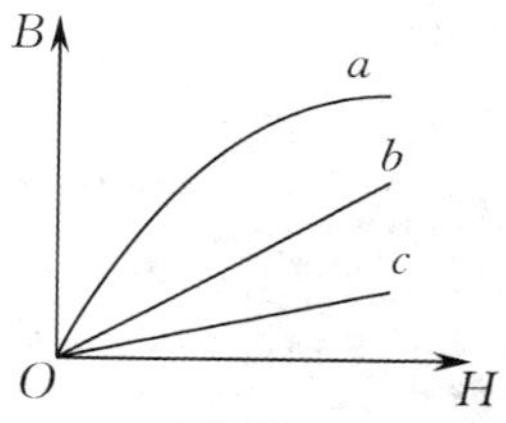

图 V.9

V-4　一根长为 l 的导线,通以电流,问在下述的哪一种情况中,磁场能量比较大?为什么?

(1) 把导线拉直后通以电流;

(2) 把导线卷成螺线管后通以电流.

V-5　设一电路中通有强电流,当突然打开闸刀开关断电时,有可能出现电火花跳过闸刀开关.试解释这一现象.

习题 V

V-1　很细的螺绕环中心周长 $L=20$ cm,环上线圈匝数 $N=400$ 匝,线圈中通有电流 $I=0.1$ A.

(1) 当管内是真空时,求管中的磁场强度 **H** 和磁感应强度 **B** 的大小;

(2) 若管内充满相对磁导率 $\mu_r=4\ 200$ 的磁性物质,求管内的 **B** 和 **H** 的大小.

V-2　如图 V.10 所示,一根长直同轴电缆,内、外导体之间充满磁介质,磁介质的相对磁导率为 μ_r ($\mu_r<1$),导体的磁化可以忽略不计.沿轴向有稳恒电流 I 通过电缆,内、外导体上电流的方向相反,求空间

各区域内的磁感应强度和磁场强度.

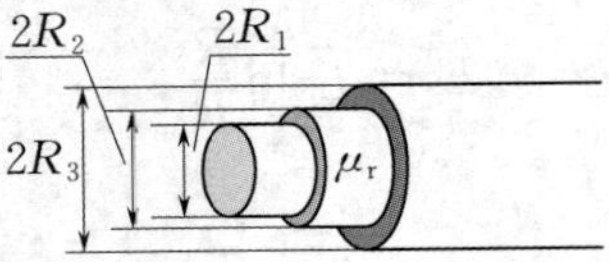

图 Ⅴ.10

Ⅴ-3 在实验室,为了测试某种磁性材料的相对磁导率 μ_r,常将这种材料做成截面为矩形的环形样品,然后用漆包线绕成一环形螺线管. 设圆环的平均周长为 0.10 m,横截面积为 0.50×10^{-4} m^2,线圈的匝数为 200 匝. 当线圈通以 0.10 A 的电流时,测得穿过圆环横截面积的磁通量为 6.0×10^{-5} Wb,求此时该材料的相对磁导率 μ_r.

Ⅴ-4 实验室中一般可获得的强磁场约为 2 T,强电场约为 1×10^6 V/m,求相应的磁场能量密度和电场能量密度,哪种场更有利于存储能量?

Ⅴ-5 一无限长直粗导线,界面各处的电流密度相等,总电流为 I,求导线内部单位长度所存储的磁能.

选学Ⅵ

熵

实验表明,一切热力学过程都必须满足热力学第一定律,也就是服从能量转换和守恒定律,那么满足热力学第一定律的过程是否一定能够实现呢?许多事实表明,不一定!实际上,自然界的一切实际过程都是按一定方向进行的,逆过程不可能自动进行. 本章首先说明热力学第二定律的微观本质:自然过程总是沿着分子运动的无序性增大的方向进行. 接着引入玻尔兹曼用热力学概率定义的熵的概念来定量描述这一规律 —— 熵增加原理.

Ⅵ.1　热力学第二定律及其微观意义

Ⅵ.1.1　可逆过程与不可逆过程

物理学中关于不可逆的定义如下:一个系统由某一状态出发,经过某过程达到另一状态,如果存在另一过程,它能使系统和外界完全复原(系统回到原来的状态,同时消除了原过程中系统对外界的一切影响),则原来的过程称为可逆过程;反之,如果用任何方法都不可能使系统和外界完全复原,则称原来的过程为不可逆过程.

第 7 章中讨论的平衡过程,如果控制外界条件,使气体的变化过程进行得足够缓慢,那么过程中的每一个中间状态,都可以看作近似平衡状态. 气体可以足够缓慢地沿着相反的顺序再经过原来那些中间状态回到原始状态,对外界不引起任何变化. 因此平衡过程是可逆过程,但平衡过程是理想过程,实际过程不可能进行得无限缓慢,中间状态不可能都是平衡状态,逆过程也不可能逐一经过原来的一切中间状态. 因此实际过程都是不可逆的. 下面通过四个典型例子来说明.

(1) 热传导现象. 当两个温度不同的物体发生热接触时,热量会自动地从高温物体传递给低温物体,直到两物体达到相同的温度为止. 但是相反的过程,即热量自动地从低温物体传递给高温物体的过程是不可能发生的.

(2) 扩散过程. 在容器内用隔板将容器分成两部分,各储有两种不同的气体. 当抽去隔板后,两种气体会自动地发生相互扩散现象,直到两种气体混合均匀. 但是,相反的过程,即已均匀混合的两种气体又自动地分离,这样的过程是绝对不会发生的.

(3) 功变热的现象. 转动的飞轮由于轴承的摩擦而停止,在这一过程中飞轮的机械能(功) 转变为轴承和飞轮的内能(热). 但是,相反的过程,即静止的飞轮因轴承变冷而重新转动起来的现象是不可能实现的.

(4) 自由膨胀. 用隔板将容器分成左、右两半,左边储有一定量的气体,右边为真空. 当抽去隔板后,气体总是自动地向真空膨胀,最终充满整个容器. 但是,气体决不会自动地收缩回容器的左边去,而右边又变成真空.

包括上述例子在内的大量实验事实说明,自然界中实际上自发发生的过程(自然过程) 都满足热力学第一定律并具有方向性.显然,自然界中除热力学第一定律以外,一定还存在着另一个定律,用它可以判断过程进行的方向.也就是由它来判断自然界中哪些过程是可以自发进行的,哪些过程是不可能自发进行的,这个定律就是热力学第二定律.

但是在处理实际问题时,可以实现和可逆过程非常接近的过程.因此,利用可逆过程的概念得到的情况是一种极限下的结论,对现实具有指导意义.卡诺热机就是理想化的、最简单的热机模型.

Ⅵ.1.2　热力学第二定律的微观意义

由前文(7.2节与7.4节)内容可知,热力学第一定律和热力学第二定律可以分别表述为"第一类永动机不可能制造成功"和"第二类永动机不可能制造成功".热力学第一定律给出了热功转换的数量关系,热力学第二定律指明了热功转换所必须具备的方向性条件.众所周知,实际的宏观系统都是由大量分子组成的.这一事实必然与热力学第二定律有某种深刻的联系.

从微观上看,任何热力学过程总包含大量分子的无序运动状态的变化.热力学第一定律说明了热力学过程中能量要遵守的规律.热力学第二定律则说明大量分子运动的无序程度变化的规律.下面定性说明这一点.

先讨论热功转换.功转变为热是机械能(或电能)转变为内能的过程.从微观上看,是大量分子的有序(这里是指分子速度的方向)运动向无序运动转化的过程,这是可能的.而相反的过程,即无序运动自动地转变为有序运动,是不可能的.从微观上看,在功热转换现象中,自然过程总是沿着使大量分子的运动从有序状态向无序状态的方向进行.

再讨论热传导.两个温度不同的物体放在一起,热量将自动地由高温物体传到低温物体,最后使它们的温度相同.温度是大量分子无序运动平均动能大小的宏观标志.初态温度高的物体分子平均动能大,温度低的物体分子平均动能小.这意味着虽然两物体的分子运动都是无序的,但还能按分子的平均动能的大小来区分两个物体.到了末态,两物体的温度相同,所有分子的平均动能都一样了,按平均动能区分两物体也成为不可能的了.这就是大量分子运动的无序性(这里是指分子的动能或分子速度的大小)因热传导而增大了.相反的过程,即两物体的分子运动从平均动能完全相同的无序状态自动地向两物体分子平均动能不同的较为有序的状态进行的过程,是不可能的.从微观上看,在热传导过程中,自然过程总是沿着使大量分子的运动向更加无序的方向进行.

最后讨论气体的自由膨胀.自由膨胀过程是气体分子整体从占有较小空间的初态变到占有较大空间的末态,从分子运动状态(这里指分子的位置分布)来说是更加无序了,即末态的无序性增大了.相反的过程,即分子运动自动地从无序(从位置分布上看)向较为有序的状态变化的过程,是不可能的.从微观上看,自由膨胀过程也说明,自然过程总是沿着使大量分子的运动向更加无序的方向进行.

综上可知,一切自然过程总是向分子热运动的无序性增大的方向进行.这是不可逆性的微观本质,它说明了热力学第二定律的微观意义.

热力学第二定律是涉及大量分子的运动的无序性变化的规律,是一条统计规律.它只适用于包含大量分子的整体,而不适用于只有少数分子的系统.

由于宏观热力学过程总涉及大量的分子,对这样的过程来说,热力学第二定律总是正确的.也正因为这样,热力学第二定律就成了自然科学中最基本而又最普遍的规律之一.

Ⅵ.2 热力学概率

最早把热力学第二定律的微观本质用数学形式表示出来的是玻尔兹曼(Boltzmann, 1844—1906),他的基本观点是:从微观上来看,对于一个系统的状态的宏观描述是非常不完善的,系统的同一个宏观状态实际上可能对应于非常多的微观状态,这些微观状态是粗略的宏观描述所不能区别的. 也就是说,任意一个宏观态,总有许多微观状态与之对应,系统内包含的分子数越多,宏观态所对应的微观状态数就越多. 实际上一般气体系统所包含的分子数具有 10^{23} 数量级,可见一个宏观态对应的微观状态数是非常大的.

设想把一个方盒平分成左、右两半,将 1 mol 分子的某种理想气体封闭在这一方盒中,并设气体分子在方盒中可以自由运动,那么达到热平衡时,气体分子的数目在盒子中怎样分配的概率最大呢?

设方盒中有四个分子 a,b,c,d,它们处于无规则运动中,任一时刻可能处于左或右任意一侧. 这个由四个分子组成的系统的任一微观状态是指出各个分子具体处于左或右哪一侧. 而宏观描述只能指出左、右两侧各有几个分子. 四个分子的微观状态与宏观状态分布如表 Ⅵ.1 所示.

表 Ⅵ.1 四个分子的微观状态与宏观状态分布

微观状态		宏观状态		一种宏观状态对应的微观状态数 Ω
左	右			
$a\ b\ c\ d$	无	左 4	右 0	1
$a\ b\ c$	d	左 3	右 1	4
$b\ c\ d$	a			
$c\ d\ a$	b			
$d\ a\ b$	c			
$a\ b$	$c\ d$	左 2	右 2	6
$a\ c$	$b\ d$			
$a\ d$	$b\ c$			
$b\ c$	$a\ d$			
$b\ d$	$a\ c$			
$c\ d$	$a\ b$			
a	$b\ c\ d$	左 1	右 3	4
b	$c\ d\ a$			
c	$d\ a\ b$			
d	$a\ b\ c$			
无	$a\ b\ c\ d$	左 0	右 4	1

若方盒中有20个分子，则与各个宏观状态对应的微观状态数如表Ⅵ.2所示.

表Ⅵ.2 20个分子的各个宏观状态对应的微观状态数

宏观状态		一种宏观状态对应的微观状态数 Ω
左 20	右 0	1
左 18	右 2	190
左 15	右 5	15 504
左 11	右 9	167 960
左 10	右 10	184 765
左 9	右 11	167 960
左 5	右 15	15 504
左 2	右 18	190
左 0	右 20	1

分析表Ⅵ.1和表Ⅵ.2可得，每一种宏观态(由盒子左半部分的分子总数 N 给定)对应的微观状态数(盒子左半部分分子数为 N 的所有可能的组成方式数 Ω)是不同的. 例如，N_A 个分子完全集中在左半部分(是一种宏观态)，只有一种分配方式(只有一种微观态)；如果 N_A-1 个分子在左半部分，则共有 N_A 个可能的分配方案，即任选1个分子放在盒子右半部分里共有 N_A 种方式. 进一步分析表明，左侧有 N 个分子的宏观态所对应的微观状态数 Ω 就是组合数 $C_{N_A}^N$. 显然，左、右两侧分子数相等$\left(\frac{N_A}{2}\right)$、或差不多相等的宏观态所对应的微观状态数最多(记为 Ω_m). 在分子总数少的情况下，Ω_m 在微观状态总数$\left(\sum_{N=0}^{N_A} C_{N_A}^N\right)$中所占比例并不大. 如果分子总数增多，则 Ω_m 占微观状态总数的比例大大增加，如图Ⅵ.1所示. 其中横轴表示方盒左半部分中的分子数 N，纵轴表示相应的微观状态数 Ω，Ω 在两侧分子数相等处有非常尖锐的极大值.

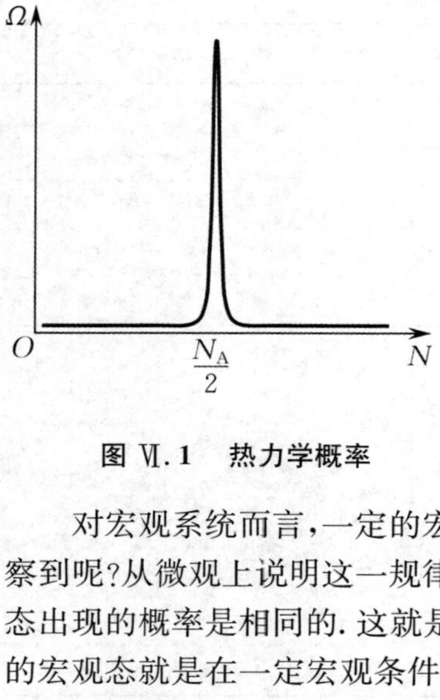

图Ⅵ.1 热力学概率

对宏观系统而言，一定的宏观态总是对应大量可能的微观态. 那么，哪一种状态实际上被观察到呢?从微观上说明这一规律时要用到统计理论的一个基本假设：对于孤立系统，各个微观状态出现的概率是相同的. 这就是统计物理学的基础 —— 等概率原理. 因此，实际上最可能观察到的宏观态就是在一定宏观条件下出现概率最大的状态，也就是对应微观状态数最多的宏观态. 对上面的例子，就是左、右两侧分子数接近的那些宏观态. 这种概率最大的宏观态，就是系统在给定宏观条件下的平衡态. 气体的自由膨胀过程是由非平衡态向平衡态转化的过程，即系统变化是由对应微观状态数目少的宏观状态向对应微观状态数目多的宏观状态进行. 相反的过程，在外界不发生任何影响的条件下是不可能实现的. 这就是气体自由膨胀过程不可逆性的本质.

为了说明宏观状态和微观状态的定量关系，定义任意宏观状态所对应的微观状态数为该宏观状态的**热力学概率**，用 Ω 表示. 这样，对应系统的宏观状态，根据基本统计假设，我们可以得出下述结论：

(1) 对于孤立系统，在一定条件下的平衡态所对应的微观状态数最多，即它的热力学概率 Ω 最大. 对一切宏观系统，Ω 的最大值实际上就等于该系统在给定条件下的所有可能的微观状态数.

(2) 若系统初始宏观状态对应的微观状态数 Ω 不是最大值，则此宏观状态是非平衡态，系统将向 Ω 增大的宏观态演化，最后达到 Ω 为最大值的平衡态.

Ⅵ.3 玻尔兹曼熵公式 熵增加原理

Ⅵ.3.1 玻尔兹曼熵公式

一般来讲，热力学概率 Ω 是非常巨大的. 为了便于分析和处理，1877 年，玻尔兹曼引入下述关系式来定义熵 S，以此表示系统无序性的大小：

$$S \propto \ln \Omega.$$

1900 年，普朗克引进了比例系数 k，将上式写为

$$S = k\ln \Omega, \tag{Ⅵ.1}$$

其中 k 为玻尔兹曼常量. 式(Ⅵ.1)叫作玻尔兹曼熵公式，式中的 S 称为玻尔兹曼熵. 由于定义与微观状态的数目有关，也叫作微观熵. 对于系统的某一宏观状态，有一个 Ω 值与之对应，因而也就有一个 S 与之对应. 可见，由式(Ⅵ.1)定义的熵是系统的状态函数. 和热力学概率 Ω 一样，熵的微观意义是系统内分子热运动的无序性的一种量度.

在国际单位制中，熵的单位是焦[尔]每开[尔文](J/K).

Ⅵ.3.2 玻尔兹曼熵的可加性

下面简要分析玻尔兹曼熵的可加性. 为了分析问题方便，设给定条件(给定温度或给定能量)下的系统分成两部分，其热力学概率分别用 Ω_1 和 Ω_2 表示，同一条件下系统的热力学概率为 Ω. 则根据概率法则，有 $\Omega = \Omega_1\Omega_2$. 代入式(Ⅵ.1)，有

$$S = k\ln \Omega = k\ln \Omega_1 + k\ln \Omega_2 = S_1 + S_2.$$

因此，当任一系统由两个子系统组成时，该系统的熵 S 等于两个子系统的熵 S_1 与 S_2 之和，即

$$S = S_1 + S_2. \tag{Ⅵ.2}$$

上式表明，熵与内能等热力学状态参量一样，具有可加性. 这样的状态量称为**广延量**. 温度与压强等热力学参量不具有这种可加性，称为**强度量**.

Ⅵ.3.3 玻尔兹曼熵增加原理

有了熵概念之后，热力学第二定律就可以表述为：在孤立系统中所进行的自然过程总是沿着熵增大的方向进行，它是不可逆的. 平衡态相当于熵最大的状态. 热力学第二定律的这种表述叫作熵增加原理，其数学表达式为

$$\Delta S > 0 \quad (\text{孤立系统，自然过程}). \tag{Ⅵ.3}$$

现在我们进一步讨论热力学第二定律不可逆性的统计意义. 由熵增加原理可知，孤立系统内的自然过程总是从热力学概率小的宏观状态向热力学概率大的宏观状态演化. 但是，这是一种概率性规律而非确定性规律. 由于每个微观状态出现的概率都相同，故存在向热力学概率小的宏观态变化的可能性. 然而相比之下，其他非平衡宏观态所对应的微观状态数目太小了，而宏观平衡

态对应的微观状态数却极其巨大. 当孤立系统处于非平衡状态时,它向平衡态过渡的可能性将具有绝对优势. 这就是不可逆性的统计意义. 孤立系统熵减小的过程,原则上并不是不可能,只是概率非常小. 实际上,在平衡态时,系统的热力学概率(或熵)总是不停地进行着相对于极大值的某种偏离,这种或大或小的偏离叫作**涨落**. 对于分子数比较少的系统,涨落较容易观察到,而对于大量分子构成的热力学系统,这种涨落相对很小,往往不易观测出来.

热力学第二定律的表述和熵增加原理的表述对宏观热现象进行的方向和限度的叙述是等效的. 例如,在热传导问题中,热力学第二定律叙述为:热只能自动地从高温物体传递给低温物体,而不能自动向相反方向进行. 熵增加原理叙述为:孤立系统中进行的从高温物体向低温物体传递热量的热传导过程,使系统熵增加,是一个不可逆过程;当孤立系统达到平衡时,系统的熵具有最大值. 对比以上两种叙述可以看出,热力学第二定律和熵增加原理对热传导方向的叙述是一致的,等效的. 它们对热功转换等其他不可逆的热现象的叙述也是等效的. 不过,熵增加原理把热现象中孤立系统的不可逆过程进行的方向和限度,用简明的数量关系表达出来了.

Ⅵ.4 克劳修斯熵公式

Ⅵ.4.1 卡诺定理

从热力学第二定律我们知道,一切热机的效率都必然小于1. 那么热机效率的上限是多少呢? 卡诺提出,在温度为 T_1 的热源和温度为 T_2 的热源之间循环工作的热机,必须遵守以下两条结论(卡诺定理):

第一,在相同的高温热源和低温热源之间工作的可逆热机,都具有相同的热机效率,与工作物质无关.

取一个以理想气体为工作物质的可逆卡诺热机,可得

$$\eta = 1 - \frac{Q_2}{Q_1} = 1 - \frac{T_2}{T_1}.$$

第二,工作在相同的高温热源和低温热源之间的一切不可逆热机的热机效率都不可能大于可逆热机的热机效率. 以 η' 代表热机的效率,有

$$\eta' \leqslant 1 - \frac{T_2}{T_1}, \tag{Ⅵ.4}$$

式中"="适用于可逆热机,而"<"适用于不可逆热机.

根据卡诺定理,只说实际热机的效率小于1是不够的,进一步的限制是 $\eta \leqslant \eta_{卡}$,即实际热机的热机效率不大于卡诺热机的效率. 卡诺热机(热机做卡诺循环,但不一定可逆,如存在耗散)与可逆卡诺热机比较,有

$$\frac{Q_1 - Q_2}{Q_1} \leqslant \frac{T_1 - T_2}{T_1}, \tag{Ⅵ.5}$$

式中,Q_2 表示卡诺热机与低温热源交换的热量,通常吸热为正,放热为负;等号表示可逆热机. 此式化简可得

$$\frac{Q_2}{Q_1} \leqslant - \frac{T_2}{T_1}, \tag{Ⅵ.6}$$

即

$$\frac{Q_1}{T_1}+\frac{Q_2}{T_2}\leqslant 0. \tag{Ⅵ.7}$$

式(Ⅵ.7)的物理意义是，工作在两个恒温热源之间的热机，它与每一热源所交换的热量与该热源的温度之比(热温比)的代数和必不大于零(对于可逆热机，等于零). 这可以看作卡诺定理的另一表述.

实际上，对于任意循环过程，一般都可近似地看成由许多卡诺循环所组成. 对于整个循环，应有 $\sum_i \frac{Q_i}{T_i}\leqslant 0$，而且所取的卡诺循环越多，就越接近于原循环过程，如图Ⅵ.2所示. 取循环数目趋于无穷多时，对卡诺循环的热温比进行积分，则对任意循环，就有

$$\oint \frac{\mathrm{d}Q}{T}\leqslant 0, \tag{Ⅵ.8}$$

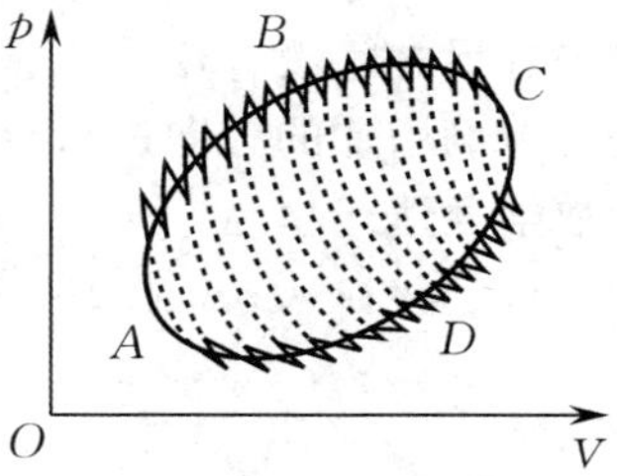

图Ⅵ.2 任意可逆循环可看作由许多卡诺循环组成

其中，积分沿着整个循环过程进行，dQ表示在各无限短的等温过程中所吸取的热量，等号对可逆循环成立，即

$$\oint \frac{\mathrm{d}Q}{T}=0. \tag{Ⅵ.9}$$

式(Ⅵ.8)称为克劳修斯不等式. 它表明，在循环过程中，只要有任一部分是不可逆的，此回路的热温比积分必小于零.

式(Ⅵ.9)表明，在可逆循环过程中的"环路积分为零". 如图Ⅵ.2所示，它说明系统存在着一个状态函数，这一函数与系统的具体变化过程无关，而只与过程的始、末状态有关. 这与引入势能和内能的情况完全类似，可定义一态函数为熵，仍用S表示. 这里熵是由宏观热力学引入的，故可称之为克劳修斯熵或宏观熵. 可以证明，克劳修斯熵与玻尔兹曼熵是一致的.

如果以S_1和S_2分别表示系统在状态1与状态2的熵，那么系统在可逆过程中由状态1到状态2的熵增量为

$$S_2-S_1=\int_1^2\frac{\mathrm{d}Q}{T}. \tag{Ⅵ.10}$$

对无限小可逆过程，将式(Ⅵ.10)写成微分形式

$$\mathrm{d}S=\frac{\mathrm{d}Q}{T}. \tag{Ⅵ.11}$$

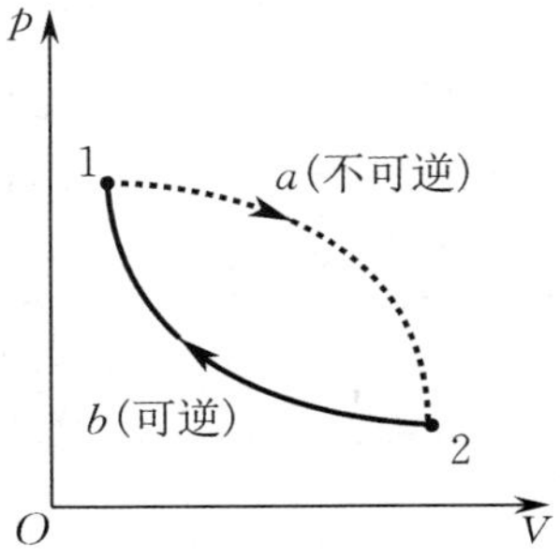

图Ⅵ.3 不可逆的循环过程

为讨论简单起见，对不可逆循环，设整个循环由可逆的和不可逆的两部分组成，如图Ⅵ.3所示. 此时，式(Ⅵ.8)中取小于号，即

$$\oint\frac{\mathrm{d}Q}{T}=\int_{1a2}\frac{\mathrm{d}Q}{T}+\int_{2b1}\frac{\mathrm{d}Q}{T}=\int_{1a2}\frac{\mathrm{d}Q}{T}-\int_{1b2}\frac{\mathrm{d}Q}{T}<0,$$

或

$$\int_{1a2}\frac{\mathrm{d}Q}{T}<\int_{1b2}\frac{\mathrm{d}Q}{T}=S_2-S_1. \tag{Ⅵ.12}$$

该不等式左边是不可逆过程的积分，与路径有关，不等于状态1和状态2间的熵变. 此式的物理意义是：系统从状态1变化到状态2，其间一切不可逆过程的积分$\int\frac{\mathrm{d}Q}{T}$必小于这两个状态间的熵变$S_2-S_1$.

综上，有

$$S_2 - S_1 \geqslant \int_1^2 \frac{dQ}{T}, \tag{Ⅵ.13}$$

或

$$dS \geqslant \frac{dQ}{T}. \tag{Ⅵ.14}$$

式(Ⅵ.13)表明,不可逆过程熵增加恒大于可逆过程的熵增加.特别地,当系统为孤立系统时,系统与外界之间没有热量传递,式(Ⅵ.13)、式(Ⅵ.14)右边等于零,即对于孤立系统,热力学过程总是向着熵增加的方向进行.因此它们可以看作热力学第二定律的数学表达式,即熵增加原理的等价数学表达式.

式(Ⅵ.14)、式(Ⅵ.13)中取等号,有

$$dS = \frac{dQ}{T} \quad (\text{可逆过程}), \tag{Ⅵ.15}$$

及

$$\Delta S = S_2 - S_1 = \int_1^2 \frac{dQ}{T} \quad (\text{可逆过程}). \tag{Ⅵ.16}$$

式(Ⅵ.16)叫作克劳修斯熵公式.据此,原则上可以计算任意过程的熵变.

例 Ⅵ-1

有一质量为 2.0×10^{-2} kg,温度为 -10 ℃的冰,在压力为 1.01×10^5 Pa 下转变成 10 ℃的水,试计算此过程的熵变.(已知水的定压比热容 $c_{p2}=4.22\times10^3$ J/(kg·K),冰的定压比热容 $c_{p1}=2.09\times10^3$ J/(kg·K),冰的熔化热 $L=3.34\times10^5$ J/kg)

解 -10 ℃的冰变成 0 ℃的冰经历的过程均可视为等压过程,故有 $dQ=mc_p dT$.过程中的熵变为

$$\Delta S_1 = \int \frac{dQ}{T} = \int_{T_1}^{T_2} \frac{mc_{p1}}{T} dT = mc_{p1} \ln \frac{T_2}{T_1} \approx 1.56 \text{ J/K}.$$

0 ℃的冰变成 0 ℃的水经历的过程是等温熔化过程,冰吸收的热量 $Q=mL$,其中 L 为冰的熔化热.该过程中的熵变为

$$\Delta S_2 = \int \frac{dQ}{T} = \frac{mL}{T} \approx 24.5 \text{ J/K}.$$

0 ℃的水变成 10 ℃的水经历的过程可视为等压过程,故有 $dQ=mc_p dT$.过程中的熵变为

$$\Delta S_3 = \int \frac{dQ}{T} = \int_{T_2}^{T_3} \frac{mc_{p2}}{T} dT = mc_{p2} \ln \frac{T_3}{T_2} \approx 3.04 \text{ J/K}.$$

因此整个过程的总熵变为

$$\Delta S = \Delta S_1 + \Delta S_2 + \Delta S_3 = 29.1 \text{ J/K}.$$

例 Ⅵ-2

求处于真空中的绝热容器内的 ν mol 理想气体体积从 V_1 自由膨胀到 V_2 时的熵变.

解 绝热容器中的理想气体是一个孤立系统.已知理想气体的体积由 V_1 绝热自由膨胀到 V_2,与外界没有能量交换,温度保持不变,设为 T.由于熵是状态量,与过程无关,故可以设计一个可逆等温膨胀过程,使理想气体与温度也是 T 的恒温热源相接触而体积由 V_1 膨胀到 V_2.这一过程中,气体的熵变为

$$\Delta S = \int \frac{dQ}{T} = \frac{1}{T}\int_{V_1}^{V_2} p dV = \int_{V_1}^{V_2} \frac{\nu R}{V} dV = \nu R \ln \frac{V_2}{V_1}.$$

由于 $V_2 > V_1$,$\Delta S > 0$.这表明,理想气体经过绝热自由膨胀过程,熵是增加的,是不可逆的.

思考题Ⅵ

Ⅵ-1　判断以下说法是否正确，为什么？

(1) 功可以全部转化为热，但热不能全部转化为功.

(2) 热量能够从高温物体传到低温物体，但不能从低温物体传到高温物体.

Ⅵ-2　有人设计一台可逆卡诺热机，循环一次可以从 400 K 的高温热源吸收 1 800 J，向 300 K 的低温热源放热 800 J，同时对外做功 1 000 J. 试判断这个设计能否成功，为什么？

Ⅵ-3　瓶子里密封一些水，忽然表面上的一些水温度升高而蒸发成水蒸气，余下的水温度变低. 这件事可能发生吗？它违反热力学第一定律发生吗？它违背热力学第二定律吗？

Ⅵ-4　一杯热水置于空气中，它总是要冷却到与周围环境温度相同. 这一自然过程中，水的熵减少，这与熵增加原理矛盾吗？

习题Ⅵ

Ⅵ-1　1 mol 氧气（可认为是刚性分子理想气体）经历如图Ⅵ.4所示的过程由 a 经 b 到 c，求在此过程中气体对外界所做的功、吸收的热量以及熵变.

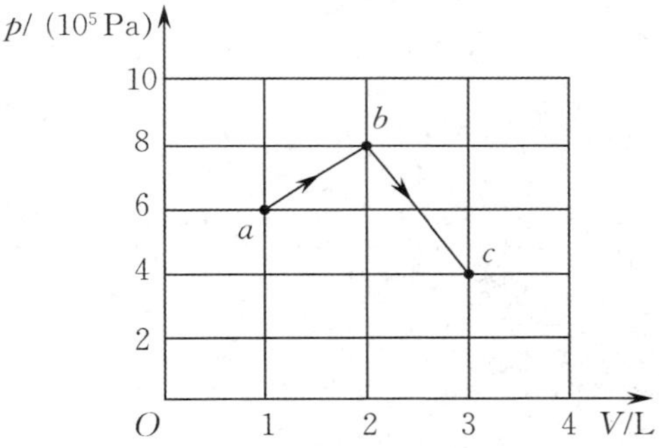

图Ⅵ.4

Ⅵ-2　已知在温度为 $T_1 = 600$ K 的热源和温度为 $T_2 = 500$ K 的热源之间发生不可逆的热传导过程，传递的热量 $Q = 10^6$ J，计算热传导过程中的熵变.

Ⅵ-3　将质量相同而温度分别为 T_1 和 T_2 的两杯水混合（等压绝热）.

(1) 计算该过程的熵变；

(2) 证明两杯水等压绝热混合是一个不可逆过程.

Ⅵ-4　如图Ⅵ.5所示，1 mol 双原子分子理想气体，从初态 1（$V_1 = 20$ L，$T_1 = 300$ K），经历三种不同的过程到达末态 2（$V_2 = 40$ L，$T_2 = 300$ K）. 图中 1→2 为等温线，1→4 为绝热线，4→2 为等压线，1→3 为等压线，3→2 为等容线，试分别沿这三种过程计算气体的熵变.

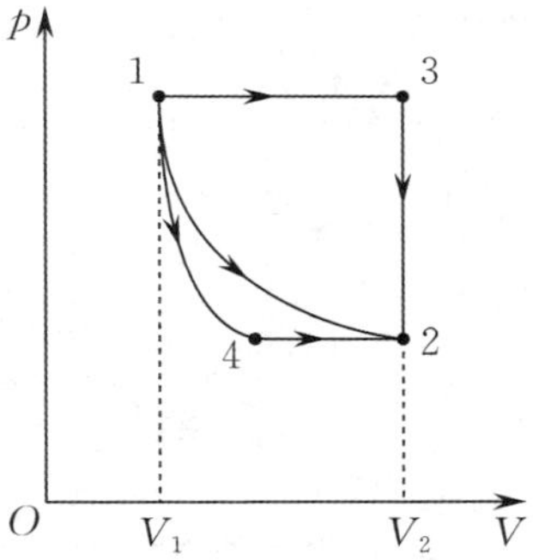

图Ⅵ.5

Ⅵ-5　1 mol 液态苯在 1.013×10^5 Pa，268.15 K 下，凝固为同温度的固态苯，试计算苯凝固过程的熵变. 已知苯的正常凝固点为 278.65 K，相应的熔化热 $L = 9916.08$ J/mol，固态苯和液态苯的摩尔定压热容分别为 122.7 J/(mol·K) 和 126.8 J/(mol·K).

附　　录

附录 I　常用物理量符号及单位(SI)

物理量				换算关系
名称	符号	量纲或数值	单位	
时间	t	T	s	
长度	L,s	L	m	
速度	v	LT^{-1}	m/s	
加速度	a	LT^{-2}	m/s^2	
角位置	θ	1	rad	$1° = \frac{\pi}{180}$ rad
角速度	ω	T^{-1}	rad/s	
角加速度	β	T^{-2}	rad/s^2	
质量	m	M	kg	
力	F	LMT^{-2}	N	
功	W	L^2MT^{-2}	J	
功率	P	L^2MT^{-3}	W	
动量	p	LMT^{-1}	kg·m/s	
力矩	M	L^2MT^{-2}	N·m	
转动惯量	J	L^2M	$kg \cdot m^2$	
角动量	L	L^2MT^{-1}	$kg \cdot m^2/s$	
压强	p	$L^{-1}MT^{-2}$	Pa	$1\ Pa = 1\ N/m^2$
物质的量	ν	N	mol	
摩尔质量	M	MN^{-1}	g/mol	
热量	Q	L^2MT^{-2}	J	

续表

物理量				换算关系
名称	符号	量纲或数值	单位	
比热容	c	$L^2T^{-2}\Theta^{-1}$	J/(kg·K)	
热容	C	$L^2MT^{-2}\Theta^{-1}$	J/K	
熵	S	$L^2MT^{-2}\Theta^{-1}$	J/K	
振幅	A	L	m	
周期	T	T	s	
频率	ν	T^{-1}	Hz	
角频率	ω	T^{-1}	s^{-1}	$\omega=2\pi\nu$
电荷	q,Q	TI	C	
电场强度	E	$LMT^{-3}I^{-1}$	V/m, N/C	1 V/m = 1 N/C
电势	φ	$L^2MT^{-3}I^{-1}$	V	
电极化强度	P	$L^{-2}TI$	C/m^2	
电位移	D	$L^{-2}TI$	C/m^2	
电容	C	$L^{-2}M^{-1}T^4I^2$	F	1 F = 1 C/V
磁感应强度	B	$MT^{-2}I^{-1}$	T	1 T = 1 Wb/m^2
磁通量	Φ_m	$L^2MT^{-2}I^{-1}$	Wb	1 Wb = 1 V·s
自感	L	$L^2MT^{-2}I^{-2}$	H	
互感	M	$L^2MT^{-2}I^{-2}$	H	

附录Ⅱ 常用物理常量

名称	符号	数值
真空中的光速	c	299 792 458 m/s
普朗克常量	h	$6.626\ 070\ 150 \times 10^{-34}$ J·s
基本电荷	e	$1.602\ 176\ 53 \times 10^{-19}$ C
电子质量	m_e	$9.109\ 382\ 6 \times 10^{-31}$ kg
质子质量	m_p	$1.672\ 623\ 41 \times 10^{-27}$ kg
中子质量	m_n	$1.674\ 928\ 46 \times 10^{-27}$ kg
原子质量单位	u	$1.660\ 538\ 86 \times 10^{-27}$ kg
真空电容率	ε_0	$8.854\ 187\ 817 \times 10^{-12}$ F/m
真空磁导率	μ_0	$4\pi \times 10^{-7}$ H/m
里德伯常量	R_∞	10 967 757 m^{-1}
玻尔磁子	μ_B	$9.274\ 009\ 49 \times 10^{-24}$ J·T^{-1}
玻尔半径($m_{核} = \infty$)	a_0	$0.529\ 177\ 208 \times 10^{-10}$ m
万有引力常量	G	6.674×10^{-11} N·m^2/kg^2
地球海平面上的引力加速度	g	9.806 65 m/s^2
阿伏伽德罗常量	N_A	$6.022\ 140\ 76 \times 10^{23}$ mol^{-1}
玻尔兹曼常量	k	$1.380\ 649 \times 10^{-23}$ J/K
地球质量	\	5.98×10^{24} kg
地球赤道半径	\	6.37×10^{6} m
太阳质量	\	1.987×10^{30} kg
太阳半径	\	6.960×10^{8} m
月亮质量	\	7.349×10^{22} kg
月亮半径	\	1.74×10^{6} m

附录 Ⅲ　矢量的运算

1. 矢量和标量

在物理学中常遇到两种不同性质的量：矢量和标量. 仅用数值即可做出充分描述的量叫作**标量**，如质量、功、能量、电量、电势等. 这里，数值的含义包含正负在内. 具有一定大小和方向且加法遵从平行四边形法则的量叫作**矢量**，如力、速度、电场强度和磁感应强度等.

从几何观点来看，矢量可表示为有方向的线段(见附录图 1). 选定单位长度后，有向线段的长短(包含单位长度的个数) 表示矢量的大小，箭头指向表示矢量的方向. 矢量起点称为**矢尾**，箭头处称为**矢端**.

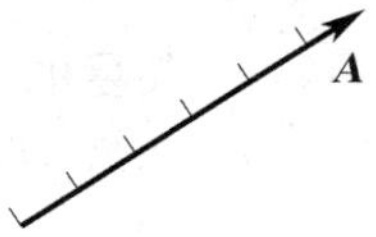

附录图 1

印刷时，常用黑体字母表示矢量，如 $\boldsymbol{A}$，书写时以 $\vec{A}$ 表示.

不带箭头符号的 A 代表矢量的大小，即矢量的**模**，也记为 $|\boldsymbol{A}|$，它是一正实数. 模等于 1 的矢量称为**单位矢量**，以 $\boldsymbol{e}$ 表示. 在直角坐标系 $Oxyz$ 中，x 轴、y 轴和 z 轴的单位矢量分别为 $\boldsymbol{i}, \boldsymbol{j}, \boldsymbol{k}$.

2. 矢量的加法和减法

(1) 矢量的加法.

矢量 $\boldsymbol{A}$ 与矢量 $\boldsymbol{B}$ 相加遵从平行四边形法则. 设其合矢量为 $\boldsymbol{C}$，如附录图 2 所示，记作

$$\boldsymbol{C}=\boldsymbol{A}+\boldsymbol{B},$$

$\boldsymbol{C}$ 称为 $\boldsymbol{A}$ 与 $\boldsymbol{B}$ 的矢量和，$\boldsymbol{A}$ 与 $\boldsymbol{B}$ 则称为矢量 $\boldsymbol{C}$ 的分矢量. 矢量的加法也称为矢量的合成. 这种矢量运算还可以简化为三角形法则. 将矢量 $\boldsymbol{A}(\boldsymbol{B})$ 的矢尾与矢量 $\boldsymbol{B}(\boldsymbol{A})$ 的矢端相连，从 $\boldsymbol{B}(\boldsymbol{A})$ 矢尾指向 $\boldsymbol{A}(\boldsymbol{B})$ 矢端的矢量即是所求的矢量和 $\boldsymbol{C}$.

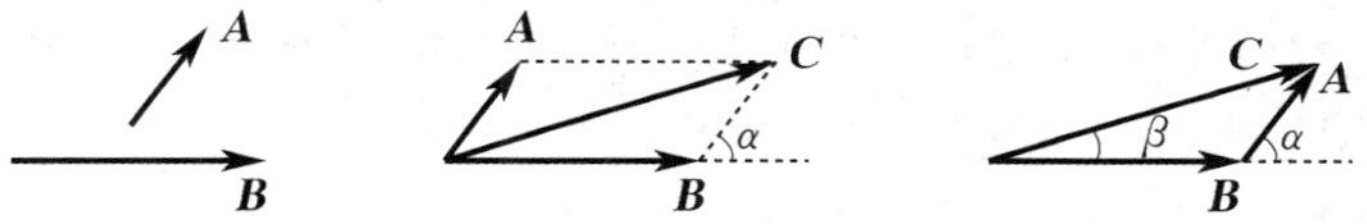

附录图 2　矢量加法

$\boldsymbol{C}$ 的大小为

$$C=\sqrt{A^2+B^2+2AB\cos\alpha},$$

方向满足

$$\tan\beta=\frac{B\sin\alpha}{A+B\cos\alpha},$$

式中 α 为矢量 $\boldsymbol{A}$ 和矢量 $\boldsymbol{B}$ 间的夹角，β 是矢量 $\boldsymbol{C}$ 与矢量 $\boldsymbol{A}$ 间的夹角.

矢量的加法满足交换律，即 $\boldsymbol{A}+\boldsymbol{B}=\boldsymbol{B}+\boldsymbol{A}$.

矢量的加法满足结合律，即 $(\boldsymbol{A}+\boldsymbol{B})+\boldsymbol{C}=\boldsymbol{A}+(\boldsymbol{B}+\boldsymbol{C})$.

矢量加法的三角形法则可以推广到任意有限多个矢量之和的问题中去.

(2) 矢量减法.

若矢量 $\boldsymbol{A}$ 与矢量 $\boldsymbol{B}$ 的矢量和为 $\boldsymbol{C}$，则矢量 $\boldsymbol{A}(\boldsymbol{B})$ 可称为矢量 $\boldsymbol{C}$ 与矢量 $\boldsymbol{B}(\boldsymbol{A})$ 的矢量差，记作 $\boldsymbol{A}=\boldsymbol{C}-\boldsymbol{B}$，它是矢量加法 $\boldsymbol{A}+\boldsymbol{B}=\boldsymbol{C}$ 的逆运算. 在附录图 2 中利用三角形法则同样可由 $\boldsymbol{C}$ 与 $\boldsymbol{B}(\boldsymbol{A})$ 画出矢量差 $\boldsymbol{A}(\boldsymbol{B})$. 方法是：自某点出发画出被减的矢量 $\boldsymbol{C}$ 与减矢量 $\boldsymbol{B}(\boldsymbol{A})$，由减矢量 $\boldsymbol{B}(\boldsymbol{A})$ 的矢端引向被减矢量 $\boldsymbol{C}$ 矢端的矢量即为矢量差 $\boldsymbol{A}(\boldsymbol{B})$.

3. 矢量的数乘

矢量 $\boldsymbol{A}$ 与一实数 m(标量) 的乘积仍是一个矢量，记作 $m\boldsymbol{A}$. 乘积模等于 m 乘以 $|\boldsymbol{A}|$. 所得矢量的方向这样规定：若 $m>0$，则与 $\boldsymbol{A}$ 同向；若 $m<0$，则与 $\boldsymbol{A}$ 反向；若 $m=0$，则 $m\boldsymbol{A}$ 为零矢量. 由数乘的概念可知，任意矢量 $\boldsymbol{A}$ 总可以表示成 $|\boldsymbol{A}|$ 与 $\boldsymbol{A}$ 方向上单位矢量 $\boldsymbol{e}$ 的乘积，即

$$\boldsymbol{A} = |\boldsymbol{A}|\boldsymbol{e},$$

这种表示方法体现了矢量 $\boldsymbol{A}$ 的大小和方向两个特征.

矢量数乘有如下性质：

设 $\boldsymbol{A}$ 和 $\boldsymbol{B}$ 为任意两个矢量，λ 和 μ 为任意实数，则

矢量数乘满足分配律：

$$(\lambda+\mu)\boldsymbol{A} = \lambda\boldsymbol{A} + \mu\boldsymbol{A},$$
$$\lambda(\boldsymbol{A}+\boldsymbol{B}) = \lambda\boldsymbol{A} + \lambda\boldsymbol{B};$$

矢量数乘满足交换律：

$$\lambda(\mu\boldsymbol{A}) = \mu(\lambda\boldsymbol{A}) = (\lambda\mu)\boldsymbol{A}.$$

4. 矢量的正交分解

多个矢量可以合成为一个矢量，一个矢量也可以分解成多个分矢量. 一般说来，矢量分解的结果不是唯一的，但是当指定一些条件（已知各分矢量方向、部分矢量大小和方向等）时，分解结果才是唯一的. 为了处理问题方便，通常将某一矢量分解为沿直角坐标系各坐标轴的分矢量，称为**矢量的正交分解**.

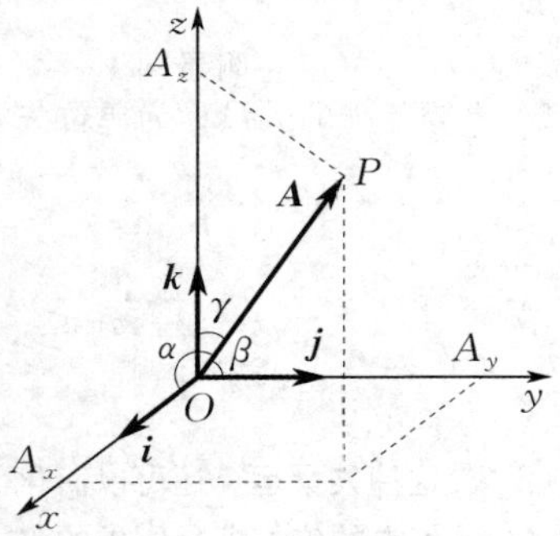

附录图 3　矢量正交分解

如附录图 3 所示，将矢量 $\boldsymbol{A}$ 的矢尾与直角坐标系 $Oxyz$ 的坐标原点重合. 自 $\boldsymbol{A}$ 的矢端向 Oxy 坐标平面作垂线，自垂足再向 x 轴和 y 轴作垂线，将这两个垂足的 x 坐标和 y 坐标分别记作 A_x 和 A_y. 再自 $\boldsymbol{A}$ 的矢端向 z 轴作垂线，该垂足的 z 坐标即为 A_z，A_x，A_y 和 A_z 称为矢量 $\boldsymbol{A}$ 在 x 轴、y 轴和 z 轴的**投影或分量**. 注意：尽管投影或分量可取正值或负值，但它们与分矢量不同，是标量.

我们可以用矢量的投影或分量来表示矢量的模和矢量的方向. 矢量的大小为

$$|\boldsymbol{A}| = A = \sqrt{A_x^2 + A_y^2 + A_z^2},$$

矢量的方向通常用矢量与各个坐标轴的夹角 α，β 和 γ 表示，称为方向角. 此外，矢量方向还可以用矢量的方向余弦 $\cos\alpha$，$\cos\beta$ 和 $\cos\gamma$ 表示：

$$\cos\alpha = \frac{A_x}{|\boldsymbol{A}|},\quad \cos\beta = \frac{A_y}{|\boldsymbol{A}|},\quad \cos\gamma = \frac{A_z}{|\boldsymbol{A}|}.$$

显然，$\cos^2\alpha + \cos^2\beta + \cos^2\gamma = 1$.

利用矢量的正交分解，可将矢量表示为几个分矢量的和：

$$\boldsymbol{A} = \boldsymbol{A}_x + \boldsymbol{A}_y + \boldsymbol{A}_z = A_x\boldsymbol{i} + A_y\boldsymbol{j} + A_z\boldsymbol{k},$$

式中，$\boldsymbol{A}_x = A_x\boldsymbol{i}$，$\boldsymbol{A}_y = A_y\boldsymbol{j}$ 和 $\boldsymbol{A}_z = A_z\boldsymbol{k}$ 分别表示矢量 $\boldsymbol{A}$ 在 x 轴、y 轴和 z 轴的**分矢量**. 这就是矢量的正交分解表达式.

利用矢量的正交分解，可以在直角坐标系下进行矢量的运算. 设有矢量 $\boldsymbol{A}$ 和 $\boldsymbol{B}$，其中

$$\boldsymbol{A} = A_x\boldsymbol{i} + A_y\boldsymbol{j} + A_z\boldsymbol{k},\quad \boldsymbol{B} = B_x\boldsymbol{i} + B_y\boldsymbol{j} + B_z\boldsymbol{k},$$

两个矢量和（差）为

$$\begin{aligned}\boldsymbol{C} = \boldsymbol{A} \pm \boldsymbol{B} &= (A_x\boldsymbol{i} + A_y\boldsymbol{j} + A_z\boldsymbol{k}) \pm (B_x\boldsymbol{i} + B_y\boldsymbol{j} + B_z\boldsymbol{k}) \\ &= (A_x \pm B_x)\boldsymbol{i} + (A_y \pm B_y)\boldsymbol{j} + (A_z \pm B_z)\boldsymbol{k}.\end{aligned}$$

矢量 $\boldsymbol{C}$ 也可作正交分解，即 $\boldsymbol{C} = C_x\boldsymbol{i} + C_y\boldsymbol{j} + C_z\boldsymbol{k}$. 两矢量相等，其各个分量也一定相等，故

$$C_x = A_x \pm B_x,\quad C_y = A_y \pm B_y,\quad C_z = A_z \pm B_z.$$

以上各式表明，两矢量的和（差）在某一坐标轴的分量等于两矢量各自在同一坐标轴上分量的和（差）.

5. 矢量的标积和矢积

矢量的乘法运算除数乘外，还有矢量与矢量相乘的问题：矢量的标积和矢积.

(1) 矢量的标积.

矢量 $\boldsymbol{A}$ 和 $\boldsymbol{B}$ 的标积记作 $\boldsymbol{A}\cdot\boldsymbol{B}$，是一个标量. 其数学表达式为

$$\boldsymbol{A}\cdot\boldsymbol{B} = |\boldsymbol{A}|\,|\boldsymbol{B}|\cos\theta,$$

式中 θ 为矢量 $\boldsymbol{A},\boldsymbol{B}$ 间小于 180° 的夹角.

当两矢量 $\boldsymbol{A},\boldsymbol{B}$ 平行时，$\theta=0$，$\cos\theta=1$，所以 $\boldsymbol{A}\cdot\boldsymbol{B}=AB$；当两矢量 $\boldsymbol{A},\boldsymbol{B}$ 垂直时，$\theta=90^\circ$，$\cos\theta=0$，所以 $\boldsymbol{A}\cdot\boldsymbol{B}=0$. 矢量的标积满足：$\boldsymbol{A}\cdot\boldsymbol{B}=\boldsymbol{B}\cdot\boldsymbol{A}$（交换律）；$(\boldsymbol{A}+\boldsymbol{B})\cdot\boldsymbol{C}=\boldsymbol{A}\cdot\boldsymbol{C}+\boldsymbol{B}\cdot\boldsymbol{C}$（分配律）.

在直角坐标系中，各坐标轴的单位矢量 $\boldsymbol{i},\boldsymbol{j},\boldsymbol{k}$ 具有正交性：$\boldsymbol{i}\cdot\boldsymbol{i}=\boldsymbol{j}\cdot\boldsymbol{j}=\boldsymbol{k}\cdot\boldsymbol{k}=1$，$\boldsymbol{i}\cdot\boldsymbol{j}=\boldsymbol{j}\cdot\boldsymbol{k}=\boldsymbol{k}\cdot\boldsymbol{i}=0$. 利用这些性质，对两矢量 $\boldsymbol{A},\boldsymbol{B}$ 求标积，有

$$\boldsymbol{A}\cdot\boldsymbol{B}=(A_x\boldsymbol{i}+A_y\boldsymbol{j}+A_z\boldsymbol{k})\cdot(B_x\boldsymbol{i}+B_y\boldsymbol{j}+B_z\boldsymbol{k})=A_xB_x+A_yB_y+A_zB_z.$$

(2) 矢量的矢积.

矢量 $\boldsymbol{A}$ 和矢量 $\boldsymbol{B}$ 的矢积为一矢量，记作 $\boldsymbol{C}=\boldsymbol{A}\times\boldsymbol{B}$.

其定义如下：矢量 $\boldsymbol{C}$ 的大小为 $C=AB\sin\theta$，其中 θ 为两矢量 $\boldsymbol{A},\boldsymbol{B}$ 间不大于 180° 的夹角；$\boldsymbol{C}$ 矢量的方向则垂直于两矢量 $\boldsymbol{A},\boldsymbol{B}$ 所组成的平面，符合右手定则，即弯曲的四指从 $\boldsymbol{A}$ 经小于 180° 的角转向 $\boldsymbol{B}$ 时大拇指伸直所指的方向就是 $\boldsymbol{C}$ 的方向.

根据矢量矢积的定义，可以得出下列结论：

当两矢量 $\boldsymbol{A},\boldsymbol{B}$ 平行时，$\theta=0$，$\sin\theta=0$，$\boldsymbol{A}\times\boldsymbol{B}=\boldsymbol{0}$；当两矢量 $\boldsymbol{A},\boldsymbol{B}$ 垂直时，$\theta=90^\circ$，$\sin\theta=1$，矢积 $\boldsymbol{A}\times\boldsymbol{B}$ 具有最大值，它的大小为 AB.

矢积不满足交换律，$\boldsymbol{A}\times\boldsymbol{B}$ 与 $\boldsymbol{B}\times\boldsymbol{A}$ 所表示的两矢量的方向正好相反，即

$$\boldsymbol{A}\times\boldsymbol{B}=-(\boldsymbol{B}\times\boldsymbol{A}).$$

矢积满足分配律，但在分配时要注意前后顺序：

$$\boldsymbol{A}\times(\boldsymbol{B}+\boldsymbol{C})=\boldsymbol{A}\times\boldsymbol{B}+\boldsymbol{A}\times\boldsymbol{C}.$$

在直角坐标系中，单位矢量之间的矢积为

$$\boldsymbol{i}\times\boldsymbol{i}=\boldsymbol{j}\times\boldsymbol{j}=\boldsymbol{k}\times\boldsymbol{k}=\boldsymbol{0},$$
$$\boldsymbol{i}\times\boldsymbol{j}=\boldsymbol{k},\quad \boldsymbol{j}\times\boldsymbol{k}=\boldsymbol{i},\quad \boldsymbol{k}\times\boldsymbol{i}=\boldsymbol{j}.$$

利用上述性质，对两矢量求矢积，有

$$\begin{aligned}\boldsymbol{A}\times\boldsymbol{B}&=(A_x\boldsymbol{i}+A_y\boldsymbol{j}+A_z\boldsymbol{k})\times(B_x\boldsymbol{i}+B_y\boldsymbol{j}+B_z\boldsymbol{k})\\&=(A_yB_z-A_zB_y)\boldsymbol{i}+(A_zB_x-A_xB_z)\boldsymbol{j}+(A_xB_y-A_yB_x)\boldsymbol{k}.\end{aligned}$$

利用行列式的表达式，上式可写成

$$\boldsymbol{A}\times\boldsymbol{B}=\begin{vmatrix}\boldsymbol{i}&\boldsymbol{j}&\boldsymbol{k}\\A_x&A_y&A_z\\B_x&B_y&B_z\end{vmatrix}.$$

6. 矢量的导数

物体运动时所受的力、运动的速度和加速度都是可以随时间（位置等）发生变化的，电场强度、磁感应强度等也能随时间变化，所以力、速度、加速度、电场强度和磁感应强度等都是大小或方向可以随时间（位置等）发生变化的变矢量. 如果一个变矢量（因变量）$\boldsymbol{A}$ 相对于标量变量（自变量）t 的每一数值都相应地存在一个矢量取值，则称矢量 $\boldsymbol{A}$ 是标量 t 的矢量函数，记为 $\boldsymbol{A}(t)$. 在直角坐标系中还可表示为

$$\boldsymbol{A}(t)=A_x(t)\boldsymbol{i}+A_y(t)\boldsymbol{j}+A_z(t)\boldsymbol{k},$$

其中 $A_x(t)$，$A_y(t)$ 和 $A_z(t)$ 是变量 t 的标量函数.

类比标量函数导数的定义，可以引入矢量函数的导数. 如附录图 4 所示，设 t 时刻对应的矢量为 $\boldsymbol{A}(t)$，经过 Δt 时间后，矢量变为 $\boldsymbol{A}(t+\Delta t)$，矢量函数的增量为

$$\Delta\boldsymbol{A}=\boldsymbol{A}(t+\Delta t)-\boldsymbol{A}(t),$$

则矢量函数在该时间段内的平均变化率为

$$\frac{\Delta\boldsymbol{A}}{\Delta t}=\frac{\boldsymbol{A}(t+\Delta t)-\boldsymbol{A}(t)}{\Delta t}.$$

矢量函数的平均变化率也是矢量，与矢量增量的方向相同. 当时间间隔 Δt 趋于零时，若矢量函数的平均变化率 $\frac{\Delta\boldsymbol{A}}{\Delta t}$ 有极限存在，则该极限称为矢量函数

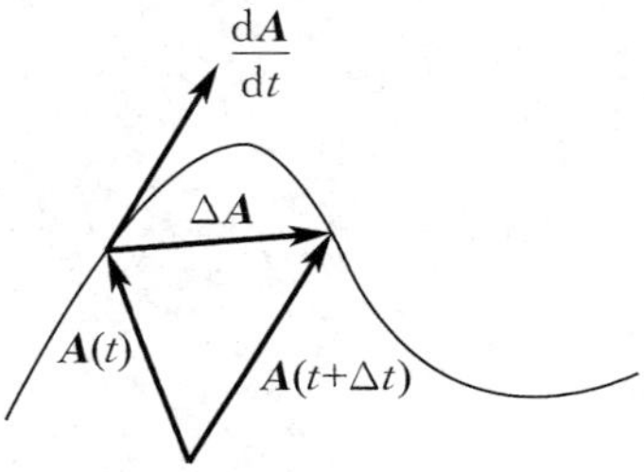

附录图 4　矢量的导数

$\boldsymbol{A}(t)$ 在 t 时刻的导数

$$\frac{\mathrm{d}\boldsymbol{A}}{\mathrm{d}t}=\lim_{\Delta t\to 0}\frac{\Delta\boldsymbol{A}}{\Delta t}=\lim_{\Delta t\to 0}\frac{\boldsymbol{A}(t+\Delta t)-\boldsymbol{A}(t)}{\Delta t}.$$

矢量函数的导数$\frac{\mathrm{d}\boldsymbol{A}}{\mathrm{d}t}$仍为一矢量，其方向为 Δt 趋于零时 $\Delta\boldsymbol{A}$ 的极限方向. 由附录图 4 可见，$\Delta\boldsymbol{A}$ 将趋于沿矢端曲线的切线，且指向时间增加的方向. $\frac{\mathrm{d}\boldsymbol{A}}{\mathrm{d}t}$ 的模（大小）等于 $\lim\limits_{\Delta t\to 0}\frac{|\Delta\boldsymbol{A}|}{\Delta t}$. 可以看出，即使矢量的模不改变仅方向改变，矢量的增量也不等于零，导数也不为零.

在直角坐标系 $Oxyz$ 中，矢量的导数表示为正交分解形式：

$$\boldsymbol{A}(t)=A_x(t)\boldsymbol{i}+A_y(t)\boldsymbol{j}+A_z(t)\boldsymbol{k},$$

$$\boldsymbol{A}(t+\Delta t)=A_x(t+\Delta t)\boldsymbol{i}+A_y(t+\Delta t)\boldsymbol{j}+A_z(t+\Delta t)\boldsymbol{k},$$

则

$$\begin{aligned}\frac{\mathrm{d}\boldsymbol{A}}{\mathrm{d}t}&=\lim_{\Delta t\to 0}\frac{\Delta\boldsymbol{A}}{\Delta t}=\lim_{\Delta t\to 0}\frac{\boldsymbol{A}(t+\Delta t)-\boldsymbol{A}(t)}{\Delta t}\\&=\lim_{\Delta t\to 0}\frac{A_x(t+\Delta t)-A_x(t)}{\Delta t}\boldsymbol{i}+\lim_{\Delta t\to 0}\frac{A_y(t+\Delta t)-A_y(t)}{\Delta t}\boldsymbol{j}+\lim_{\Delta t\to 0}\frac{A_z(t+\Delta t)-A_z(t)}{\Delta t}\boldsymbol{k}\\&=\frac{\mathrm{d}A_x}{\mathrm{d}t}\boldsymbol{i}+\frac{\mathrm{d}A_y}{\mathrm{d}t}\boldsymbol{j}+\frac{\mathrm{d}A_z}{\mathrm{d}t}\boldsymbol{k}.\end{aligned}$$

由于在直角坐标系下，三个坐标轴的单位矢量不随时间改变，故矢量函数的导数等于三个分量函数的导数乘以相应单位矢量后的矢量和.

设矢量函数 $\boldsymbol{A}(t)$ 和 $\boldsymbol{B}(t)$ 都是可微分的，矢量函数的求导遵从以下法则：

$\frac{\mathrm{d}}{\mathrm{d}t}(\boldsymbol{A}+\boldsymbol{B})=\frac{\mathrm{d}\boldsymbol{A}}{\mathrm{d}t}+\frac{\mathrm{d}\boldsymbol{B}}{\mathrm{d}t}$；

$\frac{\mathrm{d}}{\mathrm{d}t}(f\boldsymbol{A})=f\frac{\mathrm{d}\boldsymbol{A}}{\mathrm{d}t}+\frac{\mathrm{d}f}{\mathrm{d}t}\boldsymbol{A}$（$f$ 为标量函数）；

$\frac{\mathrm{d}}{\mathrm{d}t}(\boldsymbol{A}\cdot\boldsymbol{B})=\frac{\mathrm{d}\boldsymbol{A}}{\mathrm{d}t}\cdot\boldsymbol{B}+\boldsymbol{A}\cdot\frac{\mathrm{d}\boldsymbol{B}}{\mathrm{d}t}$；

$\frac{\mathrm{d}}{\mathrm{d}t}(\boldsymbol{A}\times\boldsymbol{B})=\frac{\mathrm{d}\boldsymbol{A}}{\mathrm{d}t}\times\boldsymbol{B}+\boldsymbol{A}\times\frac{\mathrm{d}\boldsymbol{B}}{\mathrm{d}t}$；

$\frac{\mathrm{d}}{\mathrm{d}t}(\boldsymbol{C})=\boldsymbol{0}$（$\boldsymbol{C}$ 为常矢量）.

附录Ⅳ　导数运算

1. 导数运算法则

$(u\pm v)'=u'\pm v'$；

$(uv)'=u'v+v'u$；

$(Cu)'=Cu'$（C 为常数）；

$\left(\dfrac{u}{v}\right)'=\dfrac{u'v-v'u}{v^2}(v\neq 0)$；

$x=\varphi(y)$ 为函数 $y=f(x)$ 的反函数时，$y'=f'(x)=\dfrac{1}{\varphi'(y)}$，$\varphi'(y)\neq 0$；

$y=f(u)$，$u=\varphi(x)$，即 y 是 x 的复合函数，$y=f[\varphi(x)]$，$\dfrac{\mathrm{d}y}{\mathrm{d}x}=\dfrac{\mathrm{d}y}{\mathrm{d}u}\cdot\dfrac{\mathrm{d}u}{\mathrm{d}x}$.

2. 常用一阶导数公式

$C'=0$（C 为常数）；

$(x^n)'=nx^{n-1}$（n 为实数）；

$(\sin x)'=\cos x$；

$(\cos x)'=-\sin x$；

$(\tan x)'=\dfrac{1}{\cos^2 x}=\sec^2 x$；

$(\cot x)'=-\dfrac{1}{\sin^2 x}=-\csc^2 x$；

$(\log_a x)'=\dfrac{1}{x\ln a}$；

$(\ln x)'=x^{-1}$；

$(a^x)'=a^x\ln a$；

$(\mathrm{e}^x)'=\mathrm{e}^x$；

$(\arcsin x)'=(1-x^2)^{-\frac{1}{2}}(-1<x<1)$；

$(\arccos x)'=-(1-x^2)^{-\frac{1}{2}}(-1<x<1)$；

$(\arctan x)'=(1+x^2)^{-1}(-\infty<x<\infty)$；

$(\operatorname{arccot} x)'=-(1+x^2)^{-1}(-\infty<x<\infty)$.

附录 V　积分运算

1. 一元积分公式

$\int u\mathrm{d}v = uv - \int v\mathrm{d}u$；

$\int x^n \mathrm{d}x = \dfrac{1}{n+1}x^{n+1} + C\ (n \neq -1)$；

$\int \dfrac{\mathrm{d}x}{a+bx} = \dfrac{1}{b}\ln(a+bx) + C$；

$\int \dfrac{\mathrm{d}x}{x} = \ln|x| + C$；

$\int \dfrac{x\mathrm{d}x}{a+bx^2} = \dfrac{1}{2b}\ln(a+bx^2) + C$；

$\int x\mathrm{e}^{ax}\mathrm{d}x = \dfrac{\mathrm{e}^{ax}}{a^2}(ax-1) + C$；

$\int x^2\mathrm{e}^{ax}\mathrm{d}x = \dfrac{\mathrm{e}^{ax}}{a^3}(a^2x^2 - 2ax + 2) + C$；

$\int \ln ax\,\mathrm{d}x = x\ln ax - x + C$；

$\int \cos x\mathrm{d}x = \sin x + C$；

$\int \sin x\mathrm{d}x = -\cos x + C$；

$\int \cos^2 x\mathrm{d}x = \dfrac{x}{2} + \dfrac{\sin 2x}{4} + C$；

$\int \sin^2 x\mathrm{d}x = \dfrac{x}{2} - \dfrac{\sin 2x}{4} + C$；

$\int \tan^2 x\mathrm{d}x = \tan x - x + C$；

$\int_0^\infty \dfrac{\mathrm{d}x}{1+\mathrm{e}^{ax}} = \dfrac{1}{a}\ln 2\ (a>0)$；

$\int_0^\infty \mathrm{e}^{-a^2x^2}\mathrm{d}x = \dfrac{\sqrt{\pi}}{2a}\int_0^\infty x\mathrm{e}^{-ax^2}\mathrm{d}x = \dfrac{1}{2a}$；

$\int_0^\infty \dfrac{\sin ax}{x} = \dfrac{\pi}{2}\ (a>0)$；

$\int_0^\infty x^2\mathrm{e}^{-ax^2}\mathrm{d}x = \dfrac{1}{4}\sqrt{\dfrac{\pi}{a^3}}$；

$\int_0^\infty x^4\mathrm{e}^{-a^2x^2}\mathrm{d}x = \dfrac{3}{8}\dfrac{\sqrt{\pi}}{a^5}$.

2. 利用二重积分求面积

若有二元函数 $z=f(x,y)$，其一阶偏导数连续，它所对应的曲面的面积为

$$A = \iint_{D_{xy}} \sqrt{1+\left(\frac{\partial z}{\partial x}\right)^2 + \left(\frac{\partial z}{\partial y}\right)^2}\,\mathrm{d}x\mathrm{d}y.$$

同样，有

$$A = \iint_{D_{yz}} \sqrt{1+\left(\frac{\partial x}{\partial y}\right)^2 + \left(\frac{\partial x}{\partial z}\right)^2}\,\mathrm{d}y\mathrm{d}z,$$

$$A = \iint_{D_{xz}} \sqrt{1+\left(\frac{\partial y}{\partial x}\right)^2 + \left(\frac{\partial y}{\partial z}\right)^2}\,\mathrm{d}x\mathrm{d}z.$$

它们分别是曲面 $x=g(y,z)$ 与 $y=h(x,z)$ 的面积.

习题参考答案

第1章　质点运动学

1-1　(1) 17.2 m,东偏北 33.1°;60 m;
(2) 0.38 m/s,东偏北 33.1°;1.33 m/s

1-2　(1) $3\sin(0.1\pi t)\boldsymbol{i}+3[1-\cos(0.1\pi t)]\boldsymbol{j}$ (m);
(2) $0.3\pi\boldsymbol{j}$ (m/s), $-0.03\pi^2\boldsymbol{j}$ (m/s²)

1-3　(1) 4 m/s;
(2) −18 m/s;
(3) 0 m/s²

1-4　$(2\boldsymbol{i}+10\boldsymbol{j})$ m/s, $(-\boldsymbol{i}+4\boldsymbol{j})$ m/s²

1-5　圆周运动,ωR,$\omega^2 R$

1-6　24 m/s²,41.25 m

1-7　(1) 20.7 m/s;(2) 24.4 cm;(3) 22.3 m/s

1-8　运动方程:$y=v't$,$x=\dfrac{u_0v'}{d}t^2\left(t\leqslant\dfrac{d}{2v'}\right)$,

$x=-\dfrac{u_0d}{2v'}+2u_0t-\dfrac{u_0}{d}v't^2\left(t>\dfrac{d}{2v'}\right)$

轨迹方程:$x=\dfrac{u_0}{dv'}y^2\left(y\leqslant\dfrac{d}{2}\right)$,

$x=-\dfrac{u_0d}{2v'}+\dfrac{2u_0}{v'}y-\dfrac{u_0}{dv'}y^2\left(y>\dfrac{d}{2}\right)$

1-9　$\dfrac{h_1v_0}{h_1-h_2}$

1-10　(1) 2.56×10^3 m/s²,80 m/s²;
(2) 2.5 rad

1-11　2 m/s,8.25 m/s²

1-12　(1) $u\ln(1-bt)$;
(2) $\dfrac{bu}{1-bt}$;
(3) 0,6.91×10^3 m/s;
(4) 22.5 m/s²,225 m/s²

1-13　(1) $\dfrac{v_0}{kv_0t+1}$;
(2) $\dfrac{1}{k}\ln(kv_0t+1)$

1-14　11.18 m/s

第2章　力与运动

2-1　(4)

2-2　(5)

2-3　(1) 2 N;(2) 1 N

2-4　$6+4t+6t^2$(SI),$5+6t+2t^2+2t^3$(SI)

2-5　(1) 25 m/s;
(2) 417 m

2-6　63 m

2-7　$\dfrac{m_2-m_1}{m_1+m_2}g$,$\dfrac{2m_1m_2}{m_1+m_2}g$,$\dfrac{4m_1m_2}{m_1+m_2}g$

2-8　$\dfrac{mg-B}{k}(1-e^{-\frac{k}{m}t})$

2-9　当$F=10$ N时,摩擦力方向应为沿斜面向上,此时静摩擦力大小为4.7 N;当$F=25$ N时,摩擦力方向应为沿斜面向下,此时静摩擦力大小为10.3 N

2-10　$-mx_0\omega^2\sin\omega t$,$-x_0\omega^2\sin\omega t$

2-11　(1) 1.88×10^3 N;(2) 66.0 m/s

2-12　(1) 略;(2) 6.9×10^3 s;(3) 2.31×10^{29} kg

第3章　守恒定律

3-1　$mg\,\dfrac{2\pi R}{v}$

3-2　$\dfrac{mv_0\sin\theta}{(M+m)g}u$

3-3　$\dfrac{mv_2}{\Delta t}+mg+Mg$, $\dfrac{mv_1}{M}$

3-4　1 365 N

3-5　12 N·s

3-6　将在距甲静止位置$\dfrac{4}{9}L$处相遇(在质心处相遇)

3-7　(1) $\dfrac{m}{(M+m)}v_0$; (2) $\dfrac{mM}{(M+m)}v_0$

3-8　(1) 2.59 m/s;(2) 0.24 m/s

3-9　3.2×10^4 N·s,4.8×10^5 N

3-10　36 J

3-11　4.23×10^6 J

3-12　3 528 J

3-13　-42.4 J

3-14　255 J

3-15　4.00 kg

3-16　-5×10^3 N

3-17　$\frac{v^2}{2g}\left(\frac{m}{M+m}\right)^2$

3-18　(1) $\sqrt{2gR}$；

(2) $v=\sqrt{\frac{2MgR}{M+m}}, V=m\sqrt{\frac{2gR}{M(M+m)}}$

3-19　$\sqrt{\frac{g}{L}(L^2-a^2)}$

3-20　(1) $G\frac{Mm}{6R}$；

(2) $-G\frac{Mm}{3R}$；

(3) $-G\frac{Mm}{6R}$

3-21　第(4)种情况下提升力所做的功最小

第 4 章　机械振动

4-1　8π rad/s, 4 Hz, 0.25 s, 0.02 m, $\frac{\pi}{4}$

4-2　$0.4°$, 4 Hz, 0.25 s, 0.60 rad

4-3　$2\pi\sqrt{\frac{a}{2g}}, \frac{1}{2\pi}\sqrt{\frac{2g}{a}}$

4-4　$x=0.02\cos\left(\frac{\pi}{12}t-\frac{2}{3}\pi\right)$(SI),

$v=-0.005\sin\left(\frac{\pi}{12}t-\frac{2}{3}\pi\right)$(SI)

4-5　(1) $x=10.6\cos\left(10t-\frac{\pi}{4}\right)$ cm;

(2) $x=10.6\cos\left(10t+\frac{\pi}{4}\right)$ cm

4-6　(1) $x=0.20\cos\left(-\frac{\pi}{12}\right)$(m),

$v=-0.10\pi\sin\left(-\frac{\pi}{12}\right)$(m/s),

$a=-0.05\pi^2\cos\left(-\frac{\pi}{12}\right)$(m/s^2)；

(2) $\frac{1}{3}$ s

4-7　(1) 4.2 s;

(2) $x=0.02\cos\left(1.5t+\frac{2}{3}\pi\right)$(SI)；

(3) -9×10^{-4} N,方向与位移相反

4-8　(1) $x=2\times10^{-2}\cos 4\pi t$(SI)；

(2) $x=2\times10^{-2}\cos\left(4\pi t+\frac{\pi}{2}\right)$(SI)；

(3) $x=2\times10^{-2}\cos\left(4\pi t+\frac{\pi}{3}\right)$(SI)；

(4) $x=2\times10^{-2}\cos\left(4\pi t+\frac{4}{3}\pi\right)$(SI)

4-9　$\frac{2}{3}$ s

4-10　略

4-11　0.01 m, $\frac{\pi}{6}$

4-12　$x=0.26\cos(\pi t+0.755)$(SI)

第 5 章　机械波

5-1　$\lambda_1=16.58$ m, $\lambda_2=1.658\times10^{-4}$ m

5-2　2 887.5 km

5-3　6.9×10^{-4} Hz, 10.8 h

5-4　(1) 振幅为 A,频率 $b/2\pi$,波速 b/c,波长 $2\pi/c$；

(2) $-cl$

5-5　(1) 0.15 m, 19.9 Hz, 5.04×10^{-2} s, 338 m/s, 16.9 m;

(2) $y_{10}=0.15\cos(125t-3.7)$(SI),

$y_{25}=0.15\cos(125t-9.25)$(SI)；

(3) 5.81 m/s, -7.61 m/s

5-6　(1) 4 m;

(2) $y=0.6\cos\left(\pi t-\frac{\pi}{2}x\right)$(SI)；

(3) π;

(4) $\frac{\pi}{4}$

5-7　$y=0.1\cos\left[\pi(t-x)+\frac{\pi}{2}\right]$(SI), 0.314 m/s

5-8　$y=0.03\cos\left(50\pi t-\frac{25}{3}\pi x-\frac{\pi}{2}\right)$(SI)

5-9　$y=0.03\cos\left(\pi t-\frac{x}{2}+\frac{\pi}{2}\right)$(SI)

5-10　(1) $y=0.1\cos\left(5\pi t+\frac{\pi}{2}\right)$(SI)；

(2) $y=0.1\cos\left(5\pi t-\frac{\pi x}{40}+\frac{\pi}{2}\right)$(SI)；

(3) 和(4) 略

5-11　干涉相消

5-12　5 188 Hz

5-13　(1) $\sqrt{2}A$;

(2) 距离 S_1 为 0, 0.5λ 和 λ 处

5-14　(1) $\frac{3}{2}\pi$；(2) $y=2\sqrt{2}\cos\left(2\pi t-\frac{\pi}{4}\right)$(SI)

第6章 气体动理论

6-1 (1) 1.35×10^5 Pa;
(2) 7.49×10^{-21} J,362 K

6-2 (1) 3倍;
(2) 1.5倍

6-3 2.8 atm

6-4 (1) $2.69\times10^{27}\ \mathrm{m^{-3}}$;
(2) 17.9 kg/m^3;
(3) 5.65×10^{-21} J

6-5 929 K,656 ℃

6-6 (1) $2.00\times10^{26}\ \mathrm{m^{-3}}$;
(2) 6.21×10^{-21} J;
(3) 2.49×10^4 J

6-7 3.74×10^3 J,6.23×10^3 J,6.23×10^3 J;
9.35×10^2 J,3.12×10^3 J,1.95×10^2 J

6-8 5

6-9 1.90 kg·m^{-3}

6-10 (1) $2.45\times10^{25}\ \mathrm{m^{-3}}$;
(2) 5.31×10^{-26} kg;
(3) 1.30 kg/m^3;
(4) 4.83×10^2 m/s;
(5) 6.21×10^{-21} J

6-11 (1) 2.07×10^{-15} J;
(2) 1.58×10^6 m/s

6-12 2.9×10^2 m/s;12 m/s

6-13 2.06×10^3 m/s,2.23×10^3 m/s,
1.82×10^3 m/s;5.16×10^2 m/s,
5.58×10^2 m/s,4.55×10^2 m/s

6-14 389 m/s

6-15 (1) 493 m/s;
(2) 0.028 kg/mol;
(3) 1.5×10^5 J

第7章 热力学基础

7-1 9.97×10^3 J

7-2 319 K

7-3 (1) 600 K,600 K,300 K;(2) 2.18×10^3 J

7-4 506.5 J,1 225.3 J

7-5 (1) 424 J;(2) −486 J,放热

7-6 -6.91×10^3 J,-6.91×10^3 J

7-7 (1) 702 J; (2) 506.6 J

7-8 (1) 5.28 atm,429 K;
(2) 7.41×10^3 J,9.3×10^2 J,6.48×10^3 J

7-9 (1) $2.5(p_2V_2-p_1V_1)$;(2) $0.5(p_2V_2-p_1V_1)$;
(3) $1.5(p_2V_2-p_1V_1)$;(4) $3R$

7-10 (1) $\frac{5R}{2},\frac{3R}{2}$;(2) 1.35×10^6 J

7-11 1.05×10^4 J

7-12 25%

7-13 24.2%

7-14 (1) 320 K;(2) 20%

第8章 静电场

8-1 3.79 N

8-2 $-\frac{q}{\pi^2\varepsilon_0R^2}\boldsymbol{j}$

8-3 3.4×10^3 Wb

8-4 $0(r<R),\frac{\sigma R}{\varepsilon_0 r}(r>R)$

8-5 $\frac{q}{4\pi\varepsilon_0 r^2}(r>R),\frac{qr}{4\pi\varepsilon_0R^3}(r<R)$

8-6 $\frac{qr}{4\pi\varepsilon_0R_1^3}(r<R_1)$,
$\frac{q}{4\pi\varepsilon_0r^2}(R_1<r<R_2)$,
$0(r>R_2)$

8-7 (1) $\frac{2a\lambda}{\pi\varepsilon_0(a^2-4x^2)}$;(2) $\frac{\lambda^2}{2\pi\varepsilon_0a}$

8-8 $\frac{\rho a}{3\varepsilon_0}$

8-9 $\dfrac{U}{r\ln\frac{D_2}{D_1}}$

8-10 $\frac{q\lambda}{4\pi\varepsilon_0}\left(\frac{1}{a}-\frac{1}{a+l}\right)$

8-11 $-\frac{q^2}{2\varepsilon_0S}$

8-12 $\frac{q(3R^2-r^2)}{8\pi\varepsilon_0R^3}$

8-13 $0(r<R),\frac{\lambda}{2\pi\varepsilon_0}\ln\frac{R}{r}(r\geqslant R)$

8-14 $\frac{1}{4\pi\varepsilon_0}\left(\frac{q_2}{R_2}+\frac{q_1}{R_1}\right)(0<r<R_1)$,
$\frac{1}{4\pi\varepsilon_0}\left(\frac{q_2}{R_2}+\frac{q_1}{r}\right)(R_1<r<R_2)$,
$\frac{q_1+q_2}{4\pi\varepsilon_0r}(r>R_2)$

8-15 (1) 0,约1.45×10^3 V;(2) -1.45×10^{-5} J;
(3) 1.45×10^{-5} J

8 - 16 8.98×10^4 kg

第9章 稳恒磁场

9 - 1 $\frac{\mu_0 qv}{8\pi L^2}$,方向垂直纸面向里

9 - 2 $\frac{8\sqrt{2}}{\pi^2}$

9 - 3 $\frac{\mu_0 I}{4\pi R}$,方向垂直纸面向里

9 - 4 图(a)中,$\frac{3\mu_0 I}{8R}+\frac{\mu_0 I}{4\pi R}$,方向垂直纸面向里;

图(b)中,$\frac{\mu_0 I}{2R}-\frac{\mu_0 I}{2\pi R}$,方向垂直纸面向里;

图(c)中,$\frac{\mu_0 I}{2\pi R}+\frac{\mu_0 I}{4R}$,方向垂直纸面向外

9 - 5 6.4×10^{-5} T

9 - 6 (1) 4.0×10^{-4} T,方向垂直纸面向里;

(2) 2.2×10^{-5} Wb

9 - 7 (1) $\frac{\mu_0 rI}{2\pi R^2}(r<R)$,$\frac{\mu_0 I}{2\pi r}(r>R)$;

(2) $\frac{\mu_0 I}{4\pi}$

9 - 8 (1) $\frac{\mu_0 Ir}{2\pi R_1^2}(r<R_1)$;

(2) $\frac{\mu_0 I}{2\pi r}(R_1<r<R_2)$;

(3) $\frac{\mu_0 I(R_3^2-r^2)}{2\pi r(R_3^2-R_2^2)}(R_2<r<R_3)$;

(4) $0(r>R_3)$

9 - 9 略

9 - 10 $\arcsin\frac{eBD}{p}$

9 - 11 7.5×10^6 m/s

9 - 12 $2BIR\boldsymbol{j}$

9 - 13 (1) 电流元在 a,b,c,d 各处受力均为 0.1 N;

(2) $F_{abc}=-2BIR\boldsymbol{i}$;

(3) 线圈处于静止;

(4) 绕 y 轴转动(俯视:逆时针方向)

9 - 14 (1) $F_{CD}=8.0\times10^{-4}$ N,$F_{FE}=8.0\times10^{-5}$ N,

$F_{ED}=F_{CF}=9.2\times10^{-5}$ N;

(2) $\sum F=7.2\times10^{-4}$ N,方向水平向右,

$M=0$

9 - 15 (1) 3.6×10^{-6} N·m;

(2) 0

9 - 16 3.6×10^{-3} N,3.2×10^{20} N

第10章 电磁感应

10 - 1 0.51 V

10 - 2 $\frac{1}{2}klx_0+ktlv$

10 - 3 0.85 V

10 - 4 (1) $2.20I\times10^{-8}$ Wb;

(2) 2.20×10^{-7} V,逆时针方向

10 - 5 $I=-\frac{\mu_0 nI_0\omega a^2}{R}\cos\omega t$

10 - 6 0.5 m/s

10 - 7 7.0×10^{-3} V

10 - 8 $\frac{1}{4}B\omega L^2$

10 - 9 $\frac{1}{2}\omega B(L\sin\theta)^2$

10 - 10 (1) $\frac{\mu_0 lI_0\sin\omega t}{2\pi}\ln\frac{b(a+d)}{d(b+a)}$;

(2) $\frac{\mu_0 l\omega I_0\cos\omega t}{2\pi}\ln\frac{b(a+d)}{d(b+a)}$

10 - 11 (1) $\frac{mgR\sin\theta}{B^2l^2\cos^2\theta}(1-e^{\frac{B^2l^2\cos^2\theta}{mR}t})$;(2) $\frac{mgR\sin\theta}{B^2l^2\cos^2\theta}$

10 - 12 226 V,外边缘高

10 - 13 (1) 2.26×10^{-2} H;(2) -0.226 V

10 - 14 $\mu_0\frac{N_1N_2}{l}S$

10 - 15 $N\frac{\mu_0 L}{2\pi}\ln 2$,0

第11章 光学基础

11 - 1 (1) 10.0 cm;(2) 20.0 cm

11 - 2 10 cm

11 - 3 相等,不相等,$L(n_2-n_1)$

11 - 4 632.8 nm,红光

11 - 5 0.072 mm

11 - 6 6.6×10^{-6} m

11 - 7 592.1 nm

11 - 8 5.75×10^{-5} m

11 - 9 (1) 4.81×10^{-5} rad;(2) 明纹;(3) 都是 3 条

11 - 10 1.22

11 - 11 3.71 m

11 - 12 5.145×10^{-6} m

11 - 13 628.9 nm

11 - 14 (1) 600 nm 或 466.7 nm;(2) 3 或 4;(3) 7 或 9

11 - 15 428.6 nm

11-16 4 918 m

11-17 (1) 2.2×10^{-4} rad; (2) 9.1 m

11-18 570 nm, 43.2°

11-19 (1) 5.01×10^{-7} m; (2) 10°35′

11-20 36.9°

11-21 (1) $\frac{\pi}{3}$; (2) $\frac{\pi}{4}$

第 12 章　狭义相对论基础

12-1 $x=112$ m, $y=0$, $z=0$, $t=3.64\times10^{-7}$ s

12-2 1.5×10^{-5} s

12-3 10 m

12-4 20 min

12-5 $0.6c$

12-6 0.511 MeV, 4.488 MeV, 2.66×10^{-21} kg·m/s, $0.995c$

12-7 (1) 5.86×10^{3}; (2) $0.999\,999\,985c$

第 13 章　量子物理基础

13-1 (1) 6 000 K;
(2) 7.35×10^{7} W

13-2 448 K

13-3 2.84×10^{-19} J, 9.47×10^{-28} kg·m/s, 3.16×10^{-36} kg

13-4 8.19×10^{-14} J, 2.73×10^{-22} kg·m/s, 2.4×10^{-12} m

13-5 2.51×10^{3} m^{-3}

13-6 1.5×10^{-10} m

13-7 1.66×10^{-27} kg

13-8 (1) 1.66×10^{-35} m; (2) 1.31×10^{-26} m/s

13-9 2.39×10^{-2} m

13-10 (1) 3.29×10^{-13} J; (2) 9.87×10^{-13} J

13-11 (1) 2.55 eV(4.09×10^{-19} J); (2) $n=4$, $n=2$

13-12 (1) 第 4 能级; (2) 6 条

13-13 (1) 0; (2) $\sqrt{2}\hbar$; (3) $\sqrt{6}\hbar$; (4) $2\sqrt{3}\hbar$

选学 Ⅰ　刚体的定轴转动

Ⅰ-1 (1) $a+2bt+3ct^2$, $2b+6ct$;
(2) $2br+6crt$, $r(a+2bt+3ct^2)^2$

Ⅰ-2 $\omega=\omega_0+at^2-bt^4$,
$\theta=\theta_0+\omega_0 t+\frac{1}{3}at^3-\frac{1}{5}bt^5$

Ⅰ-3 (1) 10 s; (2) 0.52 rad/s^2, 451 圈

Ⅰ-4 $\frac{3}{2}MR^2$

Ⅰ-5 $\sqrt{\frac{3g\sin\theta}{l}}$, $\frac{3g\cos\theta}{2l}$

Ⅰ-6 (1) $\dfrac{m_2 g-m_1 g\sin\theta-\mu m_1 g\cos\theta}{m_1+m_2+\frac{J}{r^2}}$;

(2)

$$T_A=\frac{m_1m_2g(1+\sin\theta+\mu\cos\theta)+(\sin\theta+\mu\cos\theta)m_1gJ/r^2}{m_1+m_2+J/r^2},$$

$$T_B=\frac{m_1m_2g(1+\sin\theta+\mu\cos\theta)+m_2gJ/r^2}{m_1+m_2+J/r^2}$$

Ⅰ-7 $\sqrt{\frac{3g(1-\cos\theta)}{l}}$, $\frac{3g\sin\theta}{2l}$

Ⅰ-8 $\dfrac{(m_2-m_1)g}{m_1+m_2+\frac{1}{2}m_3}$,

$$T_1=\frac{m_1\left(2m_2+\frac{1}{2}m_3\right)g}{m_1+m_2+\frac{1}{2}m_3},\ T_2=\frac{m_2\left(2m_1+\frac{1}{2}m_3\right)g}{m_1+m_2+\frac{1}{2}m_3}$$

Ⅰ-9 (1) 9.2 rad/s^2; (2) 490 J; (3) 21.8 rad/s^2

Ⅰ-10 -9.52×10^{-2} rad/s

Ⅰ-11 $\sqrt{\left(\frac{m_2}{m_1+m_2}\right)^2 v_0^2-\frac{k(l-l_0)^2}{m_1+m_2}}$,

$$\arcsin\left\{\frac{m_2v_0l_0}{l(m_1+m_2)}\left[v_0^2\left(\frac{m_2}{m_1+m_2}\right)^2-\frac{k(l-l_0)^2}{m_1+m_2}\right]^{-1/2}\right\}$$

选学 Ⅱ　固体的弹性

Ⅱ-1 1.2×10^{8} Pa, 4×10^{7} Pa, 6×10^{7} Pa

Ⅱ-2 2×10^{7} Pa, 2.5×10^{-4} m

Ⅱ-3 6.15 mm

Ⅱ-4 (1) 8×10^{6} Pa; (2) 1×10^{-4};
(3) 8×10^{10} Pa; (4) 400 J/m^3

Ⅱ-5 3.99 cm

选学 Ⅲ　流体力学基础

Ⅲ-1 2.94×10^{6} N

Ⅲ-2 $\frac{1}{2}\rho gLH^2$

Ⅲ-3 (1) $2\sqrt{(H-h)h}$; (2) $\frac{H}{2}$, H

Ⅲ-4 (1) 2.5 m/s; (2) 1.6×10^{5} Pa

Ⅲ-5 (1) 4 cm/s; (2) 7.5×10^{3} Pa; (3) 0.24 m^3

Ⅲ-6 略

Ⅲ-7 30°

选学 Ⅳ　电场中的物质

Ⅳ-1　(1) $\dfrac{q}{4\pi\varepsilon_0 r^2}$，$O$ 指向 $+q$，$\dfrac{q}{4\pi\varepsilon_0 r}$；(2) $-\dfrac{R}{r}q$

Ⅳ-2　$E_0-\dfrac{\sigma}{2\varepsilon_0}$，$E_0+\dfrac{\sigma}{2\varepsilon_0}$

Ⅳ-3　(1) $\dfrac{q_A-q_B}{2}$；(2) $\dfrac{q_A-q_B}{2\varepsilon_0 S}d$

Ⅳ-4　(1) $-q$，$q+Q$；

(2) $-\dfrac{q}{4\pi\varepsilon_0 a}$；

(3) $\dfrac{q}{4\pi\varepsilon_0}\left(\dfrac{1}{r}-\dfrac{1}{a}+\dfrac{1}{b}\right)+\dfrac{Q}{4\pi\varepsilon_0 b}$

Ⅳ-5　4.58×10^{-2} F

Ⅳ-6　(1)
$$\begin{cases} D_1=0, E_1=0 \quad (0<r\leqslant R), \\ D_2=\dfrac{Q}{4\pi r^2}, E_2=\dfrac{Q}{4\pi\varepsilon_0 r^2} \quad (R<r\leqslant a), \\ D_3=\dfrac{Q}{4\pi r^2}, E_3=\dfrac{Q}{4\pi\varepsilon_0\varepsilon_r r^2} \quad (a<r\leqslant b), \\ D_4=\dfrac{Q}{4\pi r^2}, E_3=\dfrac{Q}{4\pi\varepsilon_0 r^2} \quad (r>b); \end{cases}$$

(2) $P=\dfrac{Q}{4\pi r_3^2}\left(1-\dfrac{1}{\varepsilon_r}\right)$，

$\sigma'_{内}=-\dfrac{Q}{4\pi a^2}\left(1-\dfrac{1}{\varepsilon_r}\right)$，

$\sigma'_{外}=\dfrac{Q}{4\pi b^2}\left(1-\dfrac{1}{\varepsilon_r}\right)$；

(3)
$$\begin{cases} \varphi_1=\dfrac{Q}{4\pi\varepsilon_0}\left[\dfrac{1}{R}-\left(1-\dfrac{1}{\varepsilon_r}\right)\left(\dfrac{1}{a}-\dfrac{1}{b}\right)\right] \\ \qquad (0<r\leqslant R), \\ \varphi_2=\dfrac{Q}{4\pi\varepsilon_0}\left[\dfrac{1}{r}-\left(1-\dfrac{1}{\varepsilon_r}\right)\left(\dfrac{1}{a}-\dfrac{1}{b}\right)\right] \\ \qquad (R<r\leqslant a), \\ \varphi_3=\dfrac{Q}{4\pi\varepsilon_0\varepsilon_r}\left(\dfrac{1}{r}+\dfrac{\varepsilon_r-1}{b}\right) \quad (a<r\leqslant b), \\ \varphi_4=\dfrac{Q}{4\pi\varepsilon_0 r} \quad (r>b) \end{cases}$$

Ⅳ-7　2.5×10^5 V/m，5.53×10^{-6} C/m^2，3.32×10^{-6} C/m^2

Ⅳ-8　$\dfrac{3Q^2}{20\pi\varepsilon_0 R}$

Ⅳ-9　(1) 增加 $\dfrac{(\varepsilon-1)\varepsilon_0 SU^2}{2d}$，$\dfrac{(\varepsilon-1)\varepsilon_0 SU^2}{2d}$；

(2) 减少 $\dfrac{(\varepsilon-1)dQ^2}{2\varepsilon\varepsilon_0 S}$，$\dfrac{(\varepsilon-1)dQ^2}{2\varepsilon\varepsilon_0 S}$

Ⅳ-10　6.07×10^{-3} m，9.10×10^3 V

选学 Ⅴ　磁场中的物质

Ⅴ-1　(1) 200 A/m，2.5×10^{-4} T；

(2) 200 A/m，1.05 T

Ⅴ-2　$H_1=\dfrac{Ir}{2\pi R_1^2}$，$B_1=\dfrac{\mu_0 Ir}{2\pi R_1^2}$　$(0<r<R_1)$，

$H_2=\dfrac{I}{2\pi r}$，$B_2=\dfrac{\mu_0\mu_r I}{2\pi r}$　$(R_1<r<R_2)$，

$H_3=\dfrac{I(R_3^2-r^2)}{2\pi r(R_3^2-R_2^2)}$，$B_3=\dfrac{\mu_0 I(R_3^2-r^2)}{2\pi r(R_3^2-R_2^3)}$　$(R_2<r<R_3)$，

$H_4=0$，$B_4=0$　$(r>R_3)$

Ⅴ-3　4.78×10^3

Ⅴ-4　1.6×10^6 J/m^3，4.4 J/m^3，磁场

Ⅴ-5　$\dfrac{\mu_0 I^2}{16\pi}$

选学 Ⅵ　熵

Ⅵ-1　1.3×10^3 J，2.8×10^3 J，23.5 J/K

Ⅵ-2　333 J/K

Ⅵ-3　(1) $C_p\ln\dfrac{(T_1+T_2)^2}{4T_1T_2}$；(2) 略

Ⅵ-4　5.76 J/K，5.76 J/K，5.76 J/K

Ⅵ-5　-35.5 J/K